KERNREAKTORTHEORIE

EINE EINFÜHRUNG

VON

S. GLASSTONE UND M. C. EDLUND

UNITED STATES
ATOMIC ENERGY COMMISSION

OAK RIDGE
NATIONAL LABORATORY

INS DEUTSCHE ÜBERSETZT UND BEARBEITET VON

DR. W. GLASER UND DR. H. GRÜMM

WEILAND o. PROFESSOR AN DER
TECHNISCHEN HOCHSCHULE WIEN

REAKTOR-INTERESSENGEMEINSCHAFT
REAKTORABTEILUNG DER SGP, WIEN

MIT 82 TEXTABBILDUNGEN

WIEN

SPRINGER-VERLAG

1961

Titel der englischen Originalausgabe:

The Elements of Nuclear Reactor Theory

Erschienen bei: D. Van Nostrand Company, Inc., Princeton, New Jersey-New York-Toronto-London. 1. Auflage November 1952, 7. Nachdruck Oktober 1960.
Copyright, 1952, by D. Van Nostrand Company, Inc.

ISBN-13: 978-3-7091-7901-7   e-ISBN-13: 978-3-7091-7900-0
DOI: 10.1007/978-3-7091-7900-0

Vorwort

Das vorliegende Buch ist als Einführung in das Gebiet der Kernreaktortheorie für Physiker, Ingenieure und alle jene gedacht, die zum erstenmal mit Reaktorproblemen in Berührung kommen. Da die Leser ganz verschiedene Voraussetzungen mitbringen, ist hier ein ziemlich weiter Spielraum im Hinblick auf den Umfang und die Schwierigkeit des Stoffes geboten. Einige Leser werden daher gewisse Kapitel beiseite lassen wollen; das ist oft möglich, ohne die grundsätzliche Entwicklung des Stoffes zu beeinträchtigen.

Die gegenwärtige Form ist die Umarbeitung eines Entwurfes, der im Jahre 1950 herausgebracht wurde und sich aus den Vorlesungen entwickelt hat, die M. C. EDLUND an der Schule für Reaktortheorie in Oak Ridge gehalten hat. Die Autoren benützen diese Gelegenheit, um ihre Dankbarkeit vielen Wissenschaftlern gegenüber zum Ausdruck zu bringen, deren gemeinsames Bemühen in Verbindung mit dem Manhattan-Projekt zur Entwicklung der Ideen geführt hat, die in diesem Buche diskutiert werden. Im besonderen sollen die Beiträge von R. F. CHRISTY, C. ECKART, E. FERMI, F. L. FRIEDMAN, L. W. NORDHEIM, P. MORRISON, G. PLACZEK, L. SZILARD, E. TELLER, A. M. WEINBERG, J. A. WHEELER, E. P. WIGNER und G. YOUNG erwähnt werden.

Der Dank der Autoren gebührt auch einer Anzahl von Kollegen, die den vorläufigen Entwurf gelesen haben, besonders A. M. WEINBERG für seinen helfenden Rat und seine wertvolle Kritik.

Samuel Glasstone

Milton C. Edlund

Vorwort zur deutschen Ausgabe

Das von S. Glasstone und M. C. Edlund verfaßte Lehrbuch „The Elements of Nuclear Reactor Theory" ist 1952 erschienen. Es brachte die erste einheitliche und umfassende Darstellung der physikalischen Grundlagen des Kernreaktors und diente in der Folge einer ganzen Generation von Reaktorphysikern und Kerningenieuren als Einführung. In der kurzen, seit seinem Erscheinen verstrichenen Zeitspanne ist dieses Buch bereits ein klassisches Werk geworden.

Trotz der stürmischen Entwicklung, die die Kerntechnik in der Zwischenzeit durchmachte, hat das Buch von Glasstone und Edlund — nicht zuletzt dank seiner pädagogischen Klarheit — seinen Ruf als eines der besten einführenden Lehrbücher bewahrt. Diese Tatsache hat Prof. W. Glaser bewogen, es durch Übersetzung ins Deutsche einem noch größeren Leserkreis zu erschließen. Mitten in dieser Arbeit wurde W. Glaser durch eine tückische Krankheit aus dem Leben gerissen. Als Schüler und Freund oblag es mir, die Übersetzung seinen Intentionen gemäß fertigzustellen. Die Herren G. Adam, H. Grünwald und F. Putz haben insbesondere an den Korrekturarbeiten mitgewirkt.

In Übereinstimmung mit den Autoren wurde die Übersetzung verhältnismäßig frei behandelt. Verschiedene Stellen wurden gerafft, andere stärker aufgeschlossen. Dabei wurde versucht, den Charakter des Originals so weit als möglich zu wahren. Die Zahlenwerte wurden fast durchwegs durch neuere Daten ersetzt. Zusätzliche Literaturhinweise ermöglichen den Anschluß an die Entwicklung der letzten Jahre und führen zu tiefergehenden Darstellungen von Spezialfragen.

Wien, im April 1961 **H. Grümm**

Inhaltsverzeichnis

Seite

I. Kernstruktur und Stabilität ... 1

Charakteristische Eigenschaften der Atomkerne ... 1

   Protonen und Neutronen ... 1
   Ordnungszahl und Massenzahl ... 2
   Isotope und Nuklide ... 2

Radioaktivität ... 3

   Radioaktive Isotope ... 3
   Radioaktive Umwandlungen ... 5
   Das radioaktive Zerfallsgesetz ... 6

Kernbindungsenergie ... 7

   Kernkräfte ... 7
   Massendefekt und Bindungsenergie ... 7
   Tröpfchenmodell des Kerns ... 9
   Halbempirische Berechnung der Bindungsenergien ... 10
   Kernkräfte und Stabilität ... 13

II. Kernreaktionen ... 13

Ausbeute bei Kernreaktionen ... 13

   Vergleich von Kern- und chemischen Reaktionen ... 13
   Wechselwirkung von Neutronen mit Kernen ... 15
   Neutronenwellenlänge ... 15

Das Zwischenkernmodell ... 16

   Der Mechanismus der Kernreaktionen ... 16
   Anregungsenergie eines Zwischenkerns ... 17
   Statistische Verteilung der Energie im Kern ... 18
   Kernenergie-Niveaus ... 19
   Lebensdauer und Niveaubreite ... 20

Resonanzabsorption ... 21

   Bedingungen für Resonanz ... 21
   Die Breit-Wigner-Formel ... 22
   Anwendungen der Breit-Wigner-Formel ... 23

Streuung von Neutronen ... 25

   Die Natur der Streuung ... 25
   Inelastische Streuung ... 25
   Elastische Streuung ... 26

III. Erzeugung von Neutronen — Neutronenreaktionen ... 27

Erzeugung von Neutronen ... 27

   α-Teilchen und leichte Kerne ... 27
   Photoneutronenquellen ... 27
   Verwendung von Beschleunigern ... 28

Bremsung von Neutronen ... 29

   Streuung und Bremsung ... 29
   Die Maxwell-Boltzmannsche Verteilung ... 29

Seite

Reaktionen mit langsamen Neutronen 31
   Typen von Einfangreaktionen 31
   Strahlungseinfang 32
   Emission von α-Teilchen und Protonen 34
   Kernspaltung 35
Reaktionen mit schnellen Neutronen 35
   Einfang- und Spaltreaktionen 35
Wirkungsquerschnitte von Neutronen 36
   Die Bedeutung des Wirkungsquerschnittes 36
   Makroskopische Wirkungsquerschnitte 37
   Mittlere freie Weglänge und Relaxationslänge 38
   Ausbeuten von Neutronenreaktionen 39
   Polyenergetische Neutronensysteme 39
   Streuquerschnitte 42
Messung von Wirkungsquerschnitten 43
   Durchstrahlungsmethode 43
   Aktivierungsmethode 43
Meßergebnisse für die Wirkungsquerschnitte 45
   Änderung des Wirkungsquerschnittes mit der Neutronenenergie 45
   Das Resonanzgebiet 46
   Das Gebiet der schnellen Neutronen 47
   Große Niveaubreiten 47
   Elemente mit niedriger Massenzahl 48
   Thermische Wirkungsquerschnitte 48
Nachweis und Zählung von Neutronen 50
   Sekundär-Ionisationszähler 50
   Aktivierungsdetektoren 50

IV. Der Spaltungsprozeß 51
Besonderheiten der Spaltungsreaktion 51
   Einleitung 51
   Emission von Neutronen 52
   Die Spaltprodukte 55
   Die Spaltungsenergie 57
   Der Mechanismus der Kernspaltung 59
   Spaltung durch schnelle und langsame Neutronen 62
Die Spaltungs-Kettenreaktion 64
   Bedingungen für eine sich selbst erhaltende Kettenreaktion 64
   Neutronenbilanz in einer Kettenreaktion 66
   Reaktortypen 66
   Der Multiplikationsfaktor für thermische Reaktoren 67
   Sickerverluste von Neutronen 69
   Die kritische Größe des Reaktors 70
   Die Steuerung des Reaktors 71
   Die Wirkung der verzögerten Neutronen 71

V. Die Neutronendiffusion 73
Elementare Diffusionstheorie 73
   Die Transport- und Diffusionsgleichungen 73
   Die Neutronenstromdichte 75
   Transportkorrekturen an der elementaren Diffusionstheorie 78
   Diffusionskoeffizient und Neutronenstromdichte 84
   Berechnung der Sickerverluste 85

Seite

Die Diffusionsgleichung und ihre Anwendungen 86

Die Diffusionsgleichung 86
Randbedingungen 87
Lösung der Diffusionsgleichung: Die Wellengleichung 90
Punktquelle im unendlich ausgedehnten Medium 90
Unendlich ausgedehnte ebene Quelle 92
Unendliche ebene Quelle in einem Medium endlicher Dicke 94
Ebene Quelle und zwei Schichten endlicher Dicke 97

Die Diffusionslänge 98

Die Bedeutung der Diffusionslänge 98
Messung der Diffusionslänge...................................... 100
Harmonische Glieder und Endkorrekturen 107
Experimentelle Ergebnisse 108

Diffusionskerne 108

Integralform der Diffusionsgleichung; Diffusionskerne in unendlich
ausgedehnten Medien 108

Die Albedo-Konzeption 110

Die Albedo in der Diffusionstheorie 110
Berechnung der Albedo.. 111

Fall I. Unendlich ausgedehnte ebene Schicht 111
Fall II. Schicht mit endlicher Dicke 111
Fall III. Kugel im unendlich ausgedehnten Medium 112

Albedo und Diffusionseigenschaften 113
Albedo als Randbedingung.. 113
Zahl der Grenzpassagen 114
Experimentelle Bestimmung der Albedo 115

VI. Die Bremsung von Neutronen 116

Neutronen-Streuung 116

Die Mechanik des elastischen Stoßes.............................. 116
Die Energieänderung bei der Streuung 119
Das Streugesetz 120
Mittleres logarithmisches Energiedekrement 121
Bremsvermögen und Bremsverhältnis 123
Die Lethargie 124

Bremsung in einem unendlich ausgedehnten, nicht absorbierenden Medium 124

Bremsung in Wasserstoff 125
Bremsdichte in Wasserstoff 127
Die Bremsung in Medien mit $A > 1$ 128

Fall I. Neutronenenergien im Intervall von E_0 bis αE_0
($\alpha E_0 \leqq E \leqq E_0$) 128
Fall II. Neutronenenergien unter αE_0 ($E < \alpha E_0$) 130
Fall III. Asymptotischer Fall ($E \ll \alpha E_0$) 134

Bremsung in einem homogenen Gemisch mehrerer Kernarten...... 135
Messung der Bremsdichte 138

Bremsung mit Absorption im unendlich ausgedehnten Medium 139

Bremsung mit Einfang im Wasserstoffmoderator 139
Bremsung mit Einfang in Medien mit $A > 1$...................... 141
Bremsnutzung für weit voneinander entfernte Resonanzstellen 142
Bremsnutzung bei schwach veränderlicher Absorption 145
Bremsnutzung für schwachen Resonanzeinfang...................... 147

Seite

Die Alterstheorie nach Fermi 148
    Das Modell der stetigen Bremsung............................... 148
    Die Altersgleichung ohne Absorption 150
    Lösung der Altersgleichung 152
        Fall I. Ebene Quelle von schnellen, monoenergetischen Neutronen
        in einem unendlich ausgedehnten Gebiet 152
        Fall II. Punktquelle von schnellen, monoenergetischen Neutronen
        in einem unendlich ausgedehnten Gebiet 155
    Die Bremsdichte in der Umgebung einer Punktquelle 156
    Die physikalische Bedeutung des Fermi-Alters 156
    Experimentelle Bestimmung des Alters.......................... 157
    Diffusions- und Bremszeit..................................... 158
    Bremsung und Diffusion schneller Neutronen einer unendlichen
    ebenen Quelle in einem unendlich ausgedehnten Medium 159
    Die Altersgleichung bei schwacher Absorption 162

VII. Der homogene thermische Reaktor ohne Reflektor 164
    Die kritische Gleichung....................................... 164
        Quellneutronen und Alterstheorie 165
        Der Übergang zum kritischen Zustand 167
        Die kritische Bedingung 171
        Materielle und geometrische Flußwölbung 172
        Neutronengleichgewicht in einem thermischen Reaktor 173
        Die Generationszeit 176
    Die geometrische Flußwölbung 176
        Reaktoren verschiedener Gestalt........................... 176
            Fall I. Unendlich ausgedehnter Plattenreaktor von endlicher Dicke 176
            Fall II. Der quaderförmige Reaktor 178
            Fall III. Der kugelförmige Reaktor 179
            Fall IV. Der zylindrische Reaktor 180
        Kleinstes Volumen für einen zylindrischen Reaktor......... 183
        Zusammenfassung und Übersicht 183
    Eigenschaften von kritischen Reaktoren 185
        Große Reaktoren.. 185
        Berechnung der Größe (des kritischen Volumens) und der Zusammen-
        setzung 186
        Experimentelle Bestimmung des kritischen Volumens 188
        Kritische Masse, kritischer Radius und stoffliche Zusammensetzung... 190

VIII. Der homogene Reaktor mit Reflektor: Die Gruppendiffusions-Methode... 191
    Allgemeine Betrachtungen...................................... 191
        Eigenschaften eines Reflektors........................... 191
    Die Gruppendiffusions-Methode 192
        Einleitung... 192
        Gruppenkonstanten 193
        Eine Neutronengruppe..................................... 195
            Fall I. Die unendliche Platte 196
        Reflektorgewinn 199
            Fall II. Der kugelförmige Reaktor mit Reflektor...... 200
        Verhältnis des maximalen zum mittleren Neutronenfluß im Platten-
        reaktor 201
        Zwei Neutronengruppen.................................... 203
        Mehrgruppenmethode 209

Seite

IX. Heterogene (Natururan-) Reaktoren 211

Die Kettenreaktion im Natururan 211
   Spaltung durch thermische Neutronen 212

Resonanzeinfang im Natururan 213
   Das effektive Resonanzintegral 213

Eigenschaften heterogener Systeme 217
   Resonanzeinfang: Volums- und Oberflächenabsorption............. 217
   Bremsnutzung 221
   Vorteile und Nachteile heterogener Systeme 222
   Berechnung der thermischen Nutzung............................ 223
   Berechnung der Bremsnutzung 229
   Berechnung des Spaltfaktors für schnelle Neutronen.............. 232

Makroskopische Reaktortheorie 235
   Berechnung der materiellen Flußwölbung........................ 235
   Der Exponentialversuch 237
   Der zylindrische Reaktor 240

X. Das Zeitverhalten eines nackten thermischen Reaktors 242

Zeitverhalten mit prompten Neutronen 242
   Die Diffusionsgleichung für den instationären Zustand............. 243
   Die Reaktorperiode... 245

Zeitverhalten mit verzögerten Neutronen 245
   Die Diffusionsgleichung mit verzögerten Neutronen 246
   Die reziproke Stunde als Reaktivitätsmaß 251
   Eine verzögerte Neutronengruppe 252
   Kleine Reaktivitäten 257
   Große Reaktivitäten... 258
   Negative Reaktivität 259

XI. Reaktorregelung 260

Störung des Neutronenhaushalts 260
   Temperatureffekte 261
   Die Wirkung der Spaltprodukte 261

Absorberstäbe.. 262
   Die Wirkungsweise der Absorberstäbe 262
   Theorie des Absorberstabes: Eingruppenmethode 263
   Theorie des Absorberstabes: Zweigruppenmethode 267
   Theorie des exzentrischen Absorberstabes 270

Vergiftung durch Spaltprodukte 273
   Jodkonzentration.. 274
   Xenonkonzentration 275
   Berechnung der Vergiftung..................................... 276
   Einfluß der Vergiftung auf die Reaktivität 277
   Xenonaufbau nach einer Schnellabschaltung 278
   Samariumvergiftung 280

Temperaturkoeffizienten der Reaktivität 281
   Einflüsse der Temperatur auf die Reaktivität.................... 281
   Der nukleare Temperaturkoeffizient 281
   Der Dichte-Temperaturkoeffizient 284

XII. Allgemeine Theorie homogener multiplizierender Systeme 286

Unendliche Bremskerne 286
   Gaußsche Kerne (Alterstheorie) 286
   Gruppendiffusionskerne 287

Seite

Die allgemeine Reaktorgleichung 289
   Die Bremsdichte 289
   Die allgemeine Diffusionsgleichung 290
   Endliche und unendliche Kerne 292
   Die Lösung der Reaktorgleichung.............................. 293
   Die Bedeutung der Fourier-Transformierten................... 295
   Annäherung an den kritischen Zustand 295
   Der kritische Zustand 297
   Die asymptotische Reaktorgleichung und die materielle Flußwölbung.. 298
Die kritische Gleichung für verschiedene Bremskerne 300
   Die Verbleibwahrscheinlichkeit während der Bremsung........... 300
   Momentenform der kritischen Gleichung 300
   Gaußsche Kerne und kritische Gleichung 302
   Die kritische Gleichung für einen Gaußschen Bremskern unter Berücksichtigung des Spaltspektrums................................. 303
   Diffusions-Bremskerne für zwei Gruppen 305
   Faltung von Diffusionsbremskernen: Bremsung in Wasser.......... 306

XIII. Störungstheorie 308
   Allgemeine Theorie 308
     Adjungierte und selbstadjungierte Operatoren.................. 309
   Anwendungen der Störungstheorie 312
     Anwendung auf die Eingruppenmethode 312
     Das statistische Gewicht..................................... 313
     Vergiftung eines Reaktors und Gefährdungskoeffizient 314
     Anwendung auf die Zweigruppenmethode 316

XIV. Transporttheorie und Neutronendiffusion 318
   Aufstellung der Transportgleichung 318
     Die monoenergetische Transportgleichung...................... 319
     Die eindimensionale Transportgleichung 321
     Entwicklung der Streuquerschnitte nach Kugelfunktionen.......... 322
   Die Transportgleichung und die Diffusionstheorie 323
     Elementare Diffusions-Näherung 323
     Verallgemeinertes Ficksches Gesetz und Anwendbarkeit der elementaren Diffusionstheorie 325
     Asymptotische Lösung der Transportgleichung in einem nicht absorbierenden Medium.. 327
     Asymptotische Lösung der Transportgleichung in einem absorbierenden Medium... 328
     Die Diffusionslänge 331
   Strenge Lösung der Transportgleichung 331
     Unendliche, ebene, isotrope Quelle in einem unendlich ausgedehnten Medium... 331
     Asymptotische und nichtasymptotische Lösungen.................. 332
   Randbedingungen 333
     Trennfläche zwischen zwei Medien 333
     Trennfläche zwischen einem Medium und dem Vakuum 335
     Die Extrapolationsdistanz 335

Sachverzeichnis 337

I. Kernstruktur und Stabilität[1]

Charakteristische Eigenschaften der Atomkerne

Protonen und Neutronen

1.1. Die Wirkungsweise der Kernreaktoren hängt von verschiedenen Arten der Wechselwirkung von Neutronen mit Atomkernen ab. Um die Natur und die charakteristischen Eigenschaften dieser Reaktionen zu verstehen, ist es notwendig, einen kurzen Überblick über die wesentlichen Grundlagen der Kernstruktur und der Kernenergie zu geben.

1.2. Ein Atom besteht aus einem positiv geladenen Kern, der von einer bestimmten Zahl negativ geladener Elektronen umgeben ist, so daß das Atom als ganzes elektrisch neutral erscheint. Chemische Energie, wie sie bei der Verbrennung von Kohle und Öl entsteht, beruht auf Vorgängen in den *Elektronenhüllen* der beteiligten Atome. Bei den Prozessen, die im Reaktor vor sich gehen und die zur Freisetzung von Atomenergie führen, kommt dagegen lediglich der *Atomkern* ins Spiel und die Elektronen können vernachlässigt werden. Die Atomenergie ist also eine Folge der Umordnung von Teilchen innerhalb des Atomkerns. Aus diesem Grunde wird häufig der Ausdruck *Kernenergie* verwendet, der genauer ist als der historische Name Atomenergie.

1.3. Atomkerne sind aus zwei Arten von Primärteilchen aufgebaut, den sogenannten *Protonen* und *Neutronen*. Weil Protonen und Neutronen Einheiten darstellen, aus denen sich die Kerne zusammensetzen, und auch aus anderen Gründen, bezeichnet man sie häufig allgemein als *Nukleonen*. Beide, Protonen wie Neutronen, können im freien Zustand, d. h. außerhalb des Atomkerns existieren, und ihre individuellen Eigenschaften können so studiert werden.

1.4. Das Proton trägt eine positive Einheitsladung, die der Größe nach der Elektronenladung gleich ist. Dieses Teilchen ist identisch mit dem Kern eines Wasserstoffatoms, d. h. mit einem Wasserstoffatom ohne Elektron. Die Masse eines Protons ist daher gleich der Masse eines Wasserstoffatoms, vermindert um die Masse eines Elektrons. Ausgedrückt in atomaren Masseneinheiten (abgekürzt ME[2]) hat man

$$\text{Masse des Wasserstoffatoms} = 1{,}008144 \text{ ME,}$$
$$\text{Masse des Protons} = 1{,}007595 \text{ ME.}$$

1.5. Das Neutron, das für die Freisetzung der Kernenergie grundlegende Bedeutung hat, ist elektrisch neutral. Es erleidet daher keine elektrische

---

[1] *Weiterführende Literatur:* H. A. BETHE und PH. MORRISON: Elementary Nuclear Theory. New York 1956. — D. HALLIDAY: Introductory Nuclear Physics. New York 1950. — W. RIEZLER: Einführung in die Kernphysik. München 1958. — *Handbuch der Physik*, Bd. 38 und 39. Berlin-Göttingen-Heidelberg 1958. — W. FINKELNBURG: Einführung in die Atomphysik. Berlin-Göttingen-Heidelberg, 5. und 6. Aufl. 1958.

[2] Die atomare Masseneinheit wird durch die Masse des O^{16}-Atoms, des häufigsten Sauerstoffisotops, definiert. Die Masse dieses Atoms wird exakt gleich 16 ME gesetzt (vgl. § 1.27).

Abstoßung, wenn es sich einem (positiv geladenen) Kern von außen nähert; im Gegensatz zu einem positiv geladenen Teilchen, z. B. einem Proton. Die Masse eines Neutrons ist ein wenig größer als die eines Protons und sogar größer als die eines Wasserstoffatoms:

$$\text{Masse des Neutrons} = 1{,}008983\ \text{ME}.$$

Methoden zur Erzeugung von Neutronen und deren Wechselwirkung mit Atomkernen werden später behandelt.

Ordnungszahl und Massenzahl

1.6. Die Zahl der im Kern eines gegebenen Elements vorhandenen Protonen, die der Zahl seiner positiven Ladungen gleich ist, wird *Ordnungszahl* des Elements genannt. Sie wird gewöhnlich durch das Symbol Z dargestellt und ist, von wenigen Ausnahmen abgesehen, gleich der Nummer des Elements in der nach wachsendem Atomgewicht geordneten Elementenreihe. So ist die Ordnungszahl von Wasserstoff 1, von Helium 2, von Lithium 3 usw. bis hinauf zu 92 für Uran, dem Element mit dem höchsten Atomgewicht, das in der Natur in merklicher Menge existiert. Eine Anzahl schwererer Elemente, unter denen Plutonium mit der Ordnungszahl 94 für die Freisetzung der Kernenergie von Bedeutung ist, werden künstlich hergestellt.

1.7. Die Gesamtzahl der Protonen und Neutronen in einem Atomkern wird *Massenzahl* des Kerns genannt und mit A bezeichnet. Die Zahl der Protonen ist, wie oben festgestellt wurde, gleich Z; die Zahl der Neutronen in einem gegebenen Atomkern ist daher gleich $A - Z$. Da sowohl Neutronen wie auch Protonen Massen besitzen, die nahe der Einheit des Atomgewichts liegen, ist es einleuchtend, daß die Massenzahl eine dem Atomgewicht der betrachteten Kernart nahe gelegene ganze Zahl ist.

Isotope und Nuklide

1.8. Die chemische Natur eines Elements wird durch die Ordnungszahl, d. h. die Zahl der Protonen, und nicht durch das Atomgewicht bestimmt. Die chemischen Eigenschaften hängen nämlich von den Elektronen ab, deren Zahl im neutralen Atom gleich der Ordnungszahl ist. Folglich werden Atome, deren Kerne die gleiche Anzahl von Protonen enthalten (d. h. solche mit der gleichen Ordnungszahl), aber mit verschiedener Anzahl von Neutronen (d. h. mit verschiedenen Massenzahlen), im wesentlichen chemisch identisch sein, obwohl sie häufig ausgeprägte Unterschiede der Kernstabilität aufweisen. Kerne, welche die gleiche Ordnungszahl, aber verschiedene Massenzahlen haben, werden *Isotope* genannt.

1.9. Die meisten in der Natur vorkommenden Elemente existieren in zwei oder mehr stabilen Isotopenformen, welche auf chemischem Wege nicht unterschieden werden können, obwohl ihre Massenzahlen und ihre Atomgewichte verschieden sind. Bisher (1960) wurden insgesamt 267 stabile und 62 instabile Isotopenarten in der Natur gefunden. Weit mehr instabile Arten, fast 1000, wurden durch verschiedene Kernreaktionen künstlich erzeugt. Um die verschiedenen Isotopenarten eines bestimmten Elements zu unterscheiden, ist es üblich, gemeinsam mit dem Namen oder dem Symbol des Elements die Massenzahl anzugeben. So wird das Uranisotop der Massenzahl 238 dargestellt durch Uran-238 oder U^{238}.

1.10. Das Element Uran, welches zur Zeit für die Freisetzung von Kernenergie ausschlaggebend ist, kommt in der Natur in wenigstens drei Isotopenformen mit den Massenzahlen 234, 235 und 238 vor. Die Häufigkeit, mit der die Isotope im natürlichen Uran auftreten, und ihre Atomgewichte in atomaren Masseneinheiten sind in Tab. 1.10 angegeben. Man sieht, daß Uran-238 das bei weitem häufigste Isotop ist, und daß natürliches Uran etwas mehr als 0,7% Uran-235 enthält. Der Anteil von Uran-234 ist so klein, daß er beim Studium von Kernreaktoren gewöhnlich vernachlässigt werden kann.

Tabelle 1.10. *Isotopengehalt von natürlichem Uran*

Massenzahl	%	Isotopenmasse
234	0,006	234,11
235	0,718	235,13
238	99,276	238,12

1.11. Obwohl die meisten Elemente in der Natur als Isotopengemische existieren, kommen rund 20 nur in einer einzigen Art vor. Deshalb — und aus anderen Gründen — hat es sich als wünschenswert erwiesen, den Begriff *Nuklid* einzuführen. Er beschreibt eine Atomart, die eindeutig durch die Zusammensetzung ihres Kernes, d. h. durch die Zahl der Protonen und Neutronen, die dieser enthält, charakterisiert ist. Ein Isotop ist folglich eines aus einer Gruppe von zwei oder mehr Nukliden, welche dieselbe Anzahl von Protonen, d. h. dieselbe Ordnungszahl haben, jedoch eine verschiedene Anzahl von Neutronen aufweisen. Von einem Element wie Fluor, welches nur in einer Art in der Natur vorkommt, sagt man, daß es ein einziges Nuklid bildet.

Radioaktivität

Radioaktive Isotope

1.12. Wir haben oben erwähnt, daß in der Natur instabile Isotope vorkommen. Die radioaktiven (oder instabilen) Isotope (oder Nuklide) erfahren spontane, mit bestimmten Geschwindigkeiten vor sich gehende Umwandlungen, die man radioaktiven Zerfall nennt. Dieser Zerfall wird von der Emission eines elektrisch geladenen Teilchens aus dem Atomkern begleitet; es wird entweder ein α-Teilchen emittiert (identisch mit dem Heliumkern) oder ein β-Teilchen (identisch mit dem Elektron). Häufig sind die Zerfallsprodukte selbst wieder radioaktiv, indem sie ihrerseits ein α- oder ein β-Teilchen ausstoßen. Nach einer Anzahl von Zerfallsstufen tritt schließlich eine Atomart mit einem stabilen Kern auf.

1.13. Wenn ein Kern einen radioaktiven Zerfall erleidet, befindet sich der Tochterkern in vielen Fällen nicht im niedrigsten Energiezustand (*Grundzustand*), sondern in einem *angeregten Zustand*, d. h. er besitzt einen Energieüberschuß gegenüber dem Grundzustand. Innerhalb sehr kurzer Zeit (etwa 10^{-15} sec) nach seiner Entstehung sendet der angeregte Kern die Überschuß- oder *Anregungsenergie* in Form von Strahlung, sogenannter γ-Strahlung aus. Diese Strahlung ist der Röntgenstrahlung ähnlich; sie ist sehr durchdringend und hat Wellenlängen im Gebiet von 10^{-8} bis 10^{-11} cm oder weniger. Je größer die Anregungsenergie des Kernes ist, um so kürzer ist die Wellenlänge der emittierten γ-Strahlung.

1.14. Während die Elemente mit den höchsten Ordnungszahlen, angefangen von Polonium ($Z = 84$), nur in instabilen, radioaktiven Formen vorkommen, treten Thallium (81), Blei (82) und Wismut (83), die in der Natur zum größten Teil als stabile Isotope existieren, in einem gewissen Ausmaß auch als instabile

Isotope auf. Mit wenigen Ausnahmen, welche hier nicht wichtig sind, bestehen die natürlichen Elemente unterhalb des Thalliums aus stabilen Nukliden. In den letzten Jahren wurden jedoch durch verschiedene Kernreaktionen von allen bekannten Elementen instabile, d. h. radioaktive Isotope künstlich hergestellt.

1.15. Aus Gründen, welche später (§ 1.45) klar werden, sind nur jene Nuklide stabil, deren *Neutron-Proton-Verhältnis* in einem bestimmten, begrenzten Be-

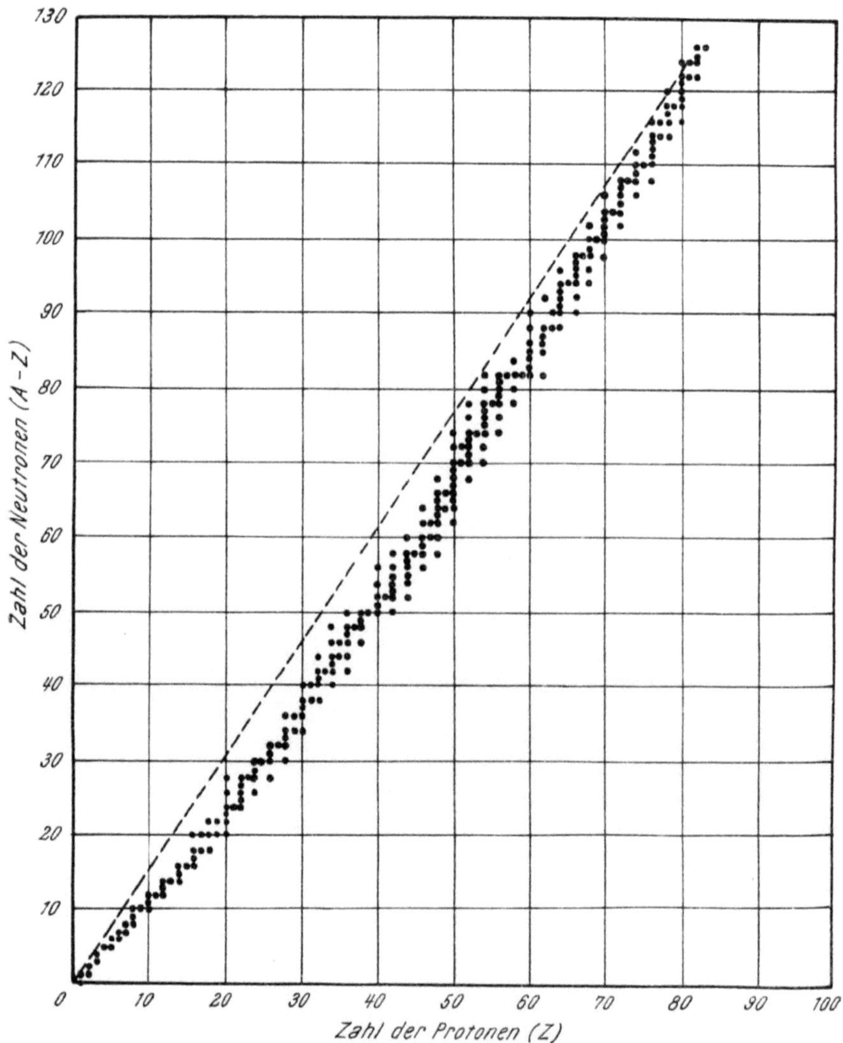

Abb. 1.15. Zahl der Neutronen und Protonen in stabilen Kernen

reich liegt. Dies kann man aus Abb. 1.15 ersehen, in der die Zahl der Neutronen (Ordinate) gegenüber der Zahl der Protonen (Abszisse) für die bekannten stabilen Atomkerne aufgetragen ist. Man erkennt, daß die Punkte, entsprechend dem begrenzten Stabilitätsbereich des Neutron-Proton-Verhältnisses für irgendeine Massenzahl (oder Ordnungszahl), innerhalb eines relativ engen Bandes liegen. Mit der Massenzahl wächst das für Stabilität günstige Neutron-Proton-Verhältnis stetig von 1,00 auf ungefähr 1,56 an.

Radioaktive Umwandlungen

1.16. Wenn das Neutron-Proton-Verhältnis im Kern einer bestimmten Atomart außerhalb des Stabilitätsbereichs für deren Massenzahl liegt, ist der Atomkern radioaktiv. Der instabile Kern erleidet dann eine spontane Umwandlung in Richtung zunehmender Stabilität. Enthält der Kern z. B. mehr Neutronen oder, was dasselbe ist, weniger Protonen, als für die Stabilität erforderlich sind, so wandelt sich ein Neutron spontan in ein Proton um. Gleichzeitig wird ein Elektron, d. h. ein negatives β-Teilchen, ausgeschleudert:

$$\text{Neutron} \rightarrow \text{Proton} + \text{negatives } \beta\text{-Teilchen}$$

	Neutron	Proton	negatives β-Teilchen
Ladung	0	$+1$	-1
Masse	1	1	0

Die Massenzahl des Elektrons, d. h. seine auf die nächste ganze Zahl abgerundete Masse, welche den 1837. Teil der Wasserstoffatommasse beträgt, ist dabei gleich Null zu setzen. Ladung und Masse auf der linken Seite der obenstehenden Bilanz (Neutron) sind dann gleich der Ladung und Masse auf der rechten Seite (Proton + negatives β-Teilchen). Es sei erwähnt, daß beim β-Zerfall ein weiteres Teilchen, das sogenannte *Neutrino* (Masse und Ladung gleich Null) gebildet wird und einen Teil der bei der radioaktiven Umwandlung freiwerdenden Energie mit sich fortträgt.

1.17. Bei der oben beschriebenen Umwandlung tritt ein Proton an die Stelle eines Neutrons, so daß die Ordnungszahl des Tochterelements um Eins größer ist als die des Ausgangselements, während die Massenzahl unverändert bleibt. Der radioaktive (negative) β-Zerfall führt mit anderen Worten zur Bildung einer isotopen Form eines anderen Elements mit derselben Massenzahl wie das Ausgangselement, wobei das Neutron-Proton-Verhältnis nun kleiner ist als im Kern des Ausgangselements. Der Tochterkern wird daher im allgemeinen stabiler sein als der Ausgangskern. Er muß indessen nicht vollständig stabil, sondern kann gleichfalls radioaktiv sein, indem er ein negatives β-Teilchen aussendet und so zu einem Isotop des Nachbarelements wird. Nach einer, zwei oder mehr Stufen, bei denen jedesmal ein Neutron durch ein Proton ersetzt und ein negatives β-Teilchen ausgesendet wird, bildet sich schließlich eine stabile Kernart.

1.18. Ein Nuklid ist auch dann instabil, wenn das Neutron-Proton-Verhältnis für diese spezielle Massenzahl zu klein ist. In diesem Fall wird ein Proton in ein Neutron verwandelt und gleichzeitig ein Positron, d. h. ein positives β-Teilchen, ausgesendet:

$$\text{Proton} \rightarrow \text{Neutron} + \text{positives } \beta\text{-Teilchen}$$

	Proton	Neutron	positives β-Teilchen
Ladung	$+1$	0	$+1$
Masse	1	1	0

Die Ordnungszahl des Tochterkerns ist in diesem Falle um Eins kleiner als jene des Ausgangskerns, obwohl die Massenzahl gleich bleibt. Die Tochtersubstanz kann gleichfalls radioaktiv sein. Auf jeden Fall wird nach einer oder mehreren Stufen des positiven β-Zerfalls ein stabiler Kern gebildet, dessen Neutron-Proton-Verhältnis innerhalb des Stabilitätsbereichs liegt.

1.19. Es gibt zwei andere Wege, auf welchen ein Kern mit einem stabilitätsmäßig zu kleinen Neutron-Proton-Verhältnis stabiler werden kann. Der eine besteht in der *Emission eines α-Teilchens* (§ 1.12), der andere im *Einfang eines* *negativen Elektrons* aus der Umgebung des Atoms durch den Kern, also in der Umkehrung des in § 1.16 beschriebenen Prozesses. In jedem Fall ist die Umwandlung mit einer Zunahme des Neutron-Proton-Verhältnisses verbunden. Diese beiden Arten des radioaktiven Zerfalls spielen bei Kernreaktoren keine wesentliche Rolle und brauchen hier nicht näher betrachtet zu werden.

Das radioaktive Zerfallsgesetz

1.20. Für die Kerne einer radioaktiven Substanz besteht zu jedem Zeitpunkt eine gewisse Wahrscheinlichkeit, in der darauffolgenden Zeiteinheit zu zerfallen. Diese Zerfallswahrscheinlichkeit ist für die betreffende Atomart charakteristisch und hat einen konstanten, auf keine Weise veränderbaren Wert. Sie ist für alle chemischen und physikalischen Zustände des Elements und bei allen erreichbaren Drucken und Temperaturen gleich. In einer gegebenen Substanz ist die Zerfallsgeschwindigkeit stets direkt proportional zur augenblicklich vorhandenen Zahl an radioaktiven Atomen des betrachteten Isotops. Wenn also N die Zahl der radioaktiven Atome zur Zeit t ist, dann ist die Zerfallsgeschwindigkeit gegeben durch

$$\frac{dN}{dt} = -\lambda N. \tag{1.20.1}$$

λ wird die *Zerfallskonstante* der radioaktiven Substanz genannt. Durch Integration zwischen einem Zeitpunkt $t_0 = 0$, in dem N_0 Teilchen der betrachteten Art vorliegen, und einem Zeitpunkt t, in dem N Teilchen vorhanden sind, findet man leicht

$$N = N_0\, e^{-\lambda t}. \tag{1.20.2}$$

1.21. Die Zerfallsgeschwindigkeit eines bestimmten Kernes wird zweckmäßig durch seine *Halbwertszeit* gekennzeichnet. Sie ist definiert als die Zeitspanne, während der die Hälfte der anfänglich vorhandenen aktiven Kerne zerfällt. Wird also in (1.20.2) N gleichgesetzt mit $N_0/2$ so entspricht dem die Halbwertszeit T:

$$e^{-\lambda T} = \frac{1}{2}$$

der

$$T = \frac{\ln 2}{\lambda} = \frac{0,6931}{\lambda}. \tag{1.21.1}$$

Die Halbwertszeit ist also zur Zerfallskonstanten umgekehrt proportional. Die Halbwertszeiten der bekannten radioaktiven Substanzen bewegen sich zwischen Bruchteilen einer Sekunde und Milliarden von Jahren.

1.22. Im Zeitelement dt, das auf t folgt, zerfallen nach (1.20.1) $-dN = \lambda N\,dt$ Atomkerne. Als mittlere Lebensdauer definiert man daher

$$t_m = \frac{\displaystyle\int_0^\infty t\lambda N\,dt}{\displaystyle\int_0^\infty \lambda N\,dt} = \frac{\displaystyle\int_0^\infty t\, e^{-\lambda t}\,dt}{\displaystyle\int_0^\infty e^{-\lambda t}\,dt} = \frac{1}{\lambda}. \tag{1.22.1}$$

Die mittlere Lebensdauer (durchschnittliche Lebenserwartung) ist also gleich dem reziproken Wert der Zerfallskonstanten.

Kernbindungsenergie
Kernkräfte

1.23. Bei den Atomkernen ist nicht so sehr die Tatsache bemerkenswert, daß einige von ihnen instabil oder radioaktiv sind, sondern eher, daß sie überhaupt Stabilität aufweisen. Man sollte auf den ersten Blick annehmen, daß ein so eng gelagertes System von positiv geladenen Protonen, wie es im Atomkern vorliegt, wegen der elektrostatischen Abstoßung der Ladungen auseinanderfliegen muß. Die Stabilität der Atomkerne hängt offenkundig, wenigstens zum Teil, mit der zusätzlichen Anwesenheit von Neutronen zusammen.

1.24. Die Existenz des stabilen Deuteriumkerns, des Wasserstoffisotops mit der Massenzahl 2, zeigt, daß in diesem aus einem Neutron und einem Proton bestehenden System zwischen beiden Kernbausteinen anziehende Kräfte vorhanden sein müssen. Außerdem gibt es gute Gründe zu der Annahme, daß über die kleinen Entfernungen im Atomkern hinweg auch Anziehungskräfte zwischen Protonen untereinander und Neutronen untereinander wirksam sind. Die Stabilität des Helium-3-Kernes zum Beispiel, der aus einem Neutron und zwei Protonen besteht, beweist die Existenz von anziehenden Kräften zwischen Protonen innerhalb des Atomkernes. Obwohl man anziehende Kräfte zwischen Neutron und Neutron, Proton und Proton sowie Proton und Neutron annimmt, ist über die Natur dieser Kräfte wenig bekannt. Das Problem der Kernkräfte konnte bisher vom theoretischen Standpunkt aus noch nicht befriedigend behandelt werden; wir begnügen uns daher in diesem Buch mit einer von den Kernmassen ausgehenden, halbempirischen Betrachtungsweise.

Massendefekt und Bindungsenergie

1.25. Wenn die Kernkräfte keine Energieänderungen bedingen würden, wäre die Masse des Kernes gleich der Summe aus den Massen der Z Protonen und der $A - Z$ Neutronen (§ 1.7). Die gesamte Masse des Atoms würde dann gleich der Summe aus den Massen dieser Größen und der Masse von Z Elektronen sein. Da ein Proton und ein Elektron zusammen ein Wasserstoffatom bilden, könnte man annehmen, daß die Masse eines Atoms irgendeines Nuklids der Ordnungszahl Z und der Massenzahl A gleich sein sollte der Masse von Z Wasserstoffatomen und $A - Z$ Neutronen, also gleich $Z m_H + (A - Z) m_n$, wobei m_H und m_n die Massen des Wasserstoffatoms bzw. des Neutrons bedeuten.

1.26. Die experimentelle Bestimmung von Atommassen zeigt indessen, daß sie immer kleiner sind als die eben berechneten Werte. Der Unterschied zwischen der berechneten Masse und der experimentell ermittelten Masse M, der sogenannte *Massendefekt*, wird dargestellt durch

$$\text{Massendefekt} = Z m_H + (A - Z) m_n - M. \qquad (1.26.1)$$

Dieser Massendefekt stellt jenen Massenbruchteil dar, der beim hypothetischen Kernaufbau aus der nötigen Anzahl von Elektronen, Protonen und Neutronen in Form von Energie freigesetzt würde. Natürlich müßte die gleiche Menge an Energie dem Atom zugeführt werden, um es wieder in seine Grundbestandteile zu zerlegen. Das Energieäquivalent des Massendefekts wird daher als Maß für die *Bindungsenergie* der speziellen Atomart genommen.

1.27. Zur Bestimmung des *Energieäquivalents* verwendet man die Einsteinsche *Masse-Energie-Beziehung*

$$E = m c^2, \qquad (1.27.1)$$

wobei E die der Masse m äquivalente Energie und c die Lichtgeschwindigkeit ist. Wenn m in Gramm und c in cm/sec (d. h. $c = 2,998 \cdot 10^{10}$ cm/sec) gemessen wird, ergibt sich E in erg. Für unsere Zwecke ist es nützlicher, m in atomaren Masseneinheiten ME auszudrücken, wobei 1 ME $= 1{,}66 \cdot 10^{-24}$ Gramm ist[1]; die Gl. (1.27.1) lautet dann

$$E \text{ (erg)} = 1{,}492 \cdot 10^{-3} \cdot m \text{ (ME)}. \qquad (1.27.2)$$

1.28. In der Atomphysik ist es üblich, die Energie in *Elektronenvolt* auszudrücken. Das Elektronenvolt, d. h. 1 eV, ist die Energie, die ein mit der

Tabelle 1.28. *Energie-Umrechnungen*

	ME	g	MeV	erg	kWh	kcal
1 ME	1	$1{,}660 \cdot 10^{-24}$	$9{,}311 \cdot 10^{2}$	$1{,}492 \cdot 10^{-3}$	$4{,}144 \cdot 10^{-17}$	$3{,}565 \cdot 10^{-14}$
1 g	$6{,}025 \cdot 10^{23}$	1	$5{,}610 \cdot 10^{26}$	$8{,}988 \cdot 10^{20}$	$2{,}497 \cdot 10^{7}$	$2{,}148 \cdot 10^{10}$
1 MeV	$1{,}074 \cdot 10^{-3}$	$1{,}783 \cdot 10^{-27}$	1	$1{,}602 \cdot 10^{-6}$	$4{,}450 \cdot 10^{-20}$	$3{,}829 \cdot 10^{-17}$
1 erg	$6{,}703 \cdot 10^{2}$	$1{,}113 \cdot 10^{-21}$	$6{,}242 \cdot 10^{5}$	1	$2{,}778 \cdot 10^{-14}$	$2{,}390 \cdot 10^{-11}$
1 kwh	$2{,}413 \cdot 10^{16}$	$4{,}006 \cdot 10^{-8}$	$2{,}247 \cdot 10^{19}$	$3{,}600 \cdot 10^{13}$	1	$8{,}598 \cdot 10^{2}$
1 kcal	$2{,}807 \cdot 10^{13}$	$4{,}655 \cdot 10^{-11}$	$2{,}612 \cdot 10^{16}$	$4{,}184 \cdot 10^{10}$	$1{,}163 \cdot 10^{-3}$	1

Einheitsladung (Elektronenladung) geladenes Teilchen erreicht, wenn es eine Potentialdifferenz von 1 Volt ohne Widerstand durchläuft. Aus der bekannten Größe der Elektronenladung findet man, daß

$$1 \text{ eV} = 1{,}602 \cdot 10^{-12} \text{ erg}. \qquad (1.28.1)$$

(1.27.2) kann folglich in der Form

$$E \text{ (eV)} = 9{,}31 \cdot 10^{8} \cdot m \text{ (ME)}$$

geschrieben werden. Das Elektronenvolt ist für viele Zwecke als Einheit zu klein, und man benützt 1 Million Elektronenvolt, d. h. 10^{6} eV, als neue Einheit; sie heißt Megaelektronenvolt, abgekürzt MeV. Es ist daher

$$E \text{ (MeV)} = 931 \cdot m \text{ (ME)}, \qquad (1.28.2)$$

so daß eine (atomare) Masseneinheit 931 MeV äquivalent ist. Tab. 1.28 bringt die Umrechnungsfaktoren für verschiedene Energieeinheiten.

1.29. Wir kehren nun zur Gl. (1.26.1) für den Massendefekt zurück. Aus den obigen Überlegungen folgt, daß die Bindungsenergie durch

$$\text{Bindungsenergie in MeV} = 931 \, [Z \, m_{\mathrm{H}} + (A - Z) \, m_n - M] \qquad (1.29.1)$$

gegeben ist, wobei $m_{\mathrm{H}} = 1{,}00814$ ME, $m_n = 1{,}00898$ ME und M die Isotopenmasse in ME ist. Bei dieser Herleitung ist die Bindungsenergie der Elektronen gegenüber der des Kerns vernachlässigt, oder besser, so betrachtet worden, als ob sie in dem Term $Z \, m_{\mathrm{H}}$ miteingeschlossen wäre. Auf jeden Fall ist die Elektronenbindungsenergie ein sehr kleiner Bruchteil der Gesamtenergie. Gl. (1.29.1) kann folglich als ein Maß für die Bindungsenergie der Nukleonen des betrachteten Atoms angesehen werden.

1.30. Mit Hilfe von (1.29.1) sind die Bindungsenergien für alle Nuklide, deren Isotopengewichte mit genügender Genauigkeit bekannt sind, berechnet worden. Wenn die Bindungsenergie durch die Massenzahl geteilt wird,

---

[1] Dies ist der sechzehnte Teil der tatsächlichen Masse eines O^{16}-Atoms in Gramm, also $1/L$, wobei L die Loschmidtsche Zahl $L = 6{,}02486 \cdot 10^{23}$ (grammMol)$^{-1}$ ist.

d. h. durch die gesamte Zahl der Nukleonen im Kern, erhält man die *mittlere Bindungsenergie je Nukleon* für das gegebene Nuklid. Die Ergebnisse sind in Abb. 1.30 als Funktion der entsprechenden Massenzahlen graphisch dargestellt. Man sieht, daß die Werte (mit Ausnahme von einigen leichten Kernen)

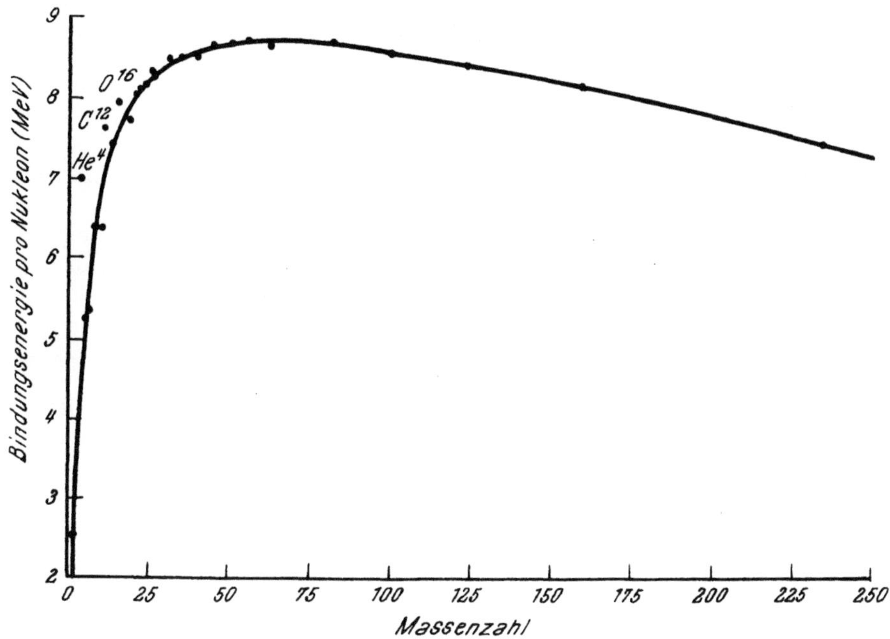

Abb. 1.30. Bindungsenergie pro Nukleon bei stabilen Kernen

auf oder sehr knapp neben einer einzigen Kurve liegen. Die mittlere Bindungsenergie je Nukleon ist bei den Elementen niedriger Massenzahl klein. In einem bemerkenswert großen Bereich liegt sie aber nahe bei 8 MeV. Die gesamte Bindungsenergie ist dort angenähert proportional der Massenzahl.

Tröpfchenmodell des Kerns

1.31. Es hat sich in gewisser Hinsicht als nützlich erwiesen, einen Atomkern mit einem Tropfen inkompressibler Flüssigkeit zu vergleichen. Man kann modellmäßig annehmen, daß die Kernkräfte auf den Atomkern geradeso wirken wie die Oberflächenspannung auf einem Flüssigkeitstropfen, den sie in seiner Kugelgestalt zu erhalten trachtet. Dieser Gesichtspunkt hat sich bei der Untersuchung der Kernspaltung als besonders wertvoll erwiesen.

1.32. In einer Flüssigkeit haben die Kräfte zwischen den Molekülen nur kurze Reichweite. Sie wirken, sozusagen, nur zwischen unmittelbar benachbarten Molekülen. Daher gibt es in einer Flüssigkeit keine bemerkenswerte Wechselwirkung zwischen entfernteren Molekülen. Diese Vorstellung kann offenkundig auf die zwischen den Nukleonen in einem Atomkern wirkenden Kräfte übertragen werden. Sie wird durch die oben gegebenen Daten über die Bindungsenergie unterstützt. Wenn die Kernkräfte lange Reichweite hätten, so daß jedes Nukleon mit jedem anderen Nukleon in Wechselwirkung stünde, würde die gesamte Bindungsenergie ungefähr mit dem Quadrat der Zahl der Nukleonen anwachsen. Wie in § 1.30 festgestellt worden ist, ist aber die gesamte Bindungsenergie der Zahl der Nukleonen fast direkt proportional.

1.33. Eine weitere Bestätigung dafür, daß die Kernkräfte kurze Reichweite haben, liefert die Bestimmung der Kernradien. Für diesen Zweck werden drei Hauptmethoden verwendet. Die erste Methode, die man bei radioaktiven Nukliden, welche α-Teilchen aussenden und eine große Massenzahl besitzen, anwendet, geht von der Zerfallsgeschwindigkeit und der Energie der ausgestoßenen α-Teilchen aus. Die zweite Methode beruht auf der Differenz der Bindungsenergien von Spiegelkernen, d. h. von Paaren von Atomkernen, bei denen die Neutronen- bzw. Protonenzahlen des einen gleich den Protonen- bzw. Neutronenzahlen des anderen sind. Schließlich gibt es eine Methode zur Bestimmung der Kernradien, welche — wenigstens im Prinzip — für jede Kernart, unabhängig von ihrer Stabilität und Massenzahl, verwendet werden kann. Sie erfordert Messungen des Streuquerschnitts von schnellen Neutronen (§ 3.75).

1.34. Die Werte, die man mit den verschiedenen Methoden für ein gegebenes Nuklid erhält, stimmen im allgemeinen gut miteinander überein. Mit Ausnahme der Elemente niedrigster Massenzahl können die Ergebnisse mit ziemlich guter Annäherung durch die Formel

$$R = 1{,}5 \cdot 10^{-13} A^{1/3} \text{ cm} \qquad (1.34.1)$$

ausgedrückt werden, wobei R der Kernradius und A die Massenzahl ist. Die Tatsache, daß der Kernradius angenähert proportional zur Kubikwurzel aus der Massenzahl ist, ist von großer Bedeutung. Das Volumen des Kerns ist demnach direkt proportional zur Massenzahl und damit zu seiner Masse. Das bedeutet, daß alle Atomkerne im wesentlichen dieselbe Dichte haben. Die Konstanz der Kerndichte, unabhängig von der Zahl der Nukleonen, ist gerade das, was man zu erwarten hat, wenn sich der Kern wie eine Flüssigkeit verhält, in der zwischen den aufbauenden Teilchen Kräfte kurzer Reichweite wirken.

Halbempirische Berechnung der Bindungsenergien

1.35. In Ermangelung einer vollständigen Theorie der Kernkräfte kann das Tröpfchenmodell des Atomkerns verwendet werden, um einen halbempirischen Ausdruck für die Bindungsenergie herzuleiten. Man untersucht hierzu — selbstverständlich unter starken Vereinfachungen — verschiedene Faktoren, von denen man glaubt, daß sie zur Bindungsenergie beitragen. Geeignete Gewichtskonstanten werden, wenn möglich, aus theoretischen Betrachtungen und dort, wo die Theorie noch nicht ausreicht, aus experimentellen Daten gewonnen.

1.36. Wenn die Kräfte im Kern denen in einem Flüssigkeitstropfen ähnlich sind, wird jedes Nukleon in erster Linie von den unmittelbar benachbarten Nukleonen stark angezogen, während es von den anderen nicht beeinflußt wird. Dies führt zu einem Anziehungsbeitrag zur Energie, der zur Zahl der im Kern vorhandenen Nukleonen proportional ist. Die *Anziehungsenergie* wird daher zur Massenzahl A proportional sein und kann folglich durch

$$\text{Anziehungsenergie} = a_1 A \qquad (1.36.1)$$

dargestellt werden, wobei a_1 eine Konstante ist.

1.37. Bei der Feststellung, daß die Anziehungsenergie der Massenzahl proportional ist, wurde stillschweigend angenommen, daß jedes Nukleon in derselben räumlichen Beziehung zu anderen Nukleonen steht. In Wirklichkeit werden die an der Oberfläche des Kerns liegenden schwächer gebunden sein als diejenigen im Inneren, so daß die Anziehungsenergie nach dem Ansatz (1.36.1) um einen zur Größe der Oberfläche proportionalen Betrag zu hoch geschätzt wurde. Je größer die Oberfläche ist, um so größer wird die Zahl der Nukleonen sein, die nicht vollständig von anderen umgeben sind. Der Betrag, um den die Anziehungsenergie zu hoch angesetzt wurde, kann daher als proportional zur Oberfläche des Kerns angesehen werden. Er wird häufig als *Oberflächenspannungseffekt* bezeichnet. Mit (1.34.1) gilt

$$\text{Oberflächenspannungseffekt} = -a_2 A^{2/3}, \qquad (1.37.1)$$

wobei a_2 eine Konstante ist.

1.38. In stabilen Kernen besteht eine Tendenz zur Bildung von Neutron-Proton-Paaren. Die stabilsten Nuklide, wie He⁴, C¹² und O¹⁶ (Abb. 1.30), bestehen z. B. aus ebensovielen Neutronen wie Protonen. Die meisten Kerne, besonders die schweren, zeigen jedoch einen Überschuß der Neutronen über die Protonen, damit die Anziehungskräfte zwischen Neutron und Neutron bzw. zwischen Neutron und Proton die elektrostatischen Abstoßungskräfte zwischen den Protonen kompensieren. Gleichzeitig muß dies einen gewissen Grad an Instabilität nach sich ziehen, wenn wir die empirisch festgestellte Tendenz zur Bildung von Neutron-Proton-Paaren in Betracht ziehen. Die Anwesenheit von mehr Neutronen als Protonen im Kern bedeutet, daß die durch (1.36.1) gegebene Schätzung der Anziehungsenergie zu groß ausfällt. Die entsprechende Korrektur kann durch einen *Kompositionsterm* erreicht werden, der durch

$$\text{Kompositionsterm} = -a_3 \cdot \frac{(A-2Z)^2}{A} \qquad (1.38.1)$$

ausgedrückt wird, wobei a_3 eine Konstante ist und $A - 2Z$ den Überschuß der Neutronen über die Protonen im Kern bedeutet[1].

1.39. Die Summe der drei oben hergeleiteten Terme stellt vermutlich den wesentlichen Teil der Anziehungsenergie im Kern dar. Es ist nun notwendig, die Abstoßungsenergie abzuschätzen, die sich auf Grund der elektrostatischen Abstoßung der Protonen ergibt. Die potentielle Energie einer gleichförmig geladenen Kugel ist proportional zu Z^2/R, worin Z die Anzahl der Einheitsladungen, d. h. im vorliegenden Fall die Ordnungszahl und R der Radius der Kugel ist. Angewendet auf die Kernbindungsenergie, ergibt sich mit (1.34.1) für die elektrostatische Abstoßung der Ansatz

$$\text{Abstoßungsenergie} = -a_4 \frac{Z^2}{A^{1/3}}, \qquad (1.39.1)$$

wobei a_4 eine Konstante ist.

1.40. Schließlich muß man den Einfluß der Gerad- und Ungeradzahligkeit der Protonen- und Neutronenanzahl betrachten. Wenn beide in gerader Anzahl auftreten, also ein Gerade-Gerade-Typus vorliegt, ist der Kern besonders stabil, während ein Ungerade-Ungerade-Typ besonders instabil ist. Dies kann der stabilisierenden Wirkung der Paarung von *Nukleonenspins* zugeschrieben werden, welche möglich ist, wenn sowohl die Anzahl der Protonen als auch die der Neutronen gerade ist (gg-Kern). Daraus folgt für einen Gerade-Gerade-Kern ein zusätzlicher positiver Beitrag zur Bindungsenergie, während bei einem Ungerade-Ungerade-Typ, der ein Neutron und ein Proton mit ungepaartem Spin enthält (uu-Kern), ein entsprechender negativer (Abstoßungs-) Effekt auftritt. Rein empirische Betrachtungen, die auf den aus den Isotopenmassen (1.29.1) berechneten Bindungsenergien beruhen, zeigen, daß der Beitrag des Spineffekts durch

$$\text{Spineffekt} = \pm \frac{a_5}{A^{3/4}} \qquad (1.40.1)$$

dargestellt werden kann, wobei sich das Pluszeichen auf einen gg-Kern und das

---

[1] Vgl. E. Fermi, Nuclear Physics, S. 22. Chicago 1950.

Minuszeichen auf einen uu-Kern bezieht. Für gu- (oder ug-) Kerne ist der Spinterm Null.

1.41. Damit kann die gesamte Bindungsenergie (BE) eines Kernes durch

$$BE = a_1 A - a_2 A^{2/3} - a_3 \frac{(A-2Z)^2}{A} - a_4 \frac{Z^2}{A^{1/3}} \pm \frac{a_5}{A^{3/4}} \qquad (1.41.1)$$

dargestellt werden. a_5 ist bei ungerade-geraden Kernen Null zu setzen. Von den fünf Konstanten dieser Gleichung kann a_4 aus der Elektrostatik abgeleitet werden, während die anderen vier auf empirischem Wege auf folgende Weise bestimmt werden.

1.42. Differentiation von (1.41.1) nach Z bei konstantem A führt zu

$$\frac{d\,(BE)}{dZ} = 4\,a_3 \frac{A-2Z}{A} - 2\,a_4 \frac{Z}{A^{1/3}},$$

und daher ergibt sich ein Maximum der Bindungsenergie, wenn

$$4\,a_3 \frac{A-2Z}{A} = 2\,a_4 \frac{Z}{A^{1/3}}. \qquad (1.42.1)$$

Diese Gleichung sollte die Beziehung zwischen der Massenzahl A und der Ordnungszahl Z für die stabilsten Kerne darstellen, welche für jede Massenzahl die größte Bindungsenergie haben. Da a_4 wie oben angegeben, bekannt ist, kann a_3 durch Auffinden eines Wertes, der, in (1.42.1) eingesetzt, A als Funktion von Z für die am häufigsten vorkommenden Nuklide möglichst gut darstellt, gewonnen werden. Es zeigt sich jedoch, daß eine einzige Konstante nicht für den gesamten Bereich der Massenzahlen ausreicht, so daß ein Kompromiß für den in (1.41.1) zu benützenden Wert von a_3 getroffen werden muß.

1.43. Mit bekanntem a_3 und a_4 können die Werte von a_1 und a_2 aus derjenigen Bindungsenergie bestimmt werden, die man aus den Isotopengewichten von irgendeinem Paar von ungerade-geraden Kernen errechnet, da dann a_5 Null ist. Schließlich kann a_5 aus der Bindungsenergie für gerade-gerade Kerne geschätzt werden, da es nur eine sehr geringe Anzahl stabile ungerade-ungerade Kerne gibt, die alle eine niedrige Massenzahl besitzen.

1.44. Indem man die in der geschilderten Weise abgeleiteten Konstanten

Tabelle 1.44. *Beispiele zur Berechnung von Bindungsenergien*

	$_{20}Ca^{40}$	$_{47}Ag^{107}$	$_{92}U^{238}$
Anziehung der Nukleonen	560	1498	3332
Oberflächeneffekt	− 152	− 293	− 499
Kompositionseffekt	0	− 30,5	− 236
Elektrostatische Abstoßung	− 68,4	− 272	− 799
Spineffekt	2,1	0	0,5
Berechnete Bindungsenergie	342	902	1798
Experimentelle Bindungsenergie .	341	907	1785
BE pro Nukleon	8,5	8,4	7,5

einsetzt, erhält man für die Bindungsenergie (1.41.1) in MeV

$$BE\ (MeV) = 14,0\,A - 13,0\,A^{2/3} - 19,3 \frac{(A-2Z)^2}{A} - 0,585 \frac{Z^2}{A^{1/3}} \pm \frac{33}{A^{3/4}}. \qquad (1.44.1)$$

Die Einflüsse der einzelnen Terme auf die Bindungsenergie erkennt man am besten, indem man (1.44.1) für Nuklide niedriger, mittlerer und hoher Massenzahl berechnet. Die Resultate für $_{20}Ca^{40}$, $_{47}Ag^{107}$, und $_{92}U^{238}$ sind in Tab. 1.44 wiedergegeben; zum Vergleich sind die experimentellen Werte für die gesamte Bindungsenergie, die aus den bekannten Isotopengewichten bestimmt wurde, beigefügt. Die Übereinstimmung zwischen gemessenen und berechneten Werten ist zufriedenstellend, da die Konstanten in (1.44.1) nur auf drei gültige Stellen gegeben sind.

Kernkräfte und Stabilität

1.45. Die oben hergeleiteten Resultate reichen zur qualitativen Deutung der Tatsache aus, daß es für eine bestimmte Massenzahl (oder Ordnungszahl) nur einen begrenzten Stabilitätsbereich des Neutron-Proton-Verhältnisses gibt. Wie früher festgestellt wurde, wächst der tatsächliche Wert dieses Verhältnisses von 1,00 für niedrige Massenzahlen bis zu etwa 1,56 für die Elemente mit hohem Atomgewicht. Da die anziehenden Neutron-Neutron-, Proton-Proton- und die Neutron-Proton-Kräfte ungefähr gleich groß sind, ist ein Neutron-Proton-Verhältnis um Eins zu erwarten. Dies ist für Kerne mit niedriger Massenzahl tatsächlich der Fall. Mit steigender Ordnungszahl beginnt sich jedoch die elektrostatische Abstoßung zwischen den Protonen immer stärker auszuwirken. Die elektrostatischen Kräfte sind weitreichende Kräfte: jedes Proton wird von allen anderen abgestoßen. Da sich, wie in § 1.39 gezeigt wurde, die Abstoßungsenergie mit $Z^2/A^{1/3}$ ändert, wächst sie mit steigender Ordnungszahl sehr schnell.

1.46. Um die mit der Ordnungszahl anwachsende Abstoßung der Protonen zu kompensieren und die Stabilität in den schwereren Elementen aufrecht zu erhalten, muß auch der Neutronenanteil im Kern wachsen. Die zusätzlichen Nukleon-Nukleon-Anziehungskräfte kompensieren dann teilweise die wachsende Proton-Proton-Abstoßung. Das Neutron-Proton-Verhältnis ist daher bei den schwereren, stabilen Kernen größer als Eins.

1.47. In § 1.38 wurde auseinandergesetzt, daß ein Überschuß der Neutronen über die Protonen eine gewisse Instabilität verursacht (Kompositionsterm). Diese Tatsache bestimmt die obere Grenze für das Neutron-Proton-Verhältnis. Auf der anderen Seite ergibt sich eine untere Grenze, da eine wachsende Protonenzahl zur Instabilität wegen der vergrößerten elektrostatischen Abstoßung führen würde.

II. Kernreaktionen[1]

Ausbeute bei Kernreaktionen

Vergleich von Kern- und chemischen Reaktionen

2.1. Unter geeigneten Laboratoriumsbedingungen können Atomkerne mit anderen Kernen zur Reaktion gebracht werden. Dies gilt insbesondere für die Kerne der leichtesten Elemente, wie Wasserstoff (Protonen), Deuterium (Deuteronen) und Helium (α-Teilchen). Atomkerne können auch mit Neutronen, Elektronen und γ-Strahlung in Wechselwirkung treten. Bei gewöhnlichen Temperaturen ist indessen die Ausbeute der Kernreaktionen, d. h. die Zahl der Kerne, die in einem bestimmten Volumen während einer bestimmten Zeitspanne miteinander reagieren, viel geringer als für chemische Reaktionen, welche sich

---

[1] Vgl. die allgemeinen Literaturangaben zu Kap. I. Ferner: H. A. BETHE: Rev. Mod. Physics *9*, 69 (1937). — E. P. WIGNER: Amer. J. Physics *17*, 3 (1949). — A. M. WEINBERG und E. P. WIGNER: The Physical Theory of Neutron Chain Reactors. Chicago 1958. — *Handbuch der Physik*, Bd. 40, 41 und 42. Berlin-Göttingen-Heidelberg 1957.

zwischen Atomen oder Molekülen abspielen. Für diesen ausgeprägten Unterschied in der Ausbeute von chemischen Prozessen und Kernprozessen gibt es im wesentlichen zwei Gründe.

2.2. Aus der geringen Kerngröße — der Kerndurchmesser ist von der Größenordnung 10^{-12} cm, während der Durchmesser des gesamten Atoms in der Größenordnung 10^{-7} oder 10^{-8} cm liegt — folgt zunächst, daß Kernzusammenstöße oder -Begegnungen viel seltener sind als Atom- oder Molekülzusammenstöße. Es gibt besondere Bedingungen, über die weiter unten in § 2.9 berichtet werden wird, unter denen ein Kern oder ein Kernteilchen geringer Masse und Energie sich so verhalten, als ob sie einen dem ganzen Atom entsprechenden Durchmesser hätten. Die Ausbeuten der Kernreaktionen liegen dann wesentlich über dem normalen Wert.

2.3. Der zweite Faktor, der für das relativ geringe Ausmaß der Wechselwirkung eines Kernes mit einem anderen verantwortlich ist, ist die Coulombsche Abstoßung zwischen ihnen. Die Abstoßungsenergie ist proportional zu $Z_1 Z_2/R$, wobei Z_1 und Z_2 die Ladungen, d. h. die Ordnungszahlen der aufeinander einwirkenden Kerne sind und R den Abstand ihrer Zentren bedeutet. Da sich die beiden Kerne auf eine Entfernung von etwa 10^{-12} cm nähern müssen, bevor sie miteinander reagieren können, ist die zu überwindende Abstoßungsenergie sehr groß. Dies gilt insbesonders für Kerne mit hoher Ordnungszahl. Sogar bei Kernen mit kleiner Ordnungszahl, z. B. bei Wasserstoff und Helium, hat die Coulombsche Energie eine Größenordnung von Millionen eV.

2.4. Die Energie, welche bei chemischen Reaktionen eine Wechselwirkung zwischen den Elektronenfeldern ermöglicht, ist andererseits selten größer als einige eV. Schon bei gewöhnlichen Temperaturen ist die Wahrscheinlichkeit dafür, daß ein Paar von zusammenstoßenden Atomen oder Molekülen diese Energie besitzt, groß. Die Reaktion läuft dann mit beträchtlicher Ausbeute ab. Die Wahrscheinlichkeit dafür, daß zwei zusammenstoßende Kerne bei gewöhnlichen Temperaturen eine kinetische Energie von einer Million eV besitzen, ist außerordentlich klein. Daher ist nicht nur die Zahl der Zusammenstöße zwischen Atomkernen geringer als zwischen Atomen oder Molekülen, sondern es ist auch die Wahrscheinlichkeit für eine aus einem Zusammenstoß resultierende Reaktion unter gleichen Bedingungen viel kleiner.

2.5. Es gibt zwei Wege, Kernreaktionen zu beschleunigen. Der erste besteht darin, die Temperatur auf einige Millionen Grad[1] zu erhöhen, so daß die Kerne die nötige kinetische Energie erhalten, um die wechselseitige elektrostatische Abstoßung zu überwinden. Solche Kernprozesse, die man *thermonukleare Reaktionen* nennt, gehen in der Sonne und in den Sternen vor sich. Sie stellen die Energiequelle für diese Himmelskörper dar und sollen im „Fusionsreaktor" der Zukunft auch zur technischen Energiegewinnung verwendet werden[2]. Im Laboratorium kann man andererseits Atomkernreaktionen erzielen, indem man verschiedene Materialien mit leichten Kernen beschießt. Man verwendet hiezu Protonen, Deuteronen und α-Teilchen, die mit Teilchenbeschleunigern auf eine Million Elektronenvolt oder mehr beschleunigt werden.

---

[1] Die zu einer kinetischen Energie von 1 MeV äquivalente Temperatur beträgt ungefähr 11,6 Milliarden Grad.

[2] Näheres über die Fusion (Kernverschmelzung) findet sich in Vol. 31 und 32 der Proceedings of the Second United Nations International Conference on the Peaceful Uses of Atomic Energy (Geneva, 1958). — Eine erste Einführung in die physikalischen Bedingungen der Kernverschmelzung gibt R. F. POST: Controlled Fusion Research. Rev. Mod. Physics *28*, 338—362 (1956).

Kernreaktionen können auch mit hoch beschleunigten Elektronen sowie mit Gammastrahlen erzielt werden.

Wechselwirkung von Neutronen mit Kernen

2.6. Obwohl die erwähnten Kernprozesse von großem Interesse sind, sind sie im Hinblick auf Kernreaktoren nicht wichtig. Wie früher festgestellt wurde, beruhen Kernreaktoren auf der Wechselwirkung von Atomkernen mit Neutronen, und diese Reaktionen unterscheiden sich von den eben betrachteten in einem wichtigen Punkt. Da das Neutron keine elektrische Ladung besitzt, braucht es bei der Annäherung an einen Atomkern keine abstoßenden Kräfte zu überwinden. Folglich können auch „langsame" Neutronen, welche dieselbe mittlere Energie wie gewöhnliche Gasmoleküle (etwa 0,03 eV bei gewöhnlicher Temperatur) besitzen (§ 3.10), leicht mit Atomkernen reagieren.

2.7. Die Wahrscheinlichkeit für eine Wechselwirkung zwischen Kernen und Neutronen ist für langsame Neutronen im allgemeinen sogar größer als für Neutronen mit einer kinetischen Energie von einigen tausend oder mehr eV. Klassisch kann dies etwa dadurch erklärt werden, daß ein langsam bewegtes Neutron im Mittel länger in der Nähe eines ihm begegnenden Kernes verweilt als ein schnelles. Man darf daher im ersteren Fall eine größere Wechselwirkungswahrscheinlichkeit erwarten. In der Quantenmechanik wird indessen der Zusammenstoß zwischen einem Neutron und einem Kern als die Wechselwirkung einer Neutronenwelle mit dem Kern betrachtet. Wie weiter unten gezeigt werden wird, ist die effektive Wellenlänge des Neutrons umgekehrt proportional zu dessen Geschwindigkeit. Die Wellenlänge eines langsamen Neutrons ist daher größer als die eines schnellen, und die Wahrscheinlichkeit einer Beugung, d. h. einer Wechselwirkung mit einem Kern wächst entsprechend.

Neutronenwellenlänge

2.8. Nach der Wellentheorie der Materie sind alle Teilchen mit Wellen, den sogenannten Materie- oder de Broglie-Wellen, verknüpft, deren Wellenlänge λ durch

$$\lambda = \frac{h}{mv} \qquad (2.8.1)$$

gegeben ist, wobei h das *Plancksche Wirkungsquantum* ($6{,}625 \cdot 10^{-27}$ ergsec), m die Masse der Partikel und v deren Geschwindigkeit darstellt. Ist E die kinetische Energie des Teilchens, d. h. $E = {}^{1}/_{2}mv^2$, dann kann (2.8.1) in folgender Gestalt geschrieben werden:

$$\lambda = \frac{h}{\sqrt{2mE}}. \qquad (2.8.2)$$

Wenn m in atomaren Masseneinheiten ausgedrückt wird (§ 1.27) und E in eV, geht (2.8.2) mit den Werten der Tab. 1.28 über in

$$\lambda = \frac{4{,}06 \cdot 10^{-9}}{\sqrt{2m\,(ME)\,E\,(eV)}} \text{ cm}. \qquad (2.8.3)$$

2.9. Für ein Neutron, das uns hier interessierende Teilchen, ist m annähernd gleich einer atomaren Masseneinheit, so daß der Ausdruck für die Neutronenwellenlänge

$$\lambda = \frac{2{,}86 \cdot 10^{-9}}{\sqrt{E\,(eV)}} \text{ cm} \qquad (2.9.1)$$

wird, wobei E die Neutronenenergie in Elektronenvolt ist. Bei schnellen Neutronen mit einer Energie von rund 1 MeV wird die Wellenlänge, wie man aus (2.9.1) ersieht, von der Größenordnung von 10^{-12} cm, was dem Kerndurchmesser gleichkommt. Wenn die Neutronenenergie dagegen rund 0,03 eV beträgt, ergibt sich λ zu ungefähr $1{,}7 \cdot 10^{-8}$ cm. Ein langsames Neutron hat also einen effektiven Durchmesser, der angenähert dem des ganzen Atoms gleich ist. Selbst bei einer Energie von 1000 eV wäre die Neutronenwellenlänge (oder der effektive Durchmesser) noch von der Größenordnung 10^{-10} cm, d. h. viel größer als der Kerndurchmesser. In § 2.31 und den folgenden Paragraphen werden Bedingungen beschrieben, unter denen sich langsame Neutronen so verhalten, als ob sie fast ebenso groß wären wie ein ganzes Atom und daher eine relativ hohe Wechselwirkungswahrscheinlichkeit mit dem Atomkern besitzen.

Das Zwischenkernmodell

Der Mechanismus der Kernreaktionen

2.10. Bevor wir die verschiedenen Arten der Wechselwirkung von Neutronen mit Atomkernen betrachten, geben wir einen kurzen Überblick über einige allgemeine Züge der Kernreaktionen. Ausgehend von der Energie des einfallenden Teilchens, welches auf einen Atomkern, den sogenannten Zielkern aufschlägt, können zunächst zwei große Klassen solcher Reaktionen unterschieden werden. Im Kern sind die Nukleonen dicht gepackt, und der Grad der Bindung kann durch die mittlere Wechselwirkungsenergie pro Nukleon gemessen werden. Wie wir in § 1.30 gesehen haben, hat diese Wechselwirkungs- (oder Bindungs-) Energie für Kerne mit mittlerer oder hoher Massenzahl die Größenordnung von 8 MeV pro Nukleon. Ist die kinetische Energie des einfallenden Teilchens grob genommen gleich oder größer als die mittlere Wechselwirkungsenergie zwischen den Nukleonen im Zielkern, d. h. ungefähr 10 MeV oder mehr, so wird das einfallende Teilchen nur mit einem einzigen Nukleon oder einer kleinen Zahl von Nukleonen in Wechselwirkung treten. Da die Wirkungsweise von Kernreaktoren von der Wechselwirkung mit Neutronen abhängt, deren Energien beträchtlich unter 10 MeV liegen, braucht diese Art von Prozessen nicht weiter diskutiert zu werden.

2.11. Wenn die kinetische Energie der einfallenden Partikel kleiner ist als die mittlere Wechselwirkungsenergie pro Nukleon, kann das auffallende Teilchen so betrachtet werden, als ob es mit dem Kern als ganzem in Wechselwirkung träte. Unter diesen Umständen ist das Modell des Zwischenkernes anwendbar, das von BOHR und unabhängig von BREIT und WIGNER (§ 2.38ff.) eingeführt worden ist[1]. Nach diesem Modell wird angenommen, daß eine Kernreaktion in zwei Abschnitten verläuft. Zuerst wird das einfallende Teilchen vom getroffenen Kern absorbiert und es wird ein Zwischenkern gebildet; nach Ablauf einer kurzen Zeit zerfällt dieser, indem ein Teilchen (oder ein Photon) ausgestoßen wird und der sogenannte Rest- oder Rückstoßkern zurückbleibt. Die beiden Abschnitte können also in der folgenden Weise charakterisiert werden:

(1) Bildung eines Zwischenkerns:
Zielkern $+$ einfallendes Teilchen $\rightarrow$ Zwischenkern

(2) Zerfall des Zwischenkerns:
Zwischenkern $\rightarrow$ Rückstoßkern $+$ emittiertes Teilchen

---

[1] N. BOHR: Nature *137*, 344 (1936). — G. BREIT und E. P. WIGNER: Physic. Rev. *49*, 519 (1936).

Der Zwischenkern kann sowohl einer bekannten Atomart angehören als auch ein instabiler Kern sein. Auf jeden Fall ist der Zerfallsakt (2) durch die Tatsache bedingt, daß der gemäß Abschnitt (1) gebildete Zwischenkern instabil ist und sich in einem hohen Energiezustand befindet (§ 2.16).

2.12. Der Zwischenkern kann als gesonderte Einheit betrachtet werden, wenn seine Lebensdauer groß ist im Vergleich zur Zeit, die das auffallende Teilchen zum Durchlaufen einer Entfernung von der Größe des Kerndurchmessers benötigt. Die für langsame Neutronen mit einer Geschwindigkeit von rund 10^5 cm/sec erforderliche Zeit, um eine Entfernung von ungefähr 10^{-12} cm zu durcheilen, liegt in der Größenordnung von 10^{-17} sec. In Wirklichkeit wird ein anfänglich langsames Neutron nach dem Einfangen zusätzliche kinetische Energie aufnehmen und wird sich daher schneller bewegen. Die Zeit des Durchgangs wird so kürzer als 10^{-17} sec sein. Wie wir bald sehen werden (§ 2.29), beträgt die mittlere Lebensdauer eines angeregten Zwischenkernes bei vielen Reaktionen mit schweren Kernen rund 10^{-14} sec. Da dies mindestens um einen Faktor 1000 größer ist als die Durchtrittszeit, kann der Zwischenkern als gesonderte Einheit aufgefaßt werden.

Anregungsenergie eines Zwischenkerns

2.13. Wenn ein Kern ein Teilchen einfängt, befindet sich der resultierende Zwischenkern notwendig im angeregten Zustand; der Energiezuwachs gegenüber dem Grundzustand ist gleich der kinetischen Energie des eingefangenen Teilchens plus seiner Bindungsenergie im Zwischenkern. Diese Tatsache wird klar, wenn man den Einfang eines Neutrons (n^1) mit der kinetischen Energie Null durch einen Kern X der Massenzahl A betrachtet.

2.14. Die Bildung des Zwischenkerns Y von der Massenzahl $A + 1$ kann durch

$$X^A + n^1 \rightarrow [Y^{A+1}]^*$$

dargestellt werden, wobei der Stern einen angeregten Zustand des Y^{A+1}-Kerns anzeigt. Setzen wir voraus, daß der angeregte Zwischenkern die Anregungsenergie emittiert und dabei in den Grundzustand übergeht, so ergibt sich

$$[Y^{A+1}]^* \rightarrow Y^{A+1} + E_a,$$

wobei E_a die Anregungsenergie, d. h. die Energiedifferenz zwischen angeregtem und Grundzustand ist. Nun stellen wir uns vor, daß ein Neutron mit der kinetischen Energie Null dem im Grundzustand befindlichen Kern Y^{A+1} entzogen werde, wobei der Kern X^A im Grundzustand zurückbleibt. In diesem Fall muß die Bindungsenergie E_b des Neutrons im Zwischenkern zugeführt werden, also

$$Y^{A+1} \rightarrow X^A + n^1 - E_b.$$

Durch Kombination der drei Vorgänge, als deren Resultat der ursprüngliche Zustand wiederhergestellt wird, erkennt man, daß die Anregungsenergie E_a des Zwischenkerns der Bindungsenergie E_b des Neutrons, welche ungefähr 5 bis 8 MeV beträgt, gleich ist. Wenn das Neutron kinetische Energie besitzt, folgt sofort, daß die Anregungsenergie gleich der Bindungsenergie plus der kinetischen Energie des Neutrons ist.

2.15. Die Situation kann in einem Diagramm der potentiellen Energie (Abb. 2.15) dargestellt werden, in dem die Energie des aus Zielkern und ruhendem Neutron bestehenden Systems als Funktion der Entfernung zwischen diesen Partikeln aufgetragen ist. Ganz rechts bei B sind der Zielkern und das Neutron weit voneinander entfernt und können als völlig unabhängig betrachtet werden. Andererseits können ganz links bei A der Zielkern und das Neutron als vollkommen verschmolzen angesehen werden, so daß sie den Grundzustand des Zwischenkerns bilden. Die vertikale Entfernung zwischen A und B stellt die Bindungsenergie des Neutrons im Zwischenkern dar. Dieser Energiebetrag müßte in einem Prozeß, der im Grundzustand des Zwischenkerns bei A seinen Ausgang nimmt und mit getrenntem Zielkern und Neutron bei B endet, zugeführt werden.

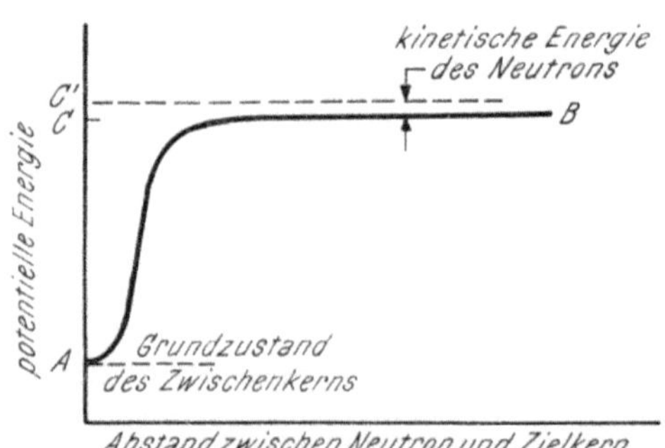

Abb. 2.15. Potentielle Energie des Systems Zielkern-Neutron

2.16. Wenn sich ein Neutron mit verschwindender kinetischer Energie allmählich einem Zielkern nähert, tritt weder Anziehung noch Abstoßung auf, und die Energie des Systems bleibt gleich der bei B. Wenn der Kern das Neutron vollständig absorbiert hat, liegt der Energiezustand des Zwischenkerns etwa bei C. Dieser Kern befindet sich offenkundig in einem angeregten Zustand, und die Anregungsenergie AC ist gleich der Neutronenbindungsenergie. Wenn das eingefangene Neutron kinetische Energie besitzt, wird der Zustand des Zwischenkerns durch die Gerade C' angezeigt, so daß die Anregungsenergie durch AC' gegeben ist. Man erkennt, daß ganz allgemein bei der Bildung eines Zwischenkerns durch Neutroneneinfang die Anregungsenergie, d. h. der (innere) Energieüberschuß über den Grundzustand des Zwischenkerns, gleich der Bindungsenergie des Neutrons plus dessen kinetischer Energie ist.

2.17. Es sei darauf hingewiesen, daß die vorhergehende Schlußweise nur dann streng gültig ist, wenn der Zielkern unendlich große Masse besitzt. Im allgemeinen wird der Zwischenkern, wegen der Erhaltung des Impulses beim Stoß Kern-Neutron, eine gewisse kinetische Energie erlangen, und zwar auch dann, wenn der Zielkern in Ruhe war. Folglich wird nur ein Teil der Energie des Neutrons als innere, d. h. als Anregungsenergie des Zwischenkernes aufscheinen. Für Zielkerne von entsprechend großer Massenzahl wird praktisch die gesamte kinetische Energie des Neutrons in innere Energie des Kerns verwandelt. In der folgenden Diskussion werden wir annehmen, daß diese Bedingung immer erfüllt ist.

Statistische Verteilung der Energie im Kern

2.18. Man kann modellmäßig annehmen, daß die Anregungsenergie des Zwischenkerns unmittelbar nach dessen Entstehung noch im eingefangenen Teilchen konzentriert ist. Infolge der Wechselwirkungen innerhalb des Kerns verteilt sich aber die zusätzliche Energie sehr rasch auf die Nukleonen. Diese Verteilung geht statistisch vor sich. Im Laufe der Zeit kann sich genügend Energie auf ein bestimmtes Nukleon oder eine Kombination von Nukleonen im Zwischenkern konzentrieren, so daß sie aus dem Kern entweichen können. Dies entspricht dem Zerfallsabschnitt, auf den wir im § 2.11 hingewiesen haben.

2.19. Infolge der großen Zahl von Möglichkeiten für die Verteilung der Anregungsenergie unter die Nukleonen ist die Wahrscheinlichkeit dafür, daß ein einzelnes Nukleon während der Eindringzeit des eingefangenen Teilchens genügend Energie erwirbt, um zu entweichen, sehr klein. Aus diesem Grunde ist die mittlere Lebensdauer des Zwischenkerns im Vergleich mit der Zeit, die das Neutron braucht, um den Kern zu durcheilen, sehr groß.

2.20. Eine wichtige Konsequenz der relativ langen Lebensdauer des angeregten Zwischenkerns besteht darin, daß die Art, in welcher der Zwischenkern bei gegebener Anregungsenergie zerfällt, unabhängig von der Art seiner Entstehung ist. Wenn die Lebensdauer des Zwischenkerns hinreichend groß ist, wird die Verteilung der Anregungsenergie nur von den Energieniveaus des Zwischenkerns abhängen. Eine Folge der statistischen Verteilung der Anregungsenergie besteht also darin, daß der Zwischenkern die Art seiner Bildung gewissermaßen „vergessen" hat.

2.21. Der angeregte Zwischenkern kann sich während seiner relativ langen Lebensdauer von seiner Überschußenergie auch durch Aussendung von Strahlung befreien. Kernprozesse, bei welchen ein Teilchen eingefangen und der Energieüberschuß als Strahlung emittiert wird, nennt man *Strahlungseinfang-Reaktionen*. Die Bedingungen für solche Reaktionen sind besonders günstig, wenn ein langsames Neutron eingefangen wird. Die Energie des Zwischenkerns reicht in den meisten Fällen, aber nicht immer, nur für die Wiederaussendung eines langsamen Neutrons aus. Dieses Ereignis würde die Umkehrung des Einfangprozesses darstellen. Bevor aber die Verteilung der Energie unter den Nukleonen dazu führt, daß ein bestimmtes Neutron genügend Energie erwirbt, um aus dem Zwischenkern entweichen zu können, wird die Überschuß- (Anregungs-) Energie des letzteren als γ-Strahlung mit einer Wellenlänge von 10^{-10} oder 10^{-11} cm, emittiert.

2.22. Bei gewissen Reaktionen mit schweren Kernen führt der Einfang eines geeigneten Teilchens zu einem hoch angeregten Zustand eines sehr instabilen Zwischenkerns, der sich in zwei kleinere Kerne aufspaltet. Dieser Prozeß heißt *Spaltung*. Er ist von grundlegender Bedeutung für Kernreaktoren. Wir kommen darauf in § 3.35 und in aller Ausführlichkeit in Kap. IV zurück.

Kernenergie-Niveaus

2.23. Die Existenz von bestimmten Kernenergie-Niveaus d. h. Quantenzuständen, wurde durch verschiedene experimentelle Erfahrungen aufgedeckt. Vor allem sei auf die Emission von γ-Strahlen mit bestimmter Energie (oder Wellenlänge) bei vielen radioaktiven Prozessen hingewiesen. Die Kernenergie-Niveaus stehen in Analogie zu den bekannten Atom- oder Elektronenenergie-Niveaus, welche eine Deutung der Atomspektren gestatten. Da aber die zwischen den Nukleonen wirkenden Kräfte noch nicht vollständig aufgeklärt sind, war es bisher noch nicht möglich, die Quantenmechanik auf das Studium der Kernenergie-Niveaus ebenso erfolgreich anzuwenden wie auf das Problem der Elektronenenergie-Niveaus. Trotzdem können gewisse Erscheinungen in qualitativer Weise diskutiert werden.

2.24. Aus verschiedenen Untersuchungen konnte man schließen, daß die Energieniveaus des Atomkerns für niedrige Energiezustände, d. h. nahe dem Grundzustand, relativ weit voneinander entfernt sind und daß sie einander mit zunehmender innerer Energie des Kerns immer näher und näher rücken. Bei sehr hohen Energien von rund 15 bis 20 MeV oder mehr liegen die Energieniveaus so dicht, daß sie praktisch als kontinuierlich betrachtet werden können.

2.25. Für die Kerne mit Massenzahlen im mittleren Bereich, etwa von 100 bis 150, beträgt der Abstand der Niveaus in der Nähe des Grundzustands ungefähr 0,1 MeV. Wenn sich der Kern jedoch in der Gegend von 8 MeV über den Grundzustand befindet, wie in einem Zwischenkern, der durch den Einfang eines langsamen Neutrons gebildet wurde, beträgt der Niveauabstand nur 1 bis 10 eV. Bei leichten Kernen sind die Energieniveaus etwas weiter voneinander entfernt; die Abstände sind in der Nähe des Grundzustandes von der Größenordnung 1 MeV und betragen etwa 10 keV, wenn die innere Energie ungefähr 8 MeV über dem Grundzustand liegt.

Lebensdauer und Niveaubreite

2.26. Jedem angeregten Quantenzustand eines Kerns kann eine mittlere Lebensdauer τ zugeschrieben werden; τ ist die mittlere Zeitspanne, welche der Kern in dem gegebenen angeregten Zustand verbleibt, bevor er eine Änderung z. B. durch Aussendung eines Teilchens oder von Strahlung erfährt. Dementsprechend hat jeder Quantenzustand eine Niveaubreite Γ. Sie kann als ein Hinweis auf die Unbestimmtheit betrachtet werden, mit der die Messung der Energie des betrachteten Zustands behaftet ist. Aus der Heisenbergschen Unschärferelation folgt, daß die mittlere Lebensdauer und die Niveaubreite zueinander in der Beziehung

$$\tau\,\Gamma = \frac{h}{2\,\pi} \tag{2.26.1}$$

stehen, wobei h die Plancksche Konstante ist. Die Niveaubreite hat die Dimension einer Energie und wird gewöhnlich in Elektronenvolt ausgedrückt. Benützt man den Umrechnungsfaktor aus § 1.28, so folgt

$$\tau\,\Gamma = 0{,}7 \cdot 10^{-15}, \tag{2.26.2}$$

wobei τ in sec und Γ in eV gemessen wird.

2.27. Ein Zwischenkern in einem bestimmten angeregten Zustand kann häufig auf verschiedenen Wegen eine Veränderung erleiden, z. B. durch Aussendung eines Neutrons, Protons, α-Teilchens oder von Strahlung. Es ist daher notwendig, eine „partielle" Niveaubreite für jeden in Frage kommenden Prozeß zu definieren. Ist τ_i die mittlere Lebensdauer eines bestimmten Quantenzustands und zieht man nur den Prozeß i in Betracht, so ist die *partielle* Niveaubreite i für diesen Prozeß durch

$$\tau_i\,\Gamma_i = \frac{h}{2\,\pi} \tag{2.27.1}$$

wie in (2.26.1) gegeben. Die totale Zustandsbreite Γ für den betrachteten Quantenzustand ist dann die Summe der partiellen Niveaubreiten aller Prozesse, die der Zwischenkern von diesem Zustand aus durchlaufen kann; also

$$\Gamma = \sum_i \Gamma_i. \tag{2.27.2}$$

2.28. Die Niveaubreite hat eine einfache und interessante physikalische Bedeutung: sie ist proportional zur Wahrscheinlichkeit dafür, daß der Zwischenkern im gegebenen Energiezustand in der Zeiteinheit eine Veränderung erfährt. Wie wir in Verbindung mit dem radioaktiven Zerfall (§ 1.22) gesehen haben, ist die mittlere Lebensdauer einer instabilen Atomart gleich dem Reziprokwert der Zerfallskonstanten, wobei die letztere die Wahrscheinlichkeit des Zerfalls per Zeiteinheit darstellt. Da nach (2.26.1) die totale Niveaubreite umgekehrt proportional zur mittleren Lebensdauer des Zwischenkerns ist, ist sie direkt proportional zur Gesamtwahrscheinlichkeit dafür, daß sich der Zwischenkern in der Zeiteinheit ändert. Analog ist die partielle Niveaubreite Γ_i ein Maß der

Wahrscheinlichkeit dafür, daß der gegebene angeregte Quantenzustand in der Zeiteinheit den Prozeß i erleidet.

2.29. Bei schweren Kernen, welche Neutronen niedriger Energie, z. B. von einem eV oder weniger, eingefangen haben, werden Niveaubreiten von ungefähr 0,1 eV beobachtet. In solchen Fällen beträgt die mittlere Lebensdauer des Zwischenkerns nach (2.26.2) ungefähr $7 \cdot 10^{-15}$ sec. Wie früher festgestellt wurde, ist dies relativ lang im Vergleich mit der Zeit, die ein Neutron benötigt, um eine Entfernung von der Größe eines Kerndurchmessers zu durcheilen (§ 2.12).

2.30. Bei hohen Anregungsenergien, wie sie sich nach Einfang eines Teilchens mit hoher kinetischer Energie ergeben, ist die Niveaubreite vergrößert und die mittlere Lebensdauer des Zwischenkerns entsprechend verkleinert. Wenn z. B. $\Gamma = 1000$ eV ist, würde die mittlere Lebensdauer $0,7 \cdot 10^{-18}$ sec betragen und damit von derselben Größenordnung wie die Durchgangszeit eines Nukleons sein. Unter diesen Umständen versagt das Zwischenkernmodell, das einen Energieaustausch zwischen den Nukleonen zur Voraussetzung hat. Gleichzeitig würde die Niveaubreite, besonders bei Kernen mittlerer Masse, größer als der Abstand zwischen den Energieniveaus werden (§ 2.25). Mit anderen Worten, die Energiestufen würden einander, soweit es experimentelle Messungen betrifft, überlappen.

Resonanzabsorption

Bedingungen für Resonanz

2.31. In experimentellen Untersuchungen von Kernreaktionen durch Bombardierung verschiedener Zielelemente mit verschiedenen Projektilen, z. B. mit Protonen, Neutronen und anderen, wurde ein scharfes Anwachsen der Reaktionsausbeute festgestellt, wenn die Energie des einfallenden Teilchens bestimmte Werte aufweist. Mit anderen Worten, für bestimmte Energiewerte ist die Wahrscheinlichkeit dafür, daß das einfallende Teilchen eingefangen wird und sich ein Zwischenkern bildet, außerordentlich groß. Diese Erscheinung, die bei Kernreaktionen mit langsamen Neutronen sehr ausgeprägt ist, wird *Resonanz* genannt. Bei Elementen mit mittleren oder hohen Massenzahlen tritt die Resonanzabsorption häufig bei Neutronenenergien zwischen etwa 1 und 10 eV ein. Uran-238 z. B. zeigt Resonanzabsorption von Neutronen mit Energien im eV-Bereich.

2.32. Es wird allgemein angenommen, daß die Ausbeute einer gegebenen Kernreaktion dann stark ansteigt, wenn die Energie des einfallenden Teilchens so groß ist, daß der angeregte Zustand des Zwischenkerns einem seiner Quantenzustände entspricht. Dieser Effekt möge durch Abb. 2.32

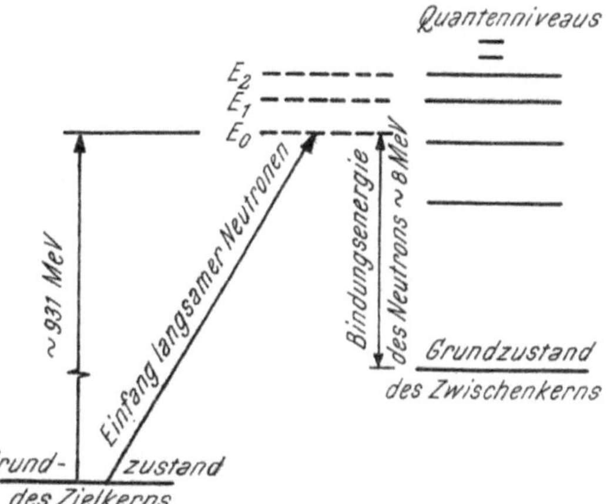

Abb. 2.32.   Entstehung des Zwischenkerns und Energieniveaus

verdeutlicht werden. Die Linien auf der rechten Seite veranschaulichen schematisch die Energieniveaus des Zwischenkerns. Die untere, mit E_0 bezeichnete Linie stellt die Summe der Energien des Zielkerns und eines Neutrons mit der kinetischen Energie null dar. Die Energie E_0 entspricht also der Energie im Punkte C in Abb. 2.15.

2.33. Eine Prüfung der Abb. 2.32 zeigt, daß die Energie E_0 keinem Quantenzustand des Zwischenkerns entspricht. Besitzt das Neutron jedoch eine ausreichende kinetische Energie, um das System, bestehend aus dem Zielkern und dem Neutron, auf die Energie E_1 zu bringen, dann entspricht die Energie des Zwischenkernes einem seiner Quantenzustände. Wenn das Neutron gerade die kinetische Energie $E_1 - E_0$ hat, spricht man von Resonanzabsorption. Ganz analog wird für Neutronen mit der kinetischen Energie $E_2 - E_0$ Resonanzabsorption eintreten. Die Gesamtenergie E_2 des Systems entspricht dann, wie man aus Abb. 2.32 ersehen kann, einem anderen Quantenzustand des Zwischenkerns.

2.34. Nach der Quantenmechanik sind nur die Quantenzustände eines Systems stabil bzw. quasistabil. Bei einer bestimmten Reaktion wird die Wahrscheinlichkeit der Bildung eines Zwischenkerns am größten, wenn seine Energie einem seiner Quantenzustände entspricht. Daher steigt die Ausbeute der Reaktion bei Resonanzabsorption besonders stark an.

2.35. Wie in § 2.26 gezeigt wurde, sind — zumindestens vom experimentellen Standpunkt aus gesehen — die Energien der Kernquantenzustände keineswegs scharf definiert. Jeder Zustand hat eine bestimmte Breite. Beim Teilchen entspricht dem natürlich eine gewisse Streuung der Energiewerte, bei denen Resonanz eintreten kann. Sind die Zustandsbreiten größer als der Abstand aufeinanderfolgender Niveaus — z. B. bei hohen Energien —, so werden diese einander überdecken. Unter diesen Umständen ist sowohl der Begriff der Resonanzabsorption als auch der des Zwischenkerns (§ 2.30) nicht mehr anwendbar.

2.36. In § 2.25 wurde erwähnt, daß der Abstand der Energieniveaus eines Kernes mittlerer oder hoher Massenzahl im 8-MeV-Bereich etwa 1 eV bis 10 eV beträgt. Es ist daher zu erwarten, daß Resonanzabsorption von Neutronen dann zu beobachten sein wird, wenn ihre kinetische Energie in dieser Größenordnung liegt. Hat das Neutron eine große Energie, etwa 1 MeV, so liegt die Energie des Zwischenkerns etwa 9 MeV über dem Grundniveau. In diesen Bereichen sind die Niveaubreiten, verglichen mit den Abständen der Energieniveaus, so groß, daß der Begriff der Resonanz nicht mehr anwendbar ist.

2.37. Für Kerne mit niedriger Massenzahl ist der Abstand in der 8-MeV-Zone größer als für Kerne mit mittlerer oder hoher Massenzahl. Daher kann Resonanzabsorption nur bei Neutronen auftreten, deren Energie in der Größenordnung von 0,01 MeV liegt. Resonanzeffekte dieser Art wurden beobachtet, aber die erhöhte Absorption ist nicht sehr ausgeprägt. Wie wir später sehen werden, besteht nämlich eine allgemeine Tendenz zur Abnahme der Neutronenabsorption mit wachsender Neutronenenergie.

Die Breit-Wigner-Formel

2.38. Durch Anwendung wellenmechanischer Methoden auf das Zwischenkernmodell haben BREIT und WIGNER (§ 2.11) einen Ausdruck für die Ausbeute einer Kernreaktion unter Berücksichtigung der Resonanzabsorption hergeleitet. Die Ergebnisse werden mit Hilfe des sogenannten nuklearen (oder mikroskopischen) *Wirkungsquerschnitts*, den wir mit σ bezeichnen, wiedergegeben. Er soll später eingehend behandelt werden (§ 3.38). Augenblicklich reicht es aus, festzustellen, daß der Wirkungsquerschnitt ein Maß für die Wahrscheinlichkeit ist, daß unter gegebenen Bedingungen eine bestimmte Kernreaktion stattfindet. Er ist eine spezifische Eigenschaft dieser Reaktion für eine mit einer bestimmten Energie auftreffende Partikel.

2.39. Betrachten wir eine Kernreaktion, die ganz allgemein gegeben ist durch

$$a + X \rightarrow [\text{Zwischenkern}]^* \rightarrow Y + b.$$

Dabei ist a das einfallende Teilchen, X der Zielkern, Y der Restkern und b das ausgeschleuderte Teilchen. Es seien Γ_a und Γ_b die Niveaubreiten, die ein Maß für die Wahrscheinlichkeit dafür sind, daß der Zwischenkern in einem bestimmten Quantenzustand die Teilchen a und b aussendet (§ 2.28). Die totale Niveaubreite Γ ist dann die Summe der partiellen Nivaubreiten, wie bereits in § 2.27 dargestellt wurde. Es sei E die gesamte Energie des einfallenden Teilchens, also sowohl die kinetische als auch die innere, und E_r jener Energiewert, bei dem exakt Resonanz mit einem bestimmten Quantenzustand des Zwischenkerns auftritt. Die *Breit-Wigner-Formel* für den Zusammenhang zwischen Kernwirkungsquerschnitt σ und Energie E des einfallenden Teilchens lautet dann angenähert

$$\sigma = \frac{\lambda^2}{4\,\pi} \cdot \frac{\Gamma_a\,\Gamma_b}{(E - E_r)^2 + \frac{1}{4}\,\Gamma^2}. \qquad (2.39.1)$$

Dabei bedeutet λ die Wellenlänge des einfallenden Teilchens, berechnet aus seiner Masse und Geschwindigkeit nach der de Broglie-Gleichung (2.8.1)[1]. Der Einfachheit halber ist ein den Einfluß des Kerndrehmomentes und des Teilchenspins berücksichtigender Faktor weggelassen worden. Er ist im allgemeinen von der Größenordnung Eins.

2.40. Die Breit-Wigner-Formel wird oft als die *Einniveauformel* bezeichnet. Die Einniveauformel wird mit den entsprechenden Werten von Γ_a, Γ_b, Γ und E_r auf jedes einzelne Resonanzgebiet, d. h. jeden Quantenzustand angewendet, vorausgesetzt, daß letzterer genügend weit von den benachbarten Niveaus entfernt ist, so daß die Resonanzen einander nicht überschneiden. Andernfalls muß eine kompliziertere Formel angewendet werden. Für unsere Zwecke genügt jedoch die Einniveauformel.

Anwendungen der Breit-Wigner-Formel

2.41. In der Theorie der Kernreaktoren ist die Breit-Wigner-Formel im Hinblick auf die Resonanzabsorption von Neutronen von besonderem Interesse. Da Neutronen keine innere Energie besitzen, ist E in (2.39.1) mit der kinetischen Energie des Neutrons identisch. Weiters ist die Wellenlänge nach (2.8.2) proportional zu $1/\sqrt{E}$, wobei E die kinetische Energie ist. Daher gilt für ein auftreffendes Neutron

$$\lambda^2 = \frac{k}{E}, \qquad (2.41.1)$$

wobei k eine Konstante ist.

2.42. Die Energieniveaubreite Γ_b, die die Wahrscheinlichkeit für die Emission des Teilchens b darstellt, wird als unabhängig von der Energie des einfallenden Teilchens angenommen. Für die Breite Γ_a kann hingegen gezeigt werden, daß sie proportional zur Teilchengeschwindigkeit ist. Γ_a mißt die Wahrscheinlich-

---

[1] Bei der Bestimmung von λ nach der de Broglieschen Formel muß für die Masse m die reduzierte Masse μ des auffallenden Teilchens m_0 und des getroffenen Kernes M, also $1/\mu = 1/m_0 + 1/M$, verwendet werden. Für Kerne mittlerer und hoher Massenzahl ist sie im wesentlichen gleich der Masse des auffallenden Teilchens.

keit der Wiederaussendung des eingeschossenen Teilchens. Ist a ein Neutron, so daß E nur die kinetische Energie umfaßt, so folgt, daß

$$\Gamma_a = \Gamma_n = k' \sqrt{E}. \tag{2.42.1}$$

Dabei ist k' eine Konstante. Indem man (2.41.1) und (2.42.1) in die Breit-Wigner-Formel einsetzt und die Konstanten in A zusammenfaßt, erhält man

$$\sigma = \frac{A}{\sqrt{E}} \cdot \frac{\Gamma_b}{(E - E_r)^2 + \frac{1}{4}\Gamma^2}. \tag{2.42.2}$$

Dieser Ausdruck liefert also die Abhängigkeit von σ für Neutronenabsorption von der Energie E in der Nähe einer bestimmten, von anderen weit entfernten Resonanzstelle. A, Γ_b und E_r sind Konstante. Die Energieabhängigkeit von Γ kann gegenüber der von $(E - E_r)^2$ vernachlässigt werden.

2.43. Eine Prüfung von (2.42.2) ergibt eine Anzahl interessanter Gesichtspunkte. Wenn die kinetische Neutronenenergie E klein im Vergleich zu der für die Resonanz erforderlichen Energie E_r ist, so wird $(E - E_r)^2 \approx E_r{}^2$, der zweite Faktor in (2.42.2) wird praktisch konstant, und die Formel geht in

$$\sigma = \frac{B}{v}$$

über, wobei B die Konstanten zusammenfaßt. Der Neutronenabsorptionsquerschnitt ist in diesem Falle verkehrt proportional zur Neutronengeschwindigkeit. Tatsächlich hat man für langsame Neutronen Proportionalität von σ zu $1/v$ festgestellt (§ 3.68). Man nennt den Geschwindigkeitsbereich, wo dies der Fall ist, das $1/v$-Gebiet.

2.44. Sobald die Neutronenenergie anwächst und sich dem Wert E_r nähert, wächst σ für kleines Γ sehr rasch an (2.42.2). Für $E = E_r$ erreicht der Absorptionsquerschnitt ein Maximum, um mit $E > E_r$ wieder abzunehmen, und zwar zuerst sehr rasch, später hingegen wieder langsamer. Das bedeutet, daß σ als Funktion von E ein scharfes Maximum besitzt, das der Resonanzenergie E_r entspricht (Abb. 2.44). Solche Maxima, *Resonanzgipfel* genannt, werden, wie wir später sehen werden, sehr häufig beobachtet. Aus (2.42.2) erkennt man, daß der mit $\Gamma \ll E_r$ durch

$$\sigma_{\max} \approx \frac{A}{\sqrt{E_r}} \cdot \frac{\Gamma_b}{\frac{1}{4}\Gamma^2} \tag{2.44.1}$$

gegebene Maximalwert des Absorptionsquerschnitts annähernd umgekehrt proportional zur Quadratwurzel aus der Resonanzenergie ist. Daher wird der Wirkungsquerschnitt beim Absorptionsmaximum für große Resonanzenergien klein sein und umgekehrt.

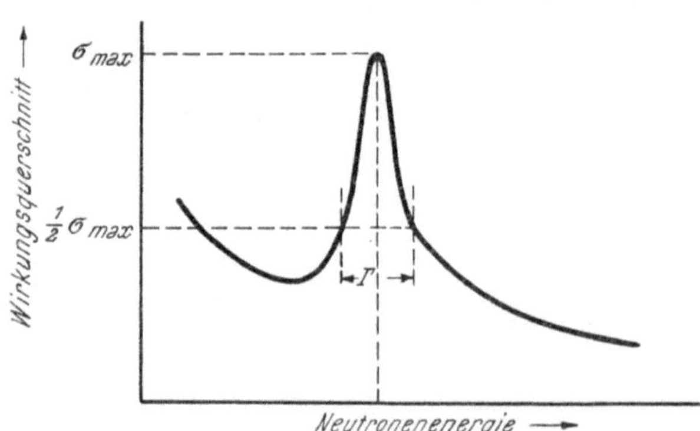

Abb. 2.44. Resonanzspitze für Neutronenabsorption

2.45. Aus (2.42.2) und (2.44.1) folgt für $E - E_r = \Gamma/2$, daß $\sigma = \sigma_{\max}/2$ wird. Die Breite des Resonanzgipfels in eV ist also gleich der totalen Niveaubreite Γ. Aus diesem Grund wird Γ manchmal die Halbwertsbreite des Resonanzgipfels genannt.

2.46. Ein weiterer interessanter Spezialfall ergibt sich, wenn die totale Breite Γ eines speziellen Niveaus groß ist verglichen mit $E - E_r$. Dann kann $(E - E_r)^2$ im Nenner von (2.42.2) gegenüber $\Gamma^2/4$ vernachlässigt werden. Der Ausdruck für den Neutronenabsorptionsquerschnitt wird dann

$$\sigma = \frac{A'}{v} \cdot \frac{\Gamma_b}{\frac{1}{4}\Gamma^2}, \qquad (2.46.1)$$

so daß der Wirkungsquerschnitt wieder verkehrt proportional zur Neutronengeschwindigkeit wird. Das $1/v$-Gesetz der Neutronenabsorption trifft daher in folgenden zwei Fällen zu: a) Die Zustandsbreite Γ ist klein und die Neutronenenergie E kann gegenüber E_r vernachlässigt werden (§ 2.43). b) Die Zustandsbreite ist groß gegenüber $E - E_r$. Ein Beispiel für den letzteren Fall werden wir in § 3.77 geben.

2.47. Ist Γ groß gegenüber E_r, so tritt in der Darstellung von σ als Funktion von E kein Maximum des Wirkungsquerschnitts, also kein Resonanzgipfel, auf. Gemäß (2.46.1) nimmt der Absorptionsquerschnitt dann mit zunehmender Neutronenenergie stetig ab. Unter diesen Umständen ist es nicht üblich, von Resonanzeinfang zu sprechen.

Streuung von Neutronen

Die Natur der Streuung

2.48. Eine bisher noch nicht in Betracht gezogene Möglichkeit besteht darin, daß das bei einer Kernreaktion ausgestoßene Teilchen mit dem eingefangenen identisch ist. Bei der Neuverteilung der Energie unter den Nukleonen im Zwischenkern besteht immer die Möglichkeit, daß ein Teilchen derselben Art wie das eingefangene genügend Energie für das Verlassen des Kernes erhält. Im allgemeinen wird das ausgestoßene Teilchen eine geringere kinetische Energie besitzen als das auffallende, da ein Teil der Energie oder die gesamte Energie auf den Zielkern übertragen wird. Ein Prozeß, dessen Gesamteffekt in der Energieübertragung von einem Teilchen auf ein anderes besteht, wird Streuung genannt. In Kernreaktoren spielt die Streuung von Neutronen durch Atomkerne eine sehr große Rolle. Daher sollen hier einige allgemeine Gesichtspunkte dieser Frage besprochen werden. Eine eingehendere Behandlung wollen wir in Kap. VI geben.

2.49. Es gibt zwei Arten von Streuungsprozessen, nämlich die elastische und die inelastische Streuung. Bei der inelastischen Streuung bleibt wohl der Gesamtimpuls des Systems erhalten, nicht aber die gesamte kinetische Energie. Bei der elastischen Streuung bleiben beide Größen erhalten.

Inelastische Streuung

2.50. Wenn ein Neutron nicht zu hoher Energie (§ 2.10) eine inelastische Streuung erfährt, so wird es zunächst vom Zielkern eingefangen und es entsteht ein Zwischenkern. Anschließend wird ein Neutron niedrigerer kinetischer Energie ausgestoßen und der Zielkern bleibt im angeregten Zustand zurück. Bei der inelastischen Streuung wird also ein Teil oder die gesamte kinetische Energie in innere oder Anregungsenergie des Zielkernes verwandelt. Diese Energie wird dann in Form von γ-Strahlung ausgesendet, wodurch der Zielkern wieder in seinen Grundzustand zurückkehrt.

2.51. In § 2.25 wurde festgestellt, daß der Abstand der Kernenergieniveaus nahe dem Grundzustand für Kerne von mittlerer oder hoher Massenzahl etwa 0,1 MeV beträgt. Für Kerne mit niedrigerer Massenzahl ist er größer. Folglich muß ein Neutron wenigstens 0,1 MeV Energie besitzen, wenn es an einem inelastischen Stoß teilnehmen soll. Hat die streuende Substanz eine kleine Massenzahl, so ist die erforderliche Neutronenenergie sogar noch höher. In Kernreaktoren haben die Neutronen anfangs hohe Energien im MeV-Bereich und daher kommen inelastische Streuungen in gewissem Ausmaß vor. Die Neutronenenergie wird aber, wie wir später sehen werden, schnell auf Werte vermindert, bei welchen inelastische Streuung nicht mehr möglich ist.

Elastische Streuung

2.52. Bei der elastischen Streuung bleibt die Summe der kinetischen Energien erhalten. Ein Teil (oder die gesamte) Energie des Neutrons tritt nach dem Zusammenstoß als kinetische Energie des ursprünglich ruhenden Zielkernes auf. Der Prozeß kann mit dem Zusammenstoß von Billardkugeln verglichen werden und folgt den Gesetzen der klassischen Mechanik (Erhaltung von Energie und Impuls). Bei jedem Zusammenstoß mit einem praktisch ruhenden Kern wird das Neutron einen Teil seiner kinetischen Energie auf den Kern übertragen; der Betrag der übertragenen Energie hängt von dem Winkel ab, um den das Neutron abgelenkt wird. Für einen gegebenen Streuwinkel ist der Bruchteil der übertragenen Neutronenenergie um so größer, je kleiner die Masse des streuenden Kernes ist (s. Kap. VI).

2.53. Vom theoretischen Standpunkt kann man zwei Arten der elastischen Streuung von Neutronen unterscheiden: Erstens *Resonanzstreuung*, wobei die Energie des eingefangenen Neutrons gerade einen solchen Wert hat, daß sich der entstehende angeregte Zwischenkern in einem seiner Quantenzustände oder nahe bei einem solchen befindet. Zweitens *Potentialstreuung*, die auch bei Neutronen auftritt, deren Energie nicht mit Resonanzwerten zusammenfällt. In der Wellenmechanik wird die Potentialstreuung der Wechselwirkung der Neutronenwelle mit dem Potential an der Kernoberfläche zugeschrieben.

2.54. Zur groben Kennzeichnung der Streuung in der Nähe einer Resonanzstelle kann man (2.39.1) heranziehen. Da die Teilchen a und b Neutronen sind, erhält man[1] bei Hinzufügung des Potentialstreuungsanteils

$$\sigma \approx \frac{\lambda^2}{4\pi} \cdot \frac{\Gamma_n{}^2}{(E - E_r)^2 + \frac{1}{4}\Gamma^2} + 4\pi R^2 \qquad (2.54.1)$$

wobei E die kinetische Energie des einfallenden Neutrons und R den geometrischen Kernradius bedeuten. In diesemFall ist die Niveaubreite Γ_n für das einfallende und das austretende Neutron praktisch gleich und nach (2.42.1) proportional zu $\sqrt{E}$; daher ist $\Gamma_n{}^2$ proportional zu E. Da weiter nach (2.41.1) λ^2 umgekehrt proportional zu E ist, erkennt man, daß $\lambda^2 \Gamma_n{}^2$ angenähert konstant bleibt; folglich wird (2.54.1)

$$\sigma \approx \frac{A}{(E - E_r)^2 + \frac{1}{4}\Gamma^2} + 4\pi R^2$$

wobei A eine Konstante bedeutet. Wenn E gleich E_r ist, hat der Resonanzstreuquerschnitt ein Maximum. Ist aber $E \ll E_r$, d. h. ist die Neutronenenergie

---

[1] Die Formel (2.54.1) gilt nur angenähert: es ist ein sogenannter Interferenzterm unberücksichtigt geblieben. Er ist klein gegenüber der eigentlichen Resonanzstreuung.

merklich kleiner als der Resonanzwert, so wird der Querschnitt offensichtlich von der Neutronenenergie unabhängig.

2.55. Wenn man von der Umgebung der Resonanzstelle absieht, ist die Resonanzstreuung gewöhnlich viel kleiner als die Potentialstreuung, und der Querschnitt ändert sich nicht stark mit der Neutronenenergie. Obwohl die Resonanzstreuung nahe bei der Resonanzstelle von der Neutronenenergie abhängt, ist die Variation nicht groß und die Querschnitte sind von derselben Größenordnung wie für die Potentialstreuung. Man kann folglich allgemein annehmen, daß der Querschnitt der gesamten elastischen Streuung von der kinetischen Energie der einfallenden Neutronen unabhängig ist. Dies gilt insbesondere für Neutronen mit Energien unter rund 0,1 MeV, wenn sie durch Kerne mit kleiner Massenzahl gestreut werden, was im Kernreaktor ziemlich häufig der Fall ist.

III. Erzeugung von Neutronen — Neutronenreaktionen

Erzeugung von Neutronen

α-Teilchen und leichte Kerne

3.1. Das Neutron wurde ursprünglich bei Reaktionen von α-Teilchen, die von radioaktivem Material ausgesandt werden, mit den leichten Elementen Beryllium, Bor und Lithium entdeckt. Später fand man, daß auch andere Elemente mit niedriger Ordnungszahl Neutronen emittieren, wenn sie mit α-Teilchen beschossen werden. Im Falle von Beryllium z. B. kann die Reaktion durch

$$_4\mathrm{Be}^9 + {}_2\mathrm{He}^4 \longrightarrow {}_6\mathrm{C}^{12} + {}_0n^1$$

dargestellt werden, wobei die unteren Indizes die Ordnungszahl, d. h. die Kernladung, und die oberen die Massenzahl angeben. Da ein Neutron die Einheitsmasse, aber keine Ladung besitzt, wird es durch das Symbol $_0n^1$ dargestellt. Die Summe der Ordnungszahlen, d. h. die Gesamtzahl der Protonen, muß auf beiden Seiten der Gleichung übereinstimmen, ebenso die Summe der Massenzahlen.

3.2. Eine Kombination eines α-Strahlers, wie Radium oder Polonium, mit einem leichten Element, wie Beryllium oder Bor, liefert eine sehr einfache, kompakte Neutronenquelle für Laboratoriumszwecke. Eine Mischung von 5 g Beryllium und 1 g Radium sendet z. B. rund 10 bis 15 Millionen Neutronen pro Sekunde aus. Wegen der langen Halbwertszeit des Radiums (ungefähr 1600 Jahre) ist eine Radium-Beryllium-Neutronenquelle praktisch konstant. Ihre Hauptnachteile sind die hohen Kosten des Radiums und seine starke γ-Strahlung. An Stelle von Radium wird häufig Polonium verwendet; es ist billiger und die γ-Strahlung ist schwächer, dafür ist aber auch die Lebensdauer der Neutronenquelle kleiner.

3.3. Die durch Einwirkung von α-Teilchen auf Beryllium erzeugten Neutronen haben mäßig hohe Energien, abhängig von der Energie der einfallenden Teilchen. Die oben beschriebenen Quellen sind polyenergetisch, und das Energiespektrum überdeckt ein Gebiet von 5 MeV bis 12 MeV. Gleichzeitig können auch Neutronen anderer Energiebereiche auftreten, die von den γ-Strahlen des α-Strahlers ausgelöst werden — vgl. den folgenden Abschnitt.

Photoneutronenquellen

3.4. Wenn man monoenergetische Neutronen, d. h. Neutronen (annähernd) gleicher Energie, erzeugen will, kann man von gewissen photonuklearen Reaktionen Gebrauch machen, bei denen γ-Strahlen mit einem Kern in Wechselwirkung treten und Energie auf diesen übertragen. Der so gebildete, angeregte Kern kann ein Teilchen, z. B. ein Neutron, aussenden. In den Photoneutronenquellen gehen Reaktionen vor sich, die durch das Symbol (γ, n) dargestellt werden: ein γ-Quant fällt ein, ein Neutron wird ausgesandt.

3.5. Die folgenden zwei (γ, n)-Prozesse können mit leicht erhältlichen radioaktiven Substanzen erzeugt werden:

$$_4\mathrm{Be}^9 + {}_0\gamma^0 \dashrightarrow {}_4\mathrm{Be}^8 + {}_0n^1$$

und

$$_1\mathrm{H}^2 + {}_0\gamma^0 \longrightarrow {}_1\mathrm{H}^1 + {}_0n^1.$$

Im ersten Fall dient als Auffänger Beryllium, im zweiten Deuterium, das schwerere (stabile) Isotop des Wasserstoffs mit der Massenzahl 2. Wie später (§ 4.80) noch gezeigt werden wird, sind diese Reaktionen für die Wirkungsweise von Kernreaktoren von besonderem Interesse.

3.6. Die minimale Schwellenenergie, die notwendig ist, um diese (γ, n)-Reaktion in Gang zu bringen, beträgt bei Beryllium 1,6 MeV und für die Deuteriumreaktion 2,21 MeV. γ-Strahlen mit kleineren Energien sind nicht imstande, durch derartige Reaktionen Neutronen zu erzeugen. Die gesamte über diese Schwellenenergie hinausreichende Energie des γ-Strahls wird hauptsächlich in kinetische Energie des ausgesandten Neutrons umgewandelt, ein Teil wird durch den Rückstoßkern aufgenommen. Da die γ-Strahlen einer gegebenen radioaktiven Quelle gewöhnlich eine ganz bestimmte Energie besitzen, ist dies auch bei den erzeugten Neutronen der Fall: Neutronen, die durch photonukleare (γ, n)-Reaktionen erzeugt werden, sind im wesentlichen monoenergetisch.

3.7. Zur Erzeugung der γ-Strahlung in Neutronenquellen können die in der Natur vorkommenden Elemente Radium und Mesothorium verwendet werden. Die künstlich hergestellten Isotope Na^{24}, Ga^{72}, Sb^{124} und La^{140} sind bedeutend billiger, haben aber eine viel kürzere Halbwertszeit. Als Auffängermaterial kann Berylliummetall oder schweres Wasser dienen, d. h. Wasser, das mit dem schweren Isotop des Wasserstoffs angereichert ist. Die niedrigste Energie der auf diese Weise gewonnenen Neutronen beträgt 0,03 MeV bei der Sb^{124}-Be-Reaktion, die höchste 0,88 MeV beim MsTh-Be-Prozeß.

3.8. Eine einfache und bequeme, annähernd monoenergetische Neutronenquelle kann von der Isotopenabteilung der US-Atomenergiekommission bezogen werden. Sie besteht aus einem Antimonstab, der das radioaktive Sb^{124}-Isotop enthält und von einem Berylliummetallmantel umgeben ist. Im frisch zubereiteten Zustand sendet das System rund 8 Millionen Neutronen pro sec aus, die annähernd einheitliche Energie von 0,03 MeV aufweisen. Das Sb^{124} hat eine Halbwertszeit von 60 Tagen. Ist die Neutronenquelle durch das Abklingen der Aktivität merklich geschwächt, so kann sie wieder erneuert werden, indem man den Antimonstab dem Neutronenfeld eines Kernreaktors aussetzt.

Verwendung von Beschleunigern

3.9. Außer den beschriebenen, ziemlich kompakten Neutronenquellen gibt es noch andere Methoden, Neutronen mit ziemlich einheitlicher Energie zu erzeugen, indem man als Geschosse leichte Kerne verwendet, die mittels eines Zyklotrons oder besser mittels eines Van de Graaff-Generators beschleunigt worden sind. Beim Auftreffen von beschleunigten Protonen auf Lithium oder von Deuteronen (Deuteriumkernen) auf Lithium, Beryllium oder Deuterium (als „schweres" Eis oder „schweres" Paraffin) entstehen Neutronenstrahlen von ziemlich einheitlicher Energie. Diese Energie hängt von der Energie der einfallenden Teilchen und vom benützten Prozeß ab.

Bremsung von Neutronen

Streuung und Bremsung

3.10. Alle oben beschriebenen Quellen liefern Neutronen von ziemlich hoher kinetischer Energie, gewöhnlich im MeV-Bereich. Solche Neutronen werden schnelle Neutronen genannt. In § 2.52 wurde erwähnt, daß Neutronen bei elastischen Zusammenstößen einen Teil (oder die gesamte) kinetische Energie verlieren können. Langsame Neutronen, besonders solche, deren Energien bei gewöhnlichen Temperaturen um 0,03 eV liegen — sogenannte *thermische Neutronen* (§ 3.13) —, sind im Zusammenhang mit Kernreaktoren von Bedeutung.

3.11. Wie wir in Kap. VI sehen werden, ist die relative Abnahme der kinetischen Energie eines Neutrons bei einem elastischen Zusammenstoß für einen gegebenen Streuwinkel um so größer, je kleiner die Massenzahl des streuenden Kerns ist. Schnelle Neutronen werden also von einem Medium, das Kerne niedriger Massenzahl enthält, am wirksamsten gebremst.

3.12. Die Bremsung von Neutronen spielt in den meisten Kernreaktoren eine wichtige Rolle; das für diesen Zweck benutzte Material wird *Moderator* genannt. Der Bremsprozeß selbst wird manchmal als *Moderation* bezeichnet. Ein guter Moderator ist ein Material, in dem die Geschwindigkeit schneller Neutronen durch eine kleine Zahl von Zusammenstößen herabgesetzt wird; er muß offenkundig aus Atomen niedriger Massenzahl bestehen. Daher werden in verschiedenen Reaktoren gewöhnliches Wasser (H_2O), schweres Wasser (D_2O), Beryllium und Graphit als Moderatoren benützt[1].

3.13. Nach einer entsprechenden Zahl von Streuzusammenstößen ist die Geschwindigkeit eines Neutrons so stark reduziert, daß es annähernd dieselbe mittlere kinetische Energie besitzt wie die Atome oder Moleküle des Mediums, in welchem es die elastische Streuung erfährt. Wie wir unten sehen werden, hängt diese Energie von der Temperatur des Mediums ab und wird daher *thermische Energie* genannt. Neutronen, deren Energien auf diesen Bereich reduziert wurden, werden als *thermische Neutronen* bezeichnet, und der Bremsprozeß wird *Thermalisierung* genannt. Neutronen, deren Energien oberhalb des thermischen Bereichs liegen, werden manchmal *epithermische Neutronen* genannt.

Die Maxwell-Boltzmannsche Verteilung

3.14. Thermische Neutronen können streng als Neutronen definiert werden, welche mit den Atomen (oder Molekülen) des Mediums, in dem sie sich befinden, im thermischen Gleichgewicht stehen. Ein spezielles thermisches Neutron, das Zusammenstöße mit den Kernen des Mediums erleidet, kann dabei Energie gewinnen oder verlieren. Wenn aber eine große Zahl von thermischen Neutronen betrachtet wird, die in einem nichtabsorbierenden Medium diffundieren, erfahren diese im Mittel keine Energieänderung. Wie man in der kinetischen Gastheorie herleitet, sind dann die kinetischen Energien der Neutronen statistisch nach dem Maxwell-Boltzmannschen Gesetz verteilt, also

$$\frac{dn}{n} = \frac{2\,\pi}{(\pi\,k\,T)^{3/2}}\, e^{-\frac{E}{kT}}\, E^{1/2}\, dE, \qquad (3.14.1)$$

wobei dn die Zahl der Neutronen mit Energien im Bereich von E bis $E + dE$, n die Gesamtzahl der Neutronen des Systems, k die Boltzmann-Konstante und T die absolute Temperatur ist.

---

[1] Ein guter Moderator darf Neutronen nicht zu stark absorbieren. Deswegen können die leichten Elemente Lithium und Bor, welche langsame Neutronen sehr stark absorbieren, nicht als Moderator verwendet werden.

3.15. In Übereinstimmung mit der später (§ 3.50) benutzten Symbolik sei $n(E)$ die Zahl der Neutronen der Energie E pro Einheitsintervall der Energie[1]. Dann ist $n(E)\,dE$ die Zahl der Neutronen, deren Energien zwischen E und $E+dE$ liegen; diese ist äquivalent zu dn in (3.14.1), und die letztere Gleichung kann daher in der Form

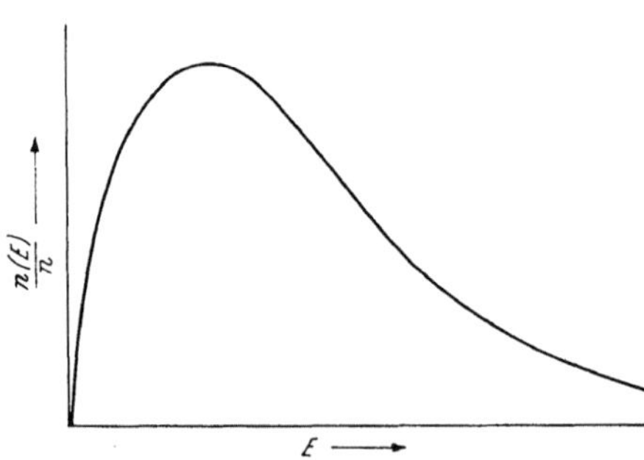

Abb. 3.15. Maxwell-Boltzmann-Energieverteilung

$$\frac{n(E)}{n}\,dE = \frac{2\,\pi}{(\pi\,k\,T)^{3/2}}\,e^{-\frac{E}{kT}}\,E^{1/2}\,dE \tag{3.15.1}$$

oder

$$\frac{n(E)}{n} = \frac{2\,\pi}{(\pi\,k\,T)^{3/2}}\,e^{-\frac{E}{kT}}\,E^{1/2} \tag{3.15.2}$$

für verschiedene E bei gegebener Temperatur geschrieben werden, wobei die linke Seite den Bruchteil der Neutronen pro Einheit des Energieintervalls darstellt, deren Energie im Bereich zwischen E und $E+dE$ liegt. Die rechte Seite kann ausgewertet werden, und die Kurve, die man auf diese Weise für $n(E)/n$ als Funktion der kinetischen Energie E der Neutronen erhält, ist in Abb. 3.15 wiedergegeben.

3.16. Es hat sich eingebürgert, die Energie thermischer Neutronen durch $k\,T$ statt durch die Temperatur T zu charakterisieren. $k\,T$ ist die kinetische Energie, die der *wahrscheinlichsten* Geschwindigkeit entspricht[2]. Die *mittlere* kinetische Energie thermischer Neutronen beträgt gemäß der Maxwellschen Verteilung $3\,k\,T/2$.

3.17. Wenn man die Energie, wie gewöhnlich, in eV ausdrückt, erhält man für die Boltzmannsche Konstante k den Wert $8{,}62 \cdot 10^{-5}$ eV pro Grad; man kann also setzen:

$$\text{Energie thermischer Neutronen} = 8{,}62 \cdot 10^{-5}\,T \text{ eV.} \tag{3.17.1}$$

In Tab. 3.17 sind verschiedene Werte für eine Reihe von Temperaturen zu-

Tabelle 3.17. *„Energien" und „Geschwindigkeiten" der thermischen Neutronen verschiedener Temperatur*

Temperatur		„Energie"	„Geschwindigkeit"
°K	°C	eV	cm/sec
300	27	0,026	$2{,}2 \cdot 10^5$
400	127	0,034	2,6
600	327	0,052	3,1
800	527	0,069	3,6
1000	727	0,086	4,0

[1] Das Volumen des Systems wird gewöhnlich als 1 cm^3 angenommen; für den vorliegenden Zweck kommt es aber darauf nicht an.

[2] Da $E = m\,v^2/2$ ist, wobei v die Geschwindigkeit bedeutet, also $dE = m\,v\,dv$, kann die Maxwellsche Formel (3.15.2) in die Gestalt $n(v)\,dv = n(E)\,dE$ oder

$$\frac{n(v)}{n} = 4\,\pi \left(\frac{m}{2\,\pi\,k\,T}\right)^{3/2} v^2\,e^{-\frac{m\,v^2}{2\,k\,T}}$$

gebracht werden. Wenn man nach v differenziert und das Resultat gleich Nul setzt, findet man die wahrscheinlichste Geschwindigkeit $(2\,kT/m)^{1/2}$. Die zugehörige kinetische Energie ist $k\,T$.

sammengestellt; bei gewöhnlicher Temperatur, d. h. 25° C oder 298° K, beträgt die Energie thermischer Neutronen angenähert 0,025 eV.

3.18. Die Geschwindigkeit v eines Neutrons in cm/sec ist mit der kinetischen Energie E durch die Gleichung

$$v = 13,8 \cdot 10^5 \sqrt{E} \text{ cm/sec} \qquad (3.18.1)$$

verknüpft, wobei E in eV ausgedrückt wird. Dieses Resultat kann mit (3.17.1) kombiniert werden und gibt die „Geschwindigkeit der thermischen Neutronen":

$$\text{Geschwindigkeit der thermischen Neutronen} = 1,28 \cdot 10^4 \sqrt{T} \text{ cm/sec.}$$

Bei Zimmertemperatur ist T ungefähr 295° K, und die Geschwindigkeit der thermischen Neutronen beträgt dann $2,22 \cdot 10^5$ cm/sec. Werte für einige Temperaturen sind in Tab. 3.17 angegeben.

3.19. Bisher wurde angenommen, daß die bremsende Substanz kein Neutronenabsorber ist. In der Praxis kann die Absorption nicht immer vernachlässigt werden, insbesondere bei wassermoderierten Reaktoren bzw. bei Reaktoren mit hoher Spaltstoffdichte. Im thermischen Energiebereich wachsen die Absorptionsquerschnitte mit abnehmender Energie an, und es kommt wegen der stärkeren Absorption der langsamen Neutronen nicht zur Ausbildung einer Maxwell-Boltzmann-Verteilung; das Maximum der Verteilungskurve ist vielmehr gegen höhere Temperaturen verschoben. Diese Erscheinung nennt man *Härtung* des Neutronenspektrums.

Um den Härtungseffekt abzuschätzen, wurde die Neutronenbremsung in einem monoatomaren Gas, vermischt mit einem $1/v$-Absorber, theoretisch behandelt. Bei Wasser wurde ferner der Einfluß der Bindungsenergie der Moleküle durch Einführung einer „effektiven Masse" der streuenden Teilchen berücksichtigt. Näheres darüber findet sich in den Genfer Konferenzberichten[1]. Die Übereinstimmung der Rechnungen mit den experimentellen Messungen ist noch nicht voll befriedigend.

Für viele Zwecke genügt es, die tatsächliche Energieverteilung durch eine Maxwell-Boltzmann-Verteilung zu approximieren und dabei an Stelle der Moderatortemperatur T eine *effektive Neutronentemperatur* T_n zu verwenden, die aus der empirisch gewonnenen Beziehung

$$T_n/T = 1 + 0,91 \frac{\Sigma_a\,(k\,T)}{\Sigma_{s\,\infty}}$$

folgt. Dabei ist $\Sigma_a\,(k\,T)$ der Absorptionsquerschnitt (vgl. § 3.44) bei Moderatortemperatur und $\Sigma_{s\,\infty}$ der asymptotische (epithermische) Streuquerschnitt.

Reaktionen mit langsamen Neutronen

Typen von Einfangreaktionen

3.20. Abgesehen von der Streuung gehen langsame Neutronen vier Typen von Einfangreaktionen mit Atomkernen ein. Diese Reaktionen verursachen entweder

    a) Emission von γ-Strahlung (n, γ),
    b) Emission eines α-Teilchens (n, α),
    c) Emission eines Protons (n, p),
    d) Spaltung (n, f).

---

[1] Proceedings, Geneva 1958, Vol. 16, Session 4—12.

Der Strahlungseinfang, d. h. der (n, γ)-Prozeß, ist dabei der geläufigste Prozeß, denn er kommt bei einer großen Zahl von Kernen von niedrigen bis zu hohen Massenzahlen vor. Die (n, α)- und (n, p)-Reaktionen mit langsamen Neutronen sind auf einige wenige Elemente von niedriger Massenzahl beschränkt, während Spaltungen durch langsame Neutronen nur bei gewissen Kernen mit hoher Massenzahl vorkommen.

Strahlungseinfang

3.21. Bei Strahlungseinfang-Reaktionen fängt der Zielkern ein langsames Neutron ein, und es entsteht ein Zwischenkern in einem angeregten Zustand (§ 2.14). Die Überschußenergie wird anschließend in Form von einem oder mehreren γ-Quanten ausgesendet, wobei der Zwischenkern in seinem normalen oder Grundzustand zurückbleibt. Der Prozeß kann also durch

$$Z^A + n^1 \longrightarrow [Z^{A+1}]^* \longrightarrow Z^{A+1} + \gamma$$

dargestellt werden, wobei A die Massenzahl und Z die Ordnungszahl des Zielkernes bedeutet; das Symbol $[Z^{A+1}]^*$ bezeichnet den Zwischenkern in einem angeregten Zustand. Der Rest- oder Produktkern ist Z^{A+1}, d. h. ein Kern, der dieselbe Ordnungszahl hat wie der Zielkern, aber eine um Eins größere Massenzahl.

3.22. Der Einfang eines Neutrons durch einen Kern, gefolgt von γ-Strahlenemission, ist mit einem Zuwachs im Neutron-Proton-Verhältnis verbunden. Das Produkt einer (n, γ)-Reaktion ist daher zumeist radioaktiv, insbesondere dann, wenn das Neutron-Proton-Verhältnis im Zielkern schon nahe der oberen Stabilitätsgrenze für die gegebene Ordnungszahl lag. Wie wir oben gesehen haben, bleibt die Protonenzahl beim Strahlungseinfang unverändert, während die Zahl der Neutronen um Eins wächst. Wenn der Produktkern instabil ist, wird er gewöhnlich ein negativer β-Strahler sein, da bei dieser Zerfallsart das überschüssige Neutron durch ein Proton ersetzt wird (§ 1.16). In solchen Fällen kann das Auftreten einer Einfangreaktion experimentell durch die sich einstellende Radioaktivität festgestellt werden. Dieser Vorgang wird häufig bei verschiedenen Messungen an langsamen Neutronen verwendet (§ 3.60ff.).

3.23. Die einfachste (n, γ)-Reaktion tritt beim Wasserstoff auf:

$$_1\mathrm{H}^1 + _0 n^1 \longrightarrow [_1\mathrm{H}^2]^* \longrightarrow _1\mathrm{H}^2 + \gamma.$$

Es entsteht Deuterium. Man bemerkt, daß dieser Prozeß genau die Umkehrung des in § 3.5 beschriebenen Vorgangs darstellt, nämlich der Neutronen-Auslösung durch die Einwirkung von γ-Strahlen auf Deuterium. Da die Minimal- oder Schwellenenergie in diesem Fall bekanntlich 2,21 MeV beträgt, folgt, daß die Energie der γ-Strahlung, die bei der (n, γ)-Reaktion mit Wasserstoff entsteht, mindestens diesen Wert besitzen muß. Die Emission von γ-Strahlung von relativ hoher Energie und Durchdringungsfähigkeit beim Durchgang von Neutronen durch wasserstoffhaltige Stoffe wurde experimentell bestätigt. Diese Tatsache muß berücksichtigt werden, wenn in Kernreaktoren Substanzen, wie Wasser, Beton, usw., entweder als Moderator oder als Kühlmittel bzw. als Abschirmmaterial, das ein Entweichen von Neutronen verhindern soll, verwendet werden.

3.24. Wird ein langsames Neutron bei einer (n, γ)-Reaktion absorbiert, so ist die Anregungsenergie des Zwischenkerns gegenüber dem Grundzustand ungefähr gleich der Bindungsenergie des Neutrons im Zwischenkern (§ 2.14). Wenn der angeregte Zwischenkern direkt durch die Emission von γ-Strahlung in den Grundzustand übergeht, sollte folglich die Energie der letzteren gleich der Bindungsenergie des Neutrons sein. Im Fall der oben erwähnten (n, γ)-Reaktion mit Wasserstoff kann die Bindungsenergie des Neutrons im Zwischenkern (im Deuterium) aus den Kernmassen zu ungefähr 2,21 MeV berechnet werden. Dies steht in vollkommener Übereinstimmung mit der gemessenen Energie der bei der $_1H^1$ (n, γ) $_1H^2$-Reaktion auftretenden Strahlung und mit der Schwellenenergie für den umgekehrten Prozeß. Verwendet man schwerere Zielkerne für die (n, γ)-Reaktion mit langsamen Neutronen, so entstehen Zwischenkerne mit höheren Anregungsenergien, und die sogenannten Einfang-γ-Strahlen können Energien von ungefähr 8 bis 9 MeV erreichen.

3.25. Der Strahlungseinfang von Neutronen wird in großem Umfang zur Herstellung von Isotopen verwendet, indem man stabile Nuklide der Wirkung von langsamen Neutronen im Reaktor aussetzt. Es sind über 100 (n, γ)-Reaktionen, die zu β-emittierenden Isotopen führen, bekannt. Zwei von diesen, bei welchen Rhodium-103 und Indium-115 als Zielkerne dienen, nämlich die Reaktionen

$$_{45}Rh^{103} + {}_0n^1 \longrightarrow {}_{45}Rh^{104}\ (44\ \text{sec}) + \gamma$$

$$_{49}In^{115} + {}_0n^1 \longrightarrow {}_{49}In^{116}\ (54\ \text{min}) + \gamma,$$

sind von speziellem Interesse, weil die β-Aktivitäten der Produkte für die Feststellung von Neutronen mit mehr oder weniger spezifischen Energien verwendet werden, wie in § 3.88 näher ausgeführt wird. Die Halbwertszeit der gebildeten radioaktiven Isotope wurde in beiden Fällen in Klammern angegeben.

3.26. Vielleicht die wichtigste von allen (n, γ)-Reaktionen mit langsamen Neutronen ist die des Uran-238:

$$_{92}U^{238} + {}_0n^1 \longrightarrow {}_{92}U^{239} + \gamma.$$

Das Produkt, Uran-239, hat eine Halbwertszeit von 23 Minuten und emittiert negative β-Teilchen (Elektronen), dargestellt durch $_{-1}\beta^0$ (Ladung — 1, Masse gegenüber der Kernmasse fast Null):

$$_{92}U^{239} \longrightarrow {}_{93}Np^{239} + {}_{-1}\beta^0.$$

Das Tochterprodukt ist ein Isotop des Elements mit der Ordnungszahl 93, Neptunium (Np), das in der Natur praktisch nicht vorkommt. Np^{239} mit einer Halbwertszeit von 2,3 Tagen ist seinerseits β-aktiv und zerfällt durch den Prozeß

$$_{93}Np^{239} \longrightarrow {}_{94}Pu^{239} + {}_{-1}\beta^0,$$

wobei das Isotop Pu^{239} des Elements mit der Ordnungszahl 94, Plutonium (Pu), entsteht.

3.27. Das Element Plutonium kommt in der Natur nur in kleinsten, kaum feststellbaren Spuren vor[1]. Als Nuklid eines künstlichen Elements wird Pu^{239} in größeren Mengen in Kernreaktoren erzeugt, und zwar durch Strahlungseinfang von Neutronen in U^{238}. Das dabei entstehende Produkt geht dann, wie oben erwähnt, durch zwei relativ schnelle Stufen des β-Zerfalls hindurch und bildet das α-strahlende Pu^{239}. Dieser Stoff hat eine Halbwertszeit von 24300 Jahren und ist daher relativ stabil. Er spielt bei der Freisetzung der Kernenergie eine wichtige Rolle und wird auch für Atombomben verwendet.

3.28. Eine Reihe analoger Prozesse wird durch die (n, γ)-Reaktion mit Th^{232} eingeleitet; durch

$$_{90}Th^{232} + {}_0n^1 \rightarrow {}_{90}Th^{233} + \gamma$$

---

[1] Man nimmt an, daß das in der Natur vorkommende Pu^{239} als Ergebnis des Neutroneneinfanges in U^{238} mit nachfolgendem zweistufigem Zerfall entsteht, wie er in § 3.26 beschrieben wurde.

wird das Isotop Th^{233} gebildet. Dieses hat eine Halbwertszeit von 23 Minuten. Beim negativen β-Zerfall entsteht Protactinium-233:

$$_{90}Th^{233} \rightarrow {}_{91}Pa^{233} + {}_{-1}\beta^0.$$

Das Pa^{233} ist ebenfalls ein β-Strahler mit einer Halbwertszeit von 27,4 Tagen. Es unterliegt folgendem Zerfallsprozeß:

$$_{91}Pa^{233} \rightarrow {}_{92}U^{233} + {}_{-1}\beta^0.$$

Das Tochterelement ist ein neues Uranisotop, das in der Natur nicht vorkommt, zumindest nicht in nennenswertem Ausmaß. Es ist ein α-Strahler mit einer Halbwertszeit von $1{,}63 \cdot 10^5$ Jahren. Die Bombardierung von Th^{232} mit Neutronen führt daher, wenn man die zwei β-Zerfälle abwartet, zur Bildung des relativ stabilen U^{233}. Dieses Isotop spielt ähnlich wie das im vorangegangenen Paragraphen beschriebene künstlich erzeugte Pu^{239} bei der Freisetzung der Kernenergie eine Rolle.

Emission von α-Teilchen und Protonen

3.29. Reaktionen mit langsamen Neutronen, die von der Emission eines geladenen Teilchens, d. h. eines α-Teilchens oder Protons, begleitet sind, sind selten. Der Grund hiefür liegt darin, daß ein positiv geladenes Teilchen, bevor es einen Kern verlassen kann, genügend Energie erlangen muß, um den Potentialwall zu überwinden und sich außerdem vom Zwischenkern loszulösen. Ein Teil der erforderlichen Energie wird durch Verschmelzung des Neutrons mit dem Zielkern geliefert, der Rest muß durch die kinetische Energie des Neutrons aufgebracht werden.

3.30. Da die kinetische Energie langsamer Neutronen sehr gering ist, können (n, α)- und (n, p)-Reaktionen nur auftreten, wenn die elektrostatische Abstoßung, die das geladene Teilchen erfährt, klein ist. Dies trifft für Elemente mit niedriger Massenzahl zu, und es wurden daher (n, α)- und (n, p)-Reaktionen nur mit einigen wenigen dieser Atomarten beobachtet.

3.31. Die (n, α)-Reaktionen können in der allgemeinen Form

$$Z^A + n^1 \rightarrow [Z^{A+1}]^* \rightarrow (Z-2)^{A-3} + {}_2He^4$$

geschrieben werden, wobei $_2He^4$ eine α-Partikel darstellt. Der Rückstoßkern hat eine um drei kleinere Massenzahl und eine um zwei kleinere Ordnungszahl als der Zielkern. Zur Emission von α-Teilchen führt z. B. die Absorption von langsamen Neutronen durch Lithium-6 (Li^6), dem selteneren in der Natur vorkommenden Isotop von Lithium, und durch Bor-10 (B^{10}), dem selteneren Borisotop. Beide Reaktionen sind von besonderem Interesse im Hinblick auf die Kernenergie.

3.32. Die (n, α)-Reaktion von B^{10} mit langsamen Neutronen kann dargestellt werden durch

$$_5B^{10} + {}_0n^1 \rightarrow {}_3Li^7 + {}_2He^4.$$

Der Rückstoßkern ist hier das stabile Isotop Li^7. Bei dieser Reaktion wird eine Energie von 2,7 MeV frei, die zwischen dem α-Teilchen und dem Kern aufgeteilt wird. Beide Partikeln werden mit hoher Geschwindigkeit in entgegengesetzte Richtungen gestoßen und verursachen deshalb in einem Gas eine beachtliche Ionisation. Wir werden später sehen, daß die (n, α)-Prozesse mit Bor-10 in verschiedener Beziehung wichtig sind. Sie werden z. B. bei einer grundlegenden Methode zur Feststellung und Zählung von langsamen Neutronen (§ 3.84) und auch bei der Steuerung von Kernreaktoren (§ 4.73) verwendet.

3.33. Die andere (n, α)-Reaktion mit langsamen Neutronen ist

$$_3\text{Li}^6 + {_0}n^1 \rightarrow {_1}\text{H}^3 + {_2}\text{He}^4.$$

Der Rest- oder Rückstoßkern ist hier $_1\text{H}^3$, ein Wasserstoffisotop der Massenzahl 3, welches *Tritium* genannt wird. Dieses Isotop ist radioaktiv, hat eine Halbwertszeit von etwa 12 Jahren und sendet ein negatives β-Teilchen aus. Tritium hat wegen seiner Verwendungsmöglichkeit bei der sogenannten *Wasserstoffbombe* und aus anderen Gründen Beachtung gefunden.

3.34. Die allgemeine Form einer (n, p)-Reaktion wird durch

$$Z^A + n^1 \rightarrow [Z^{A+1}]^* \rightarrow (Z-1)^A + {_1}\text{H}^1$$

dargestellt. Das Produkt hat dieselbe Massenzahl wie der Zielkern, seine Ordnungszahl ist jedoch um Eins kleiner. Mit einigen Isotopen niedriger Ordnungszahl, wie Stickstoff-14, Schwefel-32 und Chlor-35, ergeben sich die folgenden (n, p)-Reaktionen:

$$_7\text{N}^{14} + {_0}n^1 \rightarrow {_6}\text{C}^{14} + {_1}\text{H}^1$$
$$_{16}\text{S}^{32} + {_0}n^1 \rightarrow {_{15}}\text{P}^{32} + {_1}\text{H}^1$$
$$_{17}\text{Cl}^{35} + {_0}n^1 \rightarrow {_{16}}\text{S}^{35} + {_1}\text{H}^1.$$

Diese Prozesse können verwirklicht werden, indem man die entsprechenden Elemente den langsamen Neutronen in einem Kernreaktor aussetzt. Die Produkte sind alle radioaktiv und senden β-Teilchen aus. Sie finden mannigfaltige Anwendung bei Untersuchungen, die radioaktive Isotope als Indikatoren verwenden.

Kernspaltung

3.35. Eine andere durch langsame Neutronen hervorgerufene Reaktion ist die *Kernspaltung*. Beim Kernspaltungsprozeß absorbiert der Kern ein Neutron, und der resultierende Zwischenkern ist derart instabil, daß er in zwei mehr oder weniger gleich große Kerne zerbricht. Bei einigen Kernen, wie etwa U^{233}, U^{235} und Pu^{239}, wird die Kernspaltung sehr leicht von langsamen Neutronen ausgelöst. Andere Kerne wiederum können nur durch schnelle Neutronen gespalten werden. Es gibt sehr verschiedene Wege, auf denen eine Kernspaltung vor sich gehen kann, aber nur bei einem kleinen Bruchteil der Spaltungen bricht der Kern in zwei gleiche Teile auseinander. Diese und andere Gesichtspunkte der Spaltung werden im Kap. IV näher betrachtet.

Reaktionen mit schnellen Neutronen

Einfang- und Spaltreaktionen

3.36. Reaktionen schneller Neutronen mit Materie sind, abgesehen von Streuung und Spaltung, für die Theorie des thermischen Kernreaktors von geringer Bedeutung. Daher sollen sie hier nur kurz behandelt werden. Vorausgesetzt, daß die Energie ausreicht, ist die Emission eines geladenen Teilchens aus einem angeregten Zwischenkern wahrscheinlicher als die Emission von Strahlung. Es werden also unter den Reaktionen eines Kernes mit schnellen Neutronen von 1 MeV oder mehr die (n, γ)-Reaktionen seltener auftreten als (n, α)- und (n, p)-Reaktionen. Werden Neutronen genügend hoher Energie als Geschosse verwendet, so können aus dem Zwischenkern auch zwei oder mehr Nukleonen herausgeschlagen werden. Beim Auftreffen von Neutronen mit etwa 10 MeV können zwei Neutronen oder ein Neutron und ein Proton emittiert werden. Solche Reaktionen, die nicht ungewöhr.1.ch sind, werden mit $(n, 2n)$ und (n, np)

bezeichnet. Ist die Neutronenenergie noch höher, so sind auch Prozesse der Art $(n, 3\,n)$, $(n, 2\,n\,p)$ usw. möglich.

3.37. Einige Kerne, die beim Beschuß mit langsamen Neutronen keine Kernspaltung erleiden, können beim Einfang schneller Neutronen sehr wohl gespalten werden. So sind Neutronen von etwa 1 MeV erforderlich, damit in U^{238} und Th^{232} Spaltungen in merklicher Menge hervorgerufen werden. Bei Verwendung von Neutronen sehr hoher Energie (etwa 100 MeV oder mehr) kann man auch bei normalerweise stabilen Kernen, wie etwa Wismut, Blei, Thallium, Quecksilber, Gold usw., Spaltung erreichen. Derartige Spaltungen scheinen kein unmittelbares praktisches Interesse zu besitzen.

Wirkungsquerschnitte von Neutronen

Die Bedeutung des Wirkungsquerschnittes

3.38. Die Beschreibung der Wechselwirkung eines Neutrons mit einem Atomkern kann in quantitativer Weise durch die Einführung des Begriffes „Wirkungsquerschnitt" erfolgen. Allgemein wurde dieser Begriff schon in § 2.38 definiert. Wird ein bestimmtes Material dem Beschuß mit Neutronen ausgesetzt, so ist die Zahl der Kernreaktionen in der Zeiteinheit (Reaktionsrate) abhängig von der Zahl und der Geschwindigkeit der Neutronen sowie von der Zahl und Art der Kerne in diesem Material. Der Wirkungsquerschnitt eines Zielkernes für eine bestimmte Reaktion hängt von des Art des Kernes und der Energie des einfallenden Neutrons ab.

3.39. Wir nehmen einen gleichförmigen Strom von I Neutronen pro cm^2 an, der in einer gegebenen Zeit senkrecht auf eine dünne (monoatomare) Schicht des Zielmaterials, das N_a Atome pro cm^2 enthalte, auffällt. Dabei sei C die Zahl der individuellen Kernprozesse, d. h. Neutroneneinfänge, die in dieser Zeit je cm^2 auftreten. Dann ist der Kernwirkungsquerschnitt σ für eine spezifische Reaktion definiert als die mittlere Zahl der individuellen Prozesse, die pro auftreffendes Neutron und pro Kern stattfinden; also

$$\sigma \equiv \frac{C}{N_a\,I} \ cm^2 \ \text{pro Kern.} \tag{3.39.1}$$

Da Kernwirkungsquerschnitte häufig im Bereich von 10^{-22} bis 10^{-26} cm^2 je Kern liegen, ist es allgemein üblich geworden, sie als Vielfache der Einheit 10^{-24} cm^2 je Kern anzugeben, die als 1 barn bezeichnet wird[1]. Für einen Wirkungsquerschnitt von z. B. $1,8 \cdot 10^{-25}$ cm^2 je Kern schreibt man also 0,18 barn.

3.40. Man kann sich die Bedeutung des Wirkungsquerschnittes durch folgende Überlegung anschaulich machen. Wenn die ganze, dem Neutronenstrom ausgesetzte Fläche für die betrachtete Reaktion wirksam wäre, käme es zu I Kernprozessen. Da jedoch nur der Bruchteil C/I der auffallenden Neutronen eine Wechselwirkung mit dem Kern eingeht, ist $N_a \cdot \sigma$ der wirksame Bruchteil der Fläche:

$$\frac{C}{I} = \frac{N_a \cdot \sigma}{1}. \tag{3.40.1}$$

σ ist damit die für die Reaktion *wirksame Fläche des einzelnen Kerns*. Diese Deutung von σ führt zum Gebrauch des Ausdruckes „Wirkungsquerschnitt", obwohl er, wie wir bald erkennen werden, mit dem geometrischen Kernquerschnitt nur in speziellen Fällen zusammenfällt.

---

[1] Von WEINBERG und WIGNER wird statt „barn" die Bezeichnung „Fermi" vorgeschlagen.

3.41. Für die Definition des Wirkungsquerschnitts wurde nur die Oberfläche des Zielmaterials betrachtet. Um den Wirkungsquerschnitt experimentell zu bestimmen, muß die Schwächung eines Neutronenstrahls gemessen werden, der durch eine Platte von endlicher Dicke hindurchtritt. Zunächst soll die Wirkung der Streuung vernachlässigt werden. Betrachten wir 1 cm² der Fläche (in Abb. 3.41 durch die strichlierten Linien eingeschlossen) einer x cm dicken Schicht. I_0 sei die Zahl der von links auf diese Fläche auffallenden Neutronen. Ist N die Zahl der Kerne des absorbierenden Materials pro cm³, dann ist die Zahl der Kerne, die sich in einer dünnen, parallel zur Oberfläche liegenden Schicht dx befinden, $N\,dx$ je cm². Diese Zahl stimmt mit der Größe N_a überein. Daher ist nach (3.40.1) $N\,dx\,\sigma$ der Bruchteil von den auf diese Schicht auffallenden Neutronen, der reagiert; dieser Bruchteil wird gleich $-\,dI/I$ gesetzt, wobei dI die Abnahme der Neutronenzahl pro cm² bezeichnet, die sich beim Durchgang durch eine Schichte der Dicke dx des Materials ergibt. Folglich ist

$$-\frac{dI}{I} = N\sigma\,dx. \qquad (3.41.1)$$

Die Integration über die Dicke x des Materials ergibt

$$I_x = I_0\,e^{-N\sigma x}, \qquad (3.41.2)$$

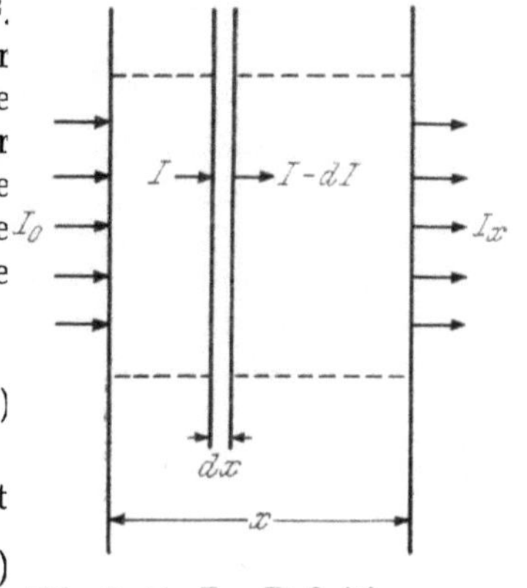

wobei I_0 die Zahl der auf eine gegebene Fläche auffallenden Neutronen und I_x die Zahl der Neutronen, die durch x cm des Materials gleichen Querschnitts hindurchgegangen sind, bedeutet. Wie wir in § 3.58 sehen werden, benützt man (3.41.2) bei der experimentellen Bestimmung des Wirkungsquerschnitts.

Abb. 3.41. Zur Definition des Wirkungsquerschnittes

Makroskopische Wirkungsquerschnitte

3.42. Der Wirkungsquerschnitt σ wird, weil er sich auf den einzelnen Kern bezieht, als *mikroskopischer Wirkungsquerschnitt* bezeichnet, die Größe $N\sigma$ hingegen als *makroskopischer Wirkungsquerschnitt*. Wenn wir den letzteren mit Σ bezeichnen, gilt die Definition

$$\Sigma \equiv N\sigma \ \text{cm}^{-1}, \qquad (3.42.1)$$

wobei N die Zahl der Kerne pro cm³ bedeutet; Σ ist folglich der gesamte Wirkungsquerschnitt der Kerne in 1 cm³ des Materials. Der makroskopische Wirkungsquerschnitt hat die Dimension einer reziproken Länge.

3.43. Wenn man $N\sigma$ in (3.41.1) nach (3.42.1) durch Σ ersetzt, erhält man

$$-\frac{dI}{I} = \Sigma\,dx.$$

Da $-\,dI/I$ der Bruchteil der Neutronen ist, der auf der Wegstrecke dx absorbiert wird, stellt $\Sigma\,dx$ die Wahrscheinlichkeit dafür dar, daß die Neutronen auf der Wegstrecke dx absorbiert werden.

3.44. Wenn ρ die Dichte des absorbierenden Materials in Gramm per cm³ ist und wenn A dessen Atomgewicht bedeutet, dann ist ρ/A die Zahl der Grammatome per cm³, falls es sich um ein Element handelt. Die Zahl der Atomkerne pro cm³ erhält man dann durch Multiplikation mit N_0, der Loschmidtschen

Zahl ($6{,}02 \cdot 10^{23}$), welche die Zahl der individuellen Atome (oder Kerne) per Grammatom angibt; also

$$N = \frac{\rho}{A}\, N_0 \tag{3.44.1}$$

und daher

$$\Sigma = \frac{\rho\, N_0}{A}\, \sigma. \tag{3.44.2}$$

Wenn das betrachtete Material mehrere Kernarten enthält, ist der makroskopische Wirkungsquerschnitt gegeben durch

$$\Sigma = N_1\,\sigma_1 + N_2\,\sigma_2 + \ldots + N_i\,\sigma_i + \ldots, \tag{3.44.3}$$

wobei N_i die Zahl der Kerne der i-ten Art pro cm^3 ist und σ_i den mikroskopischen Wirkungsquerschnitt dieser Kerne für den betrachteten Prozeß bedeutet. Bei einer chemischen Verbindung muß A in (3.44.1) durch das Molekulargewicht M ersetzt werden, und um N_i zu erhalten, muß mit der Zahl ν_i der absorbierenden Atome der i-ten Art per Molekül multipliziert werden. Der Wert von Σ ist dann durch (3.44.3) gegeben, also

$$\Sigma = \frac{\rho\, N_0}{M}\, (\nu_1\,\sigma_1 + \nu_2\,\sigma_2 + \ldots \nu_i\,\sigma_i + \ldots). $$

Mittlere freie Weglänge und Relaxationslänge

3.45. Wenn wir (3.42.1) in (3.41.2) einsetzen, folgt, daß

$$I_x = I_0\, e^{-\Sigma x} \tag{3.45.1}$$

oder

$$\frac{I_x}{I_0} = e^{-\Sigma x}. \tag{3.45.2}$$

Die Größe I_x/I_0 ist der Bruchteil der auffallenden Neutronen, welche das Material der Dicke x durchdringen können, ohne daß sie die betrachtete Reaktion eingehen. Der Ausdruck $e^{-\Sigma x}$ kann daher als Wahrscheinlichkeit dafür betrachtet werden, daß ein Neutron bis zu einem Punkt x vordringen kann, ohne daß es eine derartige Reaktion eingeht. Da die Wahrscheinlichkeit dafür, daß die Reaktion zwischen x und $x + dx$ stattfindet, durch $\Sigma\, dx$ (§ 3.43) gegeben ist, kann die Distanz λ, welche ein Neutron im Durchschnitt zurücklegt, bevor es absorbiert wird, durch

$$\lambda = \frac{\displaystyle\int_0^\infty x\, e^{-\Sigma x}\,\Sigma\, dx}{\displaystyle\int_0^\infty e^{-\Sigma x}\,\Sigma\, dx} = \frac{1}{\Sigma}\ cm \tag{3.45.3}$$

definiert werden.

3.46. Die oben berechnete Distanz λ heißt die *mittlere freie Weglänge* für die gegebene Kernreaktion. Sie hat natürlich die Dimension einer Länge, da Σ eine reziproke Länge ist. Ersetzt man Σ in (3.45.2) durch $1/\lambda$, so ergibt sich

$$\frac{I_x}{I_0} = e^{-\frac{x}{\lambda}}. \tag{3.46.1}$$

Setzt man x gleich λ, so wird $I_x/I_0 = e^{-1}$. λ kann daher als jene Strecke aufgefaßt werden, längs der alle auffallenden Neutronen bis auf den Bruchteil $1/e$ absorbiert werden.

3.47. Wenn ein Neutron mit einem gegebenen Kern mehrere verschiedene Prozesse eingehen kann, so gibt es verschiedene Wirkungsquerschnitte und mittlere freie Weglängen für jeden Prozeß. Die oben abgeleiteten Gleichungen sind ganz allgemein und können auf alle Reaktionen, bei denen Neutronen absorbiert werden, angewendet werden. Es ist dann möglich, einen totalen Wirkungsquerschnitt für die Neutronenabsorption zu definieren. Er ist gleich der Summe der speziellen Wirkungsquerschnitte. Eine Gleichung der Form (3.46.1) erfaßt dann die gesamte Schwächung des Neutronenbündels, die infolge der Absorption beim Durchgang durch ein Medium der Dicke x auftritt. In diesem Fall wird die Größe λ, welche gleich dem reziproken Wert des totalen makroskopischen Absorptionsquerschnitts ist, auch als *Relaxationslänge* der Neutronen im betrachteten Medium bezeichnet. Sie ist die Strecke, längs der die Intensität der Neutronen infolge Absorption auf den Bruchteil $1/e$ des Anfangswerts sinkt, wobei keine Streuung auftreten darf.

Ausbeuten von Neutronenreaktionen

3.48. Nach § 3.43 ist Σ die Wahrscheinlichkeit dafür, daß ein Neutron auf der Strecke Eins die durch Σ gekennzeichnete Reaktion erfährt. Wenn sich das Neutron mit der Geschwindigkeit v bewegt, ist also Σv die Wahrscheinlichkeit dafür, daß das Neutron eine Wechselwirkung pro sec erfährt. Wenn die *Neutronendichte* im Strahl, d. h. die Zahl der Neutronen pro cm^3, n beträgt, dann ist die Zahl der Neutronenwechselwirkungen gleich $n v \Sigma$ pro cm^3 und sec. Mit anderen Worten:

$$\text{Zahl der am Prozeß beteiligten Neutronen} = \Sigma\, nv \text{ pro } cm^3 \text{ und sec.} \quad (3.48.1)$$

3.49. Das Produkt $n v$, ausgedrückt als Neutronen pro cm^2 und sec, ist eine wichtige Größe. Sie wird *Neutronenfluß* genannt und mit Φ bezeichnet. Der Fluß kann als Summe aller Strecken aufgefaßt werden, die von allen Neutronen in 1 cm^3 in 1 sec zurückgelegt werden und wird daher mitunter auch *Spurlänge* genannt. Führt man Φ für $n v$ in (3.48.1) ein, so folgt:

$$\text{Zahl der am Prozeß beteiligten Neutronen} = \Sigma\, \Phi \text{ pro } cm^3 \text{ und sec.} \quad (3.49.1)$$

Wenn Σ_a der makroskopische Absorptionsquerschnitt für alle Prozesse ist, dann ist $\Sigma_a \Phi$ die gesamte Zahl der bei einem Kernprozeß pro sec und cm^3 absorbierten Neutronen. Diese Beziehung wird in späteren Abschnitten häufig Verwendung finden.

Polyenergetische Neutronensysteme

3.50. In den oben angegebenen Ableitungen wurde der Einfachheit halber angenommen, daß alle Neutronen dieselbe Geschwindigkeit haben. Bei vielen Reaktorproblemen ist dies jedoch nicht der Fall. Wie im vorhergehenden Kapitel ausgeführt wurde, ändert sich der Wirkungsquerschnitt einer bestimmten Kernreaktion mit der Energie oder, was dasselbe ist, mit der Geschwindigkeit der Neutronen. Diese Komplikation muß berücksichtigt werden. Wenn $n(E)$ die Zahl der Neutronen der Energie E pro cm^3 und Energieintervall-Einheit ist, dann ist $n(E)\, dE$ die Zahl der Neutronen pro cm^3 im Energieintervall zwischen

E und $E + dE$. Der gesamte Neutronenfluß Φ für alle Energien (oder Geschwindigkeiten) ist gegeben durch

$$\Phi = \int_0^\infty n(E)\, v\, dE \quad \text{pro cm}^2 \text{ und sec.} \tag{3.50.1}$$

Dabei sind die Integrationsgrenzen Null und Unendlich nur formal gemeint und sollen zum Ausdruck bringen, daß über den ganzen Bereich der Neutronenenergie integriert wird. Die der kinetischen Energie E entsprechende Geschwindigkeit v ist durch $v = \sqrt{2E/m}$ definiert (m ist die Masse des Neutrons).

3.51. Eine andere Form von (3.50.1) erhält man, wenn man $\Phi(E)$, den Fluß von Neutronen mit der Energie E pro Energieintervall-Einheit, einführt. Dann ist $\Phi(E)\, dE$ der Fluß von Neutronen im Energiebereich E und $E + dE$. Der gesamte Energiefluß ist dann gegeben durch

$$\Phi = \int_0^\infty \Phi(E)\, dE \quad \text{pro cm}^2 \text{ und sec.} \tag{3.51.1}$$

Ähnlich ist die Formel (3.48.1) für ein polyenergetisches System zu verallgemeinern durch:

$$\text{Zahl der an einem Kernprozeß beteiligten Neutronen} = \int_0^\infty \Sigma(E)\, n(E)\, v\, dE \tag{3.51.2}$$

$$= \int_0^\infty \Sigma(E)\, \Phi(E)\, dE \quad \text{pro cm}^3 \text{ und sec,} \tag{3.51.3}$$

wobei $\Sigma(E)$ der makroskopische Wirkungsquerschnitt des Prozesses für Neutronen der Energie E ist.

3.52. Liegen die Neutronenenergien in einem endlichen Bereich, so kann ein mittlerer Wirkungsquerschnitt $\overline{\Sigma}$ dadurch definiert werden, daß in Analogie zu (3.49.1) gesetzt wird:

$$\text{Zahl der am Prozeß beteiligten Neutronen} \equiv \overline{\Sigma}\, \Phi \quad \text{pro cm}^3 \text{ und sec.}$$

Dabei ist Φ der gesamte, durch (3.50.1) gegebene Fluß. Es folgt daher durch Einsetzen von (3.50.1) und (3.51.2) oder (3.51.1) und (3.51.3)

$$\overline{\Sigma} = \frac{\displaystyle\int_0^\infty \Sigma(E)\, n(E)\, v\, dE}{\displaystyle\int_0^\infty n(E)\, v\, dE} \tag{3.52.1}$$

$$= \frac{\displaystyle\int_0^\infty \Sigma(E)\, \Phi(E)\, dE}{\displaystyle\int_0^\infty \Phi(E)\, dE} \quad \text{cm}^{-1}.$$

Die entsprechende mittlere freie Weglänge $\bar{\lambda}$ wird durch

$$\bar{\lambda} = \frac{\int_0^\infty \lambda(E)\,\Phi(E)\,dE}{\int_0^\infty \Phi(E)\,dE} \qquad (3.52.2)$$

ausgedrückt, wobei $\lambda(E)$ gleich $1/\Sigma(E)$ ist. Es sei noch erwähnt, daß $\bar{\lambda}$ im allgemeinen nicht gleich $1/\bar{\Sigma}$ ist.

3.53. Für thermische Neutronen mit einer Maxwell-Boltzmann-Verteilung ist $n(E)$ in den vorhergehenden Gleichungen durch (3.16.1) zu ersetzen, dabei ist n die gesamte Zahl der Neutronen pro cm³. Die tatsächliche Verteilung der Neutronen stimmt wegen der Absorption nicht genau mit der Maxwell-Boltzmannschen Gleichung überein, jedoch stellt diese für schwache Absorber eine sehr gute Annäherung dar. Das gleiche gilt für den Fall, daß der Absorptionsquerschnitt von der Neutronenenergie praktisch unabhängig ist. Gehorcht der Absorber dem $1/v$-Gesetz (§ 2.43), dann kann der Absorptionsquerschnitt durch $\sigma_a(E) = a/\sqrt{E}$ ausgedrückt werden, und der mittlere Absorptionsquerschnitt ist dann

$$\bar{\sigma}_a = \frac{\int_0^\infty \sigma_a(E)\,n(E)\,v\,dE}{\int_0^\infty n(E)\,v\,dE} = a\,\frac{\int_0^\infty n(E)\,dE}{\int_0^\infty \sqrt{E}\,n(E)\,dE}.$$

Man sieht, daß der Wert der Integrale zum Mittelwert von $\sqrt{E}$ reziprok ist. Er ist also gleich $1/\overline{\sqrt{E}}$ und daher gilt

$$\bar{\sigma}_a = \frac{a}{\overline{\sqrt{E}}}.$$

Der angenäherte mittlere Absorptionsquerschnitt für polyenergetische Neutronen ist also beim $1/v$-Absorber gleich dem Wert des Absorptionsquerschnitts bei der Geschwindigkeit $\overline{\sqrt{E}}$. Für eine thermische Neutronenverteilung, welche der Maxwell-Gleichung (3.16.1) genügt, gilt

$$\overline{\sqrt{E}} = \sqrt{\frac{4kT}{\pi}}.$$

Falls der Absorber dem $1/v$-Gesetz genügt, stimmt der mittlere Absorptionsquerschnitt für thermische Neutronen, die eine Maxwell-Verteilung haben, genau mit dem Wert des Querschnitts bei der Energie $4kT/\pi$ überein. Ist $\sigma_a(kT)$ der Absorberquerschnitt für Neutronen der Energie kT (§ 3.17), dann sieht man leicht ein, daß

$$\sigma_a = \frac{\sqrt{\pi}}{2}\,\sigma_a(kT), \qquad (3.53.1)$$

vorausgesetzt, daß das $1/v$-Gesetz gilt.

Hat man eine durch Härtung des Neutronenspektrums erhöhte Neutronentemperatur T_n zu berücksichtigen (§ 3.19), so geht (3.53.1) über in

$$\bar{\sigma}_a\,(k\,T_n) = \sqrt{\frac{T}{T_n}}\,\bar{\sigma}_a\,(k\,T), \qquad (3.53.2)$$

wobei vorausgesetzt wird, daß der Querschnitt bei Moderatortemperatur T bekannt ist.

3.54. Bei verschiedenen Stoffen folgt der thermische Absorptionsquerschnitt nicht dem $1/v$-Gesetz. Es handelt sich dabei z. B. um kerntechnisch wichtige Absorber wie Rh, Ag, Cd, In, Sm, Eu, Gd, Hf und die Spalt- und Brutstoffe Th, U, Pu. Bei diesen Stoffen muß an (3.53.2.) ein Korrekturfaktor angebracht werden. Ursprünglich dienten dazu die sogenannten „f-Faktoren". Gegenwärtig benutzt man die von WESTCOTT[1] bestimmten g-Faktoren und schreibt

$$\bar{\sigma}_a\,(k\,T_n) = g\,(T_n)\cdot\frac{\sqrt{\pi}}{2}\sqrt{\frac{293}{T_n}}\,\sigma_a\,(0{,}025) = \frac{\sqrt{\pi}}{2}\sqrt{\frac{293}{T_n}}\,\hat{\sigma}_a\,(k\,T_n). \quad (3.54.1)$$

Die Querschnitte $\hat{\sigma}_a\,(k\,T_n)$ können den von WESTCOTT veröffentlichten Tabellen[1] entnommen werden.

Streuquerschnitte

3.55. Die oben gewonnenen Resultate (§ 3.38ff.) sind ganz allgemein und können nicht nur auf die Absorption, sondern auch auf die Streuung von Neutronen angewendet werden. Bei der Streuung wird vorausgesetzt, daß das auffallende Neutron nicht wie bei einer Absorptionsreaktion verloren geht, sondern nur seine Energie ganz oder zum Teil verliert. Der Wirkungsquerschnitt σ_s für die Streuung ist durch einen ähnlichen Ausdruck wie (3.39.1) definiert. C bedeutet nun die Zahl der aus einem Strahl von I Neutronen pro cm^2 herausgestreuten Neutronen. Der makroskopische Streuquerschnitt Σ_s ist gleich $N\,\sigma_s$, wobei N wie früher die Zahl der Kerne des streuenden Materials pro cm^3 bedeutet.

3.56. Überträgt man die Überlegungen des § 3.41 auf die Streuung von Neutronen, so ändert sich die Bedeutung der Größe I_x. Unter I_x ist jetzt die Zahl der Neutronen, die der *Streuung* entgangen sind, zu verstehen und nicht die Zahl jener, die durch das Material hindurchgegangen sind. Die Zahl der Neutronen, die in der x-Richtung hindurchgehen, ist größer als I_x, da viele Neutronen in diese Richtung gestreut werden. Die Gln. (3.41.2) und (3.45.2) sind jedoch auch auf die Streuung anwendbar, wenn man die genaue Interpretation von I_x beachtet. Auch die Bedeutung der anderen Größen ist sinngemäß abzuändern.

Die Streuquerschnitte variieren nicht so stark mit der Energie wie die Absorptionsquerschnitte. Die Gesamtzahl der Streuzusammenstöße pro cm^3 und sec ist für einen Strahl von polyenergetischen Neutronen durch einen zu (3.51.3) analogen Ausdruck gegeben. Die Mittelwerte des makroskopischen Streuquerschnitts und der mittleren freien Weglänge sind durch (3.52.1) und (3.52.2) definiert.

---

[1] C. H. WESTCOTT: Effective Cross Section Values for Well-Moderated Thermal Reactor Spectra. Chalk River Rep. No. 407 (1957). — C. H. WESTCOTT et al.: Effective Thermal Neutron Cross Sections. Proceedings, Geneva 1958, Vol. 16, p. 70.

Messung von Wirkungsquerschnitten

Durchstrahlungsmethode

3.57. Ein direktes Verfahren zur Messung von Querschnitten ist die Durchstrahlungsmethode. Sie liefert die Summe von Absorptions- und Streuquerschnitt. Die experimentelle Anordnung besteht aus einer Neutronenquelle Q und einem Detektor D, zwischen denen eine Scheibe des zu untersuchenden Materials aufgestellt ist (Abb. 3.57). Mittels eines geeigneten Abschirm-Schildes wird der in Richtung zum Detektor laufende Neutronenstrahl auf einen relativ kleinen Raumwinkel beschränkt. Die Abschirmung soll soweit als möglich verhindern, daß Neutronen, die in der Probe gestreut wurden, den Detektor erreichen. Bei kleiner Apertur der Abschirmung werden im allgemeinen keine Neutronen in den Detektor hineingestreut (Strahl a). Ist die Apertur größer, so besteht die Möglichkeit, daß gestreute Neutronen den Detektor erreichen (Strahl b).

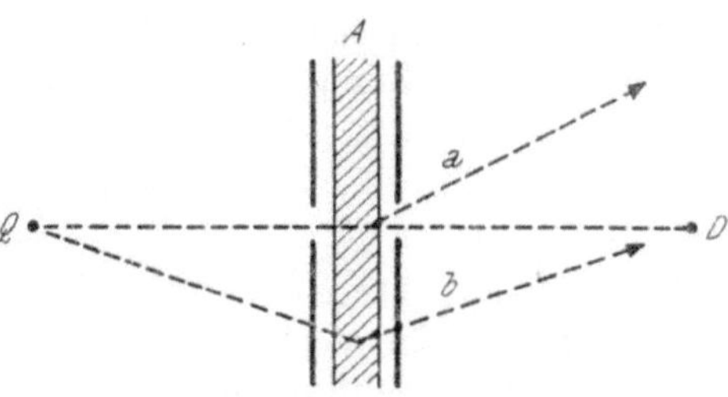

Abb. 3.57. Durchstrahlungsmethode für die Querschnittsmessung

3.58. In der beschriebenen Anordnung werden nur jene Neutronen D erreichen, die der Absorption entgangen und nicht gestreut worden sind. Ist I_0 die in D bei fehlender Materialprobe gemessene Neutronenintensität und I_x der Wert, der sich ergibt, wenn die Probe der Dicke x zwischen Quelle und Detektor aufgestellt ist, dann kann aus diesen Meßwerten mit (3.41.2) der totale mikroskopische Wirkungsquerschnitt für Absorption und Streuung berechnet werden. Andererseits kann man vermittels (3.45.1) den totalen makroskopischen Wirkungsquerschnitt errechnen.

3.59. Der Streuquerschnitt kann bestimmt werden, wenn man den Neutronendetektor so aufstellt, daß er nur durch gestreute Neutronen erreicht werden kann. Dies ist der Fall, wenn die Richtung von der Probe zum Detektor mit dem einfallenden Strahl einen Winkel von ungefähr 90° einschließt; dann werden nur diejenigen Neutronen, die um diesen Winkel gestreut worden sind, gezählt. Bei bekannter Materialdicke kann aus dem erhaltenen Resultat die gesamte Zahl der gestreuten Neutronen für alle Winkel berechnet und damit der Wirkungsquerschnitt bestimmt werden. Die Differenz zwischen dem totalen Wirkungsquerschnitt, bestimmt nach § 3.58, und dem Streuquerschnitt gibt den Absorptionsquerschnitt für alle Prozesse. Die eben beschriebene Methode für die Messung von Streuquerschnitten erfordert eine starke Neutronenquelle, da der Anteil der gestreuten Neutronen klein ist und von diesen wieder nur ein Bruchteil den Detektor erreicht, der unter bestimmtem Winkel zum Primärstrahl aufgestellt ist.

Aktivierungsmethode

3.60. Führt eine bestimmte Absorptionsreaktion zur Bildung eines Radioisotops (§ 3.22), dessen Menge aus seiner Radioaktivität erschlossen werden kann, so ist es möglich, den Wirkungsquerschnitt dieser Reaktion mittels der sogenannten *Aktivierungsmethode* zu bestimmen. Eine dünne Folie des zu untersuchenden Materials wird eine bekannte Zeit hindurch dem Neutronenfeld ausgesetzt; sie wird dann aus dem Neutronenstrom entfernt und ihre Aktivität wird gemessen. Wenn die beschossene Sonde dünn ist, kann die Dichte des Neutronenflusses überall als konstant betrachtet werden, was die Behandlung vereinfacht.

3.61. Gemäß (3.49.1) ist die Zahl der Neutronen, die pro cm³ und sec absorbiert werden, gleich $\Sigma_a \Phi$, wobei Σ_a den makroskopischen Wirkungsquerschnitt für diesen Prozeß und Φ den Neutronenfluß darstellt. Wenn die absorbierende Folie ein Volumen von V cm³ besitzt, beträgt die Absorptionsrate $V \Sigma_a \Phi$ Neutronen pro sec. Da jedes absorbierte Neutron zur Bildung eines radioaktiven Kernes führt, ist eine Ausbeute von $V \Sigma_a \Phi$ Kernen der radioaktiven Kernart pro sec zu verzeichnen. Während diese Kerne gebildet werden, wirkt sich jedoch bereits in einem gewissen Ausmaß ihr radioaktiver Zerfall aus. Die Zunahme der aktiven Kerne ist gegeben durch

$$\frac{dN}{dt} = V \Sigma_a \Phi - \lambda N, \tag{3.61.1}$$

wobei λ die radioaktive Zerfallkonstante (§ 1.20) und N die Zahl der aktiven Kerne bedeutet, die sich in der Folie gebildet haben, nachdem diese T Sekunden lang dem Neutronenfluß ausgesetzt worden war.

3.62. Wenn man berücksichtigt, daß $N = 0$ für $T = 0$, lautet die Lösung der linearen Differentialgleichung (3.61.1):

$$N = \frac{V \Sigma_a \Phi}{\lambda} (1 - e^{-\lambda T}). \tag{3.62.1}$$

Die Aktivität A der Folie, die durch einen Teilchenzähler gemessen wird, ist gleich $N \lambda$, also gleich der Emissionsrate von geladenen Teilchen (oder Photonen) pro sec, so daß

$$A = V \Sigma_a \Phi (1 - e^{-\lambda T}). \tag{3.62.2}$$

Wenn man die Folie längere Zeit im Neutronenfeld beläßt, so daß T groß und $e^{-\lambda T}$ klein im Vergleich zu Eins wird, so erhält man an Stelle von (3.62.2)

$$A_\infty = V \Sigma_a \Phi. \tag{3.62.3}$$

Die mit A_∞ bezeichnete Größe wird *Sättigungsaktivität* genannt. Für einen gegebenen Neutronenfluß und ein bestimmtes Folienmaterial ist sie direkt proportional zum Absorptionsquerschnitt. Sie stellt die maximale Aktivität oder Grenzaktivität dar, welche die Folie in dem betreffenden Neutronenfeld erreichen kann.

3.63. Nach Entfernung der aktivierten Folie aus dem Neutronenfeld geht der Zerfall weiter und zu irgend einem späteren Zeitpunkt t ist ihre Aktivität

$$A_t = V \Sigma_a \Phi (1 - e^{-\lambda T}) e^{-\lambda t}$$
$$= V \Sigma_a \Phi [e^{-\lambda t} - e^{-\lambda (t + T)}]. \tag{3.63.1}$$

Mit Hilfe (3.63.1) kann man die Sättigungsaktivität der Folie bestimmen, wenn man im Zeitpunkt $(t + T)$ ein Aktivitätsmessung mit dem Zählrohr vornimmt und den Zerfallsprozeß während der Zählung berücksichtigt. Wenn der Neutronenfluß, unter dem die Folie stand, und das Volumen der Folie bekannt sind, ist es möglich, den makroskopischen Wirkungsquerschnitt Σ_a zu bestimmen. Der Neutronenfluß kann direkt durch geeignete Zählrohre gemessen werden (§ 3.84). Andererseits kann die eben beschriebene Methode bei Verwendung einer Folie von bekanntem Wirkungsquerschnitt zur Messung des Neutronenflusses benützt werden. Wenn einmal der Fluß einer gegebenen Quelle bekannt ist, kann damit der Absorptionsquerschnitt anderer Materialien bestimmt werden.

3.64. Es ist noch zu bemerken, daß sich der mit Hilfe der Aktivierungsmethode bestimmte Wirkungsquerschnitt nicht nur auf einen bestimmten Prozeß, sondern auch auf ein bestimmtes Isotop des zu bestrahlenden Materials bezieht. Setzt man z. B. Silber der Einwirkung langsamer Neutronen aus, so entsteht eine aktive Substanz mit einer Halbwertszeit von 2,3 Minuten. Sie wurde als Ag^{108} identifiziert, das durch die (n, γ)-Reaktion des stabilen Isotops Ag^{107} mit langsamen Neutronen entsteht. Wird daher eine Aktivität von 2,3 Minuten Halbwertszeit in Betracht gezogen, so ergibt sich der Wirkungsquerschnitt der (n, γ)-Reaktion des Ag^{107}-Isotops. Messungen mit der Durchstrahlungsmethode, wie sie in § 3.57 ff. beschrieben wurden, ergeben dagegen einen mittleren Wert für die beiden stabilen Isotope mit den Massenzahlen 107 und 109.

Meßergebnisse für die Wirkungsquerschnitte[1]

Änderung des Wirkungsquerschnittes mit der Neutronenenergie

3.65. Die vollständige Bestimmung des Wirkungsquerschnitts für Neutronenreaktionen ist eine sehr komplizierte Aufgabe. Die Werte ändern sich nicht nur von Isotop zu Isotop desselben Elements und mit der Art der Reaktion, sondern auch mit der Geschwindigkeit bzw. der Energie der einfallenden Neutronen. Die Energieabhängigkeit der Neutronen-Absorptionsquerschnitte wurde für viele Stoffe bestimmt, doch beziehen sich die Daten auf natürlich vorkommendes Material, das oft aus zwei oder mehreren Isotopen besteht. In einigen Fällen, in denen der Absorptionsquerschnitt des einen Isotops wesentlich größer als der des anderen ist, wurde das erstere identifiziert und sein Beitrag berechnet. Die Tatsache, daß sich bei Messungen im allgemeinen der totale Absorptionsquerschnitt ergibt, fällt nicht sehr ins Gewicht, denn bei fast allen Elementen (mit Ausnahme der mit niedrigem Atomgewicht) ergibt sich mit Neutronen von weniger als einigen MeV fast ausschließlich nur eine (n, γ)-Reaktion. Einige Ausnahmsfälle sind bekannt (§ 3.32 bis § 3.34) und können angenähert berücksichtigt werden.

3.66. Um den Einfluß der Neutronenenergie auf den Wirkungsquerschnitt zu erfassen, ist es notwendig, über monoenergetische Neutronenquellen zu verfügen. Einige von diesen wurden früher beschrieben, doch liefern sie nur Neutronen von einigen tausend eV. Im niedrigen Energiebereich können Neutronen einer bestimmten Energie aus einem Strahl polyenergetischer Neutronen mit Hilfe von *Geschwindigkeitsselektoren* ausgeschieden werden. Damit können Neutronen von Bruchteilen eines Elektronenvolts bis zu einigen tausend eV untersucht werden.

3.67. Mit Ausnahme von Wasserstoff im ungebundenen Zustand, bei dem der Streuquerschnitt etwa 20 barn beträgt, liegen die Streuquerschnitte von fast allen Elementen für langsame Neutronen zwischen 1 und 10 barn. Mit wachsender Energie nehmen die Querschnitte etwas ab und nähern sich für hohe Neutronenenergien (40 bis 100 MeV) dem geometrischen Querschnitt πR^2. Dabei ist R der Radius des Kernes. Der Wert von R ist, insbesondere für die

---

[1] Die beste und umfassendste Zusammenstellung über gemessene Wirkungsquerschnitte ist der Neutronenatlas von D. J. HUGHES und R. B. SCHWARTZ: Neutron Cross Sections-BNL 325 (Second Edition, 1958). Darin finden sich außer den Querschnittskurven für praktisch alle Elemente als Funktion der Energie noch Angaben über thermische Querschnitte und Resonanzparameter.

Elemente mit höherer Ordnungszahl, ziemlich genau durch $1{,}5\,A^{1/3} \cdot 10^{-13}$ cm gegeben, wobei A die Massenzahl ist (§ 1.34). Für ein Element mit der Massenzahl 125 liegt daher der Grenzwert des Streuquerschnitts bei 2 barn.

3.68. Man kann bei vielen Kernarten, insbesondere solchen, deren Massenzahl größer als 100 ist, in den Absorptions- oder Gesamtwirkungsquerschnittsdiagrammen drei Energiegebiete unterscheiden. Dies stimmt mit den allgemeinen Schlüssen, die man aus der Breit-Wigner-Formel ziehen kann, überein (§ 2.39ff.). Im ersten Gebiet, dem niedriger Energien, nimmt der Wirkungsquerschnitt mit wachsender Neutronenenergie stetig ab. Der Absorptionsquerschnitt ist in diesem Gebiet umgekehrt proportional zur Quadratwurzel aus der Neutronenenergie (§ 2.43). Da es sich um die kinetische Energie handelt, ist σ_a verkehrt proportional zur Neutronengeschwindigkeit. Dies ist das in (§ 2.43) beschriebene $1/v$-Gebiet.

Das Resonanzgebiet

3.69. An das $1/v$-Gebiet schließt für die meisten Elemente eine *Resonanzzone* an (§ 2.44), die durch steile Maxima (Gipfel) des Absorptionsquerschnitts bei bestimmten Neutronenenergien gekennzeichnet ist. Einige Elemente, wie Kadmium und Rhodium, haben nur einen Resonanzgipfel im eV-Bereich, während andere Elemente, wie Indium, Silber, Iridium und Gold, zwei und mehr Gipfel haben. Die Wirkungsquerschnitte von Kadmium und Indium sind in Abb. 3.69 als Funktion der Neutronenenergie dargestellt. Die Maßstäbe sind in beiden Richtungen logarithmisch. Das $1/v$-Gebiet auf der linken Seite der Zeichnung erscheint daher als gerade Linie. Der Resonanzgipfel für Kadmium liegt bei 0,18 eV; der Absorptionsquerschnitt beträgt dort 7200 barn. Für Indium liegt der Hauptgipfel bei 1,44 eV. Außerdem treten noch zwei niedrigere Resonanzgipfel bei 4 und bei 10 eV auf.

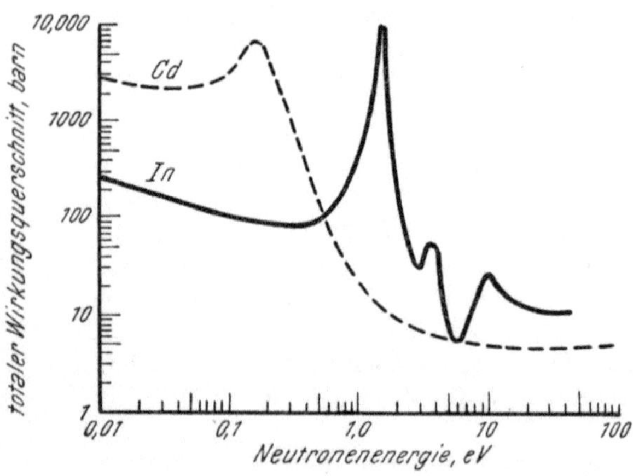

Abb. 3.69. Wirkungsquerschnitte von Kadmium und Indium als Funktion der Neutronenenergie

3.70. Da die Resonanzgipfel bei Elementen mit höherer Massenzahl in Gebieten relativ niedriger Neutronenenergie auftreten, müssen die eintretenden Reaktionen vom (n, γ)-Typus sein. Wie früher ausgeführt wurde, gehen solche Elemente andere Reaktionstypen nur mit Neutronen aus dem MeV-Bereich ein. Das Verhalten gewisser Kernarten niedriger Massenzahl, die mit langsamen Neutronen (n, α)-Reaktionen eingehen, soll in § 3.76 besprochen werden.

3.71. Die Resonanzgipfel der (n, γ)-Reaktion sind bei niedriger Energie meist scharf und schmal. Dies stimmt mit dem von BREIT und WIGNER entwickelten Modell der Resonanzabsorption überein. Die Niveaubreite Γ_γ für γ-Emission ist nämlich klein (ungefähr 1 eV). Da eine andere Reaktion des Zwischenkernes mit langsamen Neutronen nicht sehr wahrscheinlich ist, ist auch die totale Niveaubreite Γ klein. In § 2.45 wurde gezeigt, daß die sogenannte Halbwertsbreite des Resonanzgipfels der totalen Niveaubreite gleich ist. Die Resonanzgipfel sollten also modellgemäß verhältnismäßig schmal sein; wie Abb. 3.69 zeigt, ist dies auch tatsächlich der Fall.

3.72. Eine andere interessante Tatsache sind die hohen Werte der Resonanz-Absorptionsquerschnitte, die oft eine Größenordnung von 10 000 barn erreichen, verglichen mit einem tatsächlichen (d. h. geometrischen) Kernquerschnitt von ungefähr 2 barn. Da der Wirkungsquerschnitt als der wirksame Querschnitt des Kerns für eine bestimmte Kernreaktion betrachtet werden kann (§ 3.40), folgt, daß der *wirksame Querschnitt* wesentlich größer sein kann als der *geometrische Querschnitt*.

3.73. Eine Deutung dieser Tatsache liefert die Wellentheorie der Materie. Gemäß (2.9.1) hat ein Neutron mit einer Energie von 1 eV eine Wellenlänge von $2{,}9 \cdot 10^{-9}$ cm. Das Neutron kann folglich als eine Welle aufgefaßt werden, welche über viele Kerne hinwegreichen kann, wenn die geforderten Energiebedingungen für Resonanz erfüllt sind. Die wirksame Fläche des Kerns für Absorption eines Neutrons kann auf diese Weise Werte der Größenordnung $(10^{-9})^2$, d. h. 10^{-18} cm², erreichen.

3.74. Zum gleichen allgemeinen Schluß kann man auf Grund der Breit-Wigner-Gleichung (2.39.1) kommen, indem man E gleich E_r setzt; der entsprechende Wert für den Wirkungsquerschnitt, d. h. für den Resonanzgipfel, ist dann

$$\sigma_{\max} \approx \frac{\lambda^2}{\pi} \cdot \frac{\Gamma_a \, \Gamma_b}{\Gamma^2}. \tag{3.74.1}$$

Wenn $\Gamma_a \Gamma_b / \Gamma^2$ gleich 0,1 genommen wird, dann kann $\sigma_{\max}$, da die Wellenlänge λ eines Neutrons von 1 eV Energie $2{,}9 \cdot 10^{-9}$ cm beträgt, ungefähr 10^5 barn erreichen[1].

Das Gebiet der schnellen Neutronen

3.75. Jenseits des Resonanzgebietes, im Gebiet der schnellen Neutronen, nehmen die Kernwirkungsquerschnitte mit wachsender Neutronenenergie stetig ab. Die Wirkungsquerschnitte sind gewöhnlich niedrig und liegen in den meisten Fällen unter 10 barn. Im MeV-Gebiet werden sie noch kleiner. Für ein Neutron von 1 MeV Energie beträgt die äquivalente Wellenlänge $2{,}9 \cdot 10^{-12}$ cm [s. Formel (2.9.1)]; die Absorptionsquerschnitte haben zumeist die gleiche Größenordnung wie die Streuquerschnitte.

Große Niveaubreiten

3.76. Bei einigen wenigen Kernen mit niedriger Massenzahl wurde für Reaktionen, bei denen ein geladenes Teilchen ausgesandt wird, eine andere Ab-

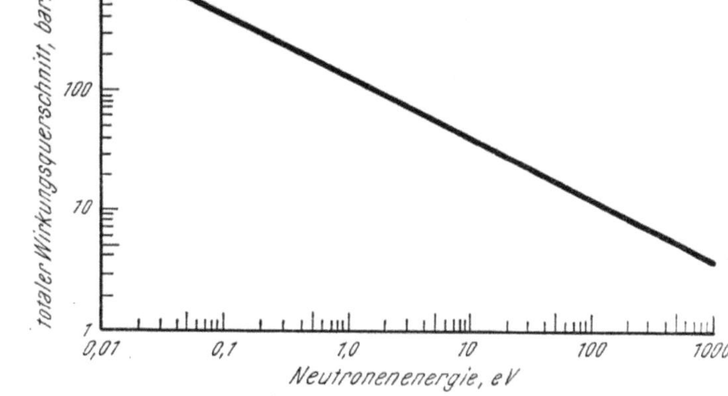

Abb. 3.76. Wirkungsquerschnitt von Bor als Funktion der Neutronenenergie

hängigkeit des Wirkungsquerschnitts von der Neutronenenergie beobachtet. Dieses Verhalten zeigen z. B. die (n, α)-Reaktionen mit B^{10} und Li^6, die wir oben behandelt haben. Abb. 3.76 zeigt die Abhängigkeit des Wirkungsquerschnitts

---

[1] Nach eingebürgertem Brauch ist in diesem Kapitel der Buchstabe λ sowohl zur Bezeichnung der mittleren freien Weglänge, als auch der radioaktiven Zerfallskonstanten und der Neutronenwellenlänge verwendet worden. Die richtige Bedeutung geht im Einzelfall aus dem Zusammenhang hervor.

von der Neutronenenergie für die (n, α)-Reaktion mit Bor, die hauptsächlich dem B^{10}-Isotop zuzuschreiben ist. Die logarithmische Darstellung von σ als Funktion von E verläuft zwischen ungefähr 0,01 eV bis 0,1 MeV im wesentlichen linear. Das $1/v$-Gesetz gilt also in diesem Fall auch für Energien, bei denen es für (n, γ)-Reaktionen nicht mehr zutrifft, d. h. auch im üblichen Resonanzgebiet.

3.77. Die Erklärung dieser Tatsache folgt ebenfalls aus der Breit-Wigner-Formel. Wenn der angeregte Zwischenkern genügend Überschußenergie besitzt, um die Aussendung eines geladenen Teilchens zu ermöglichen, ist die Wahrscheinlichkeit für diesen Prozeß groß. Mit anderen Worten, die partielle Niveaubreite Γ_a und folglich auch die totale Niveaubreite Γ sind groß. Unter diesen Umständen kann die Größe $(E - E_r)^2$ in der Breit-Wigner-Gleichung gegenüber $1/4\,\Gamma^2$ über einen ziemlich großen Energiebereich hinweg vernachlässigt werden. Der Wirkungsquerschnitt variiert dann umgekehrt wie die Quadratwurzel aus der Neutronenenergie oder, wie in § 2.46 gezeigt wurde, umgekehrt wie die Geschwindigkeit. Die Ausdehnung des $1/v$-Gebietes bei der (n, α)-Reaktion mit Bor (und Lithium) über einen so großen Energiebereich kann auf diese Weise durch die große Niveaubreite erklärt werden.

Elemente mit niedriger Massenzahl

3.78. Es ist wichtig, darauf hinzuweisen, daß nicht alle Elemente das oben beschriebene Verhalten zeigen. Die meisten Kerne mit niedriger Massenzahl zeigen (ebenso wie einige mit hoher Massenzahl) keine, bzw. praktisch keine Resonanzabsorption. Der totale Neutronenwirkungsquerschnitt (Absorption und Streuung) bleibt über den ganzen Energiebereich (von thermischen Werten bis zu mehreren MeV) klein und hat die Größenordnung von einigen barn.

Thermische Wirkungsquerschnitte

3.79. Wegen ihrer großen Bedeutung für den Entwurf und Betrieb von thermischen Kernreaktoren werden in Tab. 3.79 die Streu- und

Tabelle 3.79. *Wirkungsquerschnitte thermischer Neutronen*[1]

Element oder Verbindung	Gesamtquerschnitt σ (barn)	Absorption σ_a (barn)	Streuung σ_s (barn)
H	20—80	0,33	20—80
D_2O	13,6	0,001	13,6
He...............	0,8	0,007	0,9
Be...............	7,0	0,009	6,9
B	759	755	4,0
C	4,8	0,0034	4,8
N...............	11,9	1,88	10,0
O	4,2	$<$ 0,0002	4,2
F	3,9	$<$ 0,01	3,9
Na...............	4,5	0,5	4,0
Al	1,63	0,23	1,4
S	1,62	0,52	1,1
Ca...............	3,44	0,44	3,0
Fe	13,53	2,53	11,0
Ni	22,3	4,8	17,5
Zr	8,2	0,18	8,0
Cd...............	2450	2450	7,0
In	198	196	2,2
Pb	11,2	0,17	11,0
Bi	9,0	0,03	9,0

[1] Nach BNL 325 (Fußnote S. 45).

Absorptionsquerschnitte einiger Stoffe für thermische Neutronen wiedergegeben.

3.80. Der Streuquerschnitt für Wasserstoff liegt zwischen 20 und 80 barn. Der faktische Wert hängt davon ab, ob sich das Atom im freien Zustand befindet oder an ein Molekül gebunden ist und auch vom genauen Wert der thermischen Neutronenenergie. Im gebundenen Zustand, wie z. B. in Paraffin, ändert sich der Streuquerschnitt von Wasserstoff bei niedrigen Energien sehr rasch mit der Neutronenenergie, wie aus der experimentellen Kurve in Abb. 3.80 zu erkennen ist. Bei Neutronenenergien in der Größenordnung von 10 eV beträgt der Streuquerschnitt ungefähr 20 barn, was dem Wert für freie Atome nahekommt. Die beobachteten Wirkungsquerschnitte wachsen für sehr langsame Neutronen auf ungefähr 80 barn an.

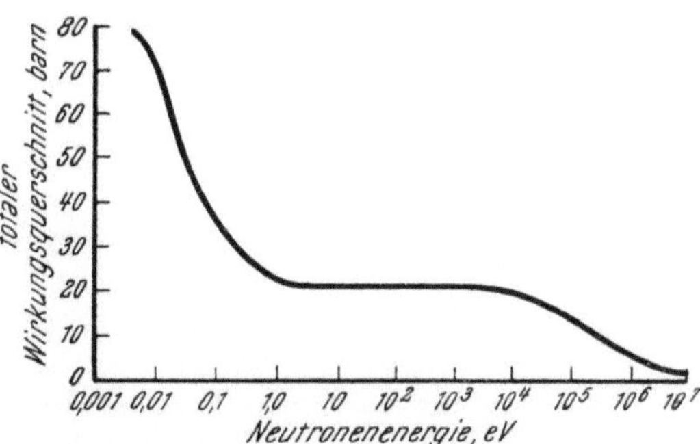

Abb. 3.80. Wirkungsquerschnitt von Wasserstoff, gebunden in Paraffin, als Funktion der Neutronenenergie

3.81. Bei niedrigen Neutronenenergien, wenn E im Vergleich zu der Resonanzenergie E_r klein ist, reduziert sich die Breit-Wigner-Gleichung (2.54.1) für Resonanzstreuung auf

$$\sigma \approx \frac{\lambda^2}{4\pi} \cdot \frac{\Gamma_n^2}{E_r^2}, \tag{3.81.1}$$

vorausgesetzt, daß die totale Niveaubreite Γ im Vergleich zu E_r ebenfalls klein ist. Die Neutronenwellenlänge λ ist hier proportional zu $1/\mu v$, wobei μ die reduzierte Masse des streuenden Systems und v die Geschwindigkeit des Neutrons ist. Man kann zeigen, daß Γ_n proportional zu $\mu^2 v$ ist[1]. Aus (3.81.1) folgt daher, daß der Streuquerschnitt einer beliebigen Atomart für niedrige Neutronenenergien proportional zu μ^2 ist.

3.82. Wenn die Energie des einfallenden Neutrons größer ist als die Bindungsenergie des Wasserstoffatoms im Molekül, d. h. ungefähr 3 oder 4 eV, dann verhält sich das Proton beim Zusammenstoß im wesentlichen so, als ob es frei wäre. Die reduzierte Masse des streuenden Systems, definiert durch

$$\frac{1}{\mu} = \frac{1}{H} + \frac{1}{n}, \tag{3.82.1}$$

wobei H die effektive Masse des Protons und n die Masse des Neutrons darstellt, ist dann gleich einer halben atomaren Masseneinheit. Ist aber die Neutronenenergie klein im Vergleich zur Bindungsenergie des Wasserstoffatoms in einem relativ großen Molekül (Paraffin), so wird die effektive Masse des Wasserstoffatoms groß, und die reduzierte Masse, gegeben durch (3.82.1), ist dann angenähert gleich Eins. Da der Streuquerschnitt für Neutronen niedriger Energie proportional zu μ^2 ist, folgt, daß der Wirkungsquerschnitt für *gebundenen* Wasserstoff mit abnehmender Neutronenenergie bis auf das Vierfache anwachsen sollte. Dies ist in der Tat experimentell bestätigt worden (Abb. 3.80). Nach

---

[1] H. A. Bethe, Rev. Mod. Physics *9*, 69 (1937).

dieser Schlußweise stellt der Wert von 20 barn, d. h. der Querschnitt für Neutronen von ungefähr 10 eV, den Wirkungsquerschnitt für *freie* Wasserstoffatome dar [1].

Nachweis und Zählung von Neutronen

Sekundär-Ionisationszähler

3.83. Neutronen wirken bei ihrem Durchgang durch ein Gas unmittelbar nur sehr wenig ionisierend und können mit den üblichen Instrumenten, wie Geigerzähler oder Nebelkammer, nicht direkt festgestellt werden. Diese und ähnliche Geräte sprechen aber auf Ionen an, die durch den Eintritt eines geladenen Teilchens erzeugt werden. Sie können so modifiziert werden, daß sie auf Grund sekundärer Effekte zum Nachweis und zur Zählung von Neutronen geeignet sind.

3.84. Die übliche Zählmethode für langsame Neutronen macht von der (n, α)-Reaktion mit B^{10} Gebrauch, die einen großen Wirkungsquerschnitt hat. Wie wir in § 3.32 gesehen haben, wird ein Li^7-Kern und ein α-Teilchen gebildet; beide haben relativ hohe Energien und wirken längs ihrer Bahnen stark ionisierend. Dieser Prozeß wird in Zählern benützt. Man kann z. B. dem Füllgas eines Proportionalzählers Bortrifluorid zusetzen oder seine Wände mit einer dünnen Schicht von elementarem Bor oder mit einer festen Verbindung wie Borkarbid bedecken (Borzähler). Da bei der (n, α)-Reaktion nur das B^{10}-Isotop wirksam ist, erzielt man bessere Ergebnisse, wenn die verwendete Borverbindung mit diesem Isotop angereichert ist.

3.85. In Zählrohren dieser Konstruktion erzeugt jedes eintretende Neutron genügend Sekundärionisation, um ohne Schwierigkeit registriert werden zu können. Wenn die Größe der mit Bor bedeckten Oberfläche bekannt ist, kann der Strom der langsamen Neutronen bestimmt werden.

3.86. Ein anderer Typ von Neutronendetektoren bzw. -zählern verwendet die Spaltungsreaktion (§ 3.35). Langsame Neutronen verursachen die Spaltung von U^{235} und die sich dabei bildenden Kernbruchstücke zeigen einen bemerkenswerten Ionisierungseffekt. Eine einfache Vorrichtung zur Beobachtung von langsamen Neutronen besteht daher aus einer Ionisationskammer, bei der eine Elektrode mit Uranoxyd bedeckt ist, das vorteilhaft mit dem U^{235}-Isotop angereichert ist (Spaltkammer). Jedes Neutron, das in die Kammer eintritt und in der mit Uran präparierten Elektrode eine Spaltung auslöst, wird auf diese Weise gezählt.

3.87. Zum Nachweis schneller Neutronen benützt man zumeist die von Rückstoßkernen erzeugte Ionisation. Rückstoßkerne entstehen beim Zusammenstoß eines leichten Kerns (z. B. eines Protons) mit einem Neutron hoher Energie. Zum Nachweis kann man einen Proportionalzähler mit Wasserstoffgas füllen. Vorteilhafter ist es, Argon oder eines der schwereren Edelgase als Füllgas zu verwenden und eine dünne Lage eines wasserstoffhaltigen Materials wie Paraffin an einem Ende der Kammer anzubringen. Schnelle Neutronen, welche das Paraffin treffen, schlagen Protonen relativ hoher Energie heraus, diese wirken längs ihres Weges im Zähler ionisierend und können so nachgewiesen werden.

Aktivierungsdetektoren

3.88. Wie in § 3.63 gezeigt wurde, kann auch die Aktivierungsmethode zur Bestimmung des Neutronenflusses verwendet werden. Dieses Verfahren ist oft sehr vorteilhaft, weil man dünne Folien, die nur geringe Störungen der

---

[1] Vgl. R. G. Sachs und E. Teller: The Scattering of Slow Neutrons by Molecular Gases. Physic. Rev. *60*, 18 (1941).

Neutronendichte verursachen, in Gebiete einbringen kann, die für Zähler unzugänglich sind. Weiters liefert die Verwendung von Kadmium in Verbindung mit Indium ein Mittel, um zwischen Neutronen verschiedener Energien unterscheiden zu können. Abb. 3.69 zeigt z. B., daß Indium mit einem Resonanzgipfel bei 1,44 eV, für Neutronen mit einer Energie unter etwa 2 eV hohe Absorptionsquerschnitte (100 oder mehr barn) hat. Kadmium hat dagegen einen Resonanzgipfel bei 0,18 eV mit hohem Absorptionsquerschnitt für Energien unter etwa 0,5 eV. Wenn Indium den Neutronen ausgesetzt wird, wird es radioaktiv, Kadmium dagegen nicht.

3.89. Diese Tatsachen werden in der folgenden Weise benützt. Zunächst wird eine Indiumfolie eine bestimmte Zeit hindurch dem Neutronenfeld ausgesetzt und die Aktivität in der gewöhnlichen Weise gemessen; daraus wird die Sättigungsaktivität (§ 3.63) berechnet, und aus dem bekannten mittleren Absorptionsquerschnitt kann der Fluß von Neutronen mit einer Energie kleiner als ungefähr 2 eV ermittelt werden. Eine neue Indiumfolie wird dann vollständig mit einer Kadmiumfolie umgeben und dem gleichen Neutronenfeld ausgesetzt. Infolge der starken Absorption der Neutronen mit Energien unterhalb von ungefähr 0,5 eV durch Kadmium werden im wesentlichen nur solche Neutronen das Indium erreichen, deren Energien höher liegen. Die Indiumfolie ist nun für Neutronen im Bereich von etwa 0,5 bis 2 eV empfindlich, deren Fluß aus der Sättigungsaktivität der Folie bestimmt werden kann. Der Unterschied zwischen den Meßergebnissen, die man einmal ohne und einmal mit Kadmiumabschirmung erhält, ergibt den Fluß der Neutronen mit Energien kleiner als etwa 0,5 eV. Den Quotienten aus den beiden Meßwerten nennt man das *Kadmiumverhältnis* des betreffenden Flusses.

IV. Der Spaltungsprozeß [1]

Besonderheiten der Spaltungsreaktion

Einleitung

4.1. Schon vor 1939 waren viele Kernreaktionen bekannt. Es handelte sich dabei aber nur um Reaktionstypen, bei denen eine relativ leichte Partikel oder ein γ-Teilchen ausgeschleudert wird, so daß die Ordnungs- und Massenzahlen des Produktkerns nicht sehr verschieden von dem des Ausgangskerns sind. In diesem Jahr entdeckte man den in § 2.22 und 3.35 beschriebenen Prozeß der Kernspaltung. Bei dieser Reaktion zerfällt ein Urankern nach dem Einfangen eines Neutrons in zwei Teile, die sich sehr stark vom Ausgangskern unterscheiden. Die große Bedeutung der Spaltungsreaktion für die Freisetzung von Kernenergie liegt in zwei Tatsachen: Erstens ist dieser Prozeß mit dem Freiwerden eines relativ großen Energiebetrags verbunden, und zweitens wird die durch Neutronen ausgelöste Reaktion von der Emission weiterer Neutronen begleitet. Folglich ist es unter bestimmten, in diesem Buch zu besprechenden Bedingungen möglich, daß der Spaltungsprozeß sich selbst erhält und daß kontinuierlich Energie erzeugt wird.

4.2. Die theoretische Deutung der Spaltung und ihre Anwendung in Kernreaktoren wird später betrachtet. Zuerst sollen die wesentlichen Erscheinungen

---

[1] Bezüglich der Vorgeschichte der Kernspaltung vgl.: H. D. SMYTH: Atomic Energy for Military Purposes. Washington 1945. — S. GLASSTONE: Sourcebook on Atomic Energy. New York 1950. — Zur Physik der Kernspaltung vgl.: A. KRAUT: Ergebnisse der Physik der Kernspaltung. Nukleonik *2*, Heft 3 und 4 (1960).

beschrieben werden. U^{235}, das mit 0,718% im natürlichen Uran auftritt, wird sowohl durch thermische als auch durch Neutronen höherer Energie gespalten. Das gleiche gilt auch für die auf künstlichem Wege hergestellten Isotope Pu^{239} und U^{233} (§ 3.35). Das in der Natur am häufigsten vorkommende Isotop des Urans, U^{238}, und außerdem das Th^{232} können dagegen nur von schnellen Neutronen von wenigstens 1 MeV in merklichem Ausmaß gespalten werden. Es sei noch bemerkt, daß natürliches Uran auch spontan zerfällt. In 1 g gewöhnlichen Urans spalten sich im Mittel 23 Kerne in der Stunde.

4.3. Außer Uran und Thorium können auch andere Elemente hoher und sogar mittlerer Ordnungszahl durch Partikeln hoher Energie gespalten werden. Spaltprozesse dieser Art sind zwar von prinzipiellem Interesse, können jedoch für die Freisetzung von Kernenergie augenscheinlich nicht verwendet werden, da Teilchen hoher Energie beim Prozeß nicht reproduziert werden und dieser daher nicht von selbst weiterläuft.

Emission von Neutronen

4.4. Wenn ein Kern mit hoher Ordnungszahl eine Spaltung erleidet, d. h. in zwei mehr oder weniger gleiche Teile — die Spaltfragmente — zerfällt, dann liegen die Neutron-Proton-Verhältnisse dieser Fragmente in der Nähe der gestrichelten Linie in Abb. 1.15. Diese Gerade führt vom Ursprung zu den Punkten, welche spaltbare Kerne mit hoher Ordnungszahl darstellen. Da die Spalttrümmer etwa gleich groß sind, wird ihr Neutron-Proton-Verhältnis irgendwo in der Nähe der Mitte der gestrichelten Linie liegen. Kerne von dieser Art besitzen offensichtlich zu viele Neutronen, um stabil zu sein. Sie können sich jedoch dem Stabilitätsgebiet nähern, indem sie ein oder mehrere Neutronen emittieren oder, indem sie ein Neutron unter gleichzeitiger Aussendung eines negativen β-Teilchens in ein Proton verwandeln.

4.5. Auf Grund der vorhergehenden Überlegungen wurde seinerzeit die Möglichkeit, daß bei der Spaltung von Uran Neutronen emittiert werden, in Betracht gezogen und bald darauf auch experimentell verifiziert. Man fand, daß bei der Spaltung von U^{235} durch langsame Neutronen im Mittel $2,43 \pm 0,02$ Neutronen pro gespaltenem Kern emittiert werden, d. h. für jedes Neutron, das bei der Spaltungsreaktion absorbiert wird. Diese Zahl ist deshalb keine ganze Zahl, weil — wie wir unten sehen werden — der Urankern auf verschiedene Weise aufspaltet und sie als Mittelwert selbstverständlich nicht ganz zu sein braucht, obwohl die Zahl der Neutronen, die bei einem individuellen Spaltungsakt emittiert werden, natürlich ganz sein muß.

4.6. Die beim Spaltprozeß emittierten Neutronen können in zwei Kategorien eingeteilt werden. Es sind dies die *prompten Neutronen* und die *verzögerten Neutronen*. Die prompten Neutronen, welche über 99% der gesamten Spaltneutronen ausmachen, werden bei der Spaltung innerhalb eines extrem kurzen Zeitintervalls von etwa 10^{-14} sec emittiert. Diese Tatsache weist darauf hin, daß sie nicht direkt aus dem Zwischenkern stammen, der z.B. aus U^{235} durch Einfang eines langsamen Neutrons entsteht. Es scheint vielmehr so zu sein, daß der Zwischenkern zuerst in zwei Kernfragmente zerbricht, von denen jedes wegen Neutronenüberschusses instabil ist. Diese Fragmente weisen überdies eine Anregungsenergie von wenigstens 6 MeV auf, die für die Emission eines Neutrons ausreicht. Die angeregten und instabilen Kerne stoßen daher innerhalb sehr kurzer Zeit nach ihrer Bildung ein oder mehrere Neutronen aus. Die prompte γ-Strahlung, welche die Spaltung begleitet, wird offensichtlich in derselben Zeitspanne emittiert.

4.7. Die Energien der prompten Neutronen umfassen einen sehr ausgedehnten Bereich, der vermutlich von rund 10 MeV bis herab zu thermischen Werten reicht. Die meisten haben aber Energien von 1 bis 2 MeV. Die schematisch in Abb. 4.7 dargestellte Energieverteilung wird als *Spaltspektrum* bezeichnet. Innerhalb des Energiebereiches von 0,1 bis 10 MeV, welcher praktisch alle Spaltneutronen umfaßt, kann das Spaltspektrum in ziemlich guter Annäherung durch

$$s\,(E) = 0{,}484\,e^{-E}\,\mathrm{sh}\,\sqrt{2\,E} \qquad (4.7.1)$$

dargestellt werden, wobei $s\,(E)$ die Zahl der Spaltneutronen pro Einheitsintervall der Energie, normalisiert auf ein Spaltneutron, ist. E ist die Neutronenenergie in MeV. Im Schwerpunktsystem der Spaltprodukte und der prompten Neutronen würde das Spaltspektrum wahrscheinlich näherungsweise einer Maxwell-Boltzmann-Verteilung gleichen. Im Labora-

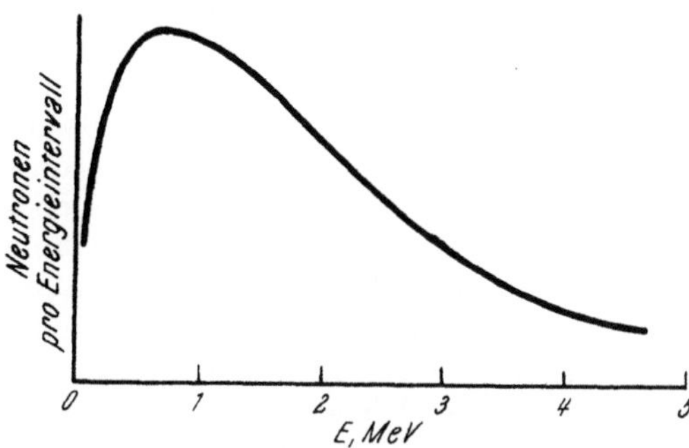

Abb. 4.7. Energieverteilung der Spaltneutronen (Spaltspektrum)

toriumsystem ist diese aber durch die Bewegung der Spalttrümmer und die Tatsache, daß die Wahrscheinlichkeit der Neutronenemission eine Funktion der Energie ist, gestört.

4.8. Während die Emission von prompten Neutronen nach sehr kurzer Zeit aufhört, werden die verzögerten Neutronen einige Minuten hindurch mit allmählich abnehmender Intensität emittiert. Bei den verzögerten Neutronen, welche die Spaltung begleiten, kann man sechs, möglicherweise auch mehr Gruppen unterscheiden. Die Neutronenintensität jeder Gruppe klingt exponentiell ab, wie es im allgemeinen für radioaktive Umwandlungen charakteristisch ist. Durch Beobachtung des Abklingens der verzögerten Neutronen nach der Spaltung fand man, daß es möglich ist, mit jeder Gruppe eine bestimmte Halbwertszeit zu verbinden. Die charakteristischen Eigenschaften der sechs bisher festgestellten Gruppen verzögerter Neutronen sind in Tab. 4.8 wiedergegeben.

Tabelle 4.8. *Eigenschaften der durch Spaltung von U^{235} mittels thermischer Neutronen erzeugten verzögerten Neutronen*

Halbwertszeit T_i (sec)	Mittlere Lebensdauer t_i (sec)	Zerfallkonstante λ_i (sec^{-1})	Bruchteil β_i $^0/_{00}$	Energie (MeV)
0,230	0,332	3,013	0,267	—
0,610	0,880	1,136	0,738	0,42
2,30	3,322	0,301	2,536	0,62
6,22	9,009	0,111	1,258	0,43
22,72	33,333	0,030	1,406	0,56
55,72	83,333	0,012	0,212	0,25

Diese umfaßt die Halbwertszeit T_i, die mittlere Lebensdauer t_i, d. h. $T_i/0{,}693$, die Zerfallkonstante λ_i, d. h. $1/t_i$, den Bruchteil β_i, mit welchem die Gruppe unter den gesamten Spaltneutronen (den prompten *und* den verzögerten) vertreten ist, und die Neutronenenergie. Die letzten zwei Spalten beziehen sich nur auf Neutronen, die durch Spaltung von U^{235} mittels thermischer Neutronen erzeugt werden. Der gesamte Anteil der verzögerten Neutronen beträgt angenähert $\beta = 0{,}0064$. Bei der Spaltung von Pu^{239} entstehen ebenfalls sechs Gruppen von verzögerten Neutronen, doch unterscheiden sich die Bruchteile β_i und die Energien von den hier angegebenen [1].

4.9. Da die Eigenschaften der verzögerten Neutronen im Zusammenhang mit dem zeitabhängigen Verhalten der Kernreaktoren stehen, ist eine Erklärung ihres Ursprunges von Interesse. Sehr rasche chemische Trennungen der Spaltprodukte und ihrer radioaktiven Zerfallsprodukte zeigten, daß die Stoffe, welche Neutronen mit 55,6 sec Halbwertszeit aussenden, der Chemie des Broms folgen, während diejenigen mit einer Halbwertszeit von 22,5 sec der Chemie des Jods folgen. Es ist unwahrscheinlich, daß die Neutronen direkt von den Kernen von Brom- oder Jodisotopen emittiert werden, denn wenn genügend Energie von ungefähr 6 bis 8 MeV zur Ausstoßung eines Neutrons vorhanden wäre, so würde der Prozeß praktisch momentan mit einer Halbwertszeit der Größenordnung von 10^{-14} sec vor sich gehen. Man vermutet daher, daß die Aussendung verzögerter Neutronen aus den Brom- und Jodisotopen in der folgenden, indirekten Weise vor sich geht.

4.10. Eines der Spaltprodukte ist ein Bromisotop mit hoher Massenzahl, wahrscheinlich Brom-87. Der Kern enthält zuviele Neutronen, um stabil zu sein, und ist daher ein negativer β-Strahler. Die Halbwertszeit von Br^{87} ist 55,6 sec — also gleich der Halbwertszeit einer der Gruppen von verzögerten Neutronen —, und sein Zerfallsprodukt ist Kr^{87}. Letzteres kann offensichtlich in einem hoch angeregten Zustand gebildet werden. Das ermöglicht die Ausstoßung eines Neutrons und der stabile Kr^{86}-Kern (Abb. 4.10) bleibt zurück. Die nach dem Ausstoßen des Neutrons verbleibende überschüssige Energie

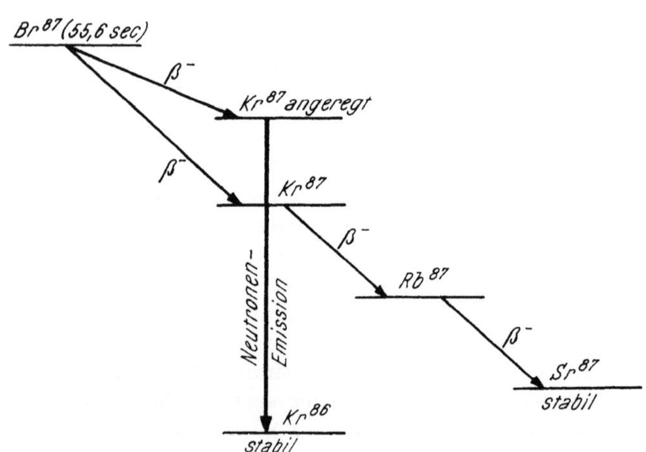

Abb. 4.10. Erklärung der Emission von verzögerten Neutronen

erscheint als kinetische Energie des letzteren (s. letzte Spalte in Tab. 4.8). Die beobachtete Emissionsrate der Neutronen wird so durch die Geschwindigkeit der Bildung des Neutronenstrahlers Kr^{87} bestimmt, und diese ist abhängig vom Zerfall seines Mutterkerns Br^{87}. Wie alle radioaktiven Präparate klingt das letztere exponentiell ab, wobei die Halbwertszeit in diesem Falle 55,6 sec beträgt. Daher klingt die Neutronenemission mit derselben Geschwindigkeit ab.

4.11. Der Mutterkern der verzögerten Neutronengruppe mit der Halbwertszeit von 22,5 sec ist offensichtlich J^{137}, das die gleiche Halbwertszeit besitzt und bei seinem Zerfall unter Aussendung eines negativen β-Teilchens in Xe^{137} übergeht. Vermutlich entsteht dieses in einem hoch angeregten Zustand, so daß es momentan ein Neutron emittiert und das stabile Xe^{136} bildet. Die Neutronenemission ist in diesem Fall verzögert, weil die Geschwindigkeit der Bildung von

---

[1] Ausführliche Angaben über verzögerte Neutronen bei verschiedenen Spalt- und Brutstoffen finden sich bei G. R. KEEPIN et al.: Delayed Neutrons from Fissionable Isotopes of Uranium, Plutonium and Thorium. Physic. Rev. *107*, 1044 (1957).

Xe^{137}, aus dem die Neutronen stammen, von der Zerfallsgeschwindigkeit seines Mutterkerns J^{137} abhängt. Die anderen vier verzögerten Neutronengruppen entstehen zweifellos in analoger Weise. Die Mutterkerne sind in diesen Fällen noch nicht mit voller Sicherheit festgestellt worden.

Die Spaltprodukte

4.12. Die Spaltung wurde auf Grund der Feststellung von Elementen mittleren Atomgewichts, wie Barium und Lanthan, entdeckt, die bei Wechselwirkung von Uran mit langsamen Neutronen entstehen. Da Lanthan die Ordnungszahl 57 und Uran die Ordnungszahl 92 hat, ist das andere Spaltfragment vermutlich Brom mit der Ordnungszahl 35. Der Spaltprozeß kann in diesem Fall durch die Gleichung

$$_{92}U^{235} + {_0}n^1 \rightarrow {_{57}}La^{147} + {_{35}}Br^{87} + 2\ {_0}n^1$$

beschrieben werden, indem man plausible Massenzahlen verwendet und annimmt, daß pro Spaltung zwei Neutronen emittiert werden. Es sei bemerkt, daß die beiden Fragmente, obwohl sie bedeutend leichter als der Urankern sind, Massenzahlen haben, die merklich voneinander verschieden sind. Die Tendenz des Urankerns, in unsymmetrischer Weise zu zerfallen, wurde zuerst durch die Beobachtung bekannt, daß die Spaltfragmente in zwei Gruppen verschiedener Ionisierungsstärke und vermutlich verschiedener Energien zerfallen. Als Verhältnis der kinetischen Energien fand man etwa 1,45. Die Massen der entsprechenden Fragmente müssen folglich, bei Erhaltung des Impulses, im umgekehrten Verhältnis zueinander stehen.

4.13. Eine eingehendere Untersuchung der Spaltung mit langsamen Neutronen hat gezeigt, daß das U^{235} in mehr als 30 verschiedenen Arten aufspaltet. Mehr als 60 primäre Produkte wurden identifiziert. Der Bereich der Massenzahlen geht von 72 (vermutlich ein Isotop von Zink mit der Ordnungszahl 30) bis 158 (vermutlich ein Isotop von Samarium mit der Ordnungszahl 62). In Abb. 4.13 ist die Spaltausbeute als Funktion der Massenzahlen der Produkte dargestellt. Die Spaltausbeute ist definiert als der auf eine bestimmte Massenzahl entfallende Bruchteil (oder prozentuelle Anteil) der gesamten Kernspaltungen. Da sich die beobachteten Spaltausbeuten von 10^{-5} bis über 6% bewegen, sind sie in logarithmischer Skala dargestellt. Es sei bemerkt, daß die totale

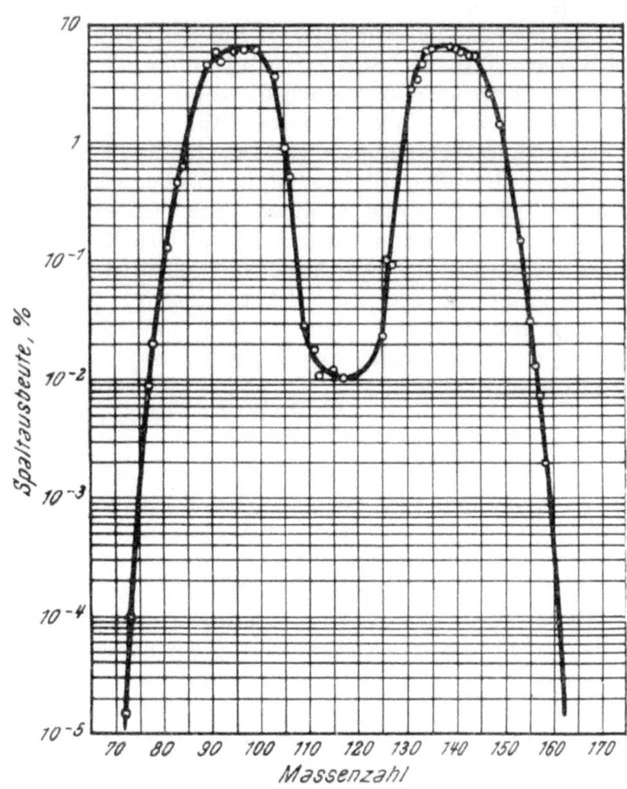

Abb. 4.13. Ausbeute an Spaltprodukten verschiedener Massenzahl

Spaltausbeute für alle Massenzahlen zusammen 200% ausmacht, weil aus jedem Spaltungsakt zwei Kerne hervorgehen. Man zieht es vor, die Spaltfragmente nach Massenzahlen statt nach Ordnungszahlen zu ordnen, da wahrscheinlich alle Spaltfragmente radioaktiv sind und durch Verlust eines negativen β-Teilchens zerfallen, so daß sich die Ordnungszahlen mit der Zeit ändern. Die Massenzahlen hingegen werden durch diesen β-Zerfall nicht beeinflußt.

4.14. Die Abb. 4.13 zeigt, daß in Übereinstimmung mit den Schlüssen, die man aus den Energien der Spaltfragmente gezogen hat, die Massen von nahezu allen Produkten in zwei ausgedehnte Gruppen fallen, eine leichte Gruppe mit Massenzahlen von 80 bis 110 und eine schwere Gruppe mit Massenzahlen von 125 bis 155. Es gibt einige Produkte im dazwischenliegenden Bereich von 110 bis 125, aber im ganzen machen sie nicht mehr als 1% aller Spaltungen aus. Bei der Spaltung treten am häufigsten — mit einer Ausbeute von fast 6,4% — Produkte mit den Massenzahlen 95 und 139 auf. Daraus ist ersichtlich, daß die Spaltung von U^{235} (durch thermische Neutronen) keineswegs symmetrisch erfolgt. Würde der Zwischenkern in zwei gleiche Fragmente aufspalten, so müßte die Masse jedes Fragments 117 oder 118 betragen. In dieser Weise spalten jedoch nur 0,01% der Kerne.

4.15. Eine der wichtigsten Eigenschaften der Spaltprodukte ist ihre Radioaktivität. Wie wir in § 4.4 gesehen haben, ist das Neutron-Proton-Verhältnis der gebildeten Spaltfragmente, wenn ein Urankern in zwei ungefähr gleiche Massen zerfällt, zu hoch, um Stabilität zu gewährleisten. Sogar wenn ein promptes Neutron ausgeschleudert wird, liegt das Neutron-Proton-Verhältnis in den meisten Fällen noch außerhalb des Stabilitätsbereiches für die betreffende Massenzahl. Folglich sind fast alle Spaltprodukte radioaktiv, indem sie negative β-Teilchen emittieren. Die unmittelbaren Zerfallsprodukte sind häufig ebenfalls radioaktiv, und — obwohl die Zerfallsreihen verschieden lang sind — folgen im Mittel auf jedes Fragment drei Zerfallsstufen, bevor eine stabile Kernart gebildet wird. Wegen ihrer hohen Ausbeute (6,3%) und dem Auftreten von Barium und Lanthan, welche zur Entdeckung der Uranspaltung geführt haben, ist die folgende Zerfallsreihe wichtig:

$$_{54}\mathrm{Xe}^{140} \xrightarrow{16\,s} {}_{55}\mathrm{Cs}^{140} \xrightarrow{66\,s} {}_{56}\mathrm{Ba}^{140} \xrightarrow{12,8\,d} {}_{57}\mathrm{La}^{140} \xrightarrow{40\,h} {}_{58}\mathrm{Ce}^{140}\ (\text{stabil}).$$

4.16. Da bei der Spaltung vermutlich etwa 60 verschiedene Kernarten erzeugt werden und da jeder der Kerne der Mutterkern von durchschnittlich zwei anderen ist, befinden sich nach kurzer Zeit ungefähr 180 radioaktive Kernarten unter den Spaltprodukten. Obwohl es im Prinzip möglich ist, die Zerfallsrate dieser komplizierten Mischung durch die Spaltausbeute und die radioaktiven Zerfallskonstanten auszudrücken, ist dieses Verfahren umständlich[1]. Die Zerfallsrate der Spaltprodukte wird besser durch eine empirische Gleichung dargestellt, die allerdings nur bis auf einen Faktor 2 oder weniger genau ist[2]. Ungefähr 10 sec nach der Spaltung sind die Emissionsraten von β-Teilchen und Photonen pro Spaltung gegeben durch:

$$\text{Emissionsrate von Photonen} = 1,9 \cdot 10^{-6} \cdot t^{-1,2}\ \text{pro sec} \qquad (4.16.1)$$

$$\text{Emissionsrate von β-Teilchen} = 3,8 \cdot 10^{-6} \cdot t^{-1,2}\ \text{pro sec} \qquad (4.16.2)$$

Dabei ist t die Zeit nach der Spaltung in Tagen. Setzt man für die mittlere Energie der γ-Strahlen 0,7 MeV und für die der β-Teilchen 0,4 MeV, so ergibt

---

[1] J. F. PERKINS und R. W. KING: Energy Release from the Decay of Fission Products. Nucl. Si. Eng. *3*, No. 6, 726 (1958).

[2] K. WAY und E. P. WIGNER: Physic. Rev. *73*, 1318 (1948).

sich als Gesamtbetrag der ausgestrahlten Energie in Form von β- und γ-Strahlung ungefähr $2,8 \cdot 10^{-6} \cdot t^{-1,2}$ MeV pro sec und Spaltung. Jede Strahlungsart liefert ungefähr denselben Beitrag. Für praktische Zwecke ist es nützlich, das Resultat in Watt/g des gespaltenen Uran-235 auszudrücken. Man findet mit der Umrechnung 1 MeV/sec $= 1,60 \cdot 10^{-13}$ Watt und weiter 1 gespaltener U^{235}-Kern $\equiv 3,9 \cdot 10^{-22}$ g:

$$\text{Spezifische Leistung der β- und γ-Strahlung} = 1,15 \cdot 10^3 \cdot t^{-1,2} \text{ Watt/g} \qquad (4.16.3)$$

für t Tage nach der Spaltung. Wir werden weiter unten sehen, daß ungefähr 5% der Energie, die bei der Spaltung von U^{235} freigesetzt wird, anfänglich als latente β- und γ-Energie der Spaltprodukte auftritt. Die Geschwindigkeit, mit der diese Energie freigesetzt wird, spielt daher sowohl während des stationären Betriebes eines Kernreaktors als auch nach seinem Abschalten eine wichtige Rolle.

Die Spaltungsenergie

4.17. Der Spaltungsprozeß ist wegen des Ausmaßes der freiwerdenden Energie bemerkenswert. Sie beträgt ungefähr 200 MeV für jeden reagierenden Kern. Andere Kernreaktionen liefern maximal etwa 20 MeV. Die Spaltungsenergie kann auf verschiedene Weise berechnet werden. Der unmittelbare Weg führt über die Berechnung der Massendifferenz zwischen den reagierenden Kernarten und den gebildeten Fragmenten:

$$\text{Vor der Spaltung}$$
$$_{0}n^1 + {}_{92}U^{235}$$
$$1,00897 \text{ ME} + 235,124 \text{ ME} = 236,133 \text{ ME},$$

$$\text{nach der Spaltung}$$
$$X^{95} + X^{139} + 2{}_{0}n^1$$
$$94,945 \text{ ME} + 138,955 \text{ ME} + 2 \cdot 1,00897 \text{ ME} = 235,918 \text{ ME},$$

wobei nach § 4.14 die Spaltprodukte mit der größten Ausbeute, also mit den Massenzahlen 95 und 139, verwendet wurden. Es ist also:

$$\text{Die in Energie umgesetzte Masse} = 236,133 - 235,918$$
$$= 0,215 \text{ ME}.$$

Gemäß (1.28.2) ist 1 ME gleich 931 MeV. Daher ist
$$\text{die pro Spaltung freigemachte Energie} = 931 \cdot 0,215$$
$$\dot{=} 200 \text{ MeV}.$$

4.18. Die eben durchgeführte Energieberechnung bezog sich auf eine spezielle Art der Spaltung. Die tatsächliche Spaltungsenergie ist das Mittel aus den 30 Möglichkeiten der Spaltung von U^{235}. Die meisten Spaltungen führen jedoch zu Produkten, deren Massenzahlen in einem ziemlich begrenzten Gebiet liegen, und für alle diese ist die in Energie verwandelte Masse ungefähr gleich. Es kann daher angenommen werden, daß pro Spaltung eine Energie von 195 bis 200 MeV freigesetzt wird.

Es ist zu beachten, daß im Kernreaktor nicht nur die Spaltprozesse als Energiequelle auftreten. Eine gewisse Energiemenge, die je nach dem Reaktortyp zwischen 2 und 10 MeV pro Spaltung liegt, wird bei Neutronen-Einfangprozessen im Reaktormaterial (Moderator, Reflektor, Schild) freigesetzt.

4.19. Der Grund für den großen Betrag der Spaltungsenergie geht aus Abb. 1.30 hervor, die zeigt, daß die Bindungsenergiekurve ein breites Maximum besitzt. Im Massenzahlenbereich von ungefähr 80 bis 150, in dem die meisten Spaltprodukte liegen, beträgt die Bindungsenergie pro Nukleon im Mittel 8,4 MeV. Für hohe Massenzahlen fällt dieser Wert ab und erreicht bei Uran 7,5 MeV pro Nukleon. In den Spaltprodukten ist die Bindungsenergie also ungefähr um 0,9 MeV pro Nukleon größer als im ursprünglichen Urankern. Da aber letzterer rund 230 Nukleonen enthält, beträgt die gesamte Differenz der Bindungsenergie etwa 200 MeV, und das ist die Energie, welche beim Spaltprozeß freigesetzt wird.

4.20. Der große Betrag der Spaltenergie ist also darauf zurückzuführen, daß die Nukleonen in den Spaltprodukten stärker gebunden sind als im gespaltenen Kern, d. h. es wird mehr Energie freigesetzt, wenn man die Kerne der Spalttrümmer aus Protonen und Neutronen aufbaut als beim Aufbau des Urankerns. Zerfällt dieser daher in zwei Teile mit den Massenzahlen zwischen 80 und 150, so wird Energie frei.

4.21. Eine Untersuchung der verschiedenen Energieterme in Tab. 1.44 zeigt, daß die verminderten Bindungsenergien pro Nukleon bei Elementen höherer Ordnungszahl hauptsächlich dem starken Anwachsen der elektrostatischen Abstoßung der Protonen zuzuschreiben sind. Darin liegt schließlich auch der Grund dafür, daß die Spaltung bei den Elementen der höchsten Massenzahlen am leichtesten eintritt, wie sich weiter unten zeigen wird.

4.22. Wir vergleichen nun die theoretisch abgeleiteten Zahlen mit experimentell bestimmten Werten der Spaltungsenergie. Geht man von der Größe der von den Spaltprodukten erzeugten Ionisation aus, so ergibt sich eine Energie von 162 MeV. Direkte kalorimetrische Messungen der als Wärme freigesetzten Energie ergaben dagegen einen Wert von 175 MeV. Die Erklärung dieser offensichtlichen Diskrepanz und die Abweichung von dem berechneten Wert 195 MeV liegt darin, daß die Ionisationsmessungen nur die kinetische Energie der Spaltungsprodukte ergeben. Die freigesetzte Wärme umfaßt aber auch noch andere Energieformen, die mit dem Spaltprozeß verbunden sind. Schließlich haben wir auch noch verzögerte Vorgänge zu beachten.

4.23. Nach den letzten Schätzungen beträgt die von den Spaltprodukten freigesetzte Energie, wenn diese vollständig zerfallen sind, ungefähr 21 MeV.

Tabelle 4.23. *Aufteilung der Spaltungsenergie*

Kinetische Energie der Spaltfragmente . .	162 MeV
β-Zerfallsenergie	5
γ-Zerfallsenergie	5
Neutrinoenergie	11
Energie der Spaltneutronen	6
Energie der prompten γ-Strahlung	6
Gesamte Energie	195 MeV

Von diesen entfallen ungefähr 5 MeV auf β-Energie, 5 MeV sind γ-Energie und der Rest wird von den Neutrinos, welche die β-Emission begleiten, fortgetragen. 6 MeV der Spaltungsenergie entfallen auf die freigesetzten Neutronen und 6 MeV erscheinen in Form der sogenannten prompten γ-Strahlung, welche innerhalb kürzester Zeit erzeugt wird (§ 4.6). Eine vollständige Energiebilanz, welche die ungefähre Verteilung der Spaltungsenergie angibt, ist in Tab. 4.23 wiedergegeben. Die kinetische Energie der Spaltfragmente erscheint unmittelbar als Wärme, und auch die Neutronenenergie und die Energie der prompten γ-Strahlung gehen in sehr kurzer Zeit in Wärme über. Die β- und γ-Energie der Spaltprodukte hingegen wird in dem Maße frei, in dem die radioaktiven Kerne zerfallen.

In den ersten Minuten des Betriebs eines Kernreaktors werden nur 174 MeV Energie bei der Spaltung erzeugt. Dieser Betrag wächst allmählich an und erreicht im stationären Zustand, d. h. wenn Zerfall und Entstehung der Spalt- und Tochterprodukte einander das Gleichgewicht halten, ein Maximum von 184 MeV, d. h. 195 MeV vermindert um die Energie der Neutrinos.

4.24. Da 1 MeV = $1{,}602 \cdot 10^{-6}$ erg = $1{,}602 \cdot 10^{-13}$ Wattsec ist, setzt die Spaltung eines U^{235}-Kernes insgesamt $3{,}2 \cdot 10^{-11}$ Wattsec frei. Mit anderen Worten, es sind $3{,}1 \cdot 10^{10}$ Spaltungen notwendig, um 1 Wattsec freizumachen, so daß $3{,}1 \cdot 10^{10}$ Spaltungen pro sec die Leistung von 1 Watt liefern. Da ein Gramm Uran $6{,}025 \cdot 10^{23}/235 = 2{,}6 \cdot 10^{21}$ Atome enthält, würde die bei vollkommener Spaltung von 1 g Uran freiwerdende Energie gleich $8{,}3 \cdot 10^{10}$ Wattsec sein. Das sind $2{,}3 \cdot 10^{4}$ kWh oder nahezu ein Megawatt-Tag. Die Spaltung sämtlicher Atome eines Gramms U^{235} pro Tag würde also etwa ein Megawatt Leistung liefern. Ähnliche Werte gelten für die Spaltung von U^{233} und Pu^{239}.

Der Mechanismus der Kernspaltung

4.25. Wenn die Masse eines Kernes diejenige der Fragmente, in die er aufgespalten werden kann, übertrifft, neigt dieser Kern zur Instabilität, da der Spaltungsprozeß Energie freisetzen würde. Diese Bedingung trifft sicherlich für alle Elemente von Massenzahlen über 100 zu. Bei allen diesen Elementen sind daher spontane Spaltungen theoretisch möglich. Der Grund, warum sie nicht beobachtet werden konnten, liegt darin, daß dem Kern eine gewisse *kritische Energie* (*Aktivierungsenergie*) zugeführt werden muß, bevor er auseinanderbrechen kann. Für Kernarten mit Massenzahlen unter 210 ist diese Energie so hoch, daß eine Spaltung nur durch Bombardierung mit Neutronen oder anderen Teilchen, deren Energie über 50 MeV liegt, erzielt werden kann.

4.26. Einen gewissen Einblick in das Problem der kritischen Energie vermittelt das Tröpfchenmodell. Ein Flüssigkeitstropfen, der von einer Kraft in

Abb. 4.26. Die Kernspaltung nach dem Tröpfchenmodell

Schwingungen versetzt wird, geht durch eine Folge von Zwischenzuständen hindurch (Abb. 4.26). Der Tropfen ist zuerst kugelförmig wie in A, dann wird er zu einem Ellipsoid verlängert (B). Ist nicht genügend Energie vorhanden, um die Kräfte der Oberflächenspannung zu überwinden, so wird der Tropfen in seine ursprüngliche Form zurückkehren. Wenn die deformierende Energie genügend groß ist, wird die Flüssigkeit eine hantelförmige Gestalt annehmen (C). Wenn der Tropfen einmal diesen Zustand erreicht hat, ist es unwahrscheinlich, daß er wieder Kugelgestalt annimmt. Er wird eher in zwei Tröpfchen aufspalten. Diese sind zuerst etwas deformiert (D), nehmen aber schließlich Kugelform an (E).

4.27. Man vermutet, daß die Dinge bei der Kernspaltung ganz analog liegen. Der getroffene Kern vereinigt sich mit dem Neutron und es entsteht ein Zwischenkern. Die Anregungsenergie des letzteren ist gleich der Bindungsenergie des Neutrons, vermehrt um dessen kinetische Energie (§ 2.16). Diese Überschußenergie veranlaßt den Kern zu Schwingungen. Dabei nimmt er auch Zustände, ähnlich den in Abb. 4.26 dargestellten, an. Wenn die Energie zu klein ist, um eine Deformation über B hinaus zu verursachen, zwingen die Kernkräfte den Kern, in seine ursprüngliche Kugelform zurückzukehren, während die Überschußenergie durch Emission eines Teilchens abgebaut wird.

4.28. Wird dem Kern durch Aufnahme des Neutrons genügend Energie zugeführt, so daß er die Hantelgestalt erreicht, so ist die Wiederherstellung des ursprünglichen Zustandes A unwahrscheinlich, und zwar deshalb, weil die elektrostatische Abstoßung zwischen den positiven Ladungen an den Enden von C jetzt den relativ kleinen Betrag der Kernbindungskraft, die in dem eingeschnürten Gebiet wirkt, aufwiegen kann. Das System geht daher rasch von C in den Zustand D und dann in E über, welcher der Spaltung in zwei getrennte Kerne entspricht. Diese werden in entgegengesetzte Richtungen auseinandergetrieben. Die für die Spaltung erforderliche kritische Energie (Aktivierungsenergie) ist also jene Energie, die man dem ursprünglichen Kern zuführen muß, um ihn in den Zustand C zu bringen. Wenn die in § 4.25 erörterten Massenverhältnisse gegeben sind, tritt dann unweigerlich Spaltung ein.

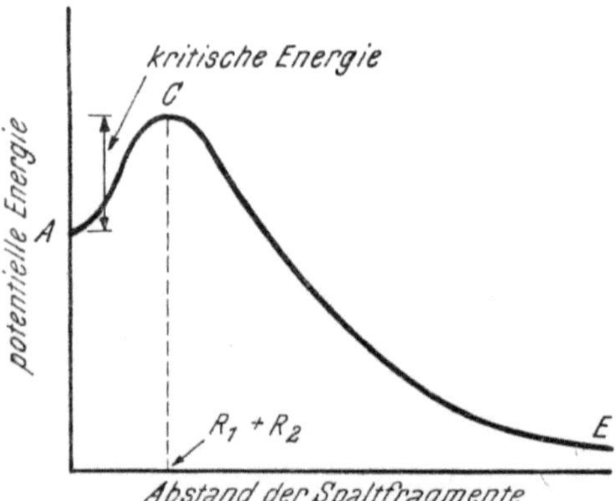

Abb. 4.29. Die potentielle Energie des Kerns als Funktion des Abstandes zwischen den Spaltfragmenten

4.29. Die kritische Spaltungsenergie kann auch an Hand einer Potentialkurve nach Abb. 4.29 erläutert werden. Es wird vorausgesetzt, daß die beiden Spaltfragmente am rechten Ende, bei E, sehr weit voneinander entfernt sind und die potentielle Energie dort daher praktisch Null ist. In dem Maße, in dem die Fragmente näher gebracht werden, wächst die potentielle Energie auf Grund der elektrostatischen Abstoßung der positiv geladenen Kerne. Wenn die Fragmente ungefähr den Punkt C erreichen, wo sie in Kontakt kommen, werden die anziehenden Kräfte vorherrschend und die potentielle Energie nimmt gegen A ab. Der Punkt A entspricht dabei dem Grundzustand des Zwischenkernes, der bei Einfang eines Neutrons durch den Zielkern gebildet wird (§ 2.15). Er stellt also die sich aus dem Neutroneneinfang ergebende Energie des Zwischenkerns dar. Die Anregungsenergie ist aber in diesem Betrag nicht enthalten. (Die Buchstaben A, C, E in Abb. 4.29 entsprechen den Zuständen des Flüssigkeitstropfens in Abb. 4.26.) Damit die Spaltung eintritt, muß das System von A in E übergehen und dies kann im allgemeinen nur geschehen, wenn der Zwischenkern genügend Energie gewinnt, um das Niveau C zu erreichen. Die Energiedifferenz zwischen A und C stellt also die kritische Spaltungsenergie dar.

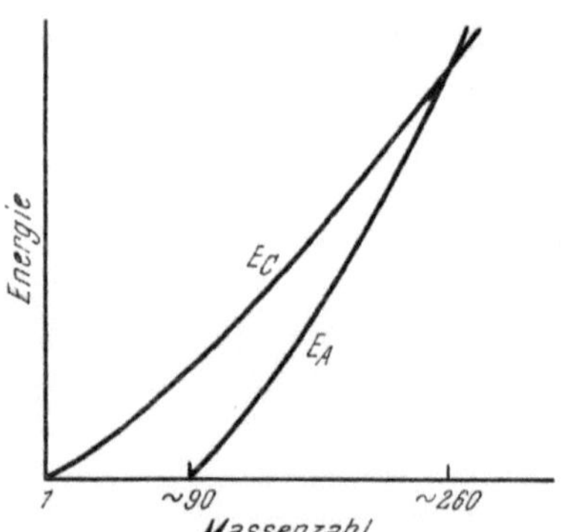

Abb. 4.30. Kritische Spaltungsenergie als Funktion der Massenzahl

4.30. Eine qualitative Vorstellung von der Größe dieser Energie kann man erhalten, wenn man die Faktoren betrachtet, welche die Energie in den Punkten A und C bestimmen. Die Energie im Punkte A ist die Energie des Grundzustandes des Zwischenkerns in bezug auf die getrennten Fragmente bei E. Sie ist also bestimmt durch die Differenz zwischen der Masse des getroffenen Kerns, vermehrt um das Neutron einerseits, und der Summe der Massen der beiden Spaltfragmente andererseits. Da die Bindungsenergie pro Nukleon für Nuklide mit Massenzahlen über 50 mit der Massenzahl sinkt (s. Abb. 1.30), wächst diese Massendifferenz mit der Massenzahl des getroffenen Kerns (Kurve E_A in Abb. 4.30). Die Energie bei C wird durch die elektrostatische Energie der Spaltfragmente bestimmt. Sie ist proportional zu $Z_1 Z_2/(A_1^{1/3} + A_2^{1/3})$. Dabei sind Z_1 und Z_2 sowie A_1 und A_2 die entsprechenden Ordnungszahlen und Massenzahlen. Indem wir der Einfachheit halber $Z_1 = Z_2$ und $A_1 = A_2$ annehmen (symmetrische Spaltung), wird die Änderung von E_C, d. h. die Energie bei C, mit wachsender Massenzahl etwa dem Verlauf der Kurve E_C in Abb. 4.30 entsprechen.

4.31. Die vertikale Distanz der Kurven E_C und E_A zeigt, daß die kritische Spaltungsenergie zwar sehr groß ist, aber mit wachsender Massenzahl und Ordnungszahl abnimmt. Obwohl also eine Spaltung von Kernen mit Massenzahlen von etwa 90 aufwärts durch Neutronen möglich ist, ist die kritische Energie, die erforderlich ist, damit der Prozeß in merklichem Umfang abläuft, größer als die größten Neutronenenergien, die uns gegenwärtig zur Verfügung stehen. Wenn die Massenzahlen in der Nähe von 235 liegen, ist die kritische Energie, wie wir sogleich sehen werden, auf ungefähr 6 MeV zurückgegangen, so daß Spaltung durch Neutronen beobachtet werden kann. Bei Kernen mit noch höherer Massenzahl kreuzen sich die E_A- und E_C-Kurven, so daß E_A oberhalb E_C zu liegen kommt. Unter diesen Umständen, d. h. für Massenzahlen oberhalb 260, braucht für die Spaltung keine Energie zugeführt werden. Solche Kerne wären so instabil, daß sie, wenn sie in irgendeiner Weise erzeugt werden könnten, innerhalb eines Intervalls von ungefähr 10^{-20} sec spontan zerfielen.

4.32. Die kritische Spaltungsenergie nimmt mit wachsender Ordnungszahl ab (die Kurve für E_A in Abb. 4.30 wächst rascher als diejenige für E_C). Dies ist der Abnahme der Bindungsenergie pro Nukleon bei höheren Massenzahlen zuzuschreiben, deren Hauptursache wiederum die wachsende elektrostatische Abstoßungsenergie der Protonen ist. Die elektrostatische Abstoßung hat hinsichtlich der Kernspaltung eine doppelte Bedeutung: Erstens macht sie es möglich, daß Spaltung in beobachtbarem Ausmaß stattfindet und zweitens, daß dabei beträchtliche Energiemengen freigesetzt werden.

4.33. Ein anderer quantitativer Aspekt des Spaltungsproblems wird durch das früher diskutierte Tröpfchenmodell geliefert. Wegen der Proportionalität zwischen Kernvolumen und Kernmasse erscheint die Annahme plausibel, daß die Kugel ihr Volumen nicht ändert, wenn sie in ein Ellipsoid (§ 4.26) deformiert wird. Die Änderung der Energie wird dann nur zweien von den fünf Faktoren, die wir in Kap. I betrachtet haben, zu verdanken sein, nämlich der Energie der Oberflächenspannung und der elektrostatischen Abstoßungsenergie. Wenn der Kern deformiert wird, wächst die erstere wegen der Vergrößerung der Oberfläche, die letztere dagegen nimmt ab, da die Ladungen voneinander entfernt werden. Wenn ε ein Parameter ist, der den Grad der Deformation darstellt, dann ist die zur Erzeugung der Deformation erforderliche Energie gegeben durch

$$\text{Deformationsenergie} = \varepsilon^2 \left(5{,}2\, A^{2/3} - 0{,}117\, \frac{Z^2}{A^{1/3}}\right), \qquad (4.33.1)$$

wobei der erste Term in der Klammer die Änderung des Oberflächenspannungseffekts und der zweite diejenige der elektrostatischen Abstoßungsenergie mißt[1]. Wenn die Deformationsenergie Null oder negativ ist, wird sich der kugelförmige Kern von selbst deformieren und daher einer spontanen Spaltung unterliegen.

---

[1] N. Bohr und J. A. Wheeler, Physic. Rev. *56*, 426 (1939).

Die Bedingung für spontane Spaltung ist daher

$$0{,}117 \frac{Z^2}{A^{1/3}} > 5{,}2\, A^{2/3}$$

$$\text{oder } \frac{Z^2}{A} > 45.$$

(4.33.2)

In § 4.31 haben wir gesehen, daß ein Kern mit einer Massenzahl über 260 voraussichtlich der Spontanspaltung unterliegt. Wenn man dieses Resultat mit (4.33.2) kombiniert, so folgt, daß Kerne mit einer Ordnungszahl unter 110 voraussichtlich gegen Spaltung stabil sind. Diese Zahlen gelten natürlich nur angenähert.

4.34. Die Deformationsenergie kann auch als äquivalent zur kritischen Spaltungsenergie angesehen werden. Man kann also (4.33.1) auch in der Form

$$\text{Kritische Energie} \approx A^{2/3} \left(5{,}2 - 0{,}117 \frac{Z^2}{A} \right)$$

schreiben. Für Elemente mit hoher Massenzahl ist $A^{2/3}$ fast konstant und die kritische Energie wächst mit sinkendem Z^2/A. Bei Pu^{239} ist Z^2/A gleich 37,0, bei U^{233} gleich 36,4, bei U^{235} gleich 36,0 und bei U^{238} gleich 35,5. Es ist zu erwarten, daß die kritische Spaltungsenergie in dieser Reihenfolge anwächst. Genauere Rechnungen, die vom Tröpfchenmodell ausgehen, zeigen, daß die kritische Energie für Zwischenkerne, die aus dem Neutroneneinfang durch U^{235} hervorgehen, bei 6,5 MeV liegt und daß dieser Wert für U^{238} etwa 7 MeV beträgt.

4.35. Die Bemerkungen über Spontanspaltung beziehen sich auf Kerne mit außerordentlich kurzer Lebensdauer. Es muß jedoch festgehalten werden, daß es immer eine gewisse Wahrscheinlichkeit dafür gibt, daß auch stabile oder quasistabile Kerne eine Spontanspaltung erfahren. Obwohl der Kern im Normalzustand nicht genug Energie besitzt, um den kritischen Deformationszustand zu erreichen, gibt es nach der Wellenmechanik eine bestimmte, wenn auch kleine Wahrscheinlichkeit dafür, daß eine Spaltung eintritt.

Spaltung durch schnelle und langsame Neutronen

4.36. Die Spaltung von U^{235} kann durch langsame (thermische) Neutronen mit Energien von 0,025 eV ausgelöst werden, während zur Spaltung von U^{238} Neutronen von wenigstens 1,1 MeV Energie erforderlich sind. Der Unterschied ist zum Teil durch die kleinere kritische Energie des U^{235} bedingt. Das macht aber wahrscheinlich nicht mehr als 0,5 MeV aus (§ 4.34), und so bleibt immer noch eine Diskrepanz, welche eine Erklärung verlangt. Auch U^{233} und Pu^{239} werden von thermischen Neutronen gespalten, während für die Spaltung von Th^{232}, Pa^{231} und Np^{237} schnelle Neutronen erforderlich sind. Der Grund für diese Unterschiede liegt darin, daß ein großer Bruchteil der kritischen Deformationsenergie bei der Spaltung durch die Bindungsenergie des eingefangenen Neutrons geliefert wird und daß diese Energie von Kern zu Kern sehr stark variiert.

4.37. Die Anregungsenergie des Zwischenkerns, der durch den Einfang eines Neutrons der kinetischen Energie Null gebildet wird, ist äquivalent der Bindungsenergie eines Neutrons (§ 2.14) und damit der Massendifferenz zwischen dem getroffenen Kern und einem Neutron einerseits und dem Zwischenkern andererseits. Mit (1.29.1) kann leicht gezeigt werden, daß die Massendifferenz gleich der gesamten Bindungsenergie des Zwischenkerns, vermindert um die gesamte Bindungsenergie des getroffenen Kerns, ist. Diese Bindungsenergien können aus (1.29.1) bestimmt werden, wenn die entsprechenden Isotopenmassen bekannt sind oder aus (1.44.1), wenn man sie nicht kennt. Da die Massen im allgemeinen nicht bekannt sind, verwendet man die zweite Gleichung, um die Bindungsenergien des getroffenen Kerns und des Zwischenkerns zu berechnen.

4.38. Um die Anregungsenergie des Zwischenkerns bei der Spaltung von U^{235} zu bestimmen, muß man zuerst die gesamte Bindungsenergie für diesen Kern berechnen. Dann wird die gleiche Größe für den Zwischenkern bestimmt. Der Unterschied zwischen diesen Bindungsenergien stellt die Anregungsenergie des Zwischenkerns (U^{236}) dar, wenn ein Neutron der kinetischen Energie Null von U^{235} aufgenommen wird. Unter Verwendung von (1.44.1) erhält man

$$BE\ (U^{236}) - BE\ (U^{235}) = 6{,}8\ \mathrm{MeV}.$$

Wenn man diese Rechnungen für U^{238} und den entsprechenden Zwischenkern wiederholt, ergibt sich die Anregungsenergie des Zwischenkerns (U^{239}):

$$BE\ (U^{239}) - BE\ (U^{238}) = 5{,}5\ \mathrm{MeV}.$$

4.39. Wie in § 4.34 erwähnt worden ist, zeigen die Rechnungen, daß die kritische Deformationsenergie von U^{238} ungefähr 7 MeV beträgt, daß dieser Kern aber nur 5,5 MeV aufnimmt, wenn er ein Neutron der kinetischen Energie Null absorbiert. Nach der Rechnung würde das auffallende Neutron wenigstens $7{,}0 - 5{,}5 = 1{,}5$ MeV an kinetischer Energie benötigen, um eine Spaltung von U^{238} hervorzurufen. Experimente zeigen, daß das Minimum der erforderlichen Neutronenenergie bei 1,1 MeV liegt. Der Unterschied der beobachteten (1,1 MeV) und der berechneten (1,5 MeV) Energie liegt ohne Zweifel zum Teil in der unexakten Natur der Rechnungen.

4.40. Bei U^{235} liegen die Verhältnisse ganz anders. Die kritische Spaltungsenergie wurde hier auf 6,5 MeV geschätzt. Wie wir oben gesehen haben, werden aber beim Einfang eines Neutrons mit der kinetischen Energie Null insgesamt 6,8 MeV zugeführt. Man sieht daher — und das Experiment bestätigt es — daß langsame Neutronen imstande sind, eine Spaltung von U^{235} hervorzurufen.

4.41. Die bemerkenswerte Verschiedenheit der Bindungsenergien geht fast zur Gänze auf den Effekt des Spinterms zurück (1.44.1). Da der Zwischenkern U^{236} vom gg-Typ ist, liefert dieser Term einen positiven Beitrag von ungefähr 0,55 MeV zur Bindungsenergie; er ist aber Null für den ug-Kern U^{235}. Bei U^{238} ist die Situation umgekehrt; der Zwischenkern U^{239} ist vom ug-Typ, und der Spineffekt ist Null, während U^{238} gg ist und der Spineffektterm wieder etwa 0,55 MeV ausmacht. Dieser Effekt allein ist folglich für einen Unterschied von $2 \cdot 0{,}55$ MeV $= 1{,}1$ MeV in der Anregungsenergie der Zwischenkerne verantwortlich, die aus U^{235} und U^{238} durch Aufnahme eines Neutrons hervorgehen.

4.42. Aus den vorhergehenden Überlegungen kann geschlossen werden, daß aus einem ug-Kern bei Absorption eines thermischen Neutrons im allgemeinen ein Zwischenkern mit relativ großer Anregungsenergie entsteht. Daher wird — vorausgesetzt, daß Z^2/A für den Kern genügend hoch ist — ein solches Neutron in der Lage sein, Spaltung zu verursachen. Beispiele dieser Art sind außer U^{235} noch U^{233} und Pu^{239}, die beide durch langsame Neutronen gespalten werden können. Bei gg-Kernen, wie U^{238} und Th^{232}, ist die Anregungsenergie, wenn ein Neutron von der kinetischen Energie Null eingefangen wird, klein, und daher werden Neutronen hoher Energie benötigt, um eine Spaltung auszulösen.

4.43. Wenn ein Kern eine gerade Zahl von Neutronen und eine ungerade Zahl von Protonen besitzt wie z. B. Np^{237}, dann wird der Zwischenkern Np^{238}, der durch die Absorption eines Neutrons gebildet wird, vom uu-Typ mit einem negativen Spinbeitrag von 0,55 MeV sein. In diesem Fall ist die Anregungsenergie des Zwischenkerns, d. h. die Größe BE (Np^{238}) — BE (Np^{237}), von gleicher Größenordnung wie die von Kernen des gg-Typs. Spaltung wird also nur beim Einfang von Neutronen mit hoher Energie auftreten.

4.44. Schließlich wollen wir noch die Spaltung eines uu-Kernes betrachten; der durch den Einfang eines Neutrons entstehende Zwischenkern wird dann vom gu-Typ sein, der eine ähnliche Bindungsenergie wie der ug-Typ besitzt. Der Spinterm des Zwischenkerns ist Null, der des getroffenen Kerns negativ, so daß die Anregungsenergie relativ groß sein wird. Es ist also zu erwarten, daß uu-Kerne durch langsame Neutronen gespalten werden können. Da solche Kerne auf jeden Fall relativ instabil sind, hat die Tatsache, daß sie durch langsame Neutronen spaltbar sind, wenig praktischen Wert.

4.45. Die Ergebnisse der vorhergehenden Paragraphen sind in Tab. 4.45 zusammengefaßt. Für jeden der verschiedenen Fälle sind die Vorzeichen der Spinterme für den Zwischenkern und den getroffenen Kern angegeben. In der letzten Spalte ist die relative Größe der Anregungsenergie des Zwischenkerns, der sich beim Einfang eines Neutrons der kinetischen Energie Null ergibt, wiedergegeben. Wegen der natürlichen Instabilität der uu-Kerne kommen für die Freisetzung von Kernenergie durch langsame Neutronen nur die Kerne mit ungerader Neutronenzahl und gerader Protonenzahl in Frage, d. h. solche mit gerader Ordnungszahl und ungerader Massenzahl.

Tabelle 4.45. *Spinterme und Anregungsenergien*

Zielkern		Spinterm		An-regungs-energie
Neutron	Proton	Zwischen-kern	Ziel-kern	
u	g	+	0	groß
g	g	0	+	klein
g	u	—	0	klein
u	u	0	—	groß

Die Spaltungs-Kettenreaktion

Bedingungen für eine sich selbst erhaltende Kettenreaktion

4.46. Mit den gewonnenen Kenntnissen können wir nun die Bedeutung der Spaltungsreaktion für die Freisetzung der Kernenergie im technischen Maßstab diskutieren. Wesentlich ist, daß eine sich selbst erhaltende Reaktion (Kettenreaktion) zustande kommt; mit anderen Worten, wenn einmal der Spaltungsprozeß in einigen Kernen eingeleitet worden ist, dann muß er sich durch den Rest des Materials ohne äußeren Einfluß fortsetzen. Da bei jedem Spaltungsakt wenigstens zwei Neutronen (§ 4.5) freigesetzt werden und diese Neutronen in der Lage sind, Spaltungen von anderen Kernen hervorzurufen usw., können die Bedingungen für eine sich selbst erhaltende Kettenreaktion offenkundig erfüllt werden. Man muß aber beachten, daß die beim Spaltungsprozeß erzeugten Neutronen auch an anderen, nicht zur Spaltung führenden Reaktionen teilnehmen können. Zu diesem Wettbewerb um Neutronen kommt noch ein unvermeidlicher Verlust von Neutronen durch Entweichen aus dem System.

4.47. Die Mindestbedingung für die Aufrechterhaltung einer Kettenreaktion besteht darin, daß für jeden Kern, der ein Neutron einfängt und gespalten wird, im Mittel wenigstens eines von den freigesetzten Neutronen bereit steht, um die Spaltung eines weiteren Kerns auszulösen. Diese Bedingung kann mit Hilfe eines *Multiplikations-* oder *Vermehrungsfaktors k* ausgedrückt werden. Er kann als Quotient aus der Zahl der Neutronen in der betrachteten Generation und der Neutronenzahl in der unmittelbar vorhergehenden Generation definiert werden. Wenn der Vermehrungsfaktor k gleich oder größer als Eins ist, dann ist eine Kettenreaktion möglich. Wenn aber k auch nur geringfügig kleiner ist als Eins, dann kann die Kettenreaktion nicht aufrecht erhalten werden.

4.48. Wenn die Kettenreaktion einmal begonnen hat, dann setzt sie sich bei $k = 1$ mit derselben Ausbeute wie zu Beginn fort. Für praktische Zwecke muß k größer als Eins sein, damit ein entsprechendes Leistungsniveau erreicht werden kann. Wie wir in §4.24 gesehen haben, müssen $3{,}1 \cdot 10^{10}$ Spaltungen pro Sekunde vor sich gehen, um 1 Watt Leistung zu erzeugen. Der einfachste Weg, auf dem das gewünschte Leistungsniveau erreicht werden kann, ist die Vergrößerung von k auf $k > 1$. Die Zahl der Neutronen und damit die Spaltungsausbeute werden dann zunehmen, bis die erforderliche Leistung erreicht ist.

4.49. Der Vermehrungsfaktor kann auch als die Zahl der am Ende einer Neutronengeneration vorhandenen Neutronen pro Neutron am Beginn dieser Generation aufgefaßt werden. Da ein Neutron notwendig ist, um die Kettenreaktion aufrechtzuerhalten, wächst die Zahl der Neutronen in einer Generation um den Faktor $k - 1$ an. Wenn also anfangs n Neutronen vorhanden sind, beträgt die Geschwindigkeit der Zunahme $n (k - 1)$ pro Generation. Wenn l die mittlere Zeit zwischen zwei aufeinanderfolgenden Neutronengenerationen (in dem betrachteten System) ist, dann ist

$$\frac{dn}{dt} = \frac{n(k-1)}{l} = \frac{n k_{\mathrm{ex}}}{l}, \qquad (4.49.1)$$

wobei k_{ex} definiert ist durch

$$k_{\mathrm{ex}} = k - 1.$$

Durch Integration von (4.49.1) erhält man

$$n = n_0 e^{k_{\mathrm{ex}} t / l}. \qquad (4.49.2)$$

Dabei ist n_0 die anfängliche Zahl der Neutronen im System und n ist die Zahl nach Ablauf der Zeit t. Wenn der Multiplikationsfaktor größer als Eins ist, wächst also die Zahl der Neutronen mit der Zeit exponentiell an.

4.50. In einem speziellen Fall sei $k = 1{,}005$, so daß $k_{\mathrm{ex}} = 0{,}005$. Mit dem plausiblen Wert von $0{,}001$ sec für die mittlere Neutronenlebensdauer folgt aus (4.49.2), daß nach Verlauf von einer sec die Zahl der Neutronen um den Faktor e^5, d. h. angenähert auf den 150fachen Wert, angewachsen ist. Ein Anwachsen der Neutronenzahl bedeutet ein Anwachsen der Spaltausbeute und damit der Leistung. Wenn die gewünschte Leistung erreicht ist, muß der Multiplikationsfaktor exakt auf Eins zurückgeführt werden. Dies geschieht entweder durch Einführung von nicht spaltbarem, Neutronen absorbierendem Material oder dadurch, daß man zusätzlich Neutronen aus dem System entweichen läßt. Die Neutronenzahl im System, die Spaltungsrate und die Leistungsausbeute werden dann konstant bleiben.

4.51. Wenn der Multiplikationsfaktor kleiner als Eins wird, ist die Aufrechterhaltung einer selbständigen Kettenreaktion unmöglich. Die Änderungsgeschwindigkeit der Neutronenzahl wird wiederum durch (4.49.2) dargestellt, aber k_{ex} ist nun negativ und die Neutronenkonzentration nimmt exponentiell ab.

Neutronenbilanz in einer Kettenreaktion

4.52. Der Wert des Multiplikationsfaktors in einem System, das aus spaltbarem Material (z. B. Uran) und einem Moderator zur Bremsung der Neutronen besteht (§ 3.12), hängt davon ab, in welchem relativen Ausmaß die Neutronen an folgenden vier Hauptprozessen teilnehmen:

a) Vollständiger Verlust von Neutronen durch Entweichen aus dem System, auch *Sickerverlust* (englisch *leakage*).

b) Einfang durch U^{235} und U^{238} ohne Spaltung, vielfach *Resonanzeinfang* genannt, da er hauptsächlich bei Resonanzenergien stattfindet (§ 2.31).

c) Einfang ohne Spaltung im Moderator, in verschiedenen von außen eingebrachten Substanzen (Giften), wie Baumaterial und Kühlmittel, in Spaltprodukten und Verunreinigungen in Uran und Moderator; sogenannten *parasitärer Einfang*.

d) Spaltungseinfang von langsamen Neutronen durch U^{235} oder von schnellen Neutronen durch U^{235} und durch U^{238}.

In jedem dieser vier Fälle werden dem System Neutronen entzogen, aber im vierten Prozeß, d. h. bei den Spaltungsreaktionen, werden dafür andere Neutronen freigesetzt. Wenn daher die Zahl der Neutronen, die im Spaltungsprozeß gebildet werden, gleich oder größer ist als die Gesamtzahl der durch Entweichen, durch Spaltungs- oder Nichtspaltungseinfang verlorengegangenen, dann ist der Multiplikationsfaktor gleich oder größer als Eins, und eine Kettenreaktion ist möglich.

4.53. Wir betrachten nun als Beispiel ein System, dessen Multiplikationsfaktor Eins ist. Wir nehmen an, daß Spaltung nur beim Einfang von langsamen Neutronen eintritt. Der Einfachheit halber wird ferner vorausgesetzt, daß im Mittel bei jedem Spaltungsprozeß exakt zwei Neutronen erzeugt werden. Da auf je 100 langsame Neutronen, die in Spaltprozessen absorbiert werden, am Ende der Generation wieder 100 entfallen, die für Spaltungen zur Verfügung stehen, sind die Bedingungen für eine sich selbst erhaltende Kettenreaktion erfüllt. Diese kann etwa nach folgendem Schema vor sich gehen:

100 langsame Neutronen werden durch U^{235} absorbiert und verursachen Spaltungen

↓

200 Spaltneutronen
→ 40 entweichen während der Bremsung
→ 20 werden durch U^{238} während der Bremsung absorbiert

↓

140 Neutronen werden gebremst
→ 10 entweichen als langsame Neutronen

↓

130 langsame Neutronen sind für Absorption verfügbar
→ 30 werden durch den Moderator, U^{238}, Gifte usw. absorbiert.

↓

100 langsame Neutronen, die durch U^{235} absorbiert werden, verursachen Spaltungen.

Reaktortypen

4.54. Ein Kernreaktor ist ein System, das in der Regel aus Moderator, aus Brennstoff, der das spaltbare Material enthält, aus Kühlmittel und Konstruktionsmaterial besteht und in dem eine selbständige Kettenreaktion aufrechterhalten werden kann. In einem solchen Reaktor werden bei Spaltprozessen schnelle Neutronen erzeugt. Diese Neutronen können Streuzusammenstöße, hauptsächlich elastischer Natur, erfahren, wodurch ihre Energie vermindert wird. Sie können in den verschiedenen Materialien des Systems absorbiert werden oder sie können daraus entweichen. Abhängig von den relativen Mengen und der Natur von Moderator, Brennstoff und den anderen Substanzen, von ihrer geometrischen Anordnung und den Dimensionen des Systems, welche weitgehend den Sickerverlust bestimmen, spielt sich der Spaltungseinfang meist in einem bestimmten Energiebereich ab.

4.55. Werden die meisten Spaltungen durch Einfang von thermischen Neutronen verursacht, so spricht man von einem *thermischen Reaktor*. Sind die meisten Spaltungen jedoch Neutronen höherer Energie zuzuschreiben — manchmal epithermische (§ 3.13) oder intermediäre Neutronen genannt —, dann wird der Ausdruck „*intermediärer*" *Reaktor* gebraucht[1]. Beim typischen intermediären Reaktor werden die meisten Spaltprozesse von Neutronen mit Energien von thermischen Werten bis hinauf zu 1000 eV verursacht. Wenn schließlich die meisten Spaltungen durch Einfang von *schnellen* Neutronen im Brennstoff zustandekommen, so spricht man von einem „*schnellen*" *Reaktor*.

4.56. Wegen des relativ kleinen Spaltquerschnitts für Neutronen hoher Energie, insbesondere im Vergleich zu den Wirkungsquerschnitten für parasitäre Reaktionen, ist es unmöglich, in Natururan, das aus fast 99,3% U^{238} und 0,7% U^{235} besteht, eine Kettenreaktion mit schnellen Neutronen aufrechtzuerhalten (Tab. 1.10). Durch Verwendung von Brennmaterial, das mit U^{235} angereichert ist, oder genügend Pu^{239} enthält, kann auch eine Kettenreaktion mit schnellen Neutronen erzielt werden. Eine Kettenreaktion mit Natururan ist nur möglich, wenn die Spaltung in erster Linie durch langsame Neutronen, d. h. durch thermische Neutronen, verursacht wird. Diese Möglichkeit beruht darauf, daß der Spaltquerschnitt von U^{235} für thermische Neutronen genügend groß ist, um die parasitäre Absorption zu kompensieren. Zur Bremsung der Neutronen muß ein Moderator verwendet werden, wie z. B. schweres Wasser, Beryllium (oder Berylliumoxyd) oder Kohlenstoff. Sogar gewöhnliches Wasser kann als Moderator dienen, wenn angereicherter Brennstoff verwendet wird.

Der Multiplikationsfaktor für thermische Reaktoren

4.57. Wegen der Bedeutung der thermischen Reaktoren und weil dieser Typ auch theoretisch einfach behandelt werden kann, sollen jetzt einige Betrachtungen über die Größen angestellt werden, welche den Wert des Multiplikationsfaktors thermischer Reaktoren bestimmen. Im Vordergrund stehen dabei Reaktoren, die mit Natururan arbeiten. Um das Problem des Sickerverlustes vorläufig zu umgehen, wird das multiplizierende System als unendlich groß vorausgesetzt. Wir nehmen an, daß am Beginn einer bestimmten Generation n thermische Neutronen zur Verfügung stehen, welche im Brennstoff eingefangen werden. Es sei η die mittlere Zahl von schnellen Spaltneutronen, die nach dem Einfang eines thermischen Neutrons im Brennmaterial (das aus U^{235} und aus U^{238} besteht) emittiert werden. Infolge der Absorption von n thermischen Neutronen werden dann $n\,\eta$ schnelle Neutronen erzeugt. Da die im Brennstoff eingefangenen Neutronen nicht notwendig zur Spaltung führen, ist η im allgemeinen verschieden von der mittleren Zahl (2,43± 0,02) schneller Neutronen, welche pro Spaltung durch ein langsames Neutron (§ 4.5) freigesetzt werden. Wenn die letztere Zahl mit ν bezeichnet wird, gilt

$$\eta = \nu\,\frac{\Sigma_f}{\Sigma_a}, \qquad\qquad (4.57.1)$$

wobei Σ_f der makroskopische Spaltquerschnitt (§ 3.42) und Σ_a der totale

---

[1] Auch die Bezeichnung „mittelschneller" Reaktor ist in Gebrauch.

Absorptionsquerschnitt für thermische Neutronen im Brennstoff ist (siehe Tab. 4.57).

Tabelle 4.57. *Thermische Wirkungsquerschnitte von Uran*

	Spaltung	Strahlungs-einfang	Streuung
U^{235}	582 barn	107 barn	10 barn
U^{238}	0	2,74	8,3
Natururan	4,2	3,5	8,3

4.58. Bevor die $n\,\eta$ schnellen Neutronen hinreichend abgebremst worden sind, werden einige eingefangen und bewirken Spaltung von U^{235} und vor allem von U^{238}. Da bei einer Spaltung im Mittel mehr als ein Neutron erzeugt wird, erhöht sich die Zahl der verfügbaren schnellen Neutronen. Man berücksichtigt diesen Effekt durch die Einführung des *Schnellspaltfaktors* ε. Man definiert ε als das Verhältnis der Zahl sämtlicher Spaltneutronen zur Zahl derjenigen, die durch Spaltung mittels thermischer Neutronen erzeugt werden. Infolge des Einfangs von n thermischen Neutronen durch den Brennstoff entstehen also $n\,\eta\,\varepsilon$ schnelle Neutronen. Bei Natururan als Brennstoff wurde für ε ein Wert von etwa 1,03 gefunden, wobei entweder Graphit oder schweres Wasser als Moderator dient.

4.59. Infolge der Zusammenstöße, und zwar besonders der *elastischen* Zusammenstöße mit den Moderatoratomen, werden die schnellen Neutronen schließlich thermalisiert. Während der Bremsung werden einige Neutronen eingefangen, ohne Spaltung hervorzurufen, so daß nicht alle schnellen Neutronen thermische Energien erreichen. Der Bruchteil der schnellen Spaltungsneutronen, welcher während des Bremsprozesses der Absorption entgeht, wird die *Resonanzdurchlaß-Wahrscheinlichkeit* oder *Bremsnutzung* p genannt. Folglich ist die Zahl der Neutronen, welche thermalisiert werden, gleich $n\,\eta\,\varepsilon\,p$.

4.60. Wenn die Neutronen auf thermische Energie abgebremst worden sind, diffundieren sie einige Zeit, wobei die Energieverteilung im wesentlichen konstant bleibt, bis sie schließlich durch den Brennstoff, den Moderator oder durch eventuell vorhandene „Gifte" absorbiert werden. Von den thermischen Neutronen wird der Bruchteil f, *thermische Nutzung* genannt, im Brennmaterial absorbiert; der Faktor f wird definiert durch

$$f = \frac{\text{im Brennstoff absorbierte thermische Neutronen}}{\text{Gesamtzahl der absorbierten thermischen Neutronen}}, \quad (4.60.1)$$

wobei im Nenner die Gesamtzahl der absorbierten thermischen Neutronen steht, die vom Brennstoff, Moderator oder anderen im Reaktor vorhandenen Materialien eingefangen werden. Die Zahl der thermischen Neutronen, die im Brennstoff eingefangen wird, ist folglich $n\,\eta\,\varepsilon\,p\,f$.

4.61. Nach der Definition des Multiplikationsfaktors (§ 4.47) ist also

$$k = \frac{n\,\eta\,\varepsilon\,p\,f}{n} = \eta\,\varepsilon\,p\,f. \quad (4.61.1)$$

Diese Gleichung wird manchmal als *Vierfaktorformel* bezeichnet. Die Bedingung für eine sich selbst erhaltende Kettenreaktion in einem unendlich ausgedehnten Reaktor mit Natururan lautet daher:

$$\eta\,\varepsilon\,p\,f = 1.$$

4.62. In einem Reaktor, dessen Brennmaterial nur U^{235} und kein U^{238} enthält, sind sowohl der schnelle Spaltfaktor ε wie auch die Bremsnutzung p praktisch gleich Eins. Ein derartiger hochangereicherter Reaktor kann mit einem sehr kleinen Verhältnis von Brennstoff zu Moderatormaterial kritisch gemacht werden. Die Wahrscheinlichkeit für Einfang während des Bremsprozesses ist folglich im Verhältnis zu der für Streuung klein. Damit würde sich (4.61.1) auf

$$k = \eta f$$

reduzieren.

4.63. Von den vier Faktoren, die in (4.61.1) auftreten, sind η und ε im wesentlichen durch die Natur des Brennstoffes gegeben, während p und f etwas variiert werden können. Um eine Kettenreaktion zu gewährleisten, sollten p und f so groß wie möglich sein, obwohl sie natürlich immer kleiner als Eins sind. Leider führt eine Änderung des Verhältnisses Brennstoff/Moderator, die f erhöht zu einer Abnahme von p. Vermindert man nämlich die Moderatormenge, so wird die thermische Nutzung f größer, während die damit verbundene Zunahme der U^{238}-Konzentration eine kleinere Bremsnutzung p zur Folge hat. Das Umgekehrte ist der Fall, wenn der Anteil der Moderatorsubstanz groß ist. Um die Kettenreaktion aufrechtzuerhalten, wird man daher diejenige Zusammensetzung und Anordnung suchen, die den maximalen Wert für das Produkt $p\,f$ ergibt.

4.64. In einem System, das z. B. aus Uran und Graphit besteht, erreicht man eine Vergrößerung des Wertes von $p\,f$ durch eine heterogene Gitteranordnung, die aus verhältnismäßig großen Blöcken aus Uran besteht, die in die Graphitmasse eingebettet sind. Aus Gründen, welche in Kap. IX betrachtet werden, ist in diesem Fall die Bremsnutzung größer als für eine homogene Mischung von Uran und Graphit derselben Zusammensetzung. Freilich ergibt sich so eine gewisse Abnahme in der thermischen Nutzung f. Durch geeignete Anordnung des Gitters und durch passende Wahl des Verhältnisses von Brennstoff zu Moderator kann aber im Vergleich zu einer gleichförmigen Mischung insgesamt eine Vergrößerung des Produkts $p\,f$ erreicht werden.

4.65. Der Multiplikationsfaktor eines Reaktors kann auch durch Benützung von *angereichertem* Brennmaterial vergrößert werden, das einen größeren Bruchteil des spaltbaren Isotops U^{235} enthält als Natururan. Wenn das Isotopenverhältnis von U^{235} zu U^{238} wächst, wird η größer (s. § 4.57) und der Multiplikationsfaktor nimmt zu. Bei vorgegebenem Verhältnis U^{235}/Moderator muß man allerdings auch den Moderator vermehren, was — wie man mit (4.60.1) zeigen kann — zu einer geringen Abnahme von f führt. Da aber die Vergrößerung von η überwiegt, beeinträchtigt dies die Vergrößerung von k nicht.

Sickerverluste von Neutronen

4.66. Gl. (4.61.1) wurde für ein unendliches System hergeleitet, bei dem keine Sickerverluste von Neutronen auftreten. Aus diesem Grund wird statt k mitunter auch k_∞ geschrieben, und k_∞ wird als „*unendlicher* Multiplikationsfaktor" bezeichnet. Auch für ein endliches System kann ein Multiplikationsfaktor k durch die rechte Seite von (4.61.1) definiert werden. Er unterscheidet sich aber aus folgenden Gründen von k_∞. Bei der Berechnung der Bremsnutzung und des Schnellspaltfaktors ist die Neutronenverteilung wichtig, da beide Größen Funktionen der Energie sind. In einem Reaktor von endlicher Größe treten Sickerverluste auf, was zur Folge hat, daß die Energieverteilung nicht wie bei einem unendlichen homogenen System überall im System gleich ist. Sie wird vielmehr vom Ort im Reaktor abhängen. Folglich sind p und ε und daher auch der Multiplikationsfaktor (ohne Berücksichtigung der Sickerverluste) beim endlichenReaktor im allgemeinen verschieden von den entsprechenden Werten des unendlichen Systems. Für die meisten praktischen Zwecke kann indessen k (endliche Größe des Reaktors, keine Berücksichtigung des Entweichens) dem k_∞, wie es oben definiert wurde, gleichgesetzt werden.

4.67. Bei einem Reaktor von endlicher Ausdehnung ist die Bedingung, daß der Multiplikationsfaktor gleich Eins ist, für eine Kettenreaktion nicht mehr hinreichend. Es müssen in diesem Falle auch die Sickerverluste durch die Neutronenreproduktion gedeckt werden. Wenn P der „Verbleibfaktor"[1] ist, d. h. die Wahrscheinlichkeit dafür, daß ein Neutron weder während der Bremsung, noch als thermisches Neutron entweicht, dann lautet die Bedingung für die Aufrechterhaltung einer Kettenreaktion

$$k\,P = 1, \qquad (4.67.1)$$

wobei k durch (4.61.1) definiert ist. Nur für das unendlich große System ist der Verbleibfaktor gleich Eins, und dann ist $k = k_\infty = 1$. Für einen endlichen Reaktor ist P kleiner als Eins und daher muß der Multiplikationsfaktor größer als Eins sein, wenn eine Kernkettenreaktion aufrechterhalten werden soll.

4.68. Wie oben angedeutet worden ist, wird der Wert von k durch die Zusammensetzung des Systems bestimmt, d. h. durch die Natur des Brennstoffs, durch den Anteil der Moderatorsubstanz und auch durch die Anordnung des Materials. Wenn die Zusammensetzung festgelegt ist, kann eine Kettenreaktion nur bestehen, wenn P so groß ist, daß der Ausdruck $k\,P$ gleich oder größer als Eins wird.

Die kritische Größe des Reaktors

4.69. Neutronen können nur durch die Oberfläche des Reaktors ausfließen. Die Neutronenabsorption, welche zur Spaltung und zur Neutronenerzeugung führt, erfolgt im ganzen Innenraum des Reaktors. Die Zahl der ausfließenden Neutronen hängt vor allem von der Oberfläche des Reaktors ab, während die Zahl der neu erzeugten Neutronen durch das Volumen bestimmt wird. Um den Verlust von Neutronen zu verkleinern, d. h. den Verbleibfaktor zu vergrößern, ist es daher notwendig, das Verhältnis von Oberfläche zu Volumen zu verkleinern. Da das Volumen mit der dritten Potenz der linearen Dimension des Reaktors, die Oberfläche jedoch nur mit der zweiten Potenz wächst, kann dies durch Vergrößerung des Reaktorvolumens geschehen. Die *kritische Größe* ist erreicht, wenn der Verbleibfaktor P gerade so groß wird, daß $k\,P$ gleich Eins ist. Da das Verhältnis von Oberfläche zu Volumen von der geometrischen Gestalt abhängt, wird die Verbleibwahrscheinlichkeit durch die Gestalt des Reaktors bestimmt. Für ein gegebenes Volumen hat die Kugel die kleinste Oberfläche, daher werden die Sickerverluste für einen sphärischen Reaktor kleiner sein als für jeden anderen. Der Kugelreaktor hat demnach auch das kleinste kritische Volumen. Das Entweichen von Neutronen kann verringert werden, wenn man den Reaktor mit einem geeigneten Reflektor umgibt, d. h. mit einem Material, das Moderatoreigenschaften aufweist und einen Teil der entweichenden Neutronen in den Reaktor zurückstreut.

4.70. Da der Wert von k von der Komposition und Struktur des Brennstoffs und Moderators abhängt, wird auch der für eine selbsterhaltende Ketten-

---

[1] Der übliche Ausdruck „Nicht-Entweichwahrscheinlichkeit" scheint uns etwas zu lang. Die manchmal verwendete Bezeichnung „Leckfaktor" würde eher das Entweichen kennzeichnen, also $1 - P$.

reaktion zulässige Sickerverlust durch diese Faktoren bestimmt. Die kritische Größe eines Reaktors bestimmter Geometrie wird daher mit der Beschaffenheit und der Struktur des Brennstoff-Moderator-Systems variieren. Wenn man z. B. k durch die Verwendung von angereichertem Brennstoff vergrößert, dann kann man mit einer kleineren Verbleibwahrscheinlichkeit P auskommen. Die Sicker-verluste können dann größer sein, wobei die Bedingung, daß kP gleich oder größer als Eins ist, gewahrt bleibt. Die kritische Abmessung eines angereicherten Reaktors ist daher kleiner als die eines Reaktors der gleichen geometrischen Form und Struktur mit Natururan als Brennstoff.

4.71. Man nennt $k_{\text{eff}} = kP$ den *effektiven Multiplikationsfaktor* eines Re-aktors endlicher Größe. Er ist definiert als die mittlere Zahl der thermischen Neutronen, die pro Absorption eines thermischen Neutrons im Reaktor ver-bleiben und wieder für die Absorption zur Verfügung stehen. Die kritische Be-dingung besagt daher, daß der effektive Multiplikationsfaktor gleich Eins sein muß [s. Gl. (4.67.1)]. Die Kettenreaktion wird dann mit einer konstanten Spaltungsrate auf konstantem Leistungsniveau aufrechterhalten. Diesen Vorgang bezeichnet man als den *stationären Zustand* des Reaktors. Genau genommen kann ein bestimmter Reaktor eine unendliche Zahl solcher stationärer Zustände haben, welchen verschiedene Spaltungsraten und Leistungsniveaus entsprechen. Wenn der effektive Multiplikationsfaktor eines Reaktors größer als Eins ist, nennt man das System *überkritisch*. In einem solchen Reaktor nehmen die Spal-tungsrate und daher auch die Neutronendichte oder der Neutronenfluß und die Leistung ständig zu. Wenn der effektive Multiplikationsfaktor kleiner als Eins ist, d. h. wenn der Reaktor *unterkritisch* ist, nimmt die Neutronendichte (oder der Fluß) und die Leistung ständig ab.

Die Steuerung des Reaktors

4.72. Für den praktischen Betrieb muß ein Reaktor so konstruiert sein, daß er bedeutend größer ist als das kritische Volumen. Ein Grund dafür liegt darin, daß ein $k_{\text{eff}} > 1$ erforderlich ist, um die Neutronenzahl und damit die Spaltungsrate beim Anfahren zu vergrößern, bis das geforderte Leistungsniveau erreicht ist (§ 4.48). Anschließend muß k_{eff} auf Eins verringert werden, damit sich der stationäre Zustand des Reaktors einstellt. Die Erzeugung der Neutronen steht dann im Gleichgewicht mit den Verlusten durch Einfang und Entweichen.

4.73. Die Veränderung des Multiplikationsfaktors eines thermischen Re-aktors wird zweckmäßig durch Einführen von *Steuerstäben* aus Kadmium oder Bor bewirkt. Sowohl Bor als auch Kadmium haben große Einfangquerschnitte für langsame Neutronen (s. § 3.69 und § 3.76). Beim Verschieben der Steuerstäbe ändert sich der effektive Multiplikationsfaktor in einem gewissen Bereich. Um den Reaktor abzuschalten, werden die Steuerstäbe soweit eingeführt, daß sie zusätzlich Neutronen absorbieren. Das System verliert jetzt mehr Neutronen, als durch Spaltung gebildet werden. Der effektive Multiplikationsfaktor wird kleiner als Eins und die Kettenreaktion erlischt.

Die Wirkung der verzögerten Neutronen

4.74. In den Berechnungen von § 4.50 über das Anwachsen der Neutronen-zahl in einem überkritischen Reaktor wurde die mittlere Lebensdauer der Neu-tronen zu 0,001 sec angenommen. Dies ist genau genommen jene Zeit, die im Mittel zwischen Geburt und Absorption eines Neutrons in einem thermischen Reaktor mit natürlichem Uran verfließt. Dieser Wert liefert die tatsächliche Geschwindigkeit des Neutronenzuwachses jedoch nur dann, wenn alle Spaltneutronen prompt, d. h. im Augenblick der Spaltung, entstehen. Wir haben aber in § 4.8 gesehen, daß etwa 0,7% der Spaltneutronen verzögert entstehen und diese Tatsache muß bei der Berechnung der Zu- oder Abnahme der Neutronenzahl berücksichtigt werden.

4.75. Die mittlere Lebensdauer der sechs verzögerten Neutronengruppen bewegt sich zwischen 0,3 und 83 sec (Tab. 4.8). Wenn man diese Werte mit entsprechenden Gewichtsfaktoren versieht, die dem Bruchteil entsprechen, mit dem sie unter den Spaltneutronen vertreten sind, so ergibt sich die mittlere Verzögerungszeit, gemittelt über alle Spaltneutronen, zu ungefähr 0,1 sec (§ 10.14). Die mittlere Zeitdifferenz zwischen dem Spaltungseinfang eines Neutrons in zwei aufeinanderfolgenden Generationen beträgt daher ungefähr 0,1 + 0,001 sec. Der erste Term ist die Zeit, welche im Mittel zwischen der Spaltung und der Freisetzung eines Neutrons verfließt, während der zweite die zwischen Freisetzung und Einfang in einem Spaltungsprozeß liegende Zeitspanne umfaßt. Die *effektive* Lebensdauer eines Neutrons beträgt also ungefähr 0,1 sec.

4.76. Setzt man in Gl. (4.49.2) 0,1 sec für l und wie früher $k = 1,005$, so folgt, daß die Zahl der Neutronen in Wirklichkeit mit einem Faktor von $e^{0,05}$, d. h. etwa mit 1,05 pro sec, anwächst. Wären alle Neutronen prompt, so würde sich der Faktor 150 ergeben. Bei $k_{eff} > 1$ setzen also die verzögerten Neutronen die Geschwindigkeit des Neutronenzuwachses stark herab.

4.77. Wir setzten allgemein voraus, daß β den Bruchteil der verzögerten Neutronen mißt, so daß $1 - \beta$ den Bruchteil der prompten Neutronen darstellt. Von den schnellen Neutronen, die im Brennstoff pro absorbiertes thermisches Neutron entstehen, werden also $(1 - \beta) \eta$ prompt emittiert, während $\beta \eta$ verzögert sind und allmählich während eines bestimmten Zeitintervalls emittiert werden. Man kann den Multiplikationsfaktor demnach in zwei Teile zerlegen. Der eine, gleich $k_{eff}(1 - \beta)$, stellt den Multiplikationsfaktor der prompten Neutronen dar, der andere, gleich $k_{eff}\beta$, bezieht sich auf die verzögerten Neutronen. Wenn daher die Größe $k_{eff}(1 - \beta)$ im Betrieb eines Reaktors so eingeregelt wird, daß sie etwas kleiner oder gleich Eins ist, dann wird der Neutronenzuwachs von einer Generation zur nächsten im wesentlichen nur durch die verzögerten Neutronen bestimmt. Da β für thermische Spaltungen ungefähr 0.007 beträgt (§ 4.8), verwirklicht man diese Bedingung dadurch, daß man einen effektiven Multiplikationsfaktor zwischen 1 und 1,007 wählt. Der Neutronenfluß und das Leistungsniveau des Reaktors werden dann relativ langsam anwachsen, und eine wirksame Steuerung ist möglich.

4.78. Wenn der effektive Multiplikationsfaktor gleich 1,007 ist, nennt man den Zustand des Reaktors *prompt kritisch*, da die Kernkettenreaktion dann von den prompten Neutronen allein aufrechterhalten werden kann. Wenn k_{eff} diesen Wert überschreitet, wird die Vermehrung, unabhängig von den verzögerten Neutronen, durch die prompten allein verursacht, und die Neutronendichte nimmt von Beginn an rasch zu. Dieser Zustand muß in der Praxis vermieden werden, da der Reaktor dann nur schwer zu steuern ist.

4.79. Genau so wie die verzögerten Neutronen die Geschwindigkeit des Neutronenzuwachses bestimmen, wenn der Multiplikationsfaktor zwischen Eins und 1,007 liegt, so beeinflussen sie auch die Abnahme der Neutronendichte, wenn der Reaktor subkritisch gemacht, d. h. abgeschaltet worden ist. Es werden nämlich weiterhin einige Zeit hindurch verzögerte Neutronen emittiert und halten eine Spaltungsrate aufrecht, welche bedeutend höher ist, als wenn alle Spaltneutronen prompt wären. Die Geschwindigkeit, mit welcher der Neutronenfluß in einem thermischen Reaktor nach dem Abschalten schließlich abnimmt, wird im wesentlichen durch die am stärksten verzögerte Neutronengruppe bestimmt, d. h. durch diejenige mit einer mittleren Lebensdauer von 83 sec (s. Tab. 4.8).

4.80. In Reaktoren mit schwerem Wasser oder Beryllium als Moderator wird das Abschalten durch die Photoneutronen weiterhin verzögert, welche durch die Wechselwirkung der γ-Strahlung des Core mit Deuterium oder Beryllium gebildet werden (§ 3.5).

V. Die Neutronendiffusion

Elementare Diffusionstheorie

Die Transport- und Diffusionsgleichungen

5.1. Die Aufgabe der Reaktortheorie besteht darin, das Verhalten der Neutronen in streuenden, absorbierenden und multiplizierenden Medien zu bestimmen. Wegen der komplizierten Abhängigkeit der Wirkungsquerschnitte der verschiedenen Prozesse von der Neutronenenergie, stellt eine genaue Beschreibung des Schicksals der Spaltneutronen, ihrer Streuung, Bremsung, Absorption bzw. ihres Entweichens aus dem System ohne vereinfachende Annahmen ein äußerst schwieriges Problem dar.

5.2. Jeder Berechnung von Kernreaktoren liegt das Gesetz von der *Erhaltung der Neutronenzahl* zugrunde. Die Bilanzgleichung lautet für jedes gegebene Volumen:

$$\text{Neutronenerzeugung} - \text{Sickerverluste} - \text{Absorption} = \frac{\partial n}{\partial t}. \tag{5.2.1}$$

Dabei ist $\partial n/\partial t$ die zeitliche Änderung der Neutronendichte. Wenn sich das System im Gleichgewicht, d. h. im *stationären Zustand* befindet, ist die zeitliche Änderung der Neutronendichte Null und es gilt

$$\text{Neutronenerzeugung} = \text{Sickerverluste} + \text{Absorption}. \tag{5.2.2}$$

5.3. Die grundlegende Gleichung, welche das Prinzip von der Erhaltung der Neutronen ausdrückt, heißt *Boltzmannsche Transportgleichung*, weil sie der von L. BOLTZMANN bei seinen Untersuchungen der Gasdiffusion (vgl. Kap. XIV) benutzten Gleichung analog ist. Der Neutronenzustand wird durch die Verteilungsfunktion $n\,(\mathfrak{r}, v, \mathfrak{e})$ charakterisiert, welche die räumliche Dichte der Neutronen mit der Geschwindigkeit v und der Geschwindigkeitsrichtung $\mathfrak{e}$ angibt. Genauer gesagt bedeutet $n\,(\mathfrak{r}, v, \mathfrak{e})\,dv\,d\Omega\,dV$ die Zahl der Neutronen in dem bei $\mathfrak{r}$ liegenden Volumelement dV mit Geschwindigkeiten zwischen v und $v + dv$, die sich in Richtungen bewegen, welche im Raumwinkelelement $d\Omega$ um $\mathfrak{e}$ liegen (Abb. 5.9). Die Größe $n\,(\mathfrak{r}, v, \mathfrak{e})\,v$ heißt der *Vektorfluß* und mißt die Zahl der Neutronen, welche sich in der Richtung $\mathfrak{e}$ bewegen und die normal zu dieser Richtung stehende Flächeneinheit in der Zeiteinheit durchsetzen. Der gewöhnliche oder *skalare Neutronenfluß* bezogen auf die Einheit des Geschwindigkeitsintervalles (vgl. § 3.51) ist von der Richtung unabhängig und steht mit dem Vektorfluß in der Beziehung

$$\Phi\,(\mathfrak{r}, v) = \int n\,(\mathfrak{r}, v, \mathfrak{e})\,v\,d\Omega. \tag{5.3.1}$$
Alle Richtungen

5.4. Wenn die Verteilungsfunktion $n\,(\mathfrak{r}, v, \mathfrak{e})$ isotrop oder fast isotrop ist, d. h. von $\mathfrak{e}$ überhaupt nicht oder nur schwach abhängt, bzw. wenn sie unabhängig von der Energie oder vom Ort ist, kann die mathematische Behandlung des Problems stark vereinfacht werden. In diesem Fall kann die Aufgabe auf die Bestimmung des in § 3.49 definierten skalaren Neutronenflusses zurückgeführt und die Erhaltung der Neutronenanzahl durch die Diffusionsgleichung ausgedrückt werden.

5.5. Die Neutronen diffundieren durch Materie, weil sie an den Atomkernen gestreut werden. Eine typische Neutronenbahn bildet einen zickzackförmigen Streckenzug, der aus geraden, verschieden langen Teilstrecken besteht, die die einzelnen Zusammenstöße miteinander verbinden. Wegen der Absorption im Medium verteilen sich die Längen der individuellen Streckenzüge im unbegrenzten Medium auf Werte zwischen Null und Unendlich. Einen gewissen Einblick in die Neutronendiffusion kann man durch die Betrachtung einer Punktquelle von Neutronen in einem unbegrenzten Medium erlangen. Wir nehmen an, daß die Aufgabe in der Berechnung der *mittleren Verschiebungsdistanz* besteht, welche Neutronen von der Quelle bis zu ihrem Einfang erfahren. Da die Wahrscheinlichkeit für Absorption auf der Wegstrecke dx nach § 3.43 durch $\Sigma\,dx$ gegeben ist, steht die Wahrscheinlichkeit dafür, daß Neutronen in einer gewissen Entfernung von der Quelle eingefangen werden, in keiner einfachen Beziehung mit der mittleren Verschiebungsdistanz r, sondern hängt vielmehr von der Länge der tatsächlichen Bahn ab. Da weiter eine bestimmte Zickzackbahn von der Quelle zu einem gegebenen Punkt nur eine unter unendlich vielen möglichen Bahnen ist, hängt die mittlere Verschiebungsdistanz von der Verteilung der Längen der Zickzackbahnen ab.

5.6. Obwohl die Neutronendiffusion ihrer Natur nach ein statistisches Problem darstellt, ist es — wie in der kinetischen Gastheorie — möglich, eine makroskopische Theorie zu entwickeln, welche vom Verhalten einer großen Zahl von Neutronen handelt. Bei Diffusionsproblemen, wie bei der Diffusion von Gasmolekülen oder von Wärme, findet man, daß die diffundierende Substanz die Tendenz hat, sich von Gebieten hoher Dichte nach Gebieten geringerer Dichte zu bewegen. Neutronen verhalten sich ähnlich, da in Gebieten hoher Dichte mehr Zusammenstöße pro Volumseinheit stattfinden und sich die Neutronen nach dem Zusammenstoß von den Stoßzentren wegbewegen.

5.7. Man findet, daß unter bestimmten Bedingungen (§ 14.27) die Diffusion von monoergetischen Neutronen durch das *Ficksche Diffusionsgesetz* dargestellt werden kann, wonach die gesamte Zahl $\mathfrak{J}$ der Neutronen, welche in der Zeiteinheit durch die auf der Flußrichtung normal stehende Flächeneinheit wandern, gegeben ist durch

$$\mathfrak{J} = -D_0 \operatorname{grad} n, \tag{5.7.1}$$

wobei n die Zahl der Neutronen pro Volumseinheit und D_0 den konventionellen Diffusionskoeffizienten bedeuten. Im weiteren wird das Ficksche Gesetz in der Form

$$\mathfrak{J} = -D \operatorname{grad} \Phi \tag{5.7.2}$$

verwendet, wobei Φ der gewöhnliche Neutronenfluß und D der *Diffusionskoeffizient für den Fluß* ist. D hat die Dimension einer Länge. Da Φ für monoenergetische Neutronen gleich $n\,v$ ist, wobei v die Neutronengeschwindigkeit bedeutet, folgt aus (5.7.1) und (5.7.2), daß D gleich D_0/v ist. Das Ficksche Gesetz bildet die Grundlage der elementaren Diffusionstheorie und wird weiter unten aus relativ einfachen physikalischen Betrachtungen entwickelt.

5.8. Dieses und die folgenden Kapitel befassen sich vor allem mit der Diffusionsgleichung. Zuerst wird die Diffusion von monoenergetischen Neutronen, die ohne Energieverlust gestreut werden, behandelt, da die dabei gewonnenen

Ergebnisse in erster Näherung auf die Diffusion thermischer Neutronen angewendet werden können. Anschließend wird die Bremsung von Neutronen behandelt, wobei die Ergebnisse der monoenergetischen Diffusionstheorie verallgemeinert werden.

Die Neutronenstromdichte

5.9. Man betrachte ein kleines Flächenelement dS, das in der x, y-Ebene des in Abb. 5.9 dargestellten Koordinatensystems liegt. In einem Punkt mit den sphärischen Koordinaten r, ϑ, φ liegt ein kleines Volumelement dV. Die Zahl der Streustöße pro Sekunde in dV ist gleich $\Sigma_s \Phi \, dV$, wobei Φ der Neutronenfluß pro cm² und se und Σ_s der makroskopisch Streuquerschnitt (§ 3.54) i cm⁻¹ ist. Da die Neutrone als monoenergetisch angenommen werden, ist de Wirkungsquerschnitt kon stant. Wir setzen für da Folgende voraus, daß di Zusammenstöße kugelsym metrisch erfolgen, d. k daß die Streuung im La boratoriumssystem isotro (§ 6.20) ist. Da sich di Neutronen in diesem Fa vom Streuzentrum au nach allen Richtungen mi gleicher Wahrscheinlichkeit

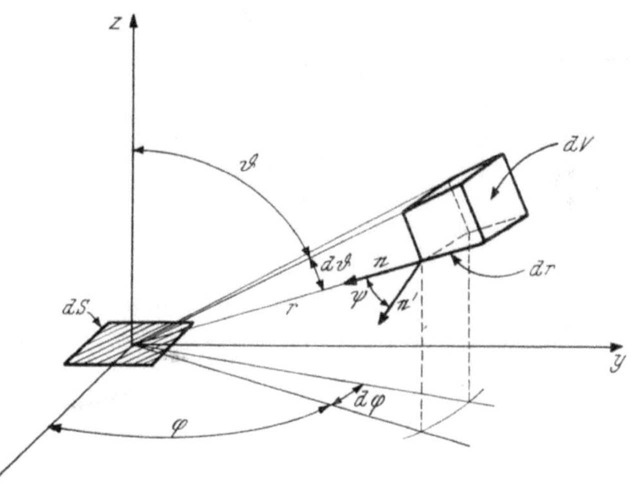

Abb. 5.9. Zur Ableitung des Fickschen Gesetzes

verteilen, ist die Wahrscheinlichkeit dafür, daß ein Neutron aus dV in die Richtung von dV nach dS gestreut wird, durch den relativen Raumwinkel, der sich vom Streuzentrum zu dS erstreckt, gegeben, d. h. durch

$$\frac{\cos \vartheta \, dS}{4 \pi r^2} \; .$$

5.10. Die Wahrscheinlichkeit dafür, daß die innerhalb dieses Raumwinkels fliegenden Neutronen die Fläche dS ohne weitere Zusammenstöße erreichen, beträgt $e^{-\Sigma r}$, wobei Σ der totale makroskopische Querschnitt ist, der sowohl den Absorptionsbeitrag Σ_a als auch den Streubeitrag Σ_s umfaßt. Da die folgende Behandlung in Strenge nur auf die Neutronendiffusion in *schwach absorbierenden Medien* anwendbar ist, setzen wir Σ_a als so klein voraus, daß Σ durch Σ_s ersetzt werden kann. Die Zahl der im Volumelement dV gestreuten Neutronen, welche dS pro sec erreichen, ist dann gegeben durch

$$\Sigma_s \, \Phi \, dV \, \frac{dS \cos \vartheta}{4 \pi r^2} \, e^{-\Sigma_s r} .$$

Wenn wir dV durch den äquivalenten Ausdruck $r^2 \sin \vartheta \, dr \, d\vartheta \, d\varphi$ in sphärischen Koordinaten ersetzen, ergibt sich diese Zahl zu

$$\frac{dS}{4\pi} \, \Phi \, \Sigma_s \, e^{-\Sigma_s r} \cos \vartheta \, \sin \vartheta \, dr \, d\vartheta \, d\varphi .$$

5.11. Die Gesamtzahl der Neutronen, welche pro sec von oben her, d. h. in negativer z-Richtung, in die Fläche dS gestreut werden, erhält man durch Integration über den Halbraum über der x, y-Ebene, d. h. für alle r-Werte von 0 bis ∞, für φ zwischen 0 und 2π und für ϑ zwischen 0 und $\pi/2$. Wenn J_- die *Neutronenstromdichte* ist, d. h. die Zahl der Neutronen, welche die Flächeneinheit pro sec in der negativen z-Richtung durchsetzen, dann wird die Zahl derer, welche in dieser Richtung durch dS hindurchgehen, $J_- dS$ sein. Diese Größe haben wir aber soeben berechnet. Es ist also

$$J_- dS = \frac{dS}{4\pi} \Sigma_s \int\limits_0^\infty \int\limits_0^{2\pi} \int\limits_0^{\pi/2} \Phi\, e^{-\Sigma_s r} \cos\vartheta \sin\vartheta\, d\vartheta\, d\varphi\, dr. \qquad (5.11.1)$$

5.12. Um dieses Integral auszuwerten, muß der Fluß als Funktion der Raumkoordinaten ausgedrückt werden. Dies kann mit Hilfe einer Taylorschen Reihenentwicklung geschehen. Wenn wir uns auf Glieder erster Ordnung beschränken, erhalten wir

$$\Phi(x, y, z) = \Phi_0 + x\left(\frac{\partial \Phi}{\partial x}\right)_0 + y\left(\frac{\partial \Phi}{\partial y}\right)_0 + z\left(\frac{\partial \Phi}{\partial z}\right)_0 + \ldots \qquad (5.12.1)$$

Der Index Null bedeutet, daß die Funktionen im Ursprung, d. h. im Flächenelement dS, berechnet werden sollen. Die unabhängigen Variablen x, y, und z können durch

$$x = r \sin\vartheta \cos\varphi$$

$$y = r \sin\vartheta \sin\varphi$$

$$z = r \cos\vartheta$$

in sphärischen Koordinaten ausgedrückt werden. Da in (5.11.1) die Integration über φ zwischen den Grenzen Null und 2π erfolgt, geben die Glieder, welche x und y enthalten, keinen Beitrag und können daher in (5.12.1) weggelassen werden. Indem wir z durch $r \cos\vartheta$ ersetzen und (5.12.1) in (5.11.1) einsetzen, erhalten wir nach Kürzung durch dS

$$J_- = \frac{\Sigma_s}{4\pi}\left[\Phi_0 \int\limits_0^\infty \int\limits_0^{2\pi} \int\limits_0^{\pi/2} e^{-\Sigma_s r} \cos\vartheta \sin\vartheta\, d\vartheta\, d\varphi\, dr + \right.$$

$$\left. + \left(\frac{\partial \Phi}{\partial z}\right)_0 \int\limits_0^\infty \int\limits_0^{2\pi} \int\limits_0^{\pi/2} r\, e^{-\Sigma_s r} \cos^2\vartheta \sin\vartheta\, d\vartheta\, d\varphi\, dr\right] = \frac{\Phi_0}{4} + \frac{1}{6\,\Sigma_s}\left(\frac{\partial \Phi}{\partial z}\right)_0 \qquad (5.12.2)$$

für den Wert der gesamten von oben her auffallenden Neutronenstromdichte durch dS.

5.13. Die Neutronenstromdichte J_+ in der positiven z-Richtung kann in genau der gleichen Weise berechnet werden, doch läuft die Integration über ϑ jetzt von π bis $\pi/2$, so daß sie nur den unterhalb der x, y-Ebene liegenden Halbraum umfaßt. Der Wert von J_+ ergibt sich so zu

$$J_+ = \frac{\Phi_0}{4} - \frac{1}{6\,\Sigma_s}\left(\frac{\partial \Phi}{\partial z}\right)_0. \qquad (5.13.1)$$

Die Netto-Stromdichte J_z in der positiven z-Richtung[1] ist die Differenz zwischen J_+ und J_-, also

$$J_z = J_+ - J_- = -\frac{1}{3\,\Sigma_s}\left(\frac{\partial\Phi}{\partial z}\right)_0. \qquad (5.13.2)$$

5.14. Bei der vorhergehenden Herleitung wurde ein stationärer Zustand, d. h. zeitlich konstanter Neutronenstrom, vorausgesetzt. Wenn Φ dagegen von der Zeit abhängt, ist in (5.11.1) der Wert von Φ zur Zeit des Stoßes einzusetzen, d. h. zu einem Zeitpunkt, der um r/v vor dem Eintreffen des Neutrons am Ort von dS liegt.

5.15. Obwohl in der Taylorentwicklung für den Fluß nur Glieder erster Ordnung verwendet worden sind, ist die Rechnung bis zu Gliedern zweiter Ordnung exakt. Der von den Gliedern zweiter Ordnung herrührende Beitrag zum Integral ist nämlich entweder Null oder aber identisch in J_+ und J_-, so daß er sich in der Netto-Stromdichte heraushebt. Gl. (5.13.2) ist daher gültig, wenn der Fluß mit genügender Genauigkeit durch die ersten drei Glieder der Reihenentwicklung ausgedrückt werden kann. Da der Faktor $e^{-\Sigma_s r}$ im Integral mit wachsendem r sehr rasch abfällt und jenseits von drei mittleren freien Weglängen schon unter 5% sinkt, kommt der Hauptbeitrag zur Neutronenstromdichte von den Streuzentren her, welche näher bei dS liegen. Die Näherung (5.12.1) ist daher gerechtfertigt, wenn die Änderung von $\partial\Phi/\partial z$ innerhalb eines Bereiches von etwa drei mittleren Weglängen vernachlässigt werden kann.

5.16. In der Nähe einer ziemlich starken Neutronenquelle, eines starken Absorbers oder der Grenzfläche zweier Medien mit verschiedenen Diffusionseigenschaften wird die räumliche Änderung $\partial\Phi/\partial z$ des Flusses im allgemeinen ziemlich groß, und die Voraussetzungen, welche zu (5.13.2) führten, werden ungültig. Beträgt der Abstand von einer starken Quelle, einem Absorber oder von einer Grenzfläche etwa drei mittlere freie Weglängen, dann kann man — wegen der schnellen Abnahme von $e^{-\Sigma_s r}$ — den Fluß mit genügender Genauigkeit durch drei Glieder der Entwicklung ausdrücken und (5.13.2) zur Bestimmung der Neutronenstromdichte benützen.

5.17. Wenn Σ_s durch $1/\lambda_s$ ersetzt wird (mittlere freie Weglänge für Streuung), lauten die Gln. (5.12.2), (5.13.1) und (5.13.2) für die Neutronenstromdichten J_-, J_+ und für die Netto-Stromdichte J_z in der z-Richtung

$$J_- = \frac{\Phi_0}{4} + \frac{\lambda_s}{6}\left(\frac{\partial\Phi}{\partial z}\right)_0, \qquad (5.17.1)$$

$$J_+ = \frac{\Phi_0}{4} - \frac{\lambda_s}{6}\left(\frac{\partial\Phi}{\partial z}\right)_0, \qquad (5.17.2)$$

$$J_z = J_+ - J_- = -\frac{\lambda_s}{3}\left(\frac{\partial\Phi}{\partial z}\right)_0. \qquad (5.17.3)$$

Für ein Flächenelement, das in der y,z-Ebene liegt, ist die Netto-Stromdichte in der x-Richtung ganz analog durch

$$J_x = -\frac{\lambda_s}{3}\left(\frac{\partial\Phi}{\partial x}\right)_0 \qquad (5.17.4)$$

---

[1] Natürlich kann man J_z aus (5.11.1) auch durch eine einzige Integration erhalten, wenn man diese in ϑ von π bis 0 erstreckt. Die Formeln (5.12.2) und (5.13.1) werden jedoch später benötigt.

gegeben. Der entsprechende Ausdruck für die Stromdichte in der y-Richtung lautet

$$J_y = -\frac{\lambda_s}{3}\left(\frac{\partial \Phi}{\partial y}\right)_0. \qquad (5.17.5)$$

Die drei Gln. (5.17.3) bis (5.17.5) können in der Vektorgleichung

$$\mathfrak{J} = -\frac{\lambda_s}{3}\,\mathrm{grad}\ \Phi \qquad (5.17.6)$$

zusammengefaßt werden.

Transportkorrekturen an der elementaren Diffusionstheorie

5.18. Beim Studium der Streustöße von Neutronen mit Atomkernen werden zwei Bezugssysteme verwendet. Diese Frage wird in Kap. VI eingehender behandelt; für den vorliegenden Zweck genügt eine kurze Einführung. Im *Laboratoriumssystem* oder L-System setzt man vom getroffenen Kern voraus, daß er sich vor dem Zusammenstoß in Ruhe befindet. Im *Schwerpunktsystem* oder S-System nimmt man dagegen an, daß der Schwerpunkt des aus Neutron und Kern bestehenden Systems ruht. Der *Streuwinkel* — d. h. der Winkel zwischen den Bewegungsrichtungen eines Neutrons vor und nach einem Zusammenstoß — wird im L-System mit ψ, im S-System mit ϑ_0 bezeichnet. Wie wir später zeigen werden, sind diese Winkel miteinander in relativ einfacher Weise verknüpft (§ 6.20).

5.19. In § 5.9 wurde vorausgesetzt, daß die Neutronen im Laboratoriumssystem isotrop gestreut werden, so daß es nach dem Zusammenstoß mit dem Kern keine Vorzugsrichtung für die Bewegung der Neutronen gibt. Wir werden in § 6.20 sehen, daß dies nur für Zusammenstöße mit schweren Kernen angenähert gilt, daß aber im allgemeinen die Vorwärtsstreuung bevorzugt wird. Die Streuung im L-System ist also im allgemeinen anisotrop, im Gegensatz zur Voraussetzung.

5.20. Wir wollen zeigen, wie sich die Anisotropie der Streuung im Laborsystem in erster Näherung auf die Neutronendiffusion auswirkt. Es werde vorausgesetzt, daß alle Neutronen die gleiche Geschwindigkeit haben. Wir bezeichnen die Zahl der Neutronen pro cm³ an der Stelle $\mathfrak{r}$, deren Geschwindigkeitsrichtung im Bereich $d\,\Omega$ um $\mathfrak{e}$ liegt mit $n\,(\mathfrak{r}, \mathfrak{e})\,d\,\Omega$. Die zugehörige Flußdichte ist

$$F\,(\mathfrak{r},\, \mathfrak{e}) = n\,(\mathfrak{r},\, \mathfrak{e})\,v. \qquad (5.20.1)$$

In einem Polarkoordinatensystem kann man sich die Komponenten e_1, e_2 und e_3 von $\mathfrak{e}$ durch

$$e_1 = \sin \vartheta \, \cos \varphi,$$
$$e_2 = \sin \vartheta \, \sin \varphi, \qquad (5.20.2)$$
$$e_3 = \cos \vartheta$$

dargestellt denken, wobei e_1, e_2 und e_3 die Koordinaten der Punkte auf der Einheitskugel $e_1{}^2 + e_2{}^2 + e_3{}^2 = 1$ bedeuten. Man erhält eine anschauliche Vorstellung von der Verteilung der Geschwindigkeitsrichtungen der Neutronen im Volumelement dV, wenn man für jedes Neutron den Einheitsvektor $\mathfrak{e}$ seiner Geschwindigkeitsrichtung vom Koordinatenursprung aus aufträgt. Jedem Neutron entspricht so ein Punkt auf der Einheitskugel. Ist die Dichte dieser Punkte auf der Einheitskugel überall gleich groß, d. h. sind alle Geschwindigkeitsrichtungen mit der gleichen Häufigkeit vertreten, so spricht man von einem *isotropen Neutronenfeld*.

Wenn an einer Stelle der Einheitskugel die Dichte der Bildpunkte größer ist als an den anderen, so heißt dies, daß diese Geschwindigkeitsrichtung gegenüber den anderen mit größerer Wahrscheinlichkeit (Häufigkeit) vertreten ist. Wenn wir voraussetzen, daß die Verteilung der Bildpunkte auf der Einheitskugel von einer gleichförmigen Verteilung nicht sehr stark abweicht, sprechen wir von einem *quasi-isotropen Neutronenfeld*. Allgemein kann man sich $F(\mathfrak{r}, \mathfrak{e})$ als Reihe dargestellt denken

$$F(\mathfrak{r}, \mathfrak{e}) = F_0 + F_1 e_1 + F_2 e_2 + F_3 e_3 + F_{11} e_1^2 + F_{12} e_1 e_2 + F_{22} e_2^2 + \ldots, \tag{5.20.3}$$

wobei die F_k und F_{ik} Funktionen des Ortes sind.

5.21. Wir haben es mit einem fast isotropen Vektorfluß zu tun, wenn in der Entwicklung (5.20.3) das erste Glied F_0 die folgenden Glieder größenordnungsmäßig übertrifft. Es werde weiter vorausgesetzt, daß von den auf F_0 folgenden Termen die linearen Glieder den ausschlaggebenden Beitrag leisten. $F(\mathfrak{r}, \mathfrak{e})$ werde also mit genügender Genauigkeit durch

$$F(\mathfrak{r}, \mathfrak{e}) = F_0(\mathfrak{r}) + F_1(\mathfrak{r}) e_1 + F_2(\mathfrak{r}) e_2 + F_3(\mathfrak{r}) e_3 \tag{5.21.1}$$

dargestellt. Die Ortsfunktionen $F_0(\mathfrak{r})$, $F_1(\mathfrak{r})$, $F_2(\mathfrak{r})$ und $F_3(\mathfrak{r})$ haben eine bestimmte physikalische Bedeutung, die wir nun feststellen wollen.

Wenn irgendeine Funktion $h(\mathfrak{e}) \equiv h(e_1, e_2, e_3)$ der Richtung vorliegt, so kann man für sie den Mittelwert über alle Raumrichtungen bilden

$$\bar{h} = \frac{1}{4\pi} \int\limits_{4\pi} h(\mathfrak{e})\, d\Omega. \tag{5.21.2}$$

Die Komponenten von $\mathfrak{e}$ sind dabei durch (5.20.2) definiert; das Raumwinkelelement $d\Omega$ kann durch

$$d\Omega = \sin\vartheta\, d\vartheta\, d\varphi \tag{5.21.3}$$

dargestellt werden, so daß wir für den „Richtungsmittelwert" ausführlicher

$$\bar{h} = \frac{1}{4\pi} \int\limits_0^\pi \int\limits_0^{2\pi} h(\sin\vartheta\cos\varphi,\ \sin\vartheta\sin\varphi,\ \cos\vartheta) \sin\vartheta\, d\vartheta\, d\varphi \tag{5.21.4}$$

schreiben können.

Auf Grund dieser Definition kann man die Mittelwerte $\overline{e_k}$, $\overline{e_i e_k}$, $\overline{e_k^2}$ $(i, k = 1, 2, 3)$ usw. bestimmen. Man stellt die folgenden Beziehungen fest:

$$\overline{e_1} = 0, \quad \overline{e_2} = 0, \quad \overline{e_3} = 0, \tag{5.21.5}$$

$$\overline{e_1 e_2} = 0, \quad \overline{e_2 e_3} = 0, \quad \overline{e_3 e_1} = 0, \tag{5.21.6}$$

ferner

$$\overline{e_1^2} = \frac{1}{3}, \quad \overline{e_2^2} = \frac{1}{3}, \quad \overline{e_3^2} = \frac{1}{3} \tag{5.21.7}$$

und

$$\overline{e_i e_k e_l} = 0. \tag{5.21.8}$$

5.22. Bildet man daher von (5.21.1) den Mittelwert über alle Raumrichtungen, d. h. multipliziert man diese Gleichung mit $\frac{1}{4\pi}\, d\Omega$ und integriert über den vollen Raumwinkel nach (5.21.4), so erhält man auf Grund von (5.21.5)

$$F_0(\mathfrak{r}) = \frac{1}{4\pi} \int_{4\pi} F(\mathfrak{r}, \mathfrak{e})\, d\Omega = \frac{1}{4\pi}\, \Phi, \qquad (5.22.1)$$

wobei $\Phi(\mathfrak{r})$ den skalaren Fluß darstellt. Multipliziert man (5.21.1) mit e_1 und mittelt über alle Raumrichtungen, so folgt

$$\frac{1}{4\pi} \int_{4\pi} F(\mathfrak{r}, \mathfrak{e})\, e_1\, d\Omega = \frac{1}{3}\, F_1(\mathfrak{r}). \qquad (5.22.2)$$

Nun ist aber

$$J_x = \int_{4\pi} F(\mathfrak{r}, \mathfrak{e})\, e_1\, d\Omega \qquad (5.22.3)$$

die Zahl der Neutronen, welche pro sec durch die Flächeneinheit einer auf der x-Achse senkrecht stehenden Ebene hindurchgehen, d. h. J_x ist die x-Komponente der *Neutronenstromdichte*. Eine analoge Bedeutung haben $F_2(\mathfrak{r})$ und $F_3(\mathfrak{r})$ wie man durch Multiplikation von (5.21.1) mit e_2 bzw. e_3 und nachträgliche Mittelung über alle Raumrichtungen erkennt. Es gilt also

$$F_1(\mathfrak{r}) = \frac{3}{4\pi}\, J_x, \quad F_2(\mathfrak{r}) = \frac{3}{4\pi}\, J_y, \quad F_3(\mathfrak{r}) = \frac{3}{4\pi}\, J_z, \qquad (5.22.4)$$

und Gl. (5.21.1) für den vektoriellen Fluß erhält die Gestalt

$$F(\mathfrak{r}, \mathfrak{e}) = \frac{1}{4\pi}\, \Phi(\mathfrak{r}) + \frac{3}{4\pi}\, (J_x\, e_1 + J_y\, e_2 + J_z\, e_3), \qquad (5.22.5)$$

oder zur Abkürzung vektoriell geschrieben,

$$F(\mathfrak{r}, \mathfrak{e}) = \frac{1}{4\pi}\, \Phi(\mathfrak{r}) + \frac{3}{4\pi}\, (J\, \mathfrak{e}) = \frac{1}{4\pi}\, \Phi(\mathfrak{r}) + \frac{3}{4\pi}\, J_k\, e_k. \qquad (5.22.6)$$

Dabei soll über zweifach vorkommende Indizes (z. B. k) summiert werden.

5.23. Die in der Volumeinheit pro Zeiteinheit erfolgende Zahl der Zusammenstöße mit Neutronen des Richtungsbereiches $d\Omega'$ um $\mathfrak{e}'$ ist nach früheren Betrachtungen durch

$$\Sigma_s\, F(\mathfrak{r}, \mathfrak{e}')\, d\Omega'$$

gegeben. Den Bruchteil dieser Zusammenstöße, welche die Geschwindigkeitsrichtung $\mathfrak{e}'$ in die Richtung $\mathfrak{e}$ oder genauer in den Geschwindigkeitsbereich $d\Omega$ um $\mathfrak{e}$ überführen, bezeichnen wir mit $g(\mathfrak{e}, \mathfrak{e}')$. Nun kann g aus Symmetriegründen nur vom Winkel zwischen $\mathfrak{e}'$ und $\mathfrak{e}$, dem sogenannten Streuwinkel ψ, abhängen (vgl. Abb. 5.9). Statt ψ können wir auch $\mathfrak{e}'\, \mathfrak{e} = \cos\psi$ als Variable verwenden. Für isotrope Streuung ist g von ψ unabhängig.

5.24. Ebenso wie wir oben $F(\mathfrak{r}, \mathfrak{e})$ nach den Komponenten von $\mathfrak{e}$ entwickelt haben, können wir dies für $g(\mathfrak{e}, \mathfrak{e}')$ tun und uns bei „geringer Anisotropie" der Streuung auf die beiden ersten Entwicklungsglieder beschränken

$$g(\mathfrak{e}, \mathfrak{e}') = g_0 + g_1\, (\mathfrak{e}\, \mathfrak{e}') = g_0 + g_1\, (e_1\, e_1' + e_2\, e_2' + e_3\, e_3'). \qquad (5.24.1)$$

Nun muß $g\,(e\,e')$ der Beziehung

$$\int\limits_{4\pi} g\,(e\,e')\,d\Omega = 1 \qquad (5.24.2)$$

genügen, denn die Wahrscheinlichkeit dafür, daß das gestreute Neutron irgendeine Richtung hat, muß natürlich 1 sein. Durch Mittelwertbildung von (5.24.1) über alle Raumrichtungen erhalten wir also, mit Rücksicht auf (5.21.5),

$$g_0 = \frac{1}{4\,\pi}. \qquad (5.24.3)$$

Nun berechnen wir den mittleren Cosinus des Streuwinkels ψ, der durch

$$\overline{\cos\psi} = \frac{\int\limits_{4\pi} g\,(\cos\psi)\,\cos\psi\,d\Omega}{\int\limits_{4\pi} g\,(\cos\psi)\,d\Omega}$$

definiert ist. Wenn wir nach (5.24.1) für $g\,(\cos\psi) = g_0 + g_1 \cos\psi$ einsetzen, erhalten wir mit $d\,\Omega = 2\,\pi \sin\psi\,d\,\psi$

$$\overline{\cos\psi} = 2\,\pi\,g_1 \int\limits_0^\pi \cos^2\psi\,\sin\psi\,d\,\psi = \frac{4\,\pi}{3}\,g_1. \qquad (5.24.4)$$

Schreibt man für den mittleren Streucosinus $\overline{\cos\psi}$ zur Abkürzung $\overline{\mu_0}$, so hat man also für g_1 die Beziehung

$$g_1 = \frac{3}{4\,\pi}\,\overline{\mu_0}, \qquad (5.24.5)$$

und für die Streuwahrscheinlichkeit g von (5.24.1) ergibt sich mit (5.24.3) und (5.24.5) als Funktion des Streuwinkels ψ:

$$g\,(e\,e') = \frac{1}{4\,\pi}\,(1 + 3\,\overline{\mu_0} \cos\psi); \quad \cos\psi = e_1 e_1' + e_2 e_2' + e_3 e_3'. \qquad (5.24.6)$$

Der mittlere Streucosinus $\overline{\mu_0}$ im Laborsystem kann, worauf wir sogleich zurückkommen, als gegeben betrachtet werden, da er aus den Stoßgesetzen folgt.

5.25. Mit den beiden Formeln (5.22.6) und (5.24.6) für Vektorfluß und Streuwahrscheinlichkeit kann nun die obige Herleitung der Diffusionsgleichung (5.17.6) auf den Fall schwach anisotroper Streuung im Laborsystem verallgemeinert werden.

Dazu wollen wir (vgl. Abb. 5.9) zuerst die Zahl der nach dem Flächenelement $d\,S$ gestreuten Neutronen bestimmen. Die Zahl der Neutronen mit einer Ausgangsrichtung e' im Bereich $d\,\Omega'$, welche im Volumelement $d\,V$ gestreut werden, ist $\Sigma_s\,F\,(\mathfrak{r}, e')\,d\,\Omega'\,d\,V$. Der Bruchteil $g\,(e\,e')\,d\,\Omega$ davon wird in den speziellen Richtungsbereich $d\,\Omega$ gestreut. Bedeutet also $d\,\Omega$ den Raumwinkel, unter dem das Flächenelement $d\,S$ von $d\,V$ aus erscheint, so ist diese Zahl

$$\Sigma_s\,F\,(\mathfrak{r}, e')\,g\,(e, e')\,d\,\Omega'\,d\,\Omega\,d\,V.$$

Durch Integration über alle Stoßrichtungen ϱ' erhalten wir die Gesamtzahl der sich nach dS bewegenden Neutronen. Setzt man aus (5.22.6) und (5.24.6) für F und g ein und integriert über den vollen Raumwinkel, so erhält man

$$d\Omega\,dV\,\Sigma_s \int\limits_{4\pi} F(\mathfrak{r},\varrho')\,g(\varrho\varrho')\,d\Omega' =$$

$$= d\Omega\,dV\,\Sigma_s \int\limits_{4\pi} \left(\frac{1}{4\pi}\right)^2 (\Phi + 3J_k\,e_k')\,(1 + 3\overline{\mu_0}\,e_s\,e_s')\,d\Omega'$$

oder

$$\frac{\Sigma_s\,d\Omega\,dV}{4\pi} \int\limits_{4\pi} (\Phi + 3\,J_k\,e_k' + 3\,\overline{\mu_0}\,\Phi\,e_k\,e_k' + 9\overline{\mu_0}\,J_k\,e_k'\,e_s\,e_s')\,\frac{d\Omega'}{4\pi} =$$

$$= \frac{\Sigma_s\,d\Omega\,dV}{4\pi}(\Phi + 3J_k\overline{e_k'} + 3\overline{\mu_0}\,\Phi\,e_k\overline{e_k'} + 9\overline{\mu_0}\,J_k\,e_s\,\overline{e_k'\,e_s'}).$$

Nach (5.21.5) bis (5.21.7) ergibt dies

$$\frac{d\Omega\,dV}{4\pi}(\Phi + 3\,\overline{\mu_0}\,J_k\,e_k)\,\Sigma_s. \tag{5.25.1}$$

Die Zahl der auf die Fläche dS auftreffenden Neutronen, die auf der Strecke r weder absorbiert noch gestreut werden, ist also mit $d\Omega = dS\cos\vartheta/r^2$ und $dV = r^2\sin\vartheta\,d\vartheta\,d\varphi\,dr$ gegeben durch

$$J_-\,dS = \frac{dS}{4\pi}\int\int\int (\Phi + 3\overline{\mu_0}\,J_k\,e_k)\,\Sigma_s\,e^{-\Sigma_s\,r}\cos\vartheta\,\sin\vartheta\,d\vartheta\,d\varphi\,dr.$$

Wir entwickeln den skalaren Fluß und erhalten wegen

$$\Phi = \Phi_0 - r\left(\frac{\partial\Phi}{\partial x_k}\right)_0 e_k$$

[s. Gl. (5.12.1)] die Stromdichte

$$J_- = \frac{\Phi_0\,\Sigma_s}{4\pi} \int\limits_0^\infty \int\limits_0^{\pi/2} \int\limits_0^{2\pi} e^{-\Sigma_s\,r}\,dr\,\cos\vartheta\,\sin\vartheta\,d\vartheta\,d\varphi \,+$$

$$+ \frac{\Sigma_s}{4\pi} \int\limits_0^\infty \int\limits_0^{\pi/2} \int\limits_0^{2\pi} \left[3\,\overline{\mu_0}\,J_k - r\left(\frac{\partial\Phi}{\partial x_k}\right)_0\right] e_k\,e^{-\Sigma_s\,r}\,dr\,\cos\vartheta\,\sin\vartheta\,d\vartheta\,d\varphi.$$

Das erste Integral gibt $\Phi_0/4$, die Integration über φ im zweiten Integral gibt nach (5.21.5) für e_1 und e_2 keinen Beitrag; für $e_3 = -\cos\vartheta$ ergibt die Integration

$$-\frac{\Sigma_s}{6}\int\limits_0^\infty\left[3\,\overline{\mu_0}\,J_z\,e^{-\Sigma_s\,r} - \left(\frac{\partial\Phi}{\partial z}\right)_0 e^{-\Sigma_s\,r}\,r\right]dr,$$

also

$$J_- = \frac{\Phi_0}{4} - \frac{\overline{\mu_0}}{2}\,J_z + \frac{1}{6\Sigma_s}\left(\frac{\partial\Phi}{\partial z}\right)_0. \tag{5.25.2}$$

Die Integration über ϑ von π bis $\pi/2$ ergibt den von unten auftreffenden Neutronenstrom

$$J_+ = \frac{\Phi_0}{4} + \frac{\overline{\mu_0}}{2}\, J_z - \frac{1}{6\,\Sigma_s} \cdot \left(\frac{\partial \Phi}{\partial z}\right)_0 . \qquad (5.25.3)$$

Die Netto-Stromdichte in der positiven z-Richtung wird daher

$$J_z = J_+ - J_- = \overline{\mu_0}\, J_z - \frac{1}{3\,\Sigma_s} \cdot \left(\frac{\partial \Phi}{\partial z}\right)_0$$

oder

$$J_z = -\frac{1}{3\,\Sigma_s\,(1 - \overline{\mu_0})} \cdot \frac{\partial \Phi}{\partial z} . \qquad (5.25.4)$$

Die vektorielle Zusammenfassung von (5.25.4) und den analogen Gleichungen für die anderen Komponenten ergibt

$$\mathfrak{J} = -\frac{1}{3\,\Sigma_s\,(1 - \overline{\mu_0})}\ \mathrm{grad}\ \Phi . \qquad (5.25.5)$$

Wir sehen, daß sich die Anisotropiekorrektur dahin auswirkt, daß in der Formel (5.17.6) für die Neutronenstromdichte bei isotroper Streuung

$$\mathfrak{J} = -\frac{\lambda_s}{3}\ \mathrm{grad}\ \Phi$$

die mittlere freie Streuweglänge λ_s durch die sogenannte *mittlere Transportweglänge* λ_t zu ersetzen ist:

$$\mathfrak{J} = -\frac{\lambda_t}{3}\ \mathrm{grad}\ \Phi , \qquad (5.25.6)$$

wobei λ_t mit λ_s durch die Beziehung

$$\lambda_t = \frac{\lambda_s}{1 - \overline{\mu_0}} \qquad (5.25.7)$$

zusammenhängt.

5.26. Wenn die Streuung im S-System isotrop ist[1], ist der mittlere Cosinus des Streuwinkels im L-System durch

$$\overline{\mu_0} = \frac{\displaystyle\int_0^{4\pi} \cos\psi\, d\Omega}{\displaystyle\int_0^{4\pi} d\Omega} \qquad (5.26.1)$$

gegeben, wobei $d\Omega$ ein Raumwinkelelement im S-System ist. Wenn ϑ_0 der Streuwinkel im S-System ist, haben wir also $d\Omega = 2\pi \sin\vartheta_0\, d\vartheta_0$. Wenn wir den

---

[1] Experimentelle Beobachtungen zeigen, daß die Streuung von Neutronen mit Energien bis zu einigen MeV im S-System isotrop, d. h. kugelsymmetrisch ist. Die hier und später gegebenen Betrachtungen (§ 6.18) beruhen auf der Annahme eines derartigen Streutypus.

Streuwinkel ψ im Laborsystem, durch denjenigen im S-System ausdrücken (vgl. die Ableitung in § 6.20), so ist

$$\cos \psi = \frac{A \cos \vartheta_0 + 1}{\sqrt{A^2 + 2 A \cos \vartheta_0 + 1}} \tag{5.26.2}$$

und $\overline{\mu_0}$ wird

$$\overline{\mu}_0 = \frac{1}{2} \int\limits_0^\pi \frac{A \cos \vartheta_0 + 1}{\sqrt{A^2 + 2 A \cos \vartheta_0 + 1}} \sin \vartheta_0 \, d\vartheta_0. \tag{5.26.3}$$

A bedeutet die Massenzahl des streuenden Kerns. Die Integration ergibt

$$\overline{\mu}_0 = \frac{2}{3 A}. \tag{5.26.4}$$

$\overline{\mu}_0 = \overline{\cos \psi}$ nimmt also mit zunehmender Masse des streuenden Kerns ab.

Wenn das Medium — wie oben vorausgesetzt wurde — ein schwacher Absorber ist[1] ($\Sigma_a \ll \Sigma_s$), wird der Diffusionskoeffizient nach (5.25.6) und (5.25.7) durch

$$D = \frac{\lambda_s}{3 (1 - \overline{\mu}_0)} \tag{5.26.5}$$

gegeben. Mit der „mittleren Transportlänge" λ_t aus (5.25.7) hat man wegen $\lambda_s = \Sigma_s^{-1}$ auch

$$D = \frac{\lambda_t}{3} = \frac{1}{3 \Sigma_s (1 - \overline{\mu}_0)}. \tag{5.26.6}$$

Aus (5.26.2) erkennt man, daß für endliche Werte der Massenzahl A der Streuwinkel ψ im L-System immer kleiner als der Streuwinkel ϑ_0 im S-System ist. Der Unterschied nimmt mit wachsender Massenzahl des streuenden Kernes ab. Mit anderen Worten, wenn die Streuung im S-System isotrop ist, tritt bei Medien mit niedrigen und mittleren Massenzahlen im L-System eine bevorzugte Streuung in der Vorwärtsrichtung auf. Nur für große Massenzahlen ist bei isotroper Streuung im Schwerpunktsystem auch die Streuung im Laborsystem isotrop.

5.27. Wenn der streuende Kern eine große Massenzahl hat, kann $\overline{\mu}_0 = 2/3 A$ gegenüber Eins vernachlässigt werden, und λ_t ist dann angenähert gleich λ_s. In diesem Fall wird (5.26.5) gleich dem Diffusionskoeffizienten $\lambda_s/3$ für isotrope Streuung. Dies war zu erwarten, da die isotrope Streuung im L-System um so besser verwirklicht ist, je größer die Masse des streuenden Kerns ist.

Diffusionskoeffizient und Neutronenstromdichte

5.28. Fassen wir nun die vorhergehenden Ergebnisse zusammen. Unter bestimmten Voraussetzungen kann die Netto-Stromdichte durch

$$\mathfrak{J} = - D \operatorname{grad} \Phi \tag{5.28.1}$$

dargestellt werden. Für einen schwachen Absorber ist

$$D = \frac{\lambda_t}{3} = \frac{1}{3 \Sigma_s (1 - \mu_0)}, \tag{5.28.2}$$

---

[1] Der Einfluß der Absorption auf die Diffusion wird in Kap. XIV behandelt.

wobei $\overline{\mu}_0 = 2/3\,A$, wenn die Streuung im Schwerpunktsystem isotrop ist. Die Ausdrücke für die Komponenten der Neutronenstromdichte in der z-Richtung lauten dann

$$J_- = \frac{\Phi_0}{4} + \frac{D}{2}\left(\frac{\partial\Phi}{\partial z}\right)_0 = \frac{\Phi_0}{4} + \frac{\lambda_t}{6}\left(\frac{\partial\Phi}{\partial z}\right)_0, \qquad (5.28.3)$$

$$J_+ = \frac{\Phi_0}{4} - \frac{D}{2}\left(\frac{\partial\Phi}{\partial z}\right)_0 = \frac{\Phi_0}{4} - \frac{\lambda_t}{6}\left(\frac{\partial\Phi}{\partial z}\right)_0, \qquad (5.28.4)$$

$$J_z = -D\left(\frac{\partial\Phi}{\partial z}\right)_0 = -\frac{\lambda_t}{3}\left(\frac{\partial\Phi}{\partial z}\right)_0. \qquad (5.28.5)$$

5.29. Die Massenzahl von Kohlenstoff (Graphit) ist $A = 12$ und daher $\overline{\mu}_0 = 0{,}055$; folglich ist nach (5.25.7)

$$\lambda_t = \frac{\lambda_s}{0{,}945},$$

so daß λ_t um ungefähr 5% größer als λ_s ist. Für Wasserstoff andererseits ist $\overline{\mu}_0 = 2/3$, so daß

$$\lambda_t = 3\,\lambda_s.$$

Die Korrektur für anisotrope Streuung ist in diesem Fall ausschlaggebend.

Berechnung der Sickerverluste

5.30. Das Abwandern von Neutronen aus einem bestimmten Volumelement kann mit Hilfe der oben abgeleiteten Stromdichten berechnet werden, vorausgesetzt, daß der Neutronenfluß $\Phi\,(x, y, z)$ als Funktion der räumlichen Koordinaten bekannt ist. Es sei ein rechtwinkeliges Volumelement dV mit den Seiten dx, dy und dz im Punkte (x, y, z) gegeben (Abb. 5.30). Man betrachte die beiden Flächen $dx\,dy$, welche parallel zur x, y-Ebene liegen. Die Zahl der Neutronen, welche durch die untere Grenzfläche eintreten, ist $J_z\,dx\,dy$, wobei J_z die gesamte Neutronenstromdichte in der z-Richtung bedeutet; die Zahl der Neutronen, welche das Volumen durch die obere Grenzfläche verlassen, beträgt $J_{z+dz}\,dx\,dy$. Mit (5.28.5) beträgt der gesamte Sickerverlust aus dem Volumelement dV durch die zur x, y-Ebene parallelen Seitenflächen

$$(J_{z+dz} - J_z)\,dx\,dy = \frac{\partial J_z}{\partial z}\,dx\,dy\,dz =$$

$$= -D\,\frac{\partial^2\Phi}{\partial z^2}\,dV. \qquad (5.30.1)$$

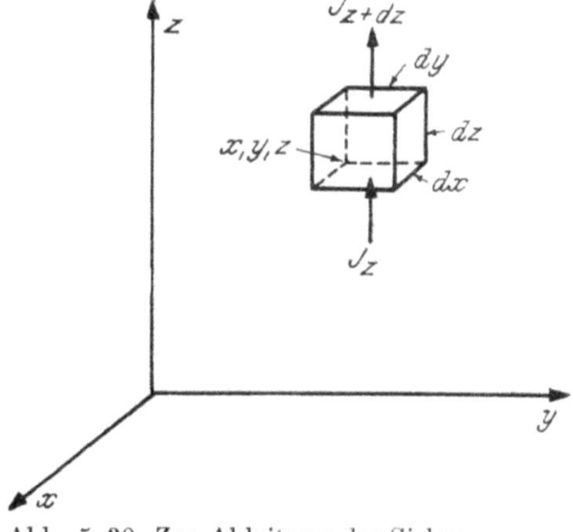

Abb. 5.30. Zur Ableitung der Sickerverluste

5.31. Der Verlust durch die Grenzflächen parallel zur y, z-Ebene und x, z-Ebene beträgt analog

$$-D\,\frac{\partial^2\Phi}{\partial x^2}\,dV \quad \text{und} \quad -D\,\frac{\partial^2\Phi}{\partial y^2}\,dV.$$

Der gesamte Sickerverlust aus dem Volumelement dV ist durch die Summe dieser drei Ausdrücke gegeben. Man erhält den Sickerverlust pro Volumseinheit, indem man durch dV dividiert:

Zahl der Neutronen, die pro sec aus der Volumseinheit austreten

$$= -D\left(\frac{\partial^2\Phi}{\partial x^2} + \frac{\partial^2\Phi}{\partial y^2} + \frac{\partial^2\Phi}{\partial z^2}\right)$$
$$= -D\nabla^2\Phi. \tag{5.31.1}$$

Dabei bezeichnet ∇^2 den Laplace-Operator[1].

5.32. Die Formel (5.31.1) gilt innerhalb der Geltungsgrenzen der Neutronendiffusionstheorie ganz allgemein. Der Laplace-Operator ist in speziellen Koordinaten auszudrücken, die dem individuellen Problem am besten angepaßt sind. Er ist in rechtwinkligen Koordinaten definiert durch

$$\nabla^2 \equiv \frac{\partial^2}{\partial x^2} + \frac{\partial^2}{\partial y^2} + \frac{2}{\partial z^2}, \tag{5.32.1}$$

während er in Polarkoordinaten durch

$$\nabla^2 \equiv \frac{\partial^2}{\partial r^2} + \frac{2}{r}\cdot\frac{\partial}{\partial r} + \frac{1}{r^2\sin\vartheta}\cdot\frac{\partial}{\partial\vartheta}\left(\sin\vartheta\,\frac{\partial}{\partial\vartheta}\right) + \frac{1}{r^2\sin^2\vartheta}\cdot\frac{\partial^2}{\partial\varphi^2} \tag{5.32.2}$$

gegeben ist.

5.33. Gl. (5.31.1) kann direkt aus (5.28.1), oder aus der äquivalenten Gl. (5.17.6) hergeleitet werden. Der gesamte Sickerverlust pro Volumseinheit ist gleich der Divergenz des Vektors $\mathfrak{J}$, daher gilt nach (5.28.1):

Zahl der Neutronen, die pro sec aus der Volumseinheit austreten

$$= -\mathrm{div}\,(D\nabla\Phi) = -D\nabla^2\Phi \tag{5.33.1}$$

in Übereinstimmung mit (5.31.1).

Die Diffusionsgleichung und ihre Anwendungen

Die Diffusionsgleichung

5.34. Der Sickerverlust in der allgemeinen Neutronen-Bilanzgleichung (5.2.1), d. h. der Verlust, ausgedrückt in Neutronen pro cm³ und pro sec, ist durch (5.31.1) gegeben. Wegen des negativen Vorzeichens in diesen beiden Gleichungen wird der zweite Ausdruck in (5.2.1) gleich $D\nabla^2\Phi$.

5.35. Die Zahl der Neutronen, welche pro sec im cm³ absorbiert werden, ist gleich $\Sigma_a\Phi$, wobei Σ_a der makroskopische Absorptionsquerschnitt (§ 3.49) ist. Der Absorptionsterm in (5.2.1) ist daher gleich $-\Sigma_a\Phi$. Wenn man diesen Term und den Sickerverlust einsetzt und die Neutronenproduktion pro cm³ und pro sec mit Q bezeichnet (Quelleistung), so erhält man die Bilanzgleichung

$$D\nabla^2\Phi - \Sigma_a\Phi + Q = \frac{\partial n}{\partial t}. \tag{5.35.1}$$

Diese Gleichung, gewöhnlich als *Diffusionsgleichung* bezeichnet, findet in der Reaktortheorie vielfältige Anwendung. Sie gilt nur für monoenergetische Neutronen und auch dann nur für Aufpunkte, die von starken Quellen, Absorbern

---

[1] Für ∇^2 wird oft auch das Symbol $\triangle$ verwendet.

oder von Grenzflächen zwischen verschiedenen Materialien weiter als zwei bis drei freie Weglängen entfernt sind. Wie wir im weiteren sehen werden, wird die Diffusionsgleichung benützt, um die Verteilung des Neutronenflusses unter verschiedenen Bedingungen zu bestimmen.

Randbedingungen

5.36. Die Diffusionsgleichung (5.35.1) ist eine Differentialgleichung und liefert keine vollständige Darstellung einer speziellen physikalischen Situation, da die allgemeine Lösung einer Differentialgleichung willkürliche Integrationskonstanten enthält. Um diese Konstanten zu bestimmen, werden den Lösungen Einschränkungen in der Form von *Randbedingungen* auferlegt, die sich aus der physikalischen Natur des Problems ergeben. Die Zahl dieser Randbedingungen muß hinreichen, um eine eindeutige Lösung ohne willkürliche Konstanten zu erhalten. Im folgenden Paragraphen betrachten wir einige Randbedingungen, die bei der Lösung des Problems der Neutronenverteilung mit Hilfe von (5.35.1) häufig auftreten.

5.37. *Der Neutronenfluß darf im Diffusionsmedium weder unendlich noch negativ werden.*

Diese Bedingung ist physikalisch selbstverständlich, da der Neutronenfluß einerseits nicht unendlich, andererseits — als Produkt aus Geschwindigkeit und Dichte — nicht negativ werden kann. Er kann aber Null sein und aus diesem Grunde haben wir die obige, besondere Formulierung verwendet.

5.38. *An der Trennfläche zweier Medien mit verschiedenen Diffusionseigenschaften sind der Neutronenfluß und die zur Trennfläche normale Komponente der Stromdichte stetig.*

Wäre Φ_A an der Trennwand verschieden von Φ_B (vgl. Abb. 5.38), d. h. erlitte hier der Neutronenfluß einen Sprung, so wäre an dieser Stelle der Gradient und damit die Stromdichte unendlich groß. Um dies auszuschließen, muß man für die Trennfläche

$$\Phi_A = \Phi_B \qquad (5.38.1)$$

annehmen.

Ebenso kann man schließen, daß die Stromdichte stetig sein muß. Betrachtet man nämlich einen kleinen, auf der Trennfläche senkrecht stehenden, flachen Zylinder mit der Höhe h (Abb. 5.38) und integriert man Gl. (5.35.1) über diesen Zylinder, so folgt

$$\int \operatorname{div} D \operatorname{grad} \Phi \, dV = \int \left(\Sigma_a \Phi - Q + \frac{\partial n}{\partial t} \right) dV.$$

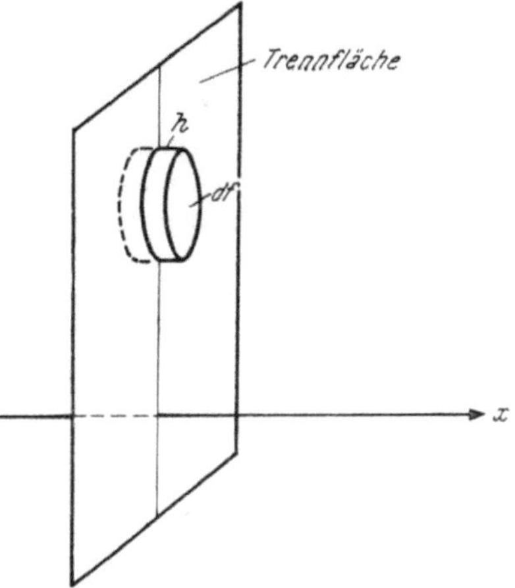

Abb. 5.38. Zur Ableitung der Grenzbedingung an der Trennfläche zweier Medien

Die linke Seite kann nach dem Gaußschen Integralsatz umgeformt werden:

$$\underset{\text{Grundflächen}}{\int} D \operatorname{grad} \Phi \, d\mathfrak{f} + \underset{\text{Mantel}}{\int} D \operatorname{grad} \Phi \, d\mathfrak{f} = \int \left(\Sigma_a \Phi - Q + \frac{\partial n}{\partial t} \right) dV.$$

Lassen wir die Zylinderhöhe h gegen Null gehen, so wird der Flächeninhalt des Mantels Null, und daher verschwindet links das Integral über den Mantel gleichzeitig mit h. Das gleiche ist für das Volumsintegral auf der rechten Seite der Fall. Wählen wir schließlich auch die Grundflächen sehr klein, so wird das Integral über die Grundflächen

$$D_A \, (\text{grad } \Phi)_A \, d\mathfrak{f} - D_B \, (\text{grad } \Phi)_B \, d\mathfrak{f} = 0,$$

und wir erhalten

$$D_B \, (\text{grad } \Phi)_B = D_A \, (\text{grad } \Phi)_A \qquad (5.38.2)$$

oder

$$J_{nA} = J_{nB}.$$

5.39. Die *Grenzbedingung gegen das Vakuum* folgt daraus, daß es im Vakuum keine Zusammenstöße gibt und daher auch keinen Diffusionsstrom vom Vakuum ins Medium. Das Vakuum wirkt daher wie ein vollkommener Absorber. Wir bezeichnen mit $n\,(\mathfrak{r},\mathfrak{e})\,d\Omega$ die Zahl der Neutronen pro cm³ mit Geschwindigkeiten im Richtungsbereich $d\Omega$ um $\mathfrak{e}$. Von diesen Neutronen treten pro sec durch die auf $\mathfrak{e}$ senkrecht stehende Flächeneinheit $n\,(\mathfrak{r},\,\mathfrak{e})\,v\,d\,\Omega$ hindurch. Bedeutet $\mathfrak{n}$ die äußere Normale, d. h. den senkrecht von der Reaktoroberfläche ins Vakuum weisenden Einheitsvektor, so ist

$$n\,(\mathfrak{r},\,\mathfrak{e})\,v\,(\mathfrak{e}\,\mathfrak{n})\,d\Omega = F\,(\mathfrak{r},\,\mathfrak{e})\,(\mathfrak{e}\,\mathfrak{n})\,d\Omega \qquad (5.39.1)$$

die Zahl der in der Richtung $\mathfrak{e}$ durch 1 cm² der Reaktoroberfläche ins Vakuum tretenden Neutronen, wenn $(\mathfrak{e}\,\mathfrak{n}) > 0$ ist. Ist $(\mathfrak{e}\,\mathfrak{n}) < 0$, so gibt (5.39.1) die Zahl der aus dem Vakuum in der Richtung $\mathfrak{e}$ in das Medium durch 1 cm² der Oberfläche eintretenden Neutronen. Diese muß aber Null sein:

$$F\,(\mathfrak{r},\,\mathfrak{e})\,(\mathfrak{e}\,\mathfrak{n})\,d\Omega = 0 \quad \text{für } (\mathfrak{e}\,\mathfrak{n}) < 0. \qquad (5.39.2)$$

Liegt das Flächenelement der Grenzfläche z. B. in der xy-Ebene, zeigt also die Oberflächennormale in die z-Richtung, so lautet (5.39.2)

$$F\,(\mathfrak{r},\,\mathfrak{e})\,e_3\,d\Omega = 0 \quad \text{für alle } e_3 < 0.$$

Diese Bedingung kann im allgemeinen in der Diffusionstheorie nicht für jede beliebige in das Mittel hineinweisende Richtung $\mathfrak{e}$ $(e_3 < 0)$ erfüllt werden, da bei der Diffusionsnäherung nur eine beschränkte Zahl von Konstanten für die Befriedigung von (5.39.2) zur Verfügung steht. Man begnügt sich daher in diesem Falle mit der Forderung, daß der *Gesamtstrom* vom Vakuum ins Mittel verschwinden muß, also

$$\int F\,(\mathfrak{r},\,\mathfrak{e})\,e_3\,d\Omega = 0 \quad \text{für alle } e_3 < 0. \qquad (5.39.3)$$

Um aus (5.39.3) eine einfache Randbedingung zu gewinnen, benützen wir für $F\,(\mathfrak{r},\,\mathfrak{e})$ die Darstellung (5.22.5), wobei wir für $\mathfrak{J}$ trotz der Randnähe den Ausdruck der korrigierten Diffusionstheorie einsetzen. Gl. (5.39.3) erhält so die Gestalt:

$$\int F\,(\mathfrak{r},\,\mathfrak{e})\,e_3\,d\Omega = \int \left[\frac{1}{4\,\pi}\,\Phi\,e_3 - \frac{\lambda_t}{4\,\pi} \left(\frac{\partial \Phi}{\partial x}\,e_1\,e_3 + \frac{\partial \Phi}{\partial y}\,e_2\,e_3 + \frac{\partial \Phi}{\partial z}\,e_3^2 \right) \right] d\Omega,$$

wobei die Integration über den halben Raumwinkel zu erstrecken ist. In $d\Omega = \sin\vartheta\,d\vartheta\,d\varphi$ geht also ϑ von $\pi/2$ bis π und φ von 0 bis $2\,\pi$. Man erhält

$$\frac{1}{4}\,\Phi_0 + \frac{\lambda_t}{6} \left(\frac{\partial \Phi}{\partial z} \right)_0 = 0. \qquad (5.39.4)$$

Der Index Null weist darauf hin, daß sich die Werte auf die Grenzfläche $z = 0$ beziehen. Man erkennt, daß dies nach (5.28.3) auf die Bedingung $J_- = 0$ hinausläuft, wie von vornherein zu erwarten war.

5.40. Der Fluß Φ_0 an der Grenzfläche ist positiv, und aus Gl. (5.39.4) folgt daher, daß die Neigung der Flußverteilung an der Grenzfläche negativ sein muß, wie in Abb. 5.40 schematisch angedeutet ist. Die Randbedingung (5.39.4) kann man in formaler Weise durch eine einfachere, damit gleichwertige Bedingung ersetzen. Extrapoliert man den Neutronenfluß auf rein formale Weise durch einen linearen Verlauf mit der gleichen Neigung $d\Phi_0/dz$, dann würde dieser extrapolierte Fluß in einer Entfernung d verschwinden, die unter Verwendung von (5.39.4) durch

$$\frac{\Phi_0}{d} = -\frac{d\Phi_0}{dz} = +\frac{6\Phi_0}{4\lambda_t} \qquad (5.40.1)$$

gegeben ist. Die Länge d, die sogenannte *Extrapolationsdistanz*, ist daher durch

$$d = \frac{2}{3}\lambda_t \qquad (5.40.2)$$

definiert.

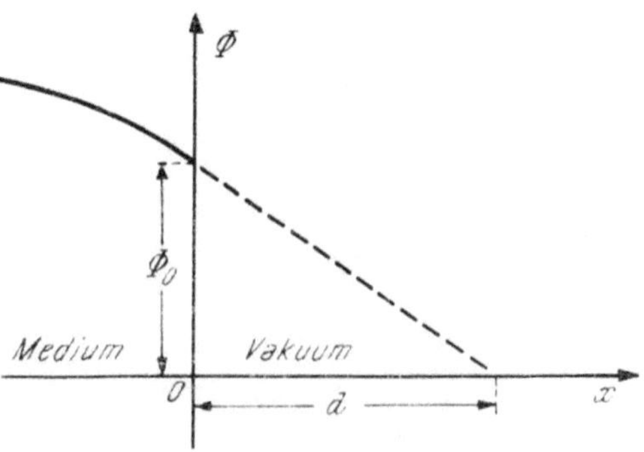

Abb. 5.40. Neutronenfluß an einer Grenzfläche gegen das Vakuum nach der Diffusionstheorie

5.41. Die obige Randbedingung wird oft in folgender Form ausgesprochen: *Der Neutronenfluß verschwindet auf der extrapolierten Grenzfläche, wobei die letztere außerhalb der physikalischen Grenzfläche liegt* und (im Falle einer ebenen Begrenzung) *im Abstand $2\lambda_t/3$ parallel zu dieser verläuft.* Wie wir früher gesehen haben, versagt die Diffusionstheorie, die auf der Formel (5.25.6) beruht, an Stellen, die weniger als zwei bis drei mittlere Transportlängen von der Grenzfläche des Mediums entfernt sind. Man wird daher erwarten, daß die oben ermittelte Extrapolationsdistanz ungenau ist. Zufällig ist der Fehler gegenüber einer strengen Behandlung mit Hilfe der genaueren Transporttheorie nicht groß, was die auf Grund der Diffusionstheorie gewonnenen Ergebnisse rechtfertigt. Für eine ebene Grenzfläche eines schwach absorbierenden Mediums erhält man den strengeren Wert $0{,}71\,\lambda_t$ an Stelle von $0{,}66\,\lambda_t$. Man erzielt also bessere Ergebnisse, wenn man bei Verwendung der Diffusionstheorie den Abstand zwischen extrapolierter Grenzfläche und tatsächlicher Grenzfläche zwischen Diffusionsmittel und Vakuum mit $0{,}71\,\lambda_t$ annimmt.

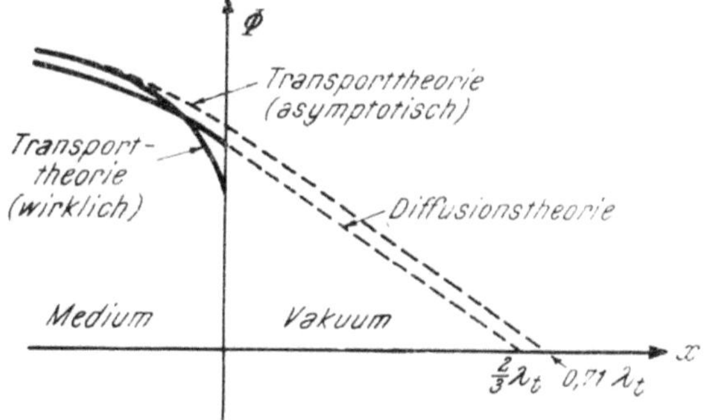

Abb. 5.42. Neutronenfluß an einer Grenzfläche gegen das Vakuum nach der Transporttheorie

5.42. Die Forderung nach dem Verschwinden des Neutronenflusses an der extrapolierten Grenzfläche bedeutet nicht, daß der Neutronenfluß in dieser Entfernung wirklich Null wird. Der Begriff der hypothetischen Randfläche, auf der der linear extrapolierte Fluß verschwindet, ist bloß eine zweckmäßige mathematische Formulierung, um eine einfache Randbedingung zu erhalten. In der Transporttheorie wird der Neutronenfluß in der Extrapolationsdistanz $0{,}71\,\lambda_t$ in der Tat nicht Null. Nach der Transporttheorie ändert sich der Neutronenfluß als Funktion der Entfernung von der Grenzfläche etwa innerhalb einer Streuweglänge beträchtlich (Abb. 5.42).

5.43. Eine Methode zur experimentellen Bestimmung der mittleren Transportweglänge von thermischen Neutronen in einem gegebenen Medium beruht auf folgendem Verfahren. Der Neutronenfluß wird in einigen Punkten des Mediums, nicht zu weit, aber weiter als etwa drei freie Weglängen von der Grenzfläche entfernt gemessen. Die Werte werden als Funktion der Entfernung aufgetragen. An diese Kurve wird in entsprechender Entfernung von der Grenzfläche die Tangente gelegt und mit der z-Achse zum Schnitt gebracht. Dieser Schnittpunkt hat definitionsgemäß die Entfernung 0,71 λ_t von der Grenzfläche.

Lösung der Diffusionsgleichung: Die Wellengleichung

5.44. Die Diffusionsgleichung (5.35.1) soll hier für den stationären Zustand gelöst werden. Sie erhält dann die Gestalt

$$D \nabla^2 \Phi - \Sigma_a \Phi + Q = 0. \tag{5.44.1}$$

Wenn die Neutronenquelle ein Punkt, eine Linie oder eine Ebene ist, dann ist der *Quellterm Q* überall Null mit Ausnahme der Quellstelle. Um das Problem der Flußverteilung in diesen Fällen zu lösen, wird die Differentialgleichung zuerst für $Q = 0$ außerhalb des Quellgebietes gelöst, und dann werden besondere Grenzbedingungen, die wir weiter unten betrachten werden, auf die Quellen angewendet. Für $Q = 0$ reduziert sich (5.44.1) auf die homogene Form, welche außerhalb des Quellgebietes anwendbar ist,

$$D \nabla^2 \Phi - \Sigma_a \Phi = 0 \tag{5.44.2}$$

oder
$$\nabla \Phi^2 - \varkappa^2 \Phi = 0 \tag{5.44.3}$$

mit
$$\varkappa^2 \equiv \frac{\Sigma_a}{D}. \tag{5.44.4}$$

Da Σ_a die Dimension einer reziproken Länge und D die einer Länge hat, ist $\varkappa^2$ ein reziprokes Längenquadrat.

5.45. Die Gl. (5.44.2) wird oft als *Wellengleichung* bezeichnet, da sie formal mit der Gleichung übereinstimmt, welche die Ausbreitung von Wellen im Raum darstellt. Aus den allgemeinen Lösungen der Wellengleichung für verschiedene Geometrien kann die spezielle Lösung des interessierenden Problems abgeleitet werden, indem man sie den geforderten Randbedingungen unterwirft.

Punktquelle im unendlich ausgedehnten Medium

5.46. Wir betrachten eine Punktquelle in einem unendlichen homogenen Diffusionsmedium, welche ein Neutron pro sec aussendet. Wir wählen ein Koordinatensystem mit dem Ursprung in der Punktquelle. Da die Neutronenverteilung in diesem System kugelsymmetrisch ist, ist es zweckmäßig, den Laplaceschen Operator ∇^2 in (5.44.3) gemäß (5.32.2) in sphärischen Koordinaten auszudrücken. Die Flußverteilung ist unabhängig vom Winkel, und die Terme, welche ϑ oder φ enthalten, werden Null. Die quellenfreie Gl. (5.44.3) lautet also

$$\frac{d^2 \Phi}{dr^2} + \frac{2}{r} \cdot \frac{d\Phi}{dr} - \varkappa^2 \Phi = 0, \tag{5.46.1}$$

wobei r die Distanz von der Punktquelle ist. Die Gleichung ist in der Quelle selbst, d. h. für $r = 0$, nicht anwendbar.

5.47. Das Problem hat folgende Grenzbedingungen: (I) Der Fluß Φ ist mit Ausnahme der Quelle überall endlich. (II) Die Zahl der Neutronen, welche durch die Oberfläche einer konzentrischen Kugel ($4\,\pi\,r^2$) treten, muß der Quellstärke gleich werden, wenn der Radius r gegen Null geht. Wenn J die Stromdichte an der Oberfläche der Kugel ist, kann diese Bedingung, *Quellbedingung* genannt, ausgedrückt werden durch

$$\lim_{r \to 0} 4\,\pi\,r^2 J = 1,$$

da vorausgesetzt worden ist, daß die Quelle ein Neutron pro sec aussendet.

5.48. Um (5.46.1) zu lösen, setzen wir $\Phi \equiv u/r$. Die Gleichung reduziert sich dann auf

$$\frac{d^2 u}{d r^2} - \varkappa^2 u = 0. \tag{5.48.1}$$

Da $\varkappa^2$ nach (5.44.4) positiv ist, lautet die allgemeine Lösung von (5.48.1)

$$u = A\,e^{-\varkappa r} + C\,e^{\varkappa r},$$

und es ist daher

$$\Phi = A\,\frac{e^{-\varkappa r}}{r} + C\,\frac{e^{\varkappa r}}{r}, \tag{5.48.2}$$

wobei A und C willkürliche Konstanten sind, welche durch die Grenzbedingungen bestimmt werden. Aus der Bedingung (I) folgt, daß C Null sein muß, da sonst der Fluß für $r \to \infty$ unendlich würde, so daß nur A zu bestimmen bleibt.

5.49. Die Neutronenstromdichte in einem Punkt r ist gegeben durch

$$J = -D\,\frac{d\Phi}{d r} = D A\,e^{-\varkappa r}\,\frac{\varkappa r + 1}{r^2},$$

wobei $d\Phi/dr$ durch Differentiation von (5.48.2) mit $C = 0$ erhalten wurde. Daher gilt

$$\lim_{r \to 0} 4\,\pi\,r^2 J = \lim_{r \to 0} 4\,\pi\,D A\,e^{-\varkappa r}\,(\varkappa r + 1).$$

Auf Grund der Grenzbedingung (II), d. h. der Quellbedingung, muß dies gleich Eins sein, so daß

$$A = \frac{1}{4\,\pi\,D}.$$

Durch Einsetzen von A in (5.48.2) folgt:

$$\Phi = \frac{e^{-\varkappa r}}{4\,\pi\,D r}. \tag{5.49.1}$$

Dieser Ausdruck stellt für den stationären Zustand die Flußverteilung in einem unendlich ausgedehnten Medium in der Umgebung einer Punktquelle dar, welche ein Neutron pro sec aussendet. Man sieht, daß der Fluß in einem homogenen Medium (D und $\varkappa$ konstant) nur vom Abstand r von der Quelle abhängt. Wenn zwei oder mehr Quellen vorhanden sind, erhält man den Neutronenfluß, indem man die individuellen Beiträge der Quellen addiert. Im allgemeinen kann man sich eine beliebige Quelle aus einer Anzahl von Punktquellen aufgebaut denken. Die Lösung ergibt sich dann durch Überlagerung der Lösung für die Punktquellen.

Unendlich ausgedehnte ebene Quelle

5.50. Wir stellen uns eine unendlich ausgedehnte ebene Quelle in einem unendlichen homogenen Medium vor, die pro cm² und sec ein Neutron aussendet. Das Koordinatensystem wird so gewählt, daß die Quellebene mit der Ebene $x = 0$ zusammenfällt. Da die Quelle homogen und unendlich ausgedehnt ist, ist der Fluß von y und z unabhängig. Damit lautet die Diffusionsgleichung (5.44.1)

$$D \frac{d^2 \Phi}{dx^2} - \Sigma_a \Phi + Q(x) = 0. \qquad (5.50.1)$$

Die räumliche Quelldichte $Q(x)$ ist definitionsgemäß durch die pro cm³ und sec erzeugte Neutronenzahl gegeben. Sind die Quellen auf eine achsensenkrechte Ebene $x = 0$ konzentriert, so ist $Q(x)$ überall Null mit Ausnahme von $x = 0$. Wir wählen nun als Volumelement einen Zylinder von der Höhe $2\,x$ und vom Querschnitt df, also $dV = 2\,x\,df$. Ist dN die in diesem Volumelement pro sec erzeugte Neutronenzahl, so folgt definitionsgemäß

$$Q(x)\,dV = dN \quad \text{oder} \quad Q(x)\,2\,x\,df = dN = Q_f\,df,$$

wobei Q_f die Zahl der von der Flächenquelle pro cm² und sec emittierten Neutronen bedeutet. Für eine ebene Einheitsquelle ist $Q_f = 1$. Aus

$$Q(x) \cdot 2\,x = 1$$

folgt, daß $Q(x)$ für $x = 0$ unendlich werden muß. Allgemein ergibt sich aus $Q(x)\,dV = dN$ die Zahl der insgesamt erzeugten Neutronen zu

$$N = \int Q(x)\,dV.$$

Im Fall der ebenen Einheitsquelle wird in einem Zylinder vom Querschnitt $1\ \text{cm}^2$ wegen $dV = 1 \cdot dx$

$$\int_{-\infty}^{\infty} Q(x)\,dx = 1$$

Neutron erzeugt. Für eine ebene Einheitsquelle (Flächenquelle) hat also die Quelldichte $Q(x)$ die Eigenschaften:

1. $Q(x)$ ist überall Null mit Ausnahme von $x \to 0$, wo Q unendlich wird.

2. $\displaystyle\int_a^b Q(x)\,dx = 1$, wenn das Intervall (a, b) den Nullpunkt einschließt, sonst ist es nach 1. gleich Null.

Die Funktion mit den Eigenschaften 1. und 2. spielt als sogenannte Deltafunktion $\delta(x)$ eine wichtige Rolle in vielen Gebieten der Physik. Die Quelldichte der ebenen Einheitsquelle an der Stelle $x = 0$ ist also durch die Deltafunktion

$$Q(x) = \delta(x),$$

dargestellt, so daß (5.50.1) die Gestalt erhält:

$$D \frac{d^2 \Phi}{dx^2} - \Sigma_a \Phi + \delta(x) = 0. \qquad (5.50.2)$$

Analog zu § 5.47 erhält man die Grenzbedingungen durch Integration von (5.50.2) über den Nullpunkt hinweg, d. h. von A nach B

$$D \int_{-\varepsilon}^{+\varepsilon} \frac{d^2\Phi}{dx^2}\, dx - \Sigma_a \int_{-\varepsilon}^{+\varepsilon} \Phi\, dx + \int_{-\varepsilon}^{+\varepsilon} \delta(x)\, dx = 0$$

oder

$$D \left(\frac{d\Phi}{dx}\right)_B - D \left(\frac{d\Phi}{dx}\right)_A - \Sigma_a \Phi\, 2\varepsilon + 1 = 0,$$

also für $\varepsilon \to 0$ und (5.28.5)

$$J_B - J_A = 1. \tag{5.50.3}$$

Diese Grenzbedingung für die Stromdichte folgt auch direkt aus der Anschauung
Bezeichnen wir den Strom ohne Quellen mit J^*, so folgt aus (5.38.2)

$$J_B^* - J_A^* = 0. \tag{5.50.4}$$

Sendet nun die Flächeneinheitsquelle den Bruchteil τ nach links, daher den
Bruchteil $1 - \tau$ nach rechts, so wird $J_A = J^*_A - \tau$ und $J_B = J^*_B + (1 - \tau)$.
Wenn wir für J^*_A und J^*_B in (5.50.4) einsetzen, ergibt sich wiederum (5.50.3).

5.51. Die allgemeine Lösung von (5.50.1) ist

$$\Phi_A = A' e^{-\varkappa x} + C' e^{\varkappa x} \quad \text{für } x < 0,$$
$$\Phi_B = A e^{-\varkappa x} + C e^{\varkappa x} \quad \text{für } x > 0. \tag{5.51.1}$$

Da im Bereich B (d. h. $x > 0$) der Fluß Φ_B für $x \to \infty$ endlich bleiben muß,
folgt $C = 0$, also $\Phi_B = A\, e^{-\varkappa x}$. Analog folgt aus der Forderung, daß für $x =$
$= -\infty$ der Fluß Φ_A endlich bleibt, $\Phi_A = C'\, e^{\varkappa x}$. Nach der Stetigkeitsforderung
für den Fluß (§ 5.38) ist

$$C' = A.$$

Man hat also

$$\Phi_A = A\, e^{\varkappa x}, \qquad \Phi_B = A\, e^{-\varkappa x}. \tag{5.51.2}$$

Aus der Quellbedingung folgt:

$$(J_B - J_A)_{x=0} = D \left(\frac{d\Phi_A}{dx}\right)_{x=0} - D \left(\frac{d\Phi_B}{dx}\right)_{x=0} = (D\varkappa A\, e^{\varkappa x} + D\varkappa A\, e^{-\varkappa x})_{x=0} = 1,$$

so daß

$$A = \frac{1}{2\varkappa D}.$$

Führt man den Wert von A in (5.51.2) ein, so ergibt sich

$$\Phi = \frac{e^{-\varkappa x}}{2\varkappa D} \tag{5.51.3}$$

für die stationäre Flußverteilung in der Entfernung x von einer unendlichen
ebenen Quelle, die ein Neutron pro cm^2 und sec emittiert.

5.52. Nach § 5.49 ist es möglich, eine beliebige Neutronenquelle aus Punktquellen aufzubauen und die Lösung durch Überlagerung zu erhalten. Um dies
zu zeigen, berechnen wir die Flußverteilung für eine unendliche ebene Quelle.

Da die Ergebnisse für jede superponierbare Funktion gelten, behandeln wir zuerst den allgemeinen Fall. Man betrachte einen Ring vom Radius a und der Dicke da, der in einer Ebene liegt (Abb. 5.52). Die Fläche dieses Ringes ist $2\pi a\, da$ und kann aus $2\pi a\, da$ Punktquellen aufgebaut gedacht werden. In einem Feldpunkt P auf der x-Achse, welche normal zur Quellebene steht, und in einer Entfernung r vom Ring sei der Wert der superponierbaren Funktion $G_{\mathrm{Pkt}}(r)$. Dann wird die zu dem betrachteten Ring gehörende Funktion in demselben Punkt gleich $G_{\mathrm{Pkt}}(r)\, 2\pi a\, da$. Um den Wert der Funktion G_{Eb}, welche zur ganzen unendlichen ebenen Quelle gehört, im Punkt P zu erhalten, wird dieser Ausdruck über alle Werte von a von Null bis Unendlich integriert. Also

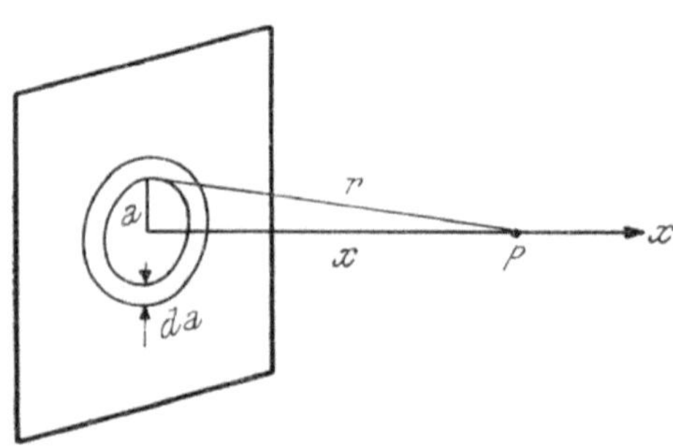

Abb. 5.52. Aufbau einer Flächenquelle durch Superposition von Punktquellen

$$G_{\mathrm{Eb}} = \int_0^\infty G_{\mathrm{Pkt}}(r)\, 2\pi a\, da. \qquad (5.52.1)$$

5.53. Im betrachteten Fall ist G_{Pkt} der Fluß, der von einer Punktquelle in der Entfernung r erzeugt und durch (5.49.1) gegeben wird. Der von einer unendlichen ebenen Quelle erzeugte Fluß ist daher nach (5.52.1) durch

$$\Phi = \int_0^\infty \frac{e^{-\varkappa r}}{4\pi D r}\, 2\pi a\, da = \frac{1}{2D} \int_0^\infty \frac{e^{-\varkappa r}}{r}\, a\, da \qquad (5.53.1)$$

gegeben. Wenn x die Koordinate des Punktes P darstellt, ist nach Abb. 5.52

$$r^2 = a^2 + x^2$$

und daher

$$r\, dr = a\, da. \qquad (5.53.2)$$

Eine Substitution der Variablen mit Hilfe dieser Beziehungen führt (5.53.1) über in

$$\Phi = \frac{1}{2D} \int_x^\infty e^{-\varkappa r}\, dr.$$

Dabei sind die Integrationsgrenzen über r jetzt x und ∞, entsprechend 0 und ∞ für a. Die Integration ergibt

$$\Phi = \frac{e^{-\varkappa x}}{2\varkappa D}$$

für eine unendliche ebene Quelle in Übereinstimmung mit (5.51.2).

Unendliche ebene Quelle in einem Medium endlicher Dicke

5.54. Wenn die Neutronen von einer unendlich ausgedehnten Quelle in eine Schicht von unendlicher Ausdehnung aber endlicher Dicke diffundieren, ist die Flußverteilung etwas verschieden von dem oben betrachteten Fall, wo die Dicke des Diffusionsmittels unendlich angenommen wurde. Um die Resultate vergleichen zu können, werde vorausgesetzt, daß sich die Quelle in einer Symmetrieebene befinde. Die gleichen Überlegungen wie oben im Fall der unendlich ausgedehnten ebenen Quelle führen zu der Quellbedingung (5.50.3). Die allgemeine Lösung (5.51.1) kann auch für das vorliegende Problem angewendet werden. Da aber das Diffusionsmedium endliche Dicke hat, fällt das zweite Glied nicht weg. Zur Festlegung der willkürlichen Konstanten A und C muß eine zusätzliche Grenzbedingung eingeführt werden. Der Fluß soll in der hypothetischen extrapolierten Grenzebene (§ 5.41) verschwinden. Wenn a die Dicke der Platte *einschließlich* der Extrapolationsdistanz $0{,}71\,\lambda_t$ ist (Abb. 5.54), dann soll die Substitution dieses Wertes für x in (5.51.1) den Fluß Null ergeben. Es ist daher

$$\Phi_B = A\,e^{-\varkappa a} + C\,e^{\varkappa a} = 0 \qquad (5.54.1)$$

oder

$$C = -\,A\,e^{-2\varkappa a}.$$

Wenn man diesen Wert für C in (5.51.1) einträgt, wird der allgemeine Ausdruck für die Flußverteilung

$$\Phi_B = A\left[e^{-\varkappa x} - e^{-\varkappa\,(2a-x)}\right],$$

und indem man a durch $-a$ ersetzt,

$$\Phi_A = A'\left[e^{-\varkappa x} - e^{\varkappa\,(2a+x)}\right].$$

Mit $\Phi_B(0) = \Phi_A(0)$ erhält man

$$A' = A\,\frac{1 - e^{-2\varkappa a}}{1 - e^{2\varkappa a}}.$$

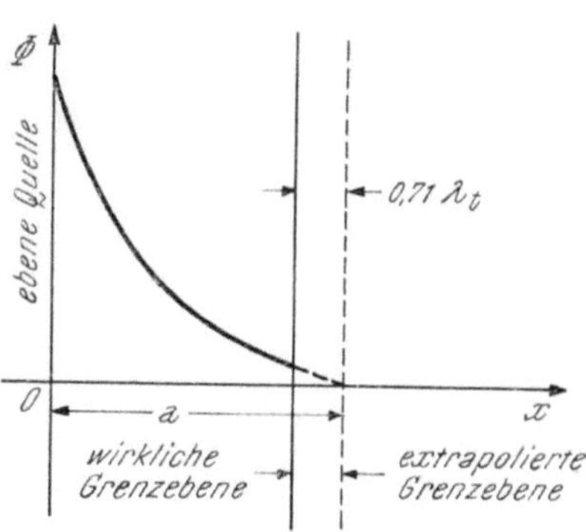

Abb. 5.54. Neutronenfluß in einer ebenen Platte mit ebener Quelle

5.55. Um A zu bestimmen, macht man wie oben von der Quellbedingung Gebrauch: in der Quellebene ist $J_B - J_A = 1$.

Mit
$$J_B = \varkappa D A\,(1 + e^{-2\varkappa a}) \quad \text{und} \quad J_A = \varkappa D A\,\frac{1 - e^{-2\varkappa a}}{1 - e^{2\varkappa a}}\,(1 + e^{2\varkappa a})$$

folgt
$$\varkappa D A\left[(1 + e^{-2\varkappa a}) - \frac{(1 - e^{-2\varkappa a})(1 + e^{2\varkappa a})}{(1 - e^{2\varkappa a})}\right] = 1$$

und weiter
$$A = \frac{1}{2\,\varkappa D\,(1 + e^{-2\varkappa a})}.$$

Daher ist die Flußverteilung im stationären Zustand gemäß (5.54.1) gegeben durch

$$\Phi = \frac{e^{-\varkappa x} - e^{-\varkappa\,(2a - x)}}{2\,\varkappa D\,(1 + e^{-2\varkappa a})}. \qquad (5.55.1)$$

Wenn a sehr groß ist, d. h. für ein unendlich ausgedehntes Medium, nähern sich $e^{-\varkappa(2a - x)}$ und $e^{-2\varkappa a}$ Null, und (5.55.1) wird — wie es sein muß — identisch mit (5.51.3).

5.56. Gl. (5.55.1) kann in einer anderen Form geschrieben werden, wenn man die hyperbolischen Funktionen, also

$$\operatorname{sh} u = \frac{1}{2}\,(e^u - e^{-u}) \quad \text{und} \quad \operatorname{ch} u = \frac{1}{2}\,(e^u + e^{-u}),$$

einführt. Durch Erweiterung des Zählers und des Nenners von (5.55.1) mit $e^{\varkappa a}$ ergibt sich

$$\Phi = \frac{\operatorname{sh}\varkappa\,(a - x)}{2\,\varkappa D\,\operatorname{ch}\varkappa a}. \qquad (5.56.1)$$

5.57. Die Wirkung der endlichen Dicke des Diffusionsmediums kann man aus Abb. 5.57 ersehen, wo das Verhältnis des Flusses zur Quellstärke Q, ausgedrückt in Neutronen pro cm^2 und sec, als Funktion der Entfernung x von der Quellebene dargestellt ist. Die Kurven gelten für ein unendliches Medium und für Medien von drei verschiedenen Dicken mit $\varkappa a = 1$, 2 und 3. Für $\varkappa$ wurde 0,02 cm^{-1}, der Wert von Graphit, gesetzt. D ist 0,90 cm. Wenn $\varkappa a = 3$, ist die Flußverteilung nur wenig von der in einem unendlich ausgedehnten Medium verschieden.

Ein Unterschied ist nur in der Nähe der Grenze festzustellen. Dieses Resultat gilt ganz allgemein, denn $\varkappa a$ bestimmt die Abnahme des Flusses mit der Entfernung von der Quelle. Wenn also die Dicke des Mediums einschließlich der extrapolierten Entfernung ungefähr gleich $3/\varkappa$ oder größer ist, dann stimmt der Fluß bis zu einer Entfernung der Größenordnung $1/\varkappa$ von der Grenze im we-

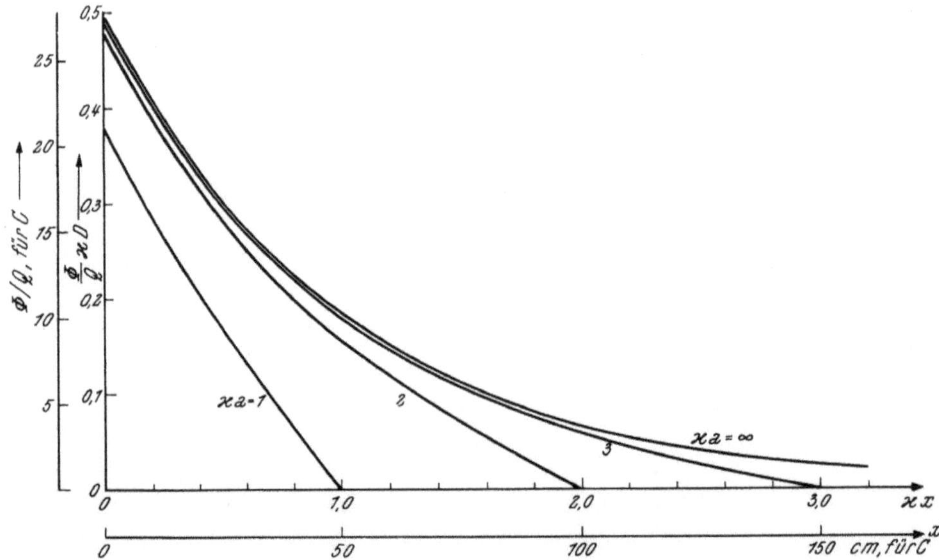

Abb. 5.57. Relativer Fluß in ebenen Platten verschiedener Dicke als Funktion der Entfernung von der Quelle

sentlichen mit dem in einem unendlich ausgedehnten Medium überein: Wir werden in § 5.64 sehen, daß $1/\varkappa$ als Diffusionslänge bezeichnet wird. Ist also die Dicke eines Mediums wenigstens dreimal so groß wie die Diffusionslänge, so kann das Medium in Gebieten, die von der Grenzebene um mehr als eine Diffusionslänge entfernt sind, als unendlich ausgedehnt betrachtet werden.

5.58. Man beachte die physikalische Bedeutung der in Abb. 5.57 dargestellten Resultate. Aus dem unendlich ausgedehnten Medium können keine Neutronen entweichen, während eine Schichte von endlicher Dicke einen Sickerverlust aufweist. Wenn die Dicke drei- oder viermal so groß wie die Diffusionslänge ist, werden die meisten Neutronen zurückgestreut, bevor sie die Grenzfläche erreichen, und die Sickerverluste sind sehr gering. Dünnere Schichten haben größere Neutronenverluste, und der Fluß fällt gegen die Grenzen zu rasch ab. Dieses Verhalten zeigt sich sehr ausgeprägt, wenn die extrapolierte Dicke gleich der Diffusionslänge ist, d. h. wenn $\varkappa a = 1$ wird. In diesem Fall wird nur ein relativ kleiner Bruchteil der Neutronen zurückgestreut, bevor sie die Grenze erreichen, und das Abfallen des Flusses ist sogar in der Nähe der Quelle sehr ausgeprägt.

Ebene Quelle und zwei Schichten endlicher Dicke

5.59. Wir wollen nun den Fall einer unendlichen ebenen Neutronenquelle behandeln, welche an zwei benachbarte Schichten endlicher Dicke angrenzt, die aus verschiedenem Material bestehen (Abb. 5.59). An diesem Fall kann die Anwendung der Grenzbedingungen aus § 5.38 besonders klar gezeigt werden.

Die beiden Materialien sollen mittels der Indizes 1 und 2 unterschieden werden (Abb. 5.59), so daß sich $\varkappa_1$ und D_1 auf die der Quelle benachbarte Schicht beziehen, $\varkappa_2$ und D_2 auf die andere. Es sei a die Dicke der Schicht 1, b die Dicke beider Schichten einschließlich der Extrapolationsdistanz $0{,}71\,\lambda_t$. Wie früher soll nur die Flußverteilung in der positiven x-Richtung betrachtet werden. Diese ist für eine unendliche ebene Quelle von y und z unabhängig. Die Quelle soll pro cm² und sec nach beiden Seiten insgesamt Q_f Neutronen emittieren. Um definierte Randbedingungen zu haben, nehmen wir auch links der Quellebene symmetrisch die gleichen Schichten an.

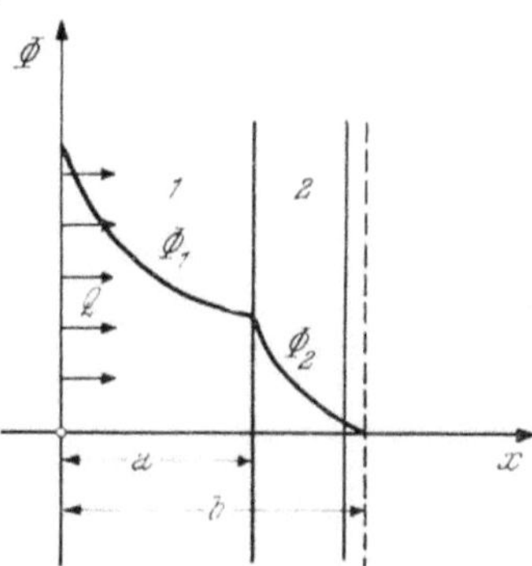

Abb. 5.59. Flußverteilung bei einer Flächenquelle in zwei benachbarten Medien endlicher Dicke

5.60. Für jede Schicht gilt eine Wellengleichung der Form (5.50.1), und die allgemeinen Lösungen lauten daher

$$\Phi_1 = A_1\,e^{-\varkappa_1 x} + C_1\,e^{\varkappa_1 x} \qquad (5.60.1)$$

und

$$\Phi_2 = A_2\,e^{-\varkappa_2 x} + C_2\,e^{\varkappa_2 x}. \qquad (5.60.2)$$

Wir haben also hier vier willkürliche Konstanten und berechnen sie aus folgenden Grenzbedingungen.

(I) Der Fluß verschwindet in der extrapolierten Grenzfläche der äußeren Schicht, d. h. $\Phi_2 = 0$ für $x = b$.

(II) Die Neutronenflüsse sind an der Trennungsfläche der Schichten gleich groß, d. h. $\Phi_1 = \Phi_2$ für $x = a$.

(III) Die Stromdichten sind an der Trennungsfläche gleich, d. h. $J_1 = J_2$ für $x = a$.

Das sind drei Gleichungen für die vier Konstanten A_1, C_1, A_2, C_2, so daß wir drei von ihnen durch die verbleibende, z. B. A_2, ausdrücken können.

5.61. Ausführlicher geschrieben lauten diese Gleichungen:

$$A_2\,e^{-\varkappa_2 b} + C_2\,e^{\varkappa_2 b} = 0 \qquad (5.61.1)$$

$$A_1\,e^{-\varkappa_1 a} + C_1\,e^{\varkappa_1 a} = A_2\,e^{-\varkappa_2 a} + C_2\,e^{\varkappa_2 a}$$

$$\varkappa_1 D_1\,(C_1\,e^{\varkappa_1 a} - A_1\,e^{-\varkappa_1 a}) = \varkappa_2 D_2\,(C_2\,e^{\varkappa_2 a} - A_2\,e^{-\varkappa_2 a}).$$

Hieraus folgt für A_1 und C_1

$$A_1 = \frac{1}{2}\,A_2\,e^{a\,(\varkappa_1 - \varkappa_2)}\left[(1 - e^{2\varkappa_2\,(a-b)}) + \frac{\varkappa_2 D_2}{\varkappa_1 D_1}\,(1 + e^{2\varkappa_2\,(a-b)})\right] \qquad (5.61.2)$$

$$C_1 = \frac{1}{2}\,A_2\,e^{-a\,(\varkappa_1 + \varkappa_2)}\left[(1 - e^{2\varkappa_2\,(a-b)}) - \frac{\varkappa_2 D_2}{\varkappa_1 D_1}\,(1 + e^{2\varkappa_2\,(a-b)})\right]. \qquad (5.61.3)$$

Aus der ersten Gl. (5.61.1) folgt unmittelbar C_2. Der Fluß $\Phi_1 = \Phi_B$ rechts der Quellebene Gl. (5.60.2) lautet:

$$\Phi_B = 2\,A_2\,e^{-\varkappa_2 b}\left[\text{sh}\,\varkappa_2\,(b-a)\,\text{ch}\,\varkappa_1\,(a-x) + \frac{\varkappa_2 D_2}{\varkappa_1 D_1}\,\text{ch}\,\varkappa_2\,(b-a)\,\text{sh}\,\varkappa_1\,(a-x)\right].$$

$$(5.61.4)$$

Aus Symmetriegründen erhält man den Fluß Φ_A links der Quellebene, indem man in (5.61.4) a und b durch $-a$ bzw. $-b$ ersetzt:

$$\Phi_A = 2\,A_2{}'e^{\varkappa_2 b}\left[-\text{sh}\,\varkappa_2\,(b-a)\,\text{ch}\,\varkappa_1\,(a+x) - \frac{\varkappa_2 D_2}{\varkappa_1 D_1}\,\text{ch}\,\varkappa_2\,(b-a)\,\text{sh}\,\varkappa_1\,(a+x)\right].$$

$$(5.61.5)$$

Aus der Stetigkeit des Flusses $\Phi_B = \Phi_A$ für $x = 0$ folgt

$$A_2{}' = -A_2\,e^{-2\varkappa_2 b}. \qquad (5.61.6)$$

Der Wert der Konstanten A_2 folgt aus der Quellbedingung (5.50.3)

$$J_B - J_A = Q_f$$

oder

$$\left(\frac{\partial\,\Phi_A}{\partial\,x}\right)_0 - \left(\frac{\partial\,\Phi_B}{\partial\,x}\right)_0 = \frac{Q_f}{D_1}.$$

Mit (5.61.4) und (5.61.5) ergibt sich

$$A_2 = \frac{Q_f\,e^{\varkappa_2 b}}{4\varkappa_1 D_1}\cdot\frac{1}{\text{sh}\,\varkappa_2\,(b-a)\,\text{sh}\,\varkappa_1\,a + \dfrac{\varkappa_2 D_2}{\varkappa_1 D_1}\,\text{ch}\,\varkappa_2\,(b-a)\,\text{ch}\,\varkappa_1\,a}.$$

Daraus folgt endgültig

$$\Phi_1 = \frac{Q_f}{2\varkappa_1 D_1}\cdot\frac{\text{sh}\,\varkappa_2(b-a)\,\text{ch}\,\varkappa_1\,(a-x) + \dfrac{\varkappa_2 D_2}{\varkappa_1 D_1}\,\text{ch}\,\varkappa_2\,(b-a)\,\text{sh}\,\varkappa_1\,(a-x)}{\text{sh}\,\varkappa_2\,(b-a)\,\text{sh}\,\varkappa_1\,a + \dfrac{\varkappa_2 D_2}{\varkappa_1 D_1}\,\text{ch}\,\varkappa_2\,(b-a)\,\text{ch}\,\varkappa_1\,a}.$$

$$(5.61.7)$$

Ganz analog findet man Φ_2, womit die Neutronenflußverteilung in beiden Schichten bekannt ist.

Die Diffusionslänge

Die Bedeutung der Diffusionslänge

5.62. Bisher haben wir nur monoenergetische Neutronen in Betracht gezogen. Im thermischen Reaktor gibt es natürlich Neutronen mit Energien von einigen MeV bis herab zu Bruchteilen eines eV. Auch die thermischen Neutronen haben nicht alle die gleiche Energie, sondern verhalten sich, wie in § 3.53 festgestellt wurde, in schwach absorbierenden Medien ungefähr so wie monoenergetische Neutronen mit entsprechend gemittelten Absorptionsquerschnitten und mittlerer freier Weglänge. Die folgende Diskussion bezieht sich insbesondere auf die für unsere Zwecke wichtigen thermischen Neutronen, wobei die früher für monoenergetische Neutronen hergeleiteten Resultate verwendet werden.

5.63. Die Flußverteilung um eine Punktquelle ist durch (5.49.1) gegeben. Daraus kann man einen Ausdruck für die mittlere Entfernung, welche ein thermisches Neutron vom Punkt seiner Entstehung bis zu dem seiner Absorption zurücklegt, also das räumliche Moment erster Ordnung des Flusses, herleiten. An Stelle dieser Größe berechnen wir jedoch im Hinblick auf spätere Entwicklungen das Moment zweiter Ordnung, d. h. das mittlere Verschiebungsquadrat eines thermischen Neutrons zwischen Entstehung und Einfang. Φ sei der Neutronenfluß pro cm^2 und sec in der Entfernung r von einer Punktquelle. Pro cm^3 und sec werden dort $\Sigma_a \Phi$ Neutronen absorbiert. In einem Kugelschalenelement mit dem Radius r und der Dicke dr, d. h. mit dem Volumen $4\pi r^2 dr$, das die Punktquelle umgibt, werden pro sec $4\pi r^2 dr \Sigma_a \Phi$ Neutronen eingefangen. Dies ist ein Maß der Wahrscheinlichkeit dafür, daß zwischen r und $r + dr$ ein Neutron absorbiert wird. Das mittlere Verschiebungsquadrat $\overline{r^2}$ für den Weg eines Neutrons von der Quelle bis zu dem Punkt, an dem es absorbiert wird, ist daher gegeben durch

$$\overline{r^2} = \frac{\int\limits_0^\infty r^2 \left(4\pi r^2 \Sigma_a \Phi\right) dr}{\int\limits_0^\infty 4\pi r^2 \Sigma_a \Phi \, dr}. \tag{5.63.1}$$

Da Φ hier den Fluß in der Umgebung einer Punktquelle darstellt, kann (5.49.1) eingesetzt werden und (5.63.1) geht über in

$$\overline{r^2} = \frac{\int\limits_0^\infty r^3 e^{-\varkappa r} dr}{\int\limits_0^\infty r e^{-\varkappa r} dr} = \frac{\dfrac{6}{\varkappa^4}}{\dfrac{1}{\varkappa^2}} = \frac{6}{\varkappa^2}. \tag{5.63.2}$$

5.64. Als *Diffusionslänge L* der Neutronen definiert man den reziproken Wert von $\varkappa$. Sie hat also die Dimension einer Länge und ist gegeben durch

$$L \equiv \frac{1}{\varkappa} = \sqrt{\frac{D}{\Sigma_a}} \ \text{cm}, \tag{5.64.1}$$

da nach (5.44.4) $\varkappa^2$ durch Σ_a/D definiert ist. Es folgt daher aus (5.63.2)

$$L^2 = \frac{\overline{r^2}}{6}. \tag{5.64.2}$$

Das Quadrat der Diffusionslänge ist also gleich einem Sechstel des mittleren Verschiebungsquadrates für den Weg eines thermischen Neutrons von dem Punkt, an dem es thermisch wird, bis zu dem Punkt, an dem es absorbiert wird.

5.65. Wenn $\varkappa$ in (5.51.1), der Gleichung für die Diffusion aus einer ebenen Quelle in ein unendlich ausgedehntes Medium, durch $1/L$ ersetzt wird, ergibt sich

$$\Phi = A\, e^{-x/L}. \tag{5.65.1}$$

In diesem Fall ist also die Diffusionslänge der Relaxationslänge äquivalent (§ 3.47).

5.66. Ist der Absorber schwach, so erhält man mit (5.64.1) und (5.26.6)

$$\frac{1}{L^2} = \varkappa^2 = 3\,\Sigma_s \Sigma_a \left(1 - \overline{\mu_0}\right),$$

was sich für ein Material hoher Massenzahl auf

$$\frac{1}{L^2} = \varkappa^2 = 3\,\Sigma_s\,\Sigma_a$$

reduziert, da $\overline{\mu_0}$ dann nach (5.26.4) klein gegen Eins ist.

Messung der Diffusionslänge

5.67. Wenn es möglich wäre, eine unendlich ausgedehnte ebene Quelle von thermischen Neutronen in einem unendlich ausgedehnten Medium zu schaffen, so könnte die Diffusionslänge aus Messungen bestimmt werden, welche die Veränderungen des Flusses mit dem Abstand von der Quelle feststellen. Es folgt nämlich aus (5.65.1), daß

$$\frac{d\ln\Phi}{dx} = -\frac{1}{L}, \qquad (5.67.1)$$

so daß eine Darstellung der experimentellen Werte von $\ln\Phi$ als Funktion der Entfernung x von der Quelle eine Gerade mit der Neigung $-1/L$ ergibt. Experimente müssen aber mit *endlichen* Quellen in *endlichen* Medien gemacht werden, und die Resultate können nicht auf Grund des einfachen Ausdruckes (5.65.1) analysiert werden. Im endlichen Medium treten Sickerverluste auf, die bei der Auswertung der experimentellen Daten berücksichtigt werden müssen.

5.68. Wir betrachten ein langes rechtwinkliges Parallelepiped aus Moderatormaterial. In diesem Moderator soll die Diffusionslänge mit Hilfe einer kleinen Neutronenquelle gemessen werden, die an einem Ende angebracht ist. Handelt es sich um einen guten Moderator, dann werden die meisten Neutronen schon in relativ geringer Entfernung von der Quelle abgebremst worden sein (s. § 6.154), so daß sich der Neutronenfluß in nicht zu großer Entfernung von der Quelle bereits so verhält, als ob er von einer ebenen Quelle thermischer Neutronen herkäme.

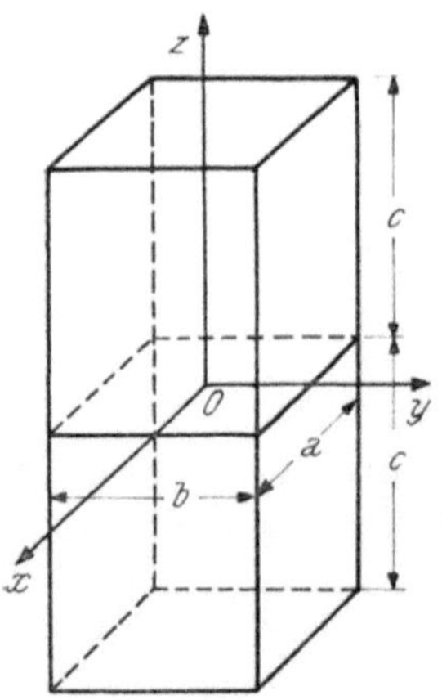

Abb. 5.69. Probeblock zur Messung der Diffusionslänge

5.69. Diese ebene Quelle von thermischen Neutronen liege in der Ebene $z = 0$ des Moderatorblocks (Abb. 5.69). a, b und c seien die Kanten des Blocks, wobei a und b jeweils die doppelte, c die einfache Extrapolationsdistanz einschließt.

5.70. Die Wellengleichung für positive z-Werte lautet

$$\nabla^2\Phi - \varkappa^2\Phi = 0.$$

Dazu kommen die Grenzbedingungen:

1. Der Fluß ist überall endlich und nicht negativ.

2. Der Fluß ist Null in den extrapolierten Grenzflächen; also

a) $\Phi\left(\pm\dfrac{a}{2},\,y,\,z\right) = 0$,   d. h. $\Phi = 0$ für $x = \pm\dfrac{a}{2}$,

b) $\Phi\left(x,\,\pm\dfrac{b}{2},\,z\right) = 0$,   d. h. $\Phi = 0$ für $y = \pm\dfrac{b}{2}$,

c) $\Phi\left(x,\,y,\,c\right) = 0$,   d. h. $\Phi = 0$ für $z = c$.

3. Um definierte Randbedingungen zu erhalten, nehmen wir ähnlich wie in § 5.60 unterhalb der Quellebene symmetrisch das gleiche Parallelepiped an (s. Abb. 5.69). Die Quellbedingung lautet dann für eine ebene Quelle der Stärke $Q_f(x, y)$ in der Ebene $z = 0$

$$J_B - J_A = Q_f(x, y) \text{ für } z = 0. \tag{5.70.1}$$

5.71. In rechtwinkligen Koordinaten lautet die Wellengleichung

$$\frac{\partial^2 \Phi}{\partial x^2} + \frac{\partial^2 \Phi}{\partial y^2} + \frac{\partial^2 \Phi}{\partial^2 z} - \varkappa^2 \Phi = 0. \tag{5.71.1}$$

Wir versuchen den „Separationsansatz"

$$\Phi = X(x)\, Y(y) Z(z), \tag{5.71.2}$$

wo $X(x)$ eine Funktion von x allein, $Y(y)$ von y allein und $Z(z)$ von z allein ist. Einsetzen in (5.71.1) und Division durch $X\,Y\,Z$ ergibt

$$\frac{1}{X} \cdot \frac{d^2 X}{d x^2} + \frac{1}{Y} \cdot \frac{d^2 Y}{d y^2} + \frac{1}{Z} \cdot \frac{d^2 Z}{d z^2} - \varkappa^2 = 0. \tag{5.71.3}$$

5.72. Jeder von den ersten drei Termen von (5.71.3) ist eine Funktion von nur einer unabhängigen Variablen, und so ist sein Wert unabhängig von den Werten der anderen Terme. Da $\varkappa^2$ konstant ist, kann diese Bedingung nur erfüllt werden, wenn jeder einzelne Term in (5.71.3) konstant ist; also

$$\frac{1}{X} \cdot \frac{d^2 X}{d x^2} = -\alpha^2, \tag{5.72.1}$$

$$\frac{1}{Y} \cdot \frac{d^2 Y}{d y^2} = -\beta^2, \tag{5.72.2}$$

$$\frac{1}{Z} \cdot \frac{d^2 Z}{d z^2} = \gamma^2, \tag{5.72.3}$$

wobei α^2, β^2 und γ^2 positive reelle Größen sind, die der Bedingung

$$-\alpha^2 - \beta^2 + \gamma^2 - \varkappa^2 = 0 \tag{5.72.4}$$

genügen.

5.73. Die negativen Vorzeichen vor α^2 und β^2 wurden aus gutem Grunde gewählt, wie sogleich ersichtlich sein wird. In einer Differentialgleichung der allgemeinen Form

$$\frac{d^2 X}{d x^2} + k^2 X = 0 \tag{5.73.1}$$

hängt die Lösung davon ab, ob k^2 eine positive oder negative Größe ist. Im ersten Fall, d. h. wenn $k^2 > 0$, ist die Lösung eine Summe von Exponentialfunktionen mit imaginärem Argument, welche durch eine Summe von Sinus- und Cosinustermen ausgedrückt werden kann; also

$$X = A \cos kx + C \sin kx. \tag{5.73.2}$$

Wenn hingegen $k^2 < 0$, ist die Lösung eine Summe von reellen Exponentialfunktionen oder hyperbolischen Sinus- und Cosinustermen; also

$$X = A \operatorname{ch} kx + C \operatorname{sh} kx, \tag{5.73.3}$$

wobei A und C willkürliche Konstanten sind.

5.74. Die geeignete Lösung des vorliegenden Problems kann aus den Grenzbedingungen hergeleitet werden. Vor allem muß die Verteilung symmetrisch in den x- und y-Koordinaten sein, da die Quelle im Mittelpunkt der x, y-Ebene liegt. Der Fluß wird also Abb. 5.74 entsprechen. Die Symmetriebedingung schließt die unsymmetrischen sin- und sh-Terme aus, so daß die C Null sind. Die Bedingung, daß der Fluß in den extrapolierten Grenzflächen verschwinden soll, verlangt die Ausschließung des ch-Terms, da ch kx mit zunehmendem x monoton anwächst. Die einzig zulässige Lösung ist daher

$$X = A \cos kx,$$

und dies bedeutet, daß k^2 positiv sein muß. Es folgt, daß auch α^2 und β^2 positiv sind. Da $\varkappa^2$ eine reelle Zahl und größer als Null ist, muß dann γ^2 auf Grund von (5.72.4) in (5.72.3) mit positivem Zeichen auftreten.

5.75. Im Hinblick auf die vorhergehende Diskussion folgt, daß die Lösung von (5.72.1) die Gestalt

$$X = A \cos \alpha x \qquad (5.75.1)$$

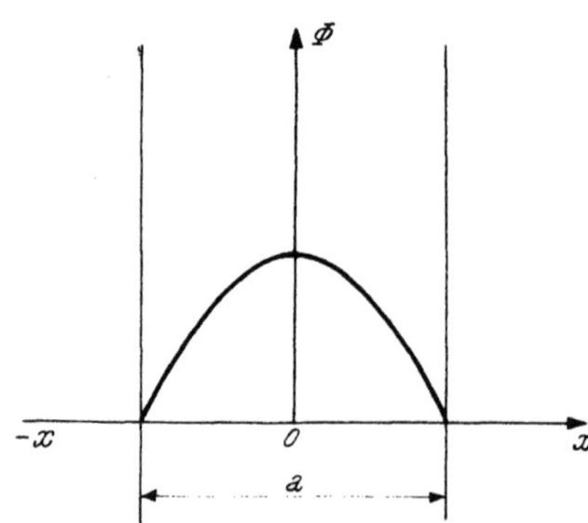

Abb. 5.74. Flußverteilung in der x-Richtung des Quaders

haben muß. Um der Bedingung 2a) zu genügen, ist es notwendig, daß

$$\alpha = \pm \frac{m\pi}{a}, \quad m = 1, 3, 5, \ldots, \qquad (5.75.2)$$

wobei m eine ungerade Zahl ist. In diesem Falle ist in der extrapolierten Grenzfläche, d. h. für $x = \pm\, a/2$, wie verlangt

$$X\left(\frac{a}{2}\right) = A \cos \frac{m\pi}{2} = 0.$$

5.76. Die allgemeine Lösung von (5.72.1), welche den Grenzbedingungen 1) und 2a) genügt, lautet also

$$X_m = A_m \cos \frac{m\pi x}{a}, \quad m = 1, 3, 5, \ldots$$

Ähnlich werden 1) und 2b) erfüllt durch

$$\beta = \pm \frac{n\pi}{b}, \quad n = 1, 3, 5, \ldots, \qquad (5.76.1)$$

so daß

$$Y_n = B_n \cos \frac{n\pi y}{b}, \quad n = 1, 3, 5, \ldots$$

die Lösung von (5.72.2) darstellt.

5.77. Aus (5.72.3) ersehen wir — da γ^2 eine reelle positive Größe ist —, daß die Lösung die Form von (5.73.3) haben muß; also

$$Z = C_1 \operatorname{ch} \gamma z + C_2 \operatorname{sh} \gamma z = -C_3 \operatorname{sh}(\gamma z - \delta), \qquad (5.77.1)$$

wobei C_1 und C_2 bzw. C_3 und δ Konstanten sind. Da die Grenzbedingung 2c) erfordert, daß Z für $z = c$ Null wird, folgt

$$Z(c) = -C_3 \operatorname{sh}(\gamma c - \delta) = 0,$$

also

$$\delta = \gamma c.$$

Wenn wir diesen Wert für δ in (5.77.1) einsetzen, ergibt sich

$$Z(z) = C_3 \operatorname{sh} \gamma (c - z).$$

5.78. Wenn $\operatorname{sh} \gamma (c - z)$ als Differenz von zwei Exponentialfunktionen ausgedrückt wird, sieht man, daß

$$\begin{aligned}
Z &= \frac{1}{2} C_3 \left[e^{\gamma(c-z)} - e^{-\gamma(c-z)} \right] \\
&= C e^{-\gamma z} \left[1 - e^{-2\gamma(c-z)} \right],
\end{aligned} \tag{5.78.1}$$

wobei die Konstante $e^{\gamma c}$ in C hineingezogen wurde. Wenn die z-Dimension des Parallelepipeds sehr groß ist, wie oben vorausgesetzt wurde, ergibt sich für $z \ll c$

$$Z = C e^{-\gamma z} \tag{5.78.2}$$

5.79. Nach (5.72.4) ist γ^2 gleich $\varkappa^2 + \alpha^2 + \beta^2$, und da die α und β eine Reihe von verschiedenen Werten der Form (5.75.2) und (5.76.1) für verschiedene m und n annehmen können, folgt, daß es für jedes m und n ein γ gibt, das durch

$$\gamma_{mn}^2 = \varkappa^2 + \left(\frac{m\pi}{a} \right)^2 + \left(\frac{n\pi}{b} \right)^2 \tag{5.79.1}$$

gegeben ist. Die allgemeine Lösung von (5.72.3) lautet also

$$Z_{mn} = C_{mn} e^{-\gamma_{mn} z}. \tag{5.79.2}$$

5.80. In Übereinstimmung mit (5.71.2) ist die einfachste Lösung der Wellengleichung das Produkt $X\,Y\,Z$. Da die Gleichung linear ist, muß aber auch jede Summe solcher Produkte eine Lösung sein. Der Fluß Φ_B oberhalb der Quellebene kann also allgemein in der Form

$$\Phi_B = \sum_{m=1}^{\infty} \sum_{n=1}^{\infty} A_{mn} \cos \frac{m\pi x}{a} \cos \frac{n\pi y}{b} e^{-\gamma_{mn} z} \tag{5.80.1}$$

dargestellt werden, wobei die drei willkürlichen Konstanten in A_{mn} zusammengefaßt worden sind. Diese Gleichung genügt den Grenzbedingungen 1), 2a) und 2b). Die Flußverteilung Φ_A links von der Quellebene lautet

$$\Phi_A = \sum_{m=1}^{\infty} \sum_{n=1}^{\infty} A'_{mn} \cos \frac{m\pi x}{a} \cos \frac{n\pi y}{b} e^{\gamma_{mn} z}.$$

Aus der Stetigkeit des Flusses in der Ebene $z = 0$ folgt

$$A_{mn} = A'_{mn}.$$

Damit ist

$$\Phi_A = \sum_{m=1}^{\infty} \sum_{n=1}^{\infty} A_{mn} \cos \frac{m\pi x}{a} \cos \frac{n\pi y}{b} e^{\gamma_{mn} z}. \tag{5.80.2}$$

Zur Bestimmung der Koeffizienten A_{mn} für verschiedene Werte von m und n benützen wir die Quellbedingung.

5.81. Aus (5.80.1) folgt

$$J_B = -D \left(\frac{\partial \Phi_B}{\partial z} \right) = D \sum_{m=1}^{\infty} \sum_{n=1}^{\infty} \gamma_{mn} A_{mn} \cos \frac{m\pi x}{a} \cos \frac{n\pi y}{b} e^{-\gamma_{mn} z}. \tag{5.81.1}$$

In der Ebene $z = 0$, in der sich die Neutronenquelle befindet, ist J_B durch

$$J_B = -D \left(\frac{\partial \Phi}{\partial z} \right)_{z=0} = D \sum_{m=1}^{\infty} \sum_{n=1}^{\infty} \gamma_{mn} A_{mn} \cos \frac{m\pi x}{a} \cos \frac{n\pi y}{b} \tag{5.81.2}$$

gegeben. Aus (5.80.1) und (5.80.2) ersieht man, daß

$$J_A = - J_B \quad \text{für } z = 0.$$

Die Quellbedingung (5.70.1) lautet

$$J_B = \frac{1}{2}\, Q_f(x, y),$$

d. h.

$$\frac{1}{2}\, Q_f(x, y) = D \sum_{m=1}^{\infty} \sum_{n=1}^{\infty} \gamma_{mn}\, A_{mn} \cos \frac{m \pi x}{a} \cos \frac{n \pi y}{b}. \tag{5.81.3}$$

Durch diese Beziehung sind die Koeffizienten A_{mn} bei gegebener Funktion $Q_f(x, y)$ festgelegt.

5.82. Um die A_{mn} zu berechnen, multiplizierten wir (5.81.3) mit $\cos \dfrac{m_1 \pi x}{a} \cos \dfrac{n_1 \pi y}{b}$ und integrieren über die Prismengrundfläche

$$\frac{1}{2} \int_{-\frac{a}{2}}^{\frac{a}{2}} \int_{-\frac{b}{2}}^{\frac{b}{2}} Q_f(x, y) \cos \frac{m_1 \pi x}{a} \cos \frac{n_1 \pi y}{b}\, dx\, dy =$$

$$= D \sum_{m=1}^{\infty} \sum_{n=1}^{\infty} \gamma_{mn}\, A_{mn} \int_{-\frac{a}{2}}^{\frac{a}{2}} \cos \frac{m \pi x}{a} \cos \frac{m_1 \pi x}{a}\, dx \int_{-\frac{b}{2}}^{\frac{b}{2}} \cos \frac{n \pi y}{b} \cos \frac{n_1 \pi y}{b}\, dy.$$

Die Integrale auf der rechten Seite verschwinden für $m_1 \neq m$ und $n_1 \neq n$ (m_1, m, n_1 und n sind ungerade). Für $m = m_1$ und $n = n_1$ erhält man dagegen $ab/4$, woraus

$$A_{m_1 n_1} = \frac{2}{ab \gamma_{m_1 n_1} D} \int_{-\frac{a}{2}}^{\frac{a}{2}} \int_{-\frac{b}{2}}^{\frac{b}{2}} Q_f(x, y) \cos \frac{m_1 \pi x}{a} \cos \frac{n_1 \pi y}{b}\, dx\, dy \tag{5.82.1}$$

folgt. Denkt man sich diese Ausdrücke für A_{mn} berechnet und in (5.80.1) eingesetzt, so ist damit der Neutronenfluß durch die Quelldichte $Q_f(x, y)$ in der Prismengrundfläche bestimmt.

5.83. Wenn wir speziell eine thermische *Punktquelle* im Ursprung betrachten, welche Q Neutronen pro sec aussendet, so haben wir

$$Q(x, y) = Q\, \delta(x, y) \tag{5.83.1}$$

zu setzen, wobei $\delta(x, y)$ die (Diracsche) Deltafunktion bedeutet (vgl. 5.50). Diese ist dadurch definiert, daß sie überall gleich Null ist, mit Ausnahme von $x = 0$ und $y = 0$, und daß sie in $x = 0$, $y = 0$ einen solchen (unendlich großen) Wert annimmt, daß

$$\int_{-\infty}^{+\infty} \int_{-\infty}^{+\infty} \delta(x, y)\, dx\, dy = 1 \tag{5.83.2}$$

ist.

Für eine beliebige stetige Funktion $f(x, y)$ gilt

$$\int\limits_{-\infty}^{+\infty}\int\limits_{-\infty}^{+\infty} f(x, y)\,\delta(x, y)\,dx\,dy = f(0, 0) \int\limits_{-\infty}^{+\infty}\int\limits_{-\infty}^{+\infty}\delta(x, y)\,dx\,dy = f(0, 0). \qquad (5.83.3)$$

Da $\delta(x, y)$ überall Null ist, mit Ausnahme von $x = 0$, $y = 0$, gibt nämlich nur der Term mit $x = 0$, $y = 0$ einen Beitrag zum Integral in (5.83.3). Für A_{mn} in (5.82.1) erhalten wir mit (5.83.1) und (5.83.3)

$$A_{mn} = \frac{2Q}{ab\,D} \cdot \frac{1}{\gamma_{mn}}, \qquad (5.83.4)$$

da in unserem Falle $f(x, y) = \cos\dfrac{m\pi x}{a}\cos\dfrac{n\pi y}{b}$, also $f(0, 0) = 1$, ist. Wenn wir (5.83.4) in (5.80.1) einsetzen, ergibt sich endgültig der von der thermischen Punktquelle herrührende Fluß

$$\Phi(x, y, z) = \frac{2Q}{ab\,D} \sum_{m=1}^{\infty} \sum_{n=1}^{\infty} \frac{1}{\gamma_{mn}} \cos\frac{m\pi x}{a} \cos\frac{n\pi y}{b} e^{-\gamma_{mn}z}. \qquad (5.83.5)$$

5.84. Dieser Ausdruck besteht aus einem Grundterm, mit $m = 1$ und $n = 1$, und einer Reihe von harmonischen Termen mit anderen, ungeraden Werten von m und n. Jeder Term fällt mit der Entfernung von der Quelle mit einer verschiedenen Relaxationslänge $1/\gamma_{mn}$ exponentiell ab. Aus (5.79.1) ist ersichtlich, daß γ_{mn} mit wachsendem m und n wächst, so daß die harmonischen Oberschwingungen rascher abfallen als der Grundterm. In hinreichender Entfernung von der Quelle gibt praktisch nur der Grundterm einen Beitrag zum Neutronenfluß.

5.85. Um zu sehen, wie sich die Beiträge der einzelnen Eigenschwingungen als Funktionen von z verhalten, wurden Rechnungen für Graphit mit $m = 1$, $n = 1$; $m = 1$, $n = 3$ (gleich wie $m = 3$, $n = 1$) und $m = 3$, $n = 3$ durchgeführt. Als Diffusionslänge wurde 50 cm gesetzt, so daß $\varkappa^2 = 1/L^2 = 4\cdot 10^{-4}\,\mathrm{cm}^{-2}$ ist, und es wurde vorausgesetzt, daß $a = b = 222$ cm ist, was experimentellen Bedingungen entspricht. Unter Verwendung dieser Angaben wurden γ_{11}, γ_{13} und γ_{33} berechnet, wobei (5.79.1) benützt wurde. Die Änderung des Flusses längs der z-Achse ergibt sich, wenn man in (5.83.5) $x = 0$ und $y = 0$ setzt.

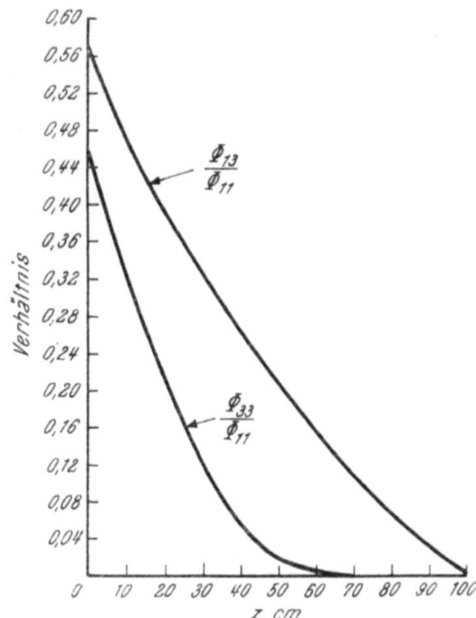

Abb. 5.85. Relative Beiträge der höheren Harmonischen als Funktion der Entfernung von der Quelle

Die Verhältnisse Φ_{13}/Φ_{11} und Φ_{33}/Φ_{11} wurden in Abb. 5.85 als Funktionen von z dargestellt. Man sieht, daß die Beiträge der Harmonischen in Entfernungen von mehr als zwei Diffusionslängen (ungefähr 100 cm) von der Quelle sehr klein werden. Dasselbe findet man längs jeder zur z-Achse parallelen Linie. Wenn also die Messungen in einer Entfernung von mehr als zwei Diffusionslängen von der thermischen Quelle vorgenommen werden, besteht der Fluß im wesentlichen nur noch aus dem Grundterm ($m = 1$, $n = 1$). Der Fluß kann also dort längs irgendeiner zur z-Achse parallelen Linie, d. h. für konstantes x und y, in der vereinfachten Form

$$\Phi(z) = \text{const.}\ e^{-\gamma_{11} z} \qquad (5.85.1)$$

dargestellt werden, so daß

$$\frac{d \ln \Phi(z)}{dz} = -\gamma_{11}. \qquad (5.85.2)$$

5.86. Zur Messung von Diffusiosnlängen wird daher der Neutronenfluß längs einer Linie parallel zur z-Achse in verschiedenen Abständen z bestimmt, indem man dort Indiumfolien bestrahlen läßt und ihre induzierte β-Aktivität mißt. Der Logarithmus der Sättigungsaktivitäten (§ 3.62), welche bis auf eine additive Konstante gleich $\ln \Phi(z)$ ist, wird dann als Funktion von z aufgetragen. Für Werte von z, welche weder zu nahe der Quelle noch zu nahe dem Ende des Blockes liegen, liefert die Steigung des linearen Teiles entsprechend (5.85.2) den Wert von $-\gamma_{11}$. Einige experimentelle Ergebnisse für Graphit sind in Abb. 5.86 dargestellt; der Wert von γ_{11} ist 0,0325 cm⁻¹. Damit ist es möglich, ϰ aus (5.79.1) in der Form

$$\varkappa^2 = \gamma_{11}^{\,2} - \left(\frac{\pi}{a}\right)^2 - \left(\frac{\pi}{b}\right)^2 \qquad (5.86.1)$$

zu berechnen, da sowohl m als auch n gleich Eins sind. Bei dem Experiment, von dem die Werte in Abb. 5.86 stammen, ist einschließlich der Extrapolationsdistanz $a = b = 175,7$ cm; daraus folgt $\varkappa^2 = 4,169 \cdot 10^{-4}$ cm⁻² und die Diffusionslänge $L = 1/\varkappa$ ist 49 cm.

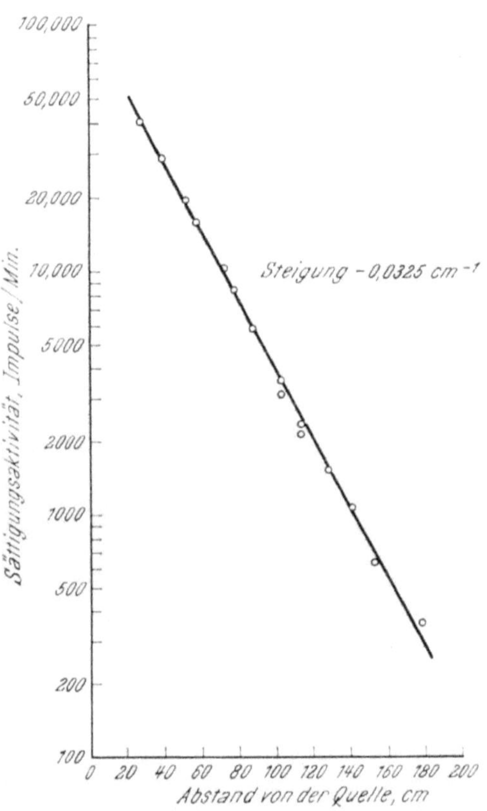

Abb. 5.86. Diagramm mit Meßwerten zur Bestimmung der Diffusionslänge in Graphit

5.87. Die Terme $(\pi/a)^2$ und $(\pi/b)^2$ berücksichtigen die Sickerverluste durch die Seitenflächen des Parallelepipeds mit endlichen Dimensionen a und b in der x- und y-Richtung. Wenn diese Dimensionen gegen unendlich gehen, werden die Korrektionsterme Null. Es würden dann keine Neutronen entweichen, und die Lösung würde sich auf $\varkappa \equiv 1/L = \gamma_{11}$ reduzieren. Der thermische Neutronenfluß in der z-Richtung, gegeben durch (5.85.1), würde dann gemäß $\Phi(z) = \text{const.}\ e^{-z/L}$ abfallen, was mit Gl. (5.65.1) übereinstimmt, welche die Diffusion der von einer ebenen Quelle ausgehenden thermischen Neutronen in einem unendlich ausgedehnten Medium beschreibt.

Harmonische Glieder und Endkorrekturen

5.88. Wenn die Φ_{13}- und Φ_{33}-Terme einen meßbaren Beitrag zum thermischen Neutronenfluß liefern, muß an den gemessenen Aktivitäten der Indiumfolien eine Korrektur angebracht werden. Die Meßwerte sind zum Neutronenfluß proportional, der nach (5.83.5) angenähert durch

$$\Phi\,(z) = \text{const.}\; e^{-\gamma_{11}z}\left[1 + \gamma_{11}\,e^{\gamma_{11}z}\left(\frac{1}{\gamma_{13}}\,e^{-\gamma_{13}z} + \frac{1}{\gamma_{31}}\,e^{-\gamma_{31}z} + \frac{1}{\gamma_{33}}\,e^{-\gamma_{33}z}\right)\right]$$

dargestellt werden kann, wobei der Ausdruck in den eckigen Klammern als „*harmonischer Korrekturfaktor*" anzusprechen ist. Man erhält einen Näherungswert der Diffusionslänge, wenn man die höheren harmonischen Glieder vernachlässigt. Nun bestimmt man γ_{13}, γ_{31} und γ_{33} nach (5.79.1), dividiert die experimentell gemessenen Aktivitäten der Indiumfolien durch den Korrekturfaktor und stellt die Resultate wie in § 5.86 dar. Man erhält auf diese Weise einen neuen Wert von γ_{11}, d. h. der Diffusionslänge. Wenn nötig, kann der Prozeß wiederholt werden, bis die Werte für die Diffusionslänge mit der erforderlichen Genauigkeit konvergieren.

5.89. Die Gl. (5.78.2) beschreibt den exponentiellen Abfall des (korrigierten) Flusses in der z-Richtung in der Nähe der Endfläche des Blockes nur ungenau. Die Darstellung des $\ln \Phi\,(z)$ als Funktion von z weicht nämlich gegen das obere Ende des Blocks zu von der Geraden ab, weil das zweite Glied in der Klammer in (5.78.1) vernachlässigt wurde. Dieses Glied heißt „*Endkorrekturterm*". Wenn die gemessenen Flüsse durch $1 - e^{-2\gamma(c-z)}$ dividiert werden, liegt der Logarithmus der korrigierten Werte auf einer Geraden, ausgenommen die niedrigsten Werte von z. Zur Ermittlung der Endkorrektur muß man γ und c kennen. Ein provisorischer Wert für γ kann dem linearen Abfall von $\ln \Phi\,(z)$ als Funktion von z für Punkte, die nicht zu nahe am oberen oder unteren Ende liegen, entnommen werden. Durch Anwendung der Methode der kleinsten Quadrate auf die Logarithmen der korrigierten Flüsse kann man dann zu besseren Werten für γ gelangen.

5.90. Die extrapolierte Höhe c des Blockes kann man auf verschiedene Weise erhalten. Eine Methode besteht darin, daß man einen Wert von c sucht, der ein wenig größer ist als die (geometrische) Höhe und die beste Anpassung der Meßwerte an eine Gerade ermöglicht. Ein anderer Weg besteht darin, daß man in der Nähe des oberen Endes der experimentellen Anordnung Flußmessungen durchführt und durch lineare Extrapolation den Ort $z = c$ bestimmt, wo der Fluß Null wird. Bei der dritten Methode mißt man den Fluß Φ_1, Φ_2, Φ_3 in den drei Punkten $z_1 = z_1$, $z_2 = z_1 + \varepsilon$ und $z_3 = z_1 + 2\varepsilon$ der vertikalen Achse. Aus der Näherung (5.78.2) folgt

$$\text{ch}\,\gamma\varepsilon = \frac{\Phi_1 + \Phi_3}{2\,\Phi_2}\,,$$

woraus man einen angenäherten Wert von γ erhält. Aus der strengen Formel (5.78.1) ergibt sich mit $Z = \Phi$

$$\text{th}\,\gamma\,(c - z_1 - \varepsilon) = \frac{\Phi_1 + \Phi_3}{\Phi_1 - \Phi_3}\,\text{th}\,\gamma\,\varepsilon,$$

wie man leicht durch Einsetzen von $\Phi_1 + \Phi_3$ und $\Phi_1 - \Phi_3$ aus (5.78.1) findet. Hieraus ergibt sich eine erste Näherung für c, mit der man die Endkorrektur durchführen kann. Aus $\ln \Phi/[1 - e^{-2\gamma(c-z)}] = \ln C - \gamma z$, wobei Φ der gemessene

Fluß ist, folgt aus der Neigung dieser Kurve ein korrigiertes γ. Auf diese Weise kann man fortfahren, bis sich hinreichend genaue Werte von γ und c ergeben. Schließlich wird $\varkappa^2$ aus (5.86.1) bestimmt.

Experimentelle Ergebnisse

5.91. In Tab. 5.91 sind einige Werte der Diffusionslängen (L), des makroskopischen Absorptionsquerschnitts (Σ_a) und der Diffusionskonstante (D) für thermische Neutronen in vier wichtigen Moderatormaterialien zusammengestellt. Es sei daran erinnert, daß nach (5.64.1) $L^2 = D/\Sigma_a$ ist. Da die Werte von den Dichten abhängen, sind diese ebenfalls angegeben.

Tabelle 5.91. *Thermische Diffusionseigenschaften von Moderatoren*

	Dichte g/cm³	L cm	Σ_a cm⁻¹	D cm
Wasser (H_2O)	1,00	2,73	0,022	0,164
Schweres Wasser (D_2O)	1,1	170	0,000033	0,95
Beryllium	1,84	22	0,0011	0,48
Graphit	1,60	51,8	0,00034	0,9

Diffusionskerne

Integralform der Diffusionsgleichung; Diffusionskerne in unendlich ausgedehnten Medien

5.92. Der Neutronenfluß in der Entfernung r von einer Punktquelle, welche ein Neutron pro sec in ein unendlich ausgedehntes Medium aussendet, ist nach (5.49.1) gegeben durch

$$\Phi = \frac{e^{-\varkappa r}}{4\pi D r}. \tag{5.92.1}$$

Diese Formel kann in eine allgemeinere Form gebracht werden. Gehen die Neutronen von einem Feldpunkt $\mathfrak{r}_0$ aus, so ist der Fluß im Aufpunkt $\mathfrak{r}$ gegeben durch:

$$\Phi = \frac{e^{-\varkappa|\mathfrak{r}-\mathfrak{r}_0|}}{4\pi D|\mathfrak{r}-\mathfrak{r}_0|}. \tag{5.92.2}$$

5.93. Um die Flußverteilung einer räumlich verteilten Quelle herzuleiten, welche $Q(\mathfrak{r}_0)$ Neutronen pro cm³ und sec emittiert, kann man folgendermaßen vorgehen. Vom Volumelement[1] $d^3\mathfrak{r}_0$ bei $\mathfrak{r}_0$ werden pro sec $Q(\mathfrak{r}_0) d^3\mathfrak{r}_0$ Neutronen emittiert. Diese Quellenneutronen tragen $d\Phi$ Neutronen pro cm² und sec zum Fluß in $\mathfrak{r}$ bei, und daher folgt aus (5.92.2)

$$d\Phi = \frac{e^{-\varkappa|\mathfrak{r}-\mathfrak{r}_0|}}{4\pi D|\mathfrak{r}-\mathfrak{r}_0|} Q(\mathfrak{r}_0) d^3\mathfrak{r}_0.$$

Da die Diffusionsgleichung linear ist, wird der Fluß bei $\mathfrak{r}$ durch Überlagerung der Flüsse, die von den einzelnen Punktquellen herstammen, gebildet. Man er-

---

[1] Wir bezeichnen das *Volumelement* $dx_0\,dy_0\,dz_0$ an der Stelle $\mathfrak{r}_0 \equiv x_0, y_0, z_0$ zur Abkürzung mit $d^3\mathfrak{r}_0$.

hält den Gesamtfluß in $\mathfrak{r}$, indem man den Ausdruck für $d\Phi$ über den ganzen Raum integriert; also

$$\Phi(\mathfrak{r}) = \int Q(\mathfrak{r}_0) \frac{e^{-\varkappa|\mathfrak{r}-\mathfrak{r}_0|}}{4\pi D |\mathfrak{r}-\mathfrak{r}_0|} d^3\mathfrak{r}_0 . \tag{5.93.1}$$

Der Kern dieses Volumintegrals

$$G_P = \frac{e^{-\varkappa|\mathfrak{r}-\mathfrak{r}_0|}}{4\pi D |\mathfrak{r}-\mathfrak{r}_0|} \tag{5.93.2}$$

wird *Punktdiffusionskern* genannt. Ein Vergleich mit (5.92.2) zeigt, daß er physikalisch gesehen den Fluß einer in $\mathfrak{r}_0$ liegenden Punktquelle darstellt, die ein Neutron pro sec emittiert.

5.94. Die Form des Diffusionskerns hängt von der Geometrie der Quelle ab. Im Falle ebener Quellen im unendlich ausgedehnten Medium kann der Diffusionskern direkt aus der Lösung der Diffusionsgleichung für *eine* ebene Quelle im unendlichen Medium gewonnen werden [Gl. (5.51.3)]. Der ebene Diffusionskern für eine ebene Quelle in $x = x_0$, die pro cm^2 und sec ein Neutron emittiert, ist gegeben durch

$$G_{Eb} = \frac{e^{-\varkappa|x-x_0|}}{2\varkappa D} . \tag{5.94.1}$$

Der von einer ebenen Quellverteilung $Q_f(x_0)$ bei x_0 stammende Fluß ist durch

$$\Phi(x) = \int Q_f(x_0) \frac{e^{-\varkappa|x-x_0|}}{2\varkappa D} dx_0 \tag{5.94.2}$$

gegeben.

5.95. Ebenso wie die Flußverteilung einer ebenen Quelle aus der einer Punktquelle durch Integration hergeleitet werden kann (§ 5.52), kann auch der ebene Diffusionskern aus dem Punktdiffusionskern gewonnen werden. Mit Hilfe dieser allgemeinen Methode gewinnt man die Diffusionskerne für Quellen verschiedener Geometrie, wie z. B. Kugelschale, Zylinderschale usw. Die Ergebnisse sind für einige Fälle in Tab. 5.95 zusammengefaßt. Zur Erläuterung werde die Rechnung für eine Kugelschale der Dicke 1, welche ein Neutron je sec emittiert, durchgeführt. Die von einer Kugelzone $df = 2\pi r'^2 \sin\vartheta \, d\vartheta$ ausgesandte Zahl von Neutronen dN verhält sich zu 1 so wie df zur Kugeloberfläche $4\pi r'^2$, also ist $dN = 1/2 \sin\vartheta \, d\vartheta$, und der Fluß im Punkt P wird

$$\Phi = \int G_P \, dN = \frac{1}{8\pi D} \int_0^\pi e^{-\varkappa\varrho} \frac{\sin\vartheta \, d\vartheta}{\varrho} .$$

Gehen wir mit $\varrho^2 = r'^2 + r^2 - 2rr'\cos\vartheta$ und mit $\varrho \, d\varrho = rr' \sin\vartheta \, d\vartheta$ zur Integrationsvariablen ϱ über, so erhalten wir

$$\Phi = \frac{1}{8\pi rr'\varkappa D} \int_{|r+r'|}^{|r-r'|} d(e^{-\varkappa\varrho}) = \frac{1}{8\pi rr'\varkappa D} (e^{-\varkappa|r-r'|} - e^{-\varkappa|r+r'|}) .$$

Anwendungsbeispiele für Reaktorprobleme werden später gegeben.

Tabelle 5.95. *Diffusionskerne im unendlichen Medium*

Geometrie der Quelle	Quellennormierung (pro sec)	Kern
Punkt	1 Neutron	$\dfrac{e^{-\varkappa\,\lvert \mathbf{r}-\mathbf{r}'\rvert}}{4\,\pi\,D\,\lvert \mathbf{r}-\mathbf{r}'\rvert}$
Ebene	1 Neutron pro cm²	$\dfrac{e^{-\varkappa\,\lvert x-x'\rvert}}{2\,\varkappa\,D}$
Linie	1 Neutron pro Längeneinheit	$\dfrac{1}{2\,\pi\,D}\,K_0(\varkappa\rho)$ $\rho^2 = r^2 + r'^2 - 2\,r\,r'\cos(\varphi'-\varphi)$
Kugelschale	1 Neutron pro Schale der Dicke 1 vom Radius r'	$\dfrac{1}{8\,\pi\,r\,r'\,D}\left(e^{-\varkappa\,\lvert r-r'\rvert} - e^{-\varkappa\,\lvert r+r'\rvert}\right)$
Zylinder-schale	1 Neutron pro Schale der Dicke 1 vom Radius r' und pro Längeneinheit	$\dfrac{1}{2\,\pi\,D}\cdot\begin{cases} K_0(\varkappa r)\,I_0(\varkappa r') & r>r' \\ K_0(\varkappa r')\,I_0(\varkappa r) & r<r' \end{cases}$

5.96. Die oben hergeleiteten Diffusionskerne beziehen sich auf unendliche Medien. Sie sind Verschiebungskerne, d. h. sie hängen nur von der Distanz Quelle—Feldpunkt ab. In einem Medium endlicher Ausdehnung sind die Kerne keine Verschiebungskerne mehr, sondern komplizierter, da sie die Wirkung der Grenzflächen auf den Neutronenfluß enthalten.

Die Albedo-Konzeption

Die Albedo [1] in der Diffusionstheorie

5.97. In Kernreaktoren mit Reflektor grenzen zwei verschiedene Medien A und B aneinander. Neutronen werden im ersten (Reaktorkern) erzeugt, nicht aber im zweiten (Reflektor). Nicht alle Neutronen, die vom Quellmedium A in das Medium B diffundieren, verbleiben dort, sondern es werden auch einige Neutronen von B nach A zurückgestreut. Im Rahmen der eben behandelten einfachen Diffusionstheorie ist es möglich, den Reflexionskoeffizienten oder die Albedo des Mediums B als eine Größe zu definieren, die nur von den Eigenschaften des letzteren abhängt, also unabhängig vom Quellmedium A ist.

5.98. Die Albedo β eines Mediums B wird definiert als

$$\beta = \frac{J_{\text{aus}}}{J_{\text{ein}}} \qquad (5.98.1)$$

wo J_{aus} die Stromdichte der aus dem Medium B austretenden und J_{ein} die Stromdichte der in das Medium B eintretenden Neutronen an der Grenzfläche ist. Die Albedo ist also der Bruchteil der in das Medium eintretenden Neutronen, welcher reflektiert, d. h. ins Quellmedium zurückgestreut wird.

---

[1] Der aus der Astronomie stammende Ausdruck Albedo ist gleichbedeutend mit Reflexionskoeffizient. Die Albedo-Konzeption ist mehr von theoretischem Interesse und wird zur Zeit in Reaktorberechnungen nur wenig benützt.

Der Strom durch die Trennfläche aus dem Medium B heraus (Abb. 5.98), d. h. J_aus, ist äquivalent zu J_-, definiert durch (5.17.1); J_ein entspricht der Größe J_+ in (5.17.2). Die Albedo ist also im Rahmen der einfachen Diffusionstheorie gleich

$$\beta = \frac{J_-}{J_+} = \frac{\dfrac{\Phi}{4} + \dfrac{D}{2} \cdot \dfrac{d\Phi}{dx}}{\dfrac{\Phi}{4} - \dfrac{D}{2} \cdot \dfrac{d\Phi}{dx}} = \frac{1 + \dfrac{2D}{\Phi} \cdot \dfrac{d\Phi}{dx}}{1 - \dfrac{2D}{\Phi} \cdot \dfrac{d\Phi}{dx}}. \qquad (5.98.2)$$

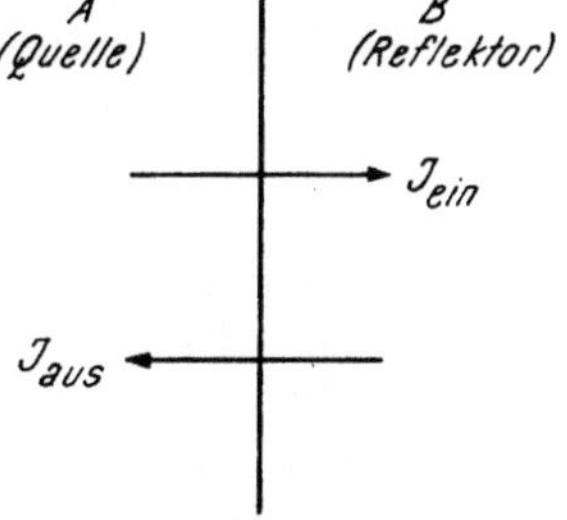

Abb. 5.98. Die Albedo an einer ebenen Trennfläche zweier Media

wobei Φ und $d\Phi/dx$ in der Trennfläche zwischen dem Quellmedium und dem reflektierenden Medium zu nehmen sind. Wenn die Albedo nur durch die Eigenschaften des Mediums B ausgedrückt werden soll, dann müssen D und $d\Phi/dx$ an der Grenzfläche auf dieses Medium bezogen werden. Wegen der Stetigkeit des Neutronenflusses und der Neutronendichte an der Grenzfläche (§ 5.38) können Φ und $D\,(d\Phi/dx)$ sowohl auf A als auch auf B bezogen werden.

Berechnung der Albedo

Fall I. Unendlich ausgedehnte ebene Schichte

5.99. Da sowohl Φ als auch $d\Phi/dx$ von der Geometrie des Systems abhängen, wird auch die Albedo je nach der Geometrie verschieden sein. Zur Illustration sollen hier ein paar einfache Fälle gelöst werden. Wenn das reflektierende Medium eine unendlich dicke Schicht ist, dann fällt der Neutronenfluß wie $e^{-\varkappa x}$ ab; vgl. (5.51.2). $d\Phi/dx$ ist daher proportional zu $-\varkappa e^{-\varkappa x}$, und (5.98.2) wird

$$\beta = \frac{1 - 2\varkappa D}{1 + 2\varkappa D}. \qquad (5.99.1)$$

Ist $\varkappa D$ klein gegenüber Eins, wie das häufig der Fall ist, so reduziert sich (5.99.1) auf

$$\beta \approx 1 - 4\varkappa D.$$

Die Albedo einer unendlichen ebenen Schicht kann also aus dem Diffusionskoeffizienten und aus $\varkappa$, dem reziproken Wert der Diffusionslänge, berechnet werden. Einige Resultate für thermische Neutronen sind in Tab. 5.102 angegeben.

Fall II. Schicht mit endlicher Dicke

5.100. Wenn a die Dicke der Schicht einschließlich der Extrapolationsdistanz ist, so wird der Abfall des Neutronenflusses mit der Entfernung von der Trennfläche durch (5.56.1) gegeben:

$$\Phi(x) = C \operatorname{sh} \varkappa (a - x),$$

wobei C gleich dem konstanten Nenner von (5.56.1) ist, so daß

$$\frac{d\Phi}{dx} = -\varkappa C \operatorname{ch} \varkappa (a - x).$$

Nach (5.98.2) ist also die Albedo gegeben durch

$$\beta = \frac{1 - 2\varkappa D \operatorname{cth} \varkappa a}{1 + 2\varkappa D \operatorname{cth} \varkappa a}. \qquad (5.100.1)$$

Für $a \to \infty$, d. h. $\varkappa a \to \infty$, wird $\operatorname{cth} \varkappa a \to 1$, und (5.100.1) reduziert sich auf (5.99.1).

5.101. Da cth $\varkappa a$ positiv ist und von ∞ (für $\varkappa a = 0$) bis zu 1 (für $\varkappa a = \infty$) abnimmt, ist die Albedo einer Schicht endlicher Dicke kleiner als die einer unendlich dicken Schicht, wobei der Unterschied mit zunehmender Dicke von a kleiner wird. Der physikalische Grund dafür liegt darin, daß aus der endlichen Schicht Neutronen ins Vakuum austreten können und daher weniger Neutronen für die Rückstreuung verfügbar sind. Mit wachsender Dicke werden die Sickerverluste kleiner. Für $\varkappa a = 1{,}5$ ist der Wert von cth $\varkappa a$ schon auf 1,105 gesunken, und für $\varkappa a = 2{,}0$ ist cth $\varkappa a$ gleich 1,037. Die Albedo einer Schicht, deren Dicke der zweifachen Diffusionslänge gleichkommt, stimmt also fast mit der Albedo einer unendlich dicken Schicht überein.

5.102. Einige Werte der Albedo einer unendlich dicken und einer 40 cm dicken Schicht, die aus (5.99.1) und (5.100.1) mit Verwendung der Tab. 5.91 berechnet wurden, sind in Tab. 5.102 wiedergegeben. Die Werte bestätigen die Überlegungen von § 5.101. Die hohen Werte der Albedo von Moderatoren sind bemerkenswert; fast 90% der thermischen Neutronen, die auf eine Graphitplatte von 40 cm Dicke auftreffen, werden reflektiert.

Tabelle 5.102. *Albedo einer unendlich dicken und einer endlich dicken Schicht*

Material	$a = \infty$	$a = 40$ cm	a/L
Wasser	0,786	0,786	14,6
Schweres Wasser . . .	0,978	0,909	0,24
Beryllium	0,916	0,912	1,82
Graphit	0,933	0,898	0,77

Fall III. Kugel im unendlich ausgedehnten Medium

5.103. Ein kugelförmiges Gebiet A vom Radius R, in dessen Zentrum sich eine kugelsymmetrische Neutronenquelle befindet, sei von einem unendlich dicken Reflektor B umgeben (Abb. 5.103). Wenn man den Ursprung in den Mittelpunkt der Kugel legt, ist der Fluß im Gebiet B gegeben durch

$$\Phi = \frac{Ce^{-\varkappa r}}{r} \quad \text{für} \quad r > R.$$

An der Grenzfläche, d. h. für $r = R$, ist

$$\frac{1}{\Phi} \cdot \frac{d\Phi}{dr} = -\left(\varkappa + \frac{1}{R}\right),$$

so daß aus (5.98.2)

$$\beta = \frac{1 - 2D\left(\varkappa + \dfrac{1}{R}\right)}{1 + 2D\left(\varkappa + \dfrac{1}{R}\right)} \tag{5.103.1}$$

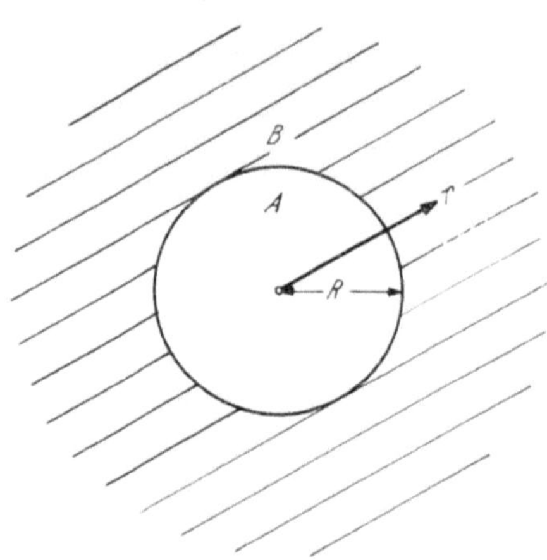

Abb. 5.103. Die Albedo an der Grenze zwischen einer Kugel und einem unendlich ausgedehnten Medium

folgt. Wenn der Radius R der Kugel gegen unendlich geht, wird, wie zu erwarten, (5.103.1) identisch mit (5.99.1) für eine ebene Trennfläche.

5.104. Ein Vergleich von (5.103.1) und (5.99.1) zeigt, daß die Albedo einer Kugelinnenfläche kleiner ist als die einer Ebene. Der physikalische Grund dafür liegt darin, daß die Wahrscheinlichkeit dafür, daß ein Neutron zurückgestreut wird, nachdem es eine entsprechende Entfernung im Diffusionsmedium zurückgelegt hat, vom Raumwinkel abhängt, unter dem das Quellgebiet erscheint. Für die unendliche Ebene wird dieser Winkel $2\,\pi$. Für eine Kugel ist dieser Winkel wesentlich kleiner, insbesondere wenn ihr Radius klein ist.

Albedo und Diffusionseigenschaften

5.105. Aus (5.99.1), (5.100.1) und (5.103.1) ersieht man, daß die Albedo im allgemeinen groß ist, wenn $\varkappa\,D$ klein ist, bzw. (da $\varkappa$ gleich $1/L$ ist) wenn D/L klein ist. Trifft dies zu, so geht die Albedo gegen Eins, und der größte Teil der Neutronen wird zur Quelle reflektiert. Wie wir in Kap. VIII sehen werden, ist diese Tatsache für die Wahl von Reflektormaterialien bei Kernreaktoren ausschlaggebend.

Albedo als Randbedingung

5.106. Die Albedo kann dazu benützt werden, die Randbedingung an der Trennfläche zwischen einem Quellmedium A und einem endlichen Diffusionsmedium B, das wie oben im Fall II keine Quelle enthält, zu formulieren. Gemäß (5.98.2) ist

$$1 + \frac{2D}{\Phi} \cdot \frac{d\Phi}{dx} = \beta\left(1 - \frac{2D}{\Phi} \cdot \frac{d\Phi}{dx}\right),$$

wobei β die Albedo ist; nach Umordnung gibt dies

$$\frac{1}{\Phi} \cdot \frac{d\Phi}{dx} = -\frac{1}{2D} \cdot \frac{1-\beta}{1+\beta}, \qquad (5.106.1)$$

wobei Φ und $d\Phi/dx$ an der Grenzfläche zwischen den Medien zu nehmen sind.

5.107. Wenn B die Form einer endlich dicken Schicht hat (Abb. 5.107), dann folgt aus (5.100.1)

$$\beta = \frac{1 - 2\varkappa\,D\,\mathrm{cth}\,\varkappa\,T}{1 + 2\varkappa\,D\,\mathrm{cth}\,\varkappa\,T}.$$

Unter T ist die Dicke der Schicht B einschließlich der Extrapolationsdistanz zu verstehen. Nach Einführung dieses Wertes von β in (5.106.1) findet man, daß

$$\frac{1}{\Phi} \cdot \frac{d\Phi}{dx} = -\varkappa\,\mathrm{cth}\,\varkappa\,T$$

oder

$$\frac{D}{\Phi} \cdot \frac{d\Phi}{dx} = -\varkappa\,D\,\mathrm{cth}\,\varkappa\,T. \qquad (5.107.1)$$

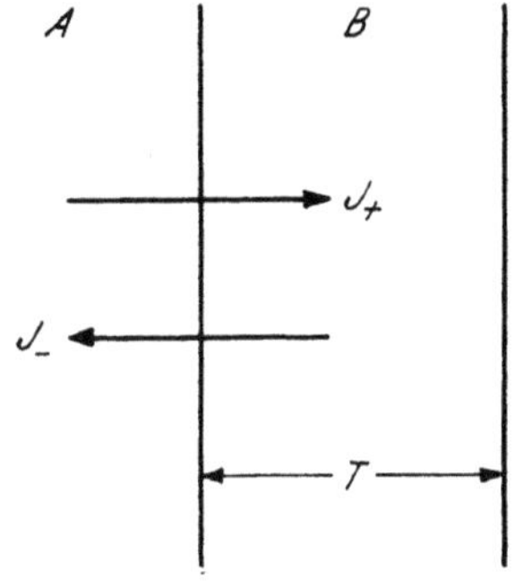

Abb. 5.107. Die Albedo als Randbedingung

Diese Beziehung kann als Grenzbedingung verwendet werden. Durch Kombination von (5.38.1) und (5.38.2) findet man, daß an der Grenzfläche

$$\frac{D_A}{\Phi_A} \cdot \frac{d\Phi_A}{dx} = \frac{D_B}{\Phi_B} \cdot \frac{d\Phi_B}{dx}.$$

Gl. (5.107.1) kann daher in der Form

$$\frac{D_A}{\Phi_A} \cdot \frac{d\Phi_A}{dx} = -\varkappa_B\,D_B\,\mathrm{cth}\,\varkappa_B\,T \qquad (5.107.2)$$

geschrieben werden, wobei sich die Indizes auf die Medien A und B beziehen. Wenn man diese Randbedingung in das Problem in § 5.59 mit $T = b — a$ einführt, so zeigt es sich, daß sie der Randbedingung III zusammen mit II äquivalent ist.

5.108. Die lineare Extrapolationsdistanz an der Grenzfläche ist gegeben durch [s. (5.40.1)]

$$d = -\frac{\Phi}{\dfrac{d\,\Phi}{d\,x}}\,.$$

Daraus folgt mit Verwendung von (5.106.1)

$$d = 2\,D\,\frac{1+\beta}{1-\beta} = \frac{2\,\lambda_t}{3}\cdot\frac{1+\beta}{1-\beta}\,. \tag{5.108.1}$$

Auf Grund der genaueren Transporttheorie (s. § 5.41) würde (5.108.1)

$$d = 0{,}71\,\lambda_t\,\frac{1+\beta}{1-\beta} \tag{5.108.2}$$

lauten. Diese Randbedingung ist nützlich, wenn das endliche Medium B so dünn ist, daß die Diffusionstheorie nicht verwendet werden kann (§ 5.16). In diesem Fall beziehen sich der Diffusionskoeffizient und die mittlere freie Transportweglänge auf das Medium A. Falls B Vakuum ist, ist die Albedo β Null, und (5.108.1) reduziert sich auf (5.40.2), während (5.108.2) auf das Resultat von § 5.41 führt.

Zahl der Grenzpassagen

5.109. Der Reflexionskoeffizient β des Mediums B kann als Wahrscheinlichkeit dafür aufgefaßt werden, daß ein aus dem Medium A kommendes Neutron vom angrenzenden Medium B reflektiert wird. Analog ist der Reflexionskoeffizient α von A die Wahrscheinlichkeit dafür, daß ein von B auf A auffallendes Neutron reflektiert wird. Der Reflexionskoeffizient (die Albedo) jedes Mediums steht so im Zusammenhang mit einer Zahl, welche angibt, wie oft ein Neutron im Durchschnitt die Grenzfläche zwischen den beiden Mitteln durchsetzt. Wir wollen diese mittlere Zahl der Grenzpassagen von Neutronen, die vom Medium A ins Medium B übertreten, berechnen.

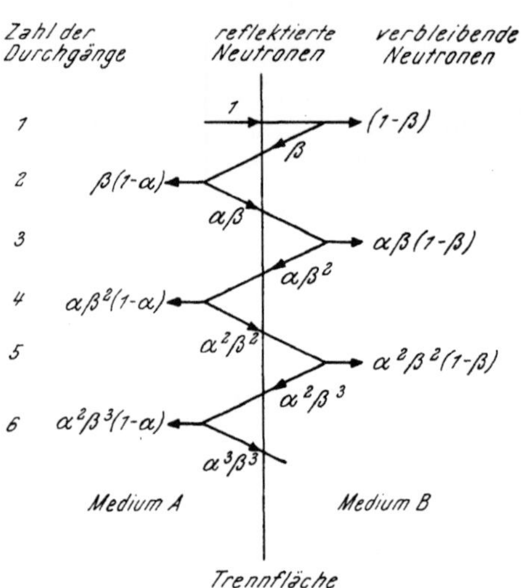

Abb. 5.110. Albedo und Zahl der Grenzpassagen

5.110. β ist die Wahrscheinlichkeit dafür, daß ein von A auf B auffallendes Neutron reflektiert wird. Die Wahrscheinlichkeit dafür, daß es nicht reflektiert wird, also in B verbleibt, ist $1 — \beta$. Die Wahrscheinlichkeit eines einzigen Grenzdurchganges ist also $(1 — \beta)$, wofür wir in formaler Weise auch $(\beta\,\alpha)^{(1-1)/2}\,(1 — \beta)$ schreiben können. Die Wahrscheinlichkeit dafür, daß eines der nach A reflektierten Neutronen wieder nach B zurückreflektiert wird, ist $\alpha\,\beta$. Die Wahrscheinlichkeit, daß diese nach B zurückreflektierten Neutronen auch dort bleiben, ist daher gleich dem Produkt der Wahrscheinlichkeiten dafür, daß ein Neutron nach B zurückkehrt ($\beta\,\alpha$), und der Wahrscheinlichkeit, daß es dort verbleibt ($1-\beta$), also gleich ($\beta\,\alpha$) ($1-\beta$) (Abb. 5.110). Dieser Ausdruck, den wir auch in der Gestalt ($\beta\,\alpha$)$^{(3-1)/2}$ ($1-\beta$) schreiben können, stellt also die Wahrscheinlichkeit dafür dar, daß das Neutron drei Durchgänge durch die Grenzfläche ausführt. Die Wahrscheinlichkeit $p\,(n)$ dafür, daß ein Neutron aus A schließlich nach n Grenzüberschreitungen nach B übergeht, ist in Verallgemeinerung davon

$$p\,(n) = (\alpha\,\beta)^{\frac{n-1}{2}}\,(1-\beta).$$

wobei n eine ungerade Zahl ist. Die mittlere Zahl $\bar{n}$ der Grenzpassagen von A nach B beträgt

$$\bar{n} = \frac{\sum\limits_{n=1,3,5,\ldots}^{\infty} n\,p\,(n)}{\sum\limits_{n=1,3,5,\ldots}^{\infty} p\,(n)} = \frac{1+3\,(\alpha\,\beta)+5\,(\alpha\,\beta)^2+\ldots}{1+(\alpha\,\beta)+(\alpha\,\beta)^2+\ldots} = \frac{1+\alpha\,\beta}{1-\alpha\,\beta}. \qquad (5.110.1)$$

5.111. Wenn eine Ebene in einem homogenen Gebiet unendlich großer Ausdehnung betrachtet wird, ist α gleich β, und (5.110.1) gibt die mittlere Zahl der Passagen, die ein Neutron vollführt, wenn es von einer Seite dieser Ebene schließlich auf die andere geht; in diesem besonderen Fall ist

$$\bar{n} = \frac{1+\beta^2}{1-\beta^2}.$$

Für Graphit ist z. B. $\beta = 0{,}93$, und es ist $\bar{n} = 14$.

Experimentelle Bestimmung der Albedo

5.112. Die Albedo eines Mediums kann folgendermaßen gemessen werden. In das Medium wird eine Quelle langsamer Neutronen eingebracht. In entsprechender Entfernung von der Grenzfläche setzt man eine dünne Metallfolie ein, welche durch langsame Neutronen aktiviert wird. Die Dicke der Folie sei δ und Σ_a der makroskopische Absorptionsquerschnitt des Metalls. Von ν langsamen Neutronen, die während einer sec von einer Seite auftreffen, werden dann $\nu\,\Sigma_a\,\delta = \nu\,\gamma$ absorbiert ($\gamma = \Sigma_a\,\delta$), während $\nu\,(1-\gamma)$ hindurchgehen. Von diesen werden $\nu\,(1-\gamma)\,\beta$ reflektiert, und davon werden beim neuerlichen Durchgang durch die Folie $\nu\,(1-\gamma)\,\beta\,\gamma$ absorbiert, während $\nu\,(1-\gamma)\,\beta\,(1-\gamma) = \nu\,(1-\gamma)^2\,\beta$ hindurchgehen, wovon wieder $\nu\,(1-\gamma)^2\,\beta^2$ reflektiert werden usw. Wir haben also das nach Zeilen zu lesende Schema:

absorbierte Neutronen	hindurchgehende Neutronen	reflektierte Neutronen
$\gamma\,\nu$	$\nu\,(1-\gamma)$	$\nu\,(1-\gamma)\,\beta$
$\nu\,(1-\gamma)\,\beta\,\gamma$	$\nu\,(1-\gamma)^2\,\beta$	$\nu\,(1-\gamma)^2\,\beta^2$
$\nu\,(1-\gamma)^2\,\beta^2\,\gamma$	$\nu\,(1-\gamma)^3\,\beta^2$	$\nu\,(1-\gamma)^3\,\beta^3$
$\nu\,(1-\gamma)^3\,\beta^3\,\gamma$		

Da von der anderen Seite ebenso viele Neutronen auf die Folie auffallen, erhalten wir als Gesamtzahl der absorbierten Neutronen die doppelte Summe der Glieder aus der ersten Spalte:

$$2\,\gamma\,\nu\,[1+\beta\,(1-\gamma)+\beta^2\,(1-\gamma)^2+\beta^3\,(1-\gamma)^3+\ldots] = 2\,\gamma\,\nu\,\frac{1}{1-\beta\,(1-\gamma)}.$$

5.113. Wir nehmen nun an, daß auf die eine Seite der Folie ein Kadmiumblech gelegt wird, so daß praktisch alle Neutronen, welche die Folie von dieser Seite her treffen, absorbiert werden. Langsame Neutronen können die Folie jetzt nur von der anderen Seite her erreichen und diejenigen, welche von dieser Seite aus hindurchgehen, kehren nicht zurück, da sie vom Kadmiumblech absorbiert werden. Die Zahl der nunmehr in der Folie absorbierten Neutronen beträgt daher $\nu\gamma$. Da die Aktivität der Metallfolie in beiden Fällen der Zahl absorbierter Neutronen proportional ist, gilt

$$\frac{\text{Aktivität der Folie ohne Kadmium}}{\text{Aktivität der Folie mit Kadmium}} = \frac{A_0}{A_c} = 2\nu\gamma\frac{1}{1-\beta(1-\gamma)}\cdot\frac{1}{\nu\gamma} = \frac{2}{1-\beta(1-\gamma)},$$

ein Ausdruck, der für geringes Absorptionsvermögen der Folie gleich

$$\frac{A_0}{A_c} = \frac{2}{1-\beta}$$

gesetzt werden kann. Die Albedo des Mediums kann also durch Aktivitätsmessungen an geeigneten Folien bestimmt werden.

VI. Die Bremsung von Neutronen [1]

Neutronen-Streuung

6.1. Bisher wurde angenommen, daß alle diffundierenden Neutronen die gleiche Energie, z. B. thermische Energie, besitzen. Im Kernreaktor entstehen jedoch bei der Spaltung zunächst schnelle Neutronen, die erst durch Zusammenstöße mit den Kernen des Moderators gebremst werden. Der Bremsprozeß spielt in der Theorie des thermischen Reaktors eine entscheidende Rolle, weil die Verbleibwahrscheinlichkeit eines Neutrons im Reaktor von der mittleren Verschiebung abhängt, die das Neutron zwischen seiner Geburt als schnelles Neutron und dem Erreichen der thermischen Energie erleidet. Die mittlere Verschiebung steht daher in direktem Zusammenhang mit dem kritischen Volumen des Reaktors (§ 4.69).

6.2. Nach einem allgemeinen Überblick über die Mechanik des elastischen Stoßes werden wir das Problem der Neutronenbremsung in einem Medium, in dem schnelle Neutronen entstehen, behandeln. Zunächst wird die Verteilung der Neutronen als Funktion der Energie unabhängig von ihrer Lage betrachtet. Dann wird die räumliche Verteilung der Neutronen untersucht, die sich infolge der Diffusion während ihrer Abbremsung herausbildet. Diese Frage steht mit den Sickerverlusten und dem kritischen Volumen eines Kernreaktors in engem Zusammenhang.

Die Mechanik des elastischen Stoßes

6.3. Wie wir in Kap. III gesehen haben, ist die Bremsung der schnellen Neutronen weitgehend auf elastische Stöße zurückzuführen, welche die Neutronen beim Zusammenstoß mit den Kernen des Reaktormaterials erleiden. Derartige Stöße können mit den Mitteln der klassischen Mechanik behandelt werden, wenn man annimmt, daß sich Neutron und Kern wie vollkommen elastische Kugeln verhalten. Ausgehend von den Prinzipien der Erhaltung des Impulses und der Energie ist es möglich, eine Beziehung zwischen dem Streuwinkel und der Energie des Neutrons vor und nach dem Zusammenstoß mit dem Kern herzuleiten. Nach Einführung eines empirischen Streugesetzes kann man so zu verschiedenen nützlichen Ergebnissen gelangen.

6.4. In § 5.18 wurde erwähnt, daß man bei der Untersuchung elastischer Zusammenstöße von Neutronen mit Atomkernen zweckmäßigerweise zwei Bezugssysteme verwendet: Das Laboratoriumsystem (L) und das Schwerpunktsystem (S). Wir setzen voraus, daß sich der getroffene Kern im L-System in Ruhe befindet, während der Schwerpunkt des Neutron-Kern-Systems im S-System ruht. Das L-System entspricht dem eines äußeren Beobachters, während das S-System dem eines Beobachters entspricht, der sich mit dem gemeinsamen Schwerpunkt von Neutron und Kern bewegt. Für die theoretische Behandlung ist das S-System besonders geeignet; Messungen werden natürlich im L-System vorgenommen.

6.5. Die Situation vor und nach dem Zusammenstoß in beiden Systemen ist in Abb. 6.5 dargestellt. Wir nehmen an, daß ein Neutron mit der Masse Eins

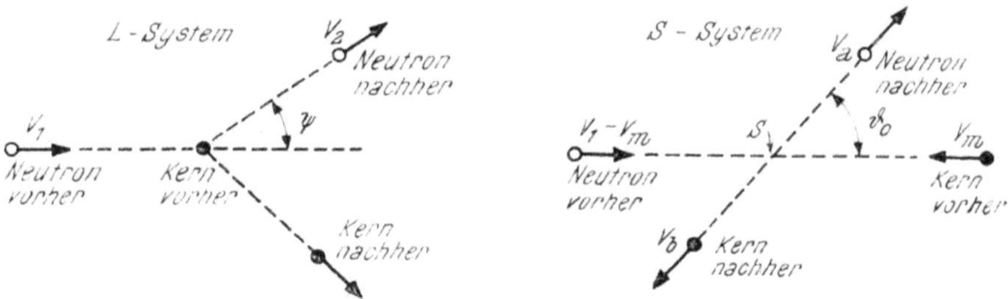

Abb. 6.5. Die Streuung Neutron-Kern im Laborsystem (L) und im Schwerpunktsystem (S)

in der konventionellen Atommassenskala (§ 1.4) im L-System mit der Geschwindigkeit v_1 gegen einen ruhenden Kern mit der Massenzahl A läuft. Ist x die Entfernung des Neutrons vom Kern, so ist die Entfernung x_m des Schwerpunktes S vom Kern durch $A\,x_m = 1 \cdot (x - x_m)$ bzw. durch $x_m = x/(A + 1)$ definiert. Differentiation nach der Zeit liefert die Schwerpunktsgeschwindigkeit $v_m = = dx_m/dt$:

$$v_m = \frac{v_1}{A + 1}, \qquad v_1 = \frac{dx}{dt}. \tag{6.5.1}$$

6.6. Der Schwerpunkt befindet sich im S-System in Ruhe. Daher bewegt sich in diesem System der Kern mit der Geschwindigkeit v_m, die durch (6.5.1) definiert ist, gegen den Schwerpunkt. Da die Geschwindigkeit des Neutrons relativ zum Kern vor dem Zusammenstoß v_1 ist, bewegt sich das Neutron mit der Geschwindigkeit $v_1 - v_m$ gegen den Schwerpunkt. Die Geschwindigkeit des Neutrons vor dem Zusammenstoß im S-System ist also mit (6.5.1)

$$v_1 - v_m = \frac{A\,v_1}{A + 1}. \tag{6.6.1}$$

6.7. Im S-System bewegen sich also das Neutron und der streuende Kern mit den Geschwindigkeiten $A\,v_1/(A + 1)$ und $v_1/(A + 1)$ gegeneinander. Der Impuls des Neutrons der Masse Eins beträgt daher $A\,v_1/(A + 1)$ und zeigt in die ursprüngliche Bewegungsrichtung, während der des Kernes mit der Masse A gleich

$A\,v_1/(A+1)$ ist und in die entgegengesetzte Richtung zeigt. Der Gesamtimpuls vor dem Zusammenstoß relativ zum Schwerpunkt ist dann Null. Nach dem Prinzip der Erhaltung des Impulses muß er daher auch nach dem Zusammenstoß Null sein.

6.8. Nach dem Zusammenstoß fliegt das Neutron im S-System in einer Richtung fort, die mit der ursprünglichen den Winkel ϑ_0 einschließt. ϑ_0 ist der Streuwinkel im S-System. Der Rückstoßkern muß sich in der entgegengesetzten Richtung bewegen, da der Schwerpunkt immer auf der Verbindungslinie der beiden Teilchen liegt. Ist v_a die Geschwindigkeit des Neutrons und v_b die des Kerns nach dem Zusammenstoß im S-System, dann wird die Bedingung, daß der gesamte Impuls Null sein muß, dem Betrage nach ausgedrückt durch

$$v_a = A\,v_b. \tag{6.8.1}$$

6.9. Die Geschwindigkeiten von Neutron und Kern vor dem Zusammenstoß im S-System sind durch (6.6.1) und (6.5.1) gegeben. Folglich kann die Bedingung für die Erhaltung der Energie durch

$$\frac{1}{2}\left(\frac{A\,v_1}{A+1}\right)^2 + \frac{1}{2}\,A\left(\frac{v_1}{A+1}\right)^2 = \frac{1}{2}\,v_a{}^2 + \frac{1}{2}\,A\,v_b{}^2 \tag{6.9.1}$$

ausgedrückt werden, wobei die linke Seite die gesamte kinetische Energie vor dem Zusammenstoß und die rechte Seite diejenige nach dem Zusammenstoß darstellt. Durch Auflösung von (6.8.1) und (6.9.1) nach v_a und v_b findet man:

$$v_a = \frac{A\,v_1}{A+1} \quad \text{und} \quad v_b = \frac{v_1}{A+1}.$$

Der Vergleich dieser Formeln mit (6.6.1) und (6.5.1) zeigt, daß die Geschwindigkeitsbeträge von Neutron und Kern im S-System vor und nach dem Zusammenstoß gleich sind. Ein Beobachter im Schwerpunkt des Systems stellt daher fest, daß sich Neutron und Kern vor dem Zusammenstoß mit entgegengesetzt gerichteten, zu ihren Massen verkehrt proportionalen Geschwindigkeiten auf ihn zu bewegen. Nach dem Zusammenstoß bewegen sich die Teilchen in entgegengesetzten, von den Anfangsrichtungen meist verschiedenen Richtungen, aber mit unveränderten Geschwindigkeitsbeträgen von diesem Beobachter weg.

6.10. Um den kinetischen Energieverlust des Neutrons beim Stoß zu bestimmen, müssen die im S-System geltenden Beziehungen auf das L-System transformiert werden. Man macht dabei von der Tatsache Gebrauch, daß sich die beiden Systeme stets mit der Geschwindigkeit des Schwerpunktes im L-System gegeneinander bewegen müssen, d. h. mit $v_m = v_1/(A+1)$, wie in § 6.5 hergeleitet wurde. Man erhält daher die Endgeschwindigkeit des Neutrons nach dem Stoß im L-System, wenn man zum Vektor $\mathfrak{v}_m$, der die Geschwindigkeit des Schwerpunktes im L-System darstellt, den Vektor $\mathfrak{v}_a$ addiert, welcher die Geschwindigkeit des Neutrons nach dem Zusammenstoß im S-System darstellt (Abb. 6.10). Der Winkel zwischen diesen Vektoren ist der Streuwinkel im S-System.

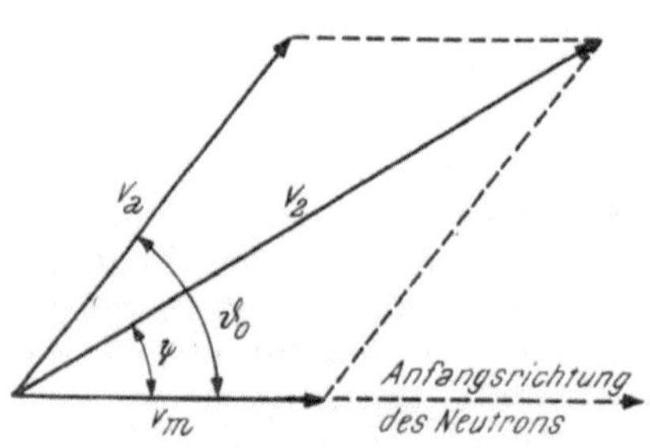

Abb. 6.10. Der Zusammenhang zwischen den Streuwinkeln ϑ im Schwerpunktsystem und ψ im Laborsystem

6.11. Wenn v_2 die Geschwindigkeit des Neutrons im L-System nach dem Zusammenstoß ist, folgt nach dem Cosinussatz

$$v_2{}^2 = v_m{}^2 + v_a{}^2 + 2\,v_m\,v_a \cos \vartheta_0.$$

Durch Einführen der Werte für v_m und v_a aus (6.5.1) und (6.6.1) erhalten wir

$$v_2{}^2 = \left(\frac{v_1}{A+1}\right)^2 + \left(\frac{A\,v_1}{A+1}\right)^2 + \frac{2\,A\,v_1{}^2}{(A+1)^2} \cos \vartheta_0. \qquad (6.11.1)$$

Die Energieänderung bei der Streuung

6.12. Die kinetische Energie E_1 des Neutrons vor der Streuung ist $m\,v_1{}^2/2$, die Energie E_2 nach dem Stoß ist $m\,v_2{}^2/2$. Das Verhältnis der Neutronenenergie nach dem Zusammenstoß zu der vor dem Zusammenstoß ist daher nach (6.11.1) durch

$$\frac{E_2}{E_1} = \frac{v_2{}^2}{v_1{}^2} = \frac{A^2 + 2\,A \cos \vartheta_0 + 1}{(A+1)^2} \qquad (6.12.1)$$

gegeben. Dieses Resultat kann auch in anderer Form ausgedrückt werden. Definiert man α durch

$$\alpha = \left(\frac{A-1}{A+1}\right)^2, \quad \text{also } 1-\alpha = \frac{4\,A}{(A+1)^2}, \qquad (6.12.2)$$

so geht (6.12.1), wenn man den Zähler in der Form $(A-1)^2 + 2\,A\,(1 + \cos \vartheta_0)$ schreibt, über in

$$\frac{E_2}{E_1} = \frac{1}{2}\left[(1 + \alpha) + (1 - \alpha) \cos \vartheta_0\right]. \qquad (6.12.3)$$

6.13. Der Quotient E_2/E_1 hat ein Maximum bei $\vartheta_0 = 0$. Der kleinstmögliche Energieverlust tritt also bei streifendem Stoß auf. (6.12.3) lautet dann

$$\frac{E_{\max}}{E_1} = 1 \quad \text{oder} \quad E_{\max} = E_1. \qquad (6.13.1)$$

In diesem Fall ist die Energie des Neutrons vor und nach der Streuung gleich, und das Neutron erleidet beim Stoß keinen Energieverlust.

6.14. Der kleinste Wert von E_2/E_1, also die größtmögliche Energieübertragung, tritt für $\vartheta_0 = \pi$, d. h. bei zentralem Stoß ein. In diesem Fall lautet (6.12.3)

$$\frac{E_{\min}}{E_1} = \alpha \quad \text{oder} \quad E_{\min} = \alpha\,E_1. \qquad (6.14.1$$

Die kleinste Energie, auf die ein Neutron der Energie E_1 bei einem elastischen Stoß gebremst werden kann, ist daher gleich $\alpha\,E_1$. Der maximale relative Energieverlust bei einem Stoß ist gegeben durch

$$\frac{E_1 - E_{\min}}{E_1} = 1 - \alpha, \qquad (6.14.2$$

während der tatsächliche Energieverlust gleich $E_1\,(1 - \alpha)$ ist.

6.15. Da die Größe α nach (6.12.2) durch die Massenzahl A des getroffenen Kerns bestimmt ist, hängt der Energieverlust, den ein Neutron beim Stoß erleidet, von der Massenzahl des getroffenen Kerns ab. Für Wasserstoff ist $A = 1$

und daher $\alpha = 0$. Ein Neutron kann also bei einem einzigen Zusammenstoß mit einem Wasserstoffkern seine ganze Energie verlieren, und zwar deshalb, weil die Masse des Neutrons und die des Wasserstoffkernes fast gleich groß sind. Für Kohlenstoff ist $A = 12$ und daher $\alpha = 0{,}716$, so daß der maximal mögliche Energieverlust eines Neutrons bei einem Zusammenstoß mit einem Kohlenstoffkern gleich $1 - 0{,}716 = 0{,}284$, d. h. 28% beträgt.

6.16. Durch Entwickeln von (6.12.2) nach A erhält man für $A \gg 1$

$$\alpha = 1 - \frac{4}{A} + \frac{8}{A^2} - \frac{12}{A^3} + \cdots \qquad (6.16.1)$$

Für Massenzahlen über 50 kann man ohne erheblichen Fehler

$$\alpha = 1 - \frac{4}{A} \qquad (6.16.2)$$

setzen. Der größte relative Energieverlust pro Zusammenstoß ist dann

$$1 - \alpha = \frac{4}{A}. \qquad (6.16.3)$$

Folglich beträgt der größte relative Energieverlust, den ein Neutron bei einem Zusammenstoß mit einem Kern der Massenzahl 100 erleiden kann, ungefähr 4%.

Das Streugesetz

6.17. Der Quotient aus der Neutronenenergie nach und der Energie vor dem Stoß ergab sich in der Form (6.12.3), d. h. als Funktion der Masse A und des Streuwinkels im System des Schwerpunktes. Voraussetzung war der vollkommen elastische Stoß. Wenn ein empirisches Streugesetz vorliegt, das die Wahrscheinlichkeitsverteilung der Streuung als Funktion des Streuwinkels angibt, erhält man mit Hilfe dieser Gleichung eine entsprechende Verteilung der Neutronenenergie.

6.18. Experimente zeigen nun, daß die Streuung von Neutronen, deren Energie unter einigen MeV liegt, im Schwerpunktsystem kugelsymmetrisch ist. Im Schwerpunktsystem herrscht also Isotropie. Dieses empirische Streugesetz soll im weiteren vorausgesetzt werden.

6.19. Bei kugelsymmetrischer Streuung ist die Wahrscheinlichkeit dafür, daß ein Neutron in das Raumwinkelelement $d\Omega_0$ d. h. in ein Kegelelement zwischen den Streuwinkeln ϑ_0 und $\vartheta_0 + d\vartheta_0$ im S-System, gestreut wird, gleich

$$w(\vartheta_0)\, d\vartheta_0 = \frac{d\Omega_0}{4\pi} = \frac{2\pi \sin \vartheta_0\, d\vartheta_0}{4\pi} = \frac{1}{2} \sin \vartheta_0\, d\vartheta_0. \qquad (6.19.1)$$

Die Wahrscheinlichkeit dafür, daß die Energie eines Neutrons mit der ursprünglichen Energie E_1 nach der Streuung in das Intervall zwischen E_2 und $E_2 + dE_2$ fällt, werde mit $p(E_2)\, dE_2$ bezeichnet. Da nach (6.12.3) zu jedem Streuwinkel ϑ_0 eine bestimmte Energie E_2 gehört, gilt

$$p(E_2)\, dE_2 = w(\vartheta_0)\, d\vartheta_0$$

oder

$$p(E_2) = w(\vartheta_0) \frac{d\vartheta_0}{dE_2}. \qquad (6.19.2)$$

Aus (6.12.3) folgt

$$\frac{d\vartheta_0}{dE_2} = - \frac{2}{E_1(1-\alpha)\sin\vartheta_0}$$

und es ist daher

$$p(E_2)\,dE_2 = - \frac{dE_2}{E_1(1-\alpha)} \quad \text{für } \alpha E_1 \leq E_2 \leq E_1. \tag{6.19.3}$$

Für E_2-Werte außerhalb des Intervalls $(\alpha E_1, E_1)$ ist $p(E_2) = 0$. Die Wahrscheinlichkeit dafür, daß die Energie eines Neutrons nach der Streuung in einem bestimmten Intervall ΔE liegt, ist also unabhängig von der Endenergie und gleich ΔE geteilt durch $E_1(1-\alpha)$, also durch die maximal mögliche Energieabnahme pro Stoß (§ 6.14). Da dE_2 (oder ΔE) negativ ist, weil das Neutron beim Stoß Energie verliert, ist die Wahrscheinlichkeit $p(E_2)\,dE_2$, wie zu erwarten, positiv. Das Integral von $p(E_2)\,dE_2$ über den ganzen Bereich von E_1 bis zu αE_1 muß natürlich gleich Eins sein; also

$$\int_{E_1}^{\alpha E_1} p(E_2)\,dE_2 = - \frac{1}{E_1(1-\alpha)} \int_{E_1}^{\alpha E_1} dE_2 = 1. \tag{6.19.4}$$

6.20. Die Streuung ist zwar im S-System kugelsymmetrisch, nicht aber im L-System, es sei denn, daß die Masse des streuenden Kerns im Vergleich zur Masse des Neutrons groß ist. In diesem Fall liegt der Schwerpunkt praktisch im Kern, und das L-System wird identisch mit dem S-System. Dieselben Resultate erhält man auch in anderer Weise. Man ersieht aus Abb. 6.10, daß

$$v_2 \cos\psi = v_a \cos\vartheta_0 + v_m = \frac{A\,v_1}{A+1}\cos\vartheta_0 + \frac{v_1}{A+1}, \tag{6.20.1}$$

wobei ψ der Streuwinkel im L-System ist. Weiter folgt aus (6.11.1)

$$v_2 = \frac{v_1}{A+1}\sqrt{A^2 + 2A\cos\vartheta_0 + 1}, \tag{6.20.2}$$

so daß

$$\cos\psi = \frac{A\cos\vartheta_0 + 1}{\sqrt{A^2 + 2A\cos\vartheta_0 + 1}}. \tag{6.20.3}$$

Für einen schweren streuenden Kern ist $A \gg 1$, und es wird daher nach (6.20.3) $\cos\psi \to \cos\vartheta_0$; mit anderen Worten, der Streuwinkel im L-System nähert sich dann dem im S-System. Wenn daher die Streuung im S-System kugelsymmetrisch ist, wird sie es für relativ schwere Kerne auch im L-System sein.

Mittleres logarithmisches Energiedekrement

6.21. Ein nützlicher Begriff für die Theorie der Neutronenbremsung ist das *mittlere logarithmische Energiedekrement pro Stoß*. Diese Größe ist der über alle möglichen Stöße gemittelte Wert von $\ln E_1 - \ln E_2 = \ln(E_1/E_2)$ und wird mit ξ bezeichnet. Dabei ist E_1 die Energie des Neutrons vor und E_2 die nach dem Stoß. Es ist also definitionsgemäß

$$\xi = \overline{\ln\frac{E_1}{E_2}} = \frac{\displaystyle\int_{E_1}^{\alpha E_1} \ln\frac{E_1}{E_2}\,p(E_2)\,dE_2}{\displaystyle\int_{E_1}^{\alpha E_1} p(E_2)\,dE_2}, \tag{6.21.1}$$

wobei $p\,(E_2)\,dE_2$ die in § 6.19 definierte Wahrscheinlichkeit ist. Die Integration erstreckt sich über alle möglichen Werte der Energie nach dem Stoß vom Minimum $\alpha\,E_1$ bis zum Maximum E_1.

6.22. Der Nenner von (6.21.1) ist gleich Eins [vgl. (6.19.4)]. Wenn $p\,(E_2)\,dE_2$ nach (6.19.3) eingeführt wird, folgt

$$\xi = -\int_{E_1}^{\alpha E_1} \ln\frac{E_1}{E_2}\cdot\frac{d\,E_2}{E_1\,(1-\alpha)}\,. \qquad (6.22.1)$$

Die Integration kann leicht ausgeführt werden, indem man zur Variablen

$$x = \frac{E_2}{E_1}$$

übergeht:

$$\xi = \frac{1}{1-\alpha}\int_{1}^{\alpha}\ln x\cdot dx = 1 + \frac{\alpha}{1-\alpha}\ln\alpha\,. \qquad (6.22.2)$$

Unter Verwendung von (6.12.2) ergibt sich

$$\xi = 1 + \frac{(A-1)^2}{2\,A}\ln\frac{A-1}{A+1}\,. \qquad (6.22.3)$$

Für $A > 10$ ist $\xi = \dfrac{2}{A}\left(1-\dfrac{2}{3\,A}\right) \approx \dfrac{2}{A\left(1+\dfrac{2}{3\,A}\right)}$, also

$$\xi \approx \frac{2}{A+\dfrac{2}{3}}\,, \qquad (6.22.4)$$

ein guter Näherungswert. Sogar für $A = 2$ beträgt der Fehler von (6.22.4) nur 3,3%.

6.23. Die Größe ξ ist sehr nützlich, weil sie von der Anfangsenergie des Neutrons unabhängig ist. Für den Mittelwert von $(E_1 - E_2)/E_1$ erhält man in analoger Weise $(1-\alpha)/2$. Ein Neutron verliert also bei Zusammenstößen mit bestimmten streuenden Kernen im Mittel immer den gleichen Bruchteil der Energie, die es vor dem Zusammenstoß hatte. Dieser Bruchteil nimmt mit wachsender Masse des Kerns ab.

6.24. Tab. 6.24 bringt ξ für einige Elemente, insbesondere für solche mit kleiner Massenzahl. Die mittlere Zahl der Stöße, die erforderlich sind, um die Energie eines Spaltneutrons von der ursprünglichen Energie von z. B. 2 MeV auf den thermischen Wert von 0,025 eV zu reduzieren, erhält man, indem man $\ln\,(2\cdot10^6/0{,}025)$ durch das entsprechende ξ dividiert; es ist also:

$$\text{Mittlere Zahl der zur Thermalisierung erforderlichen Stöße (Bremsung von 2 MeV auf 0,025 eV)} = \frac{\ln\dfrac{2\cdot10^6}{0{,}025}}{\xi} = \frac{18{,}2}{\xi}\,. \qquad (6.24.1)$$

Einige Werte, die aus dieser Gleichung folgen, sind in Tab. 6.24 angeführt.

Tabelle 6.24. *Streueigenschaft der Kerne*

Element	Massenzahl	ξ	Zusammenstöße zur Thermalisation
Wasserstoff	1	1,000	18
Deuterium	2	0,725	25
Helium	4	0,425	43
Lithium	7	0,260	70
Beryllium	9	0,207	88
Kohlenstoff	12	0,158	115
Sauerstoff	16	0,120	152
Uran	238	0,00838	2171

Bremsvermögen und Bremsverhältnis

6.25. Nach (6.24.1) ist ξ umgekehrt proportional zur Zahl der Stöße, die erforderlich sind, um ein Neutron von der Spaltenergie auf thermische Energie abzubremsen; diese Größe kann also zum Teil als Maß für die Bremsfähigkeit des streuenden Materials dienen. In einem guten Moderator nimmt die Energie im Mittel je Zusammenstoß ziemlich stark ab, und daher soll ξ so groß als möglich sein. Ein großes ξ ist indessen von geringem Wert, wenn nicht auch die Wahrscheinlichkeit für Stöße groß ist, die vom Streuquerschnitt abhängen. Das Produkt $\xi \Sigma_s$, worin Σ_s der makroskopische Streuquerschnitt ist, heißt *makroskopisches Bremsvermögen*. Diese Größe ist ein besseres Maß für die Wirksamkeit eines Moderators, denn sie stellt die Bremsfähigkeit aller Kerne in 1 cm³ des Materials dar. Da $\Sigma_s = N_0 \rho \, \sigma_s/A$, wobei N_0 die Loschmidtsche Zahl, ρ die Dichte, σ_s den mikroskopischen Streuquerschnitt und A das Atom- oder Molekulargewicht des Moderators bedeuten, wird das Bremsvermögen durch $N_0 \rho \, \sigma_s \xi/A$ ausgedrückt. In Tab. 6.25 sind Zahlenwerte für eine Reihe von Stoffen mit kleiner Ordnungszahl wiedergegeben. Die Streuquerschnitte (Tab. 3.79) werden im Energiebereich von 1 bis 10^5 eV als konstant vorausgesetzt.

Tabelle 6.25. *Bremseigenschaften von Moderatoren*

Moderator	Bremsvermögen cm⁻¹	Bremsverhältnis
Wasser	1,53	70
Schweres Wasser	0,170	5200
Helium	$0,9 \cdot 10^{-5}$	45
Beryllium	0,178	162
Kohlenstoff	0,061	235

6.26. Die Absorptionseigenschaften des Materials werden allerdings vom Bremsvermögen nicht zum Ausdruck gebracht. Das Bremsvermögen von Bor z. B. ist besser als das von Kohlenstoff, aber Bor würde wegen seines hohen Absorptionsquerschnitts als Moderatormaterial nicht in Frage kommen (§ 3.76). Bor ist deshalb nicht in die obige Tabelle aufgenommen worden. Vom theoretischen Standpunkt ist eine andere Größe, das *Bremsverhältnis*, wichtiger. Es ist definiert als Quotient aus Bremsvermögen und makroskopischem Absorptionsquerschnitt Σ_a, also durch $\Sigma_s \xi/\Sigma_a$. Einige angenäherte Werte dieses, die Wirksamkeit eines Moderators kennzeichnenden Verhältnisses sind in Tab. 6.25 angegeben. Schweres Wasser ist demnach ein hervorragender Moderator. Wo die Verwendung eines flüssigen Moderators unzweckmäßig ist, können Beryllium und Kohlenstoff benützt werden, die jedoch weniger wirksam sind als schweres Wasser. Gewöhnliches Wasser kann unter gewissen Umständen verwendet werden. Lithium und Bor scheiden jedoch wegen ihres hohen Absorptionsquerschnitts aus.

Die Lethargie

6.27. In vielen Fällen ist es zweckmäßig, die Energie eines Neutrons in logarithmischer, dimensionsloser Form auszudrücken. Dies geschieht durch Einführung der Größe u, der sogenannten *Lethargie*, die auch als logarithmisches Energiedekrement bezeichnet wird. Die Lethargie ist definiert durch

$$u = \ln \frac{E_0}{E}, \qquad (6.27.1)$$

wobei E_0 die Anfangsenergie der bei der Spaltung produzierten Quellneutronen ist. Für diese Quellneutronen selbst ist die Lethargie Null. Die Größe der Lethargie wächst, wenn die Neutronen gebremst werden.

6.28. Ist E_1 die Energie eines Neutrons vor dem Streustoß und E_2 die Energie nach dem Zusammenstoß, dann ist die entsprechende Lethargieänderung $u_2 - u_1$ gegeben durch

$$u_2 - u_1 = \ln \frac{E_1}{E_2}.$$

Da die in § 6.21 definierte Größe ξ den Mittelwert von $\ln E_1/E_2$ darstellt, kann ξ auch als mittlere Änderung der Lethargie eines Neutrons pro Stoß betrachtet werden. Bei kugelsymmetrischer Streuung ist ξ von der Neutronenenergie unabhängig (§ 6.22). Daher muß ein Neutron, unabhängig von seiner Energie, im Mittel immer dieselbe Zahl von Zusammenstößen erfahren, wenn sich seine Lethargie um einen bestimmten Betrag erhöhen soll. Darin liegt einer der Vorteile der Lethargievariablen.

6.29. Nach Gl. (6.27.1) ist

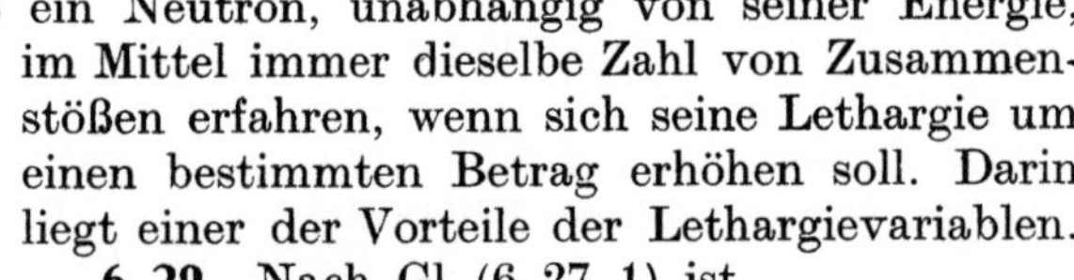

$$E = E_0\, e^{-u},$$

so daß die Darstellung von E mit wachsendem u exponentiell abfällt (Abb. 6.29). Im Hinblick auf das im vorhergehenden Paragraphen hergeleitete Ergebnis denken wir in Abb. 6.29 eine Reihe von vertikalen Linien gezogen, die voneinander den Abstand ξ haben. Die Höhen dieser Ordinaten stellen dann die Mittelwerte der Neutronenenergie bei einanderfolgenden Zusammenstößen dar. Man erkennt, daß ein Neutron bei den ersten Stößen im Mittel einen bedeutend größeren Energiebetrag verliert als bei späteren.

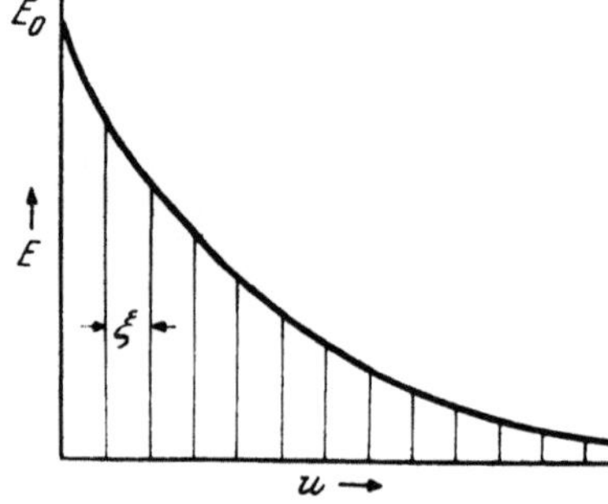

Abb. 6.29. Die Beziehung zwischen Energie und Lethargie

Bremsung in einem unendlich ausgedehnten, nicht absorbierenden Medium

6.30. Wir nehmen an, daß in einem bestimmten Moderator, räumlich homogen verteilt, pro sec eine bestimmte Zahl schneller Neutronen, z. B. durch Spaltung, erzeugt werden. Durch Zusammenstöße mit den Kernen des Moderators verlieren die Neutronen ständig Energie. Da aber laufend schnelle Neutronen nachgeliefert werden, wird sich bald eine stationäre Verteilung der Neutronen-

energie einstellen. Diese Energieverteilung hängt natürlich von der Neutronenabsorption im System und von den Sickerverlusten während des Bremsvorganges
ab. Vorläufig setzen wir voraus, daß das Moderatorsystem *unendlich ausgedehnt* sei, so daß keine Sickerverluste eintreten. Ferner soll während des
Bremsprozesses keine Neutronenabsorption erfolgen. Später werden wir zeigen,
welche Modifikationen vorgenommen werden müssen, um Neutronenabsorption
zu berücksichtigen.

6.31. In den folgenden Betrachtungen wird die Energieverteilung im stationären Zustand für kugelsymmetrische Streuung im Schwerpunktsystem
hergeleitet, wie sie früher (§ 6.18) vorausgesetzt wurde. Die Ergebnisse können
jedoch nicht auf Neutronen angewendet werden, deren Energie mit den Schwin-
gungsquanten der Atome im Kristallgitter vergleichbar ist. Diese Energie beträgt für wasserstoffhaltige Verbindungen ungefähr 0,3 eV und für Kohlenstoff
(Graphit) 0,2 eV. Bei diesen niedrigen Energien können die streuenden Kerne
im Laboratoriumsystem in bezug auf die Neutronen nicht mehr als ruhend
angesehen werden[1].

Bremsung in Wasserstoff

6.32. Es ist zweckmäßig, zuerst den Bremsprozeß von Neutronen im Wasserstoffmoderator zu betrachten, da dieser Fall zu relativ einfach lösbaren Gleichungen führt. Die Bremsung in Wasserstoff unterscheidet sich von der in
Moderatoren aus schwereren Kernen dadurch, daß ein Neutron bei einem einzigen Zusammenstoß mit einem Wasserstoffkern seine ganze Energie verlieren
kann, während dies bei schwereren Kernen (§ 6.15) nicht der Fall ist.

6.33. Es sei $\Phi\,(E')$ der Neutronenfluß pro Energieeinheit bei der Energie
E' und $\Sigma_s\,(E')$ der entsprechende makroskopische Streuquerschnitt. Die Zahl
der Streustöße pro cm^3 und pro sec, welche die Neutronen innerhalb eines Energie-
elements dE' erfahren, ist dann gleich $\Sigma_s\,(E')\,\Phi\,(E')\,dE'$. Dies kann in der Form
$F\,(E')\,dE'$ geschrieben werden. Die Funktion $F\,(E')$ heißt *Stoßdichte* pro
Energieeinheit und ist durch

$$F\,(E') = \Sigma_s\,(E')\,\Phi\,(E') \qquad (6.33.1)$$

definiert.

6.34. Nach dem Zusammenstoß mit Wasserstoffkernen liegt die Energie
der Neutronen zwischen dem Wert E' und Null. Der Bruchteil der Neutronen,
welche in ein Energieelement dE gestreut werden, ist nach (6.19.3), wenn man
hier $\alpha = 0$ setzt, gleich dE/E'. Daher ist die Zahl der pro cm^3 und sec in das
Energieelement dE gestreuten Neutronen, welche von Streustößen in dE' herrühren, gleich $F\,(E')\,dE' \cdot dE/E'$. Die gesamte Zahl der Neutronen, die durch
Stöße dieser Art nach dE gestreut werden, ist gegeben durch:

$$\text{Zahl der Neutronen, die nach vorhergehen-} \atop \text{den Streuungen in das Element } dE \text{ fallen} = dE \int_{E}^{E_0} \frac{F\,(E')\,dE'}{E'}. \qquad (6.34.1)$$

Dabei wurde vorausgesetzt, daß die Neutronen mit der Energie E_0 in den Moderator eintreten.

6.35. In der vorhergehenden Rechnung wurde angenommen, daß die Neutronen zuerst in das Energieelement dE' und von dort in das Energieelement dE
gestreut wurden. Da schon ein einziger Zusammenstoß mit einem Wasserstoffkern die Energie des Neutrons von ihrem ursprünglichen Wert E_0 auf Null ver-

---

[1] Vgl. E. R. COHEN: A Survey of Neutron Thermalization Theory. Proceedings,
Geneva 1958, Vol. 5, p. 405.

ringern kann, werden einige Neutronen schon beim ersten Zusammenstoß in das Element dE gestreut. Wenn q_0 die Zahl der Quellneutronen ist, welche pro cm³ und sec mit einer Energie E_0 in das System eintreten, ist die Zahl der ersten Zusammenstöße gleich q_0. Von diesen wird der Bruchteil dE/E_0 in das Element dE gestreut, und daher ist die

$$\text{Zahl der Neutronen, welche beim ersten Zusammenstoß in das Element } dE \text{ gestreut werden} = \frac{q_0}{E_0}\,dE. \qquad (6.35.1)$$

Die Gesamtzahl der Neutronen, welche pro cm³ und sec durch erste und mehrfache Stöße in das Energieelement dE gestreut werden, ist dann durch die Summe von (6.34.1) und (6.35.1) gegeben.

6.36. Da wir vorausgesetzt haben, daß keine Neutronenabsorption auftritt, muß bei stationärer Verteilung der Neutronenenergie die Zahl der Neutronen, welche aus einem Energieelement herausgestreut werden, gleich der Zahl jener sein, die pro cm³ und sec in dasselbe Element hineingestreut werden. Nach der Definition in § 6.33 ist die Zahl der Neutronen, welche pro cm³ und sec aus dem Element dE herausgestreut werden, gleich $F(E)\,dE$. Folglich lautet die Bedingung für den stationären Zustand

$$F(E) = \frac{q_0}{E_0} + \int_{E}^{E_0} \frac{F(E')}{E'}\,dE', \qquad (6.36.1)$$

wobei das für alle Terme gemeinsame dE herausgekürzt worden ist.

6.37. Da die Integralgleichung (6.36.1) nur eine Funktion der unteren Grenze darstellt, kann sie differenziert und die entstehende Differentialgleichung mit geeigneten Grenzbedingungen gelöst werden. Durch Ableiten von (6.36.1) nach E ergibt sich die Differentialgleichung

$$\frac{dF(E)}{dE} = -\frac{F(E)}{E}, \qquad (6.37.1)$$

deren allgemeine Lösung

$$F(E) = \frac{\text{const.}}{E}$$

ist. Aus (6.36.1) ergibt sich die Grenzbedingung

$$F(E_0) = \frac{q_0}{E_0},$$

und die seinerzeit durch E. AMALDI und E. FERMI angegebene Lösung von (6.37.1) lautet daher

$$F(E) = \frac{q_0}{E}. \qquad (6.37.2)$$

Nach der Definition von $F(E)$ ist der Neutronenfluß pro Energieeinheit

$$\Phi(E) = \frac{q_0}{E\,\Sigma_s}, \qquad (6.37.3)$$

wobei Σ_s eine Funktion der Neutronenenergie ist (das Argument ist der Einfachheit halber weggelassen). Die oben erhaltenen Resultate können auch mit der Lethargie an Stelle der Energie geschrieben werden.

6.38. Der Neutronenfluß pro Lethargieeinheit $\Phi(u)$ steht mit dem Neutronenfluß pro Energieeinheit $\Phi(E)$ in der Beziehung

$$\Phi(u)\,du = -\,\Phi(E)\,dE, \tag{6.38.1}$$

wobei das negative Zeichen eingeführt wurde, weil einer Zunahme der Energie eine Abnahme der Lethargie entspricht. Durch Differenzieren von (6.27.1) folgt

$$du = -\frac{dE}{E}, \tag{6.38.2}$$

und daher geht (6.38.1) über in

$$\Phi(u) = E\,\Phi(E). \tag{6.38.3}$$

Man erkennt auch, daß die Stoßdichte pro Lethargieeinheit $F(u)$ durch

$$F(u) = \Phi(u)\,\Sigma_s(u) = E\,F(E) \tag{6.38.4}$$

ausgedrückt werden kann.

6.39. Die vorhergehenden, mit der Lethargie u geschriebenen Beziehungen sind vollkommen allgemein und unabhängig von der Natur des Moderators. Wenn man sie auf die Streuung in Wasserstoff anwendet, erhält man den Neutronenfluß pro Einheit der Lethargie aus (6.37.3) und (6.38.3) zu

$$\Phi(u) = \frac{q_0}{\Sigma_s}, \tag{6.39.1}$$

wobei Σ_s eine Funktion der Energie oder Lethargie ist. Die Stoßdichte pro Lethargieeinheit ist dann

$$F(u) = q_0. \tag{6.39.2}$$

Die Stoßdichte pro Lethargieeinheit ist also in Wasserstoff für alle Werte der Lethargie (oder der Energie) konstant und gleich der Quellstärke.

Bremsdichte in Wasserstoff

6.40. Eine weitere wichtige Größe ist die *Bremsdichte q*. Sie ist definiert als die Zahl der Neutronen, welche pro cm^3 und sec unter einen gegebenen Energiewert E abgebremst werden. Der Bruchteil der Zusammenstöße in Wasserstoff, welche im Energieelement dE' stattfinden und Neutronen unter E, d. h. in das Intervall 0 bis E, streuen, beträgt nach (6.19.3) E/E'. Daher ist die Zahl der Neutronen pro cm^3 und sec, welche nach der Streuung aus dem Element dE' unter die Energie E abgebremst werden, gleich $F(E')\,dE' \cdot E/E'$. Die gesamte Zahl der Neutronen, welche nach vorhergehender Streuung im Energiebereich von E_0 bis E unter die Energie E gestreut werden, wird wie früher durch Integration zwischen diesen Grenzen erhalten; also

$$\text{Zahl der Neutronen, welche nach zumindest einer}\atop\text{Streuung unter die Energie } E \text{ abgebremst werden} = E \int_E^{E_0} \frac{F(E')}{E'}\,dE'. \tag{6.40.1}$$

6.41. Um die Bremsdichte zu erhalten, muß man die Zahl der Neutronen hinzuzählen, welche pro cm^3 und sec durch *Erststöße* der Quellneutronen unter E abgebremst worden sind. Der Bruchteil dieser Zusammenstöße ist E/E_0, und da die Zahl der ersten Zusammenstöße gleich der Zahl der Quellneutronen q_0 ist (§ 6.35), folgt, daß die

$$\text{Zahl der Neutronen, welche bei Erst-} \atop \text{stößen unter die Energie } E \text{ gestreut werden} = \frac{q_0 E}{E_0}. \qquad (6.41.1)$$

Die Bremsdichte q ist also im Fall eines Wasserstoffmoderators ohne Neutronenabsorption gegeben durch

$$q = E\left[\frac{q_0}{E_0} + \int\limits_{E}^{E_0} \frac{F(E')}{E'}\, dE'\right]. \qquad (6.41.2)$$

6.42. Im stationären Zustand wird q nach (6.41.2) und (6.36.1) gleich $E\,F(E)$ und daher ist mit (6.37.2)

$$q = q_0. \qquad (6.42.1)$$

6.43. In einem unendlich ausgedehnten Wasserstoffmedium ohne Neutronenabsorption ist die Bremsdichte unabhängig von der Energie konstant und gleich der Quellstärke. Das ist natürlich vom physikalischen Standpunkt zu erwarten. Wenn während des Bremsvorganges keine Verluste durch Entweichen oder Absorption auftreten, muß im stationären Zustand unter alle Energiewerte die gleiche Zahl von Neutronen gestreut werden. Diese Zahl muß ferner gleich sein der Zahl der Quellneutronen, die in das System eintreten.

Die Bremsung in Medien mit $A > 1$

6.44. Falls ein Medium aus Kernen gleicher Art mit einer Massenzahl $A > 1$ besteht, ist es nicht möglich, die Stoßdichte oder die Bremsdichte für den gesamten Energiebereich durch ein einziges Integral auszudrücken, wie das für die Streuung im Wasserstoff geschehen ist [s. (6.36.1) und (6.41.2)]. Bei schwereren Kernen ist die kleinstmögliche Energie der Neutronen nach dem ersten Zusammenstoß gleich αE_0 (§ 6.14), wobei E_0 wie oben die Energie der Quellneutronen bedeutet. Bei der Berechnung der Stoß- (oder Brems-)dichte müssen die Neutronen im Energieintervall von E_0 bis αE_0 von denjenigen mit Energien kleiner als αE_0 getrennt behandelt werden.

6.45. In das Energieintervall zwischen E_0 und αE_0 können Neutronen einerseits durch Erststöße der Quellneutronen, andererseits durch Mehrfachstreuung von Neutronen mit Energien zwischen E_0 und αE_0 gelangen. Bei Neutronenenergien unter αE_0 tragen die Erststöße der Quellneutronen zur Stoß- (oder Brems-)dichte nichts mehr bei. Die stationäre Energieverteilung muß also im Intervall von E_0 bis αE_0 anders berechnet werden als im Intervall von αE_0 bis Null.

Fall I. Neutronenenergien im Intervall von E_0 bis αE_0 ($\alpha E_0 \leq E \leq E_0$)

6.46. Wie bei Streuung in Wasserstoff ist die Zahl der Streustöße von Neutronen pro cm³ und sec im Energieelement dE' gleich $F(E')\,dE'$. Da sich die Funktion $F(E)$ nur auf das Energieintervall $\alpha E_0 \leq E \leq E_0$ bezieht, wollen wir sie mit $F_1(E)$ bezeichnen. Der Bruchteil der Neutronen, welche in das Element dE gestreut werden, ist $dE/(1-\alpha)E'$. Die Zahl der Neutronen, die von Zusammenstößen in dE' herrühren und nach dE gestreut werden, ist also $F_1(E')\,dE' \cdot dE/E'(1-\alpha)$. Die gesamte Zahl der Neutronen, die nach mindestens einer Streuung in den Bereich von E_0 bis E in dE fallen, ergibt sich wie in § 6.34 durch Integration zwischen E und E_0.

6.47. Von den Quellneutronen wird der Bruchteil $dE/E_0\,(1-\alpha)$ in das Energieelement dE bei E gestreut. Wenn daher q_0 die Zahl der Quellneutronen bedeutet, welche pro cm^3 und pro sec in das System eintreten, ist die Zahl der durch Erststöße in das Element dE gestreuten Neutronen gleich $q_0\,dE/E_0\,(1-\alpha)$.

6.48. Die Zahl der Neutronen, welche pro cm^3 und sec aus dem Energieelement dE gestreut werden, ist $F_1\,(E)\,dE$; da im stationären Zustand die Zahl der Neutronen, die in das Element dE hineingestreut werden, gleich der Zahl der herausgestreuten sein muß, folgt:

$$F_1\,(E) = \frac{q_0}{E_0\,(1-\alpha)} + \int_E^{E_0} \frac{F_1\,(E')}{E'\,(1-\alpha)}\,dE'. \qquad (6.48.1)$$

6.49. Diese Integralgleichung kann wie oben gelöst werden, indem man sie nach E differenziert. Man erhält:

$$\frac{d\,F_1\,(E)}{dE} = -\frac{F_1\,(E)}{E\,(1-\alpha)}. \qquad (6.49.1)$$

Durch Integration ergibt sich die allgemeine Lösung

$$F_1\,(E) = \frac{\text{const.}}{E^{\frac{1}{1-\alpha}}}. \qquad (6.49.2)$$

6.50. Die Randbedingung des Problems ist gemäß (6.48.1)

$$F_1\,(E_0) = \frac{q_0}{E_0\,(1-\alpha)}, \qquad (6.50.1)$$

und daher lautet die Lösung für den vorliegenden Fall

$$F_1\,(E) = \frac{q_0\,E_0^{\frac{\alpha}{1-\alpha}}}{1-\alpha} \cdot \frac{1}{E^{\frac{1}{1-\alpha}}}, \qquad \alpha\,E_0 \leqq E \leqq E_0. \qquad (6.50.2)$$

Dieser Ausdruck beschreibt die Stoßdichte pro Energieeinheit für Neutronen der Energie E im stationären Zustand, wenn $\alpha\,E_0 \leqq E \leqq E_0$.

6.51. Der entsprechende Wert von $F_1\,(u)$, der Stoßdichte für die Lethargieeinheit, ergibt sich mit (6.38.4):

$$F_1\,(u) = \frac{q_0\,E_0^{\frac{\alpha}{1-\alpha}}}{1-\alpha} \cdot \frac{1}{E^{\frac{\alpha}{1-\alpha}}} = \frac{q_0}{1-\alpha}\,e^{\frac{\alpha}{1-\alpha}\,u} \qquad (6.51.1)$$

Mit $\alpha = 0$ (Wasserstoffmoderator) reduzieren sich (6.50.2) und (6.51.1) auf (6.37.2) und (6.39.2).

6.52. Abb. 6.55 zeigt u. a. den Verlauf von $F_1\,(u)$ für einige Elemente. Aus (6.51.1) erkennt man, daß $F_1\,(u)$ monoton wächst, wenn E von E_0 auf αE_0 abnimmt. Die Funktion $F_1\,(u)$ hat ihren Minimalwert bei der Neutronenenergie E_0:

$$F_1\,(u)_{\min} = \frac{q_0}{1-\alpha}$$

und ihren Maximalwert bei der Neutronenenergie αE_0:

$$F_1(u)_{\max} = \frac{q_0}{1-\alpha} \cdot \frac{1}{\alpha^{\frac{\alpha}{1-\alpha}}}.$$

Fall II. Neutronenenergien unter αE_0 ($E < \alpha E_0$)

6.53. Wir zerlegen das Energieintervall von αE_0 bis Null durch die Teilpunkte αE_0, $\alpha^2 E_0$, $\ldots \alpha^{k-2} E_0$, $\alpha^{k-1} E_0$, $\alpha^k E_0$, $\alpha^{k+1} E_0$, $\ldots$ Da $\alpha < 1$ ist, konvergieren die Teilpunkte schließlich gegen Null. Die Stoßdichten in den einzelnen Energieintervallen sind im allgemeinen voneinander verschieden. Wir bezeichnen die Stoßdichte im Energiebereich Δ_k zwischen $\alpha^k E_0$ und $\alpha^{k-1} E_0$ mit $F_k(E)$. Unsere Aufgabe ist es nun, die einzelnen Funktionen F_k in den verschiedenen Energiebereichen zu berechnen. Für die erste Funktion F_1 ist dies bereits mit (6.50.2) geschehen.

Die Zahl der Neutronen, welche in ein im Bereich $\Delta_k = (\alpha^k E_0, \alpha^{k-1} E_0)$ gelegenes Energieintervall dE gestreut werden, setzt sich zusammen:
1. aus der Zahl der aus dem gleichen Intervall gestreuten Neutronen der Energien E' mit $E < E' < \alpha^{k-1} E_0$ und
2. der Zahl der aus dem nächst höheren Energiebereich gestreuten Neutronen mit Energien E', für die $\alpha^{k-1} E_0 < E' < E/\alpha$ ist.

Die Energie E kann nämlich nur von Neutronen erreicht werden, deren Energie vor dem Stoß nicht größer als E/α ist. Im ersten Bereich ist die Zahl der Streustöße im Energieintervall dE' gleich $F_k(E') dE'$. Davon wird der Bruchteil $dE/(1-\alpha) E'$ in das Intervall dE gestreut.

Die Gesamtzahl im Bereich Δ_k erhält man durch Integration über dE' von E bis $\alpha^{k-1} E_0$:

$$dE \int_E^{\alpha^{k-1} E_0} F_k(E') \frac{dE'}{(1-\alpha) E'}.$$

Die Zahl der Neutronen, die aus dem Bereich Δ_{k-1} nach dE gestreut werden, ist analog

$$dE \int_{\alpha^{k-1} E_0}^{E/\alpha} F_{k-1}(E') \frac{dE'}{(1-\alpha) E'}.$$

Im stationären Fall muß nun die Summe der in das Energieintervall dE hineingestreuten Neutronen gleich sein der aus dem gleichen Intervall hinausgestreuten Neutronen $F_k(E) dE$, also nach Kürzen durch dE und Multiplikation mit $(1-\alpha)$:

$$\int_{\alpha^{k-1} E_0}^{E/\alpha} F_{k-1}(E') \frac{dE'}{E'} + \int_E^{\alpha^{k-1} E_0} F_k(E') \frac{dE'}{E'} = (1-\alpha) F_k(E). \qquad (6.53.1)$$

6.54. Differenzieren von (6.53.1) nach E ergibt

$$\frac{d F_k(E)}{dE} + \frac{1}{(1-\alpha) E} F_k(E) = \frac{1}{(1-\alpha) E} F_{k-1}\left(\frac{E}{\alpha}\right). \qquad (6.54.1)$$

Diese für $k = 2, 3, \ldots$ geltenden Differentialgleichungen für F_k dienen zur sukzessiven Bestimmung der Stoßdichten F_2, F_3, $\ldots$ in den einzelnen Energiebereichen.

Kennt man nämlich F_1, so kann man nach (6.54.1) F_2 berechnen usw. Für den homogenen Teil der Differentialgleichung (6.54.1)

$$\frac{dF_k(E)}{dE} + \frac{1}{(1-\alpha)\,E}\,F_k(E) = 0$$

erhält man die Lösung

$$F_k = C\,E^{-\frac{1}{1-\alpha}}. \tag{6.54.2}$$

Betrachtet man nun C als Funktion von E (Variation der Konstanten) und geht damit in (6.54.1) ein, so erhält man

$$\frac{dC}{dE} = \frac{1}{1-\alpha}\,E^{\frac{\alpha}{1-\alpha}}\,F_{k-1}\left(\frac{E}{\alpha}\right),$$

woraus

$$C = \frac{1}{1-\alpha}\int_a^E E'^{\frac{\alpha}{1-\alpha}}\,F_{k-1}\left(\frac{E'}{\alpha}\right)dE' + C_1 \tag{6.54.3}$$

folgt. Die Lösung von (6.54.1) lautet daher nach (6.54.2) und (6.54.3)

$$F_k = \frac{1}{(1-\alpha)\,E^{\frac{1}{1-\alpha}}}\int_a^E E'^{\frac{\alpha}{1-\alpha}}\,F_{k-1}\left(\frac{E'}{\alpha}\right)dE' + C_1\,E^{-\frac{1}{1-\alpha}}. \tag{6.54.4}$$

Die Integrationskonstante C_1 kann man aus (6.53.1) bestimmen, indem man dort $E = \alpha^{k-1}E_0$ setzt. Auf diese Weise ergibt sich

$$(1-\alpha)\,F_k(\alpha^{k-1}E_0) = \int_{\alpha^{k-1}E_0}^{\alpha^{k-2}E_0} F_{k-1}(E')\,\frac{dE'}{E'}. \tag{6.54.5}$$

Wählt man in (6.54.4) speziell die Konstante $a = \alpha^{k-1}E_0$, so geht diese Gleichung für $E = \alpha^{k-1}E_0$ über in

$$(1-\alpha)\,F_k(\alpha^{k-1}E_0) = C_1\,\frac{\alpha^{-\frac{k-1}{1-\alpha}}}{E_0^{\frac{1}{1-\alpha}}}\,(1-\alpha).$$

Der Vergleich mit (6.54.5) ergibt

$$C_1 = \alpha^{\frac{k-1}{1-\alpha}}\,E_0^{\frac{1}{1-\alpha}}\int_{\alpha^{k-1}E_0}^{\alpha^{k-2}E_0} F_{k-1}(E')\,\frac{dE'}{(1-\alpha)\,E'}. \tag{6.54.6}$$

Die Endformel, mittels der sich F_k durch F_{k-1} ausdrücken läßt, ist daher nach (6.54.4) und (6.54.6) gegeben durch

$$F_k(E) = \frac{1}{(1-\alpha)\,E^{\frac{1}{1-\alpha}}}\int_{\alpha^{k-1}E_0}^{E} E'^{\frac{\alpha}{1-\alpha}}\,F_{k-1}\left(\frac{E'}{\alpha}\right)dE' + \frac{\alpha^{\frac{k-1}{1-\alpha}}}{1-\alpha}\left(\frac{E_0}{E}\right)^{\frac{1}{1-\alpha}}\int_{\alpha^{k-1}E_0}^{\alpha^{k-2}E_0} F_{k-1}(E')\,\frac{dE'}{E'}. \tag{6.54.7}$$

Wenn man in dieser Formel $k = 2$ setzt, kann man für $F_1(E)$ die Funktion (6.50.2) einsetzen und damit F_2 ausrechnen. Indem man in analoger Weise rechts F_2 einsetzt, ergibt sich F_3 usw. Für F_2 ergibt sich z. B.

$$F_2(E) = \frac{q_0}{E_0} \cdot \frac{1}{1-\alpha} \left(\frac{E_0}{E}\right)^{\frac{1}{1-\alpha}} \left(1 - \alpha^{\frac{1}{1-\alpha}} - \frac{\alpha^{\frac{1}{1-\alpha}}}{1-\alpha} \ln \frac{\alpha E_0}{E}\right), \quad \alpha^2 E_0 \le E \le \alpha E_0.$$

6.55. Die einzelnen Abschnitte $F_k(u) = E F_k(E)$ der Stoßdichtefunktion $F(u) = E F(E)$ pro Lethargieeinheit sind auf die obige Weise für einige Moderatoren als Funktion der Neutronenenergie berechnet worden. In den Abb. 6.55a und 6.55b sind die Ergebnisse für die Streuung in Wasserstoff, Deuterium und Kohlenstoff dargestellt. Die Energie der Quellneutronen wurde mit 2 MeV angenommen, und die Resultate wurden auf ein Quellneutron pro cm^3 und sec, d. h.

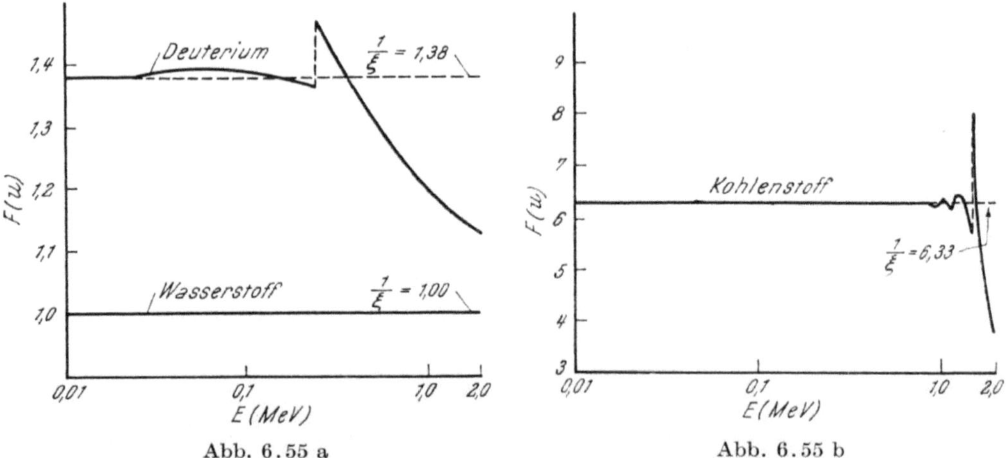

Abb. 6.55 a   Abb. 6.55 b

Abb. 6.55 a. Die Stoßzahldichte als Funktion der Neutronenenergie bei Streuung in Wasserstoff und in Deuterium. Abb. 6.55 b. Die Stoßzahldichte als Funktion der Neutronenenergie bei Streuung in Kohlenstoff (Graphit)

auf $q_0 = 1$, normiert. Wie unten gezeigt wird (§ 6.66), erreicht $F(u)$ einen asymptotischen Wert $F_{as}(u) = q_0/\xi$, wenn die Neutronenenergie bedeutend kleiner ist als E_0. Da $q_0 = 1$ vorausgesetzt wird, ist der asymptotische Wert von $F(u)$ in Abb. 6.55a und 6.55b gleich $1/\xi$. Für Wasserstoff als Moderator gilt dieses Resultat mit $\xi = 1$ für alle Werte der Neutronenenergie.

6.56. Die Kurven zeigen, daß die Stoßdichte $F(u)$ im Energieintervall von E_0 bis αE_0 für Kerne mit $A > 1$ erwartungsgemäß mit abnehmender Energie monoton zunimmt (§ 6.52). In diesem Intervall tragen die Erststöße der Quellneutronen in gleicher Weise für alle Werte der Energie zu $F(u)$ bei, und für die Mehrfachstreuung wird $F(u)$ mit abnehmender Neutronenenergie größer.

6.57. Bei $E = \alpha E_0$ nimmt $F(u)$ unstetig um einen Betrag $\alpha q_0/(1-\alpha)$ ab. Um dies einzusehen, hat man in Gl. (6.54.7) $k = 2$ und $E = \alpha E_0$ zu setzen. Das erste Integral verschwindet und man erhält

$$F_2(\alpha E_0) = \int_{\alpha E_0}^{E_0} F_1(E') \frac{dE'}{(1-\alpha) E'}. \tag{6.57.1}$$

Andererseits ergibt sich aus (6.48.1), wenn man $E = \alpha E_0$ setzt,

$$F_1(\alpha E_0) = \frac{q_0}{(1-\alpha) E_0} + \int_{\alpha E_0}^{E_0} F_1(E') \frac{dE'}{(1-\alpha) E'}. \qquad (6.57.2)$$

Subtrahiert man (6.57.1) von (6.57.2), so ergibt sich der Betrag des Sprunges bei $E = \alpha E_0$.

$$F_1(\alpha E_0) - F_2(\alpha E_0) = \frac{q_0}{E_0(1-\alpha)}. \qquad (6.57.3)$$

Die entsprechende Unstetigkeit in $F(u)$ erhält man nach (6.38.4) durch Multiplikation mit dem Energiewert bei αE_0. In diesem Fall ist also, wie oben behauptet wurde, $\alpha q_0/(1-\alpha)$ der Betrag des Sprunges.

6.58. Vom physikalischen Standpunkt entsteht diese Unstetigkeit dadurch, daß die Quellneutronen nach einem einzigen Stoß noch im Energieintervall αE_0 bis $\alpha E_0 + dE$ zum Fluß beitragen, daß sie aber das Intervall zwischen αE_0 und $\alpha E_0 - dE$ nicht erreichen können. Die Stoßdichte bei einer Energie, die gerade ein wenig größer ist als αE_0, muß also bedeutend größer sein, als bei einer Energie, welche knapp unter αE_0 liegt.

6.59. Wenn die Energie unter αE_0 fällt, wächst die Stoßdichte mit abnehmender Energie zuerst an. Sie oszilliert dann um den asymptotischen Wert $1/\xi$ (oder im allgemeinen um q_0/ξ), auf den sie schließlich abklingt. Die Maxima und Minima sind eine Folge des unstetigen Verhaltens von $F(u)$ an jenen Stellen, wo die Neutronenenergie gleich $\alpha^k E_0$ ist. Streustöße von Neutronen der Energie αE_0 bewirken höchstens eine Energieverminderung auf $\alpha^2 E_0$, Stöße von Neutronen der Energie $\alpha^2 E_0$ verringern diese bis zu $\alpha^3 E_0$ usw. Da aber mehrfache Stöße zu einer gleichförmigen Energieverteilung führen, werden die Maxima und Minima in $F(u)$ mit abnehmender Neutronenenergie immer weniger ausgeprägt und verschwinden praktisch für Energien unter $\alpha^3 E_0$.

6.60. Bei niedrigen Energien rühren die Beiträge zu $F(u)$ ausschließlich von Neutronen her, die einige Male gestreut worden sind. Die Zahl der Streustöße pro Lethargieeinheit wird dann, nach Abklingen der von der Quelle herrührenden Störung, konstant, da ξ, das mittlere logarithmische Energiedekrement pro Zusammenstoß, unabhängig von der Energie ist (§ 6.23). Folglich erreicht die Funktion $F(u)$, wenn die Energie unterhalb $\alpha^3 E_0$ liegt, allmählich ihren asymptotischen Wert $1/\xi$ (oder allgemein q_0/ξ).

6.61. Mit steigender Massenzahl wächst α und damit auch $\alpha^3 E_0$. Je größer die Masse des streuenden Kerns, desto höher ist also die Neutronenenergie, bei welcher $F(u)$ den asymptotischen Wert erreicht (Abb. 6.55a und 6.55b). Bei Kohlenstoff z. B. ist die Stoßdichte bis zu Neutronenenergien von etwa 0,7 MeV gleich $1/\xi$. Bei Deuterium ist dies nur bis zu etwa 0,02 MeV der Fall. Die maximale Abweichung vom asymptotischen Verhalten wird durch den Sprung bei der Energie αE_0 bestimmt und wächst ebenfalls mit α und daher mit der Massenzahl an.

6.62. Wir werden weiter unten sehen, daß die vorhergehenden Resultate eine große Rolle spielen, wenn die Bremsung in einem absorbierenden Medium erfolgt, das eine Reihe von Resonanzlinien hat. Jede Linie wirkt wie eine negative Quelle und bringt so in die Stoßdichte Oszillationen hinein, welche bis zu einem Energieintervall $\alpha^3 E_r$ unterhalb der Resonanzlinie (Energie E_r) andauern. Resonanzlinien können aus diesem Grunde nur dann als unabhängig behandelt werden, wenn der gegenseitige Abstand wenigstens $\alpha^3 E_r$ beträgt.

Fall III. Asymptotischer Fall ($E \ll \alpha E_0$)

6.63. Da die Intervalle mit abnehmender Energie, d. h. mit wachsendem k immer enger und enger zusammenrücken, ist zu erwarten, daß auch die Stoßdichten F_k im Grenzfall $\ll E_0$ eine asymptotische Form F_{as} annehmen. Für große k werden wir also in (6.53.1)

$$F_k = F_{as}(E)$$

zu setzen haben. Die Gl. (6.53.1) geht dabei über in

$$F_{as}(E) = \int\limits_{E}^{E/\alpha} F_{as}(E') \frac{dE'}{(1-\alpha)E'}.$$

Differentiation nach E ergibt

$$F_{as}'(E) + \frac{1}{(1-\alpha)E}\left[F_{as}(E) - F_{as}\left(\frac{E}{\alpha}\right)\right] = 0. \qquad (6.63.1)$$

Wir versuchen den Lösungsansatz

$$F_{as}(E) = \text{konst.}\, E^c,$$

wobei c so bestimmt werden soll, daß (6.63.1) erfüllt ist. Einsetzen in (6.63.1) ergibt

$$c + \frac{1-\alpha^{-c}}{1-\alpha} = 0.$$

Man sieht unmittelbar, daß die Gleichung für $c = -1$ erfüllt wird. Die asymptotische Lösung hat also die Form

$$F_{as}(E) = \frac{\text{const.}}{E}. \qquad (6.63.2)$$

$F(u)$ ist nach (6.38.4) gleich $EF(E)$ und daher $F_{as}(u)$ unabhängig von der Neutronenenergie. Das Problem besteht jetzt darin, den Wert der Konstanten in (6.63.2) zu bestimmen.

6.64. Wir leiten zunächst einen Ausdruck für die Bremsdichte von Neutronen her, deren Energie *unter* αE_0 liegt. Die Wahrscheinlichkeit dafür, daß ein Neutron der Energie E' in das Energieintervall Δ gestreut wird, ist $\Delta/(1-\alpha)E'$. Das Energieintervall Δ, in das Neutronen der Ausgangsenergie E' fallen können, die unter die Energie E abgebremst werden, ist $\Delta = E - \alpha E'$. Die Wahrscheinlichkeit dafür, daß ein Neutron unter E abgebremst wird, ist also gleich $(E - \alpha E')/(1-\alpha)E'$. Da im Energieintervall dE' insgesamt $F(E')\,dE'$ Stöße pro cm^3 und sec erfolgen, ist die Zahl der Neutronen, welche aus dem Intervall dE' unter die vorgegebene Energie E gestreut werden, gleich $F(E')\,dE'$ $(E - \alpha E')/(1-\alpha)E'$. Die Zahl der Neutronen, welche unter die Energie E abgebremst werden, d. h. die in § 6.40 definierte *Bremsdichte*, ergibt sich daraus durch Integration zwischen E und E/α, also

$$q = \int\limits_{E}^{E/\alpha} F(E') \frac{E - \alpha E'}{E'(1-\alpha)}\, dE', \qquad (6.64.1)$$

vorausgesetzt, daß E kleiner als αE_0 ist.

6.65. Nach (6.63.2) kann $F(E')$ im asymptotischen Bereich durch const./E' ersetzt werden, so daß sich q in der Form

$$q = \text{const.} \int_E^{E/\alpha} \frac{E - \alpha E'}{E'^2 (1 - \alpha)} \, dE' = \text{const.} \left(1 + \frac{\alpha}{1 - \alpha} \ln \alpha \right). \qquad (6.65.1)$$

ergibt. Durch Einführung von (6.22.2) in (6.65.1) folgt, daß

$$q = \text{const.} \, \xi. \qquad (6.65.2)$$

6.66. Wenn keine Sickerverluste und keine Absorption auftreten, wie in § 6.30 vorausgesetzt wurde, wird unter jedes Energieniveau die gleiche Neutronenzahl abgebremst. Die Bremsdichte für alle Energien muß daher gleich der Quellstärke q_0 sein. Unter diesen Umständen ist also

$$q = q_0,$$

und man ersieht aus (6.65.2), daß die gesuchte Konstante gleich q_0/ξ ist. Wenn man diesen Wert in (6.63.2) einsetzt, erhält man

$$F_{\text{as}}(E) = \frac{q_0}{E \, \xi}. \qquad (6.66.1)$$

Unter Verwendung von (6.38.4) kann man statt $F_{\text{as}}(E)$

$$F_{\text{as}}(u) = \frac{q_0}{\xi} \qquad (6.66.2)$$

schreiben.

6.67. Aus diesen Formeln für $F(E)$ und $F(u)$ und den allgemeinen Definitionen dieser Größe, die in (6.33.1) und (6.38.4) gegeben worden sind, folgt

$$\Phi(E) = \frac{q_0}{E \, \Sigma_s \, \xi} = \frac{q}{E \, \Sigma_s \, \xi} \qquad (6.67.1)$$

und

$$\Phi(u) = \frac{q_0}{\Sigma_s \, \xi} = \frac{q}{\Sigma_s \, \xi}, \qquad (6.67.2)$$

da q gleich q_0 ist. Eine andere Form von (6.67.2) ist

$$q = \xi \, \Sigma_s \, \Phi(u), \qquad (6.67.3)$$

ein Ausdruck für die asymptotische Bremsdichte, den wir später verwenden werden.

6.68. Die in den beiden vorhergehenden Paragraphen abgeleiteten Beziehungen gehen mit $\xi = 1$ in die entsprechenden Ausdrücke für Wasserstoff als Moderator über. Diese Gleichungen gelten somit für alle Kerne; allerdings gelten sie nur bei Wasserstoff für alle Energien. Bei Moderatoren mit $A > 1$ sind sie auf Neutronen beschränkt, deren Energie bedeutend kleiner ist als die der Quellneutronen.

Bremsung in einem homogenen Gemisch mehrerer Kernarten

6.69. In einem unendlich ausgedehnten, nichtabsorbierenden System, das zwei oder mehr Kernarten mit verschiedenen Massen enthält, ergibt sich im asymptotischen Fall, d. h. wenn $E \ll \alpha E_0$, sehr leicht ein Ausdruck für die

Stoßdichte. Es sei $F_i(E')$ die Stoßdichte pro Energieeinheit bei einer Neutronenenergie E' für Streuung an Kernen der i-ten Art; dann ist $F_i(E')\,dE'$ die Gesamtzahl der Neutronen, welche pro cm³ und sec durch die i-ten Kerne im Energieintervall dE' gestreut werden. Von diesen wird der Bruchteil $dE/E'\,(1-\alpha_i)$ in das Intervall dE gestreut, wie in § 6.19 gezeigt wurde; daher ist die

$$\text{Zahl der Neutronen, welche durch Stöße mit } i\text{-ten} \atop \text{Kernen aus } dE' \text{ in das Intervall } dE \text{ gestreut werden} = \frac{F_i(E')\,dE'}{E'\,(1-\alpha_i)}\,dE.$$

6.70. Wenn die Energie E kleiner als $\alpha_i E_0$ ist, ergibt die Integration dieses Ausdruckes zwischen den Grenzen E und E/α_i die Gesamtzahl der Neutronen, welche in das Energieelement dE gestreut werden; also

$$\text{Zahl der Neutronen, welche durch die } i\text{-ten} \atop \text{Kerne in das Intervall } dE \text{ gestreut werden} = \int\limits_{E}^{E/\alpha_i} \frac{F_i(E')\,dE'}{E'\,(1-\alpha_i)}\,dE. \qquad (6.70.1)$$

6.71. Wenn im Moderator N verschiedene Kernarten vorkommen und $F(E)$ die totale Stoßdichte für die Streuung an den verschiedenen Kernen darstellt, lautet die Bedingung des stationären Zustandes

$$F(E) = \sum_{i=1}^{N} \int\limits_{E}^{E/\alpha_i} \frac{F_i(E')}{E'\,(1-\alpha_i)}\,dE'. \qquad (6.71.1)$$

6.72. Die Stoßdichte pro Energieeinheit ist zum Streuquerschnitt proportional (§ 6.33) und daher ist

$$F_i(E') = \frac{\Sigma_{si}}{\Sigma_s}\,F(E'), \qquad (6.72.1)$$

wobei $F(E')$ die totale Stoßdichte pro Energieeinheit für alle N Arten von streuenden Kernen bei E' ist. Σ_{si} ist der makroskopische Streuquerschnitt für die i-te Kernart; Σ_s ist der totale makroskopische Querschnitt und gleich der Summe der Σ_{si} für alle vorhandenen Kernarten. Es ist selbstverständlich, daß die Wirkungsquerschnitte sich auf Neutronen der Energie E' beziehen, obwohl das Argument der Einfachheit halber weggelassen wurde. Wenn man die entsprechende Substitution für $F_i(E')$ macht, nimmt (6.71.1) die Gestalt

$$F(E) = \sum_{i=1}^{N} \int\limits_{E}^{E/\alpha_i} \frac{\Sigma_{si}}{\Sigma_s} \cdot \frac{F(E')}{E'\,(1-\alpha_i)}\,dE' \qquad (6.72.2)$$

an.

6.73. Falls die Streuquerschnitte konstant sind oder von der Energie in der gleichen Weise abhängen, so daß Σ_{si}/Σ_s konstant ist, ist eine Lösung für den asymptotischen Fall möglich, vorausgesetzt, daß für alle Moderatorkerne $E \ll \alpha_i E_0$ ist. Die Methode ist ähnlich der in § 6.63 verwendeten. Die totale Bremsdichte ist durch

$$q = \sum_{i=1}^{N} \int\limits_{E}^{E/\alpha_i} \frac{\Sigma_{si}}{\Sigma_s}\,F(E')\,\frac{E-\alpha_i E'}{E'\,(1-\alpha_i)}\,dE'$$

gegeben, und mit Verwendung der Lösung für (6.72.2):

$$F(E) = \frac{\text{const.}}{E}$$

findet man

$$q = \text{const.} \sum_{i=1}^{N} \frac{\Sigma_{si}}{\Sigma_s} \xi_i = \frac{\text{const.}}{\Sigma_s} \sum_{i=1}^{N} \Sigma_{si}\, \xi_i. \tag{6.73.1}$$

Im Medium ohne Neutronenverluste ist die gesamte Bremsdichte gleich der Quellstärke q_0, und es folgt, daß

$$F(E) = \frac{q_0\, \Sigma_s}{E \sum\limits_{i=1}^{N} \Sigma_{si}\, \xi_i}. \tag{6.73.2}$$

6.74. Der Mittelwert des durchschnittlichen logarithmischen Energiedekrements pro Zusammenstoß $\bar{\xi}$ für Neutronen, die in einem System von verschiedenen Kernarten gebremst werden, ist durch

$$\bar{\xi} = \frac{\sum\limits_{i=1}^{N} \Sigma_{si}\, \xi_i}{\sum\limits_{i=1}^{N} \Sigma_{si}} = \frac{\sum\limits_{i=1}^{N} \Sigma_{si}\, \xi_i}{\Sigma_s}$$

definiert. Durch Substitution dieses Resultats in (6.73.2) findet man, daß

$$F(E) = \frac{q_0}{\bar{\xi}\, E} \tag{6.74.1}$$

und nach (6.38.4)

$$F(u) = \frac{q_0}{\bar{\xi}}. \tag{6.74.2}$$

Diese Formeln entsprechen offenbar (6.66.1) und (6.66.2) für den asymptotischen Fall bei einer einzigen Kernart als Moderator, wobei ξ durch den Mittelwert $\bar{\xi}$ ersetzt worden ist. Die analogen Ausdrücke für den Neutronenfluß pro Energieeinheit und pro Lethargieeinheit sind

$$\Phi(E) = \frac{q_0}{\bar{\xi}\, \Sigma_s\, E} \quad \text{und} \quad \Phi(u) = \frac{q_0}{\Sigma_s\, \bar{\xi}}. \tag{6.74.3}$$

Da $q_0 = q$, kann die Bremsdichte wie in § 6.67 auch in der Form

$$q = \bar{\xi}\, \Sigma_s\, \Phi(u) \tag{6.74.4}$$

geschrieben werden. Es soll mit Nachdruck noch einmal darauf hingewiesen werden, daß sich diese Gleichungen auf den asymptotischen Fall beziehen, d. h. auf den Fall, daß die Neutronenenergien für alle im Moderator vorhandenen Kernarten wesentlich kleiner sind als $\alpha\, E_0$ und daß ihre Streuquerschnitte entweder unabhängig von der Energie sind oder von ihr in der gleichen Weise abhängen.

6.75. In einem System, das außer Wasserstoff noch eine schwerere Kernart enthält, wird die Stoßdichte in der Nähe der Quellenergie vor allem von den schweren Kernen bestimmt, bei niedrigen Energien tritt jedoch die Streuung an Wasserstoffkernen in den Vordergrund. Der Grund hierfür liegt darin, daß die

Erststöße mit Wasserstoff eine homogene Energieverteilung der Neutronen bis hinunter zu Null bewirken. Erststöße mit schweren Kernen führen dagegen nur zu verhältnismäßig kleinen Änderungen der Neutronenenergie.

Messung der Bremsdichte

6.76. Im Prinzip könnte man die Bremsdichte für irgendeine Energie leicht messen, wenn es ein Material gäbe, das bei dieser Energie einen scharfen Resonanzgipfel und sonst vernachlässigbare Absorptionsquerschnitte hat. Natürlich gibt es keine derartige Idealsubstanz. Sie kann aber ganz gut durch eine Indiumfolie ersetzt werden, die vollständig von einer Kadmiumschicht umhüllt ist (§ 3.89). Aus der Sättigungsaktivität der Indiumfolie, welche hinreichend lange in streuendes Medium, d. h. in den Moderator, eingesetzt worden war, kann der Fluß im Resonanzgebiet mit Hilfe von (3.62.3) bestimmt werden. Die entsprechende Bremsdichte kann dann aus (6.74.4) erhalten werden, vorausgesetzt, daß die Absorption im Medium klein ist.

6.77. Um die Änderung des Absorptionsquerschnitts von Indium mit der Neutronenenergie im Resonanzgebiet zu berücksichtigen, wendet man folgende Methode an. Man schreibt (3.62.3) in der Form

$$A_\infty = V \int \Sigma_{\mathrm{In}}(E)\, \Phi(E)\, dE, \qquad (6.77.1)$$

worin $\Sigma_{\mathrm{In}}(E)$ den makroskopischen Wirkungsquerschnitt von Indium und $\Phi(E)$ den Neutronenfluß pro Energieeinheit bedeutet. Die Integration wird über alle Energien bis herab zu der durch das Kadmium bestimmten Grenze ausgeführt; wie in § 3.88 gezeigt wurde, liegt dieser Bereich zwischen 0,5 und 2 eV mit dem Hauptbeitrag bei 1,44 eV.

6.78. Macht man die Messungen in einem Moderator, in dem die Absorption im Vergleich zur Streuung gering ist, dann hängt $\Phi(E)$ mit der Bremsdichte durch (6.74.3) zusammen, und (6.77.1) kann durch

$$A_\infty = \frac{V q}{\bar{\xi}} \int \frac{\Sigma_{\mathrm{In}}(E)\, dE}{\Sigma_s E} \qquad (6.78.1)$$

ersetzt werden, wobei $\Sigma_s(E)$ der makroskopische Streuquerschnitt des Moderators ist. Bei schwach absorbierendem Material ist die Bremsdichte im asymptotischen Gebiet von der Energie unabhängig und kann daher vor das Integralzeichen genommen werden. Im Resonanzgebiet von Indium ist Σ_s für den Moderator im wesentlichen konstant, und für (6.78.1) kann somit

$$A_\infty = \frac{V q}{\bar{\xi}\, \Sigma_s} \int \Sigma_{\mathrm{In}}(E)\, \frac{dE}{E} \qquad (6.78.2)$$

geschrieben werden. Die Bremsdichte ist also zur experimentell bestimmten Sättigungsaktivität der Indiumfolie proportional. Das Integral in (6.78.2) kann mittels graphischer Integration bei bekannten Wirkungsquerschnitten im Resonanzgebiet (Abb. 3.69) ausgewertet werden. Da das Volumen der Indiumfolie V und die Eigenschaften $\bar{\xi}$ und Σ_s des Moderators bekannt sind, kann daraus die Bremsdichte der Neutronen im Resonanzgebiet von Indium berechnet werden.

6.79. Meistens genügt es, statt der Bremsdichte eine dazu proportionale Größe zu kennen. Die Sättigungsaktivität der mit Kadmium bedeckten Indiumfolie ist dann ein direktes Maß für die Bremsdichte der Neutronen im Gebiet der Indiumresonanz. Einige Beispiele für die Anwendung dieser Methode folgen später.

Bremsung mit Absorption im unendlich ausgedehnten Medium[1]

Bremsung mit Einfang im Wasserstoffmoderator

6.80. Die Bremsung von Neutronen in absorbierenden Medien ist wesentlich schwieriger zu behandeln als die Bremsung in nichtabsorbierenden Medien. Ein einziger Fall kann exakt und im ganzen leicht gelöst werden: die Bremsung in einer homogenen Mischung von Wasserstoff mit einem schweren Absorber, etwa Uran. Wie früher festgestellt wurde, hat Uran-238 ziemlich scharfe Resonanzmaxima für langsame Neutronen. Neutronen, die im Verlauf der Bremsung in dieses Resonanzgebiet gelangen, werden mit einer gewissen Wahrscheinlichkeit durch das Uran eingefangen und so aus dem System entfernt. Die Anwesenheit eines Neutronenabsorbers, insbesondere eines Absorbers mit einer oder mehreren Resonanzstellen, beeinflußt natürlich die stationäre Energieverteilung der Neutronen im Bremsprozeß.

6.81. Bei der Untersuchung des Verhaltens von Neutronen in einer Mischung von Wasserstoff und Uran soll wie früher vorausgesetzt werden, daß das System unendlich groß ist, so daß keine Sickerverluste auftreten. Die Streuung sei wieder isotrop im Schwerpunktsystem. Zusätzlich nehmen wir an, daß die Streuung durch Urankerne die Energie der Neutronen nicht verändert. d. h. die Masse des Urankerns wird als unendlich vorausgesetzt. Der Moderator enthält also praktisch nur eine streuende Kernart, nämlich Wasserstoff.

6.82. Die Stoßdichte, d. h. die gesamte Zahl der streuenden und absorbierenden Stöße, welche die Neutronen der Energie E pro Energieeinheit sowie pro cm³ und sec erfahren, ist

$$F(E) = (\Sigma_a + \Sigma_s) \, \Phi(E), \qquad (6.82.1)$$

wobei Σ_a der makroskopische Absorptionsquerschnitt und Σ_s der Streuquerschnitt für Neutronen der Energie E ist.

6.83. Im stationären Zustand ist die Zahl der Neutronen, welche durch Stöße mit Wasserstoffkernen in ein Energieelement dE gestreut werden, gleich der Zahl der Neutronen, welche aus diesem Element herausgestreut werden, vermehrt um die Zahl derer, die absorbiert werden oder entweichen. Es sei q_0 die Zahl der Quellneutronen der Energie E_0, welche, im ganzen System homogen verteilt, pro cm³ und sec erzeugt werden. Wenn keine merkliche Absorption von Quellneutronen auftritt, folgt analog zu § 6.36, daß die Bedingung für den stationären Zustand bei Streuung im Wasserstoff, der mit einem schweren Absorber vermischt ist, folgendermaßen lautet

$$F(E) = \frac{q_0}{E_0} + \int_E^{E_0} \Sigma_s \, \Phi(E') \, \frac{dE'}{E'}$$

oder, wenn man $\Phi(E')$ aus (6.82.1) einsetzt,

$$F(E) = \frac{q_0}{E_0} + \int_E^{E_0} \frac{\Sigma_s}{\Sigma_a + \Sigma_s} \cdot \frac{F(E')}{E'} \, dE'. \qquad (6.83.1)$$

---

[1] Zur Theorie der Resonanzabsorption vgl. folgende weiterführende Literatur: B. I. SPINRAD et al.: Proceedings, Vol. 16, 191 (Geneva 1958). — F. T. ADLER et al.: Proceedings, Vol. 16, 155 (Geneva 1958). — L. DRESNER: Resonance Absorption in Nuclear Reactors. Oxford-London-New York-Paris 1960.

6.84. Kann die Absorption von Quellneutronen nicht vernachlässigt werden, dann ist das erste Glied auf der rechten Seite von (6.83.1) mit $\Sigma_s/(\Sigma_a + \Sigma_s)$ zu multiplizieren, wobei sich die Wirkungsquerschnitte auf Quellneutronen der Energie E_0 beziehen. Wir setzen diesen Faktor Eins, da im Kernreaktor die Absorption bei Quellenergie gegenüber der bei wesentlich kleineren Energien vernachlässigt werden kann.

6.85. Um die Integralgleichung (6.83.1) zu lösen, wird sie zuerst nach E differenziert. Es ergibt sich

$$\frac{d\,F(E)}{d\,E} = -\frac{\Sigma_s}{\Sigma_a + \Sigma_s} \cdot \frac{F(E)}{E}. \tag{6.85.1}$$

Die Größe $\Sigma_s/(\Sigma_a + \Sigma_s)$ ist natürlich eine Funktion der Energie. Nach Umordnung und Integration von (6.85.1) erhält man

$$-\int_{F(E)}^{F(E_0)} \frac{d\,F(E')}{F(E')} = \int_{E}^{E_0} \frac{\Sigma_s}{\Sigma_a + \Sigma_s} \cdot \frac{d\,E'}{E'}$$

oder

$$\ln \frac{F(E)}{F(E_0)} = \int_{E}^{E_0} \frac{\Sigma_s}{\Sigma_a + \Sigma_s} \cdot \frac{d\,E'}{E'}. \tag{6.85.2}$$

6.86. Aus (6.83.1) folgt die Randbedingung

$$F(E_0) = \frac{q_0}{E_0}.$$

Damit geht (6.85.2) über in

$$F(E) = \frac{q_0}{E_0} \exp\left(\int_{E}^{E_0} \frac{\Sigma_s}{\Sigma_a + \Sigma_s} \cdot \frac{d\,E'}{E'} \right). \tag{6.86.1}$$

Da

$$\frac{\Sigma_s}{\Sigma_a + \Sigma_s} = 1 - \frac{\Sigma_a}{\Sigma_a + \Sigma_s},$$

kann die Gl. (6.86.1) auch in der Form

$$F(E) = \frac{q_0}{E} \exp\left(-\int_{E}^{E_0} \frac{\Sigma_a}{\Sigma_a + \Sigma_s} \cdot \frac{d\,E'}{E'} \right) \tag{6.86.2}$$

geschrieben werden. Der exponentielle Term in dieser Gleichung ist wie wir sogleich sehen werden, die in § 4.59 eingeführte *Bremsnutzung p (E)*.

6.87. Wie mit Hilfe des in § 6.40 angegebenen Verfahrens gezeigt werden kann [Gl. (6.41.2)], ist die Bremsdichte $q\,(E)$ für Bremsung in Wasserstoff bei der Energie E im stationären Zustand gegeben durch

$$q(E) = \frac{q_0\,E}{E_0} + E\int_{E}^{E_0} \frac{\Sigma_s}{\Sigma_a + \Sigma_s} \cdot \frac{F(E')}{E'}\, d\,E', \tag{6.87.1}$$

Mit (6.83.1) ergibt sich

$$q\,(E) = E \cdot F(E). \tag{6.87.2}$$

Mit Verwendung des Ausdruckes (6.86.2) für $F(E)$ erhält man

$$q(E) = q_0 \exp\left(-\int_E^{E_0} \frac{\Sigma_a}{\Sigma_s + \Sigma_a} \cdot \frac{dE'}{E'}\right). \tag{6.87.3}$$

6.88. Die Wahrscheinlichkeit dafür, daß ein Neutron beim Bremsprozeß von E_0 nach E dem Einfang entgeht, d. h. die Resonanzdurchlaß-Wahrscheinlichkeit bzw. Bremsnutzung $p(E)$ für Neutronen der Energie E ist gleich dem Verhältnis der Bremsdichte bei E mit Absorption zu der ohne Absorption. Die Bremsdichte $q(E)$ mit Absorption ist gegeben durch (6.87.3), während die Bremsdichte ohne Absorption in Wasserstoff nach § 6.42 gleich q_0 ist. Die Bremsnutzung in einer Mischung von Wasserstoff mit einem schweren Absorber ist also gegeben durch

$$p(E) = \frac{q(E)}{q_0} = \exp\left(-\int_E^{E_0} \frac{\Sigma_a}{\Sigma_a + \Sigma_s} \cdot \frac{dE'}{E'}\right). \tag{6.88.1}$$

Dieser Ausdruck ist identisch mit dem Exponentialterm in (6.86.2).

Bremsung mit Einfang in Medien mit $A > 1$

6.89. In absorbierenden Medien mit $A > 1$ können die Stoßdichte und die Bremsnutzung im allgemeinen Fall nicht analytisch berechnet werden, solange keine speziellen Annahmen über die Abhängigkeit des Absorptionsquerschnitts von der Energie gemacht werden. Wie wir früher gesehen haben, kann ein Neutron der Energie E durch Streuung an einem Kern mit $A > 1$ nur bis zur Energie αE hinunterfallen, und es müssen zwei verschiedene Energiegebiete unterschieden werden.

6.90. In der Spaltzone eines Reaktors, die z. B. aus einer Mischung von Uran mit Beryllium oder Kohlenstoff besteht, ist die Energie E_0 der Quell- oder Spaltneutronen groß gegenüber der Neutronenenergie, bei der die Resonanzabsorption eine Rolle spielt. Die Bedingung für den stationären Zustand braucht also nur für Neutronenenergien E im Gebiet $E \ll \alpha E_0$ bestimmt werden.

6.91. Für ein System, das N Arten von streuenden Kernen enthält, von denen einige auch Absorber sein mögen, lautet dann die Bedingung des stationären Zustandes

$$F(E) = \sum_{i=1}^{N} \int_E^{E/\alpha_i} \frac{\Sigma_{si}}{\Sigma_a + \Sigma_s} \cdot \frac{F(E')}{(1-\alpha_i)} \cdot \frac{dE'}{E'}. \tag{6.91.1}$$

Sie unterscheidet sich von (6.72.2) nur durch die Einführung des Absorptionsquerschnitts. Da (6.91.1) eine Funktion sowohl von E als auch von E/α_i ist, ist es nicht möglich, durch Differenzieren zu einer einfachen Differentialgleichung zu gelangen und diese wie im vorhergehenden Kapitel zu lösen.

6.92. Im trivialen Fall konstanter Wirkungsquerschnitte kann eine exakte Lösung von (6.91.1) für $E \ll \alpha E_0$ gewonnen werden. Man kann dann allerdings nicht von Resonanzabsorption sprechen, und die Lösung hätte daher geringen praktischen Wert. Asymptotische Lösungen können auch für andere Spezialfälle gewonnen werden, etwa für langsam veränderlichen Absorptionsquerschnitt, $1/v$-Querschnitt und für weit voneinander entfernte Resonanzstellen. Andere Spezialprobleme können mit verschiedenen numerischen Methoden behandelt werden.

6.93. Für die Praxis ist die Berechnung der Bremsnutzung wichtiger als die der Stoßdichte. Hier sollen drei wichtige Fälle betrachtet werden, nämlich:
- a) mehrere weit voneinander entfernte Resonanzstellen,
- b) schwach veränderliche Absorption und
- c) sehr schwache Absorption.

Bremsnutzung für weit voneinander entfernte Resonanzstellen

6.94. Bei der Behandlung der Neutronenbremsung ohne Absorption in einem Moderator mit $A > 1$ haben wir in § 6.59 gesehen, daß die Neutronenstoßdichte $F(u)$ in dem Energiegebiet von E_0, d. h. der Quellenergie, bis herab zu ungefähr $\alpha^3 E_0$, oszilliert und bei Neutronenenergien unter $\alpha^3 E_0$ auf einen konstanten Wert abklingt. Wie in § 6.62 angedeutet wurde, wirkt eine schmale Absorptionsresonanz ähnlich wie eine negative Quelle. Sie erzeugt in einem Energiebereich von der Resonanzenergie E_r bis herab zu $\alpha^3 E_r$ Schwankungen in der Stoßdichte.

6.95. Derselbe Schluß kann für die Lethargie u formuliert werden. Wenn u_r der Resonanzenergie E_r entspricht und u zu $\alpha^3 E_r$ gehört, wo die Schwankungen bereits abgeklungen sind, dann ist

$$u_r = \ln \frac{E_0}{E_r} \text{ und } u = \ln \frac{E_0}{\alpha^3 E_r}.$$

Folglich ist der Lethargiebereich, in dem Oszillationen von $F(u)$ auftreten, gegeben durch

$$u - u_r = 3 \ln \frac{1}{\alpha}.$$

Die infolge der Resonanzabsorption auftretenden Oszillationen der Stoßdichte, werden also bei einer Lethargie, die um $3 \ln (1/\alpha)$ größer ist als die Resonanzlethargie, abgeklungen sein.

6.96. Wenn bei einer kleineren Energie eine zweite Resonanzstelle liegt, dann hängt die Zahl der in diesem Resonanzgebiet eingefangenen Neutronen von der Entfernung zwischen den beiden Resonanzstellen ab. Wenn sie jedoch $4 \ln (1/\alpha)$ Lethargieeinheiten oder mehr voneinander entfernt sind, wird der Einfang im zweiten Resonanzgebiet von der Entfernung unabhängig, da die von der ersten Resonanz herrührenden Oszillationen bereits abgeklungen sind. Die Zahl der Neutronen, welche in dieses Resonanzgebiet gestreut werden, ist daher konstant und unabhängig von der Energie der anderen Resonanzstelle. Die Zahl der Neutronen, welche in ein Lethargieelement Δu bei u gestreut werden, hängt allgemein vom Verhalten von $F(u)$ in dem Intervall von $(u - \ln 1/\alpha)$ bis u ab. Die vorhergehenden Schlüsse sind nur für schmale (Linien-)Resonanzstellen anwendbar, bei denen die Resonanzabsorption im wesentlichen bei einer bestimmten Energie stattfindet und sich nicht über einen ausgedehnten Bereich erstreckt.

6.97. Unter der Voraussetzung, daß die Resonanzstellen genügend weit voneinander entfernt sind, so daß die Stoßdichte pro Lethargieeinheit in einem Lethargieintervall von mindestens $\ln (1/\alpha)$, das jedem Resonanzgebiet vorhergeht, konstant ist, kann ein angenäherter Ausdruck für die Bremsnutzung hergeleitet werden. Die Rechnung gilt nur, wenn die in der Lethargie ausgedrückte Resonanzbreite klein ist, verglichen mit ξ, der mittleren Änderung der Lethargie pro Stoß (§ 6.28). Weiters wird angenommen, daß die Resonanzen im asymptotischen Energiegebiet liegen, d. h. daß $E_r \ll \alpha E_0$, so daß die von der Quelle herrührenden Oszillationen der Stoßdichte bereits abgeklungen sind.

6.98. Oben wurde gefordert, daß die Stoßdichte $F(u)$ für Energien konstant ist, die in einem Bereich liegen, der sich von E_1 bis wenigstens E_1/α erstreckt, wobei E_1 die Energie der ersten Resonanzstelle bedeutet[1]. Wenn ΔE_1 die Breite der Resonanz ist, so ist die Zahl der im Element ΔE_1 absorbierten Neutronen $\Sigma_a \, \Phi \, (E_1) \cdot \Delta E_1$, wobei $\Phi \, (E_1)$ der Neutronenfluß der Energie E_1 pro Energieeinheit ist. Wenn keine Absorption aufträte, würde die Zahl der Neutronen, die in ein Energieintervall ΔE_1 gestreut wird, der Zahl der herausgestreuten Neutronen gleich sein, d. h. gleich $\Sigma_s \, \Phi_n \, (E_1) \, \Delta E_1$, wobei $\Phi_n \, (E_1)$ den Neutronenfluß pro Energieeinheit ohne Einfang bedeutet. Wenn Absorption auftritt, muß die Zahl der Neutronen, die in ΔE_1 hineingestreut werden, gleich sein der gesamten Zahl der aus diesen Energieelementen verschwindenden Neutronen, d. h. gleich der Zahl $\Sigma_s \, \Phi \, (E_1) \, \Delta E_1$ der Neutronen, die herausgestreut werden, vermehrt um die Zahl $\Sigma_a \, \Phi \, (E_1) \, \Delta E_1$ der absorbierten Neutronen. Da die Zahl der Neutronen, welche in das Intervall ΔE_1 hineingestreut werden, unabhängig davon ist, ob Absorption auftritt oder nicht, gilt

$$\Sigma_s \, \Phi_n \, (E_1) \, \Delta E_1 = (\Sigma_s + \Sigma_a) \, \Phi \, (E_1) \, \Delta E_1. \qquad (6.98.1)$$

6.99. Aus (6.74.3) folgt weiter

$$\Phi_n (E_1) = \frac{q_0}{\bar{\xi} \, \Sigma_s \, E_1}, \qquad (6.99.1)$$

wobei $\bar{\xi}$ der Mittelwert des mittleren logarithmischen Energiedekrements ist. Die Substitution von Φ_n in (6.98.1) ergibt

$$\Phi (E_1) \, \Delta E_1 = \frac{q_0}{\bar{\xi} \, (\Sigma_s + \Sigma_a)} \cdot \frac{\Delta E_1}{E_1}.$$

Die Wahrscheinlichkeit dafür, daß in ΔE_1 Neutronen absorbiert werden, ist also gegeben durch

$$\frac{\Sigma_a \, \Phi \, (E_1) \, \Delta E_1}{q_0} = \frac{\Sigma_a}{\bar{\xi} \, (\Sigma_s + \Sigma_a)} \cdot \frac{\Delta E_1}{E_1}.$$

Daher ist die Wahrscheinlichkeit p_1 dafür, daß Neutronen dem Einfang in der ersten Resonanzstelle entgehen, gleich

$$p_1 = 1 - \frac{\Sigma_a}{\bar{\xi} \, (\Sigma_s + \Sigma_a)} \cdot \frac{\Delta E_1}{E_1}. \qquad (6.99.2)$$

6.100. Wir betrachten die nächstfolgende Resonanzstelle, welche bei E_2 liegen möge. Die Resonanzbreite sei ΔE_2. Wie oben verlangt wurde, soll der Abstand zwischen den Resonanzstellen groß sein, damit die Stoßdichte $F(u)$ bereits oberhalb der zweiten Resonanzstelle konstant geworden ist. Der Neutronenfluß pro Energieeinheit ohne Absorption in der zweiten Resonanzstelle, d. h. $\Phi_n \, (E_2)$, ist gleich der asymptotischen Form ohne Absorption, multipliziert mit p_1. Also

$$\Phi_n (E_2) = \frac{p_1 \, q_0}{\bar{\xi} \, \Sigma_s \, E_2}.$$

---

[1] Das ist natürlich mit der Aussage gleichwertig, daß $F(u)$ im Lethargieintervall von $u_1 - \ln (1/\alpha)$ bis u_1 konstant ist.

Unter Verwendung von (6.99.2) ergibt sich die Wahrscheinlichkeit dafür, daß die Quellneutronen dem Einfang in den ersten beiden Resonanzstellen entgehen:

$$p_2 = \left[1 - \frac{\Sigma_a}{\bar{\xi}\,(\Sigma_s + \Sigma_a)} \cdot \frac{\Delta E_1}{E_1}\right] \cdot \left[1 - \frac{\Sigma_a}{\bar{\xi}\,(\Sigma_s + \Sigma_a)} \cdot \frac{\Delta E_2}{E_2}\right].$$

6.101. Allgemein ist die Bremsnutzung für n Resonanzstellen gleich

$$p_n = \prod_{i=1}^{n} \left[1 - \frac{\Sigma_a}{\bar{\xi}\,(\Sigma_s + \Sigma_a)} \cdot \frac{\Delta E_i}{E_i}\right].$$

Wenn man auf beiden Seiten logarithmiert, erhält man

$$\ln p_n = \sum_{i=1}^{n} \ln \left[1 - \frac{\Sigma_a}{\bar{\xi}\,(\Sigma_s + \Sigma_a)} \cdot \frac{\Delta E_i}{E_i}\right]. \qquad (6.101.1)$$

Wenn der zweite Term in den Klammern sehr klein gegen Eins ist, was für

$$\Delta E_i \ll \bar{\xi}\, E_i,$$

d. h. für enge Resonanzen, der Fall ist, dann kann der logarithmische Ausdruck von (6.101.1) in eine Reihe entwickelt und höhere Glieder können vernachlässigt werden. Folglich wird

$$\ln p_n = -\sum_{i=1}^{n} \frac{\Sigma_a}{\bar{\xi}\,(\Sigma_s + \Sigma_a)} \cdot \frac{\Delta E_i}{E_i}. \qquad (6.101.2)$$

6.102. Die Bremsnutzung kann in der üblichen Integralform (6.88.1) geschrieben werden, wenn man sich vorstellt, daß das gesamte Gebiet, in dem die n Resonanzstellen auftreten, in m zusammenhängende Energiebänder der Breite ΔE_j aufgeteilt ist. In den Gebieten zwischen den Resonanzstellen setzt man natürlich Σ_a gleich Null. Dann ist

$$-\sum_{i=1}^{n} \frac{\Sigma_a}{\bar{\xi}\,(\Sigma_s + \Sigma_a)} \cdot \frac{\Delta E_i}{E_i} = -\sum_{j=1}^{m} \frac{\Sigma_a}{\bar{\xi}\,(\Sigma_s + \Sigma_a)} \cdot \frac{\Delta E_j}{E_j},$$

so daß aus (6.101.2)

$$p(E) = \lim_{m \to \infty} \exp\left[-\sum_{j=1}^{m} \frac{\Sigma_a}{\bar{\xi}\,(\Sigma_s + \Sigma_a)} \cdot \frac{\Delta E_j}{E_j}\right]$$

oder

$$p(E) = \exp\left[-\int_{E}^{E_0} \frac{\Sigma_a}{\bar{\xi}\,(\Sigma_s + \Sigma_a)} \cdot \frac{dE'}{E'}\right] \qquad (6.102.1)$$

folgt. In dieser Form wird die Bremsnutzung häufig dargestellt. Abgesehen von Wasserstoff mit einem schweren Absorber darf (6.102.1) nur für den Fall weit voneinander entfernter schmaler Resonanzstellen benutzt werden. Bei einer Mischung von Wasserstoff mit einem schweren Absorber ist $\bar{\xi} = 1$, und (6.102.1) reduziert sich auf den exakten Ausdruck (6.88.1). Die durch (6.102.1) definierte Bremsnutzung wird in der Diskussion heterogener Natururan-Graphit-Reaktoren verwendet werden (Kap. IX).

6.103. Das Integral in (6.102.1) und die Bremsnutzung bleiben sogar dann endlich, wenn der Absorptionsquerschnitt in einem endlichen Energieintervall unendlich groß wird. Betrachten wir z. B. den Fall, daß $\Sigma_a \to \infty$ in einem

Energiegebiet zwischen E_1 und E_2, wobei $E_0 > E_1 > E_2$. Sonst sei Σ_a überall Null. Da $\Sigma_a/(\Sigma_s + \Sigma_a)$ jetzt gleich Eins gesetzt werden kann, wird (6.102.1)

$$p(E) = \exp\left(-\int_{E_2}^{E_1} \frac{1}{\bar{\xi}} \cdot \frac{dE'}{E'}\right) = \left(\frac{E_2}{E_1}\right)^{1/\bar{\xi}}.$$

6.104. Die Bremsnutzung bleibt also auch für unendlich großen Absorptionsquerschnitt endlich. Bei *Wasserstoff* folgt diese Tatsache daraus, daß ein bestimmter Bruchteil der gestreuten Neutronen die Resonanzstelle überspringt. Es ist klar, daß die gestreuten Neutronen bei *schweren* Moderatoren das Resonanzgebiet nur dann überschreiten können, wenn das letztere schmal ist und die Resonanzstellen weit voneinander getrennt sind. Auf diesen Postulaten beruht natürlich (6.102.1). Ist die „unendliche" Resonanzstelle breiter als die maximale Energieabnahme bei einem Streustoß, dann kann kein Neutron diese Resonanzstelle passieren. Die Bremsnutzung wird dann Null für alle Energien jenseits αE_1.

Bremsnutzung bei schwach veränderlicher Absorption

6.105. Wenn der Absorptionsquerschnitt im Resonanzgebiet mit der Neutronenenergie nur langsam variiert, ist es möglich, einen angenäherten Ausdruck für die Bremsnutzung herzuleiten. Bei einem nicht absorbierenden Moderator ist $F(u)$ im asymptotischen Gebiet konstant. Wenn aber ein Absorber vorhanden ist, hängt $F_s(u) = \Sigma_s \Phi(u)$ vom Absorptionsquerschnitt ab. Wenn Σ_a in einem Lethargieintervall $\ln(1/\alpha)$ nicht sehr stark veränderlich ist, wird sich auch die Streustoßdichte $F_s(u)$ in diesem Intervall nicht stark ändern.

6.106. Wir nehmen wie oben an, daß die Neutronen in einem unendlich ausgedehnten Medium gleichförmig verteilt entstehen und daß die Quellenergie gleich E_0 ist. Dann ist die Bremsdichte für Energien unter αE_0 gegeben durch

$$q(E) = \int_{E}^{E/\alpha} F_s(E') \frac{E - \alpha E'}{E'(1 - \alpha)} \, dE'. \tag{6.106.1}$$

Diese Formel bezieht sich auf ein Gemisch eines Moderators mit einem Absorber von unendlich großer Masse. Diese Gleichung ist ihrer Form nach identisch mit (6.64.1) für ein nicht absorbierendes Medium mit der Ausnahme, daß $F(E)$ hier explizit die Streustoßdichte bedeutet und nicht die durch (6.82.1) definierte totale Stoßdichte. Wenn man von der Energie zur Lethargie übergeht, nimmt (6.106.1) für Lethargien über $\ln(1/\alpha)$ die Gestalt

$$q(u) = \int_{u-\varepsilon}^{u} \frac{F_s(u')}{1 - \alpha} (e^{u'-u} - \alpha) \, du' \tag{6.106.2}$$

an, wobei $\varepsilon = \ln(1/\alpha)$.

6.107. Wenn sich $F_s(u)$ in einem Lethargieintervall ε wenig ändert, kann $F_s(u')$ durch die ersten beiden Terme einer Taylorschen Reihenentwicklung nach u hinreichend genau beschrieben werden, und (6.106.2) geht über in

$$q(u) = \frac{1}{1-\alpha} \int_{u-\varepsilon}^{u} \left[F_s(u) + (u'-u) \frac{dF_s(u)}{du} \right] (e^{u'-u} - \alpha) \, du'. \tag{6.107.1}$$

Durch Integration über u' erhält man

$$q(u) = \xi F_s(u) + a\frac{dF_s(u)}{du}, \qquad (6.107.2)$$

wobei

$$a = \frac{\alpha + \alpha\,\varepsilon + \dfrac{1}{2}\alpha\,\varepsilon^2 - 1}{1 - \alpha}.$$

ξ hat dieselbe Bedeutung wie früher.

6.108. Wenn wir (6.106.2) nach u differenzieren, finden wir, daß

$$\frac{dq}{du} = F_s(u) - \frac{1}{1-\alpha}\int_{u-\varepsilon}^{u} F_s(u')\,e^{u'-u}\,du'. \qquad (6.108.1)$$

Wenn wir $F_s(u')$ wiederum durch die beiden ersten Glieder der Taylorreihe darstellen, wird

$$\frac{dq}{du} = F_s(u) - \frac{1}{1-\alpha}\int_{u-\varepsilon}^{u}\left[F_s(u) + (u'-u)\frac{dF_s(u)}{du}\right]e^{u'-u}\,du'. \qquad (6.108.2)$$

Die Integration ergibt

$$\frac{dq}{du} = \xi\frac{dF_s(u)}{du}. \qquad (6.108.3)$$

Nun multipliziert man (6.107.2) mit ξ und (6.108.3) mit a und subtrahiert die Ausdrücke voneinander:

$$-a\frac{dq}{du} + \xi q = \xi^2 F_s(u) = \xi^2 \Sigma_s \Phi(u). \qquad (6.108.4)$$

$F_s(u)$ wurde durch den gleichwertigen Ausdruck $\Sigma_s \Phi(u)$ ersetzt.

6.109. Im Lethargieintervall von u bis $u + du$ nimmt die Bremsdichte (wegen der Absorption von Neutronen der Lethargie u im Intervall du) von q auf $q - dq$ ab. Wenn Σ_a der makroskopische Absorptionsquerschnitt für Neutronen der Lethargie u ist und wenn $\Phi(u)$ den Fluß pro Lethargieeinheit darstellt, dann ist

$$-dq = \Sigma_a \Phi(u)\,du,$$

da die Abnahme der Bremsdichte gleich sein muß der Zahl der Neutronen, welche pro cm³ und sec im Lethargieintervall du absorbiert werden. Dieses Resultat kann ausgedrückt werden durch

$$\frac{dq}{du} = -\Sigma_a \Phi(u). \qquad (6.109.1)$$

6.110. Nach Einsetzen von (6.109.1) in (6.108.4) ergibt sich

$$\Phi(u) = \frac{q}{\xi\Sigma_s + \gamma\Sigma_a}, \qquad (6.110.1)$$

wobei

$$\gamma = -\frac{a}{\xi} = \frac{1 - \alpha - \varepsilon\,\alpha - \dfrac{1}{2}\varepsilon^2\alpha}{1 - \alpha - \varepsilon\,\alpha}. \qquad (6.110.2)$$

Tab. 6.110 bringt Werte von γ für einige Moderatoren. Die entsprechenden Werte für ξ sind nach Tab. 6.24 beigefügt.

Tabelle 6.110. *Größen für die Berechnung der Bremsnutzung*

Element	γ	ξ
Wasserstoff	1,000	1,000
Deuterium	0,584	0,725
Beryllium	0,143	0,207
Kohlenstoff	0,109	0,158

6.111. Durch Einsetzen von (6.110.1) in die Differentialgleichung (6.109.1) erhält man

$$\frac{dq}{du} = -\frac{\Sigma_a}{\xi\,\Sigma_s + \gamma\,\Sigma_a}\,q$$

oder

$$\frac{dq}{q} = -\frac{\Sigma_a}{\xi\,\Sigma_s + \gamma\,\Sigma_a}\,du.$$

Durch Integration zwischen den Lethargiegrenzen u und 0 — der Lethargie der Quellneutronen — ergibt sich

$$\frac{q}{q_0} = \exp\left(-\int_0^u \frac{\Sigma_a}{\xi\,\Sigma_s + \gamma\,\Sigma_a}\,du\right). \tag{6.111.1}$$

Die linke Seite dieser Gleichung ist das Verhältnis der Bremsdichte q bei der Lethargie u zur Bremsdichte q_0 bei der Quellenergie. Ohne Neutronenabsorption müßte die Bremsdichte im asymptotischen Gebiet gleich q_0, also gleich der Quellstärke sein. Der durch (6.111.1) gegebene Ausdruck q/q_0 ist also die Bremsnutzung bei der Lethargie u. Wenn man diese Gleichung auf die Variable E zurücktransformiert, findet man

$$p(E) = \exp\left(-\int_E^{E_0} \frac{\Sigma_a}{\xi\,\Sigma_s + \gamma\,\Sigma_a}\cdot\frac{dE'}{E'}\right), \tag{6.111.2}$$

wobei $\Sigma_a/(\xi\,\Sigma_s + \gamma\,\Sigma_a)$ eine Funktion der Energie ist.

6.112. Für Wasserstoff ist sowohl γ wie auch ξ gleich Eins. Damit wird die Näherung (6.111.2) identisch mit der strengen Formel (6.88.1) für die Bremsnutzung in einem Wasserstoffmoderator, vermischt mit einem Absorber von unendlich großer Masse.

Bremsnutzung für schwachen Resonanzeinfang

6.113. Wenn der makroskopische Absorptionsquerschnitt bedeutend kleiner ist als der makroskopische Streuquerschnitt, d. h. wenn $\Sigma_a \ll \Sigma_s$, wird sich der Neutronenfluß im asymptotischen Gebiet nur wenig vom Fluß unterscheiden, der sich bei fehlender Absorption ausbildet. Die Bremsnutzung wird dann durch einen Ausdruck beschrieben, der (6.88.1) ähnlich ist.

6.114. Die Abnahme dq der Bremsdichte in einem Energieintervall dE ist gleich der Zahl der Neutronen, welche pro cm^3 und sec in dE absorbiert werden (s. § 6.109), also

$$dq = \Sigma_a\,\Phi(E)\,dE. \tag{6.114.1}$$

Im vorliegenden Fall kann $\Phi\,(E)$ annäherend gleich dem Fluß im absorptionsfreien Fall gesetzt werden, so daß nach (6.74.3)

$$\Phi\,(E) = \frac{q}{\bar{\xi}\,\Sigma_s\,E}. \tag{6.114.2}$$

Durch Kombination von (6.114.1) und (6.114.2) folgt

$$\frac{d\,q}{q} = \frac{\Sigma_a}{\bar{\xi}\,\Sigma_s} \cdot \frac{d\,E}{E}$$

und durch Integration

$$q\,(E) = q_0 \exp\left(-\int\limits_E^{E_0} \frac{\Sigma_a}{\bar{\xi}\,\Sigma_s} \cdot \frac{d\,E'}{E'}\right).$$

Die Bremsnutzung $p\,(E)$ ist also gegeben durch

$$p\,(E) = \frac{q\,(E)}{q_0} = \exp\left(-\int\limits_E^{E_0} \frac{\Sigma_a}{\bar{\xi}\,\Sigma_s} \cdot \frac{d\,E'}{E'}\right). \tag{6.114.3}$$

6.115. Dasselbe Resultat folgt aus (6.102.1), wenn man $\Sigma_s \gg \Sigma_a$ voraussetzen kann. Es ist klar, daß sich unter dieser Bedingung (6.102.1) auf (6.114.3) reduzieren muß. Wenn nämlich Σ_a sehr klein im Vergleich zu Σ_s ist, oszilliert die Stoßdichte nur wenig, und man kann von der Beschränkung auf weite Entfernung, die bei starken Resonanzlinien angewendet wird, absehen.

6.116. Ähnlich reduziert sich die Gl. (6.111.2) für $\xi\,\Sigma_s \gg \gamma\,\Sigma_a$ auf (6.114.3). In diesem Fall ist die Absorption unter allen Umständen klein, so daß die weitere Bedingung eines schwach variierenden Wirkungsquerschnitts nicht erforderlich ist.

Die Alterstheorie nach Fermi

Das Modell der stetigen Bremsung

6.117. In den vorhergehenden Teilen dieses Kapitels wurden die bei der Streuung vorliegenden Energiebeziehungen diskutiert. Nun soll die *räumliche* Verteilung der Neutronen verschiedener Energie betrachtet werden, die sich aus der Diffusion während der Bremsung ergibt. Wie früher (§ 6.1) festgestellt wurde, steht die mittlere Weglänge, welche ein Spaltneutron während der Bremsung zurücklegt, in direkter Beziehung zum kritischen Volumen eines Reaktors. Wenn diese mittlere Strecke groß ist, muß auch der Reaktor groß sein damit die Sickerverluste vor der Abbremsung der Neutronen auf thermische Energien klein bleiben.

6.118. Eine relativ einfache Behandlung dieses Problems, die allerdings auf die Bremsung in Medien mit sehr leichten Kernen (z. B. Wasserstoff und Deuterium) nicht anwendbar ist, beruht auf folgendem Modell. Man betrachte ein Spaltneutron mit der Energie E_0. Das Neutron bewegt sich eine bestimmte Zeit lang mit dieser Energie, bis es mit einem Kern zusammenstößt. Der Stoß vermindert seine Energie, und es wird nun mit dieser kleineren Energie weiterwandern, bis es einen anderen Kern trifft. Da sich das Neutron jetzt mit geringerer Geschwindigkeit bewegt, hat sich die zwischen den Stößen im Mittel verstreichende Zeit vergrößert. Diese abschnittsweise Bewegung mit konstanter Energie, gefolgt von einem Stoß, der die Energie verringert, führt schließlich zur Thermalisierung des Neutrons.

6.119. Da die mittlere Änderung des Logarithmus der Neutronenenergie, d. h. ξ, von der Energie unabhängig ist (§ 6.22), folgt, daß $\ln E$ als Funktion der Zeit von der Spaltenergie E_0 bis herab zur thermischen Energie E_{th} die in Abb. 6.119 schematisch dargestellte Form haben muß. Die Kurve besteht aus einer Reihe von Stufen mit ungefähr gleicher Höhe aber ständig wachsender Länge. Die horizontalen Linien stellen die konstante Energie des Neutrons während der Bewegung zwischen zwei Stößen dar. Die Längen geben die zwischen zwei aufeinander folgenden Zusammenstößen vergehende Zeitspanne wieder. Die Zeichnung bezieht sich auf ein einziges Neutron; im Gesamtprozeß treten Fluktuationen um ein mittleres Verhalten auf. Diese Frage wird weiter unten besprochen.

6.120. Da sich die individuellen Neutronen verschieden verhalten, auch wenn sie mit der gleichen Energie starten, haben sie nach Ablauf eines bestimmten Zeitraums verschiedene Energie. Mit anderen Worten, die Darstellung von $\ln E$ als Funktion der Zeit t in Abb. 6.119 ändert sich von Neutron zu Neutron,

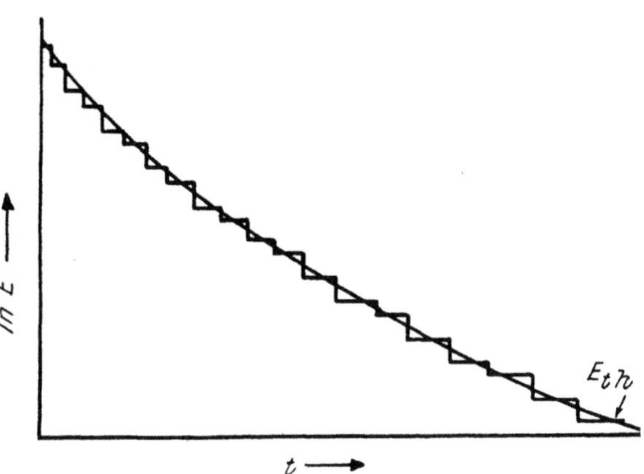

Abb. 6.119. Das Modell der kontinuierlichen Bremsung

obwohl alle Neutronen mit derselben Spaltungsenergie E_0 beginnen und im gleichen Medium diffundieren. Besteht das Medium aber aus Kernen mit mittleren oder großen Massen, dann ist die Streuung der Neutronenenergie klein, und es ist möglich, das Verhalten einer großen Zahl von Neutronen durch ein mittleres Verhalten darzustellen. Bei Kohlenstoff z. B. ist die maximale relative Energieänderung, welche ein Neutron bei einem Stoß erfährt, gleich 0,27. Der Mittelwert beträgt etwa 0,17. Man sieht, daß die Streuung der Neutronenenergie nach Verlassen der Quelle sogar bei Kohlenstoff nicht allzu groß ist. Die Streuung ist bei Medien mit schwereren Kernen noch kleiner.

6.121. Unter der Voraussetzung, daß das Verhalten der Neutronen in vernünftiger Weise durch einen Mittelwert dargestellt werden kann, ist die logarithmische Änderung der Energie pro Zusammenstoß klein. Die Stufen in Abb. 6.119 sind dann niedrig. Die Reihe der Stufen kann folglich ohne ernstlichen Fehler durch eine stetige Kurve (vgl. die Abbildung) ersetzt werden. Man nimmt also näherungsweise an, daß die Neutronen während des Bremsvorgangs stetig Energie verlieren, anstatt diese sprunghaft abzugeben, wie es tatsächlich geschieht. Die folgenden Überlegungen sollen also auf der Voraussetzung aufgebaut werden, daß die sprunghaften Bremsprozesse einer großen Anzahl von Neutronen in brauchbarer Näherung durch eine einzige, stetige Kurve dargestellt werden können.

6.122. Es sei nochmals darauf hingewiesen, daß die beschriebene Annäherung nur für Moderatoren aus Kernen mit ziemlich hoher Massenzahl brauchbar ist. Auf Medien, welche Wasserstoff, Deuterium oder andere leichte Kerne enthalten, ist sie nicht anwendbar. Ein Neutron kann nämlich bei einem einzigen Zusammenstoß mit Wasserstoff seine gesamte Energie verlieren. Wenn Neutronen durch leichte Kerne gebremst werden, ergibt sich folglich eine breite Streuung der Energie, und es ist nicht gerechtfertigt, die Bremscharakteristik einer großen

Zahl von Neutronen durch ein mittleres Verhalten zu beschreiben. Da die Änderung der Neutronenenergie pro Stoß groß ist und daher nur eine kleine Zahl von Stößen erforderlich ist, um die Energie auf thermische Werte zu reduzieren, ist es unmöglich, den Bremsvorgang durch eine stetige Kurve darzustellen.

Die Altersgleichung ohne Absorption

6.123. Die folgende Diskussion der Neutronendiffusion soll auf Medien beschränkt bleiben, die keine Elemente der niedrigsten Atomgewichte enthalten. Das erste Problem besteht darin, eine Differentialgleichung zu entwickeln, welche die stetige Abbremsung in einem nichtabsorbierenden Medium darstellt. Wir nehmen an, daß alle Neutronen, die nach Verlassen der Quelle eine bestimmte Zeitspanne t hindurch diffundiert sind, die gleiche Lethargie besitzen. Wir suchen nun eine Beziehung zwischen dt und du, die dazu benützt werden kann, um einen Ausdruck für die räumliche Verteilung der Bremsdichte herzuleiten.

6.124. Wir setzen voraus, daß alle Neutronen nach einer Diffusionszeit t dieselbe Geschwindigkeit v haben und daß λ_s die mittlere freie Weglänge für Streuung bedeutet, d. h. die mittlere Entfernung, die ein Neutron zwischen zwei Stößen zurücklegt. Im anschließenden Zeitintervall dt erfährt ein Neutron dann $v\,dt/\lambda_s$ Stöße. Da ξ die mittlere logarithmische Energieänderung pro Zusammenstoß ist, folgt, daß die Abnahme von $\ln E$ gleich ist ξ mal der Zahl der Stöße in der Zeit dt:

$$-d\,(\ln E) = \frac{\xi v}{\lambda_s}\,d t. \qquad (6.124.1)$$

Dabei stellt die linke Seite den logarithmischen Energieverlust während eines Zeitintervalls dt dar. Wenn wir $-d(\ln E)$ durch die entsprechende Lethargiezunahme du (§ 6.27) ersetzen, folgt

$$du = \frac{\xi v}{\lambda_s}\,d t. \qquad (6.124.2)$$

Diese eingangs erwähnte Differentialgleichung verknüpft u mit t im Rahmen des Modells der stetigen Bremsung. Es ist natürlich vorausgesetzt, daß kein Neutronenverlust durch Absorption eintritt.

6.125. Wir betrachten nun Neutronen in dem durch den Vektor $\mathfrak{r}$ dargestellten Feldpunkt, die eine Zeitspanne t hindurch diffundiert sind. Im darauffolgenden Zeitintervall dt wird eine gewisse Zahl von ihnen, nämlich $-D\nabla^2 \Phi\,(\mathfrak{r}, t)\,dV\,dt$ aus einem Volumelement dV bei $\mathfrak{r}$ austreten (5.33.1). Da Φ durch vn ersetzt werden kann, wobei n die entsprechende Neutronendichte bedeutet, ist die Zahl der abgeflossenen Neutronen gleich $-D\,v\,\nabla^2 n\,(\mathfrak{r}, t)\,dV\,dt$. Wenn keine Absorption stattfindet, mißt diese Zahl zugleich die Abnahme der Neutronendichte mit der Zeit. Durch Weglassen der negativen Vorzeichen erhält man also

$$D\,v\,\nabla^2 n\,(\mathfrak{r}, t) = \frac{\partial n\,(\mathfrak{r}, t)}{\partial t}, \qquad (6.125.1)$$

wobei D, das von der Geschwindigkeit abhängt, und v selbst Funktionen der Energie sind. Für das vorliegende Problem ist es zweckmäßig, die Größe $n\,(\mathfrak{r}, t)$ in (6.125.1) als die Neutronendichte pro *Zeiteinheit* zu definieren. $n\,(\mathfrak{r}, t)\,dt$ ist dann die Zahl der Neutronen pro cm^3, welche die Quelle vor einer Zeitspanne verlassen haben, die zwischen t und $t + dt$ liegt.

6.126. Der nächste Schritt besteht in der Transformation der unabhängigen Variablen von t auf u, wie oben definiert. Wenn $n\,(\mathfrak{r}, u)$ die Zahl der Neutronen pro cm³ und Lethargieeinheit ist, ist $n\,(\mathfrak{r},\,u)\,du$ die Zahl der Neutronen pro cm³ mit Lethargien zwischen u und $u + du$. Wenn das Lethargieintervall du dem Zeitintervall dt, das wir oben betrachtet haben, entspricht, dann ist nach (6.124.2)

$$n\,(\mathfrak{r},\,t) = n\,(\mathfrak{r},\,u)\,\frac{\partial u}{\partial t} = \frac{\xi v}{\lambda_s}\,n\,(\mathfrak{r},\,u)\,. \tag{6.126.1}$$

6.127. Durch Kombination der allgemeinen Beziehung

$$\frac{\partial n\,(\mathfrak{r},\,t)}{\partial t} = \frac{\partial n\,(\mathfrak{r},\,t)}{\partial u}\cdot\frac{\partial u}{\partial t}$$

mit (6.124.2) für $\partial u/\partial t$, erhält man

$$\frac{\partial n\,(\mathfrak{r},\,t)}{\partial t} = \frac{\xi v}{\lambda_s}\cdot\frac{\partial n\,(\mathfrak{r},\,t)}{\partial u}\,.$$

Aus (6.126.1) folgt weiter

$$\frac{\partial n\,(\mathfrak{r},\,t)}{\partial t} = \frac{\xi v}{\lambda_s}\cdot\frac{\partial}{\partial u}\left[\frac{\xi v}{\lambda_s}\,n\,(\mathfrak{r},\,u)\right]. \tag{6.127.1}$$

Wenn wir (6.126.1) in die linke Seite und (6.127.1) in die rechte Seite von (6.125.1) einsetzen, wird

$$D\,v\,\nabla^2\left[\frac{\xi v}{\lambda_s}\,n\,(\mathfrak{r},\,u)\right] = \frac{\xi v}{\lambda_s}\cdot\frac{\partial}{\partial u}\left[\frac{\xi v}{\lambda_s}\,n\,(\mathfrak{r},\,u)\right]. \tag{6.127.2}$$

Im Hinblick auf die oben gegebene Definition von $n\,(\mathfrak{r},\,u)$ ist $v\,n\,(\mathfrak{r},\,u)$ gleich $\Phi\,(\mathfrak{r},\,u)$, dem Neutronenfluß pro Einheit des Lethargieintervalls. Da $\lambda_s = 1/\Sigma_s$, kann daher geschrieben werden

$$D\nabla^2\,[\xi\,\Sigma_s\,\Phi\,(\mathfrak{r},\,u)] = \xi\,\Sigma_s\,\frac{\partial}{\partial u}\,[\xi\,\Sigma_s\,\Phi\,(\mathfrak{r},\,u)]\,. \tag{6.127.3}$$

Die Funktion in den Klammern auf beiden Seiten von (6.127.3) ist die Bremsdichte (6.67.3). Setzt man dafür q, so wird Gl. (6.127.3) gleich

$$\nabla^2 q = \frac{\xi\,\Sigma_s}{D}\cdot\frac{\partial q}{\partial u}\,. \tag{6.127.4}$$

6.128. Wir führen eine neue, durch

$$\tau\,(u) = \int_0^u \frac{D}{\xi\,\Sigma_s}\,du \tag{6.128.1}$$

definierte Variable $\tau\,(u)$ ein. Wenn wir diese Transformation, welche u durch $\tau\,(u)$ ersetzt, ausführen, reduziert sich (6.127.4) auf

$$\nabla^2 q = \frac{\partial q}{\partial\tau}\,. \tag{6.128.2}$$

Diese Beziehung nennt man die *Fermische Altersgleichung*, die Größe $\tau\,(u)$ das *Fermi-Alter* bzw. das *symbolische Alter*. Häufig wird auch die Bezeichnung *Neutronenalter* verwendet. Das „Alter" hat aber nicht die Dimension einer Zeit, sondern die eines Längenquadrats. Dies folgt aus (6.128.2), da der Laplacesche Operator zweifache Differentiation hinsichtlich des Raumes bedeutet. Die Altersgleichung stimmt formal mit der bekannten Wärmeleitungsgleichung überein.

6.129. Die Größe τ in (6.128.2) steht mit dem chronologischen Alter der Neutronen in folgendem Zusammenhang. Das chronologische Alter t kann definiert werden als die Zeit, welche im Mittel erforderlich ist, um das Neutron von der Spaltenergie E_0 auf die Energie E abzubremsen, also die Zeit vom Verlassen der Quelle bis zum Erreichen der Lethargie u. Mit (6.124.2) folgt für die Variable τ in (6.128.1)

$$\tau = \int_0^t D\,v\,dt = \int_0^t D_0\,dt, \qquad (6.129.1)$$

wobei Dv durch D_0, den üblichen Diffusionskoeffizienten (§ 5.7), ersetzt worden ist. Wenn man einen mittleren Diffusionskoeffizienten während der Bremszeit t durch

$$\overline{D_0} = \frac{1}{t} \int_0^t D_0\,dt$$

definiert, so wird (6.129.1) gleich

$$\tau = \overline{D_0}\,t. \qquad (6.129.2)$$

Folglich ist das Fermi-Alter τ gleich der Bremszeit (oder der chronologischen Zeit) der Neutronen, multipliziert mit dem mittleren Diffusionskoeffizienten $\overline{D_0}$, während der Zeit t. Im Augenblick ihrer Entstehung ist das Alter der Neutronen gleich Null. Es wächst in dem Maße, wie die Bremszeit der Neutronen zu- und ihre Energie abnimmt.

6.130. Bei der vorhergehenden Behandlung wurden die Beziehungen durch die Lethargie u ausgedrückt, so daß q und τ in (6.128.1) und (6.128.2) von u abhängen. Sie können jedoch durch Transformation der Variablen als auch Funktionen der Energie dargestellt werden. Gemäß § 6.27 ist $du = -\,dE/E$, so daß die Definition des Neutronenalters (6.128.1) auch durch

$$\tau(E) = \int_E^{E_0} \frac{D}{\xi\,\Sigma_s} \cdot \frac{dE}{E} \qquad (6.130.1)$$

ausgedrückt werden kann. Die Altersgleichung (6.128.2) ist auch für die durch die Energie E ausgedrückte Bremsdichte $q(E)$ zuständig.

Lösung der Altersgleichung

Fall I. Ebene Quelle von schnellen monoenergetischen Neutronen in einem unendlich ausgedehnten Gebiet

6.131. Wir betrachten eine ebene, unendlich ausgedehnte Quelle von schnellen Neutronen, die pro cm^2 und sec Q_f Neutronen der Energie E_0 aussendet und in einem unendlichen Diffusionsmedium liegt. Wir setzen voraus, daß die Quelle in der durch den Ursprung gehenden y-z-Ebene liegt, so daß die Altersgleichung die Gestalt

$$\frac{\partial^2 q(x,\tau)}{\partial x^2} = \frac{\partial q(x,\tau)}{\partial \tau} \quad \text{für} \quad x \neq 0 \qquad (6.131.1)$$

annimmt. In der Quelle ist das Neutronenalter Null, und die Quellbedingung
kann in der Form

$$q(x, 0) = Q_f\, \delta(x) \qquad (6.131.2)$$

geschrieben werden. $\delta(x)$ ist die Diracsche Deltafunktion (§ 5.50).

6.132. Um (6.131.1) zu lösen, macht man den Separationsansatz

$$q(x, \tau) = X(x) \cdot T(\tau), \qquad (6.132.1)$$

der auf

$$\frac{1}{X} \cdot \frac{d^2 X}{d x^2} = \frac{d T}{d \tau} \cdot \frac{1}{T}$$

führt. Da die linke Seite dieser Gleichung nur eine Funktion von x, die rechte
nur eine Funktion von τ ist, müssen beide Seiten gleich einer Konstanten — α^2
sein, wobei α^2 eine reelle Größe ist. Man erhält so

$$\frac{1}{X} \cdot \frac{d^2 X}{d x^2} = -\alpha^2 \quad \text{und} \quad \frac{d T}{d \tau} = -\alpha^2 T.$$

Die allgemeinen Lösungen dieser Differentialgleichungen sind

$$X = A \cos \alpha\, x + C \sin \alpha\, x$$

und

$$T = F e^{-\alpha^2 \tau}.$$

Mit (6.132.1) ergibt sich also

$$q = e^{-\alpha^2 \tau}(A \cos \alpha\, x + C \sin \alpha\, x), \qquad (6.132.2)$$

wobei die Konstante F in die willkürlichen Konstanten A und C hineingezogen
worden ist. Führt man mittels

$$A = a \cos \alpha\, x', \quad C = a \sin \alpha\, x'$$

an Stelle von A und C die neuen Integrationskonstanten a und x' ein, so erhält
(6.132.2) die Gestalt

$$q = a \cdot e^{-\alpha^2 \tau} \cos \alpha\, (x' - x).$$

Da die Differentialgleichung (6.131.1) linear ist, erhält man wieder eine Lösung,
wenn man a als Funktion von x' und α auffaßt und über einen beliebigen Bereich von α und x' integriert. Wir integrieren über α von 0 bis ∞ und über x'
von $-\infty$ bis $+\infty$, also

$$q(x, \tau) = \int\limits_0^\infty d\alpha \int\limits_{-\infty}^{+\infty} a(x', \alpha)\, e^{-\alpha^2 \tau} \cos \alpha\, (x' - x)\, dx'. \qquad (6.132.3)$$

Die Funktion $a(x', \alpha)$ ist nun so zu bestimmen, daß für $\tau = 0$ die Funktion
$q(x, 0) = Q_f\, \delta(x)$ wird, also

$$q(x, 0) = Q_f\, \delta(x) = \int\limits_0^\infty d\alpha \int\limits_{-\infty}^{+\infty} a(x', \alpha) \cos \alpha\, (x' - x)\, dx'. \qquad (6.132.4)$$

6.133. Nun gilt für eine beliebige Funktion $f(x)$ folgende Darstellung durch
ein Fourierintegral:

$$f(x) = \frac{1}{\pi} \int\limits_{0}^{\infty} d\alpha \int\limits_{-\infty}^{+\infty} f(x') \cos \alpha \, (x' - x) \, dx' \,. \tag{6.133.1}$$

Der Vergleich mit (6.132.4) zeigt, daß wir nur

$$a(x', \alpha) = \frac{1}{\pi} q(x', 0) = \frac{1}{\pi} Q_f \, \delta(x')$$

zu setzen brauchen, damit die Lösung (6.132.3) die gewünschte Anfangsbedingung erfüllt.
Also wird

$$q(x, \tau) = \frac{1}{\pi} \int\limits_{0}^{\infty} d\alpha \int\limits_{-\infty}^{\infty} q(x', 0) \, e^{-\alpha^2 \tau} \cos \alpha \, (x' - x) \, dx' \,. \tag{6.133.2}$$

6.134. Setzt man für $q(x', 0) = Q_f \, \delta(x')$ in (6.133.2) ein, so wird

$$q(x, \tau) = \frac{Q_f}{\pi} \int\limits_{0}^{\infty} d\alpha \, e^{-\alpha^2 \tau} \int\limits_{-\infty}^{\infty} \delta(x') \cos \alpha \, (x' - x) \, dx' \,. \tag{6.134.1}$$

Wegen

$$\int\limits_{-\infty}^{\infty} f(x') \, \delta(x') \, dx' = f(0)$$

ergibt die Integration über x' die Funktion $\cos \alpha \, x$, und man erhält

$$q(x, \tau) = \frac{Q_f}{\pi} \int\limits_{0}^{\infty} e^{-\alpha^2 \tau} \cos \alpha \, x \, d\alpha \,.$$

Das Integral hinsichtlich α ist[1]

$$\int\limits_{0}^{\infty} e^{-\alpha^2 \tau} \cos \alpha \, x \, d\alpha = \sqrt{\frac{\pi}{4\tau}} \, e^{-x^2/4\tau}$$

und daher wird (6.134.1)

$$q(x, \tau) = \frac{Q_f}{\sqrt{4\pi\tau}} \, e^{-x^2/4\tau} \,. \tag{6.134.2}$$

6.135. Dieses Resultat kann leicht für den Fall verallgemeinert werden, daß die ebene Neutronenquelle bei x_0 liegt. Man hat nur zu beachten, daß x in der oben gegebenen Lösung die Entfernung zwischen Quell- und Feldebene ist. Also ergibt sich für eine ebene Einheitsquelle bei x_0:

$$q(x, \tau) = \frac{e^{-|x - x_0|^2/4\tau}}{\sqrt{4\pi\tau}} \,. \tag{6.135.1}$$

---

[1] Vgl. etwa die Integraltafel von W. Gröbner und N. Hofreiter (1. Teil: Unbestimmte Integrale, 2. Aufl. 1957, 2. Teil: Bestimmte Integrale, 2. Aufl. 1958, Wien, Springer).

Fall II. Punktquelle von schnellen, monoenergetischen Neutronen in einem unendlich ausgedehnten Gebiet

6.136. Die Lösung der Altersgleichung für eine Punktquelle in einem unendlich ausgedehnten Medium kann direkt aus einer Lösung für die ebene Quelle abgeleitet werden. Das Verfahren ist dem in § 5.52 analog. Da das Medium unendlich ausgedehnt ist und keine Grenzflächen vorhanden sind, kann die Bremsdichte in irgendeinem Feldpunkt nur von der Entfernung dieses Punktes von der Quelle abhängen. Bei einer ebenen Quelle kann die Lösung als Summe der Bremsdichten aufgefaßt werden, die von einer entsprechenden Zahl von Punktquellen herrühren. Wir bezeichnen die Bremsdichte der Neutronen eines bestimmten Alters, die von einer Punktquelle stammen, mit $q_P(\mathfrak{r})$. Andererseits sei $q_{Eb}(x)$ die Bremsdichte für eine ebene Quelle. Die Überlegungen des § 5.52 führen dann zu

$$q_{Eb}(x, \tau) = \int_0^\infty q_P(r, \tau)\, 2\,\pi\, a\, d a\,. \tag{6.136.1}$$

Das Problem ist nur die Umkehrung des früher betrachteten, da nun q_{Eb} bekannt ist, während q_P bestimmt werden soll.

6.137. Der Wert von q_P kann durch q_{Eb} ausgedrückt werden, indem man zunächst die Variable a durch r ersetzt. Es gilt $x^2 + a^2 = r^2$ und $r\,dr = a\,da$ (§ 5.53). q_{Eb} ist dann gegeben durch

$$q_{Eb}(x, \tau) = 2\,\pi \int_x^\infty q_P(r, \tau)\, r\, dr\,. \tag{6.137.1}$$

Durch Differentiation nach x folgt

$$\frac{d\,q_{Eb}(x, \tau)}{d x} = -\,2\,\pi\, q_P(x, \tau) \cdot x \tag{6.137.2}$$

oder

$$q_P(x, \tau) = -\,\frac{1}{2\,\pi\,x} \cdot \frac{d\,q_{Eb}(x, \tau)}{d x}\,. \tag{6.137.3}$$

Die Differentiation von (6.134.2) ergibt

$$\frac{d\,q_{Eb}(x, \tau)}{d x} = -\,\frac{2\,x\,Q_f}{4\,\tau\,\sqrt{4\,\pi\,\tau}}\, e^{-x^2/4\,\tau}\,. \tag{6.137.4}$$

6.138. Da die Entfernung x in $q_P(x, \tau)$ jetzt die Entfernung zwischen einem Feldpunkt und der Quelle darstellt, kann sie durch das allgemeine Symbol r ersetzt werden. Aus (6.137.3) und (6.137.4) folgt daher die Bremsdichte in der Entfernung r von einer Punktquelle, die ein Neutron pro sec emittiert, zu

$$q_P(r, \tau) = \frac{e^{-r^2/4\,\tau}}{(4\,\pi\,\tau)^{3/2}}\,. \tag{6.138.1}$$

Im allgemeinen Fall einer Einheitsquelle an der Stelle $\mathfrak{r}_0$ lautet die Bremsdichte im Feldpunkt an der Stelle $\mathfrak{r}$

$$q_P(\mathfrak{r}, \tau) = \frac{e^{-|\mathfrak{r}-\mathfrak{r}_0|^2/4\,\tau}}{(4\,\pi\,\tau)^{3/2}}\,. \tag{6.138.2}$$

Die Bremsdichte in der Umgebung einer Punktquelle

6.139. Die Gl. (6.138.1) beschreibt die Bremsdichte einer im Ursprung des Koordinatensystems liegenden Punktquelle. Daraus kann man $q(r, \tau)$ für ein bestimmtes Alter τ als Funktion von r, d. h. der Distanz von der Quelle, berechnen. Für jedes $\tau = \text{const.}$ fällt die Kurve nach einer Gaußschen Glockenkurve ab (Abb. 6.139). Wenn τ klein ist, ist die Kurve hoch und schmal. Für großes τ ist sie niedrig und verbreitert. Dieses Verhalten kann aus einer qualitativen Prüfung von (6.138.1) erschlossen werden. $q(0, \tau) = 1/(4\pi\tau)^{3/2}$ gibt die Höhe der Kurve bei $r = 0$ an. Dieser Wert nimmt für kleine Werte von τ zu. Die „Breite" der Kurve, d. h. die Entfernung, in welcher $q(r, \tau)$ auf $1/e$ des Maximalwerts gefallen ist, ergibt sich zu $2\sqrt{\tau}$, und diese Größe wächst mit steigendem τ.

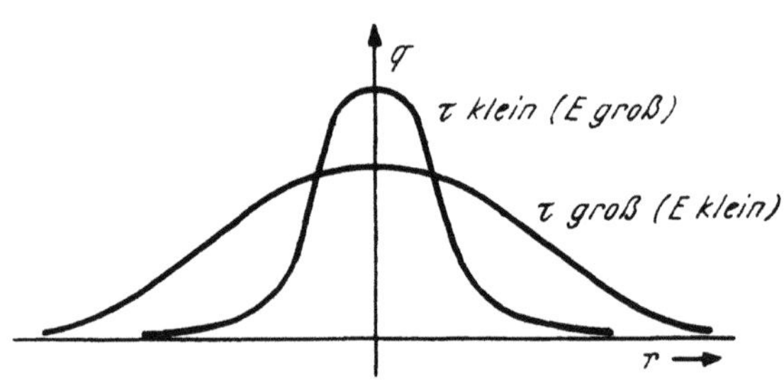

Abb. 6.139. Die Bremsdichte in der Umgebung einer Punktquelle

6.140. Das Fermi-Alter τ ist also ein Maß für die Breite der Kurve und bestimmt damit die Verteilung der Bremsdichte um die Quelle. Dies ist aus physikalischen Gründen zu erwarten. Ein sehr kleines τ bedeutet, daß die Neutronen noch wenig gebremst sind und sich von der Quelle noch nicht weit fortbewegt haben. Die meisten Neutronen besitzen also noch hohe Energie und befinden sich in der Nähe der Quelle. Dies entspricht einer hohen und schmalen Verteilungskurve. Wenn τ groß ist, haben die Neutronen schon eine starke Bremsung erfahren, und ein großer Bruchteil ist in größere Entfernungen von der Quelle wegdiffundiert.

Die physikalische Bedeutung des Fermi-Alters

6.141. Die physikalische Bedeutung des Fermi-Alters erkennt man, wenn man das zweite räumliche Moment $\overline{r^2}(\tau)$ der Bremsdichte berechnet. Es ist

$$\overline{r^2}(\tau) = \frac{\displaystyle\int_0^\infty r^2 \left[4\pi r^2 q(r, \tau)\right] dr}{\displaystyle\int_0^\infty 4\pi r^2 q(r, \tau)\, dr},$$

wobei $q(r, \tau)$ die Zahl der Neutronen im Feldpunkt $\mathfrak{r}$ bedeutet, die pro cm³ und sec unter eine gegebene Energie (entsprechend dem Alter τ) gebremst worden sind. Mit Verwendung von $q(r, \tau)$ für eine Punktquelle aus (6.138.1) wird

$$\overline{r^2}(\tau) = \frac{\displaystyle\int_0^\infty r^4 e^{-r^2/4\tau}\, dr}{\displaystyle\int_0^\infty r^2 e^{-r^2/4\tau}\, dr} = 6\tau. \qquad (6.141.1)$$

Das Neutronenalter τ ist folglich ein Sechstel des mittleren Verschiebungsquadrates, von der Zeit der Emission eines Neutrons (Alter Null) bis zu dem Zeitpunkt, in dem sein Alter τ beträgt.

6.142. Das Resultat (6.141.1) ist ganz allgemein und bezieht sich auf Neutronen jeder beliebigen Energie bzw. jedes beliebigen Alters, natürlich auch auf thermische Neutronen. So wird $\sqrt{\tau_{\text{th}}}$ als Bremslänge der thermischen Neutronen bezeichnet. Mit dieser wichtigen Größe können die Sickerverluste der Neutronen während ihrer Abbremsung in einem endlichen thermischen Reaktor bestimmt werden.

Experimentelle Bestimmung des Alters

6.143. Bei der experimentellen Bestimmung des Alters mißt man die Bremsdichte für Neutronen einer bestimmten Energie in verschiedenen Entfernungen von einer Quelle schneller Neutronen in einem gegebenen Medium. Als Quelle bringt man z. B. eine Mischung aus Polonium oder Radium mit Beryllium ins Zentrum eines großen Graphitblocks, der als unendlich ausgedehntes Medium behandelt wird. Eine Größe, welche proportional zur Bremsdichte für die Indiumresonanzenergie ($\approx 1,4$ eV) ist, ist dann für verschiedene Stellen durch die Sättigungsaktivität einer mit Kadmium bedeckten Indiumfolie gegeben [vgl. (§ 6.76 ff.)]. Die Bremsdichte für eine Punktquelle wird durch (6.138.1) dargestellt. Man sieht, daß für Neutronen bestimmter Energie, d. h. für $\tau = \text{const.}$,

$$\ln q\,(r) = \text{const.}\cdot\left(-\frac{r^2}{4\,\tau}\right).$$

Der Logarithmus der Indiumaktivität als Funktion des Quadrates der Entfernung von der Quelle sollte also durch eine Gerade der Neigung $-1/4\,\tau$ dargestellt werden.

6.144. Meßergebnisse zur Bestimmung des Alters der Neutronen einer Polonium-Beryllium-Quelle in Graphit sind in Abb. 6.144 in halblogarithmischer Darstellung wiedergegeben. Die Neigung des mittleren (linearen) Gebietes ist $-0,758\cdot10^{-3}\,\text{cm}^{-2}$. Das Neutronenalter bei der In-Resonanz beträgt daher $318\,\text{cm}^2$. Man sieht, daß die Kurve sowohl in der Nähe wie auch in größerer Entfernung von der Quelle vom linearen Verlauf abweicht. Die beobachtete Bremsdichte nahe der Quelle ist größer als die erwartete, weil noch ein merklicher Bruchteil

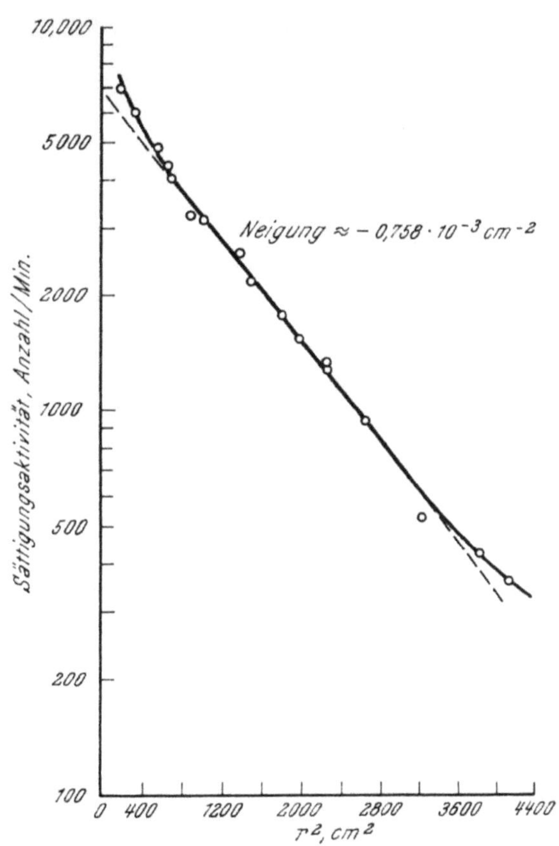

Abb. 6.144. Diagramm mit Meßwerten zur experimentellen Bestimmung des Neutronenalters in Graphit

von Neutronen mit Energien größer als 1,4 eV, d. h. der Energie des Indium-resonanzgipfels, vorhanden ist und Indium einen ziemlich großen Wirkungs-querschnitt für die Absorption von solchen Neutronen hat (Abb. 3.69). Die Resultate sind daher zu hoch. Andrerseits ist bei größeren Entfernungen von der Quelle die Abbremsung nahezu vollständig geworden, und die praktisch monoenergetischen thermischen Neutronen diffundieren dort lediglich. Die Flußverteilung fällt dann mit der Entfernung statt mit e^{-kr^2} mit $e^{-k'r}$ ab.

6.145. Die beschriebene Methode ergibt das Alter der von einer Polonium-Beryllium-Quelle herrührenden Neutronen, deren Energie auf die Indiumre-sonanzenergie abgesunken ist. Man kann natürlich auch die Uranspaltung als Quelle benützen. Auf jeden Fall wird das beobachtete Alter einen Mittel-wert bedeuten, da die Neutronen nicht monoenergetisch sind. Die Indium-resonanzenergie von 1,4 eV ist überdies bedeutend größer als die mittlere thermische Energie von 0,025 eV. In der Tat geht fast ein Drittel aller Zusammen-stöße von Spaltneutronen in Graphit in diesem Bereich vor sich. Es muß daher an dem mittels Indiumresonanz bestimmten Alter eine Korrektur angebracht werden. In Tab. 6.145 sind die Alterswerte der thermischen Neutronen ab Spaltung für gewöhnliches und schweres Wasser, für Beryllium und Graphit bei 20° C wiedergegeben. Für die ersten beiden Stoffe ist nicht das Fermi-Alter angegeben, da die Theorie der stetigen Bremsung für sie nicht anwendbar ist, sondern experimentell bestimmte Werte von $\overline{r^2}/6$ für thermische Neutronen, Werte, die vom physikalischen Standpunkt aus mit dem Alter gleichbedeutend sind [s. Gl. (6.141.1)].

Tabelle 6.145. *Alter von thermischen Neutronen ab Spaltungsquelle*

Moderator	Alter (cm²)	Bremslänge (cm)
Wasser	31,4	5,6
Schweres Wasser	120	11,0
Beryllium	98	9,9
Kohlenstoff	364	19,1

Diffusions- und Bremszeit

6.146. Es soll nun die für die Abbremsung eines Neutrons von der Spaltung bis zur thermischen Energie nötige Zeitspanne bestimmt werden, d. h. das mittlere chronologische Alter, wie es in § 6.129 definiert worden ist. Die Gl. (6.124.1) kann in der Gestalt

$$-\frac{dE}{E} = \frac{\xi v}{\lambda_s} dt \qquad (6.146.1)$$

geschrieben werden, wobei dE der Energieverlust ist, den ein Neutron nach dem Modell der kontinuierlichen Bremsung in der Zeit dt erfahren hat. Die ge-samte Zeit t, welche erforderlich ist, damit seine Energie von der Spaltenergie E_0 auf thermische Energie absinkt (mittleres chronologisches Alter), ergibt sich durch Umformung und Integration von (6.146.1) zu

$$t = \int_0^t dt = \int_{E_{th}}^{E_0} \frac{\lambda_s}{\xi v} \cdot \frac{dE}{E} \cdot \qquad (6.146.2)$$

6.147. Indem wir v durch $\sqrt{2\,E/m}$ ersetzen, wobei m die Masse eines Neutrons bedeutet, und für λ_s einen Mittelwert nehmen, den wir mit $\overline{\lambda_s}$ bezeichnen, ergibt sich die Bremszeit zu

$$t = \frac{\overline{\lambda_s}}{\xi}\,\sqrt{2\,m}\left(\frac{1}{\sqrt{E_{\mathrm{th}}}} - \frac{1}{\sqrt{E_0}}\right). \qquad (6.147.1)$$

Um t in sec zu erhalten, muß $\overline{\lambda_s}$ in cm, m in Gramm ($1{,}66 \cdot 10^{-24}$ Gramm) und E_0 und E_{th} in erg ($1\,\mathrm{MeV} = 1{,}60 \cdot 10^{-6}$ erg) gegeben sein. Werte für vier gebräuchliche Moderatoren sind in Tab. 6.147 wiedergegeben. Die Bremszeiten beziehen sich auf den Übergang von $E_0 = 2\,\mathrm{MeV}$ zu $E_{\mathrm{th}} = 0{,}025\,\mathrm{eV}$.

Tabelle 6.147. *Brems- und Diffusionszeit für thermische Neutronen*

Moderator	$\overline{\lambda_s}$ (cm)	Bremszeit (sec)	Diffusionszeit (sec)
Wasser	1,1	10^{-5}	$2{,}1 \cdot 10^{-4}$
Schweres Wasser	2,6	$4{,}6 \cdot 10^{-5}$	0,15
Beryllium	1,6	$7{,}0 \cdot 10^{-5}$	$4{,}3 \cdot 10^{-3}$
Kohlenstoff	2,6	$1{,}5 \cdot 10^{-4}$	$1{,}2 \cdot 10^{-2}$

6.148. Für Vergleichszwecke ist in der letzten Spalte von Tab. 6.147 die *mittlere Diffusionszeit* oder *Lebensdauer* eines thermischen Neutrons bei gewöhnlichen Temperaturen wiedergegeben, d. h. die mittlere Zeit, welche das Neutron als thermisches Neutron diffundiert, bevor es durch den Moderator eingefangen wird. Die mittlere Lebensdauer l_0 eines thermischen Neutrons in einem unendlich ausgedehnten Medium ist gleich der mittleren freien Weglänge für Absorption, geteilt durch die mittlere Geschwindigkeit v der Neutronen, d. h.

$$l_0 = \frac{\lambda_a}{v} = \frac{1}{\Sigma_a\,v}. \qquad (6.148.1)$$

Die mittlere Geschwindigkeit der thermischen Neutronen bei gewöhnlichen Temperaturen wurde mit $2{,}2 \cdot 10^5$ cm pro sec angenommen (§ 3.19). Aus Tab. 6.147 ersieht man, daß die mittlere Bremszeit im Moderator gewöhnlich viel kleiner ist als die sogenannte Lebensdauer oder Diffusionszeit für thermische Neutronen. Die oben durchgeführten Rechnungen gelten für ein (unendlich ausgedehntes) Medium ohne Sickerverluste, wobei Absorption nur im Moderator selbst auftritt.

Bremsung und Diffusion schneller Neutronen einer unendlichen ebenen Quelle in einem unendlich ausgedehnten Medium

6.149. In § 5.50 ff. wurde die Flußverteilung in der Umgebung einer unendlich ausgedehnten Quelle thermischer Neutronen auf Grund der Diffusionstheorie berechnet. In diesem Abschnitt wollen wir durch eine getrennte Betrachtung von Bremsung und Diffusion zeigen, wie die Verteilung thermischer Neutronen modifiziert wird, wenn die Quelle schnelle Neutronen emittiert, die hinterher abgebremst werden. Das Verfahren erfordert zuerst die Lösung der Altersgleichung gemäß § 6.131 ff. Dann wird die aus dem thermischen Alter berechnete Bremsdichte als Quellterm in die Diffusionsgleichung für thermische Neutronen eingesetzt.

6.150. Die Bremsdichte thermischer Neutronen für eine unendlich ausgedehnte ebene Quelle, welche ein Neutron pro sec und cm^2 emittiert, ist durch (6.134.2) gegeben:

$$q(x) = \frac{e^{-x^2/4\tau}}{\sqrt{4\pi\tau}}. \qquad (6.150.1)$$

Die x-Achse steht normal zur Quellebene der schnellen Neutronen. τ ist das Alter der von der gegebenen Quelle stammenden thermischen Neutronen. In einem Volumelement an der Stelle x_0, das einen Querschnitt von 1 cm^2 und eine Dicke dx_0 cm hat, ist die Quelle der thermischen Neutronen demnach gleich

$$Q(x_0)\, dx_0 = \frac{e^{-x_0^2/4\tau}}{\sqrt{4\pi\tau}}\, dx_0. \qquad (6.150.2)$$

Durch Einführung des Diffusionskerns für eine unendliche ebene Quelle (Tab. 5.95) folgt der thermische Fluß bei x:

$$\Phi(x) = \int\limits_{-\infty}^{\infty} \frac{e^{-\varkappa|x-x_0|}}{2\varkappa D} \cdot \frac{e^{-x_0^2/4\tau}}{\sqrt{4\pi\tau}}\, dx_0 =$$

$$= \frac{1}{4\varkappa D\sqrt{\pi\tau}} \int\limits_{-\infty}^{\infty} \exp\left(-\varkappa|x-x_0| - \frac{x_0^2}{4\tau}\right) dx_0. \qquad (6.150.3)$$

6.151. Um das Integral in (6.150.3) auszurechnen, wird es in zwei Teile gespalten, derart, daß der eine von $x_0 = -\infty$ bis $x_0 = x$ und der andere von $x_0 = x$ bis $x_0 = \infty$ reicht. Im ersten Abschnitt ist $x > x_0$, so daß $|x-x_0|$ im Exponenten durch $x - x_0$ ersetzt werden kann, während im zweiten $x_0 > x$ und daher $|x-x_0|$ gleich $x_0 - x$ ist. Damit ergibt sich

$$\Phi(x) = \frac{1}{4\varkappa D\sqrt{\pi\tau}}\left[\int\limits_{-\infty}^{x} \exp\left(-\varkappa x + \varkappa x_0 - \frac{x_0^2}{4\tau}\right) dx_0 + \int\limits_{x}^{\infty} \exp\left(\varkappa x - \varkappa x_0 - \frac{x_0^2}{4\tau}\right) dx_0\right]$$

$$= \frac{1}{4\varkappa D\sqrt{\pi\tau}}\left[e^{-\varkappa x}\int\limits_{-\infty}^{x} \exp\left(\varkappa x_0 - \frac{x_0^2}{4\tau}\right) dx_0 + e^{\varkappa x}\int\limits_{x}^{\infty} \exp\left(-\varkappa x_0 - \frac{x_0^2}{4\tau}\right) dx_0\right].$$

$$(6.151.1)$$

Diese Integrale sind von der Form $\int e^{-u^2} du$ und führen auf die tabulierten Fehlerintegrale.

6.152. Betrachten wir das erste Integral

$$I_1 = \int\limits_{-\infty}^{x} \exp\left(\varkappa x_0 - \frac{x_0^2}{4\tau}\right) dx_0 = e^{\varkappa^2\tau}\int\limits_{-\infty}^{x} \exp -\left(\frac{x_0}{2\sqrt{\tau}} - \varkappa\sqrt{\tau}\right)^2 dx_0.$$

Wir substituieren

$$u = \left(\frac{x_0}{2\sqrt{\tau}} - \varkappa\sqrt{\tau}\right)$$

mit

$$d u = \frac{d x_0}{2 \sqrt{\tau}}$$

und erhalten für I_1

$$I_1 = 2 \sqrt{\tau}\, e^{\varkappa^2 \tau} \int\limits_{-\infty}^{\frac{x}{2\sqrt{\tau}} - \varkappa \sqrt{\tau}} e^{-u^2}\, d u$$

$$= \sqrt{\tau}\, e^{\varkappa^2 \tau} \left[2 \int\limits_{-\infty}^{0} e^{-u^2}\, d u + \sqrt{\pi}\, \frac{2}{\sqrt{\pi}} \int\limits_{0}^{\frac{x}{2\sqrt{\tau}} - \varkappa \sqrt{\tau}} e^{-u^2}\, d u \right]$$

$$= \sqrt{\pi \tau}\, e^{\varkappa^2 \tau} \left[1 + \psi\left(\frac{x}{2\sqrt{\tau}} - \varkappa \sqrt{\tau} \right) \right], \quad . \tag{6.152.1}$$

wobei das Gaußsche Fehlerintegral $\psi(x)$ definiert ist durch

$$\psi(x) = \frac{2}{\sqrt{\pi}} \int\limits_{0}^{x} e^{-u^2}\, d u . \tag{6.152.2}$$

In ähnlicher Weise kann gezeigt werden, daß das zweite Integral in (6.151.1)

$$I_2 = \int\limits_{x}^{\infty} \exp\left(-\varkappa x_0 - \frac{x_0^2}{4\tau} \right) d x_0$$

$$= \sqrt{\pi \tau}\, e^{\varkappa^2 \tau} \left[1 - \psi\left(\frac{x}{2\sqrt{\tau}} + \varkappa \sqrt{\tau} \right) \right]. \tag{6.152.3}$$

Mit (6.152.1) und (6.152.3) folgt für (6.151.1):

$$\Phi(x) = \frac{e^{\varkappa^2 \tau}}{4 \varkappa D} \left\{ e^{-\varkappa x} \left[1 + \psi\left(\frac{x}{2\sqrt{\tau}} - \varkappa \sqrt{\tau} \right) \right] + e^{\varkappa x} \left[1 - \psi\left(\frac{x}{2\sqrt{\tau}} + \varkappa \sqrt{\tau} \right) \right] \right\}. \tag{6.152.4}$$

Dies ist die thermische Flußverteilung in der Umgebung einer durch den Ursprung gehenden ebenen Quelle von schnellen Neutronen.

6.153. Wenn die Quelle an Stelle von schnellen Neutronen thermische emittierte, würde das Alter τ Null sein. Das gleiche ist der Fall, wenn sich die Flußverteilung auf Neutronen derselben Energie wie die Quellneutronen bezieht. Mit anderen Worten, falls nur monoenergetische Neutronen diffundieren, so ist τ Null, und (6.152.4) reduziert sich auf (5.51.3), d. h. auf die Verteilung von monoenergetischen Neutronen um eine unendliche ebene Quelle. Wenn wir $\tau = 0$ setzen, werden beide Fehlerfunktionen und $e^{\varkappa^2 \tau}$ gleich Eins. Daher ist

$$\Phi(x) = \frac{1}{4 \varkappa D} \left(2 e^{-\varkappa x} + 0 \right) = \frac{e^{-\varkappa x}}{2 \varkappa D}. \tag{6.153.1}$$

6.154. Abb. 6.154 bringt zum Vergleich die thermische Flußverteilung in der Umgebung einer ebenen Quelle schneller Neutronen nach (6.152.4) und die Verteilung in der Umgebung einer ebenen Quelle langsamer Neutronen nach (6.153.1). Der relative Fluß ist als Funktion des Abstandes von der Quelle in Einheiten von $\sqrt{\tau + L^2}$ dargestellt, wobei L die Diffusionslänge bedeutet. Eine Kurve bezieht sich auf eine thermische Quelle ($\tau = 0$), die andere auf eine Quelle schneller Neutronen mit $\varkappa^2\,\tau = 0{,}25$. In diesem Fall ist die *Wanderlänge* (§ 7.64) nicht sehr verschieden von der Diffusionslänge für langsame Neutronen. Man erkennt, daß die Flußverteilung für eine ebene Quelle schneller Neutronen in einem unendlich ausgedehnten Bremsmedium in Gebieten, die von der Quelle mehr als etwa drei Wanderlängen entfernt sind, mit der Verteilung für eine ebene Quelle thermischer Neutronen praktisch identisch wird.

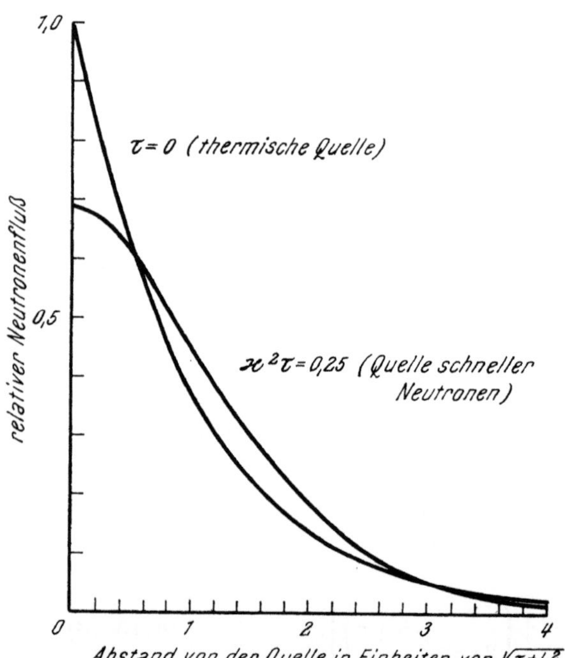

Abb. 6.154. Thermische Flußverteilung in der Umgebung einer ebenen Quelle im unendlichen Medium

Die Altersgleichung bei schwacher Absorption

6.155. Bei der oben gegebenen Herleitung der Fermischen Altersgleichung wurde vorausgesetzt, daß während des Bremsvorgangs keine Neutronen absorbiert werden. Wenn die Absorption nicht stark und der Wirkungsquerschnitt mit der Energie nur schwach veränderlich ist, kann eine modifizierte Alterstheorie zu ziemlich guten Resultaten führen.

6.156. Man betrachte ein Lethargieintervall du, das zwischen u und $u + du$ liegt. Die Zahl der Neutronen, welche, von höheren Energien herkommend, pro cm^3 und sec den Wert u überschreiten, ist gleich der Bremsdichte bei u, d. h. $q\,(u)$. Andrerseits ist die Zahl der Neutronen, die den Wert $u + du$ nach niedrigeren Energien hin überschreiten, gleich $q\,(u + du)$. Der Überschuß der eintretenden Neutronen über diejenigen, die das Lethargieintervall verlassen, ist also $q\,(u) - q\,(u + du)$ oder gleich $-\partial q/\partial u \cdot du$, wenn die Bremsdichte als stetige Funktion der Energie oder der Lethargie behandelt werden kann. Im stationären Zustand werden diese überschüssigen Neutronen einerseits durch die Zahl der austretenden Neutronen $D\,(u)\,\nabla^2\,\Phi\,(u)\,du$ kompensiert, wobei $\Phi\,(u)$ den Fluß pro Lethargieeinheit bedeutet, andrerseits durch die Absorption $\Sigma_a\,\Phi\,(u)\,du$ im Intervall du. Die Gleichung des stationären Zustandes lautet also

$$D\,\nabla^2\,\Phi\,(u) - \Sigma_a\,\Phi\,(u) - \frac{\partial q\,(u)}{\partial u} = 0\,, \qquad (6.156.1)$$

wobei der Faktor du gekürzt worden ist. Der Absorptionsquerschnitt Σ_a bezieht sich nur auf die Absorption von Neutronen während des Bremsvorganges und nicht auf die Absorption im thermischen Bereich.

6.157. Gemäß (6.110.1) ist die Beziehung zwischen dem Fluß pro Lethargie-einheit $\Phi\,(u)$ und der Bremsdichte mit Absorption $q_a(u)$ bei langsam variierendem Einfangquerschnitt gegeben durch

$$\Phi\,(u) = \frac{q_a\,(u)}{\xi\,\Sigma_s + \gamma\,\Sigma_a}\,,$$

wobei Σ_s und Σ_a die makroskopischen Streu- und Absorptionsquerschnitte für Neutronen der Lethargie u sind. Daher kann (6.156.1) in der Form

$$\frac{D}{\xi\,\Sigma_s + \gamma\,\Sigma_a}\,\nabla^2 q_a\,(u) - \frac{\Sigma_a}{\xi\,\Sigma_s + \gamma\,\Sigma_a}\,q_a\,(u) = \frac{\partial\,q_a\,(u)}{\partial\,u} \qquad (6.157.1)$$

geschrieben werden, wobei der Index a bei $q\,(u)$ andeutet, daß es sich um die Brems-dichte mit Absorption handelt. Dabei wurde die Annahme gemacht, daß ξ, Σ_s und Σ_a vom Ort unabhängig sind, was bei homogenen Reaktoren angenähert zutrifft.

6.158. Wie wir in § 6.111 gesehen haben, hängt in einem unendlich aus-gedehnten System die Bremsdichte mit Absorption q_a mit der ohne Absorption, d. h. mit q, angenähert durch

$$q_a = q\,(u)\,\exp\left(-\int_0^u \frac{\Sigma_a}{\xi\,\Sigma_s + \gamma\,\Sigma_a}\,d\,u\right), \qquad (6.158.1)$$

zusammen. Wir setzen (6.158.1) in (6.157.1) ein. Die Differentiation von $q_a(u)$ ergibt zwei Glieder, von denen sich eines gegen das zweite Glied auf der linken Seite weghebt; es bleibt somit

$$\frac{D}{\xi\,\Sigma_s + \gamma\,\Sigma_a}\,\nabla^2 q\,(u) = \frac{\partial q}{\partial u}. \qquad (6.158.2)$$

Wenn wir nun das Alter τ_a für die Bremsung mit Absorption durch

$$\tau_a\,(u) = \int_0^u \frac{D}{\xi\,\Sigma_s + \gamma\,\Sigma_a}\,d\,u \qquad (6.158.3)$$

definieren, reduziert sich (6.158.2) auf

$$\nabla^2 q = \frac{\partial q}{\partial\,\tau_a}. \qquad (6.158.4)$$

Ist die Absorption während der Bremsung ziemlich klein, d. h. ist $(\xi\,\Sigma_s + \gamma\,\Sigma_a)$ nicht sehr verschieden von $\xi\,\Sigma_s$, so geht die Definition (6.158.3) für das Alter mit Absorption in Gl. (6.128.1) über, die das Alter ohne Absorption definiert und Gl. (6.158.4) wird zur Fermi-Gleichung (6.128.2).

6.159. Man bemerkt, daß das Exponentialglied in Gl. (6.158.1) mit der in § 6.111 eingeführten Bremsnutzung $p\,(u)$ identisch ist, so daß man bei schwa-cher Absorption schreiben kann

$$q_a(u) = q\,(u)\cdot p\,(u),$$

wobei $q\,(u)$ die Bremsdichte ohne Absorption ist. Es folgt daher aus dem vorher-gehenden Paragraphen, daß die Bremsdichte mit schwacher Absorption ange-nähert gleich ist der Bremsdichte ohne Absorption (d. h. einer Lösung der Fermi-Gleichung für dieselbe Energie), multipliziert mit der Bremsnutzung bei dieser Energie.

VII. Der homogene thermische Reaktor ohne Reflektor
Die kritische Gleichung

7.1. In den vorhergehenden Kapiteln wurden Diffusion und Bremsung von Neutronen betrachtet, die aus verschiedenen Quellen stammen, ohne daß die Natur dieser Quellen oder die besonderen Eigenschaften des Mediums berücksichtigt wurden. Die Ergebnisse sollen nun speziell auf ein multiplizierendes System — im besonderen auf den homogenen thermischen Reaktor ohne Reflektor — angewendet werden, das aus Brennstoff und Moderator — wie in Kap. IV beschrieben — besteht. In einem System dieser Art werden langsame Neutronen im Brennstoff absorbiert und dadurch Kernspaltungen hervorgerufen. Die dabei freigesetzten schnellen Neutronen werden durch elastische Zusammenstöße mit den Moderatorkernen abgebremst. Während des Bremsvorgangs gehen einige Neutronen durch Absorption und durch Entweichen aus dem System verloren, während die übrigen thermische Energien erlangen. Einige dieser thermischen Neutronen entweichen aus dem Reaktor, während die anderen durch den Brennstoff absorbiert werden, Spaltungen hervorrufen usw.

7.2. Wenn sich ein aus Brennstoff und Moderator bestehendes Multiplikationssystem im stationären Gleichgewicht befindet, d. h. wenn die zeitliche Änderung der Neutronendichte Null und keine äußere Neutronenquelle vorhanden ist, muß eine sich selbst erhaltende Kettenreaktion vor sich gehen. Es werden dann ständig ebensoviele Neutronen durch Spaltung erzeugt, wie durch Absorption und Entweichen verlorengehen. Das System befindet sich dann im *kritischen Zustand.* und der effektive Multiplikationsfaktor ist gleich Eins. Ein stationärer Zustand kann auch in einem subkritischen System aufrecht erhalten werden, wenn der Fehlbetrag zwischen Neutronenabsorption und Entweichen einerseits und der Erzeugung durch Spaltung andrerseits durch eine äußere Neutronenquelle kompensiert wird. Indessen ist ein solches System nicht kritisch im strengen Sinn des Wortes, da sich die Kettenreaktion nicht selbst erhält. Nach Entfernen der äußeren Neutronenquelle klingt die Neutronendichte schnell ab.

7.3. In diesem Kapitel werden wir die Bedingungen formulieren, unter denen ein Reaktor kritisch wird, d. h. eine sich selbst erhaltende Kettenreaktion eintritt. Wenn man eine äußere Neutronenquelle in eine subkritische, aus Moderator und Uran bestehende Anordnung bringt, werden die Quellneutronen infolge der Anwesenheit von spaltbarem Material vervielfacht, d. h. einige der vom Brennstoff eingefangenen Quellneutronen rufen Spaltungen hervor, die ihrerseits weitere Neutronen produzieren usw. Wenn das System subkritisch ist, muß sich ein stationärer Zustand einstellen, sonst würde die Neutronendichte unbegrenzt anwachsen. Das erste Problem besteht in der Berechnung der Neutronenverteilung in einer einfachen Anordnung mit einer äußeren Neutronenquelle. Aus dem Ergebnis werden die Bedingungen, unter welchen die Kettenreaktion selbsterhaltend wird, abgeleitet.

7.4. In diesem Buch wird nur die thermische Neutronenkettenreaktion diskutiert. Wir setzen daher voraus, daß die Zahl der Moderatoratome gegenüber der Zahl der Uranatome genügend groß ist, so daß während des Bremsvorgangs relativ wenige Neutronen absorbiert werden. Weiters soll vorausgesetzt werden, daß die Bremsdichte und daher die Quelle der thermischen Neutronen im System durch die im vorhergehenden Kapitel hergeleitete Fermi-Altersgleichung gegeben wird. Zur Vereinfachung setzen wir schließlich voraus, daß die Spaltneutronen und die von äußeren Quellen herrührenden Neutronen mit der gleichen Energie emittiert werden.

Quellneutronen und Alterstheorie

7.5. Die Diffusionsgleichung (5.35.1) für thermische Neutronen soll in der Gestalt

$$D \nabla^2 \Phi(\mathfrak{r}, t) - \Sigma_a \Phi(\mathfrak{r}, t) + p q(\mathfrak{r}, \tau_{\text{th}}, t) = \frac{1}{v} \cdot \frac{\partial \Phi(\mathfrak{r}, t)}{\partial t} \qquad (7.5.1)$$

geschrieben werden. Dabei bedeutet $\Phi(\mathfrak{r}, t)$ den thermischen Neutronenfluß zu irgendeinem Zeitpunkt t im Punkt $\mathfrak{r}$ und Σ_a den makroskopischen Absorptionsquerschnitt für thermische Neutronen. Der erste Term in (7.5.1) mißt den algebraischen Gewinn[1] durch Diffusion pro cm^3 und sec in einem Volumelement bei $\mathfrak{r}$, der zweite Term stellt den Verlust durch Absorption dar, der dritte ist der Quellterm (vgl. § 7.6). Da $\Phi(r, t)$ gleich $n(\mathfrak{r}, t) v$ ist, wobei v die mittlere Geschwindigkeit der thermischen Neutronen bedeutet, ist die rechte Seite $\partial n(\mathfrak{r}, t)/\partial t$, der Nettozunahme pro cm^3 und sec, äquivalent.

7.6. Die Zahl der äußeren Quellneutronen und der Spaltneutronen, die pro cm^3 und sec thermische Energien erreichen, ist gleich der Bremsdichte bei diesen Energien. Wenn während der Bremsung keine Absorption stattfindet, ist die Bremsdichte gleich $q(\mathfrak{r}, \tau_{\text{th}}, t)$, d. h. einer Lösung der Altersgleichung, wobei τ_{th} das Alter der thermischen Neutronen ist. Wie in § 6.159 gezeigt wurde, kann der schwache Einfang während der Abbremsung angenähert dadurch berücksichtigt werden, daß man $q(\mathfrak{r}, \tau_{\text{th}}, t)$ mit der Bremsnutzung multipliziert. Die gesuchte Bremsdichte, d. h. der Quellterm für thermische Neutronen in (7.5.1), ist durch $p q(\mathfrak{r}, \tau_{\text{th}}, t)$ gegeben, wobei p die Bremsnutzung bei Bremsung von der Spaltungsenergie auf thermische Energie bedeutet.

7.7. Die Bremsdichte $q(\mathfrak{r}, \tau_{\text{th}}, t)$ kann durch Lösung der Altersgleichung

$$\nabla^2 q(\mathfrak{r}, \tau, t) = \frac{\partial q(\mathfrak{r}, \tau, t)}{\partial \tau} \qquad (7.7.1)$$

erhalten werden. Dabei sind die entsprechenden Anfangs- und Randbedingungen zu berücksichtigen. Eine „Anfangsbedingung" ergibt sich aus der Bremsdichte der Quellneutronen. Diese Bremsdichte wird durch $q(\mathfrak{r}, 0, t)$ dargestellt, da das Alter dieser Neutronen Null ist[2]. Man kann auf Grund der Definitionen in § 4.57 ff. (s. Abb. 7.33) zeigen, daß für jedes absorbierte thermische Neutron $f \eta \varepsilon$ schnelle (Spalt-)Neutronen erzeugt werden, wobei f die thermische Nutzung, η die mittlere Zahl der Spaltneutronen für jedes im Brennstoff eingefangene Neutron und ε den Neutronen-Schnellspaltfaktor bedeuten. Da der unendliche Multiplikationsfaktor k_∞ nach Definition gleich $f \eta \varepsilon p$ ist [s. (4.61.1)], folgt, daß k_∞/p die Zahl der schnellen Neutronen darstellt, welche für den Bremsprozeß zur Verfügung stehen, und zwar für jedes absorbierte thermische Neutron. Die gesamte Zahl der thermischen Neutronen, die pro cm^3 und sec absorbiert werden, ist $\Sigma_a \Phi(\mathfrak{r}, t)$ und durch das zweite Glied in (7.5.1) gegeben. Pro cm^3 und sec werden also insgesamt $(k_\infty/p) \Sigma_a \Phi$ schnelle Spaltneutronen erzeugt. Diese

---

[1] Da $\nabla^2 \Phi$ bei einem Reaktor immer negativ ist, ist der algebraische Gewinn in Wirklichkeit ein numerischer Verlust von Neutronen und stellt das Entweichen durch Diffusion dar (s. § 5.34).

[2] In Wirklichkeit haben die Spaltneutronen ein Energiespektrum, wie in § 4.7 bemerkt wurde. Hier setzen wir voraus, daß alle diese Neutronen mit der gleichen durchschnittlichen Energie entstehen, von der aus sie stetig auf eine mittlere thermische Energie gebremst werden.

Größe, vermehrt um die äußere Quelle $Q\,(\mathfrak{r})$, muß gleich der Bremsdichte bei der Energie der Spaltneutronen (oder der äußeren Quellneutronen) sein:

$$q\,(\mathfrak{r},0,t) = \frac{k_\infty}{p}\,\Sigma_a\,\Phi\,(\mathfrak{r},t) + Q\,(\mathfrak{r}). \qquad (7.7.2)$$

Dies ist die Kopplungsbedingung zwischen der thermischen Diffusionsgleichung und der Altersgleichung.

7.8. Die Bremsdichte hängt auch von der Zeit ab. Die Bremszeiten sind jedoch gewöhnlich klein im Vergleich zu den Diffusionszeiten (s. Tab. 6.147). Die Änderung von $q\,(\mathfrak{r},\tau,t)$ mit der Zeit kann daher für alle Werte von τ so betrachtet werden, als ob sie nur von der zeitlichen Änderung des thermischen Flusses (7.5.1) herrühren würde.

7.9. Weitere Randbedingungen für (7.7.1) ergeben sich aus dem Fluß und aus der Bremsdichte an der Grenzfläche. Die Randbedingung für den Fluß verlangt, daß der Fluß in einer Entfernung von $0,71\,\lambda_t$ außerhalb der physikalischen Grenzfläche verschwindet (§ 5.40). Wenn sich λ_t mit der Energie nicht ändert, verschwindet auch die Bremsdichte an der gleichen Grenzfläche. Zur Vereinfachung werde angenommen, daß die Extrapolationsdistanz unabhängig von der Energie ist, so daß

$$\left.\begin{array}{r} \Phi = 0 \\ q = 0 \end{array}\right\} \text{ an der extrapolierten Begrenzung.} \qquad (7.9.1)$$

Bei großen thermischen Reaktoren ist die Extrapolationsdistanz $0,71\,\lambda_t$ klein im Vergleich mit den Dimensionen des Systems. Die Resultate, die man unter der Annahme einer von der Energie unabhängigen Extrapolationsdistanz erhält, unterscheiden sich in diesem Falle nur wenig von den Ergebnissen einer strengen Rechnung.

7.10. Da $q\,(\mathfrak{r},\tau,t)$ im allgemeinen eine Funktion der räumlichen Koordinaten $\mathfrak{r}$, des Alters τ und der Zeit ist, kann eine Lösung von (7.7.1) durch Separation dieser Variablen gesucht werden. Man schreibt

$$q\,(\mathfrak{r},\tau,t) = R\,(\mathfrak{r})\,\Theta\,(\tau)\,T\,(t), \qquad (7.10.1)$$

wobei $R\,(\mathfrak{r})$, $\Theta\,(\tau)$ und $T\,(t)$ Funktionen der räumlichen Koordinaten, des Alters bzw. der Zeit allein sind. Wenn man (7.10.1) in (7.7.1) einsetzt, erhält man

$$\frac{\nabla^2 R\,(\mathfrak{r})}{R\,(\mathfrak{r})} = \frac{1}{\Theta\,(\tau)} \cdot \frac{d\,\Theta\,(\tau)}{d\,\tau}. \qquad (7.10.2)$$

Da die linke Seite nur von $\mathfrak{r}$, die rechte Seite nur von τ abhängt, müssen beide Seiten gleich einer Konstanten sein, also

$$\frac{\nabla^2 R\,(\mathfrak{r})}{R\,(\mathfrak{r})} = -B^2$$

oder

$$\nabla^2 R\,(\mathfrak{r}) + B^2\,R\,(\mathfrak{r}) = 0 \qquad (7.10.3)$$

und

$$\frac{1}{\Theta\,(\tau)} \cdot \frac{d\,\Theta\,(\tau)}{d\,\tau} = -B^2. \qquad (7.10.4)$$

Die Lösung von (7.10.4) ist

$$\Theta\,(\tau) = A\,e^{-B^2\tau}, \qquad (7.10.5)$$

wobei B eine reelle Zahl sein muß, damit der physikalischen Bedingung genüge getan ist, daß die Bremsdichte q ($\mathfrak{r}$, τ, t) mit dem Neutronenalter nicht anwachsen kann.

Der Übergang zum kritischen Zustand

7.11. Wir betrachten nun (7.10.3). Der Einfachheit halber setzen wir zunächst voraus, daß das Brennstoff-Moderator-System die Gestalt einer Kugel vom Radius a hat, wobei die Extrapolationsdistanz mit eingeschlossen sei (der geometrische Kugelradius ist also $a - 0{,}71\,\lambda_t$). Innerhalb der Kugel seien symmetrisch zum Kugelmittelpunkt „äußere" Neutronenquellen verteilt. Als Spezialfall kann z. B. im Kugelmittelpunkt eine punktförmige Neutronenquelle angenommen werden (Abb. 7.11). Wenn der Koordinatenursprung in den Kugelmittelpunkt verlegt wird, hängt die räumliche Verteilung der Bremsdichte (und des Flusses) nur von der radialen Koordinate r ab. In (7.10.3) kann so R ($\mathfrak{r}$) $= R$ (x, y, z) durch R (r) ersetzt werden, und (7.10.3) wird

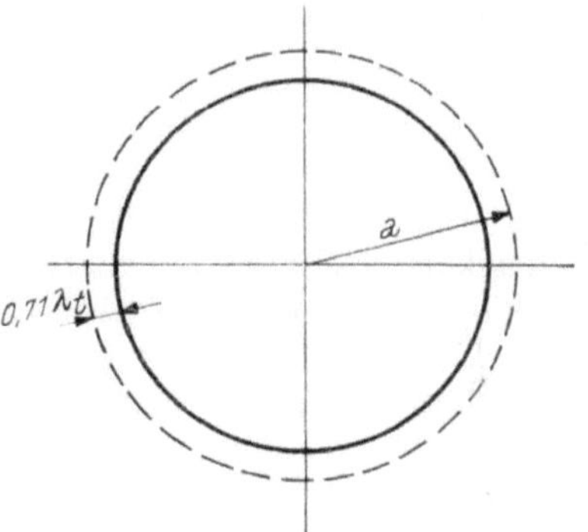

Abb. 7.11. Nackter, homogener Kugelreaktor

$$\frac{d^2 R}{d r^2} + \frac{2}{r} \cdot \frac{d R}{d r} + B^2 R = 0 . \qquad (7.11.1)$$

7.12. Man weist leicht nach, daß Gl. (7.11.1) in der Gestalt

$$\frac{d^2}{d r^2} (r R) + B^2 (r R) = 0 \qquad (7.12.1)$$

geschrieben werden kann. Diese Gleichung hat die Lösung

$$R (r) = \frac{1}{r} (A \sin B r + C \cos B r) , \qquad (7.12.2)$$

wobei A und C Integrationskonstanten sind. Da der Fluß und damit auch R (r) für den Kugelmittelpunkt $r = 0$ endlich bleiben muß, folgt $C = 0$. Aus der Randbedingung R (a) $= 0$, d. h. aus

$$A \sin B a = 0,$$

folgen für B die Werte

$$B_n = \frac{n \pi}{a} , \quad n = 1, 2, 3, \ldots, \qquad (7.12.3)$$

wobei n eine beliebige ganze Zahl darstellt. Die zu (7.12.3) gehörigen Lösungen lauten also

$$R_n = \frac{1}{r} \sin \frac{n \pi}{a} r , \qquad (7.12.4)$$

wobei $R_n (r)$ noch mit einer willkürlichen Konstante A_n multipliziert werden kann.

Die Werte B_n^2 stellen die „Eigenwerte" des Problems dar, wobei jedem B_n-Wert eine Eigenfunktion $R_n(r)$ nach (7.12.4) entspricht. Für die Eigenwerte gilt $B_1^2 < B_2^2 < B_3^2 < \ldots$, d. h. B_1^2 ist der kleinste Eigenwert.

7.13. Die vollständige Lösung von (7.7.1) ergibt sich nach (7.10.1) und (7.10.5), indem man jede Einzellösung

$$q_n(r, \tau, t) = R_n(\mathfrak{r}) e^{-B_n^2 \tau} T_n(t)$$

von (7.7.1) mit einer willkürlichen Konstanten A_n multipliziert und summiert:

$$q(\mathfrak{r}, \tau, t) = \sum_{n=1}^{\infty} A_n q_n = \sum_{n=1}^{\infty} A_n R_n(\mathfrak{r}) e^{-B_n^2 \tau} T_n(t). \qquad (7.13.1)$$

Für den Kugelreaktor ergibt sich also nach (7.12.4):

$$q(r, \tau, t) = \frac{1}{r} \sum_{n=1}^{\infty} A_n \sin B_n r \cdot e^{-B_n^2 \tau} T_n(t). \qquad (7.13.2)$$

Eine Entwicklung der Form (7.13.1) für die Bremsdichte gilt auch in einem nackten Reaktor von beliebiger Gestalt. Ist nämlich $\mathfrak{r} = \mathfrak{r}_G$ die Gleichung der extrapolierten Grenzfläche (Abb. 7.11), so läßt sich allgemein zeigen, daß die Randbedingung $\Phi(\mathfrak{r}_G) = 0$ nur für gewisse Werte B_n^2 des Parameters B^2, die sogenannten „Eigenwerte", erfüllt werden kann. Diese bilden eine diskrete Reihe von zunehmenden positiven Werten $B_1^2 < B_2^2 < \ldots$ Die zum Eigenwert B_n^2 gehörende Lösung heißt die n-te Eigenfunktion.

Wenn wir das Produkt zweier verschiedener Eigenfunktionen (7.12.4) des Kugelreaktors über das Kugelvolumen integrieren, erhalten wir

$$\int_0^a R_n(r) R_m(r) \cdot 4\pi r^2 dr = 4\pi \int_0^a \sin \frac{n\pi r}{a} \sin \frac{m\pi r}{a} dr = 0 \quad \text{für } n \neq m. \qquad (7.13.3)$$

Man nennt (7.13.3) die Orthogonalitätsbeziehung und sagt: Zwei zu verschiedenen Eigenwerten gehörende Eigenfunktionen sind zueinander orthogonal.

Auch diese Tatsache gilt allgemein für die Eigenfunktionen eines nackten Reaktors von beliebiger Gestalt. Die beiden Eigenfunktionen genügen nämlich den Gleichungen

$$\nabla^2 R_n(\mathfrak{r}) + B_n^2 R_n(\mathfrak{r}) = 0$$

und

$$\nabla^2 R_m(\mathfrak{r}) + B_m^2 R_m(\mathfrak{r}) = 0.$$

Wenn man die erste Gleichung mit $R_m(\mathfrak{r})$, die zweite Gleichung mit $R_n(\mathfrak{r})$ multipliziert, beide Gleichungen voneinander subtrahiert und über das von der extrapolierten Grenzfläche eingeschlossene Reaktorvolumen integriert, erhält man

$$\int_{\text{Reaktor}} (R_m \nabla^2 R_n - R_n \nabla^2 R_m) \, dV + (B_n^2 - B_m^2) \int_{\text{Reaktor}} R_n R_m \, dV = 0. \qquad (7.13.4)$$

Nun läßt sich nach dem Greenschen Satz das erste Volumintegral in ein Oberflächenintegral über die extrapolierte Reaktoroberfläche verwandeln:

$$\int_{\text{Reaktorvol.}} (R_m \nabla^2 R_n - R_n \nabla^2 R_m) \, dV = \int_{\text{Reaktoroberfl.}} (R_m \, \text{grad} \, R_n - R_n \, \text{grad} \, R_m) \, d\mathfrak{f}.$$

Da die Eigenfunktionen R_n und R_m definitionsgemäß an der extrapolierten Grenzfläche verschwinden, ist also das erste Integral in (7.13.4) gleich Null, und es gilt

$$(B_n^2 - B_m^2) \int_{\text{Reaktor}} R_n R_m \, dV = 0, \qquad (7.13.5)$$

was für $B_n{}^2 \neq B_m{}^2$ die Orthogonalität der Eigenfunktionen zum Ausdruck bringt.

7.14. Die äußere Neutronenquelle kann nun in eine Orthogonalreihe, d. h. in eine Reihe nach den Eigenfunktionen $R_n(\mathfrak{r})$, entwickelt werden:

$$Q(\mathfrak{r}) = \sum_{n=1}^{\infty} Q_n R_n(\mathfrak{r}). \qquad (7.14.1)$$

Multipliziert man nämlich beiderseits mit R_m und integriert man über das Reaktorvolumen, so folgt wegen (7.13.5)

$$\int\limits_{\text{Reaktor}} Q(\mathfrak{r}) R_m(\mathfrak{r}) \, dV = \sum_{n=1}^{\infty} Q_n \int\limits_{\text{Reaktor}} R_n R_m \, dV = Q_m \int\limits_{\text{Reaktor}} R_m{}^2 \, dV,$$

so daß die Entwicklungskoeffizienten Q_m aus der gegebenen Quellenverteilung $Q(\mathfrak{r})$ durch

$$Q_m = \left(\int\limits_{\text{Reaktor}} R_m{}^2 \, dV \right)^{-1} \cdot \int\limits_{\text{Reaktor}} Q(\mathfrak{r}) R_m(\mathfrak{r}) \, dV \qquad (7.14.2)$$

bestimmt werden können. Für den Fall des Kugelreaktors wird nach (7.12.4)

$$Q_m = \frac{\displaystyle\int_0^a r \, Q(r) \sin\frac{m \pi r}{a} \, dr}{\displaystyle\int_0^a \sin^2\frac{m \pi r}{a} \, dr} = \frac{2}{a} \int_0^a Q(r) \, r \sin\frac{m \pi r}{a} \, dr, \quad m = 1, 2, \ldots \qquad (7.14.3)$$

Setzt man (7.13.1) und (7.14.1) in die Kopplungsgleichung (7.7.2) ein, so erhält man für den Neutronenfluß die Entwicklung

$$\Phi(\mathfrak{r}, t) = \frac{p}{k_\infty \Sigma_a} \sum_{n=1}^{\infty} [A_n T_n(t) - Q_n] R_n(\mathfrak{r}), \qquad (7.14.4)$$

wobei speziell für den Kugelreaktor R_n durch (7.12.4) gegeben ist.

7.15. Die Gln. (7.14.4) und (7.13.1) werden nun in die thermische Diffusionsgleichung (7.5.1) eingesetzt. Wenn man den Ausdruck $\nabla^2 R_n$ nach (7.10.3) durch $-B_n{}^2 R_n$ ersetzt, ergibt sich nach Kürzung durch p

$$\sum_{n=1}^{\infty} \left[-\frac{1}{k_\infty \Sigma_a} (A_n T_n - Q_n)(D B_n{}^2 + \Sigma_a) + A_n e^{-B_n{}^2 \tau_{\text{th}}} T_n \right] R_n =$$

$$= \sum_{n=1}^{\infty} \frac{1}{v \, k_\infty \Sigma_a} A_n \frac{d T_n}{dt} R_n. \qquad (7.15.1)$$

Die Funktionen R_n ($n = 1, 2, \ldots$) sind nun voneinander linear unabhängig. Es müssen daher die Koeffizienten jeder Funktion R_n in den Summen auf beiden Seiten gleich sein. Man kann dies auch direkt aus der Orthogonalität der Eigenfunktionen R_n erschließen. Multipliziert man nämlich auf beiden Seiten mit R_m und integriert über das Reaktorvolumen, so bleiben wegen (7.13.5) allein die beiden Koeffizienten von R_m auf beiden Seiten übrig, die somit gleich sein müssen. Es ist also (wenn wir wieder n statt m schreiben)

$$-\frac{1}{k_\infty} \cdot \left(\frac{D\,B_n{}^2}{\Sigma_a} + 1\right) \cdot (A_n\,T_n - Q_n) + A_n\,e^{-B_n{}^2\,\tau_{\mathrm{th}}}\,T_n =$$

$$= \frac{1}{v\,k_\infty\,\Sigma_a} \cdot A_n \cdot \frac{d\,T_n}{d\,t}. \qquad (7.15.2)$$

7.16. Die Diffusionslänge L der thermischen Neutronen ist durch $L^2 = D/\Sigma_a$ (§ 5.64) definiert, und $1/v\,\Sigma_a$ ist gleich der mittleren Lebenszeit l_0 der thermischen Neutronen in einem unendlich ausgedehnten Medium (§ 6.148). Gl. (7.15.2) kann so auf

$$\frac{d\,T_n(t)}{dt} = \frac{k_\infty\,e^{-B_n{}^2\,\tau_{\mathrm{th}}} - (1 + L^2\,B_n{}^2)}{l_0} \cdot T_n(t) + \frac{(1 + L^2\,B_n{}^2)\,Q_n}{l_0\,A_n} \qquad (7.16.1)$$

reduziert werden. Wenn man die Größen k_n und l_n durch

$$k_n = \frac{k_\infty\,e^{-B_n{}^2\,\tau_{\mathrm{th}}}}{1 + L^2\,B_n{}^2} \qquad (7.16.2)$$

und

$$l_n = \frac{l_0}{1 + L^2\,B_n{}^2}$$

definiert, wird (7.16.1)

$$\frac{d\,T_n(t)}{dt} = \frac{k_n - 1}{l_n}\,T_n(t) + \frac{Q_n}{A_n\,l_n}. \qquad (7.16.3)$$

7.17. Die Lösung von (7.16.3) ist

$$T_n(t) = e^{(k_n - 1)\cdot t/l_n} + \frac{Q_n}{A_n\,(1 - k_n)}$$

und der thermische Fluß wird nach (7.14.4) und (7.12.4)

$$\Phi(\mathfrak{r}, t) = \frac{p}{k_\infty\,\Sigma_a} \cdot \frac{1}{r} \sum_{n=1}^{\infty} \left[A_n\,e^{(k_n - 1)\cdot t/l_n} + \frac{k_n\,Q_n}{1 - k_n}\right] \sin\frac{n\,\pi\,r}{a}. \qquad (7.17.1)$$

Der zweite Term in der Klammer mit Q_n stellt den Beitrag der äußeren Quelle zum thermischen Neutronenfluß dar. Der erste Term ist dann der Beitrag des Brennstoff-Moderator-Systems.

7.18. Die Bedingung dafür, daß ein gegebenes multiplizierendes System kritisch wird, läßt sich aus (7.17.1) herleiten. Man erkennt aus (7.12.13), daß bei Zunahme des Kugelradius der Wert von $B_n{}^2$ für ein gegebenes n abnimmt und daher das durch (7.16.2) definierte k_n entsprechend zunimmt. Solange die Dimensionen so sind, daß k_n für alle B_n kleiner als Eins ist, muß $k_n - 1$ negativ sein. Das erste Glied in der Klammer in (7.17.1) nimmt dann exponentiell mit der Zeit ab. Der einzige Weg, einen stationären Zustand aufrechtzuerhalten (bei dem der thermische Neutronenfluß konstant bleibt), besteht im Einbringen einer äußeren Quelle. Nach kurzer Zeit wird der exponentielle Teil praktisch Null und der Fluß durch das konstante zweite Glied in (7.17.1) bestimmt. Ein

Brennstoff-Moderatorsystem dieser Art ist subkritisch und die Kettenreaktion nicht selbsterhaltend.

7.19. Wenn die Größe des Brennstoff-Moderator-Systems zunimmt, werden die B_n kleiner, und es wird ein Punkt erreicht, wo der niedrigste B_n-Wert, nämlich B_1, gerade so groß ist, daß k_1 exakt gleich Eins ist. Da B_1 der niedrigste Eigenwert ist, muß k_1 größer sein als alle anderen möglichen Werte von k_n. Mit $k_1 = 1$ wird der erste Term in (7.17.1) konstant, während das zweite Glied unendlich wird, wenn eine äußere Quelle vorhanden ist. Soll daher ein stationärer Zustand verwirklicht werden, muß diese Quelle entfernt werden. Wenn das geschehen ist, wird die Kettenreaktion im Brennstoff-Moderator-System aufrechterhalten bleiben. Der thermische Neutronenfluß bleibt dann bei Abwesenheit der äußeren Quelle konstant.

Die kritische Bedingung

7.20. Die *kritische Gleichung* formuliert die Bedingung für eine sich selbst erhaltende Reaktion. Sie lautet nach (7.16.2):

$$k_1 = \frac{k_\infty \, e^{-B_1^2 \tau_{\text{th}}}}{1 + L^2 B_1^2} = 1 \, . \tag{7.20.1}$$

Eine gegebene Anordnung von Brennstoff und Moderator ist kritisch, d. h. fähig, eine sich selbst erhaltende Reaktion zu liefern, wenn die Dimensionen gerade so groß sind, daß der niedrigste Eigenwert B_1 der kritischen Gl. (7.20.1) genügt.

7.21. Wie oben festgestellt wurde, hat k_1 unter allen k_n den größten Wert. Alle anderen k_n müssen daher kleiner als Eins sein. Da die Ausdrücke $(k_n - 1)$ für $n \neq 1$ negativ sind, müssen die zeitabhängigen Glieder in (7.17.1) mit der Zeit exponentiell abfallen und beim exakt stationären Reaktor Null sein. Wenn der Reaktor kritisch ist, reduzieren sich daher die Reihenentwicklungen für den Fluß in (7.17.1) und für die Bremsdichte in (7.13.2) auf ein einziges Glied, nämlich auf das mit $n = 1$.

7.22. Beim oben betrachteten Kugelreaktor ist also im stationären (kritischen) Zustand:

$$\Phi(\mathfrak{r}) = \frac{p}{k_\infty \Sigma_a} \cdot \frac{A}{r} \sin \frac{\pi r}{a} \tag{7.22.1}$$

und

$$q(\mathfrak{r}, \tau_{\text{th}}) = \frac{A}{r} e^{-B^2 \tau_{\text{th}}} \sin \frac{\pi r}{a} \, . \tag{7.22.2}$$

Für den kleinsten und allein maßgebenden Eigenwert B_1^2 ist dabei B^2 geschrieben worden. Die Variable t wurde weggelassen, da der Fluß und die Bremsdichte im stationären Zustand von der Zeit unabhängig sind. Nach (7.22.1) und (7.22.2) ist

$$q(\mathfrak{r}, \tau_{\text{th}}) = \frac{k_\infty}{p} \Sigma_a \Phi(\mathfrak{r}) \, e^{-B^2 \tau_{\text{th}}} , \tag{7.22.3}$$

so daß also die Bremsdichte für thermische Neutronen überall zum thermischen Neutronenfluß proportional ist, da k_∞, p und Σ_a für Neutronen von bestimmter Energie[1] konstant sind. Obwohl diese Beziehung für einen Kugelreaktor her-

---

[1] Es wird angenommen, daß sowohl k_∞ als auch p in allen Punkten des Systems gleiche Werte haben.

geleitet worden ist, ist sie — wie aus der Herleitung hervorgeht — unabhängig von der Gestalt der Anordnung. Sie gilt für jede sich selbst erhaltende Kettenreaktion, also für jedes kritische System, in welchem die thermische Neutronenquelle durch die Alterstheorie bestimmt ist[1].

Materielle und geometrische Flußwölbung

7.23. Da der thermische Neutronenfluß überall zur Bremsdichte proportional ist, genügt auch er in einem kritischen System der Wellengleichung (7.10.3), d. h.

$$\nabla^2 \Phi (\mathfrak{r}) + B^2 \Phi (\mathfrak{r}) = 0 . \qquad (7.23.1)$$

B^2, die sogenannte *Flußwölbung*[2], ist der kleinste Eigenwert $B_1{}^2$ der Wellengleichung für den kritischen Reaktor, wenn der Fluß an der extrapolierten Grenzfläche Null ist. Die kritische Gleichung für einen nackten, homogenen Reaktor lautet also

$$\frac{k_\infty \, e^{-B^2 \tau_{\text{th}}}}{1 + L^2 B^2} = 1, \qquad (7.23.2)$$

vorausgesetzt, daß das Modell der stetigen Bremsung (Fermi-Alter) anwendbar ist. Da k_∞ dimensionslos ist und sowohl τ wie auch L^2 die Dimension eines Längenquadrats haben, hat die Flußwölbung die Dimension einer reziproken Fläche.

7.24. Es ist zweckmäßig, zwischen zwei Arten von Flußwölbungen zu unterscheiden. Die *materielle Flußwölbung* $B_m{}^2$ ist der Wert von B^2, welcher der kritischen, transzendenten Gl. (7.23.2) genügt, so daß im *kritischen* Reaktor die räumliche Flußverteilung durch

$$\nabla^2 \Phi (\mathfrak{r}) + B_m{}^2 \Phi (\mathfrak{r}) = 0 \qquad (7.24.1)$$

gegeben ist. Man erkennt aus (7.23.2), daß die materielle Flußwölbung eine spezifische Eigenschaft des multiplizierenden Mittels ist; ihr Wert hängt nur von k_∞, τ und L^2 ab, die durch das Material und die Zusammensetzung des Mittels bestimmt sind. Die *geometrische* Flußwölbung $B_g{}^2$ andererseits ist als der kleinste Eigenwert definiert, der sich aus der Lösung der Wellengleichung

$$\nabla^2 \Phi (\mathfrak{r}) + B_g{}^2 \Phi (\mathfrak{r}) = 0 \qquad (7.24.2)$$

ergibt, wenn man als Grenzbedingung verlangt, daß $\Phi (\mathfrak{r})$ an der extrapolierten Grenzfläche des Systems verschwindet. Wie sich aus § 7.11 und 7.12 ergibt und wie später noch genauer gezeigt werden wird, ist der kleinste Eigenwert $B_g{}^2$ nur von der Geometrie, d. h. von Gestalt und Größe des betrachteten Systems, abhängig.

7.25. Den Unterschied zwischen materieller und geometrischer Flußwölbung erkennt man aus (7.24.1) und (7.24.2). Die Lösung von (7.24.1) mit einem einzigen, durch (7.23.2) bestimmten Wert von $B_m{}^2$ gibt den thermischen

---

[1] Die Proportionalität von $q (\mathfrak{r}, \tau_{\text{th}})$ und $\Phi (\mathfrak{r})$ ist sehr wichtig, da dadurch das Eigenwertproblem für den stationären Zustand in Verbindung mit der Bedingung vom verschwindenden Fluß an der Grenzfläche selbstadjungiert wird. Die Eigenfunktionen des Systems bilden dann ein vollständiges Orthogonalsystem über das Reaktorvolumen einschließlich der Extrapolationsdistanz. Das vereinfacht die Störungstheorie für nackte, homogene Reaktoren beträchtlich (Kap. XIII).

[2] Der Name „buckling" wurde von J. A. WHEELER vorgeschlagen, da $B^2 = = - \nabla^2 \Phi (\mathfrak{r})/\Phi (\mathfrak{r})$ ein Maß für die Krümmung (Wölbung = Buckelung) des Neutronenflusses in irgendeinem Punkt $\mathfrak{r}$ im kritischen Reaktor ist.

Neutronenfluß $\Phi(r)$ im Punkt r des kritischen Reaktors. Wenn das System nicht kritisch ist, erhält man aus (7.24.2) den thermischen Fluß genau so wie in (7.14.4) oder (7.17.1) als eine Summe von Gliedern, die alle Eigenwerte von (7.24.2) enthält. Für ein kritisches (oder fast kritisches) System fallen alle Glieder außer dem ersten weg, und die Flußverteilung kann dann mit Hilfe des kleinsten Eigenwertes von (7.24.2) allein ausgedrückt werden. Unter diesen Umständen werden (7.24.1) und (7.24.2) identisch, so daß die kritische Bedingung in der Form

$$B_g{}^2 = B_m{}^2 \qquad (7.25.1)$$

geschrieben werden kann. Mit anderen Worten, die geometrische Flußwölbung $B_g{}^2$ eines *kritischen* Systems von bestimmter Gestalt ist gleich der materiellen Flußwölbung $B_m{}^2$ für das gegebene multiplizierende Medium. Wir werden unten sehen, daß die geometrische Flußwölbung zu den Dimensionen des Systems verkehrt proportional ist [vgl. (7.12.3)]. Wenn daher $B_g{}^2$ kleiner als $B_m{}^2$ ist, ist der Reaktor größer als sein kritisches Volumen, und das System ist überkritisch. Wenn aber $B_g{}^2$ größer als $B_m{}^2$ ist, dann ist das System unterkritisch.

7.26. Wenn die Geometrie eines Reaktors vorgeschrieben ist, liegt der Wert der geometrischen Flußwölbung $B_g{}^2$ fest (§ 7.36 ff.). Wenn $B_g{}^2$ gleich B^2 in (7.23.2) gesetzt wird, ist es möglich, jene Zusammensetzung von Brennstoff und Moderator zu bestimmen, die den Reaktor kritisch macht, da k_∞, τ und L^2 Eigenschaften des Materials und seiner Mischungsverhältnisse sind (§ 7.65 ff.). Wenn umgekehrt die Zusammensetzung des multiplizierenden Mediums gegeben ist, so daß k_∞, τ und L^2 bekannt sind, kann die Flußwölbung B^2 aus (7.23.2) errechnet werden. Wenn B^2 dann mit der geometrischen Flußwölbung $B_g{}^2$ gleichgesetzt wird, kann die Größe des kritischen Reaktors für die gewünschte Gestalt bestimmt werden.

7.27. In § 4.71 haben wir gesehen, daß ein Reaktor kritisch ist, wenn der effektive Multiplikationsfaktor Eins wird. Im Hinblick auf die kritische Gl. (7.20.1), worin B^2 der niedrigste Eigenwert und daher gleich der geometrischen Flußwölbung ist, kann der effektive Multiplikationsfaktor durch

$$k = \frac{k_\infty\, e^{-B_g{}^2 \tau}}{1 + L^2 B_g{}^2} \qquad (7.27.1)$$

definiert werden. Wenn der Reaktor kritisch ist, dann ist $B_g{}^2$ gleich $B_m{}^2$, und die rechte Seite von (7.27.1) wird identisch mit der linken Seite von (7.23.2); k ist dann, wie verlangt, gleich Eins. In einem unterkritischen System ist k kleiner als Eins, weil der Reaktor kleiner als das kritische Volumen, d. h. $B_g{}^2$ größer als der kritische Wert $B_m{}^2$ für das gegebene multiplizierende System ist. Ähnlich wird — wie oben festgestellt wurde — ein Reaktor überkritisch sein, wenn seine Abmessungen so groß sind, daß $B_g{}^2$ kleiner als $B_m{}^2$ ist. Es folgt dann aus (7.27.1), daß k größer als Eins ist.

Neutronengleichgewicht in einem thermischen Reaktor

7.28. Bevor wir in der Herleitung der Beziehung zwischen der geometrischen Flußwölbung und der Größe und Gestalt des thermischen Reaktors fortfahren, wollen wir die Bedeutung der Größen in der „kritischen Gleichung" (7.23.2) betrachten. Für einen unendlich großen Reaktor lautet die kritische Bedingung $k_\infty = 1$ (§ 4.47). Mit dem Modell der stetigen Bremsung (Fermi) werden zwei Faktoren, $e^{-B^2\tau}$ und $(1 + L^2 B^2)^{-1}$, eingeführt. Sie berücksichtigen die Tatsache, daß der Reaktor endlich ist und daß daher Sickerverluste auftreten.

7.29. Wie wir oben gesehen haben, ist die Zahl der thermischen Neutronen, die pro cm^3 und sec absorbiert werden, gleich $\Sigma_a \, \Phi \, (\mathfrak{r})$. Nach Definition ist k_∞ die mittlere Zahl der thermischen Neutronen, die in einem unendlichen Medium erzeugt werden, bezogen auf ein absorbiertes Neutron der vorhergehenden Generation. Wenn daher der Reaktor unendlich groß wäre und keine Sickerverluste während des Bremsvorgangs aufträten, würde die Dichte der Quellneutronen gleich $(k_\infty/p) \, \Sigma_a \, \Phi \, (\mathfrak{r})$ sein. Die Zahl der pro cm^3 und sec thermalisierten Neutronen ist nach § 7.6 gleich $p \, q \, (\mathfrak{r}, \, \tau_{\text{th}})$, und aus (7.22.3) erkennt man, daß dies gleich $k_\infty \, \Sigma_a \, \Phi \, (\mathfrak{r}) \, e^{-B^2 \tau}$ ist. Der Faktor $e^{-B^2 \tau}$ ist also die Wahrscheinlichkeit dafür, daß die schnellen Neutronen während des Bremsens nicht aus dem endlichen Reaktor entweichen. Mit anderen Worten, $e^{-B^2 \tau}$ ist der Verbleibfaktor (die Nichtentweich-Wahrscheinlichkeit) der Neutronen während der Bremsung[1].

7.30. Der algebraische Diffusionsgewinn an thermischen Neutronen pro cm^3 und sec in einem Volumelement beim Punkt $\mathfrak{r}$ ist nach (7.5.1) durch $D \, \nabla^2 \, \Phi \, (\mathfrak{r})$ gegeben. Der Verlustbetrag, d. h. die Zahl der Neutronen, die pro cm^3 und sec entweichen, ist daher gleich $- D \, \nabla^2 \, \Phi \, (\mathfrak{r})$ in Übereinstimmung mit (5.31.1). Da $- D \, \nabla^2 \, \Phi \, (\mathfrak{r})$ gleich $D \, B^2 \, \Phi \, (\mathfrak{r})$ ist, wobei D, B^2 und $\Phi \, (\mathfrak{r})$ durchwegs positive Größen sind, folgt, daß die tatsächliche Zahl der thermischen Neutronen, die aus einem Volumelement des Reaktors pro cm^3 und sec entweichen, gleich $D \, B^2 \Phi \, (\mathfrak{r})$ ist. Die Zahl der thermischen Neutronen, die pro cm^3 und sec absorbiert werden, ist $\Sigma_a \, \Phi \, (\mathfrak{r})$; das Verhältnis der Zahl der entweichenden zu der der absorbierten thermischen Neutronen ist in jedem Punkt des Reaktors gegeben durch

$$\frac{\text{Thermische Sickerverluste}}{\text{Thermische Absorption}} = \frac{D \, B^2 \, \Phi \, (\mathfrak{r})}{\Sigma_a \, \Phi \, (\mathfrak{r})} = L^2 B^2, \qquad (7.30.1)$$

da, wie wir oben gesehen haben, D/Σ_a gleich L^2 ist. Man erhält den Bruchteil der thermischen Neutronen, die absorbiert werden, indem man beiderseits von (7.30.1) Eins addiert und zum reziproken Wert übergeht:

$$\frac{\text{Thermische Absorption}}{\text{Thermische Absorption} + \text{Thermische Sickerverluste}} = \frac{1}{1 + L^2 B^2} . \qquad (7.30.2)$$

Der Ausdruck $1/(1 + L^2 B^2)$ ist also der Bruchteil der im Reaktor thermalisierten Neutronen, die absorbiert werden. Mit anderen Worten, $1/(1 + L^2 B^2)$ ist der Verbleibfaktor für die thermischen Neutronen.

7.31. Man erkennt jetzt die physikalische Bedeutung der verschiedenen im Verbleibfaktor auftretenden Größen. Wie wir früher sahen, ist B^2 groß für einen kleinen Reaktor und umgekehrt. Ein großer Wert von B^2 bedeutet, daß sowohl $e^{-B^2 \tau}$ wie auch $1/(1 + L^2 B^2)$ relativ klein sind. Wie zu erwarten, sind also die Sickerverluste der epithermischen wie auch der thermischen Neutronen bei einem kleinen Reaktor groß. Wie in § 6.141 gezeigt wurde, ist das Alter τ ein Sechstel des mittleren Verschiebungsquadrats. Man kann daher erwarten, daß ein großes τ eine kleine Verbleibwahrscheinlichkeit nach sich zieht. In der Tat ist dann $e^{-B^2 \tau}$ klein. Ähnliche Betrachtungen gelten für die Diffusionslänge L als Maß für die mittlere Entfernung, welche die thermischen Neutronen vor ihrem Einfang zurücklegen. Ein großer Wert von L zieht eine große Entweichwahrscheinlichkeit nach sich, was mit $1/(1 + L^2 B^2)$, der Formel für den thermischen Verbleibfaktor, übereinstimmt.

---

[1] Dieser Ausdruck für die „Nichtentweich-Wahrscheinlichkeit" wurde von FERMI schon vor der Entdeckung der Kernspaltung abgeleitet [s. E. FERMI, und F. RASETTI: Ricerca Scient. *9*, 472 (1938)].

7.32. Das Produkt der beiden Glieder $e^{-B^2\tau}$ und $1/(1 + L^2 B^2)$ ist also der gesamte Verbleibfaktor der Neutronen von ihrer Entstehung als Spaltneutronen bis zu ihrem Einfang als thermische Neutronen. Diese Größe wurde in § 4.67 durch das Symbol P dargestellt. Der Ausdruck $k_\infty \, e^{-B^2\tau}/(1 + L^2 B^2)$ muß daher gleich dem effektiven Multiplikationsfaktor sein. Der Vergleich mit (7.27.1) zeigt, daß das B^2 im Verbleibfaktor die *geometrische* Flußwölbung des Systems ist. Wenn der Reaktor für ein gegebenes multiplizierendes Medium zu klein ist, so daß $B_g{}^2$ größer als der kritische Wert ist, wird der Verbleibfaktor kleiner und die gesamten Sickerverluste werden größer als zulässig; die Kettenreaktion kann sich nicht selbst erhalten.

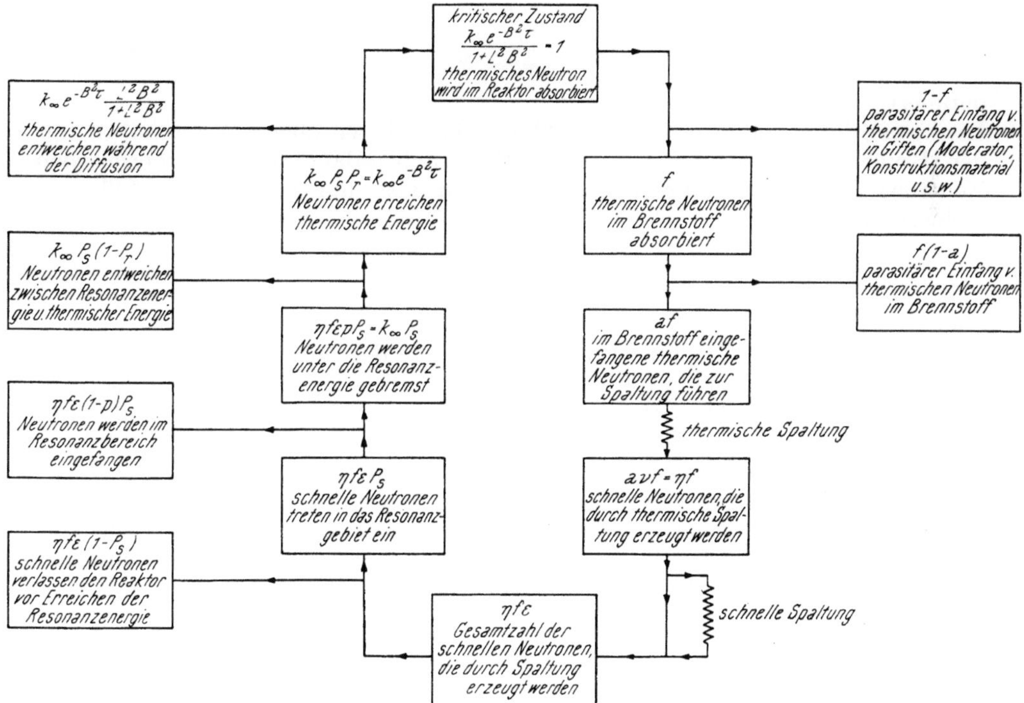

Abb. 7.33. Der Neutronenzyklus in einem kritischen thermischen Reaktor

7.33. Der Zyklus eines thermischen Neutrons in einem endlichen kritischen Reaktor kann nach dem Vorhergehenden durch Abb. 7.33 dargestellt werden. Der Zyklus beginnt oben mit einem thermischen Neutron und folgt dann dem Weg, der durch die Pfeile angedeutet ist. Die Zickzacklinien deuten Spaltprozesse an, und die vom Hauptweg nach rechts und links wegführenden Pfeile verweisen auf Neutronenverluste infolge verschiedener Ursachen. ν ist die Zahl der bei einer thermischen Spaltung erzeugten Neutronen, a der Quotient aus dem Spaltquerschnitt und dem totalen Absorptionsquerschnitt für thermische Neutronen im Brennstoff. Der Verbleibfaktor während des Bremsvorganges wurde in zwei Teile zerlegt: P_s ist für das Energiegebiet von der Spaltung bis zum Resonanzgebiet und P_r vom Resonanzgebiet bis zum thermischen Einfang maßgebend. Das Produkt $P_s P_r$ ist der gesamte Verbleibfaktor für den Bremsvorgang und daher gleich $e^{-B^2\tau}$. Da der Reaktor kritisch ist, müssen die Größen auf beiden Seiten des obersten Feldes in Übereinstimmung mit (7.23.2) gleich sein.

Die Generationszeit

7.34. Die mittlere Zeit zwischen zwei aufeinanderfolgenden Generationen von thermischen Spaltungen, die sogenannte Generationszeit, ist gleich der Summe der Bremszeit der schnellen Spaltneutronen und der Diffusionszeit oder Lebensdauer der thermischen Neutronen. Die Bremszeit im Reaktor ist angenähert gleich der Bremszeit im Moderator (§ 6.146 ff.); die Lebensdauer der thermischen Neutronen wird jedoch wegen des größeren Absorptionsquerschnitts im multiplizierenden Medium verkürzt (s. § 6.148). Schließlich müssen auch die Sickerverluste mit in Betracht gezogen werden. Die mittlere Lebensdauer l_0 eines thermischen Neutrons in einem *unendlichen* Medium wird durch

$$l_0 = \frac{\lambda_a}{v} = \frac{1}{\Sigma_a\, v} \qquad (7.34.1)$$

definiert.

In einem System endlicher Größe verbleibt aber, wie wir oben gesehen haben, nur der Bruchteil $1/(1 + L^2 B^2)$. Die mittlere Lebensdauer l eines thermischen Neutrons in einem *endlichen* Reaktor wird also um diesen Bruchteil verkleinert, so daß

$$l = \frac{l_0}{1 + L^2 B^2} \qquad (7.34.2)$$

gilt.

7.35. Für einen Graphit-Uran-Reaktor möge der mittlere Wert von Σ_a bei $0{,}005\ \text{cm}^{-1}$ liegen; v ist $2 \cdot 10^5$ cm pro sec, so daß l_0 ungefähr 10^{-3} sec beträgt. Bei einem großen Reaktor ist $1 + L^2 B^2$ nicht viel größer als Eins, so daß l etwa 10^{-3} sec ist. Die Bremszeit in Graphit ist nach Tab. 6.147 gleich $1{,}5 \cdot 10^{-4}$ sec, so daß die Generationszeit im Uran-Graphit-System im wesentlichen gleich der Lebensdauer der thermischen Neutronen ist. Bei einem Reaktor, in welchem ein beträchtlicher Bruchteil der Spaltungen durch epithermische Neutronen hervorgerufen wird, ist die Generationszeit als mittlere Zeit zwischen aufeinanderfolgenden Spaltungen aller Typen definiert. Sie wird durch die gewogenen Bremszeiten für die verschiedenen Neutronenenergien bestimmt.

Die geometrische Flußwölbung

Reaktoren verschiedener Gestalt

7.36. Wie vorher festgestellt wurde, erhält man die geometrische Flußwölbung als niedrigsten Eigenwert $B_g{}^2$ der Wellengleichung (7.24.2) für ein System bestimmter Größe und Gestalt unter der Bedingung, daß Φ (r) an der extrapolierten Grenzfläche verschwindet. Es sollen nun Ausdrücke für die geometrische Flußwölbung bei Reaktoren mit einfacher geometrischer Gestalt hergeleitet werden.

Fall I. Unendlich ausgedehnter Plattenreaktor von endlicher Dicke

7.37. Man betrachte einen unendlich ausgedehnten Plattenreaktor von endlicher Dicke. Mit H bezeichnen wir die geometrische Dicke, vermehrt um die doppelte Extrapolationsdistanz von $0{,}71\ \lambda_t$. Das Problem enthält nur die einzige Variable x, die von der Plattenmitte aus gezählt wird. Um die geometrische Flußwölbung mit der Plattendicke in Beziehung zu setzen, muß man die Wellengleichung (7.24.2) unter der Bedingung lösen, daß Φ (x) an den extrapolierten Grenzflächen verschwindet. Die Randbedingung lautet

$$\Phi(x) = 0 \quad \text{für} \quad x = \pm \frac{1}{2} H. \tag{7.37.1}$$

7.38. Im vorliegenden Fall hat die Wellengleichung (7.24.2) die Form

$$\frac{d^2 \Phi(x)}{d x^2} + B_g{}^2 \Phi(x) = 0. \tag{7.38.1}$$

Die Forderung, daß Φ an den extrapolierten Grenzflächen verschwinden soll (s. § 5.74), führt zu der Lösung

$$\Phi(x) = A \cos B_g x, \tag{7.38.2}$$

da $B_g{}^2$ reell und positiv ist.

7.39. Anwendung der Grenzbedingung (7.37.1) ergibt

$$A \cos \frac{B_g H}{2} = 0.$$

A kann nicht Null sein, da Φ sonst überall verschwinden würde. Es folgt

$$\cos \frac{B_g H}{2} = 0$$

und daher

$$\frac{B_g H}{2} = \frac{n \pi}{2},$$

wobei n eine ungerade Zahl ist. Nach Definition ist die geometrische Flußwölbung der kleinste Eigenwert der Wellengleichung. Es muß also n gleich Eins sein, und man erhält

$$B_g{}^2 = \left(\frac{\pi}{H} \right)^2 \tag{7.39.1}$$

für die geometrische Flußwölbung $B_g{}^2$ einer unendlich ausgedehnten Platte als Funktion ihrer Dicke H. Der Wert von H, für den die geometrische Flußwölbung der kritischen (oder materiellen) Flußwölbung gleich wird, d. h. der Wert, welcher (7.23.2) genügt, wenn B^2 durch $(\pi/H)^2$ ersetzt wird, ist die *kritische Dicke* des unendlich ausgedehnten Plattenreaktors bei gegebenem Material und bestimmter Zusammensetzung.

7.40. Wenn man (7.39.1) in (7.38.2) einsetzt, ergibt sich die Verteilung des Neutronenflusses in der x-Richtung im kritischen Zustand

$$\Phi(x) = A \cos \frac{\pi x}{H}. \tag{7.40.1}$$

Die Proportionalitätskonstante A ist durch das Leistungsniveau des Reaktors bestimmt. Die Leistungsdichte ist nämlich zur Zahl der Spaltungen pro cm^3 und sec proportional, die durch $\Sigma_f \Phi = \Sigma_f A \cos (\pi x/H)$ gegeben ist. Da für die Leistung von 1 Watt insgesamt $3 \cdot 10^{10}$ Spaltungen pro sec erforderlich sind, ist die Leistungsdichte durch $L(x) = 1/3 \cdot 10^{-10} \Sigma_f \Phi = 1/3 \cdot 10^{-10} \Sigma_f A \cos (\pi x/H)$ Watt pro cm^3 gegeben. A bestimmt sich somit aus der maximalen Leistungsdichte L_m für die Plattenmitte $x = 0$ zu $A = 3 \cdot 10^{10} L_m \Sigma_f{}^{-1}$.

Fall II. Der quaderförmige Reaktor

7.41. Wir betrachten einen nackten Kernreaktor in Gestalt eines Parallelepipeds mit den Kantenlängen a, b, c, welche die Extrapolationsdistanzen mitumfassen sollen. Der Koordinatenursprung liege im Zentrum des Reaktors (Abb. 7.41). Die Wellengleichung (7.24.2) lautet mit (5.32.1):

$$\frac{\partial^2\Phi}{\partial x^2} + \frac{\partial^2\Phi}{\partial y^2} + \frac{\partial^2\Phi}{\partial z^2} + B_g^2\,\Phi = 0, \qquad (7.41.1)$$

wobei Φ die Funktion $\Phi\,(x, y, z)$ bedeutet. Die Grenzbedingung ist $\Phi\,(x, y, z) = 0$ für $x = \pm\,a/2$, $y = \pm\,b/2$ und $z = \pm\,c/2$.

7.42. Mit dem Separationsansatz

$$\Phi\,(x, y, z) = X\,(x)\;Y(y)\;Z\,(z) \qquad (7.42.1)$$

geht (7.41.1) über in

$$\frac{1}{X}\cdot\frac{d^2 X}{d x^2} + \frac{1}{Y}\cdot\frac{d^2 Y}{d y^2} + \frac{1}{Z}\cdot\frac{d^2 Z}{d z^2} + B_g^2 = 0, \qquad (7.42.2)$$

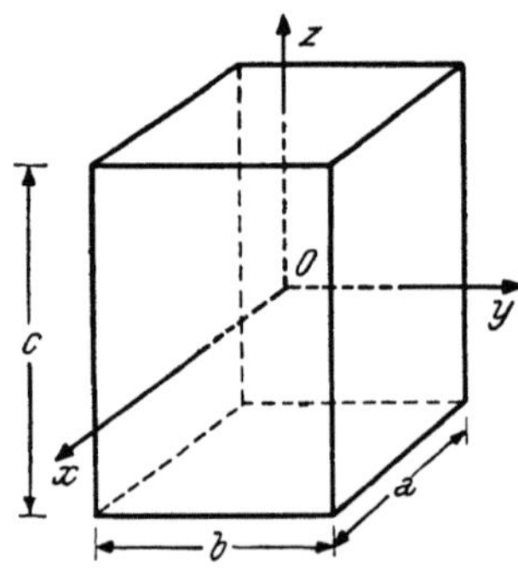

Abb. 7.41. Nackter, quaderförmiger Reaktor

wobei jedes der ersten drei Glieder eine Funktion von nur einer Variablen ist. Jeder Term kann also gleich einer konstanten Größe gesetzt werden:

$$\frac{1}{X}\cdot\frac{d^2 X}{d x^2} = -\alpha^2, \qquad (7.42.3)$$

$$\frac{1}{Y}\cdot\frac{d^2 Y}{d y^2} = -\beta^2, \qquad (7.42.4)$$

$$\frac{1}{Z}\cdot\frac{d^2 Z}{d z^2} = -\gamma^2. \qquad (7.42.5)$$

Folglich ist nach (7.42.2)

$$\alpha^2 + \beta^2 + \gamma^2 = B_g^2. \qquad (7.42.6)$$

Die Konstanten α^2, β^2 und γ^2 sind, wie wir bald sehen werden, positiv.

7.43. Das Problem ist dem in § 5.72ff. ähnlich. Gl. (7.42.3) und (7.42.4) sind nämlich der Form nach identisch mit (5.72.1) und (5.72.2), und auch die Grenzbedingungen sind ähnlich. Die einzige Lösung, welche der Symmetriebedingung genügt und an den extrapolierten Grenzflächen verschwindet (s. § 5.75), ist

$$X = A\,\cos\alpha x. \qquad (7.43.1)$$

α^2 ist demnach eine reelle positive Größe. Diese Formel ist mit (7.38.2) für den unendlich ausgedehnten Plattenreaktor identisch. Aus der Grenzbedingung $\Phi\,(a/2, y, z) = 0$ folgt, daß der kleinste Eigenwert von α gleich

$$\alpha = \frac{\pi}{a} \qquad (7.43.2)$$

ist, so daß

$$X = A\,\cos\frac{\pi x}{a}. \qquad (7.43.3)$$

7.44. Da hier zwischen den x-, y- und z-Koordinaten kein wesentlicher Unterschied besteht, findet man, ganz analog vorgehend, daß β^2 und γ^2 reelle positive Größen sind:

$$\beta^2 = \left(\frac{\pi}{b}\right)^2 \quad \text{und} \quad \gamma^2 = \left(\frac{\pi}{c}\right)^2.$$

Der niedrigste, ebenfalls positive Eigenwert $B_g{}^2$ ist daher durch

$$B_g{}^2 = \left(\frac{\pi}{a}\right)^2 + \left(\frac{\pi}{b}\right)^2 + \left(\frac{\pi}{c}\right)^2 \tag{7.44.1}$$

gegeben.

7.45. Die Neutronenverteilung $\Phi(x, y, z)$ im kritischen Reaktor erhält man, indem man die Lösungen für X, Y und Z, die alle die Form (7.43.3) haben, in (7.42.1) einsetzt. Es folgt

$$\Phi(x, y, z) = A \cos \frac{\pi x}{a} \cos \frac{\pi y}{b} \cos \frac{\pi z}{c}, \tag{7.45.1}$$

wobei A wie früher von der Leistungsdichte im Reaktor abhängt.

7.46. Unter Verwendung des Lagrangeschen Multiplikationsverfahrens für ein Extremwertproblem mit Nebenbedingungen findet man für einen festgelegten Wert von $B_g{}^2$, der der Nebenbedingung (7.44.1) unterworfen ist, daß ein quaderförmiger Reaktor dann sein kleinstes Volumen annimmt, wenn seine Kanten gleich lang sind. Der Reaktor hat dann die Form eines Würfels mit der Seitenlänge a, und nach (7.44.1) wird

$$B_g{}^2 = 3 \left(\frac{\pi}{a}\right)^2,$$

so daß

$$a = \sqrt{3}\, \frac{\pi}{B_g}$$

ist. Das minimale Volumen V für einen gegebenen Wert von $B_g{}^2$ ist gleich a^3. Daher gilt

$$V = \left(\sqrt{3}\, \frac{\pi}{B_g}\right)^3 = \frac{161}{B_g{}^3}. \tag{7.46.1}$$

Unter allen quaderförmigen Reaktoren gleicher Zusammensetzung hat also der würfelförmige das kleinste Volumen und benötigt daher am wenigsten Spaltstoff. Das kritische Volumen ergibt sich dann, wenn man den der festgelegten Komposition entsprechenden Wert von $B_m{}^2$ nach (7.23.2) in (7.46.1) für $B_g{}^2$ einsetzt.

Fall III. Der kugelförmige Reaktor

7.47. Bei der Berechnung eines kugelförmigen Reaktors werden sphärische Koordinaten verwendet. Wenn der Ursprung im Kugelmittelpunkt liegt, schließen die Symmetrieverhältnisse jede Abhängigkeit von den Winkeln ϑ und φ aus. Der Laplacesche Operator nach (5.32.2) hängt daher nur von r ab. Die Wellengleichung (7.24.2) reduziert sich so auf

$$\frac{d^2\Phi}{dr^2} + \frac{2}{r} \cdot \frac{d\Phi}{dr} + B_g{}^2\,\Phi = 0. \tag{7.47.1}$$

7.48. Das Problem wurde bereits in § 7.11 und § 7.12 durchgerechnet. Man erhält den kleinsten Eigenwert aus (7.12.3) für $n = 1$:

$$B_g{}^2 = \left(\frac{\pi}{a}\right)^2. \qquad (7.48.1)$$

Die geometrische Flußwölbung kann mit dem Volumen V der Kugel durch

$$V = \frac{4}{3}\,\pi\,a^3 = \frac{4\,\pi^4}{3\,B_g{}^3} = \frac{130}{B_g{}^3}$$

in Beziehung gesetzt werden. Wenn $B_g{}^2$ gleich dem einer bestimmten stofflichen Zusammensetzung entsprechenden $B_m{}^2$ gesetzt wird, ergibt sich das Volumen des kritischen Reaktors.

7.49. Aus (7.12.4) und (7.48.1) folgt die Flußverteilung im kritischen Reaktor:

$$\Phi\,(r) = \frac{A}{r}\,\sin\frac{\pi\,r}{a}. \qquad (7.49.1)$$

Wie in anderen Fällen ist auch hier A proportional zum Leistungsniveau des Reaktors.

Fall IV. Der zylindrische Reaktor

7.50. Bei der Behandlung eines zylindrischen Reaktors von endlicher Höhe wird der Laplacesche Operator in Zylinderkoordinaten ausgedrückt. Wenn man die z-Achse mit der vertikalen Zylinderachse zusammenfallen läßt, brauchen nur die z- und r-Koordinaten beachtet werden, und die Wellengleichung lautet

$$\frac{\partial^2 \Phi}{\partial r^2} + \frac{1}{r} \cdot \frac{\partial \Phi}{\partial r} + \frac{\partial^2 \Phi}{\partial z^2} + B_g{}^2\,\Phi = 0. \qquad (7.50.1)$$

Als Randbedingung fordern wir, daß $\Phi\,(r, z)$ überall endlich bleibt und an den extrapolierten Grenzflächen, d. h. für $r = R$ und $z = \pm\,H/2$ gegen Null geht, wobei der Ursprung in der Mitte des Zylinders angenommen wird.

7.51. Mit dem Separationsansatz

$$\Phi\,(r, z) = \Theta\,(r)\,Z\,(z) \qquad (7.51.1)$$

geht (7.50.1) nach Division durch $\Theta \cdot Z$ über in

$$\frac{1}{\Theta}\left(\frac{d^2\Theta}{d\,r^2} + \frac{1}{r} \cdot \frac{d\,\Theta}{d\,r}\right) + \frac{1}{Z} \cdot \frac{d^2 Z}{dz^2} + B_g{}^2 = 0, \qquad (7.51.2)$$

wobei das erste Glied nur von r und das zweite nur von z abhängt, so daß jedes Glied gleich einer Konstanten gesetzt werden kann. Es sei

$$\frac{1}{\Theta}\left(\frac{d^2\Theta}{d\,r^2} + \frac{1}{r} \cdot \frac{d\,\Theta}{d\,r}\right) = -\,\alpha^2, \qquad (7.51.3)$$

wobei α^2 eine positive Konstante ist, wie später gezeigt werden wird. Analog sei

$$\frac{1}{Z} \cdot \frac{d^2 Z}{d\,z^2} = -\,\beta^2, \qquad (7.51.4)$$

wobei β^2 ebenfalls positiv ist. Mit (7.51.2) ist also

$$B_g{}^2 = \alpha^2 + \beta^2. \qquad (7.51.5)$$

7.52. Aus (7.51.3) folgt durch Multiplikation mit $\Theta\, r^2$

$$r^2 \frac{d^2\Theta}{dr^2} + r\frac{d\Theta}{dr} + \alpha^2 r^2 \Theta = 0. \tag{7.52.1}$$

Mit der neuen unabhängigen Variablen

$$u = \alpha\, r \tag{7.52.2}$$

geht (7.52.1) in die „Besselsche Differentialgleichung"

$$u^2 \frac{d^2\Theta}{du^2} + u\frac{d\Theta}{du} + u^2\Theta = 0 \tag{7.52.3}$$

über.

7.53. Die allgemeine Besselsche Differentialgleichung der Ordnung n lautet

$$x^2 \frac{d^2 y}{dx^2} + x\frac{dy}{dx} + (x^2 - n^2)\,y = 0.$$

(7.52.3) ist also die Besselsche Gleichung der Ordnung Null, vorausgesetzt, daß u^2 und daher auch α^2 positive Größen sind. Die allgemeine Lösung von (7.52.3) ist

$$\Theta = A\,J_0\,(u) + C\,Y_0\,(u), \tag{7.53.1}$$

wobei J_0 und Y_0 Bessel-Funktionen erster und zweiter Art der Ordnung Null sind.

7.54. Wenn α^2 negativ ist, wird (7.52.1) eine Form der modifizierten Besselschen Gleichung

$$x^2 \frac{d^2 y}{dx^2} + x\frac{dy}{dx} - (x^2 + n^2)\,y = 0$$

der Ordnung Null. Die Lösung lautet dann

$$\Theta = A'\,I_0\,(u) + C'\,K_0\,(u), \tag{7.54.1}$$

wobei I_0 und K_0 die modifizierten Bessel-Funktionen erster und zweiter Art der Ordnung Null sind.

7.55. Die Entscheidung zwischen den beiden möglichen Lösungen wird auf Grund der Randbedingung getroffen. Entscheidend dafür ist das Verhalten von $J_0\,(x)$, $Y_0\,(x)$, $I_0\,(x)$ und $K_0\,(x)$ für sehr kleine bzw. sehr große Argumente x. Man hat

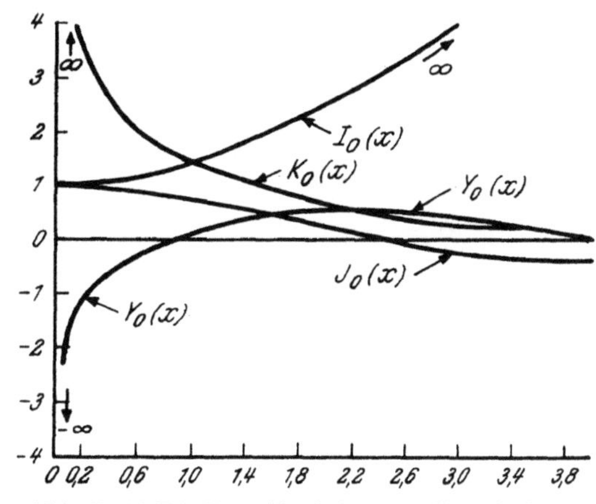

Abb. 7.55. Die Besselfunktionen nullter Ordnung

$$J_0\,(x) = 1 - \frac{1}{4}x^2, \qquad I_0\,(x) = 1 + \frac{1}{4}x^2$$
$$Y_0\,(x) = \frac{2}{\pi}\,(\ln x - 0{,}116), \quad K_0\,(x) = \ln\frac{1}{x} + 0{,}116 \quad \left.\right\} \quad \text{für } x \ll 1 \tag{7.55.1}$$

$$J_0(x) = \sqrt{\frac{2}{\pi x}}\,\sin\!\left(x + \frac{\pi}{4}\right), \qquad I_0\,(x) = \frac{1}{\sqrt{2\,\pi x}}\,e^x$$
$$Y_0\,(x) = -\sqrt{\frac{2}{\pi x}}\,\cos\!\left(x + \frac{\pi}{4}\right), \quad K_0\,(x) = \sqrt{\frac{\pi}{2\,x}}\,e^{-x} \quad \left.\right\} \quad \text{für } x \gg 1 \tag{7.55.2}$$

Die Funktionen J_0, Y_0, I_0 und K_0 sind in Abb. 7.55 für verschiedene Werte von x dargestellt. Eine Prüfung der Kurven bzw. der Formeln (7.55.1) und (7.55.2) zeigt, daß Y_0 und K_0 ausgeschlossen werden müssen, da $Y_0 \to \infty$ und $K_0 \to \infty$ wird, wenn x gegen Null geht. Ebenso muß I_0 ausgeschlossen werden, da es keine Nullstellen hat. Die einzige zulässige Lösung von (7.52.1) leitet sich demnach von (7.53.1) her und lautet

$$\Theta\,(r) = A\,J_0\,(u) = A\,J_0\,(\alpha\,r). \tag{7.55.3}$$

α^2 ist daher positiv.

7.56. Um α zu berechnen, verwendet man die Randbedingung, daß $\Phi\,(r, z)$ an der extrapolierten Grenzfläche, d. h. wenn $r = R$ ist, gegen Null gehen soll. Da $\Theta\,(r)$ den Teil von $\Phi\,(r, z)$ darstellt, welcher von r abhängt, folgt nach (7.55.3), daß

$$J_0\,(\alpha\,R) = 0$$

ist. Aus Abb. 7.55 ist ersichtlich, daß es mehrere Werte von $u = \alpha\,R$ gibt, welche dieser Bedingung genügen. Dem niedrigsten Eigenwert α^2 entspricht der kleinste Wert von u, d. h. die erste Nullstelle der Bessel-Funktion J_0, nämlich 2,405. Daher ist $\alpha\,R$ gleich 2,405, so daß

$$\alpha = \frac{2{,}405}{R} \quad \text{und} \quad \alpha^2 = \left(\frac{2{,}405}{R}\right)^2. \tag{7.56.1}$$

Aus (7.55.3) ergibt sich also

$$\Theta\,(r) = A\,J_0\left(\frac{2{,}405\,r}{R}\right). \tag{7.56.2}$$

7.57. Es bleibt nun noch die z-abhängige Gl. (7.51.4) zu lösen. Wenn man die symmetrische Verteilung des Flusses um den Ursprung beachtet und die üblichen Randbedingungen benützt, kann man durch ein ähnliches Vorgehen wie für die unendliche Platte leicht zeigen, daß die Lösung von (7.51.4)

$$Z\,(z) = C\,\cos\frac{\pi\,z}{H} \tag{7.57.1}$$

lautet und der niedrigste Eigenwert durch

$$\beta^2 = \left(\frac{\pi}{H}\right)^2 \tag{7.57.2}$$

gegeben ist.

7.58. Durch Kombination von (7.51.5), (7.56.1) und (7.57.2) ergibt sich die geometrische Flußwölbung für den endlichen, zylindrischen Reaktor:

$$B_g{}^2 = \left(\frac{2{,}405}{R}\right)^2 + \left(\frac{\pi}{H}\right)^2. \tag{7.58.1}$$

Aus (7.51.1), (7.56.2) und (7.57.1) erkennt man, daß die Neutronenflußverteilung im kritischen Reaktor durch

$$\Phi\,(r, z) = A\,J_0\left(\frac{2{,}405\,r}{R}\right) \cdot \cos\frac{\pi\,z}{H} \tag{7.58.2}$$

gegeben ist, wobei R den kritischen Radius und H die kritische Höhe bedeutet.

Kleinstes Volumen für einen zylindrischen Reaktor

7.59. Bei festgehaltener Flußwölbung kann, unter der Nebenbedingung (7.58.1), das kleinste Volumen eines zylindrischen Reaktors mittels der Lagrangeschen Multiplikatormethode als minimaler Wert von $\pi R^2 H$ bestimmt werden. Man kann auch (7.58.1) nach R^2 auflösen und mit

$$R^2 = \frac{(2{,}405)^2\,H^2}{B_g{}^2\,H^2 - \pi^2} \qquad (7.59.1)$$

das Zylindervolumen $V = \pi R^2 H$ ausdrücken:

$$V = \frac{\pi\,(2{,}405)^2\,H^3}{B_g{}^2\,H^2 - \pi^2}.$$

Durch Differentiation nach H und Nullsetzen des Resultats findet man als Bedingung für das kleinste Volumen

$$B_g{}^2\,H^2 = 3\,\pi^2,$$

so daß

$$H = \sqrt{3} \cdot \frac{\pi}{B_g} = \frac{5{,}442}{B_g}. \qquad (7.59.2)$$

Wenn man diesen Wert für H in (7.59.1) einsetzt, ergibt sich

$$R = \sqrt{\frac{3}{2}} \cdot \left(\frac{2{,}405}{B_g}\right) = \frac{2{,}946}{B_g}. \qquad (7.59.3)$$

Das Minimalvolumen des zylindrischen Reaktors für einen gegebenen Wert von B_g beträgt

$$V_{\min} = \pi R^2 H = \frac{148{,}3}{B_g{}^3}. \qquad (7.59.4)$$

Zusammenfassung und Übersicht

7.60. Die in den oben betrachteten Fällen erhaltenen Resultate werden in Tab. 7.60 zusammengefaßt. Ist ein bestimmter Reaktor genau kritisch,

Tabelle 7.60. *Flußwölbung für verschiedene Geometrien*

Geometrie	Flußwölbung	Kleinstes kritisches Volumen
unendliche Platte ...	$\left(\dfrac{\pi}{H}\right)^2$	
Quader	$\left(\dfrac{\pi}{a}\right)^2 + \left(\dfrac{\pi}{b}\right)^2 + \left(\dfrac{\pi}{c}\right)^2$	$\dfrac{161}{B^3}$
Kugel	$\left(\dfrac{\pi}{a}\right)^2$	$\dfrac{130}{B^3}$
endlicher Zylinder ..	$\dfrac{2{,}405}{R} + \left(\dfrac{\pi}{H}\right)^2$	$\dfrac{148}{B^3}$

so muß die seiner Form entsprechende geometrische Flußwölbung gleich der materiellen Flußwölbung sein, die durch seine Zusammensetzung (§ 7.26) bestimmt ist. Das kleinste kritische Volumen für festgehaltene Zusammensetzung und Form ist in der letzten Spalte eingetragen, wobei B^2 die kritische (oder materielle) Flußwölbung ist. Man sieht, daß für eine bestimmte Zusammensetzung das kritische Volumen (und die kritische Masse) eines kugelförmigen Reaktors kleiner ist als für jede andere Gestalt. Der Grund dafür liegt darin, daß die Kugel bei gegebenem Volumen die kleinste Oberfläche hat. Wie in der qualitativen Diskussion in Kap. IV festgestellt worden ist, geht die Neutronenproduktion im ganzen Volumen des Systems vor sich, die Sickerverluste erfolgen hingegen nur durch die Oberfläche. Daher muß für eine gegebene Zusammensetzung der Reaktor mit dem kleinsten Verhältnis von Oberfläche zu Volumen die kleinste kritische Masse haben.

7.61. Eine Prüfung der Gl. (7.40.1), (7.43.3), (7.49.1) und (7.58.2) zeigt, daß die thermischen Flußverteilungen in kritischen Reaktoren für die betrachteten Fälle alle als Funktionen von u dargestellt werden können, nämlich durch $\cos(\pi u/2)$, $\sin(\pi u)/\pi u$ und $J_0(2{,}405\,u)$, wobei für u entsprechend der jeweiligen Geometrie die in Tab. 7.61 gegebenen Ausdrücke einzusetzen sind. Die Funktionen sind für Werte von u zwischen 0 und 1 in Abb. 7.61 dargestellt.

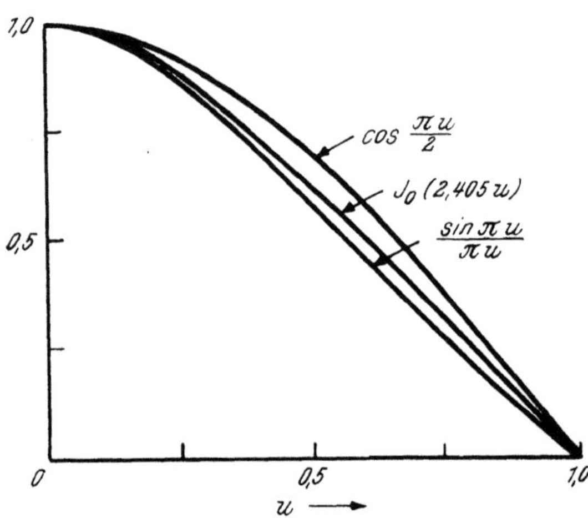

Abb. 7.61. Gestaltsfunktionen des Flusses für nackte Reaktoren

Tabelle 7.61. *Thermische Flußverteilung im kritischen Reaktor*

Geometrie	Koordinate	u	Funktion
unendliche Platte	x	$2x/H$	$\cos\dfrac{\pi u}{2}$
rechtwinkeliges Parallelepiped	x	$2x/a$	$\cos\dfrac{\pi u}{2}$
	y	$2y/b$	$\cos\dfrac{\pi u}{2}$
	z	$2z/c$	$\cos\dfrac{\pi u}{2}$
Kugel	r	r/R	$\dfrac{\sin \pi u}{\pi u}$
endlicher Zylinder	r	r/R	$J_0(2{,}405\,u)$
	z	$2z/H$	$\cos\dfrac{\pi u}{2}$

Setzt man die Terme der vorletzten Spalte gleich Eins, so erhält man durch Auflösung nach den Koordinaten die Werte für die extrapolierten Grenzflächen. Aus dem Verlauf der drei Funktionen ersieht man, daß in allen drei Fällen als erste Approximation die Cosinusfunktion verwendet werden kann.

Eigenschaften von kritischen Reaktoren

Große Reaktoren

7.62. Wegen der umgekehrten Proportionalität zwischen der geometrischen Flußwölbung und den Dimensionen eines Reaktors folgt, daß B^2 für große Reaktoren klein ist. Für große Reaktoren, oder im allgemeinen, wenn k_∞ nur wenig größer als Eins ist, kann $e^{-B^2\tau}$ in eine Reihe entwickelt werden, wobei man alle Glieder vom zweiten an vernachlässigen darf:

$$e^{-B^2\tau} \approx 1 - B^2\tau \approx (1 + B^2\tau)^{-1}.$$

Unter diesen Umständen lautet die kritische Gl. (7.23.2)

$$\frac{k_\infty}{(1 + L^2 B^2)(1 + B^2\tau)} = 1 \qquad (7.62.1)$$

oder

$$\frac{k_\infty}{1 + B^2(L^2 + \tau)} = 1. \qquad (7.62.2)$$

7.63. Gemäß den Überlegungen von § 6.141 ist das Fermi-Alter von thermischen Neutronen numerisch gleich einem Sechstel der mittleren quadratischen Verschiebung, die ein Neutron zwischen seiner Aussendung aus der Quelle und der Erreichung der thermischen Energie, d. h. während des Bremsprozesses, erfährt. Wenn diese Entfernung durch $\overline{r_b^2}$, also $\tau = \overline{r_B^2}/6$ dargestellt wird, kann (7.62.2) in die Gestalt

$$\frac{k_\infty}{1 + B^2\left(L^2 + \dfrac{1}{6}\,\overline{r_b^2}\right)} = 1$$

gebracht werden. Die Größe $L^2 + \overline{r_b^2}/6$ wird *Wanderfläche* genannt und mit W^2, d. h.

$$W^2 = L^2 + \frac{1}{6}\,\overline{r_b^2} \qquad (7.63.1)$$

bezeichnet[1]. Wenn B^2 klein ist, oder im allgemeinen, wenn k_∞ nicht viel größer als Eins ist, gilt

$$\frac{k_\infty}{1 + W^2 B^2} = 1 \qquad (7.63.2)$$

oder

$$B^2 = \frac{k_\infty - 1}{W^2} \qquad (7.63.3)$$

Dieser Ausdruck kann als Definition der materiellen Flußwölbung für ein Medium aufgefaßt werden, dessen Multiplikationsfaktor nicht viel größer als Eins ist, so daß B^2 klein, also das kritische System groß ist. Obwohl Formel (7.63.3) hier aus dem Modell der kontinuierlichen Abbremsung hergeleitet worden ist, wird in Kap. XII gezeigt werden, daß sie ganz allgemein gilt und vom Modell unabhängig ist.

7.64. Da L^2 ein Sechstel der mittleren quadratischen Verschiebung ist, die ein thermisches Neutron vor seinem Einfang erfährt (§ 5.64), folgt aus

---

[1] W^2 wird im Englischen mit M^2 (migration area) bezeichnet.

(7.63.1), daß die Wanderfläche ein Sechstel des mittleren Verschiebungsquadrats eines Neutrons von seiner Entstehung als schnelles Neutron bis zu seinem Einfang als thermisches Neutron ist. Die Quadratwurzel von W^2, die sogenannte *Wanderlänge*, ist also ein Maß für die Verschiebung, die ein Neutron von der Entstehung bis zum Einfang erfährt.

Berechnung der Größe (des kritischen Volumens) und der Zusammensetzung

7.65. Beim Entwurf eines Kernreaktors ist es nötig, zunächst gewisse Vorstellungen über die Dimensionen und das Brennstoff-Moderator-Verhältnis zu gewinnen, bei denen der Reaktor voraussichtlich kritisch wird. Es ergeben sich folgende zwei Probleme: I. Es sei eine bestimmte Größe des Reaktors vorgegeben und es soll jenes Brennstoff-Moderator-Verhältnis bestimmt werden, das ihn genau kritisch macht. II. Es sei ein bestimmtes Brennstoff-Moderator-Verhältnis gegeben und die kritische Größe werde gesucht. Beide Probleme mögen an einem relativ einfachen, aber praktisch wichtigen Fall illustriert werden. Als Brennstoff wird U-235 und als Moderator Beryllium angenommen. Infolge der zahlreichen im vorhergehenden Kapitel gemachten vereinfachenden Annahmen gelten die Resultate der unten gegebenen Rechnung allerdings nur angenähert. Sie sollen nur Richtlinien für den Entwurf eines kritischen Experiments liefern.

7.66. Wir nehmen an, daß ein homogener kugelförmiger Reaktor von 50 cm Radius gebaut werden soll. Wie groß ist das Mengenverhältnis von U-235 zu Beryllium, das ihn genau kritisch machen würde? Der Multiplikationsfaktor k_∞ ist gleich $\eta\, f\, p\, \varepsilon$ (§ 4.61). In unserem Falle ist $p\,\varepsilon \approx 1$, so daß $k_\infty = \eta\, f$ (§ 4.62). Wenn die Absorptionsquerschnitte sonstiger im System vorhandener Stoffe vernachlässigt werden können, ist

$$k_\infty = \eta\, f = \eta\, \frac{\Sigma_\mathrm{U}}{\Sigma_\mathrm{U} + \Sigma_\mathrm{Be}} = \eta\, \frac{z}{1 + z}, \qquad (7.66.1)$$

da der thermische Neutronenfluß im Brennstoff und im Moderator im homogenen System als gleich vorausgesetzt werden kann. In dieser Formel ist z das Verhältnis des makroskopischen Absorptionsquerschnittes von Uran zu dem von Beryllium, d. h.

$$z = \frac{\Sigma_\mathrm{U}}{\Sigma_\mathrm{Be}} = \frac{\sigma_\mathrm{U}}{\sigma_\mathrm{Be}} \cdot \frac{N_\mathrm{U}}{N_\mathrm{Be}} \cdot \qquad (7.66.2)$$

Mit σ_U und σ_{Be} wurden die nuklearen Absorptionsquerschnitte mit N_U und N_Be, die Zahlen der Uran- bzw. Berylliumkerne im System bezeichnet. Das Problem besteht also darin, das Verhältnis N_U/N_Be zu bestimmen, für das ein kugelförmiger Reaktor ($R = 50$ cm) genau kritisch wird.

7.67. Wir nehmen an — und die Rechnung wird diese Annahme rechtfertigen —, daß das Verhältnis von Uran zu Beryllium im kritischen System sehr klein ist. Die Bremseigenschaften der homogenen Mischung werden dann im wesentlichen vom Beryllium bestimmt, und wir können einen relativ einfachen Ausdruck für die Diffusionslänge herleiten. Nach Definition ist $L^2 = D/\Sigma_a$. In der Mischung ist der Diffusionskoeffizient D für thermische Neutronen im wesentlichen von Beryllium bestimmt, d. h. er kann gleich D_Be gesetzt werden. Der Absorptionsquerschnitt ist angenähert gleich $\Sigma_\mathrm{U} + \Sigma_\mathrm{Be}$, so daß

$$L^2 = \frac{D_\mathrm{Be}}{\Sigma_\mathrm{U} + \Sigma_\mathrm{Be}} = \frac{D_\mathrm{Be}/\Sigma_\mathrm{Be}}{1 + z}$$

ist. Der Zähler $D_{\mathrm{Be}}/\Sigma_{\mathrm{Be}}$ ist gleich dem Quadrat der Diffusionslänge für reines Beryllium L_0. Damit ist

$$L^2 = \frac{L_0{}^2}{1+z}. \tag{7.67.1}$$

7.68. Durch Einsetzen der durch (7.66.1) und (7.67.1) gegebenen Werte für k_∞ und L^2 in die kritische Gl. (7.23.2) gelangt man zu

$$\frac{k_\infty\, e^{-B^2\tau_{\mathrm{th}}}}{1 + L^2 B^2} = \frac{\eta\, z\, e^{-B^2\tau_{\mathrm{th}}}}{z + 1 + L_0{}^2 B^2} = 1.$$

Wir lösen diese Gleichung nach z auf und erhalten

$$z = \frac{1 + L_0{}^2 B^2}{\eta\, e^{-B^2\tau_{\mathrm{th}}} - 1}. \tag{7.68.1}$$

Das B^2 in dieser Gleichung, das aus (7.23.2) hergeleitet wurde, ist die materielle Flußwölbung des Uran-Beryllium-Systems. Wir haben dieses B^2 mit der geometrischen Flußwölbung eines kugelförmigen kritischen Reaktors von 50 cm Radius gleichzusetzen (s. § 7.66). Für eine Kugel ist nach (7.48.1)

$$B^2 = \left(\frac{\pi}{a}\right)^2,$$

wobei a der extrapolierte Radius, d. h. der geometrische Radius vermehrt um $0{,}71\,\lambda_t$ ist. λ_t bedeutet die mittlere freie Transportweglänge oder $0{,}71\cdot 3\,D$, da D gleich $\lambda_t/3$ ist. In unserem Fall ist D praktisch gleich D_{Be}, d. h. 0,70 cm, so daß $a = 50 + 1{,}5 = 51{,}5$ cm ist. Es ist also

$$B^2 = \left(\frac{\pi}{51{,}5}\right)^2 = 37{,}2\cdot 10^{-4}\ \mathrm{cm}^{-2}.$$

7.69. Der Wert von η ergibt sich aus (4.57.1). Er nimmt im vorliegenden Fall mit reinem Uran-235 als Brennstoff die Form

$$\eta = \nu\,\frac{\sigma_f}{\sigma_f + \sigma_e}$$

an, wobei σ_f den Spaltquerschnitt von Uran-235 und σ_e den Einfangsquerschnitt für den konkurrierenden (n,γ)-Prozeß bedeuten. Aus Tab. 4.57 entnehmen wir 582 und 107 barn. Da ν gleich 2,43 ist, wird η gleich 2,05. Für Beryllium ist $L_0{}^2$ gleich 484 cm^2 und τ_{th} gleich 98 cm^2. Also ergibt (7.68.1)

$$z = 6{,}6.$$

Die totalen Absorptionsquerschnitte σ_{Be} und σ_{U} sind 0,009 und 689 barn. Nach (7.66.2) ist somit

$$\frac{N_{\mathrm{U}}}{N_{\mathrm{Be}}} = \frac{\sigma_{\mathrm{Be}}}{\sigma_{\mathrm{U}}}\, z = \frac{0{,}009}{689}\cdot 6{,}6 = 9{,}1\cdot 10^{-5}.$$

Bei diesem Uran-Beryllium-Verhältnis wird ein kugelförmiger Reaktor von 50 cm Radius kritisch. Aus den Dichten von Brennstoff und Moderator kann die kritische Masse von Uran-235 berechnet werden.

7.70. Im betrachteten System beträgt k_∞, gegeben durch $\eta\, z/(z+1)$, ungefähr 1,78. Das bedeutet, da für einen kritischen Reaktor $k = 1$ ist, daß ungefähr 44% der Neutronen durch Sickerverluste verloren gehen. Der Bruchteil der Quellneutronen, der aus dem Reaktor während des Bremsprozesses entweicht, beträgt $(1 - e^{-B^2 \tau})$, d. h. im vorliegenden Fall 30%. Von den thermischen Neutronen entweichen $L^2 B^2/(1 + L^2 B^2)$, d. h. 19%. Das sind 14% der gesamten Quellneutronen. Es ist klar, daß bei derartigen relativ kleinen Reaktoren starke Sickerverluste auftreten, die vor allem epithermische Neutronen betreffen. Wie erwähnt, ist in den vorhergehenden Rechnungen die Bremsnutzung gleich Eins gesetzt worden.

7.71. Die Aufgabestellung im zweiten Fall ist gerade umgekehrt. Man soll das kritische Volumen, das einer gegebenen Zusammensetzung des Core-Materials entspricht, bestimmen. Mit anderen Worten, η, L_0^2, τ und z sind gegeben und man hat den kritischen Wert von B^2 zu finden. Man geht wieder von (7.68.1) aus, doch ist die Rechnung nun etwas komplizierter, da sie die Lösung einer transzendenten Gleichung erfordert. Die Lösungsmethode besteht darin, daß man die kritische Gl. (7.68.1) in der Gestalt

$$e^{-B^2 \tau} = \frac{1}{\eta z} (z + 1 + L_0^2 B^2) \tag{7.71.1}$$

schreibt und

$$x = B^2 \tau, \quad A = \frac{z + 1}{\eta z} \quad \text{und} \quad C = \frac{L_0^2}{\eta z \tau}$$

setzt, wobei A sowie C Konstante und x eine Variable sind. Die kritische Gl. (7.71.1) lautet dann

$$e^{-x} = A + Cx \tag{7.71.2}$$

und kann ohne Schwierigkeiten durch Iteration gelöst werden. Da x nicht groß ist, kann e^{-x} angenähert gleich $1 - x$ gesetzt werden, und man erhält in erster Näherung $x = (1 - A)/(C + 1)$. Mit diesem x werden die beiden Seiten der letzten Gleichung ausgerechnet. Im allgemeinen werden die Resultate nicht gleich sein. Wenn die linke Seite größer ist, weiß man aber, daß das gewählte x zu klein ist und umgekehrt. Daher schätzt man einen neuen Wert x ab und wiederholt das Verfahren. Nach drei oder vier Versuchen kann ein Wert von $x = B^2 \tau$ gefunden werden, der (7.71.2) auf drei gültige Stellen genügt. Da τ bekannt ist, kann die Flußwölbung B^2 bestimmt werden und daraus die Größe des kritischen Reaktors[1].

Experimentelle Bestimmung des kritischen Volumens

7.72. Zur Bestimmung der kritischen Masse eines Reaktors können zwei Verfahren benützt werden. Bei großen Reaktoren, z. B. solchen, die Natururan als Brennstoff verwenden, benützt man die *Exponential*-Methode (vgl. Kap. IX), das andere Verfahren, mit dem wir uns hier beschäftigen, benützt einen *kritischen Aufbau*. Es handelt sich um die Anfertigung eines Systems, das Brennstoff und Moderator in gewünschtem Verhältnis enthält und stufenweise aufgebaut werden kann, bis es die kritische Masse erreicht. In das Zentrum der Anordnung wird eine Neutronenquelle eingebracht, die pro sec etwa 10^7 Neutronen emittiert. Die primären Quellneutronen vermehren sich durch Auslösung von Spaltungen. Der Multiplikationsfaktor dieser Prozesse kann definiert werden als Quotient aus dem totalen Fluß (primäre Neutronen und Spaltneutronen) zum primären Neutronenfluß.

7.73. In § 7.17 haben wir erkannt, daß das zweite Glied in (7.17.1) den Beitrag einer Punktquelle zum thermischen Fluß im Zentrum einer subkritischen,

---

[1] Es können auch graphische Lösungsmethoden, die auf dem Gebrauch von Nomogrammen beruhen, verwendet werden.

aus Brennstoff und Moderator bestehenden Anordnung darstellt. Das Auftreten von k_n in diesem Glied zeigt, daß die schnellen, von der primären Quelle herrührenden Neutronen durch Spaltung vervielfacht werden. Ist kein spaltbares Material vorhanden, d. h. $k_n = 0$, dann wird der thermische Fluß allein durch die Quellterme bestimmt, d. h. durch das zweite Glied in der Klammer von (7.17.1), wobei $(1 - k_n)$ durch Eins zu ersetzen ist. Bei Vorhandensein von Brennstoff ist jeder dieser Quellterme für verschiedene Werte von n mit $1/(1 - k_n)$ zu multiplizieren. Es ist dabei vorausgesetzt, daß Streuung und Bremsung in beiden Fällen, d. h. mit und ohne Spaltmaterial, gleich sind.

7.74. Wenn sich das System dem kritischen Zustand nähert, wird der höchste, mit k_1 bezeichnete Faktor ausschlaggebend. Wie man aus (7.20.1) erkennt, ist k_1 mit k aus (7.27.1) identisch. Es folgt also, daß im multiplizierenden System die Multiplikation der primären Quellneutronen allein durch $1/(1 - k)$ bestimmt ist. Beim kritischen Zustand ist k exakt Eins, und die Multiplikation wird daher unendlich.

7.75. Ganz ähnliche Resultate wird man erwarten, wenn — an Stelle einer Punktquelle — in der Anordnung Quellen so verteilt sind, daß die Quellstärke $Q(\mathfrak{r})$ zur niedrigsten Eigenfunktion der Gleichung $\nabla^2 Q(\mathfrak{r}) + B^2 Q(\mathfrak{r}) = 0$ proportional ist, wobei $Q(\mathfrak{r})$ an der extrapolierten Grenzfläche der Anordnung verschwindet. Wie oben wird das System als homogen vorausgesetzt. Die Quellneutronen haben dann die gleiche räumliche Verteilung wie der thermische Neutronenfluß und daher wie die Spaltquellen in einem nackten Reaktor. Die Bremsnutzung für die (äußeren) Quellneutronen ist dann der für die Spaltneutronen gleich. Wenn von der Quelle Q schnelle Neutronen emittiert werden, so sind am Ende einer Generation kQ Neutronen vorhanden, am Ende von zwei Generationen $k^2 Q$ usw. Die Neutronenmultiplikation des Moderator-Brennstoff-Systems kann dann wie für eine zentrale Punktquelle durch

$$\frac{Q + kQ + k^2 Q + k^3 Q + \ldots}{Q} = \frac{1}{1 - k}$$

dargestellt werden.

7.76. Die Multiplikation kann experimentell bestimmt werden, indem man den thermischen Neutronenfluß innerhalb der Anordnung in einer bestimmten Entfernung von der Quelle mißt. Die Messung wird zuerst ohne Brennstoff durchgeführt und dann in demselben Punkt bei Anwesenheit von Brennstoff wiederholt. Das Verhältnis der beiden Werte gibt die gesuchte Multiplikation in einem bestimmten Feldpunkt für die spezielle Größe der Anordnung. Die Beobachtungen werden nun für verschiedene Größen, die sich der kritischen Abmessung nähern, wiederholt.

7.77. In der praktischen Arbeit ist es zweckmäßig, den reziproken Wert der Multiplikation zu benützen. Sie nimmt ab, wenn das Volumen der Anordnung wächst, und wird Null für das kritische Volumen. Man trägt die reziproke Multiplikation in einem Diagramm als Funktion des Volumens der Anordnung oder besser der Masse des Brennstoffs,

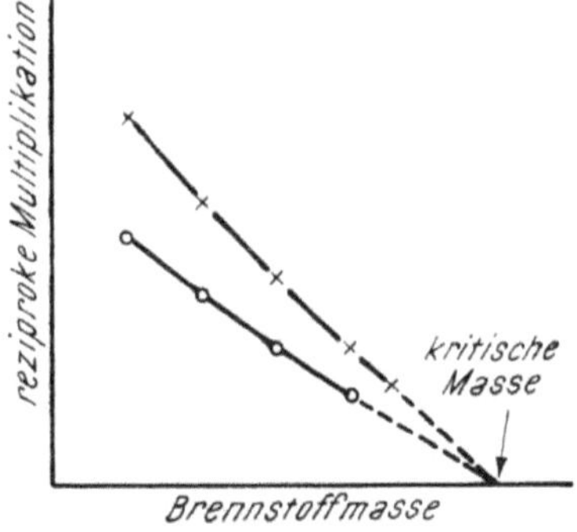

Abb. 7.77. Bestimmung der kritischen Masse

z. B. von U^{235}, auf. Zweckmäßigerweise mißt man die Multiplikation an zwei oder mehreren Stellen in der Anordnung. Das System muß dann nicht ganz kritisch gemacht werden: Man kann die kritische Masse oder das kritische

Volumen bestimmen, indem man die Kurven für die reziproke Multiplikation auf den Wert Null extrapoliert (s. Abb. 7.77).

7.78. Wenn man ein System so weit aufbaut, daß es tatsächlich kritisch wird, bleibt der Neutronenfluß auch nach Entfernen der äußeren Quelle zeitlich konstant, da sich ein kritisches System in einem stationären Zustand befindet. Ist die Anordnung etwas unterkritisch, so wird der Fluß nach Entfernen der Quelle allmählich abnehmen. Ist das System hingegen überkritisch, so wächst der Fluß mit der Zeit exponentiell an.

Kritische Masse, kritischer Radius und stoffliche Zusammensetzung

7.79. In Abb. 7.79 sind das kritische Volumen und die kritische Brennstoffmasse eines homogenen Kugelreaktors, in dem ein U^{235}-Salz in gewöhnlichem Wasser gelöst ist, als Funktion der Brennstoffkonzentration aufgetragen. Man erkennt, daß die kritische Brennstoffmasse ein Minimum hat, während der kritische Radius monoton wächst.

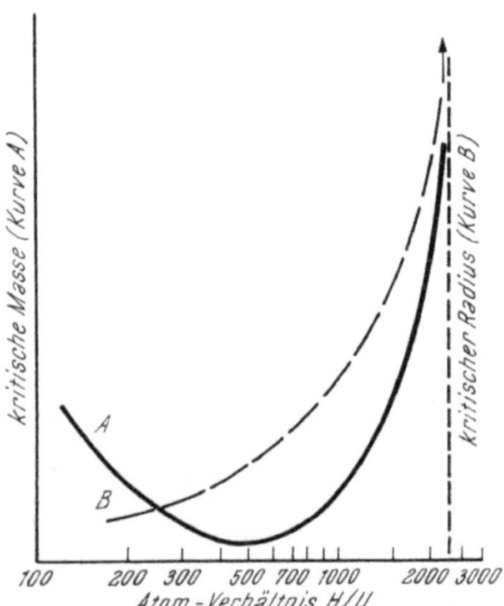

Abb. 7.79. Kritisches Volumen und kritische Masse eines U^{235}-H_2O-Lösungsreaktors als Funktion des Konzentrationsverhältnisses H/U

7.80. Diese wichtige und für thermische Reaktoren charakteristische Tatsache kann man sich folgendermaßen qualitativ erklären. Bei kleinem Moderator-Brennstoff-Verhältnis H/U ist das kritische Volumen der Anordnung und damit auch die Verbleibwahrscheinlichkeit klein. Dies wird durch den hohen Brennstoffanteil kompensiert, der ein großes k_∞ bedingt. Mit wachsendem H/U fällt k_∞ verhältnismäßig langsam ab, während die Verbleibwahrscheinlichkeit anfänglich rasch ansteigt (Abb. 7.80). Der kritische Radius wächst daher verhältnismäßig langsam an. Die kritische Brennstoffmasse ist näherungsweise durch das kritische Volumen geteilt durch H/U gegeben. Wenn also das Volumen langsamer zunimmt als der Wert des kritischen H/U, muß die kritische Masse zu einem Minimum abfallen. Von diesem Punkt an wächst die Verbleibwahrscheinlichkeit mit der kritischen Masse nicht mehr so schnell an, während k_∞ wegen der Absorption im Moderator weiterhin monoton abfällt. Die kritische Masse beginnt dann rasch zu wachsen und wird unendlich bei $k_\infty = 1$.

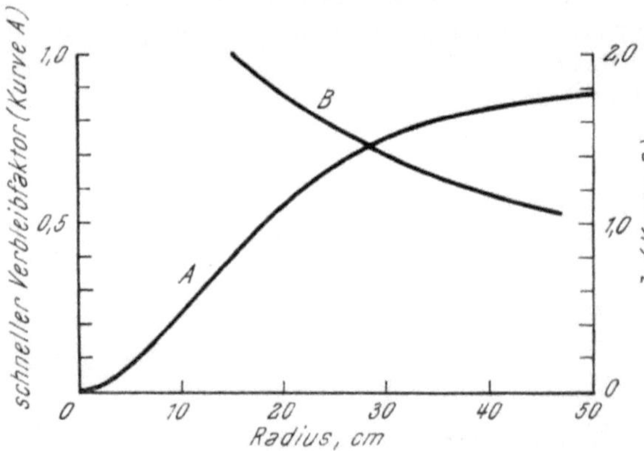

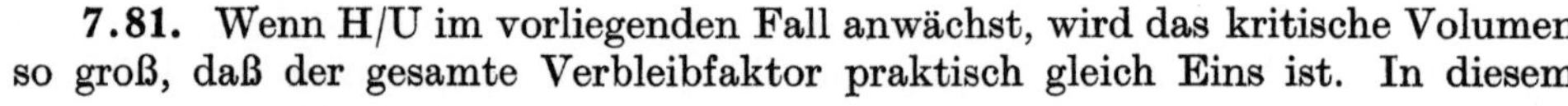

Abb. 7.80. Schneller Verbleibfaktor und Multiplikationsfaktor als Funktion des Reaktor-Radius

7.81. Wenn H/U im vorliegenden Fall anwächst, wird das kritische Volumen so groß, daß der gesamte Verbleibfaktor praktisch gleich Eins ist. In diesem

Fall muß k_∞ für den kritischen Reaktor gleich Eins sein, und (7.66.1) geht über in

$$\eta \frac{z}{z+1} = 1$$

oder, bei Verwendung von (7.66.2), in

$$\frac{N_\mathrm{H}}{N_\mathrm{U}} = \frac{\sigma_\mathrm{U}}{\sigma_\mathrm{H}} (\eta - 1).$$

Wir setzen für σ_U und σ_H 689 bzw. 0,33 barn, und da für U^{235} $\eta = 2,05$ ist (§ 7.69), wird

$$\frac{N_\mathrm{H}}{N_\mathrm{U}} = 2192.$$

Bei diesem Wert von H/U wird k_∞ gleich Eins, und eine Kettenreaktion ist gerade noch möglich. Jede weitere Zunahme des Wasserstoffanteiles hat wegen der parasitären Absorption im Moderator ein Absinken des Multiplikationsfaktors unter Eins zur Folge, und das System kann nicht mehr kritisch gemacht werden. Die Kurve für die kritische Masse in Abb. 7.79 nähert sich daher asymptotisch der Ordinate bei H/U = 2192. Bei dieser Komposition würde ein nackter, homogener, thermischer Reaktor erst bei unendlichem Radius kritisch werden.

VIII. Der homogene Reaktor mit Reflektor: Die Gruppendiffusions-Methode

Allgemeine Betrachtungen

Eigenschaften eines Reflektors

8.1. Die kritische Masse eines Reaktors wird verringert, wenn man die Spaltzone[1] mit streuendem Material, z. B. Graphit, Beryllium usw., umgibt. Diese Schicht wirkt als Reflektor, indem sie einen Teil der Neutronen, die andernfalls entweichen würden, in die Spaltzone zurückstreut. Ein Reflektor verringert so die Sickerverluste aus dem Core und macht ein Brennstoff-Moderator-System bereits bei Abmessungen kritisch, die für einen nackter Reaktor noch nicht ausreichen würden. Ein Reflektor erspart also Spaltmaterial.

8.2. Ein Reflektor verringert nicht nur das kritische Volumen (und damit die Brennstoffmasse) des Core, er erhöht auch die mittlere Leistung des Reaktors

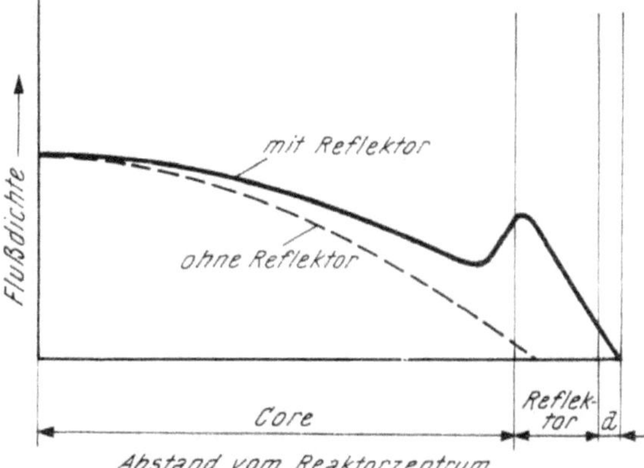

Abb. 8.2. Thermische Flußverteilung im Reaktor mit und ohne Reflektor

bei gegebenem Brennstoffgewicht. Wie wir in Kap. IV gesehen haben, ist die Leistung zur mittleren thermischen Neutronendichte bzw. zum mittleren Fluß im Core proportional. Im Zentrum eines Reaktors mit Reflektor ist der Neu-

---

[1] Mit Spaltzone, auch Core, wird jener Teil des Systems bezeichnet, in dem die Kettenreaktion vor sich geht.

tronenfluß nicht wesentlich verschieden von dem im nackten Reaktor. In der Nähe der Grenzfläche ist aber der thermische Fluß im ersten Fall bedeutend höher. Dies wird schematisch in Abb. 8.2 dargestellt, die den thermischen Neutronenfluß im nackten Reaktor und im Reaktor mit Reflektor zeigt (die kleinen Buckel im Fluß im Reflektor werden in § 8.58 erklärt). Die vertikalen Linien stellen die extrapolierten Grenzflächen des Core und des Reflektors dar. Unter sonst gleichen Bedingungen wird also der mittlere thermische Neutronenfluß und damit auch die Leistung durch den Reflektor vergrößert. Beim Reaktor mit Reflektor werden die Randgebiete der Spaltzone besser ausgenutzt als beim nackten Reaktor. Eine allgemeine Vorstellung von den an eine Reflektorsubstanz zu stellenden Forderungen erhält man durch folgende Überlegungen.

8.3. Die Wahrscheinlichkeit dafür, daß ein Neutron aus dem Reflektor in die Spaltzone zurückkehrt, ist um so größer, je kleiner die mittlere Eindringtiefe der Neutronen in den Reflektor ist. Diese Strecke hängt mit der mittleren freien Streuweglänge und daher mit dem Diffusionskoeffizienten zusammen. Je kleiner die mittlere freie Streuweglänge ist, desto früher wird das eindringende Neutron seinen ersten Zusammenstoß erfahren. Dies erhöht die Wahrscheinlichkeit für die Rückkehr eines Neutrons in die Spaltzone in zweierlei Hinsichten.

8.4. Unter Voraussetzung isotroper Streuung (§ 6.18 ff.) ist erstens die Wahrscheinlichkeit dafür, daß ein Neutron durch den ersten Stoß in Richtung zur Spaltzone gestreut wird, zum Raumwinkel proportional, unter dem die Spaltzone vom Punkt des Zusammenstoßes aus erscheint. Je kleiner die mittlere freie Streuweglänge ist, desto größer ist dieser Winkel und daher die Wahrscheinlichkeit für die Rückkehr ins Core. Zweitens ist die Wahrscheinlichkeit dafür, daß ein Neutron im streuenden Medium im Intervall von x bis $x + dx$ absorbiert wird, gleich $\Sigma_a\, dx$ (§ 3.43), wobei Σ_a der Absorptionsquerschnitt ist. Die Wahrscheinlichkeit dafür, daß ein Neutron im Reflektor absorbiert wird, bevor es in die Spaltzone zurückkehrt, ist daher, bezogen auf die Einheit der Weglänge, gleich Σ_a.

Man sieht: Je kürzer der Rückweg zur Spaltzone ist, desto kleiner ist der Bruchteil der Neutronen, die im Reflektor absorbiert werden.

8.5. Aus dem letzten Argument folgt aber auch, daß der Absorptionsquerschnitt der Reflektorsubstanz klein sein muß. Diese Forderungen stehen mit denen im Einklang, die in Kap. V im Hinblick auf die Albedo aufgestellt worden sind. Wir sahen, daß ein Stoff eine große Albedo hat und daher einen guten Reflektor darstellt, wenn $\varkappa D$ klein ist. Da $\varkappa$ gleich $\sqrt{\Sigma_a/D}$ ist, läuft die Forderung darauf hinaus, daß das Produkt $\Sigma_a D$ klein sein muß — in Übereinstimmung mit den oben aus qualitativen Betrachtungen gezogenen Schlußfolgerungen.

8.6. Ein beträchtlicher Bruchteil der Neutronen entweicht während des Bremsprozesses aus der Spaltzone. Die Energie dieser Neutronen liegt über dem thermischen Wert. Es ist vorteilhaft, wenn sie mit verminderter Energie in die Spaltzone zurückkehren. Dies kann erreicht werden, wenn man als Reflektor einen guten Moderator, d. h. ein leichtes Element mit hohem Streuquerschnitt verwendet. Solche Stoffe erfüllen am besten die oben formulierten Bedingungen, vorausgesetzt, daß sie einen kleinen Absorptionsquerschnitt haben.

Die Gruppendiffusions-Methode

Einleitung

8.7. Die theoretische Behandlung eines Reaktors mit Reflektor führt auf analytische Schwierigkeiten. Beim kritischen nackten Reaktor sind die Bremsdichte und damit der Quellterm für thermische Neutronen überall zum Neutronenfluß proportional. Die thermische Diffusionsgleichung ist dann linear und homogen und im Prinzip leicht lösbar. Da die multiplizierenden und bremsenden Eigenschaften eines Reflektors im allgemeinen von denen der Spaltzone verschieden sind, ändert sich das Neutronen-Energiespektrum, welches innerhalb des nackten Reaktors ziemlich gleichförmig ist, in der Nähe der Trennfläche Core-Reflektor sehr stark. Die Lösung der Altersgleichung, die als Quellterm der thermischen Neutronen in der Diffusionsgleichung § 7.5 auftritt, wird daher schwierig.

8.8. Einen Weg zur vereinfachten Behandlung des Bremsvorganges in zusammengesetzten Medien eröffnet die Gruppendiffusions-Methode. Diese Methode setzt voraus, daß die Neutronenenergie von der Quellenergie bis zur thermischen Energie in eine endliche Zahl von Energieintervallen oder Energiegruppen eingeteilt werden kann. Außerdem wird vorausgesetzt, daß die Neutronen innerhalb jeder Gruppe ohne Energieverlust diffundieren, bis sie die mittlere Zahl von Zusammenstößen erfahren haben, die erforderlich ist, um ihre Energie auf die der nächstniederen Gruppe zu reduzieren. Es wird ferner angenommen, daß die Neutronen bei Erreichen der nötigen Stoßzahl unmittelbar in die nächste Energiegruppe eintreten und daß dieser Prozeß solange andauert, bis die Energie der Neutronen von der Gruppe der höchsten Energie (Spaltenergie) auf die der niedrigsten (thermischen) Energie gesunken ist.

Gruppenkonstanten

8.9. Da das Energiespektrum der Neutronen in einem Reaktor einen kontinuierlichen Bereich von der thermischen Energie bis hinauf zu ungefähr 10 MeV überdeckt, stellt die Gruppendiffusions-Methode nur ein Näherungsverfahren dar. Sie kann verbessert werden, indem man für die verschiedenen Stoffeigenschaften der Spaltzone und des Reflektors, wie Wirkungsquerschnitte, Diffusionskoeffizienten usw., für jede Gruppe geeignete Mittelwerte bestimmt. Das Verfahren für die Berechnung dieser *Gruppenkonstanten,* wie man sie häufig nennt, soll am Fall von zwei Energiegruppen näher erläutert werden.

8.10. Im Zweigruppenverfahren bilden die thermischen Neutronen eine Gruppe, während alle Neutronen höherer Energie in der zweiten Gruppe zusammengefaßt werden. Man nimmt an, daß alle Neutronen von einer monoenergetischen Spaltquelle mit der Energie E_0 stammen, und setzt voraus, daß sie ihre Energie solange beibehalten, bis sie jene mittlere Zahl von Streustößen erfahren haben, die erforderlich ist, um ihre Energie auf den thermischen Wert E_{th} zu reduzieren. Die Neutronen werden dann in die thermische Gruppe versetzt. Die Zusammenfassung aller Neutronen mit höheren Energien in eine Gruppe stellt natürlich eine grobe Schematisierung dar. Die mittleren Eigenschaften der Neutronen in der „schnellen" Gruppe können in folgender Weise bestimmt werden.

8.11. Die Zahl der Streustöße, die alle schnellen Neutronen erleiden, ist

$$\text{Zahl der Streustöße pro cm}^3 \text{ und sec in der schnellen Gruppe} = \int_{E_{th}}^{E_0} \Sigma_s(E)\, n(E)\, v\, dE, \qquad (8.11.1)$$

wobei $\Sigma_s(E)$ den makroskopischen Streuquerschnitt der Neutronen der Energie E, $n(E)$ die entsprechende Neutronendichte pro Energieeinheit und v die Geschwindigkeit dieser Neutronen bedeuten. Der gesamte Fluß Φ_1 der schnellen Gruppe ist gegeben durch

$$\Phi_1 = \int_{E_{th}}^{E_0} n(E)\, v\, dE. \qquad (8.11.2)$$

Damit kann man einen mittleren Streuquerschnitt $\overline{\Sigma}_s$ der schnellen Gruppe durch

$$\overline{\Sigma}_s = \frac{\displaystyle\int\limits_{E_{\mathrm{th}}}^{E_0} \Sigma_s(E)\, n(E)\, v\, dE}{\displaystyle\int\limits_{E_{\mathrm{th}}}^{E_0} n(E)\, v\, dE} \qquad (8.11.3)$$

definieren und damit an Stelle von (8.11.1) schreiben:

$$\text{Zahl der Zusammenstöße pro cm}^3 \atop \text{und sec in der schnellen Gruppe} = \overline{\Sigma}_s \Phi_1.$$

8.12. Der mittlere logarithmische Energieverlust pro Zusammenstoß ist ξ; die mittlere Zahl der Stöße, die erforderlich sind, um ein Quellneutron von E_0 auf E_{th} abzubremsen, beträgt demnach

$$\text{mittlere Zahl der Stöße für } E_0 \to E_{\mathrm{th}} = \frac{1}{\xi}\ln\frac{E_0}{E_{\mathrm{th}}}. \qquad (8.12.1)$$

Die Zahl der Übertritte pro sec und cm^3 aus der schnellen in die thermische Gruppe ist gleich $\overline{\Sigma}_s \Phi_1$, der Zahl der Streustöße pro sec und cm^3, dividiert durch die Zahl der Zusammenstöße, die erforderlich sind, um die Energie von E_0 auf E_{th} zu reduzieren:

$$\begin{matrix}\text{Zahl der Neutronen, die pro cm}^3 \text{ und} \\ \text{sec in die thermische Gruppe übertreten}\end{matrix} = \frac{\overline{\Sigma}_s \Phi_1}{\dfrac{1}{\xi}\ln\dfrac{E_0}{E_{\mathrm{th}}}}. \qquad (8.12.2)$$

Nun kann ein „*Bremsquerschnitt*" Σ_1 für schnelle Neutronen so definiert werden, daß $\Sigma_1\Phi_1$ die Zahl der Neutronen angibt, die pro cm^3 und sec aus der schnellen in die thermische Gruppe übertreten. Diese Zahl ist durch (8.12.2) gegeben, so daß der „Bremsquerschnitt" durch

$$\Sigma_1 = \frac{\overline{\Sigma}_s}{\dfrac{1}{\xi}\ln\dfrac{E_0}{E_{\mathrm{th}}}} \qquad (8.12.3)$$

definiert ist.

8.13. Der Diffusionskoeffizient der schnellen Gruppe wird aus der zugehörigen Neutronenstromdichte hergeleitet. Diese kann durch

$$\text{Stromdichte der schnellen Neutronen} = -\int\limits_{E_{\mathrm{th}}}^{E_0} D(E)\,\mathrm{grad}\,\Phi(\mathfrak{r}, E)\, dE$$

[s. Gl. (5.28.1)] bzw. durch $-D_1\,\mathrm{grad}\,\Phi_1$ dargestellt werden, wobei D_1 der Diffusionskoeffizient der schnellen Neutronen ist. Daraus folgt

$$D_1\,\mathrm{grad}\,\Phi_1 = D_1\int\limits_{E_{\mathrm{th}}}^{E_0}\mathrm{grad}\,\Phi(\mathfrak{r}, E)\, dE = \int\limits_{E_{\mathrm{th}}}^{E_0} D(E)\,\mathrm{grad}\,\Phi(\mathfrak{r}, E)\, dE$$

oder

$$D_1 = \frac{\displaystyle\int_{E_{\text{th}}}^{E_0} D(E)\,\text{grad}\,\Phi(\mathfrak{r}, E)\,dE}{\displaystyle\int_{E_{\text{th}}}^{E_0} \text{grad}\,\Phi(\mathfrak{r}, E)\,dE}. \tag{8.13.1}$$

Aus dieser Gleichung ersieht man, daß D_1 nur dann konstant ist, wenn $\Phi(\mathfrak{r}, E)$ als Produkt einer Funktion von $\mathfrak{r}$ allein, multipliziert mit einer Funktion von E allein, dargestellt werden kann, d. h. wenn die räumliche Variation des Neutronenspektrums im Medium vernachlässigt werden kann. Der Einfachheit halber wird diese Annahme gewöhnlich gemacht und (8.13.1) geht mit $D(E) = \lambda_t/3$ über in

$$D_1 = \frac{\displaystyle\int_{E_{\text{th}}}^{E_0} \frac{1}{3}\,\lambda_t(E)\,\Phi(E)\,dE}{\displaystyle\int_{E_{\text{th}}}^{E_0} \Phi(E)\,dE}, \tag{8.13.2}$$

wobei $\Phi(E)$ das Neutronenspektrum darstellt. Kann dieses durch die asymptotische Verteilung $1/E$ (s. § 6.63 ff.) dargestellt werden, so reduziert sich (8.13.2) auf

$$D_1 = \frac{\displaystyle\int_{E_{\text{th}}}^{E_0} \frac{1}{3}\,\lambda_t(E)\,\frac{dE}{E}}{\ln(E_0/E_{\text{th}})}. \tag{8.13.3}$$

8.14. Die Gruppendiffusions-Methode wird hier zur Berechnung von thermischen Reaktoren mit Reflektoren verwendet. Sie soll zunächst durch eine detaillierte Betrachtung des Ein- und des Zweigruppenmodells erläutert werden. Die allgemeine oder Mehrgruppenmethode, die eine große Zahl von Gruppen verwendet, wird im Anschluß daran kurz skizziert.

Eine Neutronengruppe

8.15. Im einfachsten Fall — manchmal als Eingruppentheorie bezeichnet — wird angenommen, daß Erzeugung, Diffusion und Absorption der Neutronen bei einer einzigen Energie, nämlich der thermischen Energie, vor sich gehen. Dieses grobe Näherungsverfahren liefert immerhin vorläufige Ergebnisse, die später verbessert werden können. Da vorausgesetzt wird, daß die Spaltneutronen mit thermischer Energie entstehen, tritt kein Bremsproblem auf. Die Bremsnutzung und der Schnellspaltfaktor (§§ 4.58, 4.59) sind dann beide gleich Eins und der Multiplikationsfaktor ist durch $\eta\,f$ gegeben.

8.16. Wir verwenden die Indizes C und R, um das Reaktor-Core vom Reflektor zu unterscheiden. Die Diffusionsgleichung (5.44.1) für den stationären Zustand lautet in der Spaltzone

$$D_C\,\nabla^2\Phi_C - \Sigma_{aC}\,\Phi_C + k_\infty\,\Sigma_{aC}\,\Phi_C = 0. \tag{8.16.1}$$

Der Quellterm ergibt sich aus der Definition des Multiplikationsfaktors (§ 4.47), wonach für jedes absorbierte Neutron k_∞ Neutronen erzeugt werden. Wenn keine äußere Quelle vorhanden ist, was hier vorausgesetzt werden soll, ist der stationäre Zustand gleichzeitig der kritische Zustand des Reaktors. Wenn man (8.16.1) durch D_C dividiert, folgt

$$\nabla^2 \Phi_C + (k_\varkappa - 1)\,\frac{\Sigma_{a\,C}}{D_C}\,\Phi_C = 0$$

oder in Form der Wellengleichung

$$\nabla^2 \Phi_C + B_C^2\,\Phi_C = 0. \tag{8.16.2}$$

Die kritische Flußwölbung B_C^2 ist daher durch

$$B_C^2 = (k_\varkappa - 1)\,\frac{\Sigma_{a\,C}}{D_C} = \frac{k_\varkappa - 1}{L_C^2} \tag{8.16.3}$$

gegeben, wobei L_C die Diffusionslänge der Neutronen in der Spaltzone bedeutet und $L_C^2 = D_C/\Sigma_{a\,C}$. Dieser Ausdruck liefert einen Näherungswert für die Flußwölbung des kritischen Systems. Für genauere Rechnungen ist jedoch die Form [s. Gl. (7.63.3)]

$$B_C^2 = \frac{k_\varkappa - 1}{W_C^2} \tag{8.16.4}$$

vorzuziehen, in der W_C^2 die Wanderfläche ist. Sie kann gleich $L_C^2 + \tau$ gesetzt werden, worin τ das Fermi-Alter der thermischen Neutronen in der Spaltzone bedeutet.

8.17. Vom Reflektor wird vorausgesetzt, daß er nicht multiplizierend wirkt, d. h. daß er keinen Brennstoff enthält. In der Diffusionsgleichung für den Reflektor tritt daher kein Quellterm auf:

$$D_R\,\nabla^2 \Phi_R - \Sigma_{a\,R}\,\Phi_R = 0 \tag{8.17.1}$$

oder

$$\nabla^2 \Phi_R - \varkappa_R^2\,\Phi_R = 0, \tag{8.17.2}$$

wobei $\varkappa_R^2 = \Sigma_{a\,R}/D_R$ (§ 5.44).

8.18. Zur Bestimmung der kritischen Flußwölbung hat man die Differentialgleichungen (8.16.2) und (8.17.2) zu lösen, wobei die Randbedingungen durch die Geometrie des Reaktors gegeben sind. Wir betrachten einige einfache Fälle, die auf eindimensionale Probleme führen.

Fall I. Die unendliche Platte

8.19. Als Spaltzone diene eine unendlich ausgedehnte, ebene Platte der Dicke H, an die auf beiden Seiten eine Reflektorschicht angrenzt (Abb. 8.19). Die Reflektordicke T schließt die Extrapolationsdistanz ein. Der Koordinatenursprung wird in der Symmetrieebene des Systems angenommen. Eine Lösung von (8.16.2) für den symmetrischen, endlichen und nicht negativen Neutronenfluß in der Spaltzone lautet

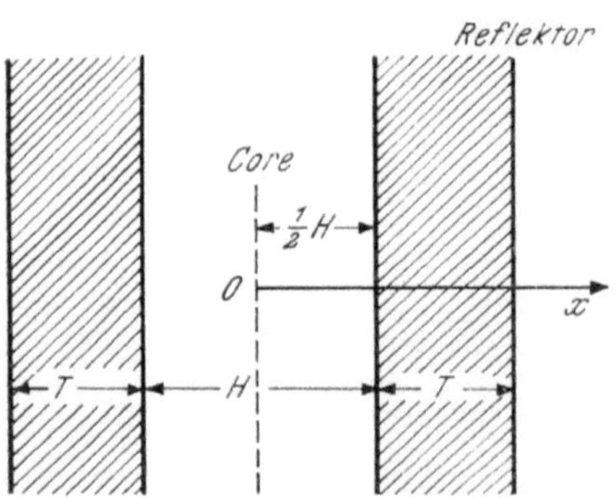

Abb. 8.19. Plattenreaktor mit Reflektor

$$\Phi_C(x) = A \cos B_C\,x, \tag{8.19.1}$$

wobei A eine willkürliche Konstante ist.

8.20. Die allgemeine Lösung der Reflektorgleichung (8.17.2) enthält Hyperbelfunktionen, da $\varkappa^2$ eine positive Größe ist. Der Neutronenfluß im Reflektor ist daher durch

$$\Phi_R(x) = A'\operatorname{ch}\varkappa_R x + C'\operatorname{sh}\varkappa_R x \qquad (8.20.1)$$

gegeben. Weiter gilt die Randbedingung

$$\Phi_R\left(\frac{1}{2}H + T\right) = A'\operatorname{ch}\varkappa_R\left(\frac{1}{2}H + T\right) + C'\operatorname{sh}\varkappa_R\left(\frac{1}{2}H + T\right) = 0,$$

also

$$A' = -C'\operatorname{th}\varkappa_R\left(\frac{1}{2}H + T\right)\cdot \qquad (8.20.2)$$

Wenn dieser Wert von A' in (8.20.1) eingeführt wird, ergibt sich die spezielle Lösung von (8.17.2):

$$\Phi_R(x) = C\operatorname{sh}\varkappa_R\left(\frac{1}{2}H + T - x\right), \qquad (8.20.3)$$

wobei C eine neue willkürliche Konstante ist. Der Fluß im linken Reflektor, d. h. für $x = -|x|$, ergibt sich aus (8.20.3), indem man x durch $-x$ ersetzt. (8.20.3) gilt daher allgemein, wenn man unter x den absoluten Wert $|x|$ versteht.

8.21. Die Konstanten A und C können eliminiert werden, indem man die Randbedingungen (§ 5.38) für den Neutronenfluß und die Stromdichte an der Trennfläche, d. h. für $x = H/2$, einführt:

$$\Phi_C\left(\frac{1}{2}H\right) = \Phi_R\left(\frac{1}{2}H\right)$$

und

$$D_C\frac{d\,\Phi_C(x)}{dx} = D_R\frac{d\,\Phi_R(x)}{dx} \quad \text{für } x = \frac{1}{2}H.$$

Aus der ersten dieser Bedingungen folgt mit (8.19.1) und (8.20.3)

$$A\cos\left(B_C\frac{H}{2}\right) = C\operatorname{sh}\varkappa_R T, \qquad (8.21.1)$$

und aus der zweiten ergibt sich

$$A\,D_C B_C\sin\left(B_C\frac{H}{2}\right) = C D_R\varkappa_R\operatorname{ch}\varkappa_R T. \qquad (8.21.2)$$

Division von (8.21.2) durch (8.21.1) führt zu[1]

$$D_C B_C\operatorname{tg}\left(B_C\frac{H}{2}\right) = D_R\varkappa_R\operatorname{cth}\varkappa_R T. \qquad (8.21.3)$$

Diese transzendente Gleichung ist die kritische Gleichung für den unendlichen Plattenreaktor mit Reflektor nach der Eingruppenmethode. Da D_C, B_C, D_R und $\varkappa_R$ aus den bekannten Eigenschaften des Brennstoffs, des Moderators und des Reflektormaterials durch Mittelwertbildung bestimmt werden können (8.22 ff.), gibt (8.21.3) die kritische Halbdicke $H/2$, die einer Reflektordicke T entspricht. Auf diese Weise kann die Reflektordicke bestimmt werden, welche den Plattenreaktor von gegebener Dicke kritisch macht.

---

[1] Diese Gleichung kann unmittelbar aus (5.107.2), der Randbedingung auf Grund der Albedo des Reflektors, hergeleitet werden.

8.22. Wie wir in § 8.16 gesehen haben, ist $B_C{}^2$ gleich $(k_\infty - 1)/L_C{}^2$, oder besser, gleich $(k_x - 1)/(L_C{}^2 + \tau)$, und dieser Wert kann berechnet werden, wenn die Zusammensetzung des Reaktors festgelegt ist. Wenn das Brennstoff-Moderator-Verhältnis klein ist, kann man mit Hilfe von (7.67.1)

$$L_C{}^2 = \frac{L_{0C}{}^2}{z + 1}$$

schreiben, wobei L_{0C} die Diffusionslänge der Neutronen im reinen Moderator und z das Verhältnis der makroskopischen Absorptionsquerschnitte von Brennstoff und Moderator [s. Gl. (7.66.2)] darstellt. In der Eingruppentheorie kann k_∞ gleich ηf (§ 8.15) gesetzt werden, so daß

$$k_x = \eta f = \eta \frac{z}{z + 1}$$

ist wie in (7.66.1). Durch Einsetzen dieser Werte in den Ausdruck für $B_C{}^2$ findet man. daß

$$B_C{}^2 = \frac{\eta z - (z + 1)}{L_{0C}{}^2 + \tau(z + 1)},$$

wobei für τ das Neutronenalter für den reinen Moderator genommen werden kann. Die Flußwölbung und damit die kritischen Dimensionen der Spaltzone können so für bestimmte Materialien berechnet werden. Umgekehrt kann die Flußwölbung bei gegebenen kritischen Abmessungen unmittelbar in der üblichen Weise berechnet werden (s. Tab. 7.60).

8.23. Die Werte von D_C und D_R sind im wesentlichen diejenigen für reinen Moderator und reinen Reflektor, so daß sie aus den entsprechenden mittleren freien Transportweglängen berechnet werden können. Schließlich ist $\varkappa_R$ gleich $1/L$ für das Reflektormaterial. Man hat also alle Angaben für die Auswertung der Beziehung (8.21.3). Die Ergebnisse für einen typischen Fall sind aus Abb. 8.23 ersichtlich.

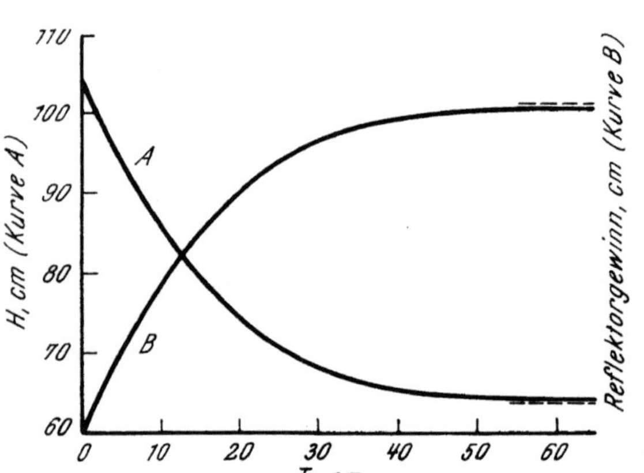

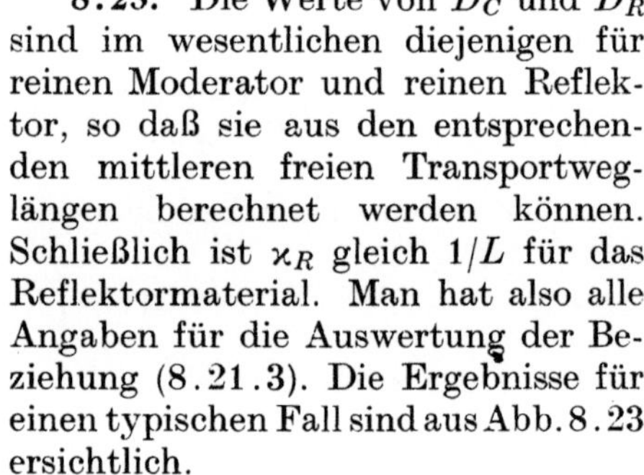

Abb. 8.23. Reflektorgewinn für den Plattenreaktor

Man erkennt, daß die kritische Dicke der Spaltzone zuerst mit wachsender Reflektordicke abnimmt, allerdings nur bis zu einem bestimmten Wert. Wie unten ausgeführt wird, wirkt ein Reflektor, dessen Dicke etwa zwei bis drei Diffusionslängen beträgt, praktisch wie ein Reflektor von unendlicher Dicke.

8.24. Wenn T gegen Null geht, strebt $\operatorname{cth}(\varkappa_R T)$ und damit nach (8.21.3) auch $\operatorname{tg}(B_C H/2)$ gegen Unendlich, so daß $B_C H/2 = \pi/2$ wird. Für einen nackten unendlichen Plattenreaktor ($T = 0$) führt also die Eingruppenmethode zu der kritischen Gleichung $B_C H_0/2 = \pi/2$ oder $B_C = \pi/H_0$, welche dieselbe Gestalt wie die für einen unendlichen Plattenreaktor ohne Reflektor (§ 7.39) hat. B_C ist aber nicht identisch mit B_g von (7.39.1), da in der Eingruppenmethode angenommen wird, daß die Neutronen bei der gleichen Energie erzeugt und absorbiert werden. Eine genauere Beschreibung erhält man, wenn man B_C durch (8.16.4) statt durch (8.16.3) definiert.

Reflektorgewinn

8.25. Die durch den Reflektor bewirkte Verkleinerung des kritischen Volumens eines Reaktors wird durch den Reflektorgewinn δ ausgedrückt. Dieser ist definiert durch

$$\delta = \frac{1}{2}\, H_0 - \frac{1}{2}\, H, \tag{8.25.1}$$

wobei H_0 die kritische Dicke des nackten Plattenreaktors bedeutet. Da H_0, wie wir oben sahen, gleich π/B_C ist, folgt

$$\delta = \frac{\pi}{2\,B_C} - \frac{H}{2} \quad \text{oder} \quad \frac{H}{2} = \frac{\pi}{2\,B_C} - \delta .$$

Wenn man diesen Wert für $H/2$ in die kritische Gl. (8.21.3) einsetzt, erhält man

$$\operatorname{tg} B_C\, \delta = \frac{D_C\, B_C}{D_R\, \varkappa_R}\, \operatorname{th} \varkappa_R\, T \tag{8.25.2}$$

oder

$$\delta = \frac{1}{B_C}\, \operatorname{arctg}\left(\frac{D_C\, B_C}{D_R\, \varkappa_R}\, \operatorname{th} \varkappa_R\, T \right). \tag{8.25.3}$$

Aus dieser Gleichung kann der Reflektorgewinn für verschiedene Reflektordicken berechnet werden. Die allgemeine Abhängigkeit des Reflektorgewinns von der Reflektordicke wird durch Abb. 8.23 wiedergegeben.

8.26. Ist die Reflektordicke T relativ klein oder aber das Core sehr groß, so daß die Größe $B_C\, \delta$ klein ist, so kann $\operatorname{tg}(B_C\, \delta)$ in (8.25.2) durch $B_C\, \delta$ ersetzt werden. Diese Gleichung gibt dann mit $\varkappa_R = 1/L_R$

$$\delta = \frac{D_C}{D_R}\, L_R\, \operatorname{th} \frac{T}{L_R}. \tag{8.26.1}$$

Wenn $D_C = D_R$ ist (z. B. wenn Moderator und Reflektor aus gleichem Material bestehen und der Brennstoffanteil im Core nicht groß ist), reduziert sich (8.26.1) auf

$$\delta = L_R\, \operatorname{th} \frac{T}{L_R}. \tag{8.26.2}$$

8.27. Ist die Diffusionslänge im Reflektor bedeutend größer als dessen Dicke, so daß T/L_R klein ist, so kann $\operatorname{th}(T/L_R)$ durch T/L_R ersetzt werden, und Gl. (8.26.1) geht über in

$$\delta = \frac{D_C}{D_R}\, T. \tag{8.27.1}$$

Wenn speziell $D_C = D_R$, ist der Reflektorgewinn für einen großen Reaktor mit einem dünnen Reflektor gleich der Reflektordicke.

8.28. Bei sehr dickem Reflektor ist andererseits T/L_R groß und $\operatorname{th}(T/L_R)$ nähert sich Eins. Der Reflektorgewinn ist dann bei einem großen Reaktor nach (8.26.1) durch

$$\delta \approx \frac{D_C}{D_R}\, L_R \tag{8.28.1}$$

gegeben, so daß δ einen konstanten Grenzwert annimmt, der von der Reflektordicke unabhängig ist (Abb. 8.23). Wenn die Diffusionskoeffizienten im Core und im Reflektor gleich sind, ist also der Reflektorgewinn bei einem großen Reaktor mit dickem Reflektor angenähert gleich der Diffusionslänge. Für thermische Neutronen und Graphit als Reflektor würde dies ungefähr 50 cm ausmachen (Tab. 5.91).

8.29. Aus den vorhergehenden Gleichungen kann eine Anzahl von interessanten Schlüssen gezogen werden. Man erkennt zunächst, daß der Reflektorgewinn in (8.26.1), (8.27.1) und (8.28.1) umgekehrt proportional zum Diffusionskoeffizienten D_R des Reflektors ist, in Übereinstimmung mit den in § 8.3 ff. hergeleiteten Resultaten. Ferner ist der Reflektorgewinn für einen dicken Reflektor nach (8.28.1) durch das Verhältnis L_R/D_R bestimmt. Wegen $L_R^2 = D_R/\Sigma_{aR}$ ist $L_R/D_R = 1/\sqrt{D_R \Sigma_{aR}}$. Der Reflektorgewinn ist also relativ groß, wenn der Absorptionsquerschnitt des Reflektormaterials klein ist. Dieser Schluß stimmt mit der früheren Diskussion überein.

8.30. Nach den obigen Gleichungen ist also der Reflektorgewinn bei einem großen Reaktor und bestimmtem Reflektormaterial bei kleiner Reflektordicke in erster Linie durch diese selbst, bei großer Dicke des Reflektors durch die Neutronendiffusionslänge bestimmt. Wie die Eingruppentheorie zeigt, wird also wenig gewonnen, wenn man einen Reflektor verwendet, der dicker als eine thermische Diffusionslänge ist. Genauere Rechnungen zeigen, daß eine Reflektordicke, die etwa der 1,5fachen Wanderlänge entspricht, praktisch einem unendlich dicken Reflektor gleichwertig ist. In diesem Zusammenhang sei an das in § 5.57 und § 5.101 gewonnene Ergebnis erinnert, wonach ein Medium mit einer Dicke von zwei bis drei Diffusionslängen bezüglich der Diffusion von monoenergetischen Neutronen praktisch wie ein unendlich ausgedehntes Medium wirkt.

Fall II. Der kugelförmige Reaktor mit Reflektor

8.31. Die Ergebnisse der Eingruppentheorie für einen kugelförmigen Reaktor mit Reflektor sollen nur kurz angedeutet werden. Für den Fluß in Core und Reflektor findet man

$$\Phi_C(r) = \frac{A \sin B_C r}{r}$$

und

$$\Phi_R(r) = \frac{A' \operatorname{sh} \varkappa_R (R + T - r)}{\varkappa_R r},$$

wobei r der Abstand vom Kugelmittelpunkt, R der Radius der Spaltzone und T die Dicke des Reflektors ist, der die Spaltzone in Form einer Kugelschale umgibt. Analog zu § 8.21 findet man die kritische Gleichung für den sphärischen Reaktor mit Reflektor auf Grund der Eingruppentheorie:

$$\operatorname{ctg} B_C R = \frac{1}{B_C R}\left(1 - \frac{D_R}{D_C}\right) - \frac{D_R}{D_C B_C L_R} \operatorname{cth} \frac{T}{L_R}, \tag{8.31.1}$$

wobei L_R für $1/\varkappa_R$ geschrieben worden ist. Aus (8.31.1) kann die Dicke T des Reflektors berechnet werden, welche den Kugelreaktor kritisch macht. Der Reflektorgewinn ist in diesem Falle durch

$$\delta = R_0 - R$$

definiert, wobei $R_0 = \pi/B_C$ der kritische Radius des nackten Reaktors ist (s. § 7.48).

8.32. Ist der Reaktor groß oder aber der Reflektor dünn, so wird der Wert von $B_C\,\delta$ klein. Es ist dann möglich, einen expliziten Ausdruck für δ herzuleiten. Indem man R durch $R_0 - \delta$ und R_0 durch π/B_C ersetzt, wird

$$\operatorname{ctg} B_C\,R = \operatorname{ctg}\,(B_C\,R_0 - B_C\,\delta)$$
$$= \operatorname{ctg}\,(\pi - B_C\,\delta) = -\operatorname{ctg} B_C\,\delta.$$

Da $B_C\,\delta$ klein ist, ist $\operatorname{ctg}\,(B_C\,\delta)$ angenähert gleich $1/B_C\,\delta - B_C\,\delta/3$, so daß

$$\operatorname{ctg} B_C\,R = -\,\frac{1}{B_C\,\delta} + \frac{1}{3}\,B_C\,\delta.$$

Wenn man dieses Resultat in (8.31.1) einsetzt, erhält man eine Gleichung 3. Grades in δ; vernachlässigt man die Glieder 3. Ordnung, so ergibt sich als Lösung der entstehenden quadratischen Gleichung

$$\delta \approx \frac{1}{2}\left[\frac{D_R}{D_C}\,\delta_0 + R_0 - \sqrt{\left(\frac{D_R}{D_C}\,\delta_0 + R_0\right)^2 - 4\,R_0\,\delta_0}\,\right], \qquad (8.32.1)$$

wobei im Resultat $(\pi^2/3)\cdot(\delta_0/R_0)$ gegen Eins vernachlässigt worden ist. Dabei gilt

$$\delta_0 = \frac{D_C}{D_R}\,L_R\,\operatorname{th}\frac{T}{L_R}.$$

Die Lösung mit dem Pluszeichen vor der Quadratwurzel wurde unterdrückt, da sie zu sinnlos hohen Werten für den Reflektorgewinn führen würde.

8.33. Ist speziell D_C/D_R gleich Eins, so geht (8.32.1) über in

$$\delta \approx L_R\,\operatorname{th}\frac{T}{L_R}, \qquad (8.33.1)$$

was identisch mit der entsprechenden Gl. (8.26.2) für einen unendlichen Plattenreaktor ist. Das gleiche Ergebnis folgt unmittelbar aus (8.31.1), wenn $B_C\,\delta$ klein und D_C gleich D_R ist. Wenn der Radius R_0 eines nackten kritischen Reaktors groß ist, beträgt der Reflektorgewinn bei kleinem $B_C\,\delta$ nach (8.32.1)

$$\delta \approx \frac{D_C}{D_R}\,L_R\,\operatorname{th}\frac{T}{L_R}.$$

8.34. Eine weitere Vereinfachung der vorhergehenden Gleichungen ergibt sich wie beim Plattenreaktor, wenn man die Fälle $T \ll L_R$ oder $T \gg L_R$ betrachtet. Die allgemeinen Schlüsse, zu denen man beim kugelförmigen Reaktor gelangt, gleichen den beim unendlichen Plattenreaktor gefundenen. Bei einem großen Reaktor kann wenig gewonnen werden, wenn man die Dicke des Reflektors auf mehr als etwa die zweifache Diffusionslänge L_R steigert.

8.35. Ein unendlicher zylindrischer Reaktor, der von einer koaxialen zylindrischen Reflektorschicht umgeben ist, kann ähnlich behandelt werden. Allgemein gesprochen, sind die Aussagen der Eingruppentheorie, unabhängig von der Gestalt des Reaktors, qualitativ korrekt. Quantitativ sind die Resultate nur als erste Näherung aufzufassen.

Verhältnis des maximalen zum mittleren Neutronenfluß im Plattenreaktor

8.36. Der Fluß in der Spaltzone eines unendlichen homogenen Plattenreaktors mit Reflektor ist nach (8.19.1) durch $\Phi_C\,(x) = A\,\cos B_C\,x$ gegeben, wobei B_C

durch (8.21.3) definiert ist. Das Maximum des Flusses liegt in der Symmetrieebene $x = 0$:

$$\Phi_{\max} = A,$$

wobei A durch die Leistungshöhe des Reaktors bestimmt ist. Den mittleren Fluß $\overline{\Phi}$ erhält man durch Integration über die Platte und Division durch deren Dicke:

$$\overline{\Phi} = \frac{1}{H} \int_{-H/2}^{+H/2} A \cos B_C x \, dx = \frac{2A}{B_C H} \sin \frac{B_C H}{2}.$$

Das Verhältnis des maximalen zum mittleren Fluß, häufig als *Formfaktor* bezeichnet, ist

$$\frac{\Phi_{\max}}{\overline{\Phi}} = \frac{\frac{1}{2} B_C H}{\sin \frac{1}{2} B_C H}. \tag{8.36.1}$$

Wenn man dieses Ergebnis mit (8.21.3), d. h.

$$\frac{1}{2} B_C H = \operatorname{arc tg}\left(\frac{D_R \varkappa_R}{D_C B_C} \operatorname{cth} \varkappa_R T\right), \tag{8.36.2}$$

kombiniert, kann man das Verhältnis des maximalen zum mittleren Fluß für verschiedene Dicken von Core und Reflektor berechnen. Dazu wählt man spezielle Werte für H und T und löst dann bei bekannten D_C, D_R und $\varkappa_R$ die transzendente Gl. (8.36.2) durch einen Iterationsprozeß nach B_C auf. Bei bekanntem B_C und H kann das durch (8.36.1) ausgedrückte Verhältnis für einen gegebenen Wert von T leicht berechnet werden.

Für $T = 0$, d. h. für den nackten Reaktor, ist $B_C = \pi/H$ (§ 8.24), und das Verhältnis $\Phi_{\max}/\overline{\Phi}$ beträgt daher $\pi/2$, d. h. 1,57. Bei sehr dickem Reflektor, d. h. $T \to \infty$, geht $\operatorname{cth}(\varkappa_R T) \to 1$, und es ist daher $1/2 \cdot B_C H = \operatorname{arc tg}(D_R \varkappa_R/D_C B_C)$. Hieraus kann der Grenzwert des Formfaktors $\Phi_{\max}/\overline{\Phi}$ für verschiedene Core-Dicken bestimmt werden.

8.37. Abb. 8.37 zeigt das Ergebnis der Rechnung für ein hauptsächlich aus Beryllium bestehendes Core und einem Berylliumreflektor mit $D_R \approx D_C$

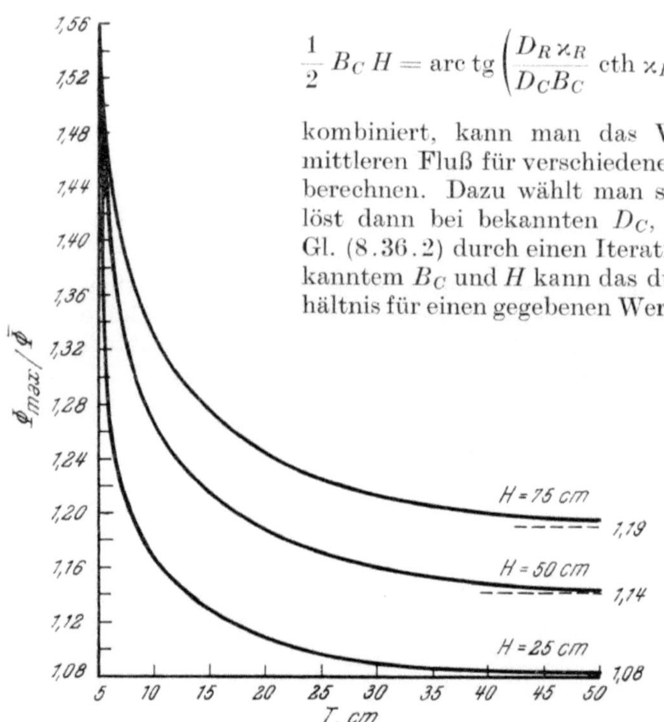

Abb. 8.37. Der Einfluß der Reflektordicke T auf den Formfaktor beim Plattenreaktor

und $\varkappa_R = 1/L_R = 0{,}0455 \text{ cm}^{-1}$. Aufgetragen sind Kurven für $H = 25$, 50 und 75 cm und für Reflektordicken von 5 bis 50 cm. Der steile Abfall von $\Phi_{\max}/\overline{\Phi}$ bei kleinen T zeigt, daß sich die Flußverteilung im Core mit zunehmender Reflektordicke rasch abflacht (§ 8.2). Mit wachsender Dicke des Reflektors nähert sich das Verhältnis einem Grenzwert, der erreicht wird, wenn die Reflektordicke ungefähr die zweifache Diffusionslänge für thermische Neutronen (in unserem Falle etwa 44 cm) beträgt. Eine weitere Verstärkung des Reflektors hat dann nur mehr eine geringe Wirkung auf die Flußverteilung. Dies stimmt mit den Ergebnissen von § 8.30 überein.

Zwei Neutronengruppen

8.38. Die Eingruppenrechnung gilt nur angenähert, da die Materialeigenschaften des Core für schnelle und langsame Neutronen sehr verschieden sind. Die mit der Eingruppentheorie berechneten Reflektorgewinne erweisen sich aus folgenden Gründen als zu niedrig. Da die Eingruppentheorie alle Neutronen als thermisch voraussetzt, läßt sie in erster Linie unberücksichtigt, daß die in den Reflektor eintretenden schnellen Neutronen — wegen zusätzlicher Zusammenstöße während der Abbremsung — mit höherer Wahrscheinlichkeit in das Core zurückgestreut werden als die thermischen Neutronen. Hinzu kommt, daß Neutronen, die mit Energien über dem Resonanzniveau in den Reflektor eintreten, im Reflektor abgebremst werden. Sie kehren als thermische Neutronen in das Core zurück und haben so den Resonanzeinfang umgangen. Beide Faktoren erhöhen die Wirkung des Reflektors, verglichen mit dem von der Eingruppentheorie gelieferten Effekt. Zieht man also die verschiedenen Neutronenenergien von der maximalen Spaltenergie bis zu thermischen Energien in Betracht, so erhält man größere Reflektorgewinne als nach der Eingruppentheorie.

8.39. Ein besseres Näherungsverfahren ergibt sich, wenn man die Neutronen in zwei Gruppen, in thermische und schnelle, einteilt (§ 8.10). In der folgenden Behandlung werden die schnellen Neutronen durch den Index 1 und die thermischen durch den Index 2 gekennzeichnet. Die Zahl der schnellen Neutronen, die durch Spaltung erzeugt werden, ist $(k_\infty/p)\, \Sigma_{2C}\, \Phi_{2C}$ pro cm^3 und sec, wobei Σ_{2C} der makroskopische Absorptionsquerschnitt für thermische Neutronen im Core ist. Dieser Ausdruck ist als Quellterm für *schnelle* Neutronen in die Diffusionsgleichung des Reaktors im stationären Zustand einzuführen:

$$D_{1C}\, \nabla^2\, \Phi_{1C} - \Sigma_{1C}\, \Phi_{1C} + \frac{k_\infty}{p}\, \Sigma_{2C}\, \Phi_{2C} = 0. \qquad (8.39.1)$$

Darin ist Σ_{1C} ein fiktiver Absorptionsquerschnitt, nämlich der in § 8.12 beschriebene Bremsquerschnitt. Der Ausdruck $\Sigma_1\, \Phi_{1C}$ gibt die Zahl der pro cm^3 und sec in die thermische Gruppe übergehenden Neutronen an.

8.40. Die stationäre Diffusionsgleichung für *thermische* Neutronen im Core lautet

$$D_{2C}\, \nabla^2\, \Phi_{2C} - \Sigma_{2C}\, \Phi_{2C} + p\, \Sigma_{1C}\, \Phi_{1C} = 0, \qquad (8.40.1)$$

wobei der Quellterm für langsame Neutronen $p\, \Sigma_{1C}\, \Phi_{1C}$ die Zahl der schnellen Neutronen darstellt, die pro cm^3 und sec in die thermische Gruppe abgebremst werden. Der Absorptionsquerschnitt Σ_{2C} hat die gleiche Bedeutung wie in (8.39.1).

8.41. Die stationäre Diffusionsgleichung für schnelle Neutronen lautet im Reflektor

$$D_{1R}\, \nabla^2\, \Phi_{1R} - \Sigma_{1R}\, \Phi_{1R} = 0. \qquad (8.41.1)$$

Hier tritt kein Quellterm auf, da vorausgesetzt wird, daß der Reflektor kein Spaltmaterial enthält. Unter Σ_{1R} ist ein Bremsquerschnitt zu verstehen, der in gleicher Weise wie in (8.39.1) definiert ist. Die Diffusionsgleichung für thermische Neutronen lautet im Reflektor:

$$D_{2R} \nabla^2 \Phi_{2R} - \Sigma_{2R} \Phi_{2R} + \Sigma_{1R} \Phi_{1R} = 0. \qquad (8.41.2)$$

Dabei bedeutet Σ_{2R} den mittleren thermischen Absorptionsquerschnitt.

8.42. Um die vier obenstehenden Differentialgleichungen zu lösen, soll der Einfachheit halber vorausgesetzt werden, daß die linearen Extrapolationsdistanzen für thermische und schnelle Neutronen gleich sind. Der auf diese Weise eingeschleppte Fehler kann gegenüber den anderen Approximationen der Zweigruppenmethode vernachlässigt werden.

8.43. Von den zu lösenden vier Gleichungen ist nur (8.41.1) homogen. Die homogenen Teile der anderen drei Gleichungen und (8.41.1) entsprechen jedoch der Wellengleichung.

8.44. Zur Lösung berechne man etwa aus Gl. (8.40.1) Φ_{1C} und setze das Ergebnis in (8.39.1) ein. Damit erhält man eine Gleichung für Φ_{2C} allein:

$$-\frac{D_{1C} D_{2C}}{\Sigma_{1C}} \nabla^2 (\nabla^2 \Phi_{2C}) + \frac{1}{\Sigma_{1C}} (D_{1C} \Sigma_{2C} + D_{2C} \Sigma_{1C}) \nabla^2 \Phi_{2C} +$$

$$+ (k_\infty - 1) \Sigma_{2C} \Phi_{2C} = 0. \qquad (8.44.1)$$

Dieselbe Form der Gleichung erhält man auch, wenn man (8.39.1) nach Φ_{2C} auflöst und in (8.40.1) einsetzt, d. h. diesmal Φ_{2C} eliminiert. Es genügen also Φ_{1C} und Φ_{2C} derselben Gl. (8.44.1). Wir führen nun den Ansatz

$$\nabla^2 \Phi_{2C} + B^2 \Phi_{2C} = 0 \qquad (8.44.2)$$

für Φ_{2C} in (8.44.1) ein und erhalten eine quadratische Gleichung für B^2:

$$\frac{D_{1C}}{\Sigma_{1C}} \cdot \frac{D_{2C}}{\Sigma_{2C}} B^4 + \left(\frac{D_{1C}}{\Sigma_{1C}} + \frac{D_{2C}}{\Sigma_{2C}} \right) B^2 + 1 = k_\infty. \qquad (8.44.3)$$

Da auch Φ_{1C} der Gl. (8.44.1) genügt, führt der Ansatz

$$\nabla^2 \Phi_{1C} + B^2 \Phi_{1C} = 0 \qquad (8.44.4)$$

auf dieselbe quadratische Gleichung. Mit anderen Worten, die beiden B^2 in den Gln. (8.44.2) und (8.44.4) sind identisch.

Gl. (8.44.3) kann in der Gestalt

$$(1 + L_{1C}^2 B^2)(1 + L_{2C}^2 B^2) = k_\infty \qquad (8.44.5)$$

geschrieben werden, wobei D_{2C}/Σ_{2C} durch das Quadrat der Diffusionslänge der thermischen Neutronen im Core und D_{1C}/Σ_{1C} durch das Quadrat einer fiktiven Diffusionslänge für schnelle Neutronen ersetzt worden ist. Da aber Σ_{1C} tatsächlich ein Bremsquerschnitt ist, kann man mittels der Methode von § 5.63 ff. zeigen, daß L_{1C}^2 gleich $\overline{r_b^2}/6$ ist, wobei $\overline{r_b^2}$ das mittlere Quadrat der Entfernung ist, welche ein Neutron der schnellen Gruppe zurücklegt, bevor es thermisch wird. Infolgedessen ist L_{1C}^2 gleichbedeutend mit τ_C, dem Fermi-Alter der thermischen Neutronen im Moderator. Wenn man L_{1C}^2 durch τ_C ersetzt, geht die kritische Gl. (8.44.3) über in

$$\tau_C L_{2C}^2 B^4 + (\tau_C + L_{2C}^2) B^2 + (1 - k_\infty) = 0 \qquad (8.44.6)$$

oder nach (8.44.5) in

$$\frac{k_\infty}{(1 + L_{2C}^2 B^2)(1 + \tau_C B^2)} = 1. \qquad (8.44.7)$$

(8.44.1) ist die kritische Gleichung für den nackten Reaktor nach der Zwei-gruppentheorie. Sie ist in dieser Form der kritischen Gleichung für einen großen Reaktor (7.62.1) ähnlich, wenn man stetige Bremsung annimmt.

8.45. Da τ_C, L_{2C} und k_∞ durch das Core-Material bestimmt sind, liefert (8.44.6) die zulässigen Werte von B^2. Die kritische Gl. (8.44.6) ist eine quadratische Gleichung in B^2, mit einer positiven und einer negativen Lösung. Die Lösungen sollen durch μ^2 und $-\nu^2$ dargestellt werden, so daß sowohl μ^2 wie auch ν^2 positive Größen sind:

$$\mu^2 = \frac{1}{2}\left[-\left(\frac{1}{\tau_C} + \frac{1}{L_2 c^2}\right) + \sqrt{\left(\frac{1}{\tau_C} + \frac{1}{L_2 c^2}\right)^2 + \frac{4\,(k_\infty - 1)}{\tau_C\,L_2 c^2}}\,\right], \qquad (8.45.1)$$

$$-\nu^2 = \frac{1}{2}\left[-\left(\frac{1}{\tau_C} + \frac{1}{L_2 c^2}\right) - \sqrt{\left(\frac{1}{\tau_C} + \frac{1}{L_2 c^2}\right)^2 + \frac{4\,(k_\infty - 1)}{\tau_C\,L_2 c^2}}\,\right]. \qquad (8.45.2)$$

μ^2 und ν^2 sind durch die Eigenschaften des Core-Materials bestimmt.

8.46. Die Lösungen für die Wellengleichungen (8.44.2) und (8.44.4), die den beiden Werten μ^2 und $-\nu^2$ für B^2 entsprechen, seien X und Y, so daß wir schreiben können:

$$\nabla^2 X + \mu^2 X = 0, \qquad (8.46.1)$$

$$\nabla^2 Y - \nu^2 Y = 0. \qquad (8.46.2)$$

Die Lösungen dieser Gleichungen hängen von der Geometrie des Reaktors ab. Sie sind für die schon früher behandelten Probleme in Tab. 8.46 zusammengefaßt (vgl. 7.37 ff., wo auch alle Rand- und Symmetriebedingungen angeführt sind).

Tabelle 8.46. *Lösungen der Wellengleichung für den Fluß im Reaktor-Core*

Geometrie	X	Y
Unendliche Platte	$\cos \mu\,x$	$\operatorname{ch} \nu\,x$
Kugel	$\dfrac{\sin \mu\,x}{r}$	$\dfrac{\operatorname{sh} \nu\,r}{r}$
Unendlicher Zylinder . .	$J_0\,(\mu\,r)$	$I_0\,(\nu\,r)$

8.47. Die allgemeinen Lösungen von (8.39.1) und (8.40.1) sind lineare Kombinationen von X und Y, nämlich

$$\Phi_{1c} = A\,X + C\,Y \qquad (8.47.1)$$

und

$$\Phi_{2c} = A'\,X + C'\,Y. \qquad (8.47.2)$$

Diese Lösungen scheinen vier willkürliche Konstanten zu enthalten. Wir zeigen, daß nur zwei davon unabhängig sind. Obwohl (8.47.1) und (8.47.2) die allgemeinsten Lösungen von (8.39.1) und (8.40.1) darstellen, sind $\Phi_{1c} = A\,X$ und $\Phi_{2c} = A'\,X$ zulässige Lösungen, so daß nach (8.46.1) $\nabla^2 \Phi_{2c} = -\mu^2 A'\,X$. Wenn man dies in (8.40.1)[1] einsetzt, erhält man

$$-D_{2c}\,\mu^2\,A'\,X - \Sigma_{2c}\,A'\,X + p\,\Sigma_{1c}\,A\,X = 0. \qquad (8.47.3)$$

---

[1] An Stelle der Gl. (8.40.1) kann auch die Gl. (8.39.1) für den schnellen Fluß benützt werden.

Man bezeichnet

$$S_1 = \frac{A'}{A}$$

als Kopplungskoeffizient, hat also nach (8.47.3)

$$S_1 = \frac{p\,\Sigma_{1C}}{D_{2C}\,\mu^2 + \Sigma_{2C}}. \qquad (8.47.4)$$

Da D_{2C}/Σ_{2C} gleich L_{2C}^2 ist und D_{1C}/Σ_{1C} gleich dem Neutronenalter τ_C (§ 8.44), kann (8.47.4) in der Gestalt

$$S_1 = \frac{D_{1C}}{\tau_C\,D_{2C}} \cdot \frac{p}{\dfrac{1}{L_{2C}^2} + \mu^2} \qquad (8.47.5)$$

geschrieben werden.

8.48. Wenn man in (8.40.1) $C\,Y$ für Φ_{1C} und $C'\,Y$ für Φ_{2C} sowie $\nu^2\,C'\,Y$ für $\nabla^2\,\Phi_{2C}$ substituiert, erhält man

$$D_{2C}\,\nu^2\,C'\,Y - \Sigma_{2C}\,C'\,Y + p\,\Sigma_{1C}\,C\,Y = 0, \qquad (8.48.1)$$

woraus sich der Kopplungskoeffizient

$$S_2 = \frac{C'}{C} = \frac{D_{1C}}{\tau_C\,D_{2C}} \cdot \frac{p}{\dfrac{1}{L_{2C}^2} - \nu^2} \qquad (8.48.2)$$

ergibt.

8.49. Man ersieht aus (8.47.5) und (8.48.2), daß S_1 und S_2 von den Größen D_{1C}, D_{2C}, L_{2C}, μ und ν abhängen, die alle durch die Eigenschaften des Reaktormaterials festgelegt sind. Von den vier Konstanten A, A', C und C' sind daher nur zwei, z. B. A und C, willkürlich. Die allgemeinen Lösungen der Diffusionsgleichungen im Core lauten also

$$\Phi_{1C} = A\,X + C\,Y \qquad (8.49.1)$$

und

$$\Phi_{2C} = S_1\,A\,X + S_2\,C\,Y. \qquad (8.49.2)$$

8.50. Nun betrachten wir den Reflektor. Wenn man (8.41.1) durch D_{1R} und (8.41.2) durch D_{2R} dividiert, ergibt sich

$$\nabla^2\,\Phi_{1R} - \varkappa_{1R}^2\,\Phi_{1R} = 0 \qquad (8.50.1)$$

und

$$\nabla^2\,\Phi_{2R} - \varkappa_{2R}^2\,\Phi_{2R} + \frac{\Sigma_{1R}}{D_{2R}}\,\Phi_{1R} = 0, \qquad (8.50.2)$$

wobei $\varkappa_{1R}^2$ gleich Σ_{1R}/D_{1R} und $\varkappa_{2R}^2$ gleich Σ_{2R}/D_{2R} ist. Die Gl. (8.50.1) kann direkt gelöst werden, da sie die Form der homogenen Wellengleichung hat. Es sei bemerkt, daß $\varkappa_{1R}^2$ eine positive Größe ist. Lösungen des homogenen Teiles von Gl. (8.50.2) erhält man, indem man $\varkappa_{1R}^2$ durch $\varkappa_{2R}^2$ ersetzt.

8.51. Tab. 8.51 bringt zulässige Lösungen von (8.50.1) für drei verschiedene Reaktorformen. Dabei wurde vorausgesetzt, daß sowohl der schnelle als auch der thermische Fluß an der gleichen extrapolierten Grenzfläche des Reflektors verschwindet. Die Lösungen sind mit Z bezeichnet, wobei unter Z_1

die Lösung mit $\varkappa_{1R}$, unter Z_2 die Lösung des homogenen Teils von (8.50.2) zu verstehen ist, die $\varkappa_{2R}$ enthält. Für dicke Reflektoren, welche so behandelt werden können, als ob ihre Dicke unendlich groß wäre, sind die Lösungen der Wellengleichungen in der letzten Spalte angegeben.

Tabelle 8.51. *Lösungen der Wellengleichung für den Neutronenfluß im Reflektor*

Geometrie	Z	Z (T unendlich)
Unendliche Platte	$\operatorname{sh} \varkappa_R \left(\frac{1}{2} H + T - x \right)$	$e^{-\varkappa_R x}$
Kugel	$\dfrac{\operatorname{sh} \varkappa_R (R + T - r)}{r}$	$\dfrac{e^{-\varkappa_R r}}{r}$
Unendlicher Zylinder ..	$I_0 (\varkappa_R r) - \dfrac{I_0 [\varkappa_R (R + T)]}{K_0 [\varkappa_R (R + T)]} K_0 (\varkappa_R r)$	$K_0 (\varkappa_R r)$

8.52. Die allgemeine Lösung der Gl. (8.41.1) für den schnellen Fluß lautet

$$\Phi_{1R} = F Z_1, \tag{8.52.1}$$

wobei F eine willkürliche Konstante ist. Da die Gleichung homogen ist, sind keine anderen Terme nötig. Die allgemeine Lösung von (8.41.2) oder (8.50.2) für den thermischen Fluß lautet

$$\Phi_{2R} = G Z_2 + S_3 \Phi_{1R} = G Z_2 + S_3 F Z_1, \tag{8.52.2}$$

wobei G eine willkürliche Konstante und der Faktor S_3 der Kopplungskoeffizient ist.

8.53. Um S_3 zu berechnen, kann Φ_{2R} in (8.50.2) durch $S_3 \Phi_{1R}$ ersetzt werden. Es ist unnötig, den in (8.52.2) aufscheinenden Term $G Z_2$ mit einzuschließen, da er eine Lösung des homogenen Teiles darstellt und somit keinen Beitrag liefert. Wir erhalten

$$S_3 \nabla^2 \Phi_{1R} - S_3 \varkappa_{2R}^2 \Phi_{1R} + \frac{\Sigma_{1R}}{D_{2R}} \Phi_{1R} = 0.$$

Da $\nabla^2 \Phi_{1R}$ nach (8.50.1) gleich $\varkappa_{1R}^2 \Phi_{1R}$ ist, folgt, daß

$$S_3 = \frac{\Sigma_{1R}}{D_{2R}} \left(\frac{1}{\varkappa_{2R}^2 - \varkappa_{1R}^2} \right). \tag{8.53.1}$$

Der Faktor Σ_{1R} kann durch Einführung des Fermi-Alters $\tau_R = D_{1R}/\Sigma_{1R}$ für den Reflektor eliminiert werden. Man sieht, daß S_3 durch die Natur des Reflektormaterials bestimmt ist.

8.54. Die Gln. (8.52.1) und (8.52.2) für den Reflektor und die entsprechenden Gln. (8.49.1) und (8.49.2) für das Core enthalten vier Integrationskonstanten. Zu ihrer Bestimmung dienen vier Stetigkeitsbedingungen: Flüsse und Stromdichten müssen an der Trennfläche Core—Reflektor stetig sein. Diese Bedingungen führen zu den folgenden Gleichungen:

$$A X + C Y = F Z_1$$

$$S_1 A X + S_2 C Y = S_3 F Z_1 + G Z_2$$

$$D_{1C} (A X' + C Y') = D_{1R} F Z_1'$$

$$D_{2C} (S_1 A X' + S_2 C Y') = D_{2R} (S_3 F Z_1' + G Z_2'),$$

worin X', Y', Z'_1 und Z'_2 die ersten Ableitungen von X, Y, Z_1 und Z_2 nach x bzw. r bedeuten. Alle Größen sind für die Trennfläche Core—Reflektor zu nehmen.

8.55. Die vorhergehenden Gleichungen bilden ein System von homogenen Gleichungen in A, C, F und G:

$$
\begin{aligned}
X A &+ YC &- Z_1 F & &= 0 \\
(S_1 X) A &+ (S_2 Y) C &- (S_3 Z_1) F &- Z_2 G &= 0 \\
(D_{1C} X') A &+ (D_{1C} Y') C &- (D_{1R} Z_1') F & &= 0 \\
(S_1 D_{2C} X') A &+ (S_2 D_{2C} Y') C &- (S_3 D_{2R} Z_1') F &- (D_{2R} Z_2') G &= 0.
\end{aligned}
$$

Für die Existenz nichttrivialer Lösungen ist das Verschwinden der Koeffizientendeterminante notwendig, d. h., es muß gelten:

$$
\begin{vmatrix}
X & Y & -Z_1 & 0 \\
S_1 X & S_2 Y & -S_3 Z_1 & -Z_2 \\
D_{1C} X' & D_{1C} Y' & -D_{1R} Z_1' & 0 \\
S_1 D_{2C} X' & S_2 D_{2C} Y' & -S_3 D_{2R} Z_1' & -D_{2R} Z_2'
\end{vmatrix} = 0 \quad \text{(an der Trennfläche).}
$$

$$(8.55.1)$$

Diese Beziehung kann als kritische Gleichung für einen Reaktor mit Reflektor nach der Zweigruppentheorie betrachtet werden.

8.56. Da die Lösungen X und Y entweder H oder R, die Lösungen Z_1 und Z_2 entweder T oder $(T - R)$ enthalten, ist eine explizite Lösung der Determinante, welche T als Funktion von R (oder H) oder umgekehrt ergibt, nicht möglich. Bei der numerischen Lösung geht man etwa folgendermaßen vor. Es seien die stoffliche Zusammensetzung und die Form eines Reaktors (z. B. Kugel) sowie die Reflektordicke T vorgegeben. Gesucht sei der Core-Radius R, bei dem der Reaktor kritisch wird. Man schätzt zunächst einen angenäherten Wert von R mit Hilfe der Eingruppentheorie. Dieser Wert wird in die Determinante eingesetzt und diese sodann unter Verwendung der von den Materialeigenschaften abhängenden Werte S_1, S_2, S_3, $\varkappa_{1R}$, $\varkappa_{2R}$, μ^2 und ν^2 ausgerechnet. Das Resultat, durch das Symbol Δ dargestellt, ist nach (8.55.1) gegeben durch

$$
\Delta = \left(D_{1C} \frac{X'}{X} - D_{1R} \frac{Z_1'}{Z_1} \right) \cdot \left(S_2 D_{2C} \frac{Y'}{Y} - S_3 D_{2R} \frac{Z_1'}{Z_1} - (S_2 - S_3) D_{2R} \frac{Z_2'}{Z_2} \right) -
$$

$$
- \left(D_{1C} \frac{Y'}{Y} - D_{1R} \frac{Z_1'}{Z_1} \right) \cdot \left(S_1 D_{2C} \frac{X'}{X} - S_3 D_{2R} \frac{Z_1'}{Z_1} - (S_1 - S_3) D_{2R} \frac{Z_2'}{Z_2} \right)
$$

und wird im allgemeinen von Null verschieden sein. Man versucht daraufhin eine bessere Abschätzung des kritischen Radius R für die gegebene Reflektordicke T und berechnet die Determinante erneut. Wenn ihr Wert noch immer nicht hinreichend klein ist, kann man die berechneten Δ als Funktion von R darstellen und mittels linearer Extrapolation einen weiteren Näherungswert für R abschätzen, usw.

8.57. Die Rechnung kann für einige Zusammensetzungen des Brennstoff-Moderator-Systems wiederholt werden, um das minimale kritische Volumen oder die minimale kritische Brennstoffmasse zu finden. Ein anderer Weg besteht darin, daß man Reaktorradius und Reflektordicke vorgibt und die Brennstoffkonzentration als veränderlich auffaßt. In diesem Fall ist die thermische Diffusionslänge ausschlaggebend, und jener Wert, der den Reaktor für ein gegebenes R und T kritisch macht, kann bestimmt werden.

8.58. Mit Hilfe von (8.49.1), (8.49.2), (8.52.1) und (8.52.2) können die Flußverteilungen für die thermischen und schnellen Neutronen in Core und Reflektor bestimmt werden. Abb. 8.58 zeigt diese Verteilungen für ein System, bei dem der Reflektor aus dem gleichen Material besteht wie der Moderator im Core. Ferner ist vorausgesetzt, daß die Eigenschaften des Core vom Brennstoff nur wenig beeinflußt werden.

Der thermische Fluß hat im Reflektor, nahe der Trennfläche Core—Reflektor, ein Maximum, da im Reflektor durch Bremsung thermische Neutronen entstehen, die Absorption jedoch geringer ist als im Core. Wie verlangt, fällt sowohl der schnelle als auch der thermische Fluß an der extrapolierten Grenzfläche des Reflektors auf Null ab.

Mehrgruppenmethode

8.59. Die Gruppenmethode kann verbessert werden, indem man die Zahl der Energieintervalle, d. h. die Zahl der Gruppen, in die man die Neutronen aufteilt, vergrößert. Wir wählen allgemein n Gruppen, nämlich $1, 2 \ldots i \ldots n$, wobei mit 1 die höchste Energiegruppe und mit n die thermische Energiegruppe bezeichnet wird. Wir nehmen ferner an, daß alle Spaltneutronen dieselbe Energie haben und mit dieser in die erste („schnellste") Gruppe eintreten.

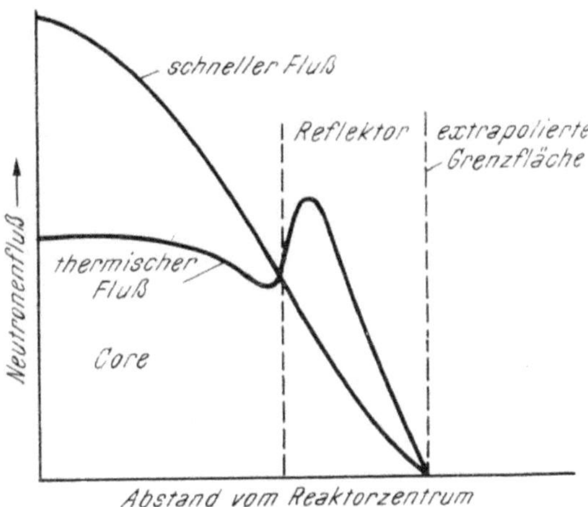

Abb. 8.58. Flußverteilung in einem Reaktor mit Reflektor nach der Zweigruppentheorie (schematisch)

Die Diffusionsgleichung für irgendeine durch i gekennzeichnete Gruppe ist dann unter der Voraussetzung $i \neq 1$ [s. Gl. (8.40.1)] gegeben durch

$$D_i \, \nabla^2 \Phi_i - \Sigma_i \, \Phi_i + \Sigma_{i-1} \Phi_{i-1} = 0, \tag{8.59.1}$$

wobei Σ_i in allen Gruppen den Bremsquerschnitt bedeutet, mit Ausnahme von $i = n$ (thermische Neutronen), wo es den Absorptionsquerschnitt bezeichnet. Als Quellterm tritt die Zahl $\Sigma_{i-1} \Phi_{i-1}$ der Neutronen auf, die pro cm³ und sec aus der $(i-1)$-ten Gruppe abgebremst werden. Der Resonanzeinfang wird wie in § 8.39 behandelt[1].

8.60. Für die Spaltneutronen $(n = 1)$ lautet die Differentialgleichung

$$D_1 \, \nabla^2 \Phi_1 - \Sigma_1 \, \Phi_1 + k_\infty \, \Sigma_n \, \Phi_n = 0, \tag{8.60.1}$$

wobei Σ_1 der Bremsquerschnitt für die Spaltneutronen und Σ_n der Absorptionsquerschnitt für die thermischen Neutronen ist. Die absorbierten thermischen Neutronen scheinen — mit k_∞ vervielfacht — als Spaltneutronen auf.

8.61. In der Zweigruppentheorie werden die Lösungen Φ_1 und Φ_n im Core und im Reflektor als lineare Kombinationen von Funktionen mit μ und ν aus-

---

[1] Die Bremsnutzung p wurde gleich Eins gesetzt. Auch wenn man sie berücksichtigt, ergibt sich die kritische Bedingung (8.61.3). Man hätte dazu nur in (8.60.1) k_∞ durch p zu dividieren und den durch die Resonanzgruppe bedingten „Quellterm" mit p zu multiplizieren. Bei der Produktbildung in (8.61.2) fällt p heraus (s. auch § 8.44).

gedrückt. Dabei sind μ^2 und $-\nu^2$ die positive bzw. negative Lösung der charakteristischen Gl. (8.44.6) für B^2. Eine ähnliche Situation ergibt sich bei der n-Gruppenmethode. Jedes Φ_i ist eine n-fach lineare Kombination von Funktionen mit B_n, wobei insgesamt n Werte von B_n^2 auftreten.

Genau wie im Fall von zwei Neutronengruppen können wir schließen, daß sich durch Elimination die gleiche Differentialgleichung n-ter Ordnung für die Neutronenflüsse der verschiedenen Gruppen ergibt. Man macht daher wieder den Ansatz

$$\nabla^2 \Phi_i + B^2 \Phi_i = 0 \tag{8.61.1}$$

mit ein und demselben B^2 für alle Φ_i. Wenn man jede Gl. (8.60.1) und (8.59.1) durch das entsprechende Σ_i dividiert, die Bremslängen $L_1, L_2, \ldots L_{n-1}$ sowie die Diffusionslänge L_n der thermischen Neutronen einführt und $\nabla^2 \Phi_i$ nach (8.61.1) durch $-B^2 \Phi_i$ ersetzt, erhält man

$$\Phi_1 (1 + L_1^2 B^2) = k_\infty \frac{\Sigma_n}{\Sigma_1} \Phi_n$$

$$\ldots\ldots\ldots\ldots\ldots\ldots\ldots\ldots\ldots$$

$$\Phi_i (1 + L_i^2 B^2) = \frac{\Sigma_{i-1}}{\Sigma_i} \Phi_{i-1} \tag{8.61.2}$$

$$\ldots\ldots\ldots\ldots\ldots\ldots\ldots\ldots\ldots$$

$$\Phi_n (1 + L_n^2 B^2) = \frac{\Sigma_{n-1}}{\Sigma_n} \Phi_{n-1}.$$

Durch Multiplikation aller dieser Gleichungen folgt für B^2 unmittelbar die Beziehung

$$(1 + L_1^2 B^2) (1 + L_2^2 B^2) \ldots\ldots (1 + L_n^2 B^2) = k_\infty, \tag{8.61.3}$$

aus der sich insgesamt n Werte für B^2 ergeben. Jedes Φ_i ist eine n-fache Linearkombination von n Funktionen, die zu den verschiedenen B_n^2-Werten gehören. Die Gl. (8.61.3) entspricht offenbar der kritischen Gl. (8.44.5) der Zweigruppenmethode für den nackten Reaktor.

8.62. Im Grenzfall, d. h. für $n \to \infty$, geht die Gruppenmethode in das Modell der kontinuierlichen Bremsung (Fermi) über, da dieses eine stetige Verteilung der Neutronenenergie voraussetzt. Man kann dies rechnerisch zeigen, vorausgesetzt, daß die Summe der (nichtthermischen) Bremslängenquadrate endlich bleibt und gleich dem Alter ist, d. h. wenn

$$\lim_{n \to \infty} \sum_{i=1}^{n-1} L_i^2 = \tau. \tag{8.62.1}$$

Wenn man auf beiden Seiten der Gl. (8.61.3) logarithmiert und umordnet, sieht man, daß

$$\ln k_\infty = \sum_{i=1}^{n-1} \ln (1 + L_i^2 B^2) + \ln (1 + L_n^2 B^2).$$

Für $n \to \infty$ wird jedes L_i^2 unendlich klein, so daß sich $\ln (1 + L_i^2 B^2)$ dem Wert $L_i^2 B^2$ nähert, und es wird daher im Grenzfall

$$\ln k_\infty = B^2 \sum_{i=1}^{n-1} L_i^2 + \ln (1 + L_n^2 B^2).$$

Wenn man nun das Alter nach (8.62.1) einführt, folgt

$$\ln k_{\infty} = B^2 \tau + \ln (1 + L_n{}^2 B^2)$$

oder

$$\frac{k_{\infty} \, e^{-B^2 \tau}}{1 + L_n{}^2 B^2} = 1$$

in Übereinstimmung mit der auf dem Fermi-Modell beruhenden kritischen Gleichung.

8.63. Beim großen Reaktor, d. h. für kleines B^2 und $(k_{\infty} - 1) \ll 1$, können alle Terme in B^4 und höherer Ordnung in der kritischen Gl. (8.61.3) vernachlässigt werden. Man erhält dann durch Ausmultiplizieren:

$$\frac{k_{\infty}}{1 + (L_1{}^2 + L_2{}^2 + \ldots L_i{}^2 + \ldots + L_n{}^2) \, B^2} = \frac{k_{\infty}}{1 + \sum\limits_i L_i \, B^2} = 1.$$

Unter diesen Bedingungen ist also

$$B^2 = \frac{k_{\infty} - 1}{\sum\limits_i L_i{}^2} = \frac{k_{\infty} - 1}{\tau + L_n{}^2} = \frac{k_{\infty} - 1}{W^2},$$

wobei W^2 die Wanderfläche ist. Gleichungen von dieser Gestalt ergeben sich für den nackten Reaktor auch mittels anderer Methoden (§ 7.63, § 12.50).

8.64. Die Mehrgruppenmethode führt, wie wir gesehen haben, auf ein System von n Differentialgleichungen für das Core. Unter ihnen sind $(n - 1)$ vom Typus (8.59.1), und die erste vom Typus der Gl. (8.60.1). Für den Reflektor ergibt sich ebenfalls ein System von n Gleichungen. Die Randbedingungen fordern das Verschwinden des Neutronenflusses an der äußeren extrapolierten Grenzfläche und Stetigkeit von Fluß und Strom für jede Neutronengruppe beim Durchgang durch die Grenzfläche zwischen Core und Reflektor. Die Auflösung dieser Gleichungen ist ziemlich umständlich. In der Literatur finden sich verschiedene Lösungsmethoden, z. B. Lösung in geschlossener Form, durch Reihenentwicklung, durch Iteration bzw. durch Kombination dieser Methoden.

IX. Heterogene (Natururan-) Reaktoren

Die Kettenreaktion im Natururan

9.1. Man zerlegt die Berechnung eines mit Natururan arbeitenden Reaktors zweckmäßigerweise in einen mikroskopischen und einen makroskopischen Teil. Die mikroskopische Theorie befaßt sich im wesentlichen mit der Berechnung des unendlichen Multiplikationsfaktors, der durch die Zahl der bei der Spaltung freigesetzten Neutronen, die Wirkungsquerschnitte für Streuung und Absorption und die Gitterstruktur bestimmt wird. Dies alles sind mikroskopische, also von der tatsächlichen Größe des Systems unabhängige Eigenschaften. Die makroskopischen Eigenschaften des Reaktors, wie z. B. seine kritische Größe, können aus den mikroskopischen Eigenschaften abgeleitet werden, ohne daß weiterhin auf die mikroskopische Struktur Bezug genommen wird.

9.2. In einem Reaktor mit Natururan konkurrieren verschiedene Prozesse um die verfügbaren Neutronen:

a) Absorption von schnellen Neutronen oberhalb der Spaltungsschwelle von U^{238} (ungefähr 1,1 MeV) als Hauptursache des Schnellspalteffektes.

b) Strahlungseinfang im Resonanzgebiet von U^{238} (ungefähr 6—200 eV) während der Abbremsung.

c) Strahlungseinfang von langsamen Neutronen im Moderator und in Verunreinigungen — parasitärer Einfang.

d) Spalteinfang in U^{235}, hauptsächlich im thermischen Gebiet.

Die Ermittlung des unendlichen Multiplikationsfaktors besteht im wesentlichen in der Berechnung der relativen Verhältnisse, in welchen diese Prozesse auftreten.

Spaltung durch thermische Neutronen

9.3. Wegen des speziellen Verlaufs der Energieabhängigkeit für die angeführten vier Prozesse kann in einem System mit Natururan eine Kettenreaktion nur durch U^{235}-Spaltung mit thermischen Neutronen in Gang gehalten werden. U^{238} wird nämlich durch Neutronen, deren Energie unter 1,1 MeV liegt, praktisch nicht gespalten, während der Spaltungsquerschnitt von U^{235} mit abnehmender Energie stark zunimmt. Infolge der großen Resonanzabsorption durch U^{238} oberhalb 6 eV nimmt ferner nur ein kleiner Bruchteil der Neutronen in diesem Energiebereich an der Spaltung teil. Folglich ist allein im thermischen Bereich (Spaltquerschnitt für U^{235} 582 barn gegenüber 2,7 barn für die Absorption von thermischen Neutronen durch U^{238}) eine Kettenreaktion möglich. Obwohl Natururan nur etwa 0,7% U^{235} enthält, verursachen mehr als die Hälfte aller im Brennstoff absorbierten thermischen Neutronen Spaltungen.

9.4. Um die Neutronen auf thermische Energien abzubremsen, muß eine Moderatorsubstanz verwendet werden. Wie wir in Kap. VI gesehen haben, sind Moderatoren um so wirksamer, je größer $\xi \Sigma_s/\Sigma_a$ ist. Aus Tab. 6.25 und der anschließenden Diskussion ist ersichtlich, daß für thermische Reaktoren mit Natururan allein schweres Wasser, Kohlenstoff (Graphit) und Beryllium als Moderatoren in Betracht kommen. In den ersten Forschungsreaktoren wurde Graphit als Moderator verwendet, neuerdings auch in den Kraftwerksreaktoren vom Calder-Hall-Typ und in den in Entwicklung befindlichen gasgekühlten Hochtemperaturreaktoren. Es stehen auch Reaktoren (insbesondere in Kanada) mit Natururan als Brennstoff und mit schwerem Wasser als Moderator in Betrieb.

9.5. Obwohl im Mittel bei jeder thermischen Spaltung rund 2,43 Neutronen entstehen, bewirkt der Überschuß von U^{238} im Natururan eine starke Verkleinerung von η, der Zahl der Neutronen, die freigesetzt werden, wenn ein thermisches Neutron im Brennstoff eingefangen wird. Es seien N^{238} und N^{235} die Zahl der Atome der beiden Uranisotope pro cm^3 in Natururan, σ_a^{238} und σ_a^{235} die thermischen Einfangsquerschnitte (ohne Spaltung) und σ_f^{235} der Spaltquerschnitt von U^{235}. Gemäß (4.57.1) ist dann

$$\eta = \nu \frac{N^{235} \sigma_f^{235}}{N^{235} \sigma_f^{235} + N^{235} \sigma_a^{235} + N^{238} \sigma_a^{238}}$$

$$= \nu \frac{R \sigma_f^{235}}{R \sigma_f^{235} + R \sigma_a^{235} + \sigma_a^{238}} \tag{9.5.1}$$

wobei $R \approx 0{,}00718$ das Isotopenverhältnis von U^{235} zu U^{238} in Natururan ist. Mit Benützung der folgenden Werte (s. Tab. 4.57) für die Wirkungsquerschnitte der thermischen Neutronen

$$\sigma_f^{235} = 582 \quad \text{barn}$$

$$\sigma_a^{235} = 107 \quad \text{barn}$$

$$\sigma_a^{238} = 2{,}7 \text{ barn}$$

ergibt sich aus (9.5.1), daß

$$\eta = 1{,}32$$

ist.

9.6. Für einen Reaktor mit Natururan liegt also der größtmögliche Wert des unendlichen Multiplikationsfaktors (k_∞) für thermische Neutronen bei 1,32. Daraus folgt, daß das Produkt aus den anderen drei Faktoren von k_∞, d. h. aus deren Schnellspaltfaktor ε, der thermischen Nutzung f und der Bremsnutzung p, den Wert von 1/1,32, d. h. 0,76, übertreffen muß, wenn eine Kettenreaktion im System aufrecht erhalten werden soll. Aus verschiedenen Gründen, welche in Kap. XI näher untersucht werden, muß der Multiplikationsfaktor in einem Reaktor de facto bei 1,05 liegen, und der Wert von $\varepsilon\, p\, f$ darf daher nicht kleiner als etwa 0,8 sein. Da ε von 1 nicht sehr verschieden ist ($\varepsilon \approx 1{,}03$ in einem Graphitgitter), muß das Produkt $p\, f$ größer als 0,77 sein, damit im Natururan eine Kettenreaktion erzeugt werden kann.

9.7. Wir werden bald sehen, daß es nicht einfach ist, die oben abgeleitete Bedingung zu erfüllen. Jede Änderung in der Zusammensetzung oder Anordnung in einem bestimmten, mit Natururan arbeitenden Reaktor, die ein Anwachsen der thermischen Nutzung zur Folge hat, wird von einer Abnahme der Bremsnutzung begleitet. Man hat also nur einen sehr kleinen Spielraum zur Verfügung, so daß das k_∞ des Systems hier mit größerer Genauigkeit bestimmt werden muß als bei einem angereicherten (homogenen) Reaktor.

9.8. Die Berechnung von k_∞ beruht auf einer Kombination von Theorie und Experiment, wobei die Theorie mehr eine Anleitung zum Experiment als ein exaktes Hilfsmittel darstellt. Der Grund hierfür liegt darin, daß die Berechnung der Neutronenvorgänge als Funktion der Energie und des Ortes in einem heterogenen Reaktorsystem sehr schwierig ist und die Werte der Wirkungsquerschnitte nur unvollständig und ungenau vorliegen.

9.9. Neben der experimentellen Bestimmung von thermischen Wirkungsquerschnitten und von ν ist die Messung des effektiven Resonanzintegrals (§ 9.11) im Natururan von größter Bedeutung. Das so erhaltene Resonanzintegral wird mit einem relativ einfachen theoretischen Verfahren kombiniert, um zu einem Näherungswert für die Bremsnutzung zu gelangen. Diese Daten erlauben einen vorläufigen Entwurf für das Brennstoff-Moderator-System eines thermischen Reaktors. Die Ergebnisse müssen anschließend mit Hilfe eines Exponentialversuchs überprüft werden, bei dem man die „materielle" Flußwölbung in einer unterkritischen Anordnung mißt.

Resonanzeinfang im Natururan

Das effektive Resonanzintegral

9.10. In Kap. VI wurde gezeigt, daß die Bremsnutzung für Neutronen der Energie E in einem absorbierenden System angenähert durch

$$p\,(E) = \exp\left[-\int_{E}^{E_0} \frac{\Sigma_a}{\xi\,(\Sigma_a + \Sigma_s)} \cdot \frac{d\,E'}{E'} \right] \qquad (9.10.1)$$

dargestellt werden kann, wobei E_0 die Spaltenergie, Σ_s und Σ_a die makroskopischen Streu- und Absorptionsquerschnitte und ξ das mittlere logarithmische Energiedekrement pro Zusammenstoß bedeuten (§ 6.74). Im allgemeinen kann der Absorptionsquerschnitt des Moderators im Vergleich zu dem des Brennstoffs vernachlässigt werden, so daß sich Σ_a allein auf den letzteren bezieht. Obwohl Gl. (9.10.1) streng nur für Wasserstoff als Moderator mit einem unendlich schweren Absorber gilt, kann sie auch bei anderen Moderatoren angewendet werden, wenn der Absorber weit voneinander getrennte Resonanzen oder nur schwachen Resonanzeinfang aufweist.

9.11. Wenn das betrachtete System pro cm³ N_0 Atome des Resonanzabsorbers (z. B. von U^{238}) enthält und σ_{a0} der Absorptionsquerschnitt für Neutronen der Energie E ist, so ist Σ_a gleich $N_0\sigma_{a0}$. Man kann also schreiben

$$\frac{\Sigma_a}{\Sigma_s + \Sigma_a} = \frac{N_0\sigma_{a0}}{\Sigma_s} \cdot \frac{\Sigma_s}{\Sigma_s + \Sigma_a}. \tag{9.11.1}$$

Im Resonanzgebiet können die Streuquerschnitte sowohl für den Moderator als auch für den Absorber näherungsweise als unabhängig von der Neutronenenergie angenommen werden.

Zur Abkürzung definiert man

$$(\sigma_{a0})_{\text{eff}} = \sigma_{a0}\frac{\Sigma_s}{\Sigma_s + \Sigma_a}, \tag{9.11.2}$$

wobei $(\sigma_{a0})_{\text{eff}}$ ebenso wie σ_{a0} eine Funktion der Neutronenenergie ist.

Weiter führt man das *effektive Resonanzintegral* ein:

$$\text{Effektives Resonanzintegral} = \int\limits_E^{E_0} (\sigma_{a0})_{\text{eff}}\,\frac{dE'}{E'}. \tag{9.11.3}$$

Damit wird die Bremsnutzung

$$p(E) = \exp\left[-\frac{N_0}{\xi\Sigma_s}\int\limits_E^{E_0}(\sigma_{a0})_{\text{eff}}\,\frac{dE'}{E'}\right]. \tag{9.11.4}$$

9.12. Wenn man Σ_a in (9.11.2) durch $N_0\sigma_{a0}$ ersetzt, folgt

$$(\sigma_{a0})_{\text{eff}} = \frac{\sigma_{a0}}{1 + \dfrac{N_0\sigma_{a0}}{\Sigma_s}}. \tag{9.12.1}$$

Die Größe Σ_s/N_0, d. h. der gesamte makroskopische Streuquerschnitt geteilt durch die Zahl der Uranatome pro cm³, kann als der auf ein Absorberatom entfallende Streuquerschnitt betrachtet werden. Aus § 9.11 erkennt man, daß das effektive Resonanzintegral und die Bremsnutzung von dieser Größe abhängen. Wenn die Zahl der Uranatome pro cm³ wächst, nimmt die Streuung pro Absorberatom ab; damit sinkt auch der Wert von $(\sigma_{a0})_{\text{eff}}$ und nach (9.11.3) auch das effektive Resonanzintegral. Für reines Uran ohne Moderator nimmt das effektive Resonanzintegral seinen kleinsten Wert an.

9.13. Wenn der Urananteil dagegen verringert wird, nimmt die Streuung pro Absorberatom zu, d. h. Σ_s/N_0 wird größer. Der Ausdruck $N_0\sigma_{a0}/\Sigma_s$ im Nenner von (9.12.1) kann schließlich gegenüber Eins vernachlässigt werden, so daß $(\sigma_{a0})_{\text{eff}}$ in σ_{a0} übergeht. Für eine unendlich verdünnte Mischung von Absorber und Moderator wird somit das effektive Resonanzintegral identisch mit dem gewöhnlichen Resonanzintegral, also

$$\lim_{\Sigma_s/N_0 \to \infty} \int_E^{E_0} (\sigma_{a0})_{\text{eff}}\, \frac{dE'}{E'} = \int_E^{E_0} \sigma_{a0}\, \frac{dE'}{E'}.$$

9.14. Der Ausdruck Σ_s/N_0 bzw. N_0/Σ_s steht aber auch vor dem effektiven Resonanzintegral im Exponenten von (9.11.4). Es ist klar, daß eine Abnahme der Streuung pro Uranatom bei gegebenem Wert des Resonanzintegrals eine Abnahme der Bremsnutzung nach sich zieht. Wie sich also die Bremsnutzung mit der Streuung pro Uranatom ändert, hängt davon ab, welcher der beiden Faktoren überwiegt. Für die unendlich verdünnte Mischung nimmt das effektive Resonanzintegral seinen größten Wert an; da dann N_0 gleich Null ist, ist die Bremsnutzung in diesem Fall gleich Eins.

9.15. Obwohl eine Temperaturzunahme infolge des sogenannten Kern-Dopplereffekts (§ 11.5) eine Verbreiterung der Resonanzgipfel nach sich zieht, kann auf Grund der Breit-Wigner-Formel (Kap. II) gezeigt werden, daß der Flächeninhalt unter dem Gipfel und damit das gewöhnliche Resonanzintegral von der Temperatur unabhängig ist, wobei der Wert von $\int \sigma_a\, dE/E$ gleich $\pi\, \Gamma\, \sigma_{a\max}/2$ ist. Da indessen $(\sigma_{a0})_{\text{eff}}$ den Absorptionsquerschnitt — wie man aus (9.12.1) erkennt — sowohl im Zähler als auch im Nenner enthält, ändert sich das effektive Resonanzintegral mit der Temperatur. Bei stark verdünnten Uran-Moderator-Mischungen unterscheidet sich das effektive Resonanzintegral nur wenig vom gewöhnlichen; die Bremsnutzung hängt dann nur schwach von der Temperatur ab.

9.16. In konzentrierteren Mischungen hängt indessen sowohl das Resonanzintegral als auch die Bremsnutzung von der Temperatur ab. Diese Temperatureffekte bei konzentrierteren Mischungen sind für das Zeitverhalten von Reaktoren wichtig. Wenn sich die Leistung und daher die Temperatur ändert, ändert sich mit der Bremsnutzung auch der effektive Multiplikationsfaktor. Als Folge davon kann entweder eine Tendenz zur Stabilisierung der Kettenreaktion auftreten oder nicht, je nachdem, ob der effektive Multiplikationsfaktor mit wachsender Temperatur ab- oder zunimmt.

9.17. Das Verhältnis von σ_{a0} zu $(\sigma_{a0})_{\text{eff}}$, der sogenannte *räumliche Vorteilsfaktor*, ist nach (9.12.1) durch

$$\frac{\sigma_{a0}}{(\sigma_{a0})_{\text{eff}}} = 1 + \frac{N_0 \sigma_{a0}}{\Sigma_s} \tag{9.17.1}$$

gegeben. Wenn N_1 die Zahl der Moderatoratome pro cm^3 und σ_{s0} und σ_{s1} die Streuquerschnitte von Uran und Moderator sind, kann (9.17.1) in der Gestalt

$$\frac{\sigma_{a0}}{(\sigma_{a0})_{\text{eff}}} = 1 + \frac{\sigma_{a0}}{\sigma_{s0} + \dfrac{N_1}{N_0}\,\sigma_{s1}} \tag{9.17.2}$$

geschrieben werden, da Σ_s gleich $N_0\,\sigma_{s0} + N_1\,\sigma_{s1}$ ist. Man sieht, daß der räumliche Vorteilsfaktor mit N_0/N_1, d. h. mit dem Uran-Moderator-Verhältnis, zunimmt.

9.18. Wie bereits angedeutet wurde und wie aus (9.17.1) und (9.17.2) folgt, ist das gewöhnliche Resonanzintegral größer als das effektive, wobei das Verhältnis mit dem Urananteil im System zunimmt. Der physikalische Grund dafür liegt in der Änderung des Neutronenflusses mit der Energie im Resonanzgebiet (§ 9.20, 9.21).

9.19. Für den vorliegenden Fall eines einzigen Absorbers und eines einzigen Moderators ist die Stoßdichte nach (6.71.1) gleich

$$F(E) = \int\limits_{E}^{E/\alpha_0} \frac{\Sigma_{s0}\,\Phi(E')}{E'\,(1-\alpha_0)}\,dE' + \int\limits_{E}^{E/\alpha_1} \frac{\Sigma_{s1}\,\Phi(E')}{E'\,(1-\alpha_1)}\,dE'. \tag{9.19.1}$$

Die Integrale stellen die Zahl der Neutronen dar, die pro cm^3 und sec in das Energieintervall bei E abgebremst werden.

9.20. Der Fluß $\Phi(E)$ ist, wie in § 6.82 gezeigt wurde, durch

$$\Phi(E) = \frac{F(E)}{\Sigma_a + \Sigma_s} = \frac{F(E)}{N_0\left(\sigma_{a0} + \sigma_{s0} + \dfrac{N_1}{N_0}\,\sigma_{s1}\right)} \tag{9.20.1}$$

mit der Stoßdichte $F(E)$ verbunden. Im vorliegenden Fall ist die durch (9.19.1) gegebene Funktion $F(E)$ glatter als die Funktion $\Phi(E)$, da $F(E)$ eine Summe von Integrationen über die Intervalle von E bis E/α_0 und von E bis E/α_1 umfaßt. Da σ_{s0} und σ_{s1} klein sind und sich mit der Energie nur langsam ändern, folgt aus (9.20.1), daß der Fluß etwa dort ein Minimum haben wird, wo σ_{a0} ein Maximum hat, d. h. an einer Resonanzstelle. Im allgemeinen ist das Minimum des Flusses im Resonanzgebiet um so ausgeprägter, je kleiner der Wert von $N_1\sigma_{s1}/N_0$, d. h. von Σ_{s1}/N_0, ist, wie die Abb. 9.20 qualitativ zum Ausdruck bringt.

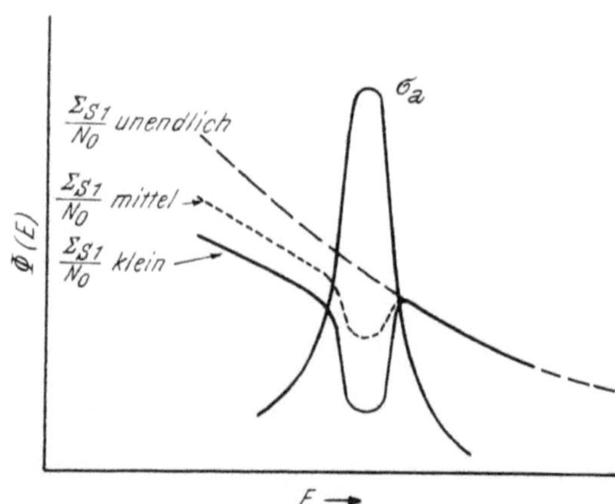

Abb. 9.20. Absenkung des energieabhängigen Flusses an einer Resonanzstelle

9.21. Der Vergleich mit (9.17.2) zeigt, daß die Bedingungen für eine starke Erniedrigung des Resonanzflusses auf der anderen Seite eine Vergrößerung des Vorteilsfaktors verursachen. Der physikalische Grund für die Verkleinerung des effektiven Resonanzintegrals bei einer konzentrierten Mischung von Uran mit einem Moderator liegt folglich in der beträchtlichen Abnahme des Resonanzflusses in einer solchen Mischung. In einem verdünnten System ist Σ_{s1}/N_0 groß, und der Resonanzfluß gleicht fast dem im reinen Moderator ohne Absenkung innerhalb des Resonanzgebietes (Abb. 9.20). In diesem Fall nimmt das effektive Resonanzintegral seinen größten Wert an und wird gleich dem gewöhnlichen Resonanzintegral.

9.22. Das effektive Resonanzintegral wurde in Mischungen von UO_2 und verschiedenen Streusubstanzen, wie Kohlenstoff, H_2O und D_2O, als Funktion des Streuquerschnitts pro Uranatom gemessen. Es zeigte sich, daß das effektive Resonanzintegral im wesentlichen von der Masse der streuenden Kerne unabhängig ist und daß es für Werte des Streuquerschnitts pro Uranatom bis ungefähr 1000 barn mit ziemlicher Genauigkeit durch

$$\int (\sigma_{a0})_{\text{eff}}\,\frac{dE}{E} = 3{,}9\left(\frac{\Sigma_s}{N_0}\right)^{0,415}$$

dargestellt werden kann. Der Grenzwert des Integrals für hohe Verdünnungen beträgt 240 barn. Einige auf dieser Gleichung beruhende Resultate sind in Tab. 9.22 wiedergegeben.

9.23. Die thermische Nutzung einer homogenen Mischung ist gegeben durch

$$f = \frac{\Sigma_{a0}}{\Sigma_{a0} + \Sigma_{a1}} = \frac{N_0\,\sigma_{a0}}{N_0\,\sigma_{a0} + N_1\,\sigma_{a1}},$$

wobei σ_{a0} und σ_{a1} die Absorptionsquerschnitte von Natururan und Graphit für thermische Neutronen sind. Die Werte von p und f sind für verschiedene Verhältnisse N_1/N_0 in Tab. 9.23 wiedergegeben. Da p mit wachsendem f abnimmt, geht das Produkt $p\,f$ durch ein Maximum, wie aus den Zahlen in der letzten Spalte hervorgeht. Der größte Wert von $p\,f$ ist allerdings kleiner als 0,64 und fällt daher weit unter den Minimalwert 0,77 für eine selbständige Kettenreaktion. Ein homogener Reaktor mit Natururan als Brennstoff und mit Kohlenstoff als Moderator kann somit nicht kritisch gemacht werden.

Tabelle 9.22. *Effektives Resonanzintegral als Funktion des Streuquerschnitts pro Uranatom*

$\dfrac{\Sigma_s}{N_0}$	$\displaystyle\int (\sigma_{a0})_{\text{eff}}\,\dfrac{dE}{E}$
8,2 barn	9,3 barn
50	20
100	26
300	42
500	51
1000	69
∞	240

Tabelle 9.23. *Bremsnutzung und thermische Nutzung einer gleichförmigen Mischung von Natururan mit Graphit*

$\dfrac{N_1}{N_0}$	$\displaystyle\int (\sigma_{a0})_{\text{eff}}\,\dfrac{dE}{E}$	p	f	pf
200	67,4	0,641	0,919	0,589
300	79,8	0,704	0,883	0,622
400	89,9	0,744	0,850	0,632
500	98,6	0,771	0,819	0,631

Eigenschaften heterogener Systeme[1]

Resonanzeinfang: Volums- und Oberflächenabsorption

9.24. In den ersten Tagen des Manhattan-Projekts wurde von E. FERMI und L. SZILARD vorgeschlagen, die Bremsnutzung für ein gegebenes Brennstoff-Moderator-Verhältnis dadurch zu erhöhen, daß man ein *heterogenes* System verwendet. Es besteht aus Blöcken oder Stäben aus Natururan, eingebettet in eine Graphitmatrix. Die im Moderator auf Resonanzenergien abgebremsten Neutronen werden weitgehend in den äußeren Schichten der Uranblöcke absorbiert. Der Resonanz-Neutronenfluß innerhalb der Blöcke wird

---

[1] Seit dem Erscheinen dieses Buches hat sich die Theorie des Resonanzeinfangs in heterogenen Systemen bedeutend fortentwickelt. An die Stelle der hier wiedergegebenen diffusionsmäßigen Herleitung sind transporttheoretische Überlegungen getreten. Bezüglich weiterführender Literatur sei auf Fußnote 1 von S. 139 verwiesen.

daher stark abgesenkt[1]. Als Folge davon ist der Wert des effektiven Absorptionsquerschnittes für den Brennstoff, d. h. $(\sigma_{a\,0})_{\text{eff}}$, im Zentrum der Blöcke kleiner als bei einer äquivalenten, gleichförmigen Mischung von Uran und Moderator. Die Bremsnutzung wird entsprechend vergrößert. An der Oberfläche der Blöcke ist das Neutronenspektrum im wesentlichen gleich dem innerhalb des Moderators; die Resonanzabsorption ist daher angenähert gleich derjenigen für Uran, das unendlich stark mit Graphit verdünnt ist.

9.25. Die theoretische Behandlung der Resonanzabsorption in einem heterogenen System wird durch die Annahme vereinfacht, daß der effektive Absorptionsquerschnitt in zwei Teile zerlegt werden kann: 1. in die Volumsabsorption, die proportional zur Zahl der Uranatome pro cm³ ist, und 2. in die Oberflächenabsorption, die dem Verhältnis der Oberfläche S zur Masse M des Uranblocks proportional ist[2]:

$$(\sigma_{a0})_{\text{eff}} = a\,(E) + b\,(E)\,\frac{S}{M}. \tag{9.25.1}$$

Dabei stellt das erste Glied rechts den Volums-Absorptionsquerschnitt und das zweite den Oberflächen-Absorptionsquerschnitt dar. S (in cm²) ist die Oberfläche des Uranblocks oder -stabes und M ist seine Masse (in g). Experimentelle Untersuchungen der Neutronenabsorption in Uranblöcken verschiedener Größe erwiesen die Berechtigung dieser Zerlegung in Volums- und Oberflächenbeiträge.

9.26. Ein einfaches Verfahren zur Ableitung von $a\,(E)$ und $b\,(E)$ ist von A. M. WEINBERG angegeben worden und diesem wollen wir uns hier anschließen. Zunächst kann der Volumterm $a\,(E)$ gleich dem effektiven Absorptionsquerschnitt *innerhalb* des Uranblockes gesetzt werden, so daß nach (9.11.2)

$$a\,(E) = \sigma_{a0}\,\frac{\Sigma_s}{\Sigma_s + \Sigma_a} = \sigma_{a0}\,\frac{N_0\,\sigma_{s0} + N_1\,\sigma_{s1}}{N_0\,\sigma_{s0} + N_1\,\sigma_{s1} + N_0\,\sigma_{a0}} \tag{9.26.1}$$

ist. Für ein Stück reinen Urans reduziert sich (9.26.1) auf

$$a\,(E) = \frac{\sigma_{a0}\,\sigma_{s0}}{\sigma_{s0} + \sigma_{a0}}.$$

Das Verhältnis $\int \sigma_{a0}\,dE/E$ zu $\int a\,(E)\,dE/E$ ist gleich dem integrierten räumlichen Vorteilsfaktor für den Block [vgl. Gl. (9.17.1)]. Für reines Uranmetall ist dieses Verhältnis etwa gleich 26.

9.27. Um einen Ausdruck für den Oberflächenkoeffizienten $b\,(E)$ herzuleiten, ist es nötig, zuerst den Resonanzfluß innerhalb des Blocks zu betrachten. Neutronen mit Resonanzenergien werden auch in den äußeren Schichten des Stückes absorbiert werden. Wenn im Innern keine Senkung des Resonanzflusses aufträte, wäre der effektive Absorptionsquerschnitt $a\,(E)$ gleich σ_{a0}, wie man aus den früheren Argumenten (9.21) schließen kann. Nach (9.26.1) wird also der Resonanzfluß im Innern des Blocks infolge des Neutroneneinfangs

---

[1] Die ältere Theorie des Resonanzeinfangs überschätzt die Absenkung des Resonanzflusses im Brennstoff.

[2] Nach neueren Messungen gibt der Ansatz $(\sigma_{a0})_{\text{eff}} = b\,(E)\,\sqrt{S/M}$ die Verhältnisse für viele Resonanzstellen besser wieder.

in den äußeren Gebieten um den Bruchteil $\Sigma_s/(\Sigma_s + \Sigma_a)$ gesenkt. Der Fluß $\Phi'(E)$ im Innern des Blocks ist also gegeben durch

$$\Phi'(E) = \frac{\Sigma_s}{\Sigma_s + \Sigma_a}\,\Phi(E),$$

wobei $\Phi(E)$ der unveränderte, auf den Block auftreffende Fluß ist. Der Unterschied zwischen dem unveränderten und dem abgesenkten Fluß ist dann gleich dem Resonanzfluß an der Oberfläche des Blocks. Also

$$\Phi_{\mathrm{res}} = \Phi(E) - \Phi'(E) = \frac{\Sigma_a}{\Sigma_s + \Sigma_a}\,\Phi(E). \qquad (9.27.1)$$

9.28. Die Energie der den Fluß Φ_{res} bildenden Neutronen liegt nahe dem Resonanz-Absorptionsmaximum, so daß diese Neutronen mit hoher Wahrscheinlichkeit in den äußeren Schichten des Blockes absorbiert werden. Mit anderen Worten, diese Neutronen tragen zur Flächenabsorption in (9.25.1) bei. Die Zahl der den Block pro cm² und sec treffenden Neutronen ist angenähert $\Phi_{\mathrm{res}}/4$. Nach Einführung von (9.27.1) folgt, daß die

$$\begin{array}{l}\text{Zahl der Neutronen, welche die}\\ \text{Oberfläche pro cm}^2\text{ und sec treffen.}\end{array} = \frac{\Sigma_a}{4\,(\Sigma_s + \Sigma_a)}\,\Phi(E).$$

9.29. Die Wahrscheinlichkeit dafür, daß ein Neutron bei seinem ersten Auftreffen auf den Block absorbiert wird, ist $\Sigma_a/(\Sigma_s + \Sigma_a)$, und die gesamte Zahl der Neutronen der Energie E, die durch Oberflächenabsorption pro cm² und pro Flußeinheit eingefangen werden, beträgt demnach

$$\frac{\Sigma_a}{4\,(\Sigma_s + \Sigma_a)} \cdot \frac{\Sigma_a}{\Sigma_s + \Sigma_a} = \frac{1}{4}\left(\frac{\Sigma_a}{\Sigma_s + \Sigma_a}\right)^2.$$

Der Block enthält N_0/d Uranatome pro Gramm, wobei N_0 wie früher die Zahl der Atome pro cm³ und d die Dichte des Uranblocks bedeutet. Die Oberflächenabsorption pro Atom, pro cm²/Gramm und pro Flußeinheit kann daher ausgedrückt werden durch

$$b(E) = \frac{d}{4\,N_0}\left(\frac{\Sigma_a}{\Sigma_s + \Sigma_a}\right)^2. \qquad (9.29.1)$$

Den Oberflächenbeitrag zum effektiven Absorptionsquerschnitt erhält man nun, indem man diese Größe nach (9.25.1) mit S/M multipliziert.

9.30. Das effektive Resonanzintegral für einen Uranblock ist also gegeben durch

$$\int (\sigma_{a0})_{\mathrm{eff}}\,\frac{dE}{E} = \int a(E)\,\frac{dE}{E} + \frac{S}{M}\int b(E)\,\frac{dE}{E}, \qquad (9.30.1)$$

wobei $a(E)$ und $b(E)$ durch (9.26.1) und (9.29.1) definiert sind.

9.31. Die Größen $\int a(E)\,dE/E$ und $\int b(E)\,dE/E$ können experimentell bestimmt werden, indem man die U^{239}-Aktivierung in mit Kadmium bedeckten Uranstäben mißt. Die Resonanzabsorption kann auch gemessen werden, indem man kadmiumbedeckte Uranblöcke in einen Reaktor einbringt und die Änderung der Reaktivität beobachtet, welche so kalibriert werden kann, daß sie ein Maß für die Resonanzabsorption gibt. Die für metallisches Uran erhaltenen experimentellen Werte sind

$$\int a\,(E)\,\frac{dE}{E} = 9{,}25 \text{ barn}$$

$$\int b\,(E)\,\frac{dE}{E} = 24{,}7 \text{ barn g/cm}^2$$

$$\int (\sigma_{a0})_{\text{eff}}\,\frac{dE}{E} = 9{,}25 + 24{,}7\,\frac{S}{M}\ \text{ barn}.$$

9.32. Bei der Ableitung von (9.29.1) wurde vorausgesetzt, daß ein Resonanzneutron, das einen elastischen Streustoß in den äußeren Schichten des Blocks erfährt, aus dem Resonanzgebiet hinausgeworfen wird. Dies gilt nur für den Fall, daß die Resonanzstellen schmal sind im Vergleich mit der durchschnittlichen Änderung der Neutronenenergie bei einem elastischen Zusammenstoß mit Uran oder irgend einem anderen Element, das zusätzlich im Block vorhanden ist. Für Uran trifft diese Voraussetzung allerdings nicht zu, da ein Neutron pro Zusammenstoß im Mittel nur ungefähr 0,8% seiner Energie verliert. Bei 10 eV ist dies ungefähr gleich der Halbwertsbreite des Resonanzgebietes.

9.33. Die Ausdrücke für $a\,(E)$ und $b\,(E)$ gelten nur für Wasserstoff als Moderator und Blöcke aus schwerem Absorbermaterial, da $p\,(E)$ nur in diesem Fall streng durch (9.10.1) gegeben ist. Diese Formeln geben aber immerhin eine (§6.88) grobe Näherung für die Abhängigkeit von $(\sigma_{a0})_{\text{eff}}$ vom Streuquerschnitt pro Uranatom. Um eine strenge Lösung zu erhalten, muß die energieabhängige Transportgleichung für stark energieabhängige Wirkungsquerschnitte gelöst werden.

9.34. Die Abhängigkeit der Volums- und Oberflächenabsorption vom Streuquerschnitt pro Uranatom, d. h. von Σ_s/N_0, erkennt man, indem man (9.26.1) und (9.29.1) in den Formen

$$a\,(E) = \frac{\dfrac{\Sigma_s}{N_0}}{\dfrac{\Sigma_s}{N_0} + \sigma_{a0}}\,\sigma_{a0} \tag{9.34.1}$$

und

$$b\,(E) = \frac{d}{4\,N_0} \cdot \frac{\sigma_{a0}{}^2}{\left(\dfrac{\Sigma_s}{N_0} + \sigma_{a0}\right)^2} \tag{9.34.2}$$

schreibt. Während die Volumsabsorption $a\,(E)$ mit dem Streuquerschnitt pro Uranatom zunimmt, nimmt die Oberflächenabsorption $b\,(E)$ ab. Dies kann folgendermaßen physikalisch gedeutet werden: Die Verringerung des Resonanzflusses im Uranblock nimmt mit wachsendem Σ_s/N_0 ab, und dies bedeutet eine Zunahme des effektiven (Volums-) Wirkungsquerschnitts. Je größer andererseits die Streuung pro Uranatom ist, um so größer ist die Wahrscheinlichkeit dafür, daß ein Resonanzneutron gestreut und nicht absorbiert wird. Die Oberflächenabsorption nimmt dementsprechend ab.

9.35. Die Massenzahl des Streuers kommt in den Ausdrücken (9.34.1) und (9.34.2) für die Volums- bzw. Oberflächenabsorption nicht vor. Das ist jedoch nur dann streng richtig, wenn die Resonanzbreite klein ist, verglichen mit dem mittleren Energieverlust des Neutrons beim elastischen Stoß. Bei Uran beträgt dieser mittlere Energieverlust ungefähr 0,8% der Energie vor dem Stoß. Für ein 10 eV-Neutron beträgt diese Energieabnahme 0,08 eV, hat also dieselbe Größenordnung wie die Resonanzbreite von etwa 0,1 eV. Die obenstehende Voraussetzung ist also eher für Resonanzen im höheren Energiebereich erfüllt.

Bremsnutzung

9.36. Weiter unten wird gezeigt werden (§ 9.51), daß die regelmäßige Anordnung von Brennstoffblöcken in einem Moderator als gitterförmiges Gebilde aus äquivalenten Einheitszellen aufgefaßt werden kann. In jeder Gitterzelle hängt die Bremsnutzung sowohl von der räumlichen Verteilung der Resonanzneutronen als auch von der Gestalt und Zahl der Resonanzstellen ab. Die Gesamtzahl der Absorptionen, die sich pro sec und Einheitsintervall der Energie im Uranblock ereignen, ist nach (9.25.1) gegeben durch

$$A\,(E) = \overline{\Phi}_0\,(E)\,N_0\,V_0\,a\,(E) + \overline{\Phi}_S\,(E)\,N_0\,V_0\,b\,(E)\,\frac{S}{M}, \qquad (9.36.1)$$

wobei V_0 das Volumen des Uranblocks pro Einheitszelle bedeutet. Mit $\overline{\Phi}_0\,(E)$ wurde der durch

$$\overline{\Phi}_0\,(E) = \frac{1}{V_0}\int\limits_{V_0} \Phi\,(\mathfrak{r},\,E)\,dV$$

definierte mittlere Fluß pro Energieintervall im Innern des Blocks bezeichnet. $\overline{\Phi}_S\,(E)$ ist der mittlere Fluß bei der Energie E für die Einheit des Energieintervalls auf der Oberfläche des Blockes:

$$\overline{\Phi}_S\,(E) = \frac{1}{S}\int\limits_{S} \Phi\,(\mathfrak{r},\,E)\,dS\,.$$

9.37. Die Gesamtzahl der Neutronen $Q\,(E)$, die in der Einheitszelle pro sec auf die Energie E abgebremst werden, ist nach (6.67.1) gegeben durch

$$Q\,(E) = \overline{\Phi}_1\,(E)\,V_1\,\xi_1\,\Sigma_{s1}\,E\,. \qquad (9.37.1)$$

Dabei ist V_1 das Volumen des Moderators pro Einheitszelle und $\overline{\Phi}_1\,(E)$ der mittlere Fluß pro Energieintervall im Moderator, also

$$\overline{\Phi}_1 = \frac{1}{V_1}\int\limits_{V_1} \Phi\,(\mathfrak{r},\,E)\,dV\,.$$

Besteht der Moderator aus mehreren Kernarten, so ist ξ_1 durch $\overline{\xi}$ zu ersetzen. Die Änderungsrate von $Q\,(E)$ mit E ist gleich der Absorption im Uranstück, also

$$\frac{d\,Q\,(E)}{d\,E} = -\,A\,(E)\,. \qquad (9.37.2)$$

9.38. Durch Kombination von (9.36.1), (9.37.1) und (9.37.2) erhält man

$$\frac{1}{Q}\cdot\frac{dQ}{dE} = -\left[\frac{N_0\,V_0\,\overline{\Phi}_0(E)\,a\,(E)}{V_1\,\xi_1\,\Sigma_{s1}\,\overline{\Phi}_1\,(E)} + \frac{N_0\,V_0\,\overline{\Phi}_S\,(E)\,b\,(E)}{V_1\,\xi_1\,\Sigma_{s1}\,\overline{\Phi}_1\,(E)}\cdot\frac{S}{M}\right]\frac{1}{E}\,.$$

Die Integration ergibt:

$$Q(E) = Q(E_0) \exp\left\{-\frac{N_0 V_0}{V_1 \xi_1 \Sigma_{s1}}\left[\int_E^{E_0} \frac{\overline{\Phi_0}(E')}{\overline{\Phi_1}(E')} a(E') \frac{dE'}{E'} + \frac{S}{M}\int_E^{E_0} \frac{\overline{\Phi_S}(E')}{\overline{\Phi_1}(E')} b(E') \frac{dE'}{E'}\right]\right\}.$$

Die Bremsnutzung $p(E)$ ist gleich $Q(E)/Q(E_0)$, wobei $Q(E_0)$ die Zahl der Neutronen bedeutet, die pro sec in das Resonanzgebiet abgebremst werden. Es ist daher

$$p(E) = \exp\left\{-\frac{N_0 V_0}{V_1 \xi_1 \Sigma_{s1}}\left[\int_E^{E_0} \frac{\overline{\Phi_0}(E')}{\overline{\Phi_1}(E')} a(E') \frac{dE'}{E'} + \frac{S}{M}\int_E^{E_0} \frac{\overline{\Phi_S}(E')}{\overline{\Phi_1}(E')} b(E') \frac{dE'}{E'}\right]\right\}.$$

$$(9.38.1)$$

9.39. Falls Brennstoff und Moderator eine homogene Mischung bilden, sind die Verhältnisse $\overline{\Phi_0}/\overline{\Phi_1}$ und $\overline{\Phi_S}/\overline{\Phi_1}$ bei allen Energien gleich Eins. Gleichzeitig werden V_0 und V_1 identisch, und $(9.38.1)$ reduziert sich, wie es sein soll, auf $(9.11.4)$. Im allgemeinen ist aber die Berechnung von $p(E)$ für eine heterogene Anordnung nur möglich, wenn $a(E)$ und $b(E)$ bekannt sind und wenn man die Flußverhältnisse als Funktionen der Energie kennt.

9.40. In Uranblöcken von annähernd optimaler Größe in einem Graphitmoderator kann $\overline{\Phi_0}/\overline{\Phi_1}$ annähernd gleich $\overline{\Phi_S}/\overline{\Phi_1}$ gesetzt werden. Wenn man $\overline{\Phi_0}/\overline{\Phi_1}$ als unabhängig von der Energie voraussetzt, geht die Formel $(9.38.1)$ für die Bremsnutzung über in

$$p(E) = \exp\left[-\frac{N_0 V_0 \overline{\Phi_0}}{V_1 \xi_1 \Sigma_{s1} \overline{\Phi_1}}\int_E^{E_0} (\sigma_{a0})_{\text{eff}} \frac{dE'}{E'}\right].$$

$$(9.40.1)$$

9.41. Die Bremsnutzung $p(E)$ kann in dieser Form ziemlich leicht berechnet werden, wenn man experimentelle Werte für das effektive Resonanzintegral benützt. Zur Berechnung der Bremsnutzung bis auf z. B. 1% genau braucht der Wert von $\overline{\Phi_0}/\overline{\Phi_1}$ in der Nähe des optimalen Verhältnisses V_1/V_2 nur bis auf etwa 10% genau bekannt sein. Die Ungenauigkeit der in $(9.40.1)$ eingehenden Daten wirkt sich also nicht stark aus. Das Verhältnis $\overline{\Phi_1}/\overline{\Phi_0}$ wird als *Nachteilsfaktor für Resonanzneutronen* bezeichnet.

Vorteile und Nachteile heterogener Systeme

9.42. Durch Verwendung eines heterogenen Core in einem thermischen Reaktor kann eine Erhöhung der Bremsnutzung für ein bestimmtes Verhältnis von Uran zu Moderator erzielt werden. Dies ist hauptsächlich dadurch bedingt, daß die Absorption der Resonanzneutronen in den äußeren Schichten der Uranblöcke den Resonanzfluß im Innern stark herabsetzt. Von den Neutronen, die aus dem Moderator in einen Uranblock eintreten, werden nur diejenigen mit Energien bei oder sehr nahe bei den Resonanzstellen absorbiert. Alle anderen werden den Block mit hoher Wahrscheinlichkeit wieder verlassen, da sie bei Stößen mit den Urankernen nur einen geringen Energieverlust erleiden. Nach Wiedereintritt in den Moderator erfahren die Neutronen eine weitere Bremsung und können durch mehrere Resonanzen hindurchgehen und thermische Energien erreichen, bevor sie eingefangen werden.

9.43. Wenn die Uranresonanzen breit und niedrig sind, kann durch Heterogenisierung nur eine geringe Zunahme der Bremsnutzung erreicht werden. Wegen der größeren Breite der Resonanzgipfel werden beim Eintritt in den Uranblock Neutronen aus einem breiteren Energiebereich absorbiert. Es wird also nur ein kleinerer Bruchteil der in den Block eintretenden Neutronen wieder in den Moderator austreten. Wenn die Resonanzen breit sind, verringert sich außerdem die Wahrscheinlichkeit dafür, daß Neutronen bei der Abbremsung im Moderator Resonanzgebiete überspringen.

9.44. Von geringerer Auswirkung ist die Tatsache, daß in einem heterogenen Reaktor einige Neutronen thermisch werden, ohne überhaupt in ein Brennstoffelement einzudringen. Dieser Effekt ist hauptsächlich geometrischer Art und hängt sowohl von den Abständen der Brennstoffelemente wie auch von der Bremslänge des Moderators ab. Beim ORX-Reaktor z. B. nimmt p durch diesen Effekt etwa um den Faktor 1,04 zu.

9.45. Im heterogenen System ist auch der Schnellspaltfaktor etwas größer als in einer homogenen Mischung der gleichen Zusammensetzung. Da die Spaltneutronen innerhalb des Uranblocks entstehen, wo sie nur wenig gebremst werden, ist die Wahrscheinlichkeit für den Spalteinfang schneller Neutronen in U^{238} größer als in einer gleichförmigen Mischung von Uran und Moderator.

9.46. Der Hauptnachteil der heterogenen Anordnung des Urans im Moderator liegt in der Abnahme der thermischen Nutzung, wie im nächsten Abschnitt näher ausgeführt wird.

Berechnung der thermischen Nutzung

9.47. Die thermische Nutzung in einem heterogenen System ist nicht eine Funktion des makroskopischen Absorptionsquerschnitts allein wie beim homogenen System (§ 7.66), sondern hängt auch vom thermischen Neutronenfluß in den verschiedenen Teilen des Gitters ab. Nach Definition ist die thermische Nutzung

$$f = \frac{\int \Sigma_{a0}\, \Phi\,(\mathfrak{r})\, dV}{\int (\Sigma_{a0} + \Sigma_{a1})\, \Phi\,(\mathfrak{r})\, dV}, \qquad (9.47.1)$$

wobei $\Phi\,(\mathfrak{r})$ der thermische Neutronenfluß in einem bestimmten Punkt $\mathfrak{r}$ und Σ_{a0} und Σ_{a1} die thermischen Absorptionsquerschnitte für Brennstoff und Moderator bedeuten. Die Integration ist über den ganzen Reaktor zu erstrecken. Wenn der Brennstoff vom Moderator vollständig getrennt ist, so daß jedes Gebiet homogen ist, gilt

$$f = \frac{\Sigma_{a0} \int\limits_{V_0} \Phi\,(\mathfrak{r})\, dV}{\Sigma_{a0} \int\limits_{V_0} \Phi\,(\mathfrak{r})\, dV + \Sigma_{a1} \int\limits_{V_1} \Phi\,(\mathfrak{r})\, dV}. \qquad (9.47.2)$$

9.48. Mit den mittleren thermischen Flüssen $\overline{\Phi_0}$ und $\overline{\Phi_1}$ (vgl. § 9.36) im Brennstoff und Moderator wird die thermische Nutzung (9.47.2):

$$f = \frac{\Sigma_{a0}}{\Sigma_{a0} + \Sigma_{a1} \dfrac{V_1}{V_0} \dfrac{\overline{\Phi_1}}{\overline{\Phi_0}}}. \qquad (9.48.1)$$

Das Verhältnis des mittleren thermischen Flusses im Moderator zu dem im Brennstoff $\overline{\Phi_1}/\overline{\Phi_0}$ wird als *Nachteilsfaktor* für thermische Neutronen bezeichnet. Der thermische Fluß ist im Brennstoff kleiner, so daß der Nachteilsfaktor größer als Eins ist. Die thermische Nutzung im heterogenen System ist also kleiner als in einem homogenen System mit den gleichen relativen Mengen von Brennstoff und Moderator.

9.49. Physikalisch deutet man dieses Ergebnis folgendermaßen: Die in den Uranblöcken entstehenden schnellen Neutronen werden nur im Moderator merklich gebremst. Thermische Neutronen entstehen daher nur im Moderator und diffundieren von dort in den Brennstoff. Im Zentrum der Uranblöcke ist der thermische Neutronenfluß wegen der Absorption thermischer Neutronen in den äußeren Schichten verringert; im Moderator ist er dagegen höher und dies führt dort zu verstärktem parasitären Einfang.

9.50. Zur Berechnung der thermischen Nutzung muß man also vor allem die Verteilung des thermischen Neutronenflusses im Uran-Moderator-System kennen. Bei der folgenden Überlegung sollen drei Näherungsannahmen gemacht werden. Erstens wird vorausgesetzt, daß die Bremsdichte im Moderator konstant und im Uran Null ist, d. h. es wird angenommen, daß thermische Neutronen im Moderator gleichförmig erzeugt werden, im Uran dagegen überhaupt nicht. Diese Bedingung ist erfüllt, wenn der Abstand der Blöcke im Vergleich zur Bremslänge nicht zu groß ist. Wenn man die von gitterförmig angeordneten Punktquellen herrührenden, nach der Fermi-Theorie berechneten Bremsdichten überlagert, findet man, daß die Quelldichte langsamer Neutronen bemerkenswert homogen ist, vorausgesetzt, daß die Gitterabstände nicht größer als zwei oder drei Bremslängen sind.

9.51. Die zweite Näherungsannahme besteht darin, daß man das Gitter in eine Anzahl von identischen Einheitszellen aufteilt und voraussetzt, daß ein quadratischer Querschnitt durch einen kreisförmigen Querschnitt des gleichen Flächeninhaltes ersetzt werden kann.

Wenn der Reaktor nach Abb. 9.51 aus zylindrischen Uranstäben besteht, stellt jede Zelle einen Quader von quadratischem Querschnitt dar. Die äquivalente Zelle von kreisförmigem Querschnitt (durch die gestrichelte Linie angedeutet) hat dann die Form eines langen Zylinders mit dem Uranstab in der Mitte. Hat das Uran annähernd Kugelform, so ist die äquivalente Einheitszelle eine Kugel. Ähnliche Annahmen wurden von E. P. WIGNER und F. SEITZ bei der theoretischen Behandlung der Kristallgitter getroffen und vereinfachen die Berechnungen bedeutend.

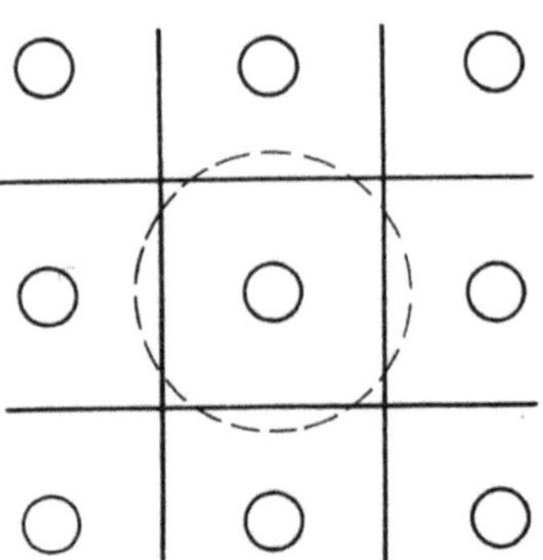

Abb. 9.51. Zerlegung des Reaktorgitters in äquivalente Einheitszellen

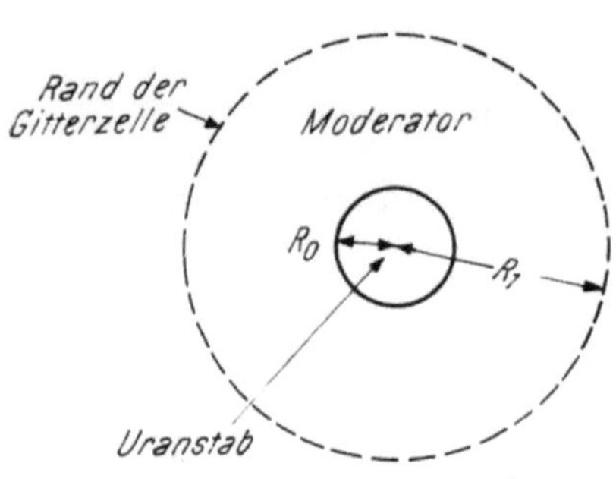

Abb. 9.53. Einheitszelle bei zylindrischen Brennstoffstäben

9.52. Schließlich nimmt man noch an, daß die einfache Diffusionstheorie anwendbar ist. Das ist nur dann der Fall, wenn die Dimensionen des Systems groß sind im Vergleich zur mittleren freien Neutronenweglänge für Streuung, wenn die Neutronen nicht zu stark absorbiert werden und wenn keine Neutronenquellen vorhanden sind. Keine von diesen Bedingungen ist streng erfüllt, und eine Schätzung auf Grund genauer Methoden zeigt, daß die Anwendung der einfachen Diffusionstheorie einige Fehler nach sich zieht. Im Hinblick auf die Einfachheit der Berechnungen behält dieses Vorgehen aber trotzdem gewissen Wert.

9.53. Die Diffusionstheorie soll nun zur Berechnung der thermischen Nutzung in einem Reaktor mit langen zylindrischen Uranstäben benützt werden. Die äquivalente (zylindrische) Einheitszelle ist in Abb. 9.53 dargestellt. Der

Radius des Brennstoffstabes sei R_0, der Radius der Einheitszelle im Reaktorgitter sei R_1. Wenn die Zellenlänge groß gegenüber dem Durchmesser der Zelle ist, kann die Berechnung der Neutronenflußverteilung im wesentlichen als eindimensionales Problem aufgefaßt werden.

9.54. Da vorausgesetzt wurde, daß die Bremsdichte im Moderator konstant und im Uran gleich Null ist, können die Neutronen als monoenergetisch aufgefaßt und die Gleichungen der Eingruppenmethode angewendet werden. Die thermische Diffusionsgleichung für den Brennstoffstab lautet

$$D_0 \nabla^2 \Phi_0 - \Sigma_{a0} \Phi_0 = 0, \qquad (9.54.1)$$

wobei Φ_0 der thermische Neutronenfluß, D_0 der Diffusionskoeffizient und Σ_{a0} der makroskopische Absorptionsquerschnitt im Uran sind. In (9.54.1) tritt kein Quellterm für thermische Neutronen auf, da vorausgesetzt wurde, daß im Uran keine Bremsung stattfindet.

9.55. Die thermische Diffusionsgleichung für den Moderator lautet

$$D_1 \nabla^2 \Phi_1 - \Sigma_{a1} \Phi_1 + q = 0, \qquad (9.55.1)$$

wobei der Quellterm, d. h. die Zahl der im Moderator pro cm³ und sec thermisch werdenden Neutronen, wegen der gleichförmigen Bremsdichte konstant ist.

9.56. Die Grenzbedingungen, welche von den Lösungen der Differentialgleichungen (9.54.1) und (9.55.1) zu erfüllen sind, lauten:

a) $\Phi_0 = \Phi_1$　für $r = R_0$,

b) $D_0 \dfrac{d\Phi_0}{dr} = D_1 \dfrac{d\Phi_1}{dr}$　für $r = R_0$.

c) da in eine gegebene Zelle ebenso viele Neutronen hinein- wie herausdiffundieren, ist

$$\frac{d\Phi_1}{dr} = 0 \quad \text{für } r = R_1.$$

9.57. Mit $\Sigma_{a0}/D_0 = \varkappa_0{}^2$, wobei $\varkappa_0$ der reziproke Wert der thermischen Diffusionslänge im Uran ist, erhält man aus (9.54.1)

$$\nabla^2 \Phi_0 - \varkappa_0{}^2 \Phi_0 = 0 \qquad (9.57.1)$$

oder in Zylinderkoordinaten

$$\frac{d^2\Phi_0}{dr^2} + \frac{1}{r} \cdot \frac{d\Phi_0}{dr} - \varkappa_0{}^2 \Phi_0 = 0.$$

Da $\varkappa_0{}^2$ positiv ist, ist dies eine modifizierte Besselsche Differentialgleichung und die Lösung für einen Bereich, der den Ursprung ($r = 0$) einschließt, ist von der Form (§ 7.54):

$$\Phi_0 = A\,I_0(\varkappa_0\,r), \qquad (9.57.2)$$

wobei I_0 die modifizierte Besselfunktion der ersten Art von der Ordnung Null ist.

9.58. Mit $\Sigma_{a1}/D_1 = \varkappa_1{}^2$ wird (9.55.1) für den Moderator

$$\nabla^2 \Phi_1 - \varkappa_1{}^2 \Phi_1 + \frac{q}{D_1} = 0. \qquad (9.58.1)$$

Der homogene Teil dieser Gleichung ist zur Gleichung (9.57.1) analog, und die Lösung dieses Teiles lautet

$$\Phi_{1h} = C\,I_0(\varkappa_1\,r) + F\,K_0(\varkappa_1\,r).$$

Die Funktion K_0 kann in diesem Falle nicht weggelassen werden, da das Moderatorgebiet den Ursprung nicht einschließt. Eine partikuläre Lösung von (9.58.1) kann erhalten werden, indem man Φ_1 konstant setzt. Sie lautet $q/D_1\varkappa_1^2$ bzw. q/Σ_{a1}. Die vollständige Lösung von (9.58.1) ist also

$$\Phi_1 = C\,I_0\,(\varkappa_1\,r) + F\,K_0\,(\varkappa_1\,r) + \frac{q}{\Sigma_{a1}}. \tag{9.58.2}$$

9.59. Die Beziehung zwischen den willkürlichen Konstanten C und F erhält man aus der Grenzbedingung (c), d. h. aus [1]

$$\frac{d\,\Phi_1}{d\,r}\bigg|_{r\,=\,R_1} = \varkappa_1\,[C\,I_1\,(\varkappa_1\,R_1) - F\,K_1\,(\varkappa_1\,R_1)] = 0,$$

und daraus

$$F = C\,\frac{I_1\,(\varkappa_1\,R_1)}{K_1\,(\varkappa_1\,R_1)}.$$

Die Einführung dieses Wertes für F in (9.58.2) ergibt dann

$$\Phi_1 = C\,[I_0\,(\varkappa_1\,r)\,K_1\,(\varkappa_1\,R_1) + K_0\,(\varkappa_1\,r)\,I_1\,(\varkappa_1\,R_1)] + \frac{q}{\Sigma_{a1}}, \tag{9.59.1}$$

wobei $K_1\,(\varkappa_1\,R_1)$ in den konstanten Faktor C hineingezogen worden ist.

9.60. Die Konstanten A und C berechnet man mittels der Grenzbedingungen (a) und (b). Mit (9.57.2) und (9.59.1) folgt aus (a)

$$A\,I_0\,(\varkappa_0\,R_0) = C\,[I_0\,(\varkappa_1\,R_0)\,K_1\,(\varkappa_1\,R_1) + K_0\,(\varkappa_1\,R_0)\,I_1\,(\varkappa_1\,R_1)] + \frac{q}{\Sigma_{a1}}$$

und aus (b)

$$D_0\,A\,\varkappa_0\,I_1\,(\varkappa_0\,R_0) = D_1\,C\,\varkappa_1\,[I_1\,(\varkappa_1\,R_0)\,K_1\,(\varkappa_1\,R_1) - K_1\,(\varkappa_1\,R_0)\,I_1\,(\varkappa_1\,R_1)].$$

Im weiteren wird der Wert von C nicht gebraucht. An Stelle von A bestimmt man zweckmäßigerweise $1/A$. Die Auflösung der zwei vorhergehenden linearen Gleichungen führt auf

$$\frac{1}{A} = \frac{\Sigma_{a1}}{q}\left\{ I_0\,(\varkappa_0\,R_0) - \frac{D_0\,\varkappa_0\,I_1\,(\varkappa_0\,R_0)\,[I_0\,(\varkappa_1\,R_0)\,K_1\,(\varkappa_1\,R_1) + K_0\,(\varkappa_1\,R_0)\,I_1\,(\varkappa_1\,R_1)]}{D_1\,\varkappa_1\,[I_1\,(\varkappa_1\,R_0)\,K_1\,(\varkappa_1\,R_1) - K_1\,(\varkappa_1\,R_0)\,I_1\,(\varkappa_1\,R_1)]} \right\}$$

$$\tag{9.60.1}$$

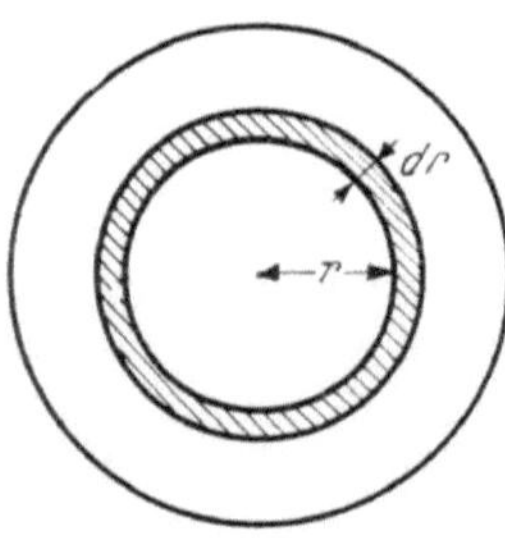

Abb. 9.61. Zylinder-Schale im Uranstab

9.61. Mit den obigen Resultaten kann man nun die thermische Nutzung f oder besser den Reziprokwert $1/f$ für das heterogene Gitter durch meßbare Größen ausdrücken. Betrachten wir eine Zylinderschale vom Radius r, der Dicke dr und der Länge Eins innerhalb des Uranstabes (Abb. 9.61). Das Volumen dieser Schale ist $2\pi\,r\,dr$ und die Zahl der in ihr pro sec absorbierten thermischen Neutronen $\Sigma_{a0}\,\Phi_0\,(r)\,2\pi\,r\,dr$. $\Phi_0\,(r)$ ist der thermische Neutronenfluß im Uran im Abstand r von der Achse, wie er durch (9.57.2) gegeben ist. Die gesamte Zahl der pro sec und Längeneinheit des zylindrischen Uranstabes absorbierten thermischen Neutronen erhält man durch Integration über r von Null bis R_0, dem Radius des Stabes:

---

[1] Man beachte, daß $d\,I_0\,(\varkappa_1 r)/d\,r = \varkappa_1\,I_1\,(\varkappa_1\,r)$ und $d\,K_0\,(\varkappa_1\,r)/d\,r = -\varkappa_1\,K_1\,(\varkappa_1 r)$ ist, wobei I_1 und K_1 modifizierte Besselfunktionen erster Ordnung sind.

Zahl der thermischen Neu-
tronen, die im Uranstab
pro Längeneinheit und pro
sec absorbiert werden

$$= \int_0^{R_0} \Sigma_{a0}\, \Phi_0\,(r)\, 2\,\pi\,r\,d\,r$$

$$= 2\,\pi\,\Sigma_{a0}\,A \int_0^{R_0} r\,I_0\,(\varkappa_0\,r)\,d\,r = \frac{2\,\pi\,\Sigma_{a0}\,A\,R_0}{\varkappa_0}\,I_1\,(\varkappa_0\,R_0).$$

9.62. Durch Bremsung entstehen in der Volumseinheit des Moderators pro sec insgesamt q thermische Neutronen. Da das Moderatorvolumen in der Längeneinheit einer Zelle gleich $\pi\,(R_1{}^2 - R_0{}^2)$ ist, entstehen pro Längeneinheit und sec $q\,\pi\,(R_1{}^2 - R_0{}^2)$ thermische Neutronen. Die thermische Nutzung ist das Verhältnis der im Uran absorbierten zur Zahl der im Moderator durch Bremsung entstehenden Neutronen. Der Reziprokwert $1/f$ ist daher im vorliegenden Fall gegeben durch

$$\frac{1}{f} = \frac{q\,\pi\,(R_1{}^2 - R_0{}^2)\,\varkappa_0}{2\,\pi\,\Sigma_{a0}\,R_0\,I_1\,(\varkappa_0\,R_0)} \cdot \frac{1}{A}. \qquad (9.62.1)$$

Wenn man den Ausdruck für $1/A$ aus (9.60.1) in (9.62.1) einführt, ergibt sich:

$$\frac{1}{f} = \frac{V_1\,\Sigma_{a1}}{V_0\,\Sigma_{a0}} \left[\frac{\varkappa_0\,R_0}{2} \cdot \frac{I_0\,(\varkappa_0\,R_0)}{I_1\,(\varkappa_0\,R_0)} \right] +$$

$$+ \frac{\varkappa_1\,(R_1{}^2 - R_0{}^2)}{2\,R_0} \left[\frac{I_0\,(\varkappa_1\,R_0)\,K_1\,(\varkappa_1\,R_1) + K_0\,(\varkappa_1\,R_0)\,I_1\,(\varkappa_1\,R_1)}{I_1\,(\varkappa_1\,R_1)\,K_1\,(\varkappa_1\,R_0) - K_1\,(\varkappa_1\,R_1)\,I_1\,(\varkappa_1\,R_0)} \right]. \qquad (9.62.2)$$

Wenn wir die Größen F und E durch

$$F = \frac{\varkappa_0\,R_0}{2} \cdot \frac{I_0\,(\varkappa_0\,R_0)}{I_1\,(\varkappa_0\,R_0)}$$

und

$$E = \frac{\varkappa_1\,(R_1{}^2 - R_0{}^2)}{2\,R_0} \left[\frac{I_0\,(\varkappa_1\,R_0)\,K_1\,(\varkappa_1\,R_1) + K_0\,(\varkappa_1\,R_0)\,I_1\,(\varkappa_1\,R_1)}{I_1\,(\varkappa_1\,R_1)\,K_1\,(\varkappa_1\,R_0) - K_1\,(\varkappa_1\,R_1)\,I_1\,(\varkappa_1\,R_0)} \right]$$

definieren, wird die thermische Nutzung durch

$$\frac{1}{f} = 1 + \frac{V_1\,\Sigma_{a1}}{V_0\,\Sigma_{a0}}\,F + (E - 1) \qquad (9.62.3)$$

dargestellt.

9.63. Die oben definierte Größe F ist — wie man zeigen kann — das Verhältnis des Neutronenflusses an der Oberfläche des Brennstabes zum mittleren Fluß im Inneren. Man betrachte den Grenzfall eines unendlich großen Diffusionskoeffizienten im Moderator. Dann ist $\varkappa_1$ Null, E gleich Eins und (9.62.3) reduziert sich auf

$$\frac{1}{f} = 1 + \frac{V_1\,\Sigma_{a1}}{V_0\,\Sigma_{a0}}\,F$$

oder

$$f = \frac{\Sigma_{a0}}{\Sigma_{a0} + \dfrac{V_1}{V_0}\,\Sigma_{a1}\,F}. \qquad (9.63.1)$$

Wenn der Diffusionskoeffizient im Moderator unendlich ist, kann es keinen Gradienten des Neutronenflusses geben, und der Fluß muß daher innerhalb des Moderators homogen sein. Die im Moderator homogen erzeugten und isotrop verteilten thermischen Neutronen wandern so lange, bis sie im Moderator absorbiert werden bzw. bis sie in den Brennstoff eintreten. Abb. 9.63 zeigt die entsprechende Neutronenverteilung.

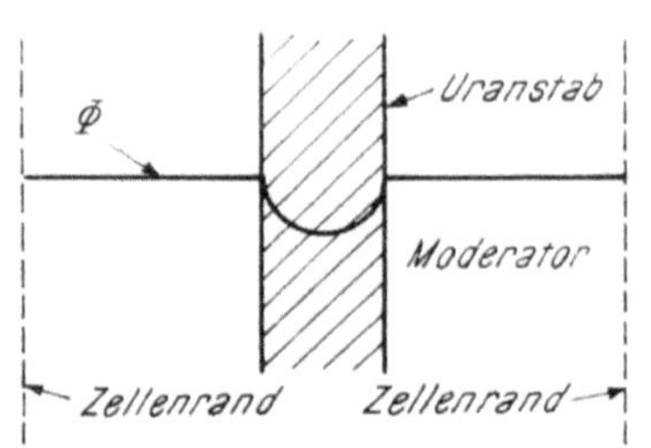

9.64. Durch Vergleich von (9.63.1) mit (9.48.1) erkennt man, daß

$$F = \frac{\overline{\Phi_1}}{\overline{\Phi_0}},$$

wobei $\overline{\Phi_1}$ der Neutronenfluß im Moderator, also auch an der äußeren Fläche des Uranstabes ist. Es gilt daher

$$F = \frac{\text{Thermischer Neutronenfluß an der Brennstoffoberfläche}}{\text{Mittlerer thermischer Fluß im Innern des Brennstoffs}}.$$

Da der Diffusionskoeffizient im Moderator endlich ist, ist der mittlere thermische Fluß im Moderator größer als der Fluß an der Brennstoffoberfläche (Abb. 9.64). Diese zusätzliche Absorption wird durch die Größe $E - 1$, die sogenannte *Überschußabsorption*, gemessen.

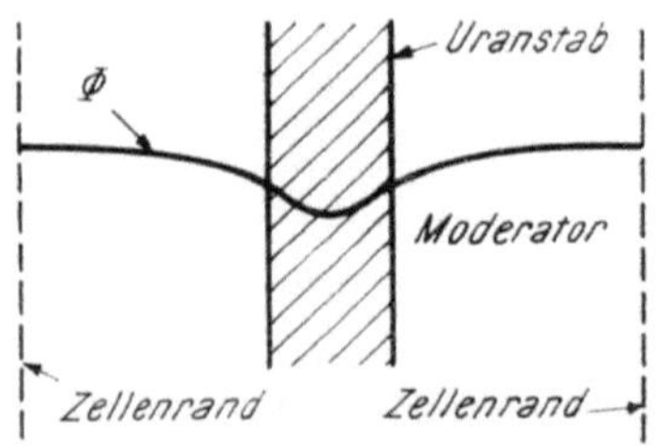

Abb. 9.64. Tatsächliche Flußverteilung in einer Zelle

Abb. 9.65. Reziproke thermische Nutzung $1/f$ als Funktion des Brennstoff-Moderator-Volumsverhältnisses V_1/V_0

9.65. Wenn man $1/f$ für einige Werte von V_1/V_0 und R_0 berechnet, erhält man eine Reihe von Kurven, die $1/f$ als Funktion von V_1/V_0 für verschiedene R_0 wiedergeben. Der allgemeine Verlauf dieser Kurven ist aus Abb. 9.65 für drei Werte des Stabradius $R_{01} > R_{02} > R_{03}$ ersichtlich. Man erkennt, daß die thermische Nutzung bei konstantem V_1/V_0 mit wachsendem Stabradius abnimmt, da die Flußsenkung mit dem Radius zunimmt; andererseits nimmt sie bei konstantem Stabradius mit wachsendem V_1/V_0 ab, weil im Moderator mehr Neutronen eingefangen werden.

9.66. Ähnliche Ergebnisse kann man auch für anders gestaltete Gitterzellen erhalten. Die Werte von F und E, welche die gleiche physikalische Bedeutung wie oben haben, hängen von der Form der Zellen ab. Die entsprechenden Formeln für unendliche Platten und für Kugeln sind in Tab. 9.66 wiedergegeben. Bei der Plattenzelle sind R_0 und R_1 die halbe Dicke des Brennstoffelements bzw. der ganzen Zelle. Bei der kugelförmigen Zelle ist R_0 der Radius der Brennstoffkugel und R_1 der Radius der ganzen Zelle. F enthält nur Kennzahlen des Brennstoffs ($\varkappa_0$), E nur solche des Moderators ($\varkappa_1$). F und E können daher in Tabellen erfaßt werden, welche die Gitterberechnungen erleichtern[1].

---

[1] Bezüglich der transporttheoretischen Behandlung der thermischen Nutzung sei auf die Literatur verwiesen, z. B.: A. AMOUYAL und P. BENOIST: New Method

Tabelle 9.66. *Funktionen für Gitterberechnungen*

Form der Zelle	F	E
unendliche Platte	$\varkappa_0 R_0 \operatorname{cth} \varkappa_0 R_0$	$\varkappa_1 (R_1 - R_0) \operatorname{cth} \varkappa_1 (R_1 - R_0)$
Kugel	$\dfrac{\varkappa_0{}^2 R_0{}^2}{3} \cdot \dfrac{\operatorname{th} \varkappa_0 R_0}{\varkappa_0 R_0 - \operatorname{th} \varkappa_0 R_0}$	$\dfrac{\varkappa_1{}^2 (R_1{}^3 - R_0{}^3)}{3 R_0} \left[\dfrac{1 - \varkappa_1 R_1 \operatorname{cth} \varkappa_1 (R_1 - R_0)}{1 - \varkappa_1{}^2 R_1 R_0 - \varkappa_1 (R_1 - R_0) \operatorname{cth} \varkappa_1 (R_1 - R_0)} \right]$

Berechnung der Bremsnutzung

9.67. Der Wert der Bremsnutzung kann mit Hilfe von (9.40.1) berechnet werden, vorausgesetzt, daß der Absenkungsgrad für Resonanzneutronen, d. h. das Verhältnis des Mittelwertes des Resonanzflusses im Moderator zu dem im Uran, bekannt ist. Um diesen Faktor zu bestimmen, werden die Neutronen des Resonanzflusses so wie die schnellen Neutronen der Zweigruppentheorie als spezielle Neutronengruppe behandelt (Kap. VIII). Das Problem ist mit dem der Bestimmung der thermischen Nutzung formal gleich. Da im Brennstoff fast keine Bremsung stattfindet, kann im Moderator eine homogene Quelle von Resonanzneutronen angenommen werden. Diese Neutronen diffundieren in das Uran, wobei einige von ihnen in den Resonanzen von U^{238} absorbiert werden.

9.68. Der erste und wesentliche Schritt der Berechnung besteht in der Bestimmung der Gruppenkonstanten Σ_a und D. Da der Energiebereich des Resonanzgebietes nicht exakt bekannt ist, ist man auf verschiedene Schätzungen angewiesen. Man kann z. B. die bekannte mittlere freie Transportweglänge im Uranoxyd (U_3O_8) oder Uran mit dem gemessenen effektiven Resonanzintegral vergleichen. Der abgesenkte Fluß im Brennstoff ist gegeben durch

$$\Phi' (E)\, dE = \frac{\Sigma_s}{\Sigma_s + \Sigma_{a0}}\, \Phi (E)\, dE.$$

Die Zahl der Absorptionen pro cm^3 und sec beträgt daher

$$\Sigma_{a0}\, \Phi' (E)\, dE = \frac{\Sigma_{a0}\, \Sigma_s}{\Sigma_s + \Sigma_{a0}}\, \Phi (E)\, dE.$$

Nun können wir den mittleren Absorptionsquerschnitt des Brennstoffs für Resonanzabsorption $\overline{\Sigma}_{a0}$ durch

$$\overline{\Sigma}_{a0} \int \Phi (E)\, dE = \int \frac{\Sigma_{a0}\, \Sigma_s}{\Sigma_s + \Sigma_{a0}}\, \Phi (E)\, dE \qquad (9.68.1)$$

definieren, wobei die Integration über das Resonanzgebiet von E_2 bis E_1 zu erstrecken ist. Mit $\Phi (E) = q_0/\xi E$ und (9.11.2) erhält man

$$\ln \frac{E_1}{E_2} = \frac{N_0}{\overline{\Sigma}_{a0}} \int_{E_2}^{E_1} \sigma_{a0\,\text{eff}}\, \frac{dE}{E}. \qquad (9.68.2)$$

of the Determination of the Thermal Utilization Factor of the Cell. C. E. A. 571 (16. IV. 1956).

Da $\overline{\Sigma}_{a0} \approx \lambda_{t0}/3L_0^2$, wobei L_0 die Diffusionslänge der Resonanzneutronen im Brennstoff (z. B. Uranoxyd) ist, folgt

$$\ln \frac{E_1}{E_2} = \frac{3\,L_0^2\,N_0}{\lambda_{t\,0}} \int_{E_2}^{E_1} (\sigma_{a0})_{\text{eff}} \frac{d\,E}{E}\,.$$

9.69. Ist das Resonanzintegral sowie L_0^2 und λ_{t0} experimentell bestimmt worden, so kann $\ln(E_1/E_2)$ berechnet werden. Für Uranoxyd ergibt sich auf diese Weise im Einklang mit anderen Schätzungen $\ln(E_1/E_2) = 7,3$. In Uranmetall ist $\ln(E_1/E_2) = 5,6$.

9.70. Der Wert von $\varkappa_0^2 = 3\,\Sigma_{t0}\,\overline{\Sigma}_{a\,0}$ ergibt sich mit einer entsprechenden Transporttheorie-Korrektur (§ 14.40) aus

$$\varkappa_0^2 = 3\,\Sigma_{t0}\,\overline{\Sigma}_{a0}\left(1 - \frac{4}{5}\cdot\frac{\overline{\Sigma}_{a0}}{\Sigma_0}\right),$$

wobei Σ_0 der totale Wirkungsquerschnitt des Brennstoffes ist. Ein besseres Verfahren zur Abschätzung von $\varkappa_0$ besteht darin, die U^{239}-Resonanzaktivierung in einem Stück Brennstoff als Funktion des Ortes zu messen. Die Resultate werden sodann mit der entsprechenden Lösung der Diffusionsgleichung verglichen. Hat das Brennstoffelement z. B. die Form eines langen Stabes, so müßte die Aktivierung proportional zu $I_0(\varkappa_0 r)$ sein [s. Gl. (9.57.2)]. In Uranmetall der Dichte 18,7 ergab sich $\varkappa_0$ zu $0,42$ cm^{-1}. Da $\overline{\Sigma}_{a0}$ und $\varkappa_0$ bekannt sind, kann D_0 berechnet werden.

9.71. Die Werte von Σ_{a1}, $\varkappa_1$ und D_1 für den Moderator können aus den experimentellen Wirkungsquerschnitten und Diffusionslängen für Resonanzneutronen bestimmt werden.

Einige Werte für Uranmetall als Brennstoff sind in Tab. 9.71 zusammengestellt. Wenn als Brennstoff Uranoxyd (oder eine andere Verbindung bzw. Mischung) dient, muß der Sauerstoff (bzw. andere Elemente) berücksichtigt werden, da dann eine andere effektive Niveaubreite des Resonanzgebietes vorliegt. Für Uranoxyd (U_3O_8) z. B. ist $\Sigma_1 = 0,77\,\Sigma_1^*$ und $\varkappa_1 = \sqrt{0,77}\,\varkappa_1^* = 0,88\,\varkappa_1^*$, wobei sich die mit einem Stern versehenen Werte auf das reine Metall beziehen.

Tabelle 9.71. *Gruppenkonstanten für Resonanzneutronen bei verschiedenen Moderatoren*

Moderator	Σ_1 cm^{-1}	$\varkappa_1$ cm^{-1}
Wasser	0,241	0,583
schweres Wasser	0,0313	0,155
Beryllium	0,0276	0,237
Berylliumoxyd	0,0150	0,138
Graphit . . . . - . .	0,0108	0,1075

9.72. Das Problem ist nun formal identisch mit dem der Berechnung der thermischen Nutzung. Die Diffusionsgleichung für die Resonanzneutronen lautet im Brennstoff

$$\nabla^2 \Phi_0 - \varkappa_0^2\,\Phi_0 = 0$$

und im Moderator

$$\nabla^2 \Phi_1 - \varkappa_1^2\,\Phi_1 + Q = 0,$$

wobei Q — wie oben vorausgesetzt — eine Konstante ist. Es gelten die Randbedingungen von § 9.56.

9.73. Man kann analog zur thermischen Nutzung eine Resonanz-Neutronen-Nutzung f_r definieren durch

$$f_r = \frac{\text{Zahl der in den Uranresonanzen absorbierten Neutronen}}{\text{Zahl der erzeugten Resonanzneutronen}}.$$

In Übereinstimmung mit (9.62.3) ist

$$\frac{1}{f_r} = 1 + \frac{V_1 \overline{\Sigma}_{a1}}{V_0 \overline{\Sigma}_{a0}} F + (E - 1), \qquad (9.73.1)$$

wobei sich $\overline{\Sigma}_{a0}$ und $\overline{\Sigma}_{a1}$ nunmehr auf die Resonanzneutronen beziehen und $\overline{\Sigma}_{a1}$ ein Bremsquerschnitt ist. In dieser Gleichung ist F das Verhältnis der Resonanz-Neutronendichte an der Oberfläche des Brennstoffs zur mittleren Dichte im Innern und $E - 1$ ist der aus dem Resonanzgebiet herausgestreute Anteil. Die Ausdrücke für F und E bei verschiedenen Zellengeometrien sind der Form nach identisch mit den oben angegebenen (§ 9.62 ff.).

9.74. Wenn man einen zu (9.48.1) analogen Ausdruck einführt, kann der Absenkungsfaktor für Resonanzneutronen, d. h. $\overline{\Phi}_1/\overline{\Phi}_0$, ausgedrückt werden durch

$$\frac{\overline{\Phi}_1}{\overline{\Phi}_0} = \frac{V_0 \Sigma_{a0}}{V_1 \overline{\Sigma}_{a1}} \left(\frac{1}{f_r} - 1 \right),$$

und die Bremsnutzung (9.40.1) wird daher

$$p(E) = \exp\left[-\frac{N_0 \overline{\Sigma}_{a1}}{\xi_1 \overline{\Sigma}_{s1} \ \overline{\Sigma}_{a0}} \cdot \frac{f_r}{1 - f_r} \int (\sigma_{a0})_{\text{eff}} \frac{dE}{E} \right]. \qquad (9.74.1)$$

Wenn man nun ähnlich wie in § 8.12 schließt, folgt

$$\frac{\overline{\Sigma}_{a1}}{\xi \ \overline{\Sigma}_{s1}} = \frac{1}{\ln(E_1/E_2)}.$$

Mit (9.68.2) ergibt sich für (9.74.1)

$$p(E) = \exp\left(-\frac{f_r}{1 - f_r} \right).$$

9.75. Unter Verwendung von (9.73.1) für f_r ist es möglich, die Bremsnutzung für verschiedene Typen von Gitterzellen zu berechnen, wenn die Gruppenkonstanten bekannt sind. Abb. 9.75 zeigt schematisch, wie die Bremsnutzung bzw. $1/p$ von V_1/V_0 und vom Radius der Brennstoffstäbe abhängt. Die Bremsnutzung wächst demnach erstens mit wachsendem Radius bei konstantem V_1/V_0 und zweitens mit wachsendem V_1/V_0 bei konstantem Brennstoffradius. Die Bedingungen, welche für eine Vergrößerung der Bremsnutzung günstig sind, verursachen jedoch auf der anderen Seite

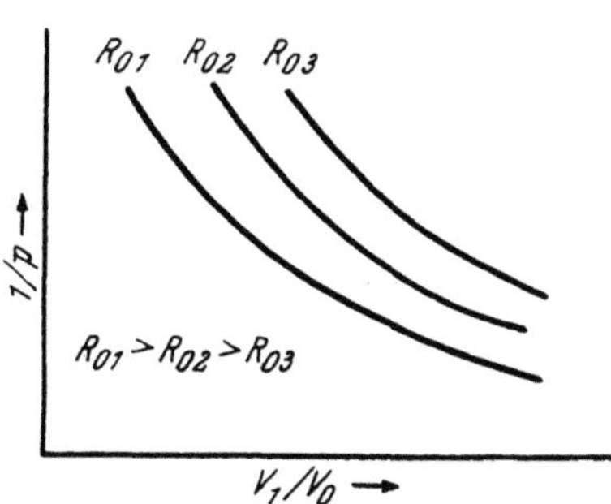

Abb. 9.75. Reziproke Bremsnutzung $1/p$ als Funktion des Brennstoff-Moderator-Volumsverhältnisses V_1/V_0

eine Abnahme der thermischen Nutzung (§ 9.65). Das Problem besteht also darin, eine Anordnung zu finden, welche einen optimalen Wert für das Produkt $p f$ ergibt. Dies entspricht angenähert jenem V_1/V_0 und R_0, für welche p und f gleich sind.

Berechnung des Spaltfaktors für schnelle Neutronen

9.76. Schnelle Neutronen mit Energien über 1 MeV können mit bestimmter Wahrscheinlichkeit U^{238}-Atome spalten, so daß mit jedem Neutron, das bei der Spaltung durch thermische Neutronen erzeugt wird, eine zusätzliche Zahl von Spaltneutronen in das System eintritt. Das Ergebnis ist ein typischer Kaskadenprozeß. Der Spaltfaktor ε wird als Quotient aus der Gesamtzahl der Spaltneutronen und der Zahl der von thermischen Spaltungen allein herstammenden Neutronen definiert. Mit anderen Worten: ε kann als die mittlere Zahl aller Spaltneutronen pro thermische Spaltung angesehen werden. Für die spätere Berechnung von ε ist es zweckmäßig, eine andere gleichwertige Definition zu verwenden: ε ist die Zahl aller unter die Spaltschwelle von U^{238} gebremsten Neutronen[1], pro Neutron, das durch thermische Spaltung erzeugt wird. Die Berechnung des Schnellspaltfaktors muß den Beitrag aller Spaltneutronen, die in der Kaskade erzeugt werden, miteinschließen.

9.77. Die in einem Uranblock entstehenden Spaltneutronen werden durch zwei Prozesse gebremst. Erstens durch unelastische Stöße mit Urankernen; bei diesen Stößen verlieren die Neutronen soviel Energie, daß ihre Energie nach dem Stoß merklich unter der Schwellenergie für Spaltungen liegt. Die Bremsung erfolgt zweitens durch Entweichen von schnellen Neutronen in den Moderator. Man kann in guter Näherung annehmen, daß kein Neutron, das in den Moderator eintritt, mit einer Energie über der Schwellenergie der Spaltung in den Block zurückkehrt. Die elastische Streuung im Block hat keine merkliche Änderung der Neutronenenergie zur Folge. Es kann daher angenommen werden, daß sie die Neutronenenergie unverändert läßt.

9.78. Es sei P die Wahrscheinlichkeit dafür, daß ein primäres Spaltneutron innerhalb des Brennstoffblocks, in dem es entstanden ist, einen Stoß erleidet. Ausgehend von einem Primärneutron, erhält man die folgenden Mittelwerte für den ersten Stoß:

$$\text{Zahl der Stöße im Block} = P$$

$$\text{Erzeugte Spaltneutronen} = \frac{\nu P \sigma_f}{\sigma}$$

$$\text{Elastische Stöße im Block} = P \frac{\sigma_{el}}{\sigma}$$

$$\text{Neutronen, die ohne Zusammenstoß aus dem Block entweichen} = 1 - P$$

$$\text{Neutronen, die durch inelastische Stöße unter die Schwellenergie gebremst werden} = P \frac{\sigma_i}{\sigma}.$$

Dabei bedeuten σ_f, σ_{el}, σ_i und σ die Wirkungsquerschnitte für Spaltung, elastische und inelastische Streuung sowie den totalen Wirkungsquerschnitt für schnelle Neutronen im Brennstoff. Die Gesamtzahl der nach dem ersten Stoß im Block

---

[1] Wäre kein Resonanzeinfang vorhanden, d. h. wäre $p = 1$, so könnte man auch von der Zahl aller auf thermische Energien abgebremsten Neutronen sprechen.

vorhandenen schnellen Neutronen ist die Summe des zweiten und dritten Gliedes, d. h. $P(\nu \sigma_f + \sigma_{el})/\sigma$. Mit

$$Z = \frac{\nu \sigma_f + \sigma_{el}}{\sigma}$$

ist die Zahl der nach dem ersten Stoß vorhandenen schnellen Neutronen gleich PZ.

9.79. Neutronen, die innerhalb des Brennstoffs wenigstens einmal gestreut worden sind, sind im Block fast homogen verteilt. Die Verteilung der primären Spaltneutronen folgt jedoch dem thermischen Fluß, der gegen das Zentrum des Blocks abfällt. Da in den äußeren Schichten des Blocks mehr primäre Neutronen pro Volumseinheit entstehen als im Innern, ist die Wahrscheinlichkeit P' dafür, daß die Spaltneutronen der zweiten und nächsten Generationen einen Stoß im Block erfahren, größer als die Wahrscheinlichkeit P für einen Stoß der Primärneutronen im Block.

9.80. Die Bedingungen für den zweiten Stoß lauten folgendermaßen:

Zahl der Stöße im Block $\qquad\qquad\qquad = P'PZ$

Erzeugte Spaltneutronen $\qquad\qquad\qquad = P'PZ \, \dfrac{\nu \sigma_f}{\sigma}$

Elastische Stöße im Block $\qquad\qquad\qquad = P'PZ \, \dfrac{\sigma_{el}}{\sigma}$

Neutronen, die ohne weiteren Stoß
aus dem Block entweichen $\qquad\qquad\qquad = (1 - P') \cdot PZ$

Neutronen, die durch inelastische Stöße unter
die Schwellenergie gebremst werden $\qquad = P'PZ \, \dfrac{\sigma_i}{\sigma}$.

Die Gesamtzahl der nach dem zweiten Zusammenstoß im Block verbleibenden schnellen Neutronen ist also gleich $P'PZ^2$.

9.81. Indem wir in der gleichen Art fortfahren, wird klar, daß die verschiedenen Terme nach dem $(n + 1)$-ten Zusammenstoß lauten:

Zahl der Stöße im Block $\qquad\qquad\qquad = P \, (P' Z)^n$

Erzeugte Spaltneutronen $\qquad\qquad\qquad = P \, (P'Z)^n \cdot \dfrac{\nu \sigma_f}{\sigma}$

Elastische Stöße im Block $\qquad\qquad\qquad = P \, (P' Z)^n \cdot \dfrac{\sigma_{el}}{\sigma}$

Neutronen, die ohne weitere Stöße aus dem
Block entweichen $\qquad\qquad\qquad = \dfrac{1 - P'}{P'} \, P \, (P'Z)^n$

Neutronen, die durch inelastische Stöße unter
die Schwellenergie gebremst werden $\qquad = P \, (P'Z)^n \cdot \dfrac{\sigma_i}{\sigma}$

9.82. Die Gesamtzahl der Neutronen, die pro Primär-Spaltneutron unter die Spaltschwelle abgebremst worden sind, also der Schnellspaltfaktor ε, ergibt sich, wenn man die beiden letzten Größen für alle Generationen summiert:

$$\varepsilon = 1 - P + P\,\frac{\sigma_i}{\sigma} + P\left(1 - P' + P'\,\frac{\sigma_i}{\sigma}\right)Z + PP'\left(1 - P' + P'\,\frac{\sigma_i}{\sigma}\right)Z^2 + \dots$$

$$= 1 + P\left(\frac{\sigma_i}{\sigma} - 1\right) + \frac{P}{P'}\left[1 + P'\left(\frac{\sigma_i}{\sigma} - 1\right)\right]\sum_{n=1}^{\infty}(P'\,Z)^n$$

$$= 1 + P\left(\frac{\sigma_i}{\sigma} - 1\right) + \left[\frac{P}{P'} + P\left(\frac{\sigma_i}{\sigma} - 1\right)\right]\cdot\left(\frac{1}{1 - P'\,Z} - 1\right).$$

Wenn man beachtet, daß $\sigma = \sigma_f + \sigma_i + \sigma_{el} + \sigma_e$, wobei σ_e der Wirkungsquerschnitt für (n, γ)-Einfang von schnellen Neutronen im Brennstoff ist, daß also

$$\sigma_i - \sigma = -(\sigma_f + \sigma_{el} + \sigma_e),$$

findet man, daß sich der Ausdruck für ε auf

$$\varepsilon = 1 + \frac{\left[(\nu - 1) - \dfrac{\sigma_e}{\sigma_f}\right]\cdot\dfrac{\sigma_f}{\sigma}\,P}{1 - P'\,\dfrac{\nu\,\sigma_f + \sigma_{el}}{\sigma}} \tag{9.82.1}$$

reduziert, wenn man sich an die Definition von Z in § 9.78 erinnert.

9.83. Bei der vorhergehenden Herleitung wurde· angenommen, daß die Energien aller Spaltneutronen oberhalb der Energieschwelle für Schnellspaltung liegen. Ein gewisser Bruchteil der Spaltneutronen entsteht jedoch mit Energien unterhalb des Schwellenwertes für Schnellspaltung, so daß der Effektivwert von $(\varepsilon - 1)$ um etwa 3% kleiner ist als der durch (9.82.1) gelieferte Wert.

9.84. Um die Berechnung von ε zu vervollständigen, soll das im wesentlichen geometrische Problem der Ermittlung von P und P' kurz skizziert werden. Die Wahrscheinlichkeit dafür, daß ein bei $\mathfrak{r}_1$ entstehendes Neutron im Volumelement $d^3\mathfrak{r}_2$ bei $\mathfrak{r}_2$ im Brennstoff einen Stoß erfährt, ist

$$\frac{\Sigma\,e^{-\Sigma\,|\mathfrak{r}_1 - \mathfrak{r}_2|}}{4\,\pi\,|\mathfrak{r}_1 - \mathfrak{r}_2|^2}\,d^3\,\mathfrak{r}_2,$$

wobei Σ der gesamte makroskopische Wirkungsquerschnitt des Brennstoffes ist. Wenn $n\,(\mathfrak{r}_1)$ die Neutronenverteilung im Brennstoff darstellt, d. h. die Zahl der darin bei $\mathfrak{r}_1$ pro cm³ und sec erzeugten Neutronen, dann ist

$$P = \frac{\Sigma}{4\,\pi}\cdot\frac{\displaystyle\int_{\mathfrak{r}_2}\int_{\mathfrak{r}_1}\frac{n\,(\mathfrak{r}_1)\,e^{-\Sigma\,|\mathfrak{r}_1 - \mathfrak{r}_2|}}{|\mathfrak{r}_1 - \mathfrak{r}_2|^2}\,d^3\,\mathfrak{r}_1\,d^3\,\mathfrak{r}_2}{\displaystyle\int_{\mathfrak{r}_1} n\,(\mathfrak{r}_1)\,d^3\,\mathfrak{r}_1},$$

wobei die Integration über den ganzen Brennstoffblock zu erstrecken ist. Die Integrale sind für Gitterzellen von verschiedener Gestalt berechnet worden. Der Wert von P' kann berechnet werden, indem man die Quellverteilung $n\,(\mathfrak{r}_1)$ konstant setzt.

9.85. Es ist interessant, daß in einem großen System, wo $P' = 1$ ist, eine divergente schnelle Kettenreaktion möglich wäre, wenn $\nu\,\sigma_f + \sigma_{el}$ gleich σ ist. Auf experimentellem Wege fand man, daß der größte Wert, den ε in Uran annehmen kann, etwa 1,2 beträgt. Die folgenden mittleren Wirkungsquerschnitte für schnelle Neutronen in Uranmetall führen zur Übereinstimmung mit experimentellen Werten

$$\sigma_f \; = 0,29 \;\; \text{barn}$$
$$\sigma_i \; = 2,47 \;\; \text{barn}$$
$$\sigma_{el} = 1,5 \;\;\; \text{barn}$$
$$\sigma_e \; = 0,04 \;\; \text{barn,}$$

so daß $\sigma = 4,3$ barn. Tab. 9.85 bringt einige Werte des Schnellspaltfaktors ε für heterogene Reaktoren mit Natururan als Brennstoff und mit Graphit oder schwerem Wasser als Moderator.

Tabelle 9.85. *Schnellspaltfaktor ε für Reaktoren mit Natururan*

Reaktortype	Moderator	ε
CP-2 (GLEEP)	Graphit	1,029
CP-3 (ZEEP)	Schweres Wasser	1,031

Makroskopische Reaktortheorie

Berechnung der materiellen Flußwölbung

9.86. In den vorhergehenden Teilen dieses Kapitels wurde die mikroskopische Reaktortheorie diskutiert (§ 9.1). Kennt man die vier Größen η, f, p und ε für ein Brennstoff-Moderator-Gitter von bestimmter Zusammensetzung, so kann man daraus den unendlichen Multiplikationsfaktor berechnen. Die Hauptaufgabe der makroskopischen Theorie besteht darin, das kritische Volumen eines bestimmten Systems in Verbindung mit dem Experiment zu bestimmen.

9.87. Während sich die mikroskopische Theorie mit der Verteilung des Neutronenflusses innerhalb der Gitterzelle und mit ihrem Einfluß auf den unendlichen Multiplikationsfaktor befaßt, muß die makroskopische Theorie die Änderung des mittleren Flusses von Zelle zu Zelle über den ganzen Reaktor hin in Betracht ziehen. Der thermische Neutronenfluß in einem heterogenen Reaktor kann als Produkt von zwei Faktoren aufgefaßt werden: der eine ist eine (durchschnittliche) pauschalmäßige, etwa cosinusförmige Verteilung, analog der in einem endlichen homogenen System (§ 7.61); der andere ist die mikroskopische Verteilung innerhalb einer Zelle. Der thermische Fluß ist so gegeben durch

$$\Phi\,(\mathfrak{r}) = \Phi_a\,(\mathfrak{r})\,\Phi_i\,(\mathfrak{r}), \tag{9.87.1}$$

wobei sich die Indizes a und i auf „makroskopisch" und „mikroskopisch" beziehen. Vom makroskopischen Fluß wird angenommen, daß er der Diffusionsgleichung

$$D\,\nabla^2\,\Phi_a - \Sigma_a\,\Phi_a + Q = 0 \tag{9.87.2}$$

genügt, wobei D den mittleren Diffusionskoeffizienten, Σ_a den mittleren thermischen Absorptionsquerschnitt im Reaktor und Q den Quellterm auf Grund der Bremsung im Moderator bedeutet.

9.88. Der Diffusionskoeffizient im Brennstoff ist von dem im Moderator nicht sehr verschieden, und da das Moderatorvolumen im allgemeinen groß ist im

Vergleich zu dem des Brennstoffs, kann der mittlere Diffusionskoeffizient D in (9.87.2) gleich D_1, dem Diffusionskoeffizienten im Moderator, angenommen werden. Der Absorptionsquerschnitt ist aber in beiden Medien merklich verschieden und sein Wert, gemittelt über die Flußverteilung in der Zelle, beträgt

$$\Sigma_a = \frac{V_1 \Sigma_{a1} \overline{\Phi}_1 + V_0 \Sigma_{a0} \overline{\Phi}_0}{V_1 \overline{\Phi}_1 + V_0 \overline{\Phi}_0} = \frac{V_1 \Sigma_{a1} + V_0 \Sigma_{a0} \dfrac{\overline{\Phi}_0}{\overline{\Phi}_1}}{V_1 + V_0 \dfrac{\overline{\Phi}_0}{\overline{\Phi}_1}}. \qquad (9.88.1)$$

Aus (9.48.1) folgt

$$V_0 \Sigma_{a0} \frac{\overline{\Phi}_0}{\overline{\Phi}_1} = V_1 \Sigma_{a1} \frac{f}{1-f},$$

wobei f die thermische Nutzung des Gitters ist. Damit geht (9.88.1) über in

$$\Sigma_a = \frac{\Sigma_{a1}}{1-f} \cdot \frac{V_1}{V_1 + V_0 \dfrac{\overline{\Phi}_0}{\overline{\Phi}_1}}. \qquad (9.88.2)$$

Bei tatsächlich ausgeführten Reaktoren ist V_1 bedeutend größer als V_0, und der mittlere makroskopische Absorptionsquerschnitt wird daher gleich

$$\Sigma_a = \frac{\Sigma_{a1}}{1-f}. \qquad (9.88.3)$$

Die thermische Diffusionslänge im Gitter ist dann gegeben durch

$$L = \sqrt{D/\Sigma_a} = \sqrt{D_1(1-f)/\Sigma_{a1}} = L_1 \sqrt{1-f}, \qquad (9.88.4)$$

wobei L_1 die Diffusionslänge im reinen Moderator ist[1].

9.89. Nunmehr wenden wir uns dem Fermi-Alter der Neutronengitter zu. Man sollte erwarten, daß das Alter dort etwas größer ist als im reinen Moderator, da die elastischen Streuungen im Uran nur geringe Bremswirkung haben. Dieser Vergrößerung des thermischen Neutronenalters wirken jedoch die inelastischen Streuungen im Uran entgegen. Für praktische Zwecke kann daher das Alter der thermischen Neutronen im Gitter in manchen Fällen gleich dem im reinen Moderator gesetzt werden.

9.90. Da η für Natururan 1,3 beträgt und sowohl p als auch f kleiner als Eins sind, während ε bei 1,03 liegt, wird k_∞ im besten Fall nur ein wenig größer als Eins sein. Die Sickerverluste müssen also klein gehalten werden, woraus folgt, daß ein kritischer Reaktor mit Natururan als Brennstoff groß sein muß. Für große Reaktoren kann die kritische Gl. (§ 7.63) in der Gestalt

$$\frac{k_\infty}{1 + W^2 B_m^2} = 1$$

geschrieben werden, so daß die materielle Flußwölbung durch

$$B_m^2 = \frac{k_\infty - 1}{W^2} \qquad (9.90.1)$$

---

[1] Formel (7.67.1) für einen homogenen Reaktor ist äquivalent zu (9.88.4), so daß dieses Resultat allgemein gilt.

gegeben ist. Darin kann k_α als bekannt angesehen werden. Die Wanderfläche W^2 ist durch

$$W^2 = L^2 + \tau$$

definiert, wobei die Diffusionslänge im Gitter durch (9.88.4) gegeben ist und das Alter τ der thermischen Neutronen gleich dem im Moderator angenommen werden kann. Nun sind alle Angaben für die Berechnung der materiellen Flußwölbung nach (9.90.1) bekannt. Wenn diese für eine bestimmte Gestalt der geometrischen Flußwölbung gleichgesetzt wird, können die kritischen Dimensionen des Reaktors bestimmt werden (§ 7.26).

Der Exponentialversuch[1]

9.91. Um sicher zu gehen, untermauert man die Reaktorberechnung durch Messungen im Verlauf eines sogenannten Exponentialversuchs. Man baut dazu eine unterkritische Anordnung auf, die genau das gleiche Gitter wie der geplante Reaktor aufweist, aber entsprechend kleiner ist. In diesem unterkritischen System kann natürlich keine sich selbst erhaltende Kettenreaktion entstehen, doch kann mit Hilfe einer äußeren Quelle ein stationärer Zustand erzielt werden (§ 7.2). Die Flußwölbung in einem derartigen System genügt nicht der Wellengleichung für einen kritischen Reaktor. Wenn aber die subkritische Anordnung relativ groß ist, kann — wie wir später (§ 12.46) zeigen werden — die Flußverteilung der thermischen Neutronen in entsprechender Entfernung von den Grenzflächen und von der äußeren Quelle ziemlich gut durch

$$\nabla^2 \Phi + B_m{}^2 \Phi = 0 \qquad (9.91.1)$$

dargestellt werden, wobei $B_m{}^2$ die materielle Flußwölbung des gegebenen Brennstoff-Moderator-Systems ist. Streng genommen gilt die Wellengleichung (9.91.1) nur für ein homogenes System. In einer heterogenen Anordnung ergeben sich — wie früher ausgeführt worden ist — lokale Unregelmäßigkeiten infolge der Gitterstruktur; die Wellengleichung beschreibt trotzdem ganz gut die (pauschalmäßige) Neutronenverteilung im großen.

9.92. Im Exponentialexperiment bestimmt man durch Messung der thermischen Flußverteilung die materielle Flußwölbung einer mäßig großen subkritischen Anordnung. Die kritischen Dimensionen eines Reaktors mit der gleichen Zusammensetzung und Struktur wie die experimentelle Anordnung ergeben sich dann durch Gleichsetzung mit der geometrischen Flußwölbung (§ 9.90).

9.93. Beim Exponentialversuch wird ein um etwa ein Drittel linear verkleinertes Modell des Reaktors über einer Grundfläche errichtet, von der ein Strom thermischer Neutronen ausgeht. Als Unterbau kann eine Anordnung aus Graphit und Uran, in der sich eine Neutronenquelle befindet, oder ein Teil eines bereits existierenden thermischen Reaktors dienen. Abb. 9.93 zeigt schematisch einen Exponentialaufbau für einen kubischen oder quaderförmigen Reaktor, wobei der Ursprung des Koordinatensystems im Mittelpunkt der unteren Grundfläche angenommen wird. Die Anordnung hat einige vertikale Löcher oder Röhren parallel und nahe der z-Achse. In diese Löcher werden Indiumfolien oder Neutronenzähler eingeführt, mit denen der Neutronenfluß in verschiedenen Entfernungen von der Grundfläche bestimmt werden kann.

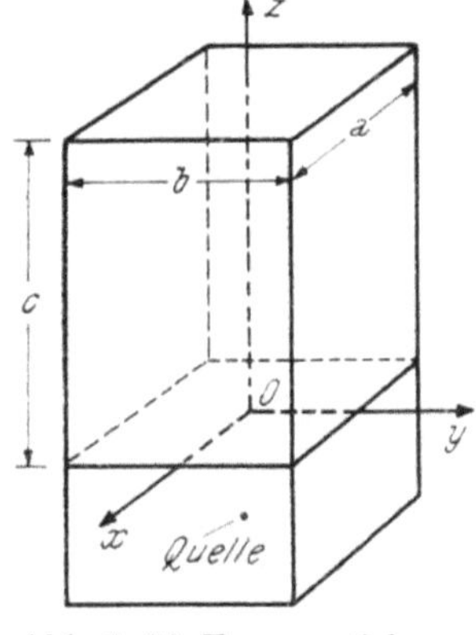

Abb. 9.93. Exponentialversuch

---

[1] Die Theorie des Exponentialversuchs verdankt man E. FERMI.

9.94. Um die Gl. (9.91.1) zu lösen, wird der thermische Fluß als Produkt von Funktionen $X(x)$, $Y(y)$, $Z(z)$, die jeweils nur von einer Koordinate abhängen, geschrieben. Wie in früheren Fällen (§ 5.71, § 7.42) führt dies zu dem Ausdruck

$$\frac{1}{X} \cdot \frac{d^2 X}{d x^2} + \frac{1}{Y} \cdot \frac{d^2 Y}{d y^2} + \frac{1}{Z} \cdot \frac{d^2 Z}{d z^2} + B_m{}^2 = 0.$$

Die Glieder in X, Y und Z können gleich den Konstanten $-\alpha^2$, $-\beta^2$ und $+\gamma^2$ gesetzt werden, so daß

$$\alpha^2 + \beta^2 - \gamma^2 = B_m{}^2. \tag{9.94.1}$$

9.95. Unter Verwendung der Symmetriebedingung für den Fluß kann wie früher gezeigt werden, daß α^2 und β^2 positiv sind. Mit den üblichen Randbedingungen findet man (s. § 5.76), daß

$$\alpha^2 = \left(\frac{m\pi}{a}\right)^2; \quad \beta^2 = \left(\frac{n\pi}{b}\right)^2 \tag{9.95.1}$$

und

$$X_m = A_m \cos \frac{m\pi x}{a}; \quad Y_n = C_n \cos \frac{n\pi y}{b},$$

wobei A_m und C_n Konstante und m und n ungerade ganze Zahlen sind. Die kleinsten Eigenwerte ergeben sich für $m = 1$ und $n = 1$ als

$$\alpha^2 = \left(\frac{\pi}{a}\right)^2; \quad \beta^2 = \left(\frac{\pi}{b}\right)^2. \tag{9.95.2}$$

9.96. Obwohl diese Resultate denjenigen analog sind, die wir für den quaderförmigen Reaktor (§ 7.43) erhalten haben, muß man beachten, daß die Dimensionen a und b des Blockes beim Exponentialversuch bedeutend kleiner sind als im kritischen Reaktor. Daher sind α^2 und β^2 in (9.95.2) viel größer als die entsprechenden Komponenten der kritischen geometrischen Flußwölbung. Als Folge davon ist beim Exponentialexperiment $\alpha^2 + \beta^2 > B_m{}^2$, so daß γ^2 nach (9.94.1) ebenfalls positiv ist. Daher ist wie in § 5.77

$$Z(z) = F \operatorname{sh} \gamma (c - z). \tag{9.96.1}$$

9.97. Aus (9.95.1) und (9.94.1) folgt

$$\gamma_{mn}{}^2 = \left(\frac{m\pi}{a}\right)^2 + \left(\frac{n\pi}{b}\right)^2 - B_m{}^2. \tag{9.97.1}$$

Die allgemeine Lösung für $Z(z)$ kann also nach (9.96.1) in der Form

$$Z_{mn} = F_{mn} \operatorname{sh} \gamma_{mn} (c - z) \tag{9.97.2}$$

geschrieben werden.

9.98. Die allgemeine Lösung von (9.91.1) lautet also

$$\Phi = \sum_{m=1}^{\infty} \sum_{n=1}^{\infty} A_{mn} \cos \frac{m\pi x}{a} \cos \frac{n\pi y}{b} \operatorname{sh} \gamma_{mn} (c - z), \tag{9.98.1}$$

wobei die willkürlichen Konstanten A_m, C_n und F_{mn} in A_{mn} zusammengefaßt worden sind. Um diese Konstanten zu bestimmen, muß die Quellbedingung verwendet werden (vgl. § 5.81 ff.). Die Quelle kann als Punktquelle schneller Neutronen betrachtet werden, die auf der z-Achse in einiger Entfernung unterhalb des Ursprungs liegt (Abb. 9.93). Durch Lösung der Altersgleichung für die Bremsdichte und durch Kombination mit der Diffusionsmethode (s. § 6.149) kann der Quellterm für die thermischen Neutronen in der durch den Ursprung gehenden x-y-Ebene bestimmt werden. Dieser kann in eine Reihe orthogonaler Funktionen wie in § 5.82 entwickelt werden. Man findet, daß ab einer Entfernung von ungefähr zwei Diffusionslängen von der Quelle nur der Grundterm ($m = 1$, $n = 1$) in (9.98.1) einen merklichen Beitrag zum Neutronenfluß liefert.

9.99. Wenn daher der Boden des Exponentialaufbaues, d. h. die x-y-Ebene durch den Ursprung, ungefähr 100 cm von der im Graphit eingebetteten Neutronenquelle entfernt ist, können die Beiträge der harmonischen Terme zum Fluß im Meiler vernachlässigt werden. Folglich ist es unter diesen Bedingungen nicht nötig, die oben beschriebene Quellberechnung durchzuführen, sondern es genügt (9.98.1), für $z > 0$ in der Form

$$\Phi = A_{11} \cos \frac{\pi x}{a} \cos \frac{\pi y}{b} \operatorname{sh} \gamma (c - z)$$

anzusetzen. Da jetzt nur ein Wert der Konstanten A_{mn} auftritt, gibt es auch nur einen Wert von F_{mn} und nur einen von γ_{mn}. Die Verteilung des thermischen Flusses längs einer Linie parallel zur z-Achse[1] ist daher durch

$$\Phi(z) = F \operatorname{sh} \gamma (c - z) \qquad (9.99.1)$$
$$= C\, e^{-\gamma z} \left[1 - e^{-2\gamma(c-z)}\right] \qquad (9.99.2)$$

gegeben, wobei $e^{\gamma c}$ in die Konstante C hineingezogen wurde.

9.100. In genügender Entfernung vom oberen Ende des Blockes ist das Glied in den Klammern in (9.99.2) praktisch gleich Eins und daher

$$\Phi(z) = C\, e^{-\gamma z}. \qquad (9.100.1)$$

Wegen dieses exponentiellen Flußabfalles wird das betrachtete System „Exponentialversuch" genannt. Die Relaxationslänge der Neutronen, d. h. die Entfernung, innerhalb derer der Neutronenfluß in der z-Richtung um den Faktor e abfällt, ist gleich $1/\gamma$.

9.101. Es wurde oben angenommen, daß praktisch alle von der Quelle kommenden Neutronen bei ihrem Durchgang durch die Graphitunterlage thermische Geschwindigkeit erlangt haben. Das ist der Fall, wenn die Neutronenquelle wenigstens zwei oder drei Bremsweglängen (§ 6.142) von der Grundebene $z = 0$ entfernt ist. Da der Wert von τ für thermische Neutronen im Graphit ungefähr 350 cm² beträgt, ist zur praktisch vollständigen Thermalisierung mindestens eine Schicht von 50 cm erforderlich. Diese Voraussetzung kann durch Messung des Cd-Verhältnisses (§ 3.89) in verschiedenen Punkten längs der z-Achse geprüft werden. Wenn für $z > 0$ keine merkliche Bremsung mehr stattfindet, bleibt das Kadmiumverhältnis konstant.

9.102. Man mißt nun den Fluß $\Phi(z)$ in verschiedenen Entfernungen z in der gleichen vertikalen Linie nahe der Zentralachse der Anordnung. Die Darstellung von $\ln \Phi(z)$ oder vielmehr einer zu $\ln \Phi(z)$ proportionalen Größe als Funktion von z liefert eine Gerade der Neigung γ. Genaugenommen ist die Kurve nur für Punkte, die nicht zu nahe der unteren

---

[1] Es wird natürlich vorausgesetzt, daß sich die Linie nicht in der Nähe der vertikalen Grenzflächen der Anordnung befindet.

oder oberen Grenzfläche liegen, eine Gerade. Im ersten Fall tragen höhere Harmonische, d. h. Glieder, für welche m oder n oder beide größer als Eins sind, zum Fluß bei, und (9.100.1) wird ungenau. Wenn nötig, können aus Messungen der seitlichen Verteilung des Flusses in der x-y-Ebene (s. auch § 5.88), Korrekturen für diese Harmonischen gewonnen werden.

9.103. Die Abweichungen von der Linearität nahe der oberen Grenzfläche des Blockes rühren von der Vernachlässigung des „Endkorrekturgliedes" $1 - \exp\left[-2\,\gamma\,(c-z)\right]$ in (9.99.2) her. Der experimentell ermittelte Fluß kann durch Division durch diese Größe korrigiert werden (vgl. § 5.89). Die am besten an den korrigierten Verlauf von $\ln \Phi\,(z)$ angepaßte Gerade liefert die Neigung $-\gamma$. Da $\gamma = -\gamma_{11}$ ist, folgt aus (9.97.1), daß

$$\left(\frac{\pi}{a}\right)^2 + \left(\frac{\pi}{b}\right)^2 - \gamma^2 = B_m{}^2.$$

9.104. Die Längen a und b sind die extrapolierten Dimensionen des Exponential-Aufbaus in der x- und y-Richtung. Sie sind also um $2 \cdot 0{,}71\,\lambda_t$ größer als die geometrischen Dimensionen. Ihre Werte können durch Messung der Querverteilung des Neutronenflusses und durch Aufsuchen der Stelle, wo er verschwindet, bestimmt werden. Man kann auch die Differenz zwischen der oben bestimmten extrapolierten Höhe c und der gemessenen Höhe als Grundlage für die Korrektur der geometrischen Dimensionen verwenden. Bei bekanntem a, b und γ kann so die materielle Flußwölbung $B_m{}^2$ des multiplizierenden Mediums berechnet werden. Die Dimensionen des kritischen Reaktors folgen dann aus (7.44.1), da für das kritische System $B_m{}^2$ gleich $B_g{}^2$ ist.

Der zylindrische Reaktor

9.105. Wenn man einen zylindrischen Reaktor zu entwerfen hat, so wird man dem Aufbau für den Exponentialversuch ebenfalls Zylinderform geben. Wie in § 7.51 ff. findet man, daß die Lösung Φ der Wellengleichung in $\Theta\,(r)$ und $Z\,(z)$ separierbar ist, wobei $\Theta_n(r) = J_0(\alpha_n r)$ und

$$\alpha_n{}^2 - \gamma_n{}^2 = B_m{}^2 \qquad\qquad (9.105.1)$$

ist.

9.106. Die Differentialgleichung in z ist ihrer Form nach identisch mit (5.72.3), und die Lösung lautet

$$Z_n = C_n \operatorname{sh} \gamma_n\,(H-z), \qquad\qquad (9.106.1)$$

wenn man als Grenzbedingung fordert, daß der Fluß in der oberen (extrapolierten) Grenzfläche des Zylinders ($z = H$) verschwindet.

9.107. Die allgemeine Lösung der Wellengleichung ist nun

$$\Phi\,(r,\,z) = \sum_{n=1}^{\infty} A_n\,J_0\,(\alpha_n\,r)\,\operatorname{sh}\gamma_n\,(H-z). \qquad\qquad (9.107.1)$$

Wenn man in der unteren Grenzfläche des zylindrischen Meilers die Flußverteilung $\Phi\,(r,\,0) = f\,(r)$ vorschreibt, wird:

$$f\,(r) = \sum_{n=1}^{\infty} A_n{}'\,J_0\,(\alpha_n\,r), \qquad A_n{}' = A_n \operatorname{sh}\gamma_n\,H. \qquad (9.107.2)$$

Da die Bessel-Funktionen $J_0\,(\alpha_n r)$ ein vollständiges Orthogonalsystem im Intervall zwischen 0 und R bilden, kann man das Fourier-Theorem zur Bestimmung von A'_n und damit auch von A_n verwenden. Aus dem Experiment folgt aber — unter der Voraussetzung, daß die Messungen nicht zu nahe der unteren Bodenfläche gemacht werden —, daß die Flußverteilung mit genügender Genauigkeit allein durch den Term $n = 1$ von (9.107.2) dargestellt werden kann. (9.107.1) reduziert sich daher auf

$$\Phi = A\,J\,(\alpha\,r)\,\mathrm{sh}\,\gamma\,(H - z).$$

Der Ausdruck für $\Theta\,(r)$ lautet dann

$$\Theta\,(r) = A\,J_0\,(\alpha\,r),$$

und aus der Randbedingung, daß der Fluß an der (extrapolierten) Zylinderfläche $r = R$ verschwinden soll, folgt

$$\alpha = \frac{2{,}405}{R}. \qquad (9.107.3)$$

9.108. Wenn man nur den Grundterm von (9.107.1) verwendet, kann man den Fluß längs der z-Achse analog zu (9.99.2) durch

$$\Phi\,(z) = A\,\mathrm{sh}\,\gamma\,(H - z) = C\,e^{-\gamma z}\,[1 - e^{-2\gamma(H-z)}]$$

darstellen.

9.109. Wie beim quaderförmigen System mißt man den Neutronenfluß in verschiedenen Entfernungen von der Grundfläche in einer vertikalen Linie parallel zur z-Achse. Aus $\ln \Phi\,(z)$ bestimmt man die Neigung $-\gamma$ (vgl. § 9.103). Dabei berücksichtigt man nur Messungen an Stellen, deren Entfernung von der Bodenfläche größer als $2\,\sqrt{\tau}$ ist, da dann die Beiträge der harmonischen Glieder für $n > 1$ klein sind.

9.110. Als Beispiel bringt Tab. 9.110 die Ergebnisse eines Exponentialexperiments mit einer Anordnung von Stäben aus Natururan, die vertikal in einem zylindrischen Tank, gefüllt mit schwerem Wasser, aufgehängt waren (ZEEP).

Der geometrische Radius des Tanks betrug 55,5 cm und das Wasser erreichte eine Höhe von 154,1 cm. Die erste Spalte gibt die Höhe, in der die Messungen gemacht wurden. Die zweite Spalte zeigt die Aktivität der Indiumfolie in Ausschlägen pro Minute nach Berücksichtigung des natürlichen Zerfalles. Die nächsten Spalten zeigen die harmonischen und die Endkorrektionen. Die fünfte Spalte bringt die korrigierte Aktivität als Produkt der beobachteten und der zwei Korrektionsterme. Der natürliche Logarithmus der korrigierten Aktivität wurde gegen die Höhen aus der ersten Spalte aufgetragen und die Neigung der bestangepaßten Geraden nach der Methode der kleinsten Quadrate abgeschätzt.

Tabelle 9.110. *Ergebnisse eines Exponentialexperiments*

Höhe	Aktivität	Harm. Korr.	Endkorr.	Korr. Akt.
21,4 cm	83,306	1,0181	1,0030	85,068
41,4	46,703	1,0053	1,0098	47,411
61,4	26,113	1,0015	1,0318	26,984
81,4	13,607	1,0004	1,1091	15,098

9.111. Die auf diese Weise gefundene Neigung, und damit der Wert von $-\gamma$, betrug $-28{,}76 \cdot 10^{-3}\,\mathrm{cm}^{-1}$, so daß γ^2 gleich $827 \cdot 10^{-6}\,\mathrm{cm}^{-2}$ ist. Der geometrische

Radius des Versuchszylinders ist 55,5 cm. Wenn man die freie Transportweglänge in Wasser mit 2,4 cm annimmt, wird der extrapolierte Radius[1] gleich 57,2 cm. Daher ist nach (9.105.1) und (9.107.3)

$$B_m{}^2 = \alpha^2 - \gamma^2 = \left(\frac{2,405}{57,2}\right)^2 - 827 \cdot 10^{-6} = 942 \cdot 10^{-6} \text{ cm}^2.$$

Die kritischen Dimensionen eines zylindrischen Reaktors mit minimalem Volumen (§ 7.59) sind gegeben durch

$$H = \frac{5,442}{B} \quad \text{und} \quad R = \frac{2,946}{B}.$$

Im vorliegenden Fall ergibt dies 177 cm für die Höhe und 96 cm für den Radius. Das Volumen des kritischen Systems würde 5125 Liter betragen. Diese Resultate beziehen sich auf einen kritischen Reaktor ohne Reflektor. Bei Verwendung eines Reflektors würden sich die kritischen Dimensionen verkleinern. Für einen Reaktor mit einem Graphitreflektor von 60 cm fand man experimentell die kritischen Dimensionen 122,5 cm (Höhe) und 91,4 cm (Radius), das Volumen beträgt also 3215 Liter.

X. Das Zeitverhalten eines nackten thermischen Reaktors[2]

Zeitverhalten mit prompten Neutronen

10.1. Die vorhergehende Diskussion bezog sich — ausgenommen den Übergang in den kritischen Zustand in Kap. VII — auf Reaktoren im stationären Zustand. Dieser ist dadurch gekennzeichnet, daß die Neutronenverluste durch Diffusion und Absorption einerseits, mit den Neutronengewinnen aus der Quelle, d. h. durch Spaltung, andererseits, ständig im Gleichgewicht stehen. Die Neutronendichte ist in diesem Fall von der Zeit unabhängig. Nun soll eine Veränderung der Neutronendichte mit der Zeit betrachtet werden, wie sie sich aus einer plötzlichen Änderung der Multiplikationskonstanten ergibt, z. B. durch Änderung der Lage eines Absorberstabes, Entfernen von Brennstoff, Entfernen des Reflektors usw. Der Neutronengewinn wird dann größer oder kleiner sein als der Neutronenverlust. Es werde zunächst vorausgesetzt, daß alle Neutronen im Spaltungsprozeß innerhalb einer sehr kurzen Zeitspanne von ungefähr 10^{-15} sec freigesetzt werden, d. h. daß alle Neutronen prompt sind.

10.2. Für das Problem der Neutronenvermehrung spielt die Generationszeit eine wichtige Rolle. Sie wird als mittlere Zeitspanne zwischen aufeinanderfolgenden Generationen von thermischen Spaltungen definiert (§ 7.34) und umfaßt daher sowohl die Zeit, die zur Abbremsung der Neutronen erforderlich ist, als auch die Diffusionszeit der thermischen Neutronen, bevor sie in einem Spaltprozeß eingefangen werden. Wir nehmen hier an, daß die Bremszeit im Vergleich zur Diffusionszeit des langsamen Neutrons (s. Tab. 6.147) vernachlässigt werden kann. Dies trifft z. B. für einen Natururan-Graphit-Reaktor zu, nicht aber für

---

[1] Die Extrapolationsdistanz für den langen Zylinder ist wie für eine ebene Platte gleich $0,71 \lambda_t$ gesetzt worden.

[2] Die Ausarbeitung dieses Themas erfolgte vor allem durch R. F. Christy und L. W. Nordheim (MDDC-35). Eine zusammenfassende Darstellung neuerer Arbeiten geben H. Grümm und K. H. Höcker: Lineare Reaktorkinetik und Störungstheorie. Ergebn. exakt. Naturwiss. Bd. XXX, 1958.

Reaktoren, in welchen ein beträchtlicher Anteil der Spaltungen durch Neutronen mittlerer Energie bewirkt wird (§ 7.35).

10.3. Die Behandlung wird hier auf den homogenen, nackten, thermischen Reaktor beschränkt, obwohl viele der allgemeinen Schlußfolgerungen auch auf heterogene Reaktoren und Reaktoren mit Reflektor ausgedehnt werden können. Weiters wird angenommen, daß das System fast kritisch ist, so daß mit Ausnahme der Grundlösung alle Lösungen der Wellengleichung für den Neutronenfluß vernachlässigt werden dürfen (vgl. Kap. VII). Ein Teil der folgenden Darlegung bringt die in § 7.5ff. entwickelten Gedanken in vereinfachter Form, wobei nur die Grund-Eigenfunktion für die Bremsdichte und den thermischen Neutronenfluß verwendet wird.

Die Diffusionsgleichung für den instationären Zustand

10.4. Die Diffusionsgleichung für thermische Neutronen lautet bei einem nicht im Gleichgewicht befindlichen System

$$D\,\nabla^2\Phi - \Sigma_a\,\Phi + Q = \frac{\partial n}{\partial t} = \frac{1}{v}\cdot\frac{\partial\Phi}{\partial t}, \qquad (10.4.1)$$

wobei v die mittlere Geschwindigkeit für thermische Neutronen und $\Phi = nv$ ist. Nach der Alterstheorie ist der von der Spaltung herrührende Quellterm für thermische Neutronen gleich $pq\,(\tau_{\text{th}})$ und gemäß (7.22.3) durch

$$Q = k_\infty\,\Sigma_a\,\Phi\,e^{-B^2\tau} \qquad (10.4.2)$$

gegeben, wobei $k_\infty\,\Sigma_a\,\Phi$ die Zahl der in einem unendlichen Medium pro cm³ und sec durch Spaltung entstehenden thermischen Neutronen ist und $e^{-B^2\tau}$ die Verbleibwahrscheinlichkeit während der Abbremsung mißt[1].

Nach Einführung von (10.4.2) in (10.4.1) erhält man bei Fehlen einer äußeren Quelle

$$D\,\nabla^2\Phi + \Sigma_a\,\Phi\,(k_\infty\,e^{-B^2\tau} - 1) = \frac{1}{v}\cdot\frac{\partial\Phi}{\partial t}.$$

Mit $D/\Sigma_a = L^2$ ergibt sich nach Division durch Σ_a

$$L^2\,\nabla^2\Phi + (k_\infty\,e^{-B^2\tau} - 1)\,\Phi = \frac{1}{\Sigma_a v}\cdot\frac{\partial\Phi}{\partial t} = l_0\,\frac{\partial\Phi}{\partial t}, \qquad (10.4.3)$$

wobei $1/\Sigma_a v$ durch l_0 ersetzt worden ist, d. h. durch die mittlere Lebensdauer thermischer Neutronen im unendlichen Medium.

10.5. Wir versuchen nun diese Gleichung durch Trennung der Variablen zu lösen, indem wir

$$\Phi\,(\mathfrak{r},\,t) = \Phi\,(\mathfrak{r})\cdot T\,(t) \qquad (10.5.1)$$

setzen, wobei $\mathfrak{r}$ der Ortsvektor irgendeines Punktes im Reaktor und t die Zeit ist. $\Phi\,(\mathfrak{r})$ ist also eine Funktion der Raumkoordinaten allein, und $T\,(t)$ hängt nur von der Zeit ab. Aus (10.5.1) und (10.4.3) ergibt sich

$$\frac{L^2\,\nabla^2\Phi\,(\mathfrak{r})}{\Phi\,(\mathfrak{r})} + k_\infty\,e^{-B^2\tau} - 1 = \frac{l_0}{T\,(t)}\cdot\frac{d\,T\,(t)}{dt}. \qquad (10.5.2)$$

---

[1] Die hier durchgeführten Überlegungen beruhen auf dem Fermischen Modell der kontinuierlichen Abbremsung; man erhält dieselben Resultate auch bei Verwendung eines verallgemeinerten Modells der Bremsung (vgl. Kap. XII).

Wir setzen voraus, daß der Reaktor bis zum Zeitpunkt $t = 0$ in einem stationären Zustand gearbeitet hat, worauf der Multiplikationsfaktor k_∞ einer plötzlichen Änderung unterworfen wird. Es werde ferner vorausgesetzt, daß der neue Wert von k_∞ wieder konstant bleibt (Reaktivitätssprung). Unter diesen Umständen enthält die linke Seite von (10.5.2) keine Zeitvariable und die rechte keine räumliche Variable, so daß die Veränderlichen in der Tat separiert sind.

10.6. Wenn das System nicht weit vom kritischen Zustand entfernt ist, wird die räumliche Verteilung des Flusses in guter Annäherung durch die Wellengleichung

$$\nabla^2 \Phi\,(\mathfrak{r}) + B^2 \Phi\,(\mathfrak{r}) = 0$$

dargestellt, wobei B^2 die geometrische Flußwölbung ist (§ 7.11 ff.). Wenn man in (10.5.2) $- B^2$ für $\nabla^2 \Phi/\Phi$ substituiert, erhält man

$$- (1 + L^2 B^2) + k_\infty\, e^{-B^2\,\tau} = \frac{l_0}{T\,(t)} \cdot \frac{d\,T\,(t)}{d\,t}$$

und nach Division durch $1 + L^2 B^2$

$$\frac{k_\infty\, e^{-B^2\,\tau}}{1 + L^2 B^2} - 1 = \frac{l_0}{1 + L^2 B^2} \cdot \frac{1}{T\,(t)} \cdot \frac{d\,T\,(t)}{d\,t}. \tag{10.6.1}$$

Der erste Term auf der linken Seite ist der effektive Multiplikationsfaktor k [s. Gl. (7.27.1)], und der erste Faktor auf der rechten Seite ist die mittlere Lebensdauer l der thermischen Neutronen im endlichen Medium (§ 7.34). Die Gleichung (10.6.1) reduziert sich so auf

$$k - 1 = \frac{l}{T\,(t)} \cdot \frac{d\,T\,(t)}{d\,t}. \tag{10.6.2}$$

10.7. Der Überschuß von k über Eins wird als Überschuß-Multiplikation k_{ex} bezeichnet:

$$k_{\mathrm{ex}} = k - 1. \tag{10.7.1}$$

Für ein kritisches System ist $k = 1$, und k_{ex} ist daher ein Maß dafür, wie weit der Reaktor vom kritischen Zustand entfernt ist. k_{ex} ist positiv, wenn der Reaktor überkritisch ist, und negativ, wenn er unterkritisch ist. Nach Einführung der Definition von k_{ex} in (10.6.2) sieht man, daß

$$k_{\mathrm{ex}} = \frac{l}{T} \cdot \frac{d\,T}{d\,t}.$$

Die Integration dieses Ausdruckes ergibt:

$$T\,(t) = A\, e^{k_{\mathrm{ex}}\, t/l},$$

so daß nach (10.5.1)

$$\Phi\,(\mathfrak{r},\, t) = A\, \Phi\,(\mathfrak{r})\, e^{k_{\mathrm{ex}}\, t/l}. \tag{10.7.2}$$

Zur Zeit $t = 0$ ist

$$\Phi\,(\mathfrak{r},\, 0) = A\, \Phi\,(\mathfrak{r}),$$

und wenn dies durch Φ_0 dargestellt wird, folgt aus (10.7.2)

$$\Phi\,(\mathfrak{r},\, t) = \Phi_0\, e^{k_{\mathrm{ex}}\, t/l}, \tag{10.7.3}$$

wobei Φ_0 der thermische Neutronenfluß an der Stelle $\mathfrak{r}$ im stationären Zustand zur Zeit $t = 0$ ist, bevor der effektive Multiplikationsfaktor des Reaktors plötzlich um den Betrag k_ex abgeändert wird. Gl. (10.7.3) ist äquivalent der allgemeinen Gl. (7.17.1) bei Abwesenheit einer äußeren Quelle ($Q_n = 0$), vorausgesetzt, daß sich der Reaktor nahe dem kritischen Zustand befindet. (Wegen $k_n < 1$ für $n > 1$ bleibt dann nur die erste Eigenfunktion übrig.)

Die Reaktorperiode

10.8. Die Zeit, die dafür erforderlich ist, daß sich der Neutronenfluß (oder die Neutronendichte) um den Faktor e ändert, heißt Reaktorperiode und wird mit T bezeichnet. Es ist also

$$\Phi\,(\mathfrak{r}, t) = \Phi_0\, e^{t/T}\,. \tag{10.8.1}$$

Der Vergleich mit (10.7.3) zeigt, daß im vorliegenden Fall, d. h. unter der Annahme, daß alle bei der Spaltung emittierten Neutronen prompte Neutronen sind,

$$T = \frac{l}{k_\text{ex}}\,. \tag{10.8.2}$$

10.9. Der thermische Neutronenfluß eines Reaktors im instationären Zustand (d. h. für $k_\text{ex} \neq 0$) nimmt also exponentiell ab oder zu.

Die Änderungsgeschwindigkeit hängt vom Verhältnis der mittleren Lebensdauer der thermischen Neutronen zur Überschußmultiplikation ab. Dies war nach den allgemeinen Betrachtungen in § 4.49 zu erwarten. Da vorausgesetzt wurde, daß die Bremszeit vernachlässigt werden kann, ist die mittlere thermische Lebensdauer im wesentlichen gleich der Generationszeit, und (4.49.2) ist daher äquivalent zu (10.7.3). Die Reaktorperiode ist also gleich der Generationszeit, geteilt durch die Überschußmultiplikation. Dieses Resultat gilt ganz allgemein und unabhängig davon, ob die bei der Spaltung freigesetzten Neutronen prompt oder verzögert sind. Wie wir unten sehen werden, kann aber die Generationszeit nur dann mit der mittleren Lebensdauer der thermischen Neutronen identifiziert werden, wenn alle Spaltneutronen prompt sind.

10.10. Um einen Begriff von der Geschwindigkeit zu erhalten, mit welcher der Neutronenfluß (oder die Dichte) entsprechend den obenstehenden Gleichungen anwachsen würde, nehmen wir an, daß der effektive Vermehrungsfaktor plötzlich um 0,01 steigt, d. h. daß k_ex gleich 0,01 ist. Da die Lebensdauer thermischer Neutronen in einem großen thermischen Reaktor etwa die Größenordnung von 0,001 sec hat, ist die durch (10.8.2) gegebene Reaktorperiode 0,001/0,01 d. h. 0,1 sec. Der Neutronenfluß würde daher jede 0,1 sec um den Faktor e anwachsen. In 1 sec würde der gesamte Zuwachsfaktor e^{10}, d. h. ungefähr $2 \cdot 10^4$, betragen.

Zeitverhalten mit verzögerten Neutronen

10.11. Es ist klar, daß es schwierig wäre, den Reaktor bei einer so rapiden Zunahme des Neutronenflusses zu regeln. Die vorhergehenden Ableitungen beruhen aber auf der Annahme, daß alle bei der Spaltung emittierten Neutronen prompte Neutronen sind. Glücklicherweise ist dies nicht der Fall. Von der gesamten Zahl der bei der Spaltung freigesetzten Neutronen erscheinen ungefähr 0,64% verzögert. Gerade diese verzögerten Neutronen verringern die Änderung des Neutronenflusses (s. § 4.74 ff.) und erleichtern damit die Regelung eines thermischen Reaktors beträchtlich.

10.12. Wie aus Tab. 4.8 hervorgeht, beträgt der Anteil aller verzögerten Neutronen etwa $\beta = 0,0064$ pro Spaltneutron. Die verzögerten Neutronen entstehen allerdings mit merklich kleineren Energien (um 0,4 MeV) als die prompten (im Mittel etwa 2 MeV). Verzögerte Neutronen werden dementsprechend schneller abgebremst und haben ein kleineres thermisches Alter als die prompten. Daraus folgt aber, daß sie eine größere Chance haben, den Bremsprozeß zu überleben. Dies kann man dadurch berücksichtigen, daß man an Stelle von $\beta = 0{,}0064$ ein etwas größeres „effektives" β verwendet. Je nach dem Reaktortyp liegt der Effektivwert um $\beta \approx 0{,}007$ (vgl. den Literaturhinweis auf S. 242, Fußnote). Der Einfachheit halber verwenden wir im folgenden für die β_i und λ_i ältere Werte, nach denen $\beta = 0{,}0075$ ist.

10.13. Aus früheren qualitativen Schlüssen (§ 10.9) folgt, daß die Reaktorperiode für eine gegebene Überschuß-Multiplikation zur mittleren Generationszeit der Neutronen proportional ist. Da einige der Neutronen verzögert sind, wird die Zeit zwischen den Generationen vergrößert und die Reaktorperiode wird entsprechend verlängert. Die allgemeine Natur des Einflusses der verzögerten Neutronen kann in folgender Weise erkannt werden. Wenn wir mit t_i die mittlere Lebensdauer des Mutterkerns (Vorläufers[1]) der verzögerten Neutronen der i-ten Gruppe bezeichnen, so heißt dies, daß die Neutronen dieser Gruppe im Mittel t_i sec nach der Spaltung erscheinen. Ist β_i der Bruchteil der gesamten Spaltneutronen, die zur i-ten verzögerten Neutronengruppe gehören, so ist $\beta_i t_i$ die mittlere Verzögerungszeit dieser Gruppe. Der gewogene Mittelwert der Verzögerungszeit, d. h. die gewogene mittlere Lebensdauer der Mutterkerne aller Gruppen, ist dann gleich $\Sigma \beta_i t_i$. Wenn man wie oben die Bremszeit vernachlässigt, ist die mittlere Generationszeit bei Berücksichtigung der verzögerten Neutronen gegeben durch

$$\bar{l} = \sum_i \beta_i t_i + l,$$

wobei l die schon definierte mittlere Lebensdauer bedeutet.

10.14. Wenn man die t_i mit den entsprechenden β_i in Tab. 4.8 (die gemäß § 10.12 korrigiert sind) multipliziert und die Resultate addiert, findet man, daß die gewogene Verzögerungszeit $\Sigma \beta_i t_i$ gleich 0,0942 sec, d. h. angenähert 0,1 sec ist. Dagegen ist l für einen großen thermischen Reaktor etwa gleich 10^{-3} sec und kann daher im Vergleich zur mittleren Verzögerungszeit vernachlässigt werden. $\bar{l}$ liegt dann nahe bei 0,1 sec. Die tatsächliche Reaktorperiode beträgt also etwa $0{,}1/k_{\mathrm{ex}}$ an Stelle von $10^{-3}/k_{\mathrm{ex}}$, wie es der Fall wäre, wenn es keine verzögerten Neutronen gäbe. Bei $k_{\mathrm{ex}} = 0{,}01$, wie oben, beträgt daher die Reaktorperiode nun 0,1/0,01, d. h. 10 sec. Es dauert also etwa 10 sec, bis der Neutronenfluß um den Faktor $e \approx 2{,}7$ anwächst. Eine Periode dieser Größenordnung erlaubt die Beherrschung des Reaktors mit Hilfe eines Regelsystems.

Die Diffusionsgleichung mit verzögerten Neutronen

10.15. Pro cm³ und pro sec werden $\Sigma_a \Phi$ thermische Neutronen absorbiert. Die Gesamtproduktion von Spaltneutronen (sowohl prompter als auch verzögerter) ist daher gleich $(k_\infty/p) \Sigma_a \Phi$ pro cm³ und sec. Von der Gesamtzahl der Spaltneutronen gehört der Bruchteil β_i zur i-ten verzögerten Gruppe. Im Spaltprozeß entstehen daher $\beta_i (k_\infty/p) \Sigma_a \Phi$ Mutterkerne dieser Neutronen pro cm³ und sec. Ist ferner C_i die Konzentration dieser Mutterkerne pro cm³, dann beträgt die radioaktive Zerfallsrate $\lambda_i C_i$ Kerne pro cm³ und sec, wobei λ_i sec^{-1} die

---

[1] Der Ausdruck „Mutterkern" (Vorläufer, engl. „precursor") wird verwendet, um z. B. die Spezies wie Br^{87} und I^{137} (§§ 4.10, 4.11) zu beschreiben, deren Beta-Zerfallsgeschwindigkeit die Neutronen-Verzögerungszeit bestimmt. Das Zerfallsprodukt des Mutterkerns stößt das verzögerte Neutron praktisch momentan aus.

entsprechende Zerfallskonstante ist. Die Erzeugungsrate der Mutterkerne verzögerter Neutronen der i-ten Gruppe beträgt daher

$$\frac{\partial C_i(\mathfrak{r}, t)}{\partial t} = -\lambda_i C_i(\mathfrak{r}, t) + \frac{k_\infty}{p} \beta_i \Sigma_a \Phi(\mathfrak{r}, t). \qquad (10.15.1)$$

10.16. Die zeitabhängige Diffusionsgleichung thermischer Neutronen für den homogenen, nackten Reaktor hat dieselbe allgemeine Form wie (10.4.1), aber der Quellterm muß jetzt abgeändert werden, um die verzögerten Neutronen zu berücksichtigen. Mit β als Summe über alle β_i ist $1 - \beta$ der Bruchteil der Spaltneutronen, welche prompt emittiert werden. Der entsprechende Quellterm für prompte Neutronen ist dann $(1 - \beta) k_\infty \Sigma_a \Phi e^{-B^2\tau}$.

10.17. Die Erzeugungsrate verzögerter Neutronen der i-ten Gruppe ist gleich der Zerfallsrate des Mutterkerns, d. h. gleich $\lambda_i C_i$ und daher ist die

$$\text{Erzeugungsrate aller verzögerter Neutronen} = \sum_{i=1}^{m} \lambda_i C_i \quad \text{pro cm}^3 \text{ und sec,}$$

wobei die Summe für alle m-Gruppen verzögerter Neutronen zu nehmen ist. Wenn dieser Ausdruck mit $e^{-B^2\tau}$, der Verbleibwahrscheinlichkeit für den Bremsvorgang und mit der Bremsnutzung p multipliziert wird, erhält man

$$p\, e^{-B^2\tau} \sum_{i=1}^{m} \lambda_i C_i$$

als den Quellterm für die verzögerten Neutronen. Der Einfachheit halber wird angenommen, daß das Energiespektrum der verzögerten Neutronen gleich demjenigen für prompte Neutronen ist. In Wirklichkeit entstehen die verzögerten Neutronen mit kleinerer Energie als die prompten, da aber ein Neutron den größten Teil seiner Lebensdauer im Bereich niedriger Energien verbringt, ist dieser Unterschied gering[1].

10.18. Für den vorliegenden Fall kann daher der Quellterm von (10.4.1) in der Form

$$Q = (1 - \beta)\, k_\infty \Sigma_a \Phi\, e^{-B^2\tau} + p\, e^{-B^2\tau} \sum_{i=1}^{m} \lambda_i C_i$$

geschrieben werden, und die entsprechende Diffusionsgleichung lautet

$$D \nabla^2 \Phi(\mathfrak{r}, t) - \Sigma_a \Phi(\mathfrak{r}, t) + (1 - \beta)\, k_\infty \Sigma_a \Phi(\mathfrak{r}, t)\, e^{-B^2\tau} + p\, e^{-B^2\tau} \sum_{i=1}^{m} \lambda_i C_i(\mathfrak{r}, t) =$$

$$= \frac{1}{v} \cdot \frac{\partial \Phi(\mathfrak{r}, t)}{\partial t}.$$

Wenn man durch Σ_a dividiert, L^2 für D/Σ_a und l_0 für $1/\Sigma_a v$ substituiert (§ 10.4), geht dies über in

---

[1] Wenn man die mittlere Energie der prompten Neutronen mit 2 MeV und diejenige der verzögerten mit 0,5 MeV (Tab. 4.8) annimmt, findet man, daß das Alter der thermischen Neutronen in Graphit im ersten Fall ungefähr 350 cm² und im zweiten Fall 333 cm² beträgt. Bei einem großen Reaktor, d. h. für kleines B^2, ist der Unterschied in $e^{-B^2\tau}$ klein.

$$L^2 \nabla^2 \Phi(\mathfrak{r}, t) + [(1 - \beta) k_\infty e^{-B^2 \tau} - 1] \Phi(\mathfrak{r}, t) + \frac{p\, e^{-B^2 \tau}}{\Sigma_a} \sum_{i=1}^{m} \lambda_i C_i(\mathfrak{r}, t) = l_0 \frac{\partial \Phi(\mathfrak{r}, t)}{\partial t}.$$

$$(10.18.1)$$

10.19. Wir nehmen wie oben an, daß der Reaktor bis zum Zeitpunkt $t = 0$ im stationären Zustand arbeitet und daß der effektive Multiplikationsfaktor bei $t = 0$ plötzlich eine kleine Änderung erfährt, um danach wieder konstant zu bleiben. In diesem Fall sind die Raum- und Zeitkoordinaten in (10.18.1) separierbar. Um dies zu zeigen, setzen wir voraus, daß der Reaktor sich so nahe dem kritischen Zustand befindet, daß der Neutronenfluß in guter Näherung durch die Grundschwingung der Wellengleichung dargestellt wird. Es sei

$$\Phi(\mathfrak{r}, t) = \Phi(\mathfrak{r})\, T(t) \quad \text{und} \quad C_i(\mathfrak{r}, t) = C_i(\mathfrak{r})\, H_i(t).$$

Mit diesen Substitutionen wird (10.15.1)

$$\frac{d H_i(t)}{d t} = -\lambda_i H_i(t) + \frac{k_\infty}{p} \beta_i \Sigma_a \frac{\Phi(\mathfrak{r})}{C_i(\mathfrak{r})} T(t).$$

Der Ausdruck $C_i(\mathfrak{r})/\Phi(\mathfrak{r})$ muß also von $\mathfrak{r}$ unabhängig sein.

10.20. Mit den gleichen Substitutionen für $\Phi(\mathfrak{r}, t)$ und $C_i(\mathfrak{r}, t)$ wird Gl (10.18.1)

$$L^2 \frac{\nabla^2 \Phi(\mathfrak{r})}{\Phi(\mathfrak{r})} + [(1 - \beta) k_\infty e^{-B^2 \tau} - 1] + \frac{p\, e^{-B^2 \tau}}{\Sigma_a} \sum_{i=1}^{m} \lambda_i \frac{C_i(\mathfrak{r}) H_i(t)}{\Phi(\mathfrak{r}) T(t)} =$$

$$= \frac{l_0}{T(t)} \cdot \frac{d T(t)}{d t},$$

und da $C_i(\mathfrak{r})/\Phi(\mathfrak{r})$, wie oben gezeigt wurde, unabhängig von $\mathfrak{r}$ ist, erkennt man, daß die Variablen tatsächlich getrennt sind. Die Separation ist möglich, weil die Konzentration $C_i(\mathfrak{r})$ jedes Mutterkerns verzögerter Neutronen überall zum Fluß $\Phi(\mathfrak{r})$ proportional ist. Dies war natürlich auch aus physikalischen Gründen zu erwarten.

10.21. Man kann wie früher (s. § 10.19) schreiben

$$\nabla^2 \Phi(\mathfrak{r}) + B^2 \Phi(\mathfrak{r}) = 0.$$

Da sich der Laplace-Operator nicht auf die Zeitfunktion $T(t)$ bezieht, können beide Seiten dieser Gleichung mit $T(t)$ multipliziert werden, um die allgemeine Wellengleichung

$$\nabla^2 \Phi(\mathfrak{r}, t) + B^2 \Phi(\mathfrak{r}, t) = 0 \qquad (10.21.1)$$

zu gewinnen, wobei B^2 der niedrigste Eigenwert ist, der mit der üblichen Randbedingung für den thermischen Neutronenfluß verträglich ist. In (10.18.1) kann daher $\nabla^2 \Phi(\mathfrak{r}, t)$ durch $-B^2 \Phi(\mathfrak{r}, t)$ ersetzt werden.

10.22. Das Problem besteht nun darin, die Differentialgleichungen (10.15.1) und (10.18.1) unter Berücksichtigung von (10.21.1) zu lösen. Da beide Gleichungen linear und von erster Ordnung sind und da die Raum- und Zeitvariablen separierbar sind, können Lösungen der Form

$$\Phi(\mathfrak{r}, t) = \Phi_0\, e^{\omega t} \qquad (10.22.1)$$

und

$$C_i(\mathfrak{r}, t) = C_{i0}\, e^{\omega t} \qquad (10.22.2)$$

versucht werden. Φ_0 und C_{i0} sind die Werte des Neutronenflusses und der Konzentration der Mutterkerne der i-ten Gruppe der verzögerten Neutronen zur Zeit $t = 0$ in dem durch den Vektor $\mathfrak{r}$ dargestellten Punkt. Die Variable $\mathfrak{r}$ wurde der Einfachheit halber bei den Symbolen weggelassen. Man hat nun Bedingungen für den Parameter ω zu finden, die Lösungen der obenstehenden Form zulassen.

10.23. Wenn man Φ und C_i aus (10.22.1) und (10.22.2) in (10.15.1) einsetzt, erhält man

$$C_{i0}\,\omega\,e^{\omega t} = -\lambda_i\,C_{i0}\,e^{t\omega} + \frac{k_\infty}{p}\,\beta_i\,\Sigma_a\,\Phi_0\,e^{\omega t},$$

also

$$C_{i0} = \frac{k_\infty\,\beta_i\,\Sigma_a\,\Phi_0}{p\,(\omega + \lambda_i)}. \tag{10.23.1}$$

Weiter kann durch Einführung von (10.21.1), (10.22.1), (10.22.2) und (10.23.1) in (10.18.1) die letzte Gleichung vereinfacht werden:

$$-(L^2 B^2 + 1) + (1 - \beta)\,k_\infty\,e^{-B^2\tau} + k_\infty\,e^{-B^2\tau}\sum_{i=1}^{m}\frac{\lambda_i\,\beta_i}{\omega + \lambda_i} = l_0\,\omega.$$

Wenn wir durch $(1 + L^2 B^2)$ dividieren und nach (7.34.2) l, die mittlere Lebensdauer thermischer Neutronen im endlichen Reaktor, sowie k nach (7.27.1) einführen, erhalten wir

$$(1 - \beta)\,k - 1 + k\sum_{i=1}^{m}\frac{\lambda_i\,\beta_i}{\omega + \lambda_i} = l\,\omega. \tag{10.23.2}$$

Der gesamte Bruchteil β der verzögerten Neutronen ist per definitionem gleich der Summe der β_i, und da $k - 1 = k_{\text{ex}}$ ist, kann (10.23.2) wie folgt geschrieben werden:

$$k_{\text{ex}} + k\sum_{i=1}^{m}\left(\frac{\lambda_i\,\beta_i}{\omega + \lambda_i} - \beta_i\right) = l\,\omega$$

oder

$$k_{\text{ex}} = l\,\omega + k\sum_{i=1}^{m}\frac{\omega\,\beta_i}{\omega + \lambda_i}. \tag{10.23.3}$$

10.24. Es empfiehlt sich eine Größe ρ, die sogenannte *Reaktivität*, einzuführen:

$$\rho = \frac{k_{\text{ex}}}{k} = \frac{k - 1}{k}. \tag{10.24.1}$$

Aus (10.23.3) ergibt sich

$$\rho = \frac{k_{\text{ex}}}{k} = \frac{l\,\omega}{k} + \sum_{i=1}^{m}\frac{\omega\,\beta_i}{\omega + \lambda_i}. \tag{10.24.2}$$

Nach (10.24.1) ist $k = 1/(1 - \rho)$, und wenn man dies in (10.24.2) einsetzt, geht diese Gleichung über in die Form

$$\rho = \frac{l\,\omega}{l\,\omega + 1} + \frac{1}{l\,\omega + 1}\sum_{i=1}^{m}\frac{\omega\,\beta_i}{\omega + \lambda_i}, \tag{10.24.3}$$

die für die numerische Berechnung besonders geeignet ist.

10.25. Die charakteristische Gl. (10.24.3) verknüpft die Parameter ω mit den Kerneigenschaften der Reaktorsubstanz. Sie ist eine algebraische Gleichung vom $m + 1$-ten Grad in ω, und es gibt daher im allgemeinen $m + 1$ Werte von ω, die zu einem bestimmten Wert der Reaktivität ρ gehören. Einen Einblick in die allgemeine Natur der Lösungen von (10.24.3) erhält man, wenn man ρ nach Abb. 10.25 als Funktion des Parameters ω darstellt. Es handelt sich um eine rein qualitative Darstellung mit $m = 6$, entsprechend den sechs verzögerten Neutronengruppen. Man sieht, daß für die ω-Werte $-\lambda_1$, $-\lambda_2$, $-\lambda_3$, $-\lambda_4$, $-\lambda_5$, $-\lambda_6$ und $-1/l$ Pole auftreten. Für die Reaktorberechnung ist nur ein Teil der Abb. 10.25 von Bedeutung, da die praktisch sinnvollen Werte von ρ zwischen $\rho = 1$ und $\rho = -1$ liegen, die durch die horizontalen, gestrichelten Linien angedeutet sind.

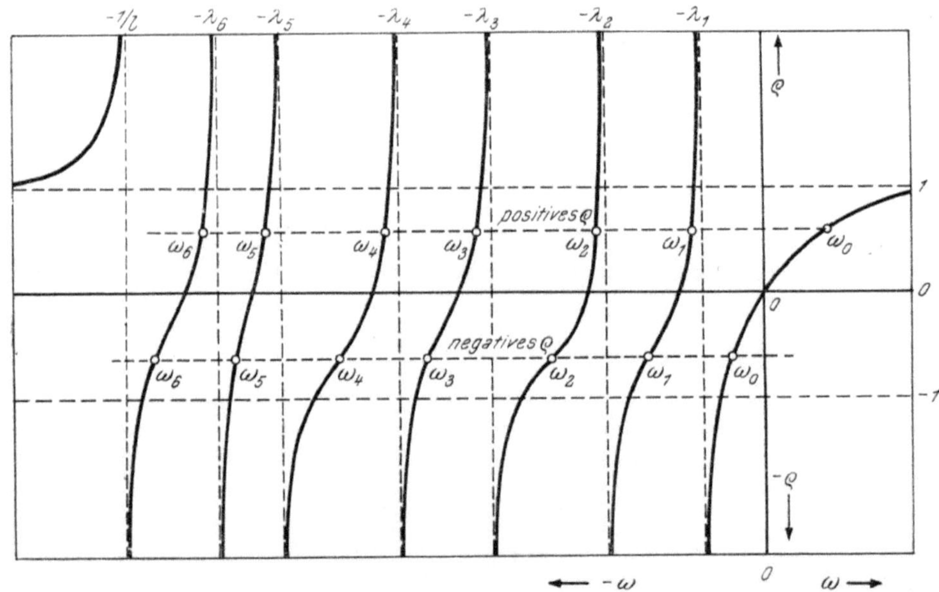

Abb. 10.25. Schematische Darstellung der Reaktivität ρ als Funktion von ω (charakteristische Gleichung)

10.26. Gl. (10.24.3) hat insgesamt $m + 1$ Wurzeln. Für positive ρ sind, wie man aus Abb. 10.25 erkennt, m negativ und eine positiv. Man sieht, daß jeder von den m negativen Werten von ω die gleiche Größenordnung hat wie das zugehörige λ_i. Der Neutronenfluß im Punkt $\mathfrak{r}$ kann daher als Funktion der Zeit durch eine lineare Kombination von $m + 1$ Lösungen der Form (10.22.1) dargestellt werden:

$$\Phi = A_0\, e^{\omega_0 t} + A_1\, e^{\omega_1 t} + \cdots + A_i\, e^{\omega_i t} + \cdots + A_m\, e^{\omega_m t}. \qquad (10.26.1)$$

Dabei sind ω_0, ω_1, ... ω_i, ... ω_m die $m + 1$ Wurzeln von (10.24.3). Die Wurzel ω_0 ist positiv, die ω_1, ... ω_m sind angenähert gleich $-\lambda_1$, ... $-\lambda_m$. Die A_0, A_1, ... usw. sind Konstanten, die durch die Anfangsbedingungen im gegebenen Reaktor bestimmt sind.

10.27. Da alle Glieder auf der rechten Seite von (10.26.1) außer dem ersten negative Exponenten haben, sinken die Beiträge dieser Glieder nach dem plötzlichen kleinen Reaktivitätssprung rasch auf Null. Diese Glieder liefern daher nur einen vorübergehenden Beitrag zum Neutronenfluß, da ihre Werte im Vergleich zum ersten Glied bald vernachlässigt werden können. Es sei λ_1 die kleinste

Zerfallskonstante, die also den am stärksten verzögerten Neutronen entspricht. Nach einem kurzen Zeitintervall der Größenordnung $1/\lambda_1$ reduziert sich (10.26.1) auf den ersten Term, d. h. auf

$$\Phi = A_0\, e^{\omega_0 t}.$$

In diesem Fall ist A_0 gleich Φ_0, dem Fluß zur Zeit Null, und man hat

$$\Phi = \Phi_0\, e^{\omega_0 t}.$$

Da ω_0 die Dimension einer reziproken Zeit hat, kann man es definitionsmäßig gleich $1/T$ setzen, so daß

$$\Phi = \Phi_0\, e^{t/T}. \tag{10.27.1}$$

10.28. Aus der Definition der Reaktorperiode als Zeitspanne, während der der Neutronenfluß um den Faktor e anwächst, folgt, daß T jene Reaktorperiode bedeutet, die sich nach dem Ablauf einer genügend langen Zeit einstellt, wenn die Übergangsterme abgeklungen sind. Die Größe

$$T = \frac{1}{\omega_0} \tag{10.28.1}$$

wird daher als *stabile Reaktorperiode* bezeichnet. Die Größen $1/\omega_1$, $1/\omega_2$ usw. werden manchmal Übergangsperioden genannt. Sie sind negativ und haben nicht die physikalisch ausschlaggebende Bedeutung wie die Reaktorperiode $1/\omega_0$. Die Abhängigkeit der positiven Reaktivität von ω_0 (oder $1/T$), wie sie sich aus (10.24.3) mit Benutzung der Werte von β_i und λ_i aus Tab. 4.8 herleitet, ist in Abb. 10.28 für l gleich 10^{-3}, 10^{-4} und 10^{-5} sec dargestellt. Man sieht, daß die Kurven fast zusammenfallen, wenn ρ kleiner als ungefähr 0,005 ist. In diesem Bereich

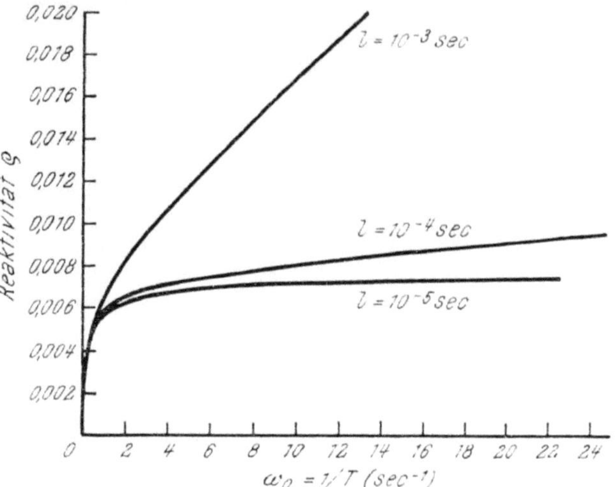

Abb. 10.28. Der Zusammenhang zwischen der Reaktivität ρ und dem Kehrwert der stabilen Reaktorperiode $1/T$

ist die stabile Reaktorperiode für Systeme, welche dieselben charakteristischen Eigenschaften der verzögerten Neutronen haben, praktisch unabhängig von l, der mittleren Lebensdauer der Neutronen. Für höhere Reaktivitäten wächst indessen ω_0 mit abnehmender mittlerer Lebensdauer der Neutronen an und die Periode nimmt daher ab. Die physikalische Deutung dieser Tatsache soll später erfolgen.

Die reziproke Stunde als Reaktivitätsmaß

10.29. Wenn man in (10.24.2) die Größe ω nach (10.28.1) durch $1/T$ ersetzt, erhält (10.24.2) die Gestalt

$$\rho = \frac{l}{Tk} + \sum_{i=1}^{m} \frac{\beta_i}{1 + \lambda_i T}, \tag{10.29.1}$$

welche die Reaktivität mit der Reaktorperiode in Beziehung setzt. Die Reaktivität wird manchmal in reziproken Stunden gemessen. Diese Einheit entspricht einer Reaktivität, die eine stabile Reaktorperiode von einer Stunde zur Folge hat. Ihr Wert ergibt sich, wenn man T in (10.29.1) gleich 3600 sec setzt, da die λ_i in sec^{-1} ausgedrückt sind. Die Reaktivität eines Reaktors, gemessen in reziproken Stunden und dargestellt durch ρ (rh), ergibt sich also, wenn man (10.29.1) durch den entsprechenden Wert der Einheit dividiert, in der Form

$$\rho\,(rh) = \frac{\dfrac{l}{Tk} + \sum\limits_{i=1}^{m} \dfrac{\beta_i}{1 + \lambda_i T}}{\dfrac{l}{3600\,k} + \sum\limits_{i=1}^{m} \dfrac{\beta_i}{1 + 3600\,\lambda_i}}. \tag{10.29.2}$$

Die Bedeutung dieses etwas gesucht wirkenden Reaktivitätsmaßes wird klarer, wenn man sich auf kleine Reaktivitäten beschränkt. Dann ist nämlich

$$\rho\,(rh) \approx \frac{3600}{T}, \tag{10.29.3}$$

und der Reziprokwert der in Stunden ausgedrückten Reaktorperiode ist gleich der Reaktivität in rh.

Eine verzögerte Neutronengruppe

10.30. Man kann die relative Bedeutung der stabilen Glieder und der Übergangsglieder in (10.26.1) abschätzen, wenn man nur eine Gruppe verzögerter Neutronen betrachtet, deren Zerfallskonstante λ dem geeignet gewogenen Mittelwert für die sechs tatsächlichen Gruppen gleichgesetzt wird. Für eine einzige Gruppe von verzögerten Neutronen lautet (10.24.2)

$$\rho = \frac{l\,\omega}{k} + \frac{\beta\,\omega}{\omega + \lambda} \tag{10.30.1}$$

und stellt also eine quadratische Gleichung in ω dar. Um die Rechnung zu vereinfachen, ohne die wesentlichen Schlußfolgerungen zu beeinträchtigen, soll vorausgesetzt werden, daß k_{ex} und ρ klein sind, so daß k angenähert gleich Eins ist. An Stelle von Gl. (10.30.1) kann dann

$$\rho \approx l\,\omega + \frac{\beta\,\omega}{\omega + \lambda} \tag{10.30.2}$$

oder

$$l\,\omega^2 + (\beta - \rho + l\lambda)\,\omega - \lambda\,\rho = 0$$

geschrieben werden. Die Lösungen dieser quadratischen Gleichung lauten

$$\omega = \frac{1}{2\,l}\left[-(\beta - \rho + l\lambda) \pm \sqrt{(\beta - \rho + l\lambda)^2 + 4\,l\lambda\rho} \,\right]$$

$$= -\frac{(\beta - \rho + l\lambda)}{2\,l}\left[1 \pm \sqrt{1 + \frac{4\,l\lambda\rho}{(\beta - \rho + l\lambda)^2}} \,\right].$$

Wenn $(\beta - \rho + l\lambda)^2 \gg |\,4\,l\,\lambda\,\rho\,|$, ist angenähert

$$\omega \approx -\frac{(\beta - \rho + l\lambda)}{2\,l}\left\{ 1 \pm \left[1 + \frac{2\,l\lambda\rho}{(\beta - \rho + l\lambda)^2} \right] \right\}$$

und es ergeben sich die Lösungen

$$\omega_0 \approx \frac{\lambda\,\rho}{\beta-\rho+l\lambda} \quad \text{und} \quad \omega_1 \approx -\frac{\beta-\rho+l\,\lambda}{l},$$

wobei im Ausdruck für ω_1 das zweite Glied in der eckigen Klammer gegenüber Eins vernachlässigt worden ist.

10.31. Für einen thermischen Reaktor kann l etwa 10^{-3} sec oder kleiner gesetzt werden, und der Mittelwert λ für die verzögerten Neutronen[1] beträgt ungefähr $0,08\,\text{sec}^{-1}$. Unter der Voraussetzung, daß die Reaktivität $\rho = 0,0025$, ist $2\,l\,\lambda\,\rho$ gleich $0,4 \cdot 10^{-6}$.

Aus $\beta = 0,0075$ folgt $(\beta-\rho+l\,\lambda)^2 \approx 26 \cdot 10^{-6}$. Dieser Wert liegt hinreichend hoch über $0,4 \cdot 10^{-6}$, so daß unsere Näherungsrechnung für Reaktivitäten von $0,0025$ oder weniger mit ziemlicher Genauigkeit anwendbar ist. Unter diesen Bedingungen ist $l\,\lambda$ mit etwa $8 \cdot 10^{-5}$ beträchtlich kleiner als $\beta-\rho$ mit $5 \cdot 10^{-3}$ oder mehr. Das erste Glied kann daher im Vergleich zum zweiten vernachlässigt werden, und die zwei Lösungen von (10.30.2) lauten nunmehr

$$\omega_0 \approx \frac{\lambda\,\rho}{\beta-\rho} \quad \text{und} \quad \omega_1 \approx -\left(\frac{\beta-\rho}{l}\right). \qquad (10.31.1)$$

In praktisch wichtigen Fällen und sicherlich dann, wenn ρ, wie oben gefordert wurde, klein ist, ist $\beta > \rho$, so daß $\beta-\rho$ positiv ist. Daher ist ω_0, vorausgesetzt, daß ρ positiv ist, die positive und ω_1 die negative Lösung von (10.30.2).

10.32. Der Fluß ist durch

$$\Phi = A_0\,e^{\omega_0 t} + A_1\,e^{\omega_1 t} \qquad (10.32.1)$$

und die Konzentration der Mutterkerne der verzögerten Neutronen nach (10.22.2) durch

$$C = B_0\,e^{\omega_0 t} + B_1\,e^{\omega_1 t} \qquad (10.32.2)$$

gegeben. Von den vier Konstanten in (10.32.1) und (10.32.2) sind nur zwei unabhängig, da Φ und C durch (10.15.1) miteinander verknüpft sind:

$$\frac{\partial C}{\partial t} = -\lambda\,C + \frac{k_\infty}{p}\,\beta\,\Sigma_a\,\Phi. \qquad (10.32.3)$$

Mit (10.32.1) und (10.32.2) erhält man

$$B_0\,\omega_0\,e^{\omega_0 t} + B_1\,\omega_1\,e^{\omega_1 t} = -\lambda\,(B_0\,e^{\omega_0 t} + B_1\,e^{\omega_1 t}) + \frac{k_\infty}{p}\,\beta\,\Sigma_a\,(A_0\,e^{\omega_0 t} + A_1\,e^{\omega_1 t}).$$

Der Vergleich der Koeffizienten von $e^{\omega_0 t}$ und $e^{\omega_1 t}$ ergibt

$$B_0 = \frac{k_\infty}{p} \cdot \frac{\beta\,\Sigma_a}{\omega_0+\lambda}\,A_0 \quad \text{und} \quad B_1 = \frac{k_\infty}{p} \cdot \frac{\beta\,\Sigma_a}{\omega_1+\lambda}\,A_1.$$

Nach Einführung der Werte von ω_0 und ω_1 aus (10.31.1) lauten diese Beziehungen

$$B_0 = \frac{k_\infty}{p} \cdot \frac{(\beta-\rho)\,\Sigma_a}{\lambda}\,A_0 \quad \text{und} \quad B_1 = -\frac{k_\infty}{p} \cdot \frac{l\,\beta\,\Sigma_a}{\beta-\rho}\,A_1, \qquad (10.32.4)$$

wobei $\lambda\,l$ wie früher im Vergleich mit $\beta-\rho$ vernachlässigt worden ist.

---

[1] Die geeignete mittlere Zerfallskonstante ist das Reziproke der mittleren Lebensdauer, welche durch $\Sigma\,\beta_i\,t_i/\Sigma\,\beta_i$ definiert ist. λ ist daher durch $\beta/\Sigma\,\beta_i\,t_i = 0,0075/0,094 = 0,08$ gegeben. Die Verwendung dieser Definition gibt (asymptotische) Resultate, gleichwertig jenen, die man unter Berücksichtigung aller sechs Gruppen verzögerter Neutronen erhält (s. § 10.43).

10.33. Aus (10.32.4) ist ersichtlich, daß B_0 und B_1 mit A_0 und A_1 durch Größen verknüpft sind, die sich aus den mikroskopischen Eigenschaften des Reaktors ergeben, so daß nur zwei willkürliche Konstanten zu bestimmen sind. Um sie zu berechnen, sind zwei Anfangsbedingungen erforderlich. Erstens hat der Reaktor vor der plötzlichen Änderung des effektiven Multiplikationsfaktors zur Zeit $t = 0$ mit einem Fluß Φ_0 im stationären Zustand gearbeitet; daher ist nach (10.32.1)

$$\Phi_0 = A_0 + A_1. \qquad (10.33.1)$$

10.34. Da sich der Reaktor bis $t = 0$ im stationären Zustand (Gleichgewichtszustand) befunden hat, ist zweitens die Konzentration der Mutterkerne für $t = 0$ konstant (C_0), und $\dfrac{\partial C}{\partial t}$ ist gleich Null. Aus (10.32.3) folgt daher

$$0 = -\lambda C_0 + \frac{k_\infty}{p} \beta \Sigma_a \Phi_0$$

oder

$$C_0 = \frac{k_\infty}{p} \cdot \frac{\beta}{\lambda} \Sigma_a \Phi_0. \qquad (10.34.1)$$

Weiter wird nach (10.32.2) für $t = 0$

$$C_0 = B_0 + B_1. \qquad (10.34.2)$$

10.35. Nach Einführung der durch (10.34.1) und (10.32.4) gegebenen Werte von C_0, B_0 und B_1 in (10.34.2) erhält man

$$\frac{\beta}{\lambda} \Phi_0 = \frac{(\beta - \rho)}{\lambda} A_0 - \frac{l\beta}{\beta - \rho} A_1.$$

Wenn man A_1 in Übereinstimmung mit (10.33.1) durch $\Phi_0 - A_0$ ersetzt, findet man

$$A_0 = \frac{\dfrac{\beta}{\lambda} + \dfrac{l\beta}{\beta - \rho}}{\dfrac{\beta - \rho}{\lambda} + \dfrac{l\beta}{\beta - \rho}} \Phi_0 \approx \frac{\beta}{\beta - \rho} \Phi_0, \qquad (10.35.1)$$

wobei das zweite Glied (Größenordnung 10^{-3}) sowohl im Zähler als auch im Nenner, gegenüber dem ersten (Größenordnung 10^{-1}) vernachlässigt worden ist. Mit dem durch (10.35.1) gegebenen Wert von A_0 führt die Gl. (10.33.1) auf

$$A_1 = -\frac{\rho}{\beta - \rho} \Phi_0. \qquad (10.35.2)$$

Wenn man diese Resultate zusammen mit (10.31.1) in (10.32.1) einführt, lautet der endgültige Ausdruck für den Neutronenfluß in einem gegebenen Punkt als Funktion der Zeit, wenn man nur eine einzige verzögerte Neutronengruppe kleiner Reaktivität voraussetzt,

$$\Phi = \Phi_0 \left[\frac{\beta}{\beta - \rho} e^{\frac{\lambda \rho t}{\beta - \rho}} - \frac{\rho}{\beta - \rho} e^{-\frac{(\beta - \rho) t}{l}} \right]. \qquad (10.35.3)$$

Da $(\beta - \rho)$ positiv ist, hat das zweite Glied (Übergangsglied) in der Klammer einen negativen Exponenten. Der Neutronenfluß ist also die Differenz von zwei Termen, von denen einer — für $\rho > 0$ — mit der Zeit wächst, während der andere mit der Zeit abnimmt.

10.36. Um das allgemeine Verhalten zu illustrieren, soll ein spezielles Beispiel betrachtet werden. Wir setzen voraus, daß l wie früher 10^{-3} sec und $\rho = 0{,}0025$ ist, während $\lambda = 0{,}08$ sec^{-1} und $\beta = 0{,}0075$ ist. Wie wir bereits gesehen haben, sind bei diesen Zahlenwerten die vorhergehenden Näherungen zulässig. Die Gl. (10.35.3) lautet dann

$$\Phi = \Phi_0\,(1{,}5\,e^{0{,}04t} - 0{,}5\,e^{-5t}).$$

In Abb. 10.36 ist jedes Glied für sich sowie die Differenz beider Glieder dargestellt.

10.37. Das zweite Glied (Übergangsglied) klingt innerhalb einer Sekunde auf ungefähr 0,2% des gesamten Flusses ab. Im allgemeinen ist die für das Abklingen des Übergangsgliedes auf einen vernachlässigbaren Bruchteil (z. B. e^{-5}) erforderliche Zeit von der Größenordnung $5/|\,\omega_1\,|$, d. h. $5\,l/(\beta - \rho)$. Nach dieser Zeitspanne ist der Neutronenfluß gleich dem ersten oder stabilen Glied in (10.35.3):

$$\Phi \approx \Phi_0\,\frac{\beta}{\beta - \rho}\,e^{\frac{\lambda \rho t}{\beta - \rho}},$$

und die stabile Reaktorperiode ist durch

$$T \approx \frac{\beta - \rho}{\lambda \rho} \qquad (10.37.1)$$

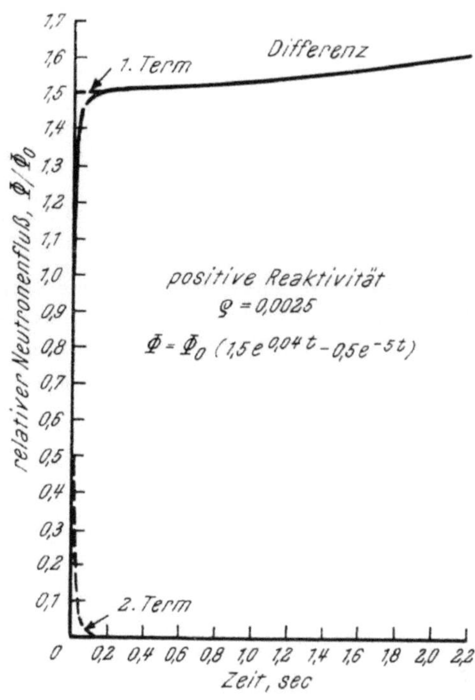

Abb. 10.36. Leistungsanstieg nach einem plötzlichen Reaktivitätssprung von $\rho = 0$ auf $\rho = 0{,}0025$

gegeben. Sie ist in dem oben zitierten Beispiel gleich 25 sec. Wenn sämtliche Neutronen prompt emittiert würden, ergäbe sich eine Periode von 0,4 sec. Für sehr kleine Reaktivitäten kann ρ im Vergleich zu β vernachlässigt werden, und (10.37.1) gibt

$$T \approx \frac{\beta}{\lambda \rho} \qquad (10.37.2)$$

für die stabile Periode.

10.38. Weiter bemerkt man in Abb. 10.36, daß der Fluß unmittelbar nach der plötzlichen Änderung des Multiplikationsfaktors sehr rasch ansteigt. Die Zunahme erfolgt fast so rasch wie in dem Fall, in dem alle Neutronen als prompt angenommen werden (§ 10.39). Nach einer kurzen Zeitspanne beginnt sich aber der Einfluß der verzögerten Neutronen bemerkbar zu machen, und der Fluß steigt langsamer an.

10.39. Die Anfangsneigung der Kurve Φ als Funktion von t kann man aus (10.32.1) erhalten, wenn man nach der Zeit differenziert und dann $t = 0$ setzt. Das Ergebnis ist

$$\left(\frac{\partial \Phi}{\partial t}\right)_{t=0} = A_0\,\omega_0 + A_1\,\omega_1.$$

Durch Einführung der Werte von A_0, A_1, ω_0 und ω_1 aus (10.31.1), (10.35.1) und (10.35.2) folgt

$$\frac{1}{\Phi_0} \cdot \left(\frac{\partial \Phi_0}{\partial t}\right)_{t=0} = \frac{\lambda \rho \beta}{(\beta - \rho)^2} + \frac{\rho}{l}. \qquad (10.39.1)$$

Aus (10.27.1) ergibt sich

$$\frac{1}{\Phi} \cdot \left(\frac{d\Phi}{dt}\right)_{t=0} = \frac{1}{T},$$

und die linke Seite von (10.39.1) kann daher als der Reziprokwert der Reaktorperiode bei $t = 0$ angesehen werden. Wenn man diese Periode mit T_0 bezeichnet, sieht man, daß

$$\frac{1}{T_0} = \frac{\lambda \rho \beta}{(\beta - \rho)^2} + \frac{\rho}{l}. \qquad (10.39.2)$$

10.40. Für mäßig kleine Werte von ρ kann das erste Glied auf der rechten Seite von (10.39.2) vernachlässigt werden. In dem oben betrachteten Beispiel würde das erste Glied der Gleichung gleich 0,06 sein, während das zweite gleich 2,5 ist. Für kleinere Werte von ρ ist der Unterschied noch größer. Folglich kann (10.39.2) in der Form

$$T_0 \approx \frac{l}{\rho} \approx \frac{l}{k_{\text{ex}}} \qquad (10.40.1)$$

geschrieben werden, da ρ laut Definition gleich k_{ex}/k und k von Eins nicht sehr verschieden ist. Falls alle Spaltneutronen prompte Neutronen sind, ist also die Reaktorperiode durch (10.8.2) gegeben.

10.41. Den steilen Anstieg am Beginn der Flußänderung kann man sich etwa folgendermaßen auch physikalisch plausibel machen. Der Fluß besteht aus prompten und verzögerten Neutronen. Ändert sich der Fluß (z. B. durch plötzliches Herausziehen des Regelstabes), so werden praktisch im gleichen Moment mehr prompte Neutronen und auch mehr Mutterkerne erzeugt. Da die Mutterkerne ihre Neutronen erst später abgeben, wird sich der Fluß im ersten Augenblick so ändern, als ob dazu nur prompte Neutronen beitragen würden, er wächst daher unmittelbar in Anschluß an die Reaktivitätsänderung mit einer Periode, die angenähert gleich l/k_{ex} ist. Später treten auch die zusätzlichen verzögerten Neutronen in den Zyklus ein und die Periode steigt auf $T \approx \bar{l}/k_{\text{ex}}$. Mit $\bar{l} = l + \beta/\lambda \approx \beta/\lambda$ und $k_{\text{ex}} \approx \rho$ führt dies auf (10.37.2).

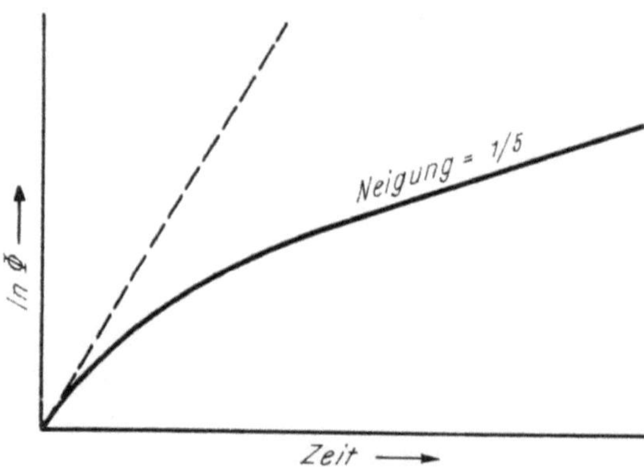

Abb. 10.42. Änderung von ln Φ mit der Zeit nach einem sprunghaften Reaktivitätszuwachs

10.42. Die oben abgeleiteten Resultate können zusammengefaßt werden, indem man ln Φ als eine Funktion der Zeit wie in Abb. 10.42 darstellt. Die tatsächliche Änderung von ln Φ wird durch die voll ausgezogene Kurve wiedergegeben, während diejenige für den Fall, daß alle Spaltneutronen als prompte Neutronen behandelt werden, durch die gestrichelte Kurve angedeutet ist. Die ausgezogene Kurve wird mit der Zeit linear, und ihre Neigung ist gleich der reziproken stabilen Periode des Reaktors (in der Abb. ist $T = 5$).

Kleine Reaktivitäten

10.43. Wir kehren nun zum allgemeinen Problem von (10.24.2) mit m Gruppen verzögerter Neutronen zurück. Es sollen zwei Grenzfälle betrachtet werden, bei denen es möglich ist, einfache Ausdrücke für die stabile Periode herzuleiten. Wir wollen zuerst voraussetzen, daß k_{ex} und ρ klein sind. Aus der Darstellung von ρ als Funktion von ω (Abb. 10.25) ist ersichtlich, daß dann auch ω_0 klein ist. Folglich kann ω_0 gegenüber den λ_i in den Nennern der Summe in (10.24.2) vernachlässigt werden. Damit geht diese Gleichung über in

$$\rho \approx \frac{l\,\omega_0}{k} + \omega_0 \sum_{i=1}^{m} \frac{\beta_i}{\lambda_i} = \frac{l}{k\,T} + \frac{1}{T} \sum_{i=1}^{m} \frac{\beta_i}{\lambda_i},$$

da ω_0 gleich $1/T$ ist, oder

$$T \approx \frac{1}{\rho} \left(\frac{l}{k} + \sum_{i=1}^{m} \frac{\beta_i}{\lambda_i} \right) = \frac{1}{\rho} \left(\frac{l}{k} + \sum_{i=1}^{m} \beta_i\, t_i \right), \qquad (10.43.1)$$

wobei die t_i wie früher die mittleren Verzögerungszeiten sind. Für thermische Reaktoren ist l von der Größenordnung 10^{-3} sec oder weniger, und da k von Eins nicht sehr verschieden ist, ist das erste Glied in der Klammer ungefähr gleich 10^{-3} sec oder kleiner. Andererseits ist das zweite Glied, welches die gewogene mittlere Verzögerungszeit darstellt, ungefähr gleich 0,1 sec. Daher kann l/k vernachlässigt werden, und (10.43.1) wird

$$T \approx \frac{1}{\rho} \sum_{i=1}^{m} \beta_i\, t_i . \qquad (10.43.2)$$

Man sieht, daß die Gln. (10.37.2) und (10.43.2) für sehr kleine Reaktivitäten identisch werden, wenn man die mittlere Zerfallskonstante λ für eine einzige (mittlere) Gruppe von verzögerten Neutronen durch $\beta / \Sigma\, \beta_i\, t_i$ definiert, wie es oben (§ 10.31, Fußnote) geschehen ist.

10.44. Bei der Herleitung von (10.43.1) und daher auch von (10.43.2) wurde gefordert, daß ω_0 klein im Vergleich mit irgendeinem der λ_i und also auch im Vergleich mit dem kleinsten unter ihnen ist. Dies ist gleichbedeutend damit, daß $T = 1/\omega_0$ als groß im Vergleich mit dem größten t_i angenommen wird. Wie man aus Tab. 4.8 ersieht, beträgt dieses ungefähr 80 sec. Die durch (10.43.1) dargestellte Annäherung ist also zulässig, wenn T größer als etwa 250 sec ist. Wenn man diesen Wert in (10.43.2) einsetzt und sich erinnert, daß $\underset{i}{\Sigma}\, \beta_i\, t_i$ ungefähr 0,1 sec ist, folgt, daß die Annäherung gültig ist, solange

$$\rho < \frac{0,1}{250} = 0,0004 .$$

Bei sehr kleinen Reaktivitäten von höchstens etwa 0,0004 ist also (10.43.2) anwendbar. Da $\underset{i}{\Sigma}\, \beta_i\, t_i$ für einen gegebenen Spaltstoff konstant ist, folgt aus dieser Gleichung, daß die Reaktorperiode unter diesen Bedingungen umgekehrt proportional zur Reaktivität und unabhängig von der Neutronenlebensdauer l ist.

10.45. Für kleine Reaktivitäten ist k fast gleich Eins und ρ ist nicht sehr verschieden von k_{ex}. Es folgt aus (10.43.2), daß die Reaktorperiode gleich der gewogenen Verzögerungszeit, dividiert durch k_{ex}, ist. Dies ist mit dem in § 10.14 erhaltenen qualitativen Resultat identisch. Physikalisch bedeutet dies, daß bei kleiner Reaktivität der Zuwachs des Neutronenflusses für eine gegebene Reaktivität im wesentlichen durch die Neutronenverzögerungszeit bestimmt und unabhängig von der viel kürzeren Lebensdauer der Neutronen ist[1].

Große Reaktivitäten

10.46. Der zweite asymptotische Fall ist ein Reaktor mit großer Reaktivität. Wie aus Abb. 10.25 hervorgeht, ist dann ω_0 groß im Vergleich zu jedem λ_i. Damit reduziert sich (10.24.2) auf

$$\rho \approx \frac{l\,\omega_0}{k} + \sum_{i=1}^{m} \beta_i = \frac{l}{T\,k} + \beta\,. \qquad (10.46.1)$$

Die stabile Periode ist daher gegeben durch

$$T \approx \frac{l}{k} \cdot \frac{1}{\rho - \beta}\,. \qquad (10.46.2)$$

Es muß $\rho > \beta$ gelten, denn sonst würde T negativ sein. Wenn β gegenüber ρ vernachlässigt werden kann, geht (10.46.2) über in

$$T \approx \frac{l}{k\,\rho} = \frac{l}{k_{\text{ex}}}\,. \qquad (10.46.3)$$

Für $\rho > \beta$ wird daher die Reaktorperiode sehr klein und nähert sich dem Wert, den sie ohne verzögerte Neutronen hätte [s. Gl. (10.8.2)]. Der Reaktor „überholt" gewissermaßen die verzögerten Neutronen. Der Grund dafür, daß diese weiterhin keinen merkbaren Einfluß haben, liegt darin, daß für $\rho > \beta$ der effektive Multiplikationsfaktor auch dann größer als Eins ist, wenn die verzögerten Neutronen ganz außer Betracht bleiben. Der Neutronenfluß kann sich daher allein über die prompten Neutronen rasch vervielfachen, und der Reaktor verhält sich dann praktisch so, als ob die Reaktivität ohne verzögerte Neutronen gleich $\rho - \beta$ wäre. Die tatsächliche Neutronenlebensdauer bestimmt nun die Zunahmerate des Neutronenflusses und daher die Reaktorperiode in Übereinstimmung mit (10.46.2) oder (10.46.3).

10.47. Wenn ein Reaktor allein auf Grund der prompten Neutronen kritisch ist, nennt man ihn *prompt kritisch* (§ 4.78). Die Bedingung für diesen Fall kann aus (10.18.1) abgeleitet werden. Wenn der Beitrag der verzögerten Neutronen zur Quelle vernachlässigt wird, kann diese Gleichung leicht in

$$(1 - \beta)\,k - 1 = \frac{l}{\Phi} \cdot \frac{\partial \Phi}{\partial t}$$

umgeformt werden. Damit der Reaktor kritisch ist, darf sich der Fluß mit der Zeit nicht ändern. Die Bedingung für den prompt kritischen Zustand lautet also

$$k = \frac{1}{1 - \beta} \qquad (10.47.1)$$

oder nach (10.24.1)

$$\rho = \beta\,. \qquad (10.47.2)$$

Im prompt kritischen Zustand ist also die Reaktivität gleich dem Bruchteil der

---

[1] Während die Gl. (10.43.2) nur für sehr kleine Reaktivitäten gilt, kann man aus (10.37.1) erkennen, daß die Reaktorperiode für eine gegebene Reaktivität noch für etwas höhere Werte von ρ bis ungefähr 0,005 von der Neutronenlebensdauer unabhängig ist (s. Abb. 10.28).

verzögerten Neutronen. Ein thermischer Reaktor, bei dem U^{235} als spaltbares Material verwendet wird, ist also prompt kritisch, wenn $\rho = 0,0075$. Der effektive Multiplikationsfaktor (10.47.1) ist dann annähernd 1,0075, d. h. $1 + \beta$. Wenn k diesen Wert übersteigt, wächst der Neutronenfluß sehr rasch an und der Reaktor wird bald jeder Kontrolle[1] entgehen. Wenn der effektive Multiplikationsfaktor kleiner als 1,0075 ist, kann der Reaktor wegen der verzögerten Neutronen noch ohne allzu großem Aufwand gesteuert werden, obwohl die Periode abnimmt, wenn sich ρ dem Wert von β nähert.

Negative Reaktivität

10.48. Unsere Diskussion von Spezialfällen hat sich bisher nur mit positiver Reaktivität befaßt, die sich aus einer Vergrößerung des Multiplikationsfaktors des Systems ergibt. Die Gl. (10.7.3) für prompte Neutronen, die Gl. (10.24.2), welche den Einfluß der verzögerten Neutronen erfaßt, ebenso wie die daraus hergeleiteten Gleichungen, z. B. (10.35.3) und (10.43.2) gelten aber sowohl für positive als auch für negative Werte der Reaktivität. Sie sind also auch anwendbar, wenn der effektive Multiplikationsfaktor des Reaktors plötzlich verkleinert wird.

10.49. Aus Abb. 10.25 ist ersichtlich, daß bei negativer Reaktivität alle $(m + 1)$-Lösungen von (10.24.2) negative Werte haben. Der Ausdruck für den Fluß als Funktion der Zeit besteht dann aus einer Reihe von $(m + 1)$-Gliedern mit negativen Exponenten. Jeder Term nimmt also mit der Zeit ab. Obwohl das erste Glied, mit dem kleinsten absoluten Wert ω_0 langsamer abnimmt und schließlich eine stabile Periode liefert, überwiegt es nicht so wie bei positiver Reaktivität.

10.50. Die Wirkung der verzögerten Neutronen kann man klarer erkennen, wenn man nur *eine* Gruppe von verzögerten Neutronen mit einer mittleren Verzöge-

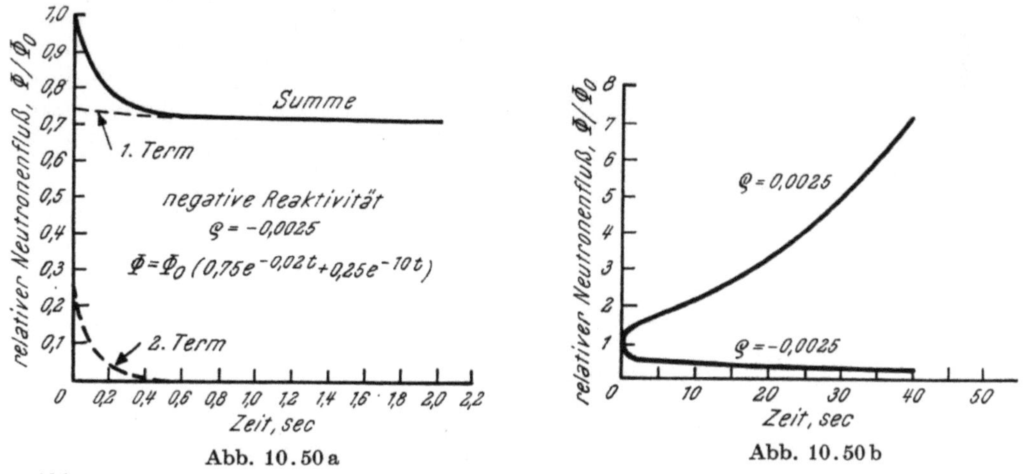

Abb. 10.50 a   Abb. 10.50 b

Abb. 10.50 a. Abklingen der Leistung nach einem plötzlichen Reaktivitätssprung von $\rho = 0$ auf $\rho = -0,0025$

Abb. 10.50 b. Vergleich der Auswirkung eines positiven bzw. negativen Reaktivitätssprunges von gleichem Betrag auf die Reaktorleistung

rungszeit in Betracht zieht. Die Gl. (10.35.3) kann für fast alle negativen Werte

---

[1] Die Reaktivität eines Reaktors wird manchmal auch in der „Dollar"-Einheit ausgedrückt, die von L. Slotin vorgeschlagen worden ist. Der „Dollar" ist die Reaktivität, welche einen Reaktor prompt kritisch macht. Ein „cent" stellt ein Hundertstel der Dollar-Reaktivität dar.

von ρ verwendet werden[1], insbesonders für große Werte, denn die bei der Herleitung der Gleichung gemachten Annahmen können in diesem Fall noch leichter gerechtfertigt werden. Wir setzen voraus, daß die Vermehrung plötzlich um 0,0025 abnimmt, so daß ρ gleich — 0,0025 ist. Wenn wir für l und λ dieselben Werte wie früher nehmen, wird (10.35.3)

$$\Phi = \Phi_0\,(0{,}75\,e^{-0{,}02\,t} + 0{,}25\,e^{-10\,t}).$$

Die Koeffizienten beider Glieder sind positiv, während beide Exponenten negativ sind. Der große negative Exponent im zweiten Glied läßt dieses ziemlich schnell abklingen, wie in Abb. 10.50a zu sehen ist. Wenn dieses Glied keinen Einfluß mehr hat, ist die stabile Reaktorperiode — 1/0,02, d. h. — 50 sec für $\rho = - 0{,}0025$, gegenüber 25 sec für $\rho = + 0{,}0025$. Wenn alle Spaltneutronen prompt wären, würde die Reaktorperiode — 0,4 bzw. 0,4 sec sein. Die Gegenwart verzögerter Neutronen hemmt das Anwachsen des Neutronenflusses, wenn die Reaktivität positiv ist; sie hemmt seine Abnahme noch stärker, wenn die Reaktivität negativ ist (Abb. 10.50b). Es ist daher unmöglich, den Neutronenfluß in einem Reaktor rascher abzusenken, als es die längste Periode der verzögerten Neutronen (s. § 10.52) erlaubt.

10.51. Die Schlüsse, die zu (10.40.1) führten, waren unabhängig vom Vorzeichen der Reaktivität. Unmittelbar nach einer plötzlichen Verkleinerung des effektiven Multiplikationsfaktors eines vorher stationären Reaktors nimmt der Neutronenfluß so ab, als ob alle Spaltneutronen prompt wären. Nach einer kurzen Zeitspanne verursacht aber die Wirkung der verzögerten Neutronen eine beträchtliche Verringerung in der Abnahmerate des Flusses.

10.52. Die vorhergehende Diskussion beruht auf der Annahme einer einzigen Gruppe von verzögerten Neutronen. Im allgemeinen Fall von m verzögerten Neutronengruppen kann man aus Abb. 10.25 ersehen, daß sich die stabile Periode ω_0 für großes negatives ρ dem Wert $-\lambda_1$ nähert, wobei λ_1 die kleinste der Zerfallskonstanten für die Mutterkerne ist. Die stabile Periode $1/\omega_0$ ist dann $-1/\lambda_1$, d. h. — 83 sec (s. Tab. 4.8). Wenn daher ein Reaktor durch Aufprägung einer großen negativen Reaktivität plötzlich abgestellt wird, wird der Fluß zuerst rasch abfallen, aber nach kurzer Zeit, wenn die Übergangsterme abgeklungen sind, beständig mit einer Periode von 80 sec exponentiell abnehmen. Abgesehen vom Einfluß der sekundären Neutronen (s. § 4.80) bestimmt diese Periode die maximale Abstellgeschwindigkeit eines Reaktors, nachdem die Übergangsglieder abgeklungen sind.

XI. Reaktorregelung

Störung des Neutronenhaushalts

11.1. Wenn ein Reaktor im stationären Zustand arbeiten soll, muß der Multiplikationsfaktor ständig gleich Eins bleiben, d. h. das System muß dauernd kritisch sein. Wenn man die Betriebsmasse eines Reaktors so auslegen würde, daß er gerade kritisch ist, würde er jedoch nicht sehr lange in diesem Zustand bleiben. Einige Faktoren verändern den effektiven Multiplikationsfaktor des Systems, wobei die meisten von ihnen dahin tendieren, den Neutronenfluß und das Leistungsniveau allmählich zu verringern. Die wichtigsten Störungsquellen des Neutronenhaushalts, die wir hier betrachten wollen, sind der Abbrand des

---

[1] Die hauptsächlichsten Annahmen sind $(\beta - \rho + l\,\lambda)^2 \gg |\,2\,l\,\lambda\,\rho\,|$ und $\beta - \rho \gg l\,\lambda$. Man sieht leicht, daß diese Bedingungen mit $l = 0{,}001$ sec und $\lambda = 0{,}08$ sec^{-1} für fast jeden negativen Wert von ρ erfüllt werden.

Brennstoffs, die Vergiftung durch Spaltprodukte und Temperatureffekte. Zusätzlich haben äußere Faktoren — wie z. B. bei einem großen luftgekühlten Reaktor der Barometerstand — einigen Einfluß. Druckänderungen bewirken bei diesem Typ Veränderungen der thermischen Neutronenabsorption im Stickstoff der Luft, die zu Kühlzwecken durch den Reaktor zirkuliert.

11.2. Wenn der Reaktor arbeitet, nimmt die Menge des spaltbaren Materials in der Spaltzone ständig ab. Falls der Betrieb eine entsprechende Zeit hindurch aufrecht bleiben soll, muß daher von Anfang an mehr Brennstoff eingesetzt werden als die minimale Menge, die erforderlich ist, um das System kritisch zu machen. Der zulässige Abbrand hängt von vielen Faktoren, wie Größe, Aufbau, Zusammensetzung und Strahlungsbeständigkeit der Brennstoffelemente, ab.

Temperatureffekte

11.3. Wenn ein Reaktor in Betrieb gesetzt wird, steigt durch die freigesetzte Energie die Temperatur verschiedener Teile. Infolge der Ausdehnung nimmt die *Dichte* von Brennstoff und Moderatormaterial ab, so daß die Diffusionslänge und das Alter der thermischen Neutronen vergrößert werden. Die Sickerverluste während der Bremsung und Diffusion nehmen zu. Die kritische Masse des Reaktors ist daher bei höheren Temperaturen größer, und es muß genügend Spaltmaterial eingebaut sein, um diesen zusätzlichen Ansprüchen zu genügen.

11.4. Ein weiterer, die kritische Masse des Reaktors bestimmender Faktor ist die Beziehung zwischen den thermischen Absorptions- und Streuquerschnitten in Brennstoff und Moderator. Bei höheren Innentemperaturen, die beim Betrieb des Reaktors auftreten, vergrößert sich die *mittlere Energie* der thermischen Neutronen. Dadurch ändern sich die Diffusionslänge, das Neutronenalter, die mittlere Zahl η von schnellen Neutronen, die pro eingefangenem thermischen Neutron erzeugt werden, die thermische Nutzung f und die Bremsnutzung p, welche alle von den Wirkungsquerschnitten abhängen.

11.5. Wenn sich die Spalt- und Absorptionsquerschnitte für thermische Neutronen entsprechend dem $1/v$-Gesetz ändern würden, dann blieben η und f von dieser Änderung unberührt. Die Bremsnutzung hingegen wird durch den sogenannten Kern-„Dopplereffekt"[1] beeinflußt. Mit steigender Temperatur wächst nämlich die kinetische Energie der Zielkerne (U^{238}). Dadurch wird die Resonanzbreite vergrößert und die Höhe des Gipfels verringert, wobei aber die gesamte Fläche unterhalb der Resonanzkurve konstant bleibt. Falls die Resonanz-Absorptionsquerschnitte an und für sich so groß sind, daß die meisten Resonanzneutronen eingefangen werden, folgt aus der mit steigernder Temperatur eintretenden Verbreiterung der Resonanzlinien eine Verbreiterung von p.

Die Wirkung der Spaltprodukte

11.6. Bei fortgesetztem Betrieb eines Reaktors sammeln sich im Brennstoff die bei der Spaltung gebildeten Nuklide und ihre zahlreichen Zerfallsprodukte an. Einige von ihnen haben große Absorptionsquerschnitte und wirken als Gifte. Wenn sie in größerer Menge erzeugt werden, beeinflussen sie den Neutronenhaushalt im Reaktor erheblich[2]. Da auch nach dem Abschalten des Reaktors

---

[1] H. A. BETHE: Rev. Mod. Physics *9*, 140 (1937). Siehe auch L. DRESNER: Resonance Absorption in Nuclear Reactors. London: Pergamon Press, 1960.

[2] Die durch den Abbrand und die „Verschlackung" des Reaktors bedingten *„Langzeiteffekte"* werden z. B. in M. BENEDICT und TH. H. PIGFORD: Nuclear Chemical Engineering, New York: McGraw-Hill, 1957, näher behandelt. Vgl. auch Proceedings Geneva 1958, Vol. 13, Fuel Cycles.

Zerfallsprodukte gebildet werden, kann die Konzentration eines Giftes nach dem Abstellen des Reaktors zu einem Maximum anwachsen. Um einen Reaktor jederzeit wieder in Betrieb setzen zu können, ist es unter Umständen erforderlich, zusätzliche Reaktivität einzubauen, um die Vergiftung durch Spaltprodukte zu kompensieren.

11.7. Zwei Nuklide, nämlich Xenon-135 und Samarium-149, sind in diesem Zusammenhang wegen ihrer großen Einfangquerschnitte für thermische Neutronen besonders wichtig. Eines der direkten Spaltprodukte, das bei der Spaltung von U^{235} durch langsame Neutronen mit einer Ausbeute von 5,6 Prozent gebildet wird, ist Tellur-135. Diese Kerne unterliegen einem mehrstufigen β-Zerfall:

$$T^{135} \xrightarrow{2\,m} J^{135} \xrightarrow{6,7\,h} Xe^{135} \xrightarrow{9,2\,h} Cs^{135} \xrightarrow{2\cdot 10^4\,a} Ba^{135} \text{ (stabil)}.$$

Von diesen Nukliden hat Xe^{135} einen abnorm hohen thermischen Absorptionsquerschnitt von ungefähr $3,5 \cdot 10^6$ barn (bei Raumtemperatur). Da Xe^{135} von dem mit einer relativ hohen Ausbeute bei der Spaltung gebildeten T^{135} herstammt, kann sein Einfluß auf das Neutronengleichgewicht in einem Reaktor beträchtlich werden. Sm^{149} ist eine stabile Kernart, und zwar das Endprodukt der Zerfallskette

$$Nd^{149} \xrightarrow{1,7\,h} Pm^{149} \xrightarrow{47\,h} Sm^{149} \text{ (stabil)}.$$

Es tritt bei ungefähr 1,4 Prozent der Spaltungen auf. Sein thermischer Absorptionsquerschnitt beträgt ungefähr $5,3 \cdot 10^4$ barn, ist also nicht so groß wie der Xe^{135}-Querschnitt. Da Sm^{149} außerdem nur in kleinen Mengen gebildet wird, spielt es als Gift eine geringere Rolle.

Absorberstäbe[1]

Die Wirkungsweise der Absorberstäbe

11.8. Nach dem Obenstehenden muß in den Reaktor latente Reaktivität eingebaut werden, die je nach Bedarf freigesetzt werden kann, um den Reaktor für eine bestimmte Zeitspanne kontinuierlich in Betrieb zu halten oder ihn, bald nachdem er abgestellt worden ist, wieder in Betrieb zu setzen. Diese Überschußreaktivität ist zwar nicht nötig, um den Reaktor zum ersten Mal in Betrieb zu setzen, aber sie muß herangezogen werden, wenn die Temperatur steigt, der Brennstoff verbraucht wird und die Spaltprodukte sich anhäufen. Man erreicht diese latente Überschußreaktivität, indem man in die Spaltzone mehr als den kritischen Betrag an spaltbarem Material einbringt und den Überschuß mit Hilfe von Absorberstäben kompensiert. Bei thermischen Reaktoren benützt man Stangen aus Kadmium- oder Borstahl als Absorberstäbe, weil die Isotope Cd^{113} und B^{10} große thermische Einfangquerschnitte besitzen. Bei der ersten Inbetriebnahme werden die Absorberstäbe in den Reaktor eingeführt, so daß sie genügend Neutronen

---

[1] Die Theorie der Absorberstäbe wurde von F. L. FRIEDMAN, A. M. WEINBERG, J. A. WHEELER, L. W. NORDHEIM und R. SCALETTAR entwickelt.

Im Englischen wird häufig der Ausdruck *control-rods* verwendet, der nicht eindeutig ins Deutsche übertragen werden kann, da *control* u. a. mit den Begriffen Steuern, Regeln bzw. Überwachen gleichgesetzt werden kann. Wir wählen daher den übergeordneten Begriff *Absorberstäbe*. Einen Stab, dessen Funktion in § 11.8 beschrieben wird und der große Reaktivitätsbeträge ausgleichen soll, bezeichnet man als *Trimm*- oder *Kompensationsstab*, bzw. (im Hinblick auf das Anfahren oder Abstellen des Reaktors) auch als *Steuerstab*. Im Zusammenhang mit einer automatischen Regelung der Reaktorleistung fungieren Absorberstäbe auch als *Regelstäbe*. Zum Schnellschluß dienen *Abschaltstäbe*. Vielfach überträgt man einem Absorberstab auch mehrere Funktionen, z. B. im Falle des Trimm-Abschaltstabes.

absorbieren, um das System gerade im kritischen Zustand zu halten. Wenn dann der effektive Multiplikationsfaktor des Reaktors infolge der oben erwähnten Ursachen unter Eins zu sinken beginnt, wird durch allmähliches Herausziehen der Stäbe zusätzliche Reaktivität freigesetzt. Die verringerte Absorption in den Stäben kompensiert dann genau die Abnahme der Multiplikation infolge von Abbrand, Temperatureffekten und Giften.

11.9. Die Absorberstäbe dienen auch zum Anfahren und Abstellen des Reaktors. Bei abgestelltem Reaktor sind sie so tief ins Core eingeschoben, daß der Multiplikationsfaktor merklich unter Eins liegt. Um den Reaktor in Betrieb zu setzen, werden die Stäbe allmählich herausgezogen, bis die Reaktivität schwach positiv wird. Der Reaktor ist dann überkritisch, und der Neutronenfluß nimmt zu, wie in Kap. X gezeigt wurde. Wenn das gewünschte Leistungsniveau erreicht ist, werden die Stäbe so eingestellt, daß $k = 1$ ist. Der Fluß und das Leistungsniveau bleiben dann konstant, abgesehen von statistischen Schwankungen. Um den Reaktor abzustellen, läßt man die Stäbe rasch ins Core fallen, um so den parasitären Neutroneneinfang zu erhöhen und den effektiven Multiplikationsfaktor unter Eins zu senken. Die daraus folgende Auswirkung auf den Neutronenfluß wurde im vorhergehenden Kapitel betrachtet.

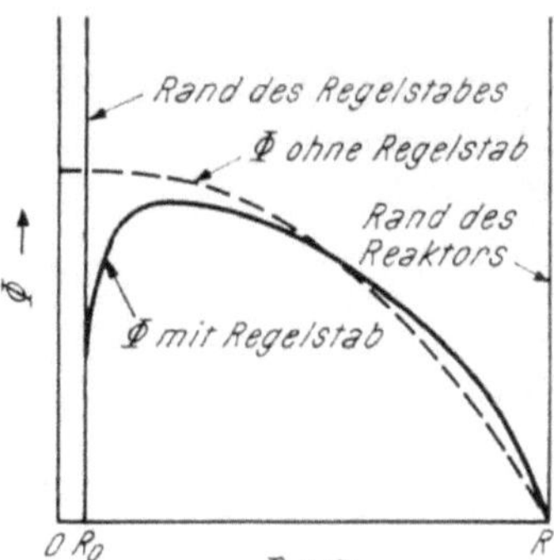

Abb. 11.10. Die Wirkung eines zentralen Absorberstabes auf die Flußverteilung in einem nackten zylindrischen Reaktor

11.10. Ein Absorberstab hat noch einen anderen Einfluß auf die Senkung des Multiplikationsfaktors. Durch die starke Neutronenabsorption im Stab verändert sich die Verteilung des thermischen Flusses im Reaktor beträchtlich. Die gestrichelte Linie in Abb. 11.10 zeigt die Verteilung ohne Absorberstab, die ausgezogene Linie zeigt die Wirkung des Stabes. Der Fluß ist an der Staboberfläche ebenso wie an der extrapolierten Grenzfläche des Reaktors praktisch Null. Wie man aus der Abbildung ersieht, führt dies zu relativ höherem Fluß nahe der Grenzfläche, und die Wahrscheinlichkeit für das Entweichen thermischer Neutronen wird so erhöht. Physikalisch bewirkt die Absorption thermischer Neutronen im Stab, daß in den äußeren Gebieten des Reaktors relativ mehr Spaltungen vor sich gehen, die zu einer Zunahme des Flusses und des Entweichens und damit zu einer Abnahme der Multiplikation führen.

Theorie des Absorberstabes: Eingruppenmethode[1]

11.11. Die theoretische Berechnung der von einem Absorberstab kompensierten Reaktivität, ausgedrückt durch die bekannten Eigenschaften des Reaktors, ist relativ einfach, wenn es sich um einen großen, zylindrischen, nackten, homogenen Reaktor vom Radius R und der Höhe H mit einem zylindrischen Absorberstab vom Radius R_0 in der Achse (Abb. 11.11) handelt. Um die Berechnung zu vereinfachen, soll vorausgesetzt werden, daß der vollständig

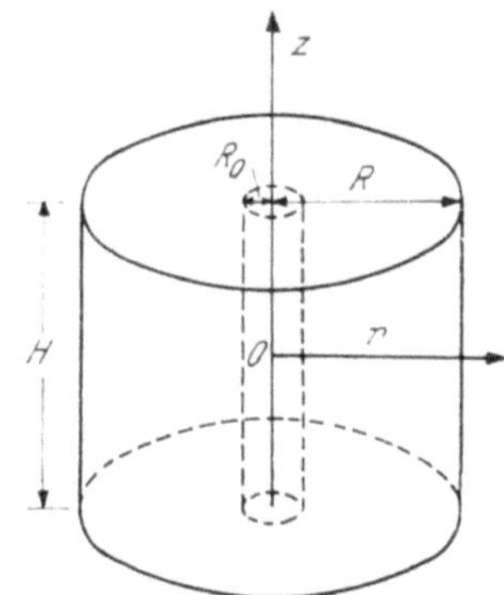

Abb. 11.11. Nackter zylindrischer Reaktor mit zentralem Absorberstab

---

[1] Siehe R. Scalettar und L. W. Nordheim, MDDC-42.

eingefahrene Stab einen äquivalenten Zylinder aus Brennstoff aus dem Reaktorkörper verdrängt und daß der herausgezogene Stab kein Loch zurückläßt. Diese Annahme führt zur Überschätzung der Absorberstabwirkung. Das Einführen des Stabes bringt in diesem Fall nicht nur einen starken Neutronenabsorber in das Core, sondern verdrängt auch aktives Material.

11.12. Wir behandeln das Problem nach der Eingruppenmethode. Es wird also vorausgesetzt, daß alle Neutronen mit der gleichen Energie entstehen, diffundieren und eingefangen werden. Die modifizierte kritische Gl. (8.16.4) der Eingruppentheorie lautet dann

$$B^2 = \frac{k_\alpha - 1}{W^2}, \qquad (11.12.1)$$

wobei $W^2 = L^2 + \tau$ die Wanderfläche und B^2 die Flußwölbung bedeutet. Der Reaktor ist kritisch, wenn

$$k_\alpha = W^2 B^2 + 1. \qquad (11.12.2)$$

11.13. Wie wir früher bei der Behandlung des endlichen zylindrischen Reaktors gesehen haben (§ 7.50 ff.), können die Variablen r und z getrennt und B^2 in der Form

$$B^2 = \alpha^2 + \beta^2 \qquad (11.13.1)$$

geschrieben werden. Da der Reaktor mit herausgezogenem Absorberstab die Form eines endlichen Zylinders mit der Höhe H und dem Radius R hat, können die in Kap. VII abgeleiteten Resultate verwendet werden. Es ist demnach

$$\alpha^2 = \left(\frac{2{,}405}{R}\right)^2 \quad \text{und} \quad \beta^2 = \left(\frac{\pi}{H}\right)^2,$$

so daß

$$B^2 = \left(\frac{2{,}405}{R}\right)^2 + \left(\frac{\pi}{H}\right)^2. \qquad (11.13.2)$$

Es sei daran erinnert, daß der Neutronenfluß auf Grund der Grenzbedingungen endlich und positiv sein muß und an der (extrapolierten) Grenzfläche des Reaktors verschwindet[1].

11.14. Wenn der Absorberstab eingeführt wird, ändern sich die Randbedingungen. Wir setzen voraus, daß der Stab für thermische Neutronen als „schwarzer Körper" aufgefaßt werden kann und jedes auftretende thermische Neutron absorbiert. Die Neutronen wandern also aus dem Reaktor in den Stab, kehren aber nicht zurück. Man hat als neue Randbedingung die Forderung zu berücksichtigen, daß der Neutronenfluß innerhalb des Stabes bei R' gegen Null gehen soll. Dabei ist $R' = R_0 - d$ und d die lineare Extrapolationsdistanz für den Zylinder. Nach der Transporttheorie liegt d zwischen $0{,}71\,\lambda_t$ für ebene Oberflächen und $4\,\lambda_t/3$ für Flächen mit Krümmungsradien, die gegenüber λ_t klein sind (§ 14.56).

11.15. Da die r- und z-Variablen separierbar sind, wird das vollständige Einführen des Absorberstabes die Flußverteilung $Z(z)$, die nur von z abhängt, nicht beeinflussen. Der Wert des β^2-Gliedes in der Flußwölbung ist wie früher $(\pi/H)^2$. Die Funktion $\Theta(r)$ ändert sich jedoch.

11.16. Wie wir in (§ 7.53) gesehen haben, lautet in diesem Fall die allgemeine Lösung für $\Theta(r)$

$$\Theta(r) = A\,J_0(\alpha r) + C\,Y_0(\alpha r), \qquad (11.16.1)$$

---

[1] Wie früher wird vorausgesetzt, daß R und H die linearen Extrapolationsdistanzen einschließen.

wobei A und C willkürliche Konstante und J_0 und Y_0 Bessel-Funktionen nullter Ordnung von der ersten und zweiten Art sind. Bei der Berechnung des zylindrischen Reaktors wurde der zweite Term weggelassen, da sonst der Fluß in der Achse gegen $-\infty$ gehen würde. Im vorliegenden Fall kann dieser Term nicht ausgeschlossen werden, da das Gebiet ringförmig ist und die Achse des Zylinders nicht enthält.

11.17. Wenn man als Randbedingung fordert, daß der Neutronenfluß an der extrapolierten Grenzfläche, d. h. für $r = R$, verschwindet, folgt aus (11.16.1)

$$A\,J_0\,(\alpha R) + C\,Y_0\,(\alpha R) = 0\,.$$

Daraus ergibt sich

$$C = -\,A\,\frac{J_0\,(\alpha R)}{Y_0\,(\alpha R)}\,,$$

und (11.16.1) geht über in

$$\Theta\,(r) = A\left[J_0\,(\alpha r) - \frac{J_0\,(\alpha R)}{Y_0\,(\alpha R)}\,Y_0\,(\alpha r)\right]. \tag{11.17.1}$$

Der Wert der Proportionalitätskonstanten A wird durch das Leistungsniveau des Reaktors bestimmt.

11.18. In einem großen thermischen Reaktor mit $R_0 \ll R$ muß α nur wenig geändert werden, um den Reaktor bei eingeführtem Kontrollstab kritisch zu machen. Es sei α_0 der Wert von α für den Reaktor ohne Kontrollstab. Dann kann die Differenz durch

$$\alpha = \alpha_0 + \Delta\,\alpha \tag{11.18.1}$$

definiert werden, wobei $\Delta\alpha$ klein ist. Die Bessel-Funktion nullter Ordnung kann durch die Entwicklung

$$J_0\,(\alpha R) = J_0\,[(\alpha_0 + \Delta\alpha)\,R]$$

$$\approx J_0\,(\alpha_0 R) + \frac{d\,J_0\,(\alpha_0 R)}{d\,(\alpha_0 R)}\,\Delta\,\alpha\cdot R \tag{11.18.2}$$

$$\approx J_0\,(\alpha_0 R) - J_1\,(\alpha_0 R)\,\Delta\,\alpha\cdot R$$

dargestellt werden. Für den kritischen Reaktor ohne Absorberstab ist $\alpha_0 R = {} = 2{,}405$ (§ 7.56), so daß $J_0\,(\alpha_0 R) = 0$ und $J_1\,(\alpha_0 R) = 0{,}519$. (11.18.2) führt also zu

$$J_0\,(\alpha R) = -\,0{,}519\,\Delta\,\alpha\cdot R\,. \tag{11.18.3}$$

Weiter ist

$$Y_0\,(\alpha R) \approx Y_0\,(\alpha_0 R) = 0{,}510\,. \tag{11.18.4}$$

11.19. Für kleine Werte von r, d. h. wenn αr klein ist, können die folgenden asymptotischen Ausdrücke verwendet werden (§ 7.55):

$$J_0\,(\alpha r) \to 1 \tag{11.19.1}$$

und

$$Y_0\,(\alpha r) \to -\,\frac{2}{\pi}\left(0{,}116 + \ln\frac{1}{\alpha r}\right). \tag{11.19.2}$$

In Verbindung mit (11.18.3) und (11.18.4) und durch Einsetzen in (11.17.1) ergibt sich die Flußverteilung in der r-Richtung in Achsennähe zu

$$\Theta\,(r) \approx A\left[1 - \frac{2\,\Delta\,\alpha}{\pi\,\alpha_0}\,2{,}44\left(0{,}116 + \ln\frac{1}{\alpha\,r}\right)\right].$$ (11.19.3)

11.20. Wir definieren die Überschußmultiplikation Δk, welche durch den Stab beherrscht werden kann, durch

$$\Delta k = k_\infty - k_{\infty 0},$$

wobei k_∞ der Multiplikationsfaktor mit Absorberstab und $k_{\infty 0}$ der Wert ohne Stab ist. Nach (11.12.2) und (11.13.1) wird

$$k_\infty = W^2\,(\alpha^2 + \beta^2) + 1 \quad \text{und} \quad k_{\infty 0} = W^2\,(\alpha_0{}^2 + \beta_0{}^2) + 1\,,$$

so daß

$$\alpha^2 - \alpha_0{}^2 = \frac{\Delta k}{W^2}$$ (11.20.1)

ist. Da $\Delta\alpha$ klein ist, kann man $\alpha^2 - \alpha_0{}^2 = (\alpha + \alpha_0)\,(\alpha - \alpha_0)$ durch $2\,\alpha_0\Delta\alpha$ ersetzen und erhält aus (11.20.1)

$$2\,\Delta\alpha = \frac{\Delta k}{W^2\,\alpha_0}.$$

Gl. (11.19.3) kann daher in der Form

$$\Theta \approx A\left[1 - \frac{2{,}44\,\Delta k}{\pi\,W^2\,\alpha_0{}^2}\left(0{,}116 + \ln\frac{1}{\alpha\,r}\right)\right]$$ (11.20.2)

geschrieben werden

11.21. Nun kann die in § 11.14 aufgestellte Randbedingung eingeführt werden. Da $R' = R_0 - d$ (§ 11.14) — insbesondere für große thermische Reaktoren — als klein betrachtet werden kann, darf man in (11.20.2) R' für r einführen und das Resultat gleich Null setzen. Durch Auflösung nach Δk erhält man

$$\Delta k \approx \frac{7{,}5\,W^2}{R^2}\left(0{,}116 + \ln\frac{R}{2{,}4\,R'}\right)^{-1}.$$ (11.21.1)

Dieser Ausdruck gibt einen Näherungswert für die maximale Überschußmultiplikation, die mit einem zentralen Stab in einem großen Reaktor beherrscht werden kann.

11.22. Die oben benützte Eingruppenmethode ist in dreifacher Hinsicht unzulänglich. Erstens: Wenn der Absorberstab, wie es meistens der Fall ist, beim Herausziehen einen Hohlraum hinterläßt, wird der Effekt durch den hier hergeleiteten Wert für Δk überschätzt, da im Hohlraum keine Neutronen erzeugt werden und infolge geringerer Streuung höhere Sickerverluste entstehen. Gewöhnlich schätzt man die Änderung der Multiplikation durch die Leckverluste rechnerisch ab und zieht sie von dem durch (11.21.1) gegebenen Wert von Δk ab. Zweitens führt die Forderung, daß sämtliche Neutronen einer Energiegruppe angehören, zur Überschätzung der Neutronenabsorption im Stab. Dies führt gleichfalls zu einem zu hohen Wert des berechneten Δk. Eine bessere Approximation ergibt sich bei Verwendung von zwei Neutronengruppen, wie wir weiter unten sehen werden. Die schnellen Neutronen werden dann so behandelt, als ob sie vom Absorberstab nur wenig gestreut und absorbiert würden. Schließlich sei erwähnt, daß die Diffusionstheorie versagt, wenn der Stabradius kleiner ist als drei oder vier freie Weglängen im Reaktorkörper.

Theorie des Absorberstabes: Zweigruppenmethode

11.23. Die Berechnung der von einem Absorberstab kompensierten Reaktivität kann verbessert werden, wenn man annimmt, daß die Neutronen zwei Gruppen angehören (Kap. VIII). Die Randbedingungen an der Staboberfläche sind in diesem Falle für den schnellen und langsamen Neutronenfluß verschieden, da die schnellen Neutronen durch den Stab nur in unbeträchtlichem Ausmaß absorbiert werden. Es müssen daher ebensoviel schnelle Neutronen in den Stab ein- wie austreten, d. h. das Integral der Stromdichte der schnellen Neutronen über die Oberfläche des Stabes muß verschwinden. An der Oberfläche eines rotationssymmetrischen Absorberstabs verschwindet daher der Gradient des schnellen Flusses. Für den langsamen Neutronenfluß gilt die gleiche Grenzbedingung wie in der Eingruppenmethode.

11.24. Die radialen und longitudinalen Teile des Flusses können wie oben separiert werden, und die radialen Teile des thermischen und des schnellen Neutronenflusses genügen der Gleichung

$$\Theta''(r) + \frac{1}{r}\,\Theta'(r) + \alpha^2\,\Theta = 0,$$

wobei $\alpha^2 = B^2 - (\pi/H)^2$ jeden der zwei Werte annehmen kann, die man aus der charakteristischen Gleichung erhält, die vollkommen analog zu (8.45.1) ist. Ist der Zylinder hoch, so sind die Werte von $\alpha^2 \approx B^2$ gegeben durch

$$\mu^2 = \frac{1}{2}\left[-\left(\frac{1}{\tau} + \frac{1}{L^2}\right) + \sqrt{\left(\frac{1}{\tau} + \frac{1}{L^2}\right)^2 + \frac{4\,(k_\infty - 1)}{\tau\,L^2}}\;\right], \qquad (11.24.1)$$

wobei μ^2 positiv ist, wenn $k_\infty > 1$, und

$$-\nu^2 = \frac{1}{2}\left[-\left(\frac{1}{\tau} + \frac{1}{L^2}\right) - \sqrt{\left(\frac{1}{\tau} + \frac{1}{L^2}\right)^2 + \frac{4\,(k_\infty - 1)}{\tau\,L^2}}\;\right], \qquad (11.24.2)$$

wobei ν^2 ebenfalls positiv ist [s. Gln. (8.45.1) und (8.45.2)].

11.25. Die radialen Teile der Flüsse sind Linearkombinationen der Lösungen von

$$\nabla^2 X_1 + \mu^2 X_1 = 0 \quad \text{und} \quad \nabla^2 X_2 - \nu^2 X_2 = 0. \qquad (11.25.1)$$

Im ringförmigen Teil des betrachteten Core lauten die Lösungen, wenn wir belanglose, multiplikative Konstanten weglassen,

$$X_1 = J_0\,(\mu\,r) + A\,Y_0\,(\mu\,r)$$

$$X_2 = C\,I_0\,(\nu\,r) + K_0\,(\nu\,r).$$

11.26. Die Randbedingung, daß beide Flüsse an der äußeren extrapolierten Grenzfläche des zylindrischen Reaktors verschwinden sollen, wird erfüllt, indem man X_1 und X_2 für $r = R$ Null setzt. Es folgt

$$X_1 = J_0\,(\mu\,r) - \frac{J_0\,(\mu\,R)}{Y_0\,(\mu\,R)}\,Y_0\,(\mu\,r), \qquad (11.26.1)$$

was zu (11.17.1) analog ist, und

$$X_2 = K_0\,(\nu\,r) - \frac{K_0\,(\nu\,R)}{I_0\,(\nu\,R)}\,I_0\,(\nu\,r). \qquad (11.26.2)$$

11.27. Wenn wir einen großen Reaktor voraussetzen und $\Delta\mu$ durch

$$\mu = \mu_0 + \Delta\mu$$

definieren, wobei $\Delta\mu$ klein und μ_0 der Wert von μ im kritischen Reaktor ohne Absorberstab ist, kann man analog wie bei der Ableitung von (11.19.3) zeigen, daß sich (11.26.1) auf

$$X_1 \approx J_0\,(\mu\,r) + 2{,}44\,\frac{\Delta\mu}{\mu_0}\,Y_0\,(\mu\,r) \qquad (11.27.1)$$

reduziert. Ferner kann man für kleine r den zweiten Term auf der rechten Seite von (11.26.2) vernachlässigen (Abb. 7.55), so daß diese Lösung in

$$X_2 \approx K_0\,(\nu\,r) \qquad (11.27.2)$$

übergeht. Der radiale Teil des schnellen Flusses kann in der Form

$$\Theta_1 = X_1 + A\,X_2$$

geschrieben werden.

11.28. Die Randbedingung, daß ebensoviele schnelle Neutronen durch die Oberfläche des Absorberstabes ein- wie austreten, verlangt

$$\frac{d\,\Theta_1}{d\,r} = \frac{d\,X_1}{d\,r} + A\,\frac{d\,X_2}{d\,r} = 0 \ \ \text{für}\ \ r = R_0.$$

Hieraus ergibt sich nach (11.27.1) und (11.27.2)

$$A = -\,\frac{\mu\,J_0{'}\,(\mu\,R_0) + 2{,}44\,\Delta\mu\,Y_0{'}\,(\mu\,R_0)}{\nu\,K_0{'}\,(\nu\,R_0)}.$$

Wenn man aus (7.55.1) die asymptotischen Werte für kleine R_0 einsetzt, erhält man

$$A = -\,\frac{1}{2}\,\mu^2\,R_0{}^2 + 2{,}44\,\frac{2\,\Delta\mu}{\pi\,\mu}.$$

Wenn man Glieder zweiter Ordnung in R_0 gegenüber Gliedern nullter Ordnung vernachlässigt, ergibt sich

$$A = 2{,}44 \cdot \frac{2\,\Delta\mu}{\pi\,\mu_0}. \qquad (11.28.1)$$

11.29. Der radiale Teil des thermischen Flusses lautet

$$\Theta_2 = S_1\,X_1 + A\,S_2\,X_2, \qquad (11.29.1)$$

wobei S_1 und S_2 die durch (8.47.5) und (8.48.2) gegebenen Kopplungskoeffizienten sind. In den großen, hier betrachteten thermischen Reaktoren ist $k_\infty - 1 \ll 1$, und daher folgt aus (11.24.1) und (11.24.2)

$$\mu^2 \approx \frac{k_\infty - 1}{L^2 + \tau} \quad \text{und} \quad \nu^2 \approx \frac{1}{\tau} + \frac{1}{L^2}.$$

Mit diesen Werten für μ^2 und ν^2 lauten die Kopplungskoeffizienten

$$S_1 = \frac{D_1\,L^2}{D_2\,\tau}\,p \quad \text{und} \quad S_2 = -\frac{D_1}{D_2}\,p,$$

so daß

$$\frac{S_2}{S_1} = -\frac{\tau}{L^2}. \qquad (11.29.2)$$

11.30. Unter Verwendung von X_1 und X_2 aus (11.27.1) und (11.27.2), von A aus (11.28.1) und von S_2/S_1 aus (11.29.2) geht Gl. (11.29.1) über in

$$\frac{\Theta_2}{S_1} = J_0(\mu r) + 2{,}44\frac{\Delta\mu}{\mu_0}\left[Y_0(\mu r) - \frac{\tau}{L^2}\cdot\frac{2}{\pi}K_0(\nu r)\right].$$

Für kleine Werte von r sind die asymptotischen Ausdrücke für $J_0(\mu r)$, $Y_0(\mu r)$ und $K_0(\nu r)$ durch (7.55.1) gegeben. Daher ist für kleines r

$$\frac{\Theta_2}{S_1} \approx 1 - 2{,}44\frac{\Delta\mu}{\mu_0}\cdot\frac{2}{\pi}\left[0{,}116 + \ln\frac{1}{\mu r} + \frac{\tau}{L^2}\left(0{,}116 + \ln\frac{1}{\nu r}\right)\right]. \qquad (11.30.1)$$

11.31. Durch eine ähnliche Methode wie in § 11.20 kann man zeigen, daß

$$\frac{2\,\Delta\mu}{\mu_0} = \frac{\Delta k}{W^2\,\mu_0{}^2}.$$

Dies kann in (11.30.1) eingesetzt werden. Die Randbedingung, daß der thermische Fluß an der effektiven Grenzfläche des Stabes, d. h. für $r = R'$, verschwinden soll, also $\Theta_2(R') = 0$, ergibt mit (11.30.1) durch Auflösung nach Δk

$$\Delta k = \frac{7{,}5\,W^2}{R^2}\left[0{,}116\left(1 + \frac{\tau}{L^2}\right) + \frac{\tau}{L^2}\ln\frac{L\sqrt{\tau}}{W R'} + \ln\frac{R}{2{,}4\,R'}\right]^{-1} \qquad (11.31.1)$$

als maximale Multiplikation, welche nach der Zweigruppenrechnung durch einen Stab beherrscht werden kann.

11.32. Die aus (11.21.1) und (11.31.1), d. h. mittels der Eingruppen- und Zweigruppenmethode hergeleiteten Werte von Δk sind für den Fall, daß L^2 gleich τ und W/R gleich 0,20 ist, berechnet worden. Die Ergebnisse sind in Abb. 11.32 durch die prozentuelle Änderung von k als Funktion von R'/R dargestellt. R' ist der effektive Radius des Stabes. Man erkennt, daß die Eingruppenmethode die Wirksamkeit des Absorberstabes überschätzt (§ 11.22), indem sie annimmt, daß der Stab Neutronen aller Energien mit dem gleichen Wirkungsgrad absorbiert.

11.33. Man sieht, daß der Δk-Wert (11.31.1), der sich mit der

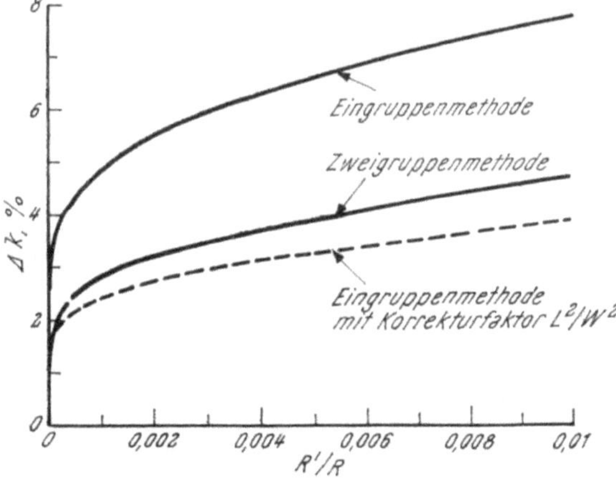

Abb. 11.32. Reaktivitätswert eines Absorberstabes, berechnet nach der Ein- und Zweigruppenmethode

Zweigruppenmethode ergibt, für $\tau = 0$ identisch mit dem der Eingruppenmethode (11.21.1) wird. Dies ist physikalisch evident, denn $\tau = 0$ bedeutet, daß keine schnellen Neutronen vorhanden sind. Es kann daher erwartet werden, daß das durch die Eingruppenmethode gegebene Δk um einen Faktor zu groß ist, der für Regelstäbe von kleinem Radius angenähert gleich $L^2/(L^2 + \tau)$, d. h. L^2/W^2 ist. Für den Fall, auf den sich Abb. 11.32 bezieht, ist L^2/W^2 gleich 0,5, und die Resultate, die man erhält, indem man die Eingruppenwerte mit diesem Faktor korrigiert, sind durch die gestrichelte Linie dargestellt. Man sieht, daß diese einfache Modifikation der Eingruppengleichung (11.21.1) Werte ergibt, die ganz gut mit den von der Zweigruppenmethode gelieferten übereinstimmen.

Theorie des exzentrischen Absorberstabes[1]

11.34. Ein Absorberstab befinde sich in einem zylindrischen thermischen Reaktor in exzentrischer Lage. Zur Lösung des Problems nimmt man an, daß am Ort des Stabes eine Singularität des Neutronenflusses erzeugt wird. Die Stärke der Singularität wird dann durch die Grenzbedingungen an der Staboberfläche bestimmt. Das Problem ist dem der Bestimmung des Potentials e/r einer Punktladung analog. Am Ort der Ladung hat das Potential eine $1/r$-Singularität, deren Stärke durch die Ladung e gemessen wird.

11.35. Die Wirkung eines Absorberstabes ergibt sich aus der Randbedingung, daß der Neutronenfluß an der extrapolierten Grenzfläche innerhalb des „schwarzen Stabes" gegen Null gehen soll, wie in § 11.14 ausgeführt worden ist. Wenn wir uns auf einen großen Reaktor beschränken, für den $k_\infty - 1 \ll 1$ ist, gehorcht der Neutronenfluß der Gleichung

$$\nabla^2 \Phi + B^2 \Phi = 0, \tag{11.35.1}$$

wobei

$$B^2 = \frac{k_\infty - 1}{W^2}. \tag{11.35.2}$$

Für den Reaktor mit voll eingefahrenem Stab kann eine kritische Gleichung hergeleitet und in verschiedener Weise ausgewertet werden. Am einfachsten ist es, für einen Reaktor von gegebenen Dimensionen einen bestimmten Wert k_∞ vorzuschreiben und dann den Radius des Stabes zu suchen, für den dieser spezielle Reaktor kritisch wird.

11.36. Der Neutronenfluß ist eine Überlagerung von zwei Lösungen der Wellengleichung (11.35.1); eine von diesen ist nicht singulär, während die andere am Ort des Regelstabes eine Singularität hat. Diese Lösungen ergeben sich in folgender Weise. Es sei r der Abstand des Aufpunktes P von der Achse des Reaktors (Radius R) und ρ die Entfernung des Aufpunktes P von der Achse des Absorberstabes (Radius R_0). Die Entfernung der Stabachse von der Reaktorachse

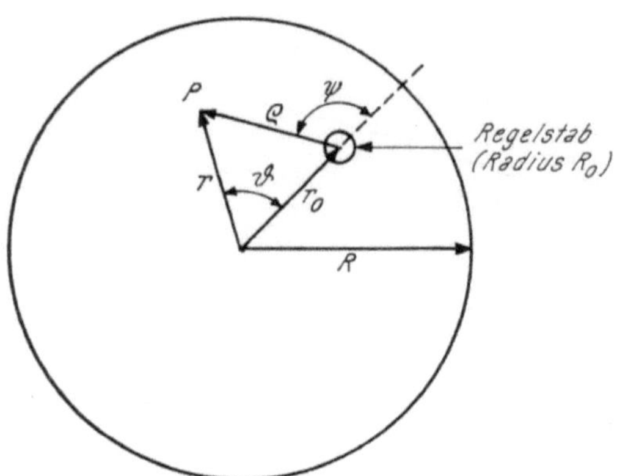

Abb. 11.36. Exzentrischer Absorberstab in einem nackten, zylinderförmigen Reaktor

sei r_0. Die Winkel ϑ und ψ sind gemäß Abb. 11.36 definiert. Der Ursprung wird wie in Abb. 11.11 im Mittelpunkt der Reaktorachse angenommen, und die Höhe des Reaktors ist wie früher gleich H.

11.37. Gl. (11.35.1) lautet in Zylinderkoordinaten

$$\frac{\partial^2 \Phi}{\partial r^2} + \frac{1}{r} \cdot \frac{\partial \Phi}{\partial r} + \frac{1}{r^2} \cdot \frac{\partial^2 \Phi}{\partial \vartheta^2} + \frac{\partial^2 \Phi}{\partial z^2} + B^2 \Phi = 0.$$

---

[1] Die hier erläuterte Methode stammt von R. SCALETTAR und L. W. NORDHEIM.

Mit dem Separationsansatz

$$\Phi = R\,(r)\,Z\,(z)\,\Theta\,(\vartheta)$$

erhält man

$$\frac{1}{R}\,(r^2\,R'' + r\,R') + \frac{\Theta''}{\Theta} + r^2\,\frac{Z''}{Z} + B^2\,r^2 = 0.$$

Man sieht wie oben, daß

$$Z = C_1 \cos \frac{\pi\,z}{H},$$

ferner

$$\Theta = C_2 \cos n\,\vartheta$$

und

$$r^2\,R'' + r\,R' + \left[\left(B^2 - \frac{\pi^2}{H^2}\right) r^2 - n^2\right] R = 0;$$

mit

$$\mu^2 = B^2 - \left(\frac{\pi}{H}\right)^2 \quad \text{und} \quad x = \mu\,r \tag{11.37.1}$$

geht dies über in

$$R''\,(x) + \frac{1}{x}\,R'\,(x) + \left(1 - \frac{n^2}{x^2}\right) R\,(x) = 0.$$

Da dies eine Besselsche Differentialgleichung (§ 7.53) ist, lautet die auf der Achse reguläre radiale Lösung

$$R\,(x) = J_n\,(x) = J_n\,(\mu\,r).$$

Die allgemeine Lösung für den regulären Teil des Flusses lautet also

$$\Phi_r\,(r,\,\vartheta,\,z) = \cos \frac{\pi\,z}{H} \sum_{n=0}^{\infty} A_n J_n\,(\mu\,r) \cos n\,\vartheta. \tag{11.37.2}$$

11.38. Die singuläre Lösung von (11.35.1) findet man, indem man die auf den Stab als Koordinatenursprung bezogene Wellengleichung löst und allein die singulären Y_m-Lösungen verwendet. Die J_m-Glieder, welche an der Achse des Regelstabes endlich sind, geben keinen Beitrag. Der singuläre Teil des Neutronenflusses lautet also

$$\Phi_s = \cos \frac{\pi\,z}{H} \sum_{m=0}^{\infty} Y_m\,(\mu\,\rho)\,(E_m \cos m\,\psi + F_m \sin m\,\psi). \tag{11.38.1}$$

11.39. Aus Gründen der Einfachheit wollen wir annehmen, daß Φ_s im wesentlichen vom Winkel ψ unabhängig ist[1], so daß (11.38.1) in der Form

$$\Phi_s = \cos \frac{\pi\,z}{H}\,Y_0\,(\mu\,\rho) \tag{11.39.1}$$

geschrieben werden kann. Wir werden noch zeigen, daß man bereits mit dieser Annahme die vorgeschriebenen Randbedingungen erfüllen kann.

---

[1] Diese Näherung wird zur exakten Lösung, wenn sich der Stab in der Mitte des Reaktors befindet. Die Ergebnisse werden dann mit den früheren identisch.

Der gesamte, sich aus (11.37.2) und (11.39.1) ergebende Fluß ist

$$\Phi = \Phi_r + \Phi_s = \cos \frac{\pi z}{H} \left[\sum_{n=0}^{\infty} A_n \, J_n(\mu r) \cos n\vartheta + Y_0(\mu \rho) \right]. \quad (11.39.2)$$

Die Funktion $Y_0(\mu \rho)$ kann als Funktion von r und ϑ ausgedrückt werden. Für $r > r_0$ ist[1]

$$Y_0(\mu \rho) = Y_0(\mu r) J_0(\mu r_0) + 2 \sum_{n=1}^{\infty} Y_n(\mu r) J_n(\mu r_0) \cos n\vartheta. \quad (11.39.3)$$

11.40. Aus der Randbedingung, daß der Fluß an den extrapolierten Grenzflächen des Reaktors, d. h. für $r = a$, verschwinden soll, folgt nach (11.39.2) und (11.39.3), daß

$$\Phi(a) = \cos \frac{\pi z}{H} \left[\sum_{n=0}^{\infty} A_n J_n(\mu a) \cos n\vartheta + Y_0(\mu a) J_0(\mu r_0) + \right.$$
$$\left. + 2 \sum_{n=1}^{\infty} Y_n(\mu a) J_n(\mu r_0) \cos n\vartheta \right] = 0.$$

Hiefür kann man schreiben:

$$\sum_{n=0}^{\infty} [A_n J_n(\mu a) + \delta_n Y_n(\mu a) J_n(\mu r_0)] \cos n\vartheta = 0, \quad (11.40.1)$$

wobei

$$\delta_n = 1 \text{ für } n = 0$$
$$= 2 \text{ für } n > 0.$$

11.41. Da $\Phi(a)$ für alle Werte von ϑ verschwindet, gilt Gl. (11.40.1) für alle ϑ, und es ist daher

$$A_n = - \frac{\delta_n Y_n(\mu a) J_n(\mu r_0)}{J_n(\mu a)}.$$

Der Ausdruck A_n kann nun in (11.39.2) eingeführt werden, so daß

$$\Phi = \cos \frac{\pi z}{H} \left[- \sum_{n=0}^{\infty} \frac{\delta_n Y_n(\mu a) J_n(\mu r_0)}{J_n(\mu a)} J_n(\mu r) \cos n\vartheta + Y_0(\mu \rho) \right].$$
$$(11.41.1)$$

11.42. Nun benützen wir die Randbedingung, daß der Fluß an der extrapolierten Grenze innerhalb des Absorberstabes verschwinden soll. Wenn R_0 im Vergleich zu r_0 klein ist, erfordert dies, daß

$$\frac{1}{\Phi} \cdot \frac{\partial \Phi}{\partial \rho} = \frac{1}{d} \quad (11.42.1)$$

für $r = r_0$, $\rho = R_0$ und $\vartheta = 0$. Es ist nun

$$\frac{\partial \Phi}{\partial \rho} = - \cos \frac{\pi z}{H} \mu \, Y_1(\mu \rho),$$

---

[1] Siehe z. B. H. Batemann, Higher Transcendental Functions II.

und aus (11.41.1) und (11.42.1) folgt

$$d\,\mu\,Y_1(\mu R_0) + Y_0(\mu R_0) = \sum_{n=0}^{\infty} \frac{\delta_n\,Y_n(\mu a)\,J_n^2(\mu r_0)}{J_n(\mu a)}. \qquad (11.42.2)$$

Dieser Ausdruck ist die kritische Gleichung für einen zylindrischen Reaktor mit einem exzentrischen Absorberstab.

11.43. Das einfachste Verfahren zur Lösung von (11.42.2) verläuft wie folgt. Wir suchen jenen Radius R_0 des Absorberstabes, der eine bestimmte Änderung von k_∞ bewirkt. Dann folgt aus (11.35.2) und (11.37.1) für einen Reaktor von gegebenen Dimensionen und daher von bekanntem B^2 ein Wert von μ^2, der dem gewünschten k_∞ entspricht. Da a aus der Größe des Reaktors bekannt ist und die Lage des Stabes den Wert von r_0 festlegt, ist es möglich, (11.42.2) durch einen Iterationsprozeß nach R_0 aufzulösen.

11.44. Für zwei Absorberstäbe kann das Problem ähnlich wie oben behandelt werden. Da ein Stab den Fluß in seiner Umgebung absenkt, hängt die Wirkung des zweiten Stabes sowohl vom Abstand zwischen den Stäben als auch von ihrer Lage im Reaktor ab. Daraus können zwei wichtige Schlüsse gezogen werden:

1. Der Wirkungsgrad zweier Stäbe nimmt bei einem bestimmten Stababstand ein Maximum an.

2. Ab einer bestimmten Entfernung ist die Gesamtwirkung zweier Stäbe größer als die Summe der Wirkungen jedes einzelnen Stabes.

11.45. Das letzte Ergebnis kann mit Hilfe von Abb. 11.10 qualitativ erklärt werden. Befindet sich im Zentrum des Reaktors ein Absorberstab, dann wächst der Fluß in den äußeren Reaktorgebieten über den Wert, der ohne Stab zu erwarten ist. Wird daher ein zweiter Stab in das Gebiet gebracht, wo der Fluß durch den ersten Stab angehoben wird, dann vergrößert sich die Wirkung des zweiten Stabes wegen des größeren thermischen Neutronenflusses.

Vergiftung durch Spaltprodukte

11.46. Während des Reaktorbetriebes entstehen u. a. Kerne mit großem thermischen Einfangquerschnitt, die als „Neutronengifte" wirken. Diese Kerne sind entweder unmittelbare Spaltprodukte oder deren Tochterkerne. Ihre Erzeugungsrate hängt von der Spaltausbeute im Reaktor ab, während ihr Verschwinden teils auf radioaktivem Zerfall, teils auf Neutroneneinfang beruht, die zu einer Umwandlung führen. Die Tochterprodukte der wichtigsten Gifte, nämlich Xenon-135 und Samarium-149, sind Xe^{136} bzw. Sm^{150}, die nur kleine Einfangquerschnitte für thermische Neutronen besitzen und daher vernachlässigt werden können.

11.47. Im Lauf der Zeit kompensieren sich Erzeugung und Verlust der absorbierenden Kerne, so daß es zur Ausbildung einer Gleichgewichtskonzentration im Reaktor kommt. Wenn nun der Reaktor abgestellt wird, werden Substanzen, die hauptsächlich aus dem Zerfall von anderen Spaltprodukten hervorgehen (z. B. Xe^{135} und Sm^{149}), weiterhin gebildet, obwohl ihre Beseitigung durch Neutroneneinfang infolge der Verringerung des Neutronenflusses stark herabgesetzt wird. Die Konzentration der Gifte kann daher nach dem Abschalten ansteigen und durch ein Maximum gehen, bevor sie schließlich infolge des natürlichen Zerfalls abnimmt. Die Vergiftung durch Spaltprodukte soll nun analytisch behandelt werden.

11.48. Xe^{135} entsteht mit einer relativen Ausbeute (mittlere Zahl der pro Spaltung erzeugten Atome) von 0,003 als unmittelbares Spaltprodukt; eine wesentlich größere Menge entsteht aber aus dem zweistufigen Zerfall des Spaltprodukts Tellur-135 mit einer relativen Ausbeute von 0,056. Die Halbwertszeit von Te^{135} beträgt nur zwei Minuten, während sein Zerfallsprodukt Jod-135, welches die Muttersubstanz für Xe^{135} ist, eine Halbwertszeit von 6,7 Stunden hat (§ 11.7). Man kann also vereinfachend annehmen, daß J^{135} *unmittelbar* bei der Spaltung mit einer relativen Ausbeute von 0,056 entsteht.

Jodkonzentration

11.49. Ist Φ der thermische Fluß, so wird die Zunahme von J^{135}-Kernen bestimmt durch:

$$\frac{dI}{dt} = -\lambda_1 I - \sigma_1 \Phi I + \gamma_1 \Sigma_f \Phi. \tag{11.49.1}$$

Dabei ist I die Konzentration der Jodkerne pro cm^3, λ_1 die Zerfallskonstante, σ_1 der mikroskopische thermische Wirkungsquerschnitt von Jod, Σ_f der makroskopische Spaltquerschnitt des Brennstoffs für thermische Neutronen und $\gamma_1 = 0{,}056$ die relative Ausbeute von J^{135} (bzw. von Te^{135}).

11.50. Der mikroskopische Wirkungsquerschnitt von J^{135} beträgt etwa $7 \cdot 10^{-24}$ cm^2. Da Φ in der Praxis kaum 10^{15} Neutronen pro cm^2 und sec überschreitet, ist der Wert von $\sigma_1 \Phi$ von der Größenordnung 10^{-8} oder kleiner. Andererseits ist die Zerfallskonstante λ_1 gleich $2{,}9 \cdot 10^{-5}$ sec^{-1}, und daher kann in (11.49.1) das Glied $\sigma_1 \Phi I$ im Vergleich zu $\lambda_1 I$ vernachlässigt werden, so daß

$$\frac{dI}{dt} \approx -\lambda_1 I + \gamma_1 \Sigma_f \Phi \tag{11.50.1}$$

ist. Wenn der Reaktor längere Zeit im Betrieb gewesen ist, wird die J^{135}-Konzentration einen Gleichgewichtswert erreichen, und dI/dt ist Null. Wir bezeichnen die Gleichgewichtskonzentration mit I_∞ und den entsprechenden (stationären) Fluß mit Φ_0 und erhalten aus (11.50.1)

$$\lambda_1 I_\infty = \gamma_1 \Sigma_f \Phi_0$$

oder

$$I_\infty = \frac{\gamma_1 \Sigma_f \Phi_0}{\lambda_1}. \tag{11.50.2}$$

11.51. Einen allgemeinen Ausdruck für $I(t)$, d. h. für die Jodkonzentration als Funktion der Zeit, erhält man aus (11.50.1) mit dem integrierenden Faktor $e^{\lambda_1 t}$:

$$I(t) = e^{-\lambda_1 t} \left[\gamma_1 \Sigma_f \int_0^t \Phi\, e^{\lambda_1 t}\, dt + I(0) \right], \tag{11.51.1}$$

wobei $I(0)$ die Jodkonzentration zur Zeit Null bedeutet.

11.52. Wenn man die Zunahmerate des Jods in einem Reaktor betrachtet, kann $t = 0$ als Zeit des Einschaltens aufgefaßt werden, und es ist dann $I(0) = 0$. Wir setzen der Einfachheit halber voraus, daß der Neutronenfluß nach dem Einschalten des Reaktors so rasch anwächst, daß er den stationären Wert Φ_0, verglichen mit dem Anwachsen der Jodkonzentration, in kürzester Zeit erreicht. Unter diesen Bedingungen geht (11.51.1) über in

$$I(t) = e^{-\lambda_1 t}\, \gamma_1 \Sigma_f\, \Phi_0 \int\limits_0^t e^{\lambda_1 t}\, dt$$

$$= \frac{\gamma_1\, \Sigma_f\, \Phi_0}{\lambda_1}\, (1 - e^{-\lambda_1 t}).$$

$$(11.52.1)$$

Wenn t groß ist, reduziert sich dies auf den durch (11.50.2) gegebenen Wert für die Gleichgewichtskonzentration.

11.53. Man kann (11.51.1) auch benützen, um die Geschwindigkeit des Zerfalls von J^{135} in einem Reaktor zu berechnen, der abgeschaltet worden ist, nachdem er sich längere Zeit hindurch in einem stationären Betriebszustand befunden hat. Wenn $t = 0$ nunmehr den Zeitpunkt des Abschaltens bedeutet, so ist $I(0)$ die Gleichgewichtskonzentration von J^{135} gemäß (11.50.2). Daher ist

$$I(t) = e^{-\lambda_1 t}\left[\gamma_1\, \Sigma_f \int\limits_0^t \Phi\, e^{\lambda_1 t}\, dt + I_\infty\right],\qquad (11.53.1)$$

wobei Φ als Funktion der Zeit durch die Art, wie der Reaktor abgeschaltet wird, bestimmt ist.

Xenonkonzentration

11.54. Die Zunahme der Xenonkonzentration ist durch

$$\frac{dX}{dt} = \lambda_1 I + \gamma_2 \Sigma_f \Phi - \lambda_2 X - \sigma_2 \Phi X \qquad (11.54.1)$$

gegeben, wobei $\gamma_2 = 0{,}003$ die relative Spaltausbeute von Xenon, λ_2 die Zerfallskonstante und σ_2 den Absorptionsquerschnitt von Xe bedeuten. Wie man sieht, ist die mittlere Lebensdauer von Xe^{135} gleich $1/(\lambda_2 + \sigma_2 \Phi)$, also infolge des Neutroneneinfangs kleiner als die mittlere Lebensdauer $1/\lambda_2$ bei natürlichem Zerfall. Die Konzentration des stationären Zustands X_∞ erhält man, wenn man dX/dt Null setzt. Man findet

$$X_\infty = \frac{\lambda_1 I_\infty + \gamma_2 \Sigma_f \Phi_0}{\lambda_2 + \sigma_2 \Phi_0}$$

und nach Einführen des Wertes für I_∞ aus (11.50.2)

$$X_\infty = \frac{(\gamma_1 + \gamma_2)\Sigma_f \Phi_0}{\lambda_2 + \sigma_2 \Phi_0}.\qquad (11.54.2)$$

11.55. Um die Xenonkonzentration als Funktion der Zeit zu erhalten, ordnen wir (11.54.1) um:

$$\frac{dX}{dt} + (\lambda_2 + \sigma_2 \Phi) X = \lambda_1 I + \gamma_2 \Sigma_f \Phi,\qquad (11.55.1)$$

wobei X, I und Φ Funktionen der Zeit sind. Der integrierende Faktor für diese Differentialgleichung ist $\exp\left(\int\limits_0^t A\, dt\right) dt$, wobei

$$A = \lambda_2 + \sigma_2 \Phi,$$

so daß nach Multiplikation von (11.55.1) mit diesem Faktor

$$d\left(X \exp\!\int A\, dt\right) = \exp\left(\int A\, dt\right)(\lambda_1 I + \gamma_2 \Sigma_f \Phi)\, dt$$

folgt. Durch Integration ergibt sich

$$X(t) = \exp\left(-\int A\, dt\right)\left\{\int_0^t \left[(\lambda_1 I + \gamma_2 \Sigma_f \Phi)\, \exp\left(\int A\, dt\right)\right] dt + X(0)\right\},$$

$$(11.55.2)$$

wobei I, d. h. $I(t)$, im allgemeinen durch (11.51.1) definiert ist.

11.56. Wie das oben betrachtete $I(0)$ ist auch $X(0)$ durch die Anfangsbedingungen bestimmt. Wenn (11.55.2) die Zunahme der Xenonkonzentration nach dem Einschalten angeben soll, dann ist $X(0) = 0$. Wenn wir annehmen, daß der Neutronenfluß den stationären Wert Φ_0 hat, ergibt sich mit (11.52.1) und (11.55.2):

$$X(t) = X_\infty \left\{1 + \frac{1}{\gamma_1 + \gamma_2} \cdot \left(\frac{\gamma_1 \lambda_1}{\lambda_2 - \lambda_1 + \sigma_2 \Phi_0} - \gamma_2\right) e^{-(\lambda_2 + \sigma_2 \Phi_0)t} - \right.$$

$$\left. - \frac{\gamma_1}{\gamma_1 + \gamma_2} \cdot \left(\frac{\lambda_2 + \sigma_2 \Phi_0}{\lambda_2 - \lambda_1 + \sigma_2 \Phi_0}\right) e^{-\lambda_1 t}\right\}. \qquad (11.56.1)$$

Diese Gleichung liefert die Xenonkonzentration, als Funktion der Zeit in Abhängigkeit vom Wert des stationären Neutronenflusses.

Berechnung der Vergiftung

11.57. Die Vergiftung G eines Reaktors wird definiert als Quotient aus der Zahl der im Gift absorbierten Neutronen zur Zahl der im Brennstoff absorbierten:

$$G = \frac{\Sigma_G}{\Sigma_U} = \frac{X(t)\,\sigma_2}{\Sigma_U}. \qquad (11.57.1)$$

Dabei ist Σ_G der makroskopische thermische Absorptionsquerschnitt des Giftes zur Zeit t und Σ_U der entsprechende Wert für den Brennstoff. Die Vergiftung G_∞ durch Xe^{135} ist daher, wenn dieses den Gleichgewichtswert X_∞ erreicht hat, gegeben durch

$$G_\infty = \frac{X_\infty\, \sigma_2}{\Sigma_U} = \frac{\sigma_2(\gamma_1 + \gamma_2)\,\Sigma_f\, \Phi_0}{(\lambda_2 + \sigma_2 \Phi_0)\,\Sigma_U}. \qquad (11.57.2)$$

Da $\gamma_1 + \gamma_2 = 0{,}059$, $\sigma_2 = 3{,}5 \cdot 10^{-18}\ \mathrm{cm}^2$, $\lambda_2 = 2{,}1 \cdot 10^{-5}\ \mathrm{sec}^{-1}$ und Σ_f/Σ_U für U^{235} gleich $0{,}83$ ist, gilt

$$G_\infty = \frac{1{,}7 \cdot 10^{-19}\, \Phi_0}{2{,}1 \cdot 10^{-5} + 3{,}5 \cdot 10^{-18}\, \Phi_0}. \qquad (11.57.3)$$

11.58. Wenn Φ_0 gleich 10^{11} oder kleiner ist, kann das zweite Glied im Nenner im Vergleich zum ersten unterdrückt werden; es wird

$$G_\infty \approx 8 \cdot 10^{-15}\, \Phi_0$$

und die Vergiftung kann vernachlässigt werden. Sogar für einen Fluß von 10^{12} Neutronen pro cm^2 und sec beträgt die Vergiftung nur $0{,}007$, d. h. nur ungefähr $0{,}7\%$ der im Brennstoff absorbierten thermischen Neutronen werden bei Gleichgewichtskonzentration durch das Xenon absorbiert. Für Φ_0-Werte von der Größenordnung 10^{13} oder mehr wächst aber die Vergiftung sehr stark an. Wenn der Fluß größer als 10^{15} Neutronen pro cm^2 und sec wird, kann λ_2 im Vergleich mit $\sigma_2\Phi_0$ vernachlässigt werden, und die Vergiftung erreicht gemäß (11.57.2) ihren Grenzwert

$$G_{as} \approx (\gamma_1 + \gamma_2)\,\frac{\Sigma_f}{\Sigma_U} = 0{,}059 \cdot 0{,}83 = 0{,}049$$

für U^{235} als Brennstoff. Im Betrieb von thermischen Hochflußreaktoren können also bis zu 5% der im Brennstoff absorbierten thermischen Neutronen durch Xenonvergiftung verlorengehen [1].

Tabelle 11.59. *Gleichgewichtswerte der Xenonvergiftung während des Reaktorbetriebes*

Fluß (Φ_0)	Vergiftung (G_∞)
10^{12}	0,007
10^{13}	0,030
10^{14}	0,046
10^{15}	0,048

11.59. Die Tab. 11.59 bringt Werte von G_∞ für verschiedene stationäre Flüsse nach (11.57.3) mit zwei gültigen Dezimalstellen.

Einfluß der Vergiftung auf die Reaktivität

11.60. Der Zusammenhang der oben berechneten Vergiftung mit der Reaktivität des Reaktors kann folgendermaßen berechnet werden. Von den vier Faktoren, welche den unendlichen Multiplikationsfaktor k_∞ bestimmen, hängt im wesentlichen nur die thermische Nutzung von der Vergiftung ab. Da die Konzentration der Vergiftungsprodukte sehr klein ist, bewirken sie eine vernachlässigbare Änderung der Neutronenstreuung. Die Vergiftung wirkt sich also auf die Sickerverluste an schnellen Neutronen im nackten thermischen Reaktor nicht merklich aus. Die thermische Diffusionslänge hingegen wird durch den zusätzlichen Neutronenabsorber verkleinert; daher ändert sich auch die thermische Verbleibwahrscheinlichkeit $1/(1 + L^2 B^2)$ ein wenig. Bei den meisten thermischen Reaktoren liegt aber $(1 + L^2 B^2)$ nahe bei Eins und ist gegenüber Änderungen von L^2 ziemlich unempfindlich. Es genügt daher, die Vergiftung nur beim thermischen Nutzfaktor zu berücksichtigen.

11.61. Es sei f die thermische Nutzung im Reaktor ohne Gift und f' der Wert mit Gift. Unter der Annahme eines gleichförmigen Flusses ist

$$f = \frac{\Sigma_U}{\Sigma_U + \Sigma_M} \quad \text{und} \quad f' = \frac{\Sigma_U}{\Sigma_U + \Sigma_M + \Sigma_G}, \qquad (11.61.1)$$

wobei Σ_U, Σ_M und Σ_G die makroskopischen thermischen Absorptionsquerschnitte im Brennstoff, im Moderator und im Gift sind. Das Verhältnis Σ_G/Σ_U wurde oben als Vergiftung G definiert, so daß mit $\Sigma_M/\Sigma_U = y$

$$f = \frac{1}{1 + y} \quad \text{und} \quad f' = \frac{1}{1 + y + G}$$

folgt. Wenn der effektive Multiplikationsfaktor des Reaktors ohne Gift mit k und der des Reaktors mit Gift mit k' bezeichnet wird, ist

---

[1] Die vorhergehenden Rechnungen beruhen auf der Annahme einer gleichförmigen Verteilung von Fluß und Giften im Reaktor. Wenn unter Φ_0 der mittlere Fluß verstanden wird, bleibt der sich ergebende Fehler voraussichtlich unter 10%. Bei exakter Behandlung muß man statistische Gewichte auf Grund der Störungstheorie verwenden (s. Kap. XIII).

$$\frac{k' - k}{k'} = \frac{f' - f}{f'} = -\frac{G}{1 + y}. \tag{11.61.2}$$

Wenn der Reaktor ohne Gift gerade kritisch war, ist $k = 1$, und die linke Seite von (11.61.2) wird gleich der Reaktivität ρ, die von der Vergiftung herstammt. Also

$$\rho = -\frac{G}{1 + y}.$$

Da y in einem angereicherten Reaktor im allgemeinen klein gegen Eins ist, sieht man, daß die negative Reaktivität, die sich aus der Gegenwart der Spaltprodukte ergibt, angenähert der oben definierten Vergiftung gleich ist. Die maximale, von der Gleichgewichtskonzentration von Xe^{135} bewirkte Reaktivität ist also etwa — 0,05.

Xenonaufbau nach einer Schnellabschaltung

11.62. Die Konzentrationszunahme von Xe^{135} nach einer Schnellabschaltung des Reaktors ist von großer Bedeutung für das Zeitverhalten des Reaktors. Wie früher festgestellt wurde, liegt der Grund für dieses Anwachsen darin, daß das im Reaktor vorhandene J^{135}, auch nach dem Abschalten weiter zerfällt und Xe^{135} bildet. Der Abbau dieses Isotops erfolgt jetzt aber nur mehr durch radioaktiven Zerfall, da der Neutronenfluß nach dem Abschalten so klein geworden ist, daß fast keine Xe^{135}-Kerne mehr durch Neutroneneinfang beseitigt werden. Da die Halbwertszeit von Xe^{135} größer als die von J^{135} ist, muß die Konzentration der ersten Kernart zunächst zunehmen. Da aber im ausgeschalteten Reaktor kein J^{135} mehr gebildet wird, muß die Konzentration von Xenon, nachdem sie durch ein Maximum gegangen ist, schließlich abnehmen.

11.63. Wir werden sehen, daß die maximale Konzentration von Xe^{135}, die sich nach dem Abschalten des Reaktors einstellt, ein Vielfaches des Gleichgewichtswertes betragen kann, so daß dadurch die Reaktivität beträchtliche negative Werte erreichen kann. Man vermag also den Reaktor innerhalb eines entsprechenden Zeitraums nach dem Abschalten nur dann wieder in Betrieb zu setzen, wenn ausreichende Überschußreaktivität eingebaut ist.

11.64. Die Zeitabhängigkeit der Xenonkonzentration in einem Reaktor nach dem Abschalten ist durch (11.55.2) gegeben, wenn man für $X(0)$, die Xenonkonzentration zur Zeit Null, den Gleichgewichtswert X_∞ aus (11.54.2) einsetzt. Dabei wird natürlich vorausgesetzt, daß der Reaktor vor dem Abschalten genügend lange im Betrieb war, damit sich die Gleichgewichtskonzentration des Xenons ausbilden konnte. Der Wert von $I(t)$ ist durch (11.53.1) gegeben.

11.65. Da sowohl (11.55.2) als auch (11.53.1) den Fluß Φ enthalten, wird die Konzentration des Xenon nach dem Abschalten davon abhängen, nach welchem Gesetz der Neutronenfluß abnimmt. Im allgemeinen kann man Φ als Funktion von t darstellen und die erforderlichen Integrationen ausführen. Ein einfacher, praktisch wichtiger Fall liegt vor, wenn der Reaktor so rasch als möglich abgeschaltet wird. Wenn man den anfänglich sehr raschen Abfall des Flusses und die darauffolgende, durch die verzögerten Neutronen bedingte, stabile, negative Periode von 80 sec in Betracht zieht, findet man, daß ein Fluß von 10^{12} Neutronen pro cm^2 und sec innerhalb von ungefähr 20 Minuten auf einen Fluß von 10^3 Neutronen absinkt. Diese Zeitspanne ist kurz, verglichen mit mehreren Stunden, während der sich die Xenonkonzentration aufbaut. Man macht daher nur einen sehr kleinen Fehler, wenn man annimmt, daß der Neutronenfluß unmittelbar zur Zeit $t = 0$ auf Null abfällt und diesen Wert behält.

11.66. Wenn man in (11.53.1) Φ Null setzt, erhält man für die Jodkonzentration

$$I(t) = I_\infty\, e^{-\lambda_1 t} = \frac{\gamma_1\,\Sigma_f\,\Phi_0}{\lambda_1}\, e^{-\lambda_1 t}, \qquad (11.66.1)$$

wobei Φ_0 der stationäre Fluß vor dem Abschalten ist. Setzt man in (11.55.2) $X(0)$ nach (11.54.2) ein, so ergibt sich

$$X(t) = e^{-\lambda_2 t}\left[\int_0^t \left(e^{\lambda_2 t}\,\gamma_1\,\Sigma_f\,\Phi_0\, e^{-\lambda_1 t}\right) dt + \frac{(\gamma_1 + \gamma_2)\,\Sigma_f\,\Phi_0}{\lambda_1 + \sigma_2\,\Phi_0}\right]$$

$$= e^{-\lambda_2 t}\left[\frac{\gamma_1\,\Sigma_f\,\Phi_0}{\lambda_2 - \lambda_1}\,\left(e^{(\lambda_2 - \lambda_1)t} - 1\right) + \frac{(\gamma_1 + \gamma_2)\,\Sigma_f\,\Phi_0}{\lambda_2 + \sigma_2\,\Phi_0}\right].$$

$$(11.66.2)$$

Die durch (11.57.1) definierte Vergiftung G ist dann durch

$$G = \frac{X(t)\,\sigma_2}{\Sigma_U} = \sigma_2\,\Phi_0\,\frac{\Sigma_f}{\Sigma_U}\left[\frac{\gamma_1}{\lambda_2 - \lambda_1}\,\left(e^{-\lambda_1 t} - e^{-\lambda_2 t}\right) + \frac{\gamma_1 + \gamma_2}{\lambda_2 + \sigma_2\,\Phi_0}\, e^{-\lambda_2 t}\right]$$

$$(11.66.3)$$

gegeben.

11.67. Abb. 11.67 zeigt G als Funktion der Zeit bei verschiedenen Werten des stationären Flusses Φ_0 vor dem Abschalten. Die zu G proportionale Xe^{135}-Konzentration erreicht also in jedem Falle ein Maximum. Für Flüsse von der Größenordnung 10^{13} Neutronen pro cm^2 und sec oder weniger kann die Zunahme vernachlässigt werden. Bei höheren Flüssen wird die Vergiftung jedoch ausschlaggebend. Ist z. B. $\Phi_0 = 2 \cdot 10^{14}$, so erreicht die Xenonvergiftung einen Wert von über 0,35 gegenüber 0,05 als Gleichgewichtswert im arbeitenden Reaktor. Die durch das Xenon gebundene Reaktivität beträgt also angenähert 0,35. In einem

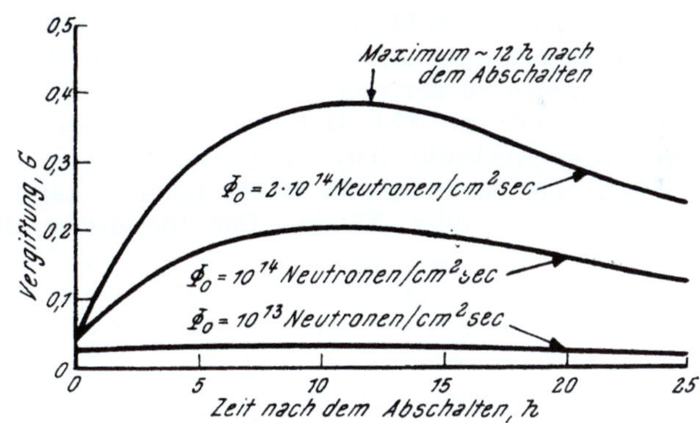

Abb. 11.67. Aufbau der Xenon-Konzentration nach dem Abschalten des Reaktors

Reaktor, der mit einem Fluß von $2 \cdot 10^{14}$ Neutronen pro cm^2 und sec arbeitet, muß daher dieser Betrag als Überschußreaktivität eingebaut werden, wenn es möglich sein soll, ihn zu einem beliebigen Zeitpunkt nach dem Abschalten wieder in Betrieb zu nehmen. Wenn diese Überschußreaktivität nicht zur Verfügung steht, kann der Reaktor nach dem Abschalten nur in Betrieb gesetzt werden, bevor das Xe^{135} seine maximale Konzentration erreicht hat oder nachdem man so lange gewartet hat, bis die Vergiftung hinreichend abgeklungen ist. Bei einem Fluß von 10^{15} Neutronen pro cm^2 und sec erreicht die ungefähr 12 Stunden nach dem Abschalten eintretende maximale Vergiftung einen Wert von etwa 2,0.

11.68. Im allgemeinen fällt also die Xenonvergiftung für thermische Reaktoren mit Flüssen der Größenordnung 10^{12} oder 10^{13} weder während des Betriebes noch nach dem Abschalten sehr ins Gewicht. Da die Vergiftung im Gleichgewicht einen Grenzwert von 0,050 hat, ist sie auch während des Betriebes von Hochflußreaktoren nicht sehr schwerwiegend. Bei diesen Reaktoren muß aber die Möglichkeit der Wiederinbetriebnahme nach der Abschaltung beim Entwurf in Betracht gezogen werden. Aus der Abbildung ist ersichtlich, daß die maximale Vergiftung für Flüsse über 10^{14} Neutronen pro cm^2 und sec nach dem Abschalten sehr rasch mit dem Fluß ansteigt.

11.69. Die vorhergehende Diskussion bezog sich auf den speziellen Fall eines plötzlichen und im wesentlichen vollständigen Abschaltens nach längerem Betrieb im stationären Zustand. Die Gl. (11.55.2) kann darüber hinaus für verschiedene Typen der Abschaltung (plötzliche Teilabschaltung, teilweise oder komplette Abschaltung in Stufen oder lineare Abschaltung usw.) gelöst werden. Es besteht auch die Möglichkeit, daß der Reaktor abgeschaltet wird, bevor das Xenon seine Gleichgewichtskonzentration erreicht hat. Die Ergebnisse stimmen im allgemeinen mit den oben hergeleiteten überein, nur daß das Maximum der Xe-Konzentration um so kleiner sein wird, je allmählicher und weniger vollständig die Stillegung erfolgt. Dies ist natürlich der Tatsache zuzuschreiben, daß bei teilweiser und allmählicher Stillegung Neutronen zur Absorption und daher auch für die Beseitigung von Xe^{135} zur Verfügung stehen.

Samariumvergiftung

11.70. Das stabile Isotop Samarium-149 ist das Produkt des radioaktiven β-Zerfalls von Promethium-149 mit einer Halbwertszeit von 47 Stunden. Das letztere kann sowohl unmittelbar bei der Spaltung als auch durch Zerfall von Neodym-149 entstehen. Da Neodym eine Halbwertszeit von 1,7 h hat, was im Vergleich zu der von Promethium-149 relativ kurz ist, kann man das Promethium-149 mit 47 h Halbwertszeit als unmittelbares Spaltprodukt mit der relativen Ausbeute 0,014 auffassen (§ 11.7). Die Entstehung von Promethium oder Samarium in einem Reaktor kann ähnlich behandelt werden wie die von Jod oder Xenon. Der thermische Absorptionsquerschnitt σ_1 von Promethium ist sehr klein, so daß $\sigma_1 \Phi$ wie bei Jod in (11.49.1) im Vergleich zu λ_1 vernachlässigt werden kann. Daher wird die Promethiumkonzentration im Gleichgewicht durch eine zu (11.50.2) analoge Formel dargestellt. In gleicher Weise können alle oben abgeleiteten Gleichungen mit geeigneten Werten der physikalischen Konstanten verwendet werden. Wenn Promethium durch den Index 1 und Samarium durch 2 angedeutet wird, ist also die relative Ausbeute $\gamma_1 = 0,014$ und $\gamma_2 = 0$. Die Zerfallskonstante λ_1 beträgt $4,1 \cdot 10^{-6}\,sec^{-1}$, während λ_2 wegen der Stabilität des Samarium Null ist. Der thermische Absorptionsquerschnitt σ_2 von Samarium beträgt $5,3 \cdot 10^{-20}\,cm^2$.

11.71. Damit ist die Gleichgewichtskonzentration von Samarium nach (11.54.2) gleich $\gamma_1 \Sigma_f/\sigma_2$ und vom Neutronenfluß im Reaktor unabhängig. Die zum Erreichen des Gleichgewichts erforderliche Zeitspanne beträgt etwa $5/\sigma_2 \Phi_0$ sec, das sind etwa 11 Tage für einen Fluß von 10^{14} Neutronen pro cm^2 und sec. Die ebenfalls vom Neutronenfluß unabhängige Reaktorvergiftung im Gleichgewicht ist durch $\gamma_1 \Sigma_f/\Sigma_U$ gegeben, oder in Zahlen, $0,014 \cdot 0,83 = 0,012$. Daher beträgt der maximale, vom Samarium herrührende Reaktivitätsverlust unter stationären Bedingungen ungefähr $-0,012$.

11.72. Die für die Vergiftung als Funktion der Zeit nach einer plötzlichen, vollständigen Abschaltung zuständige Gl. (11.66.3) nimmt nun die Gestalt

$$G = \sigma_2 \Phi_0 \frac{\Sigma_f}{\Sigma_U} \left[\frac{\gamma_1}{\lambda_1} (1 - e^{-\lambda_1 t}) + \frac{\gamma_1}{\sigma_2 \Phi_0} \right]$$

$$= \sigma_2 \Phi_0 \frac{\Sigma_f}{\Sigma_U} \left[\frac{\gamma_1}{\lambda_1} (1 - e^{-\lambda_1 t}) \right] + \gamma_1 \frac{\Sigma_f}{\Sigma_U} \tag{11.72.1}$$

an. Man erkennt aus diesem Ausdruck, daß die Samariumvergiftung nach dem Abschalten von ihrem Anfangswert $\gamma_1 \Sigma_f / \Sigma_U$ mit wachsendem t einem Grenzwert

$$G_\text{as} = \frac{\sigma_2 \Phi_0 \gamma_1}{\lambda_1} \cdot \frac{\Sigma_f}{\Sigma_U} + \gamma_1 \frac{\Sigma_f}{\Sigma_U} = 1{,}5 \cdot 10^{-16} \Phi_0 + 0{,}012$$

zustrebt.

Für einen stationären Fluß von 10^{12} Neutronen pro cm^2 und sec oder weniger ist $1{,}5 \cdot 10^{-16} \Phi_0$ gegenüber $0{,}012$ zu vernachlässigen, und die Samariumvergiftung bleibt nach dem Abschalten fast konstant. Wenn der stationäre Fluß $2 \cdot 10^{14}$ beträgt — was als praktischer Grenzwert für thermische Reaktoren gilt, wenn man nicht für eine Entfernung des Xenons Sorge trägt —, liegt der Grenzwert der Samariumvergiftung nach einer plötzlichen Abschaltung bei $0{,}030 + 0{,}012 = 0{,}042$. Man erkennt, daß die Berücksichtigung der Samariumvergiftung bei thermischen Hochflußreaktoren eine Überschußreaktivität von höchstens $0{,}04$ erfordert.

Temperaturkoeffizienten der Reaktivität

Einflüsse der Temperatur auf die Reaktivität

11.73. Im Kernreaktor wird ein ziemlich großer Energiebetrag in Form von Wärme freigesetzt. Obwohl diese Wärme vom Kühlsystem abgeführt wird, sind Temperaturänderungen während des Betriebes unvermeidlich. Eine Zunahme der Temperatur ändert jedenfalls die Reaktivität und zwar aus zwei Gründen: Erstens wächst die mittlere Energie der thermischen Neutronen an und ihre Absorption wird beeinflußt, weil sich die nuklearen Wirkungsquerschnitte mit der Energie ändern; zweitens sind die mittleren freien Weglängen und der Verbleibfaktor Funktionen der Dichte, welche sich mit der Temperatur ändert.

11.74. Für den praktischen Betrieb eines Reaktors muß der Temperaturkoeffizient der Reaktivität klein sein, damit der stationäre Zustand mit Hilfe von Absorberstäben aufrecht erhalten werden kann. Wenn der Temperaturkoeffizient negativ ist, d. h. wenn die Reaktivität mit steigender Temperatur abnimmt, ist der Reaktor stabil. Positive Temperaturkoeffizienten haben dagegen Instabilität zur Folge, da der kritische Reaktor überkritisch wird, wenn die Temperatur steigt. Der Temperaturkoeffizient großer thermischer Reaktoren kann für einfachere Überlegungen aus zwei Hauptteilen zusammengesetzt werden, nämlich aus den *nuklearen Temperaturkoeffizienten*, bestimmt durch den Einfluß der Temperatur auf die nuklearen Wirkungsquerschnitte und den *Dichte-Temperaturkoeffizienten*, der durch Änderungen des Volumens und der Dichte des Systems bestimmt ist.

Der nukleare Temperaturkoeffizient

11.75. Man betrachte einen nur aus Moderator und Brennstoff bestehenden Reaktor und nehme an, daß die Absorptionsquerschnitte im thermischen Gebiet dem $1/v$-Gesetz gehorchen. Da die kinetische Energie eines Neutrons zur absoluten Temperatur T proportional ist, variieren die thermischen Wirkungsquerschnitte wie $1/T^{1/2}$. Wenn daher σ_a der Absorptionsquerschnitt bei der Temperatur T und σ_{a0} der Wert für T_0 ist, gilt

$$\sigma_a = \sigma_{a0}\left(\frac{T_0}{T}\right)^{1/2} = \sigma_{a0}\,\vartheta^{-1/2}\,, \tag{11.75.1}$$

wobei ϑ das Verhältnis der absoluten Temperaturen

$$\vartheta = \frac{T}{T_0} \tag{11.75.2}$$

ist. Die Streuquerschnitte ändern sich mit wachsender Temperatur nicht so stark wie die Absorptionsquerschnitte. Wenn σ_s der Streuquerschnitt bei der absoluten Temperatur T und σ_{s0} derjenige bei T_0 ist, kann der Temperatureinfluß durch

$$\sigma_s = \sigma_{s0}\left(\frac{T_0}{T}\right)^{x} = \sigma_{s0}\,\vartheta^{-x} \tag{11.75.3}$$

dargestellt werden, wobei x etwa von der Größenordnung 0,1 ist. Eine zu (11.75.3) analoge Beziehung gilt auch für die Transportquerschnitte.

11.76. Das Quadrat der Diffusionslänge ist durch $L^2 = D/\Sigma_a$ oder $\Sigma_a\Sigma_t/3$ gegeben, wobei $\Sigma_t = 1/\lambda_t$ der makroskopische Transportquerschnitt ist. Daher folgt

$$L^2 = \frac{1}{3\,\Sigma_a\Sigma_t} = \frac{1}{3\,\Sigma_{a0}\Sigma_{t0}} \cdot \frac{1}{\vartheta^{-(x+1/2)}} = L_0^2\,\vartheta^{\,x+1/2}\,. \tag{11.76.1}$$

In ähnlicher Weise erhält man einen Ausdruck für das Fermi-Alter thermischer Neutronen der Energie E_{th}, die aus Spaltneutronen der Energie E_0 hervorgegangen sind, indem man nach (6.130.1)

$$\tau = \int\limits_{E_{\text{th}}}^{E_0} \frac{D}{\xi\,\Sigma_s} \cdot \frac{dE}{E} = \int\limits_{E_{\text{th}}}^{E_0} \frac{1}{3\,\xi\,\Sigma_s\Sigma_t} \cdot \frac{dE}{E}\,,$$

schreibt, so daß

$$\tau = \tau_0 - \int\limits_{E_{\text{th}_0}}^{E_{\text{th}}} \frac{1}{3\,\xi\,\Sigma_s\Sigma_t} \cdot \frac{dE}{E} \tag{11.76.2}$$

ist, wobei τ und τ_0 die Alterswerte thermischer Neutronen bei den Temperaturen T bzw. T_0 und den entsprechenden thermischen Energien E_{th} bzw. E_{th0} sind. Wenn $|x|$, das durch (11.75.3) definiert ist, der Bedingung $|x| \ll 1$ genügt, kann man mit (11.76.2) zeigen, daß

$$\tau = \tau_0 - \left(\frac{1}{3\,\xi\,\Sigma_s\Sigma_t}\right)_0 \ln\vartheta\,. \tag{11.76.3}$$

11.77. Da die thermischen Wirkungsquerschnitte aller im Reaktor vorhandenen Absorber im wesentlichen der Gl. (11.75.1) genügen, ist die thermische Nutzung von der Temperatur unabhängig. Die Bremsnutzung kann zwar mit wachsender Temperatur etwas abnehmen[1], aber im großen und ganzen kann der unendliche Multiplikationsfaktor als unabhängig von der Temperatur aufgefaßt werden.

11.78. Für einen großen Reaktor ist der effektive Multiplikationsfaktor durch

$$k = \frac{k_\infty}{1 + W^2 B^2}$$

gegeben, wobei k_∞ als von der Temperatur unabhängig betrachtet werden kann. Die Reaktivität $\rho = (k - 1)/k$ wird dann

$$\rho = \frac{k_\infty - 1 - W^2 B^2}{k_\infty} \tag{11.78.1}$$

$$= \frac{k_\infty - 1 - B^2 (L^2 + \tau)}{k_\infty}. \tag{11.78.2}$$

Ein allgemeiner Ausdruck von ρ als Funktion der Temperatur ergibt sich aus dieser Formel, wenn man L^2 und τ aus (11.76.1) und (11.76.3) einsetzt:

$$\rho = \frac{k_\infty - 1}{k_\infty} - \frac{B^2}{k_\infty} \left[\tau_0 - \left(\frac{1}{3\,\xi\,\Sigma_s\,\Sigma_t} \right)_0 \ln \vartheta + L_0^2 \vartheta^{x + 1/2} \right]. \tag{11.78.3}$$

11.79. Der nukleare Temperaturkoeffizient, d. h. die infolge von Änderungen in den Wirkungsquerschnitten bei konstanter Dichte d eintretende Änderung von ρ mit der Temperatur, ist gegeben durch[2]

$$\left(\frac{\partial \rho}{\partial T} \right)_d = \left(\frac{\partial \rho}{\partial \vartheta} \right)_d \cdot \frac{d\vartheta}{dT} = \frac{1}{T_0} \left(\frac{\partial \rho}{\partial \vartheta} \right)_d,$$

da $d\vartheta/dT$ nach (11.75.2) gleich $1/T_0$ ist. Daher folgt aus (11.78.3)

$$\left(\frac{\partial \rho}{\partial T} \right)_d = -\frac{B^2}{k_\infty T_0} \left[-\left(\frac{1}{3\,\xi\,\Sigma_s\,\Sigma_t} \right)_0 \vartheta^{-1} + \left(x + \frac{1}{2} \right) \vartheta^{x - 1/2} L_0^2 \right].$$

Wenn $T = T_0$, also ϑ gleich 1 ist, geht dies über in

$$\left(\frac{\partial \rho}{\partial T} \right)_d = -\frac{B^2}{k_\infty T_0} \left[-\left(\frac{1}{3\,\xi\,\Sigma_s\,\Sigma_t} \right)_0 + \left(x + \frac{1}{2} \right) L_0^2 \right]. \tag{11.79.1}$$

11.80. Die vorhergehenden Überlegungen ziehen den nuklearen Temperaturkoeffizienten für die Vergiftung nicht in Betracht. Als allgemeine Regel gilt, daß eine Zunahme der Temperatur eine Verringerung der thermischen Absorptionsquerschnitte der Gifte nach sich zieht. Es ergibt sich so eine Abnahme der Vergiftung und daher ein entsprechendes Ansteigen der Reaktivität

---

[1] In heterogenen Systemen spielt dieser durch die sogenannte „Dopplerverbreiterung" der Resonanzlinien bedingte Effekt eine nicht zu vernachlässigende Rolle. Vgl. L. DRESNER: Resonance Absorption in Nuclear Reactors. London: Pergamon Press, 1960.

[2] Wir verwenden hier die in der Thermodynamik übliche Bezeichnungsweise. Ein Index zeigt an, daß die betreffende Variable konstant bleibt.

des Reaktors. Dieser Effekt bringt einen positiven Beitrag zum Temperaturkoeffizienten. Wenn die Beiträge der anderen nuklearen Temperaturkoeffizienten nicht hinreichend stark negativ sind, um den positiven Beitrag der Vergiftung zu kompensieren, wird der Reaktor gegenüber Temperaturänderungen instabil sein. Wenn die Energie der thermischen Neutronen infolge der Temperaturzunahme nahe an eine Resonanzstelle herankommt, kann sich der Absorptionsquerschnitt des Giftes vergrößern, und der Einfluß auf den Temperaturkoeffizienten kehrt sich natürlich um.

Der Dichte-Temperaturkoeffizient

11.81. Die Erhöhung der Temperatur verursacht eine Ausdehnung des Reaktormaterials und beeinflußt die Reaktivität in zweierlei Weise: Erstens durch Änderung der mittleren freien Weglänge für Streuung und Absorption und zweitens durch eine Vergrößerung des ganzen Systems. Bei verschiedenen Reaktoren kann eine weitere Änderung dadurch erfolgen, daß Material (z. B. flüssiges Kühlmittel) aus dem Core austritt.

11.82. Die makroskopischen Wirkungsquerschnitte sind proportional zur Zahl der Atome pro Volumseinheit und folglich — abgesehen von den oben betrachteten Änderungen der mikroskopischen Wirkungsquerschnitte — direkt proportional zur Dichte. Man kann daher auf Grund der Definitionen von L^2 und τ zeigen, daß diese Größen zum Quadrat der Dichte umgekehrt proportional sind. Für ein homogenes System, bei dem die Dichteänderung alle Komponenten in gleicher Weise beeinflußt, kann man schreiben:

$$L^2 + \tau = L_0{}^2 \left(\frac{d_0}{d}\right)^2 + \tau_0 \left(\frac{d_0}{d}\right)^2$$

oder

$$W^2 = W_0{}^2 \left(\frac{d_0}{d}\right)^2,$$

wobei W^2 und d Quadrat der Wanderlänge und Dichte bei der Temperatur T, und W_0 und d_0 die Werte für T_0 sind. Durch Einsetzen in (11.78.1) folgt

$$\rho = \frac{k_\infty - 1}{k_\infty} - \frac{B^2 W_0{}^2}{k_\infty} \left(\frac{d_0}{d}\right)^2.$$

Wenn man das Volumen konstant hält, ist B^2 konstant; sind ferner die mikroskopischen Wirkungsquerschnitte konstant, wie oben angenommen wurde, dann ist

$$\left(\frac{\partial \rho}{\partial T}\right)_{B^2,\, \sigma_a,\, \sigma_s} = \frac{2\,B^2\,W_0{}^2}{k_\infty} \cdot \frac{d_0{}^2}{d^3} \cdot \frac{\partial d}{\partial T}. \tag{11.82.1}$$

11.83. Wenn α der lineare Ausdehnungskoeffizient des Materials ist, d. h. $l = l_0 \left[1 + \alpha\,(T - T_0)\right]$, dann ist $V = V_0 \left[1 + \alpha\,(T - T_0)\right]^3$, so daß

$$d = \frac{d_0}{[1 + \alpha\,(T - T_0)]^3}$$

und daher

$$\frac{\partial d}{\partial T} = -\frac{3\,\alpha\,d_0}{[1 + \alpha\,(T - T_0)]^4}.$$

Einsetzen in (11.82.1) ergibt

$$\left(\frac{\partial \rho}{\partial T}\right)_{B^2, \sigma_a, \sigma_s} = -\frac{6 B^2 W_0{}^2}{k_\infty} \cdot \frac{d_0{}^3}{d^3} \cdot \frac{\alpha}{[1 + \alpha (T - T_0)]^4}.$$

Für $T = T_0$ wird dies

$$\left(\frac{\partial \rho}{\partial T}\right)_{B^2, \sigma_a, \sigma_s} = -\frac{6 (k_\infty - 1)}{k_\infty} \alpha, \qquad (11.83.1)$$

wobei $B^2 W_0{}^2$ durch $k_\infty - 1$ ersetzt wurde.

11.84. Die Änderung der Reaktivität infolge einer Änderung des Reaktor-volumens ist klein, insbesondere, wenn der Reaktor in ein festes Gefäß einge-schlossen ist. Der Effekt würde sich auf Grund einer Änderung der Flußwölbung ergeben. Nach (11.78.1) ist

$$\left(\frac{\partial \rho}{\partial B}\right)_{\Sigma_a, \Sigma_s} = -\frac{2 B W^2}{k_\infty} = -\frac{2 (k_\infty - 1)}{k_\infty B}. \qquad (11.84.1)$$

da $W^2 = (k_\infty - 1)/B^2$. Wenn es sich um einen sphärischen Reaktor vom Radius R handelt, ist $B = \pi/R$ und $R = R_0 [1 + \alpha (T - T_0)]$. Es ist also

$$\frac{dR}{dT} = \alpha R_0 \quad \text{und} \quad \frac{\partial B}{\partial T} = -\frac{\pi}{R^2} \cdot \frac{dR}{dT} = -\frac{\alpha \pi}{R}.$$

Folglich ergibt sich aus (11.84.1)

$$\left(\frac{\partial \rho}{\partial T}\right)_{\Sigma_a, \Sigma_s} = \frac{\partial \rho}{\partial B} \cdot \frac{\partial B}{\partial T} = \frac{2 (k_\infty - 1) \alpha \pi}{k_\infty B R}$$

$$= \frac{2 (k_\infty - 1)}{k_\infty} \alpha. \qquad (11.84.2)$$

11.85. Um eine Vorstellung von der Größenordnung der hier hergeleiteten Temperaturkoeffizienten zu vermitteln, betrachten wir einen mit Graphit mo-derierten, thermischen Reaktor mit einer Betriebstemperatur von 400° K und mit $k_\infty = 1{,}05$. Für Graphit ist $L^2 = 2850$ cm^2 bei 400° K; wenn als thermische Nutzung 0,9 angenommen wird, folgt aus (9.88.4), daß $L_0{}^2$ im Reaktor 285 cm^2 beträgt. Das Fermi-Alter τ_0 ist im wesentlichen das des Moderators, d. h. 350 cm^2, so daß $W_0{}^2 = L_0{}^2 + \tau_0 = 635$ cm^2 und $B^2 \approx (k_\infty - 1)/W_0{}^2 = 7{,}8 \cdot 10^{-5}$ cm^{-2} ist. Wir nehmen $1/\xi\, \Sigma_s \Sigma_t$ mit 1,38 an, der Koeffizient der linearen Ausdehnung α sei 10^{-5} pro ° C und x sei gleich Null (§ 11.75). Dann ergibt sich aus (11.79.1), (11.83.1) und (11.84.2):

$$\left(\frac{\partial \rho}{\partial T}\right)_d = -2{,}6 \cdot 10^{-5} \quad \text{pro} \ \ ^\circ\text{C}$$

$$\left(\frac{\partial \rho}{\partial T}\right)_{B^2, \sigma_a, \sigma_s} = -0{,}29 \cdot 10^{-5} \quad \text{pro} \ ^\circ\text{C}$$

$$\left(\frac{\partial \rho}{\partial T}\right)_{\Sigma_a, \Sigma_s} = 0{,}095 \cdot 10^{-5} \quad \text{pro} \ \ ^\circ\text{C}.$$

Nur der letzte Temperaturkoeffizient ist positiv; da er jedoch am kleinsten ist, wird der gesamte Temperaturkoeffizient negativ, und der Reaktor ist daher in bezug auf Temperaturschwankungen stabil. Der gesamte Temperaturkoeffizient eines angereicherten, aus einer homogenen Wasserlösung bestehenden Reaktors kann — 10^{-3} pro ° C erreichen. Dieser stark negative Wert beruht in der Hauptsache auf der Ausdehnung des den Brennstoff enthaltenden Wassers.

XII. Allgemeine Theorie homogener multiplizierender Systeme

Unendliche Bremskerne

Gaußsche Kerne (Alterstheorie)

12.1. Die Verwendung von Bremskernen führt auf eine allgemeine Theorie des nackten thermischen Reaktors, ohne daß man vom Modell der kontinuierlichen Abbremsung Gebrauch machen muß (obwohl man die Theorie diesem Modell anpassen könnte).

In § 5.92 ff. wurde gezeigt, daß man die Flußverteilung einer räumlich verteilten Quelle monoenergetischer Neutronen bei Verwendung geeigneter Diffusionskerne als Lösung einer Integralgleichung erhalten kann. Ganz ähnlich kann man die Bremsdichte einer räumlich verteilten Quelle mit Hilfe von Bremskernen berechnen. Zunächst sollen solche Kerne für das Modell der kontinuierlichen Abbremsung (Alterstheorie) für ein unendlich ausgedehntes Medium ermittelt werden.

12.2. Da die Altersgleichung (6.128.2) linear ist, ist die von einer Quellverteilung in einem unendlichen Medium herrührende Bremsdichte bei $\mathfrak{r}$ die Summe der einzelnen Bremsdichten, die zu den verschiedenen Quellen gehören. Daher kann man im allgemeinen für ein unendliches Medium schreiben

$$q = \int Q\,(\mathfrak{r}_0)\,P\,d^3\,\mathfrak{r}_0,$$

wobei $Q\,(\mathfrak{r}_0)$ die Quellverteilung, P ein geeigneter Bremskern und $d^3\mathfrak{r}_0$ ein Volumelement um den Quellpunkt $\mathfrak{r}_0$ ist. Das Integral ist über den ganzen Raum zu erstrecken.

12.3. Der Bremskern einer Punktquelle in einem unendlich ausgedehnten Medium ist nach der Alterstheorie in einer gegenüber (6.138.1) etwas verallgemeinerten Form durch

$$P_{\mathrm{Pkt}} = \frac{e^{-(\mathfrak{r}-\mathfrak{r}_0)^2/4\,(\tau-\tau_0)}}{[4\,\pi\,(\tau-\tau_0)]^{3/2}} \tag{12.3.1}$$

gegeben. Er ist die Bremsdichte der Neutronen des Alters τ im Aufpunkt $\mathfrak{r}$, welche von einer Einheitsquelle von Neutronen des Alters τ_0 im Punkt $\mathfrak{r}_0$ herrührt. Der Bremskern kann auch als Wahrscheinlichkeit pro Volumseinheit dafür aufgefaßt werden, daß ein mit dem Alter τ_0 bei $\mathfrak{r}_0$ emittiertes Neutron im Aufpunkt $\mathfrak{r}$ auf das Alter τ abgebremst wird. Der Ausdruck (12.3.1) reduziert sich auf (6.138.2), wenn die Quellneutronen Spaltneutronen sind, so daß ihr Alter gleich Null ist.

12.4. Für ebene Quellen in einem unendlich ausgedehnten Medium erhält man den Bremskern nach der Alterstheorie aus (6.135.1) in der Form

$$P_{\mathrm{Eb}} = \frac{e^{-(x-x_0)^2/4\,(\tau-\tau_0)}}{[4\,\pi\,(\tau-\tau_0)]^{1/2}}, \tag{12.4.1}$$

wobei x die Koordinate des Aufpunktes und x_0 die einer Quelle ist, welche Neutronen vom Alter τ_0 emittiert.

12.5. Da die oben in (12.3.1) und (12.4.1) angegebenen, aus dem Modell der kontinuierlichen Abbremsung hergeleiteten Kerne dieselbe Form haben wie die Gaußsche Funktion, werden sie oft als Gaußsche Bremskerne bezeichnet. Wie in § 6.122 festgestellt worden ist, kann die Neutronenenergie nur dann als stetige Funktion der Zeit behandelt werden, wenn das Bremsmittel keine sehr leichten Kerne enthält. Wenn der Moderator gewöhnliches oder schweres Wasser ist, müssen die Gaußschen Kerne durch andere ersetzt werden.

Gruppendiffusionskerne

12.6. Eine andere Möglichkeit, die räumliche Verteilung der Bremsdichte von Neutronen in einem unendlich ausgedehnten Medium als Funktion ihrer Energie zu bestimmen, ist die Gruppendiffusionsmethode. Sie ist zwar etwas komplizierter als die Rechnung nach der Alterstheorie, kann aber auch angewendet werden, wenn der Moderator gewöhnliches oder schweres Wasser ist. Bei der Gruppenmethode wird — wie in Kap. VIII — der Energiebereich der Neutronen in eine endliche Zahl von Gruppen aufgeteilt.

12.7. Wir teilen den Bereich der Neutronenenergie von der Spaltenergie E_0 bis herab zur thermischen Energie E_{th} in $n + 1$ Gruppen ein, wobei die $(n + 1)$-te Gruppe die thermische Gruppe ist. Bei einem unendlich ausgedehnten Medium kann die Wahrscheinlichkeit pro Volumseinheit dafür, daß ein bei $\mathfrak{r}_0$ befindliches Quellneutron (Energie E_0) der ersten Gruppe in einem Feldpunkt $\mathfrak{r}_1$ in die zweite Gruppe (Energie E_1) eintritt, im allgemeinen durch den Bremskern $P_1\,(|\mathfrak{r}_1 - \mathfrak{r}_0|)$ für die erste Gruppe dargestellt werden. Wir haben den Kern als „Verschiebungskern" (§ 5.96) angesetzt, da er in einem unendlichen Medium nur vom Abstand zwischen Quell- und Aufpunkt abhängt.

Ganz analog ist die Wahrscheinlichkeit pro Volumseinheit dafür, daß ein bei $\mathfrak{r}_1$ befindliches Neutron der zweiten Gruppe (Energie E_1) bei $\mathfrak{r}_2$ in die dritte Gruppe (Energie E_2) eintritt, durch $P_2\,(|\mathfrak{r}_2 - \mathfrak{r}_1|)$ dargestellt; dies ist der Bremskern für die zweite Gruppe. Analoge Symbole können für die Abbremsung aus den anderen Gruppen verwendet werden.

12.8. Die Zahl der Quellneutronen, die in $\mathfrak{r}_0$ entspringen, und im Volumelement $d^3\mathfrak{r}_1$ im Feldpunkt $\mathfrak{r}_1$ in die zweite Gruppe (Energie E_1) eintreten, ist gleich $P_1\,(|\mathfrak{r}_1 - \mathfrak{r}_0|)\,d^3\mathfrak{r}_1$, wenn wir ein einziges Quellneutron annehmen. Die Wahrscheinlichkeit pro Volumseinheit dafür, daß diese Neutronen in die dritte Gruppe eintreten, ist dann $P_1\,(|\mathfrak{r}_1 - \mathfrak{r}_0|) \cdot P_2\,(|\mathfrak{r}_2 - \mathfrak{r}_1|)\,d^3\mathfrak{r}_1$. Die Gesamtzahl der Quellneutronen pro cm³ und sec, die bei $\mathfrak{r}_0$ entstehen, den Energiewert E_1 durchlaufen und beim Feldpunkt $\mathfrak{r}_2$ in die dritte Gruppe eintreten, ergibt sich folglich, wenn man über den ganzen Raum integriert, da dies die Summe der Beiträge aller Volumelemente $d^3\mathfrak{r}_1$ der zweiten Gruppe darstellt. Für die Einheitsquelle ist dies gleich dem Kern $P\,(|\mathfrak{r}_2 - \mathfrak{r}_0|)$, also

$$P\,(|\mathfrak{r}_2 - \mathfrak{r}_0|) = \int_{\substack{\text{ganzer Raum}}} P_1\,(|\mathfrak{r}_1 - \mathfrak{r}_0|) \cdot P_2\,(|\mathfrak{r}_2 - \mathfrak{r}_1|)\,d^3\mathfrak{r}_1. \qquad (12.8.1)$$

12.9. Indem man dieses Verfahren für alle Energiegruppen durchführt, findet man die Wahrscheinlichkeit dafür, daß ein bei $\mathfrak{r}_0$ startendes Spaltneutron bei $\mathfrak{r}_n$ thermisch wird:

$$P\,(|\mathfrak{r}_n - \mathfrak{r}_0|) = \iint \ldots \int P_1\,(|\mathfrak{r}_1 - \mathfrak{r}_0|)\,P_2\,(|\mathfrak{r}_2 - \mathfrak{r}_1|)$$
$$\ldots P_n\,(|\mathfrak{r}_n - \mathfrak{r}_{n-1}|)\,d^3\mathfrak{r}_1 \ldots d^3\mathfrak{r}_{n-1}, \qquad (12.9.1)$$

wobei im allgemeinen die P_i für die einzelnen Gruppen voneinander verschieden sind. Dieser Ausdruck ist der allgemeine Bremskern für Neutronen, die in einem unendlich ausgedehnten Medium bei $\mathfrak{r}_0$ mit der Spaltenergie (E_0) entstehen und bei $\mathfrak{r}_n$ auf thermische Energie (E_{th}) abgebremst werden.

12.10. Um Ausdrücke für die Bremskerne im Rahmen der Gruppendiffusionstheorie herzuleiten, soll zuerst vorausgesetzt werden, daß nur zwei Energiegruppen vorhanden sind. Die thermischen Neutronen sollen also eine Gruppe bilden, alle Neutronen mit höherer Energie die andere (schnelle) Gruppe (Kap. VIII). Wenn man annimmt, daß in der schnellen Gruppe keine Absorption von Neutronen erfolgt, kann man voraussetzen, daß der schnelle Fluß Φ_1 der Diffusionsgleichung

$$D_1 \nabla^2 \Phi_1 - \Sigma_1 \Phi_1 + Q_1 = 0 \qquad (12.10.1)$$

genügt, wobei D_1 der mittlere Diffusionskoeffizient gemäß (8.13.1) und Σ_1 der Bremsquerschnitt nach § 8.12 ist. Der erste Term erfaßt das Entweichen schneller Neutronen, der zweite den Neutronenverlust pro cm³ und sec zufolge der Abbremsung in die langsame Gruppe und der dritte ist die Quelle der schnellen Neutronen. Wenn man durch D_1 dividiert und D_1/Σ_1 durch $L_1{}^2$ ersetzt, wobei L_1 eine fiktive Diffusionslänge bedeutet, ergibt (12.10.1)

$$\nabla^2 \Phi_1 - \frac{\Phi_1}{L_1{}^2} + \frac{Q_1}{D_1} = 0. \qquad (12.10.2)$$

Der homogene Teil dieser Differentialgleichung ist ähnlich wie (5.44.3) beschaffen. Der von einer Einheitsquelle schneller Neutronen ausgehende Fluß ist also analog (5.49.1)

$$\Phi_1 = \frac{e^{-r/L_1}}{4\,\pi\,D_1\,r}. \qquad (12.10.3)$$

Daraus folgt

$$\Sigma_1 \Phi_1 = \frac{e^{-r/L_1}}{4\,\pi\,L_1{}^2\,r}. \qquad (12.10.4)$$

12.11. Dieses Ergebnis benützt man zur Konstruktion des Bremskerns für zwei Gruppen in einem unendlich ausgedehnten Medium. Wie wir oben gesehen haben, ist $\Sigma_1 \Phi_1$ die Zahl jener Neutronen, die pro cm³ und sec von der schnellen zur thermischen Gruppe übergehen. Die rechte Seite von (12.10.4) gibt daher die Wahrscheinlichkeit dafür an, daß pro cm³ und sec ein Quellneutron aus $\mathfrak{r}_0 = 0$ im Feldpunkt $\mathfrak{r}$ thermisch wird. Wenn sich daher eine Punktquelle bei $\mathfrak{r}_0$ und der Aufpunkt bei $\mathfrak{r}$ befindet, kann (12.10.4) zu

$$P(|\mathfrak{r} - \mathfrak{r}_0|) = \frac{e^{-|\mathfrak{r} - \mathfrak{r}_0|/L_1}}{4\,\pi\,L_1{}^2\,|\mathfrak{r} - \mathfrak{r}_0|} \qquad (12.11.1)$$

verallgemeinert werden. Dies ist der Zweigruppenbremskern.

12.12. Die vorhergehende Überlegung für eine schnelle und eine thermische Gruppe läßt sich auf den allgemeinen Fall von n Neutronengruppen mit Energien oberhalb der thermischen Werte übertragen (§ 8.59 ff.).

Für die Abbremsung aus der i-ten in die $(i + 1)$-te Gruppe erhält man die Diffusionsgleichung

$$D_i \nabla^2 \Phi_i(\mathfrak{r}) - \Sigma_i \Phi_i(\mathfrak{r}) + Q_i = 0, \qquad (12.12.1)$$

wobei der Quellterm Q_i durch die Zahl der Neutronen gegeben ist, welche von der $(i - 1)$-ten in die i-te Gruppe abgebremst worden sind. Unter Verallgemeinerung der für zwei Gruppen benützten Methode findet man, daß der Diffusionsbremskern für die i-te Gruppe, der die Wahrscheinlichkeit pro Volumseinheit dafür darstellt, daß ein Neutron, das an der Stelle $\mathfrak{r}_i$ in der i-ten Gruppe entsteht, an der Stelle $\mathfrak{r}_{i+1}$ in die $(i+1)$-te Gruppe eintritt, gegeben ist durch

$$P_i\left(\left|\mathfrak{r}_{i+1}-\mathfrak{r}_i\right|\right)=\frac{e^{-\left|\mathfrak{r}_{i+1}-\mathfrak{r}_i\right|/L_i}}{4\,\pi\,L_i{}^2\left|\mathfrak{r}_{i+1}-\mathfrak{r}_i\right|}, \qquad (12.12.2)$$

mit $L_i{}^2 = D_i/\Sigma_i$. Hier ist D_i der Diffusionskoeffizient in der i-ten Gruppe, und Σ_i ist durch einen zu (8.12.3) analogen Ausdruck definiert, nämlich

$$\Sigma_i = \frac{\overline{\Sigma}_s}{\dfrac{1}{\xi}\ln\dfrac{E_i}{E_{i+1}}}. \qquad (12.12.3)$$

Wenn die Zahl der Gruppen genügend groß ist, kann $\overline{\Sigma}_s$ gleich dem Streuquerschnitt für Neutronen der Energie E_i genommen werden. Andernfalls muß über den Bereich von E_i bis E_{i+1} entsprechend (8.11.3) gemittelt werden.

12.13. Wenn man die Ausdrücke der Form (12.12.2) für die individuellen Gruppenkerne $P_1, P_2, \ldots P_n$ in die allgemeine Gl. (12.9.1) einsetzt, gelangt man zum Diffusionsbremskern eines unendlich ausgedehnten Mediums für Spaltneutronen, die von $\mathfrak{r}_0$ ausgehen und bei $\mathfrak{r}_n$ thermisch werden. Später soll gezeigt werden (§ 12.63), wie die Gruppendiffusionskerne mit gewissen experimentellen Daten kombiniert werden können, um die Entwicklung eines analytischen Ausdrucks für die Bremsdichte von Neutronen in Wasser zu ermöglichen. Wie früher gezeigt worden ist, versagt das stetige Bremsmodell von FERMI, wenn entweder leichtes oder schweres Wasser als Moderator benützt wird. Der hier gezeigte Weg liefert dann eine befriedigende Lösung des Problems.

12.14. Bei der Herleitung und Anwendung der Bremskerne ist keine Absorption von Neutronen während des Bremsprozesses berücksichtigt worden. Zur Korrektur multipliziert man die durch (12.3.1) usw. gegebenen Bremskerne mit der Bremsnutzung p.

Die allgemeine Reaktorgleichung

Die Bremsdichte

12.15. Die Wahrscheinlichkeit pro Volumseinheit dafür, daß ein Quell-(Spalt-) Neutron, das bei $\mathfrak{r}_0$ freigesetzt wird, den Feldpunkt $\mathfrak{r}$ mit der Energie E erreicht, kann durch den Bremskern $P(\mathfrak{r}, \mathfrak{r}_0, E)$ dargestellt werden[1]. Wenn E die thermische Energie E_{th} bedeutet, ist der Bremskern $P(\mathfrak{r}, \mathfrak{r}_0, E_{\mathrm{th}})$ die von einer Punktquelle bei $\mathfrak{r}_0$ herrührende thermische Bremsdichte im Punkt $\mathfrak{r}$. Da die Bremsnutzung $p(E)$ jener Bruchteil der Quellneutronen ist, der in einem unendlich ausgedehnten Medium tatsächlich die Energie E erreicht, folgt, daß der Bremskern so normiert werden kann, daß

$$\int P(\mathfrak{r}, \mathfrak{r}_0, E)\, d^3\mathfrak{r} = p(E), \qquad (12.15.1)$$

wobei $d^3\mathfrak{r}$ ein Volumelement im Feldpunkt $\mathfrak{r}$ ist und die Integration über den ganzen Raum zu erstrecken ist.

---

[1] Hier wird ein allgemeineres Symbol benützt, da sich der Bremskern auch auf ein endliches Medium beziehen soll. Der Bremskern ist dann kein Verschiebungskern.

12.16. In § 7.7 haben wir gesehen, daß die Zahl der schnellen Neutronen, die in einem multiplizierenden Medium im Punkt $\mathfrak{r}_0$ pro cm³ und sec durch Spaltung erzeugt werden, gleich $(k_\infty/p)\,\Sigma_a\,\Phi\,(\mathfrak{r}_0)$ ist. Die in einem Volumelement $d^3\mathfrak{r}_0$ um den Punkt $\mathfrak{r}_0$ pro sec erzeugte Zahl von Quellneutronen ist daher $(k_\infty/p)\,\Sigma_a\,\Phi\,(\mathfrak{r}_0)\,d^3\mathfrak{r}_0$. Die Zahl der Quellneutronen, die im Volumelement $d^3\mathfrak{r}_0$ entstehen und pro cm³ und sec unter die Energie E abgebremst werden, beträgt in einem System ohne äußere Quellen unter der Annahme monoenergetischer Spalt-(Quell-) Neutronen:

$$\begin{array}{l}\text{Neutronen aus } d^3\mathfrak{r}_0,\ \text{die bei } \mathfrak{r} \text{ auf}\\[4pt]\text{Energien unter } E \text{ abgebremst werden}\end{array} = \frac{k_\infty}{p}\,\Sigma_a\,\Phi\,(\mathfrak{r}_0)\,P\,(\mathfrak{r},\,\mathfrak{r}_0,\,E)\,d^3\mathfrak{r}_0\,.$$

Die Gesamtzahl der Neutronen, die pro cm³ und sec im Feldpunkt $\mathfrak{r}$, auf eine Energie unter E abgebremst werden, also die Bremsdichte $q\,(\mathfrak{r},\,E)$, erhält man, indem man die Beiträge von allen Volumelementen im Reaktor summiert:

$$q\,(\mathfrak{r},\,E) = \int \frac{k_\infty}{p}\,\Sigma_a\,\Phi\,(\mathfrak{r}_0)\,P\,(\mathfrak{r},\,\mathfrak{r}_0,\,E)\,d^3\mathfrak{r}_0\,. \tag{12.16.1}$$

Die durch (12.16.1) gegebene Bremsdichte berücksichtigt auch die Absorption während der Bremsung, da der Bremskern auch die Neutronenverluste durch Resonanzeinfang usw. während des Bremsvorganges in Betracht ziehen muß. Dies ist aus (12.15.1) ersichtlich, wo das Integral über den Bremskern mit der Bremsnutzung identifiziert wird.

12.17. Man erhält die Bremsdichte bei thermischen Energien $q\,(\mathfrak{r},\,E_{\text{th}})$, die als Quellterm für thermische Neutronen in der Diffusionsgleichung auftritt, wenn man in (12.16.1) E_{th} für E setzt:

$$q\,(\mathfrak{r},\,E_{\text{th}}) = \int \frac{k_\infty}{p}\,\Sigma_a\,\Phi\,(\mathfrak{r}_0)\,P\,(\mathfrak{r},\mathfrak{r}_0,\,E_{\text{th}})\,d^3\mathfrak{r}_0\,. \tag{12.17.1}$$

Da der Ausdruck für $q\,(r,\,E_{\text{th}})$ bereits die Absorption während der Bremsung berücksichtigt, ist es nicht nötig, wie in § 7.6 mit p zu multiplizieren. Wenn sich im System auch eine äußere Quelle $Q\,(\mathfrak{r}_0)$ befindet, erhält man

$$q\,(\mathfrak{r},\,E_{\text{th}}) = \int \left[\frac{k_\infty}{p}\,\Sigma_a\,\Phi\,(\mathfrak{r}_0) + Q\,(\mathfrak{r}_0) \right] P\,(\mathfrak{r},\mathfrak{r}_0,\,E_{\text{th}})\,d^3\mathfrak{r}_0\,. \tag{12.17.2}$$

Die allgemeine Diffusionsgleichung

12.18. Nun wird der allgemeine Ausdruck für $q\,(\mathfrak{r},\,E_{\text{th}})$, gegeben durch (12.17.2), in die thermische Diffusionsgleichung eingesetzt:

$$D\,\nabla^2\,\Phi\,(\mathfrak{r},\,t) - \Sigma_a\,\Phi\,(\mathfrak{r},\,t) + \int_{V_R} \left[\frac{k_\infty}{p}\,\Sigma_a\,\Phi\,(\mathfrak{r}_0) + Q\,(\mathfrak{r}_0) \right] P\,(\mathfrak{r},\mathfrak{r}_0,\,E_{\text{th}})\,d^3\mathfrak{r}_0 =$$

$$= \frac{\partial n}{\partial t} = \frac{1}{v}\cdot\frac{\partial\,\Phi\,(\mathfrak{r},\,t)}{\partial t}\,. \tag{12.18.1}$$

Dabei ist V_R das Reaktorvolumen. Der thermische Neutronenfluß ist dann jene Lösung dieser Gleichung, die an der extrapolierten Grenzfläche verschwindet. Wie oben erwähnt wurde, haben wir der Einfachheit halber angenommen, daß alle Spalt- und Quellneutronen mit der gleichen Energie freigesetzt werden. Die Verallgemeinerung auf ein Spaltspektrum kann ohne Schwierigkeit durchgeführt werden. Wir haben ferner angenommen, daß alle Spaltneutronen prompt emittiert werden. Die Vernachlässigung der verzögerten Neutronen beeinträchtigt die wesentlichen Schlußfolgerungen nicht.

12.19. Im folgenden wird vorausgesetzt, daß die mittlere freie Transportweglänge — und daher auch die Extrapolationsdistanz für Neutronen aller Energien — von der Energie unabhängig ist. Diese Annahme ist für große Reaktoren sicher ausreichend, da der Neutronenfluß durch kleine Änderungen in der Extrapolationsdistanz nur unbedeutend beeinflußt wird.

12.20. Um das Randwertproblem analytisch lösen zu können, setzen wir voraus, daß nur solche Bremskerne verwendet werden, die man aus der Lösung von linearen, homogenen Differentialgleichungen erhält. In der Reaktortheorie verwendet man drei Kerne, nämlich den Gaußschen Kern, den Diffusionskern und den Transportkern; die beiden letzteren werden wie der erste aus linearen, homogenen Gleichungen hergeleitet.

12.21. Für einen nackten homogenen Reaktor versucht man eine Lösung der Diffusionsgleichung (12.18.1) zu gewinnen, indem man annimmt, daß ihr Raumteil der räumlichen Wellengleichung entspricht. Es werden also Lösungen der Wellengleichung

$$\nabla^2 Z(\mathfrak{r}) + B^2 Z(\mathfrak{r}) = 0 \qquad (12.21.1)$$

betrachtet, die an der extrapolierten Grenzfläche eines endlichen Mediums verschwinden. Die Bedingung $Z = 0$ an der Grenzfläche führt zu einer Reihe von Eigenwerten $B_n{}^2$, d. h. Z verschwindet an der Grenzfläche nur für eine diskrete Reihe von $B_n{}^2$-Werten. Die entsprechenden Eigenfunktionen Z_n bilden ein vollständiges System von Orthogonalfunktionen. Der Raumteil des Neutronenflusses, die Bremsdichte und etwaige äußere Quellverteilungen können daher nach einer unendlichen Reihe von Eigenfunktionen entwickelt werden.

12.22. Für den Neutronenfluß kann man schreiben

$$\Phi(\mathfrak{r}, t) = \sum_n A_n Z_n(\mathfrak{r}) T_n(t). \qquad (12.22.1)$$

Ganz analog kann man die äußeren Quellen durch

$$Q(\mathfrak{r}) = \sum_n Q_n Z_n(\mathfrak{r}) \qquad (12.22.2)$$

darstellen. Mit

$$F_n(t) = \frac{k_\infty}{p} \Sigma_a A_n T_n(t) + Q_n$$

findet man nach (12.17.2) für die Bremsdichte

$$q(t, \mathfrak{r}, E) = \int_{V_R} \sum_n F_n(t) Z_n(\mathfrak{r}_0) P(\mathfrak{r}, \mathfrak{r}_0, E) d^3 \mathfrak{r}_0. \qquad (12.22.3)$$

Die Koeffizienten A_n und Q_n kann man aus der Orthogonalitätsbedingung erhalten, d. h. dadurch, daß man sie als Koeffizienten einer Fourierreihe darstellt.

12.23. Aus § 12.3 ff. erkennt man, daß die Bremskerne in unendlich ausgedehnten Medien Verschiebungskerne sind, da sie nur von der Entfernung des Aufpunktes vom Quellpunkt abhängen. Ist das Medium jedoch endlich, so ändern sich die Bremskerne wegen der vorhandenen Grenzfläche. Neutronen, die nahe der Grenzfläche entstehen, entweichen nämlich mit höherer Wahrscheinlichkeit als diejenigen, welche im Innern erzeugt werden. Die Bremskerne $P(\mathfrak{r}, \mathfrak{r}_0, E)$ für ein endliches Medium, die in den obenstehenden Gleichungen vorkommen, werden deshalb ziemlich kompliziert. Um die Reaktorgleichung zu lösen, versucht man daher, die endlichen durch unendliche Bremskerne zu ersetzen. Man erreicht dies durch Einführung des Begriffs der Bildquelle.

Endliche und unendliche Kerne

12.24. Man betrachte einen Halbraum, der mit seiner (extrapolierten) Grenzfläche an das Vakuum anschließt. Weiters werde vorausgesetzt, daß sich innerhalb des Mediums eine ebene Quelle schneller Neutronen in der Entfernung x_0 von der Grenzfläche befinde (Abb. 12.24). Der unendliche (Gaußsche) Bremskern ist nach (12.4.1) durch

$$P_\infty\left(|x-x_0|,\, E\right) = \frac{e^{-|x-x_0|^2/4\,\tau\,(E)}}{[4\,\pi\,\tau\,(E)]^{1/2}} \qquad (12.24.1)$$

gegeben, wobei die Bremsnutzung p weggelassen worden ist, da sie für die anzustellenden Überlegungen unwesentlich ist. Der endliche oder besser halbunend-

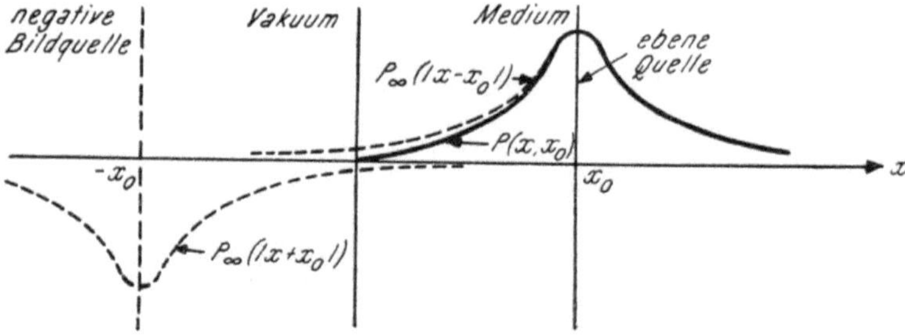

Abb. 12.24. Darstellung endlicher Bremskerne durch unendliche mit Hilfe einer Bildquelle

liche Bremskern, welcher der Bedingung genügt, daß die Bremsdichte und damit auch der Kern an der Grenzfläche, d. h. für $x = 0$, verschwindet, lautet dann

$$P(x,\, x_0,\, E) = \frac{1}{[4\,\pi\,\tau\,(E)]^{1/2}} \left[e^{-|x-x_0|^2/4\,\tau\,(E)} - e^{-|x+x_0|^2/4\,\tau\,(E)}\right]. \qquad (12.24.2)$$

Dieser endliche Kern ist die Differenz von zwei Kernen für unendliche Medien; der erste stammt von einer ebenen Quelle bei x_0, während der zweite einer negativen Bildquelle bei $x = -x_0$ entspricht, die durch die gestrichelte Linie in Abb. 12.24 angedeutet ist. Ein endlicher Kern kann also durch Überlagerung von unendlichen Kernen gewonnen werden, die von einer realen Quelle und einer Bildquelle herrühren und $q(x)$ an der extrapolierten Grenzfläche zum Verschwinden bringen.

12.25. Dieses Resultat wird nun in das Quellintegral der Diffusionsgleichung eingeführt, wobei wir zur Erläuterung wieder den Halbraum benützen. Die Flußverteilung ist in Abb. 12.25 durch die ausgezogene Kurve dargestellt. Die gestrichelte Kurve ist für negative Werte von x durch $-\Phi(|x|)$ definiert, was eine analytische Fortsetzung von $\Phi(x)$ bildet und den Beitrag der imaginären Quelle vorstellen soll. Wenn wir $(k_\infty/p)\,\Sigma_a$ weglassen, können wir das Quellintegral (12.17.1) in der Form

$$I = \int \Phi(x_0)\, P(x, x_0, E)\, dx_0 \qquad (12.25.1)$$

schreiben, wobei $P(x, x_0, E)$ ein endlicher Bremskern ist, der der gegebenen Geometrie, d. h. dem Halbraum, entspricht. Nach (12.24.2) ist also

$$I = \frac{1}{(4\,\pi\,\tau)^{\frac{1}{2}}} \int_0^\infty \Phi(x_0) \left[e^{-|x-x_0|^2/4\,\tau} - e^{-|x+x_0|^2/4\,\tau} \right] dx_0 .$$

Das erste Glied in der Klammer entspricht der realen Quelle, das zweite Glied der negativen Bildquelle bei $-x_0$. Da $\Phi(x_0)$ analytisch durch $-\Phi(|x_0|)$ fortgesetzt wird, kann das Integral in der Form

$$I = \frac{1}{(4\,\pi\,\tau)^{\frac{1}{2}}} \left[\int_0^\infty \Phi(x_0)\, e^{-|x-x_0|^2/4\,\tau}\, dx_0 + \int_{-\infty}^0 \Phi(x_0)\, e^{-|x-x_0|^2/4\,\tau}\, dx_0 \right]$$

geschrieben werden. Folglich ist

$$I = \frac{1}{(4\,\pi\,\tau)^{\frac{1}{2}}} \int_{-\infty}^\infty \Phi(x_0)\, e^{-|x-x_0|^2/4\,\tau}\, dx_0 . \qquad (12.25.2)$$

Der Vergleich von (12.25.1) mit (12.25.2) zeigt, daß der endliche Kern im ersten Integral durch einen unendlichen im zweiten Integral ersetzt worden ist. Gleichzeitig wurde die Quellverteilung analytisch fortgesetzt, um eine räumlich verteilte Bildquelle zu erhalten.

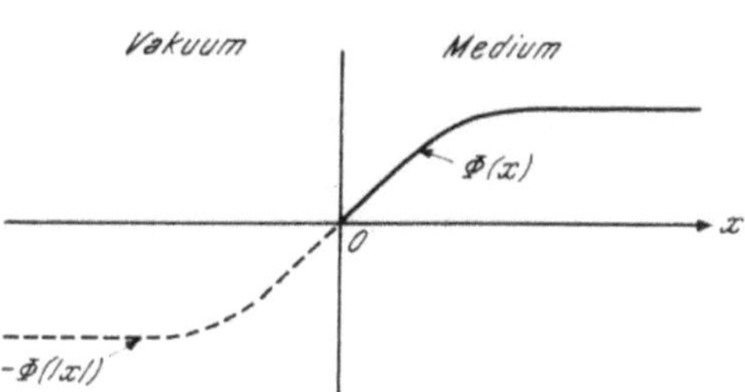

Abb. 12.25. Flußverteilung im Halbraum

Die Lösung der Reaktorgleichung[1]

12.26. Die oben erhaltenen Resultate sind ganz allgemein und können zur Lösung der Reaktorgleichung unter den entsprechenden Grenzbedingungen verwendet werden. Die Eigenfunktionen Z_n der Wellengleichung (12.21.1) werden außerhalb der extrapolierten Grenzfläche des Reaktors analytisch bis ins Unendliche fortgesetzt. Man erhält so ein verteiltes Quellsystem analog dem oben betrachteten einfachen Fall. Die endlichen Kerne in den Gln. (12.16.1) usw. können dann durch unendliche Kerne ersetzt und die Integration des Quellterms kann über den ganzen Raum ausgedehnt werden, womit man eine wertvolle Lösungsmethode für das allgemeine Problem eines endlichen multiplizierenden Mediums mit Quellen schneller Neutronen gefunden hat.

12.27. Wenn wir die Methode auf (12.22.3) anwenden, erhalten wir

$$q(t, \mathfrak{r}, E) = \int \sum_n F_n(t)\, Z_n(\mathfrak{r}_0)\, P_\infty(|\mathfrak{r} - \mathfrak{r}_0|, E)\, d^3\mathfrak{r}_0 . \qquad (12.27.1)$$

Der endliche Kern wurde dabei durch einen unendlichen ersetzt. Gleichzeitig wurden die Funktionen $\Phi(\mathfrak{r}_0, t)$ und $Q(\mathfrak{r}_0)$ analytisch fortgesetzt und die Integration über den ganzen Raum ausgedehnt. Gl. (12.27.1) für die Bremsdichte

---

[1] Der im folgenden eingeschlagene Weg stammt im wesentlichen von A. M. WEINBERG.

kann nun unter Benützung der Fourier-Transformation in eine zweckmäßigere Form gebracht werden[1].

12.28. Die Fourier-Transformierte von (12.21.1) ist

$$-\mathfrak{a}^2\,\overline{Z}_n\,(\mathfrak{a}) + B_n{}^2\,\overline{Z}_n\,(\mathfrak{a}) = 0, \quad \text{so daß} \quad (B_n{}^2 - \mathfrak{a}^2)\,\overline{Z}_n\,(\mathfrak{a}) = 0. \qquad (12.28.1)$$

Folglich ist $\overline{Z}_n\,(\mathfrak{a})$ überall Null, ausgenommen für $a^2 = B_n{}^2$. Mit der inversen Fourier-Transformation von $\overline{Z}_n\,(\mathfrak{a})$

$$Z_n\,(\mathfrak{r}) = \frac{1}{(2\,\pi)^3} \int\limits_{\mathfrak{a}\text{-Raum}} e^{-i\,\mathfrak{a}\,\mathfrak{r}}\,\overline{Z}_n\,(\mathfrak{a})\,d^3\mathfrak{a} \qquad (12.28.2)$$

geht (12.27.1) über in

$$q\,(t,\,\mathfrak{r},\,E) = \int\limits_{\mathfrak{r}\,-\,\text{Raum}} \sum_n F_n \frac{1}{(2\,\pi)^3} \int\limits_{\mathfrak{a}\,-\,\text{Raum}} e^{-i\,\mathfrak{a}\,\mathfrak{r}_0}\,\overline{Z}_n\,(\mathfrak{a})\,d^3\mathfrak{a}\,P_\infty\,(|\mathfrak{r}-\mathfrak{r}_0|,\,E)\,d^3\mathfrak{r}_0. \qquad (12.28.3)$$

Das Volumelement $d^3\mathfrak{r}_0$ ist mit $d^3(\mathfrak{r}-\mathfrak{r}_0)$ gleichbedeutend, falls die Grenzen so gewählt werden, daß sich die Integration über den ganzen Raum erstreckt. Da $\mathfrak{r}_0 = \mathfrak{r} - (\mathfrak{r}-\mathfrak{r}_0)$, kann Gl. (12.28.3) in der Form

$$q\,(t,\,\mathfrak{r},\,E) = \sum_n \frac{F_n}{(2\,\pi)^3} \int e^{-i\,\mathfrak{a}\,\mathfrak{r}}\,\overline{Z}_n\,(\mathfrak{a}) \cdot \int e^{i\,\mathfrak{a}\,(\mathfrak{r}-\mathfrak{r}_0)}\,P_\infty\,(|\mathfrak{r}-\mathfrak{r}_0|,\,E)\,d^3\,(\mathfrak{r}-\mathfrak{r}_0)\,d^3\mathfrak{a}$$
$$(12.28.4)$$

geschrieben werden. Der Ausdruck

$$\overline{P}_\infty\,(E,\,\mathfrak{a}) = \int e^{i\,\mathfrak{a}\,(\mathfrak{r}-\mathfrak{r}_0)}\,P_\infty\,(|\mathfrak{r}-\mathfrak{r}_0|,\,E)\,d^3\,(\mathfrak{r}-\mathfrak{r}_0)$$

in (12.28.4) ist die dreidimensionale Fourier-Transformierte von $P_\infty\,(|\mathfrak{r}-\mathfrak{r}_0|,\,E)$. Sie hängt nur vom Betrag von $\mathfrak{a}$ ab, da P_∞ nur eine Funktion des Betrages von $(\mathfrak{r}-\mathfrak{r}_0)$ ist. Man kann also $\overline{P}_\infty\,(E,\,\mathfrak{a}) = \overline{P}_\infty\,(E,\,a^2)$ setzen; dies ist aber nach (12.28.1) gleich $\overline{P}_\infty\,(E,\,B^2{}_n)$.

12.29. Damit geht (12.28.4) über in

$$q\,(t,\,\mathfrak{r},\,E) = \sum_n \overline{P}_\infty\,(E,\,B_n{}^2) \cdot \frac{F_n}{(2\,\pi)^3} \int e^{-i\,\mathfrak{a}\,\mathfrak{r}}\,\overline{Z}_n\,(\mathfrak{a})\,d^3\mathfrak{a}. \qquad (12.29.1)$$

Das hier auftretende Integral ist aber nach (12.28.2) identisch mit $Z_n\,(\mathfrak{r})$, so daß wir für die Bremsdichte endgültig

$$q\,(t,\,\mathfrak{r},\,E) = \sum_n F_n\,Z_n\,(\mathfrak{r})\,\overline{P}_\infty\,(E,\,B_n{}^2) \qquad (12.29.2)$$

erhalten. Diese Gleichung, welche eine Beziehung zwischen der Bremsdichte und der dreidimensionalen Fourier-Transformierten eines unendlichen Bremskerns

---

[1] Die dreidimensionale Fourier-Transformierte $\overline{Z}_n\,(\mathfrak{a})$ von $Z_n\,(\mathfrak{r})$ ist definiert durch $\overline{Z}_n\,(\mathfrak{a}) = \int e^{i\,\mathfrak{a}\,\mathfrak{r}}\,Z_n\,(\mathfrak{r})\,d^3\,\mathfrak{r}$. Die Umkehrung lautet $Z_n\,(\mathfrak{r}) = \frac{1}{(2\,\pi)^3} \int e^{-i\,\mathfrak{a}\,\mathfrak{r}}\,\overline{Z}_n\,(\mathfrak{a})\,d^3\mathfrak{a}$, wobei $\mathfrak{a} = \mathfrak{i}\,a_x + \mathfrak{j}\,a_y + \mathfrak{k}\,a_z$ eine vektorielle Integrationsvariable darstellt und die Integrationen über den ganzen $\mathfrak{r}$- bzw. $\mathfrak{a}$-Raum zu erstrecken sind.

herstellt, hat für die verallgemeinerte Reaktortheorie eine grundlegende Bedeutung. Es sei nochmals betont, daß die Entwicklung von $q\,(t, \mathfrak{r}, E)$ in Gestalt einer Reihe wie in (12.29.2) nur möglich ist, wenn die Differentialgleichung für q, z. B. die Altersgleichung, linear und homogen ist.

Die Bedeutung der Fourier-Transformierten

12.30. Die Neutronen einer bestimmten Energie E können rein mathematisch in „Beiträge" aufgeteilt werden, die von den einzelnen Eigenfunktionen $Z_n\,(\mathfrak{r})$ herrühren. Der n-te Beitrag zur Bremsdichte lautet nach (12.29.2):

$$q_n\,(\mathfrak{r},\,E) = F_n\,Z_n\,(\mathfrak{r})\,\overline{P}_\infty\,(E,\,B_n{}^2).$$

Dies ist die Zahl der Neutronen des n-ten Beitrages, die pro cm³ und sec unter die Energie E abgebremst werden. Die zugehörige Zahl schneller Neutronen ist dann

$$q_n\,(\mathfrak{r},\,E_0) = F_n\,Z_n\,(\mathfrak{r})\,\overline{P}_\infty\,(E_0,\,B_n{}^2),$$

so daß das Verhältnis der Zahl der Neutronen, welche die Energie E erreichen, zur Zahl der die Quelle mit der Energie E_0 verlassenden Neutronen für den n-ten Beitrag gegeben ist durch

$$\frac{\text{Zahl der Neutronen, welche die Energie } E \text{ erreichen}}{\text{Zahl der Neutronen, welche die Quelle verlassen}} = \frac{q_n\,(\mathfrak{r},\,E)}{q_n\,(\mathfrak{r},\,E_0)} = \frac{\overline{P}_\infty\,(E,\,B_n{}^2)}{\overline{P}_\infty\,(E_0,\,B_n{}^2)}.$$
$$(12.30.1)$$

12.31. Der Nenner dieser Gleichung ist gleich Eins, wie man durch Wahl eines geeigneten unendlichen Bremskerns, z. B. eines Gaußschen Kerns, der auf einer linearen, homogenen Differentialgleichung beruht, zeigen kann. Später (§ 12.54) wird gezeigt werden, daß bei Benützung eines Gaußschen Bremskerns der Ausdruck $\overline{P}_\infty\,(E, B_n{}^2)$ gleich $p\,e^{-B_n{}^2\tau}$ ist, wobei p die Bremsnutzung und τ das Fermi-Alter von Neutronen der Energie E ist. Für Quellneutronen ($\tau = 0, p = 1$) wird $\overline{P}_\infty\,(E_0, B_n{}^2)$ gleich Eins. Dieses Resultat gilt ganz allgemein, so daß aus (12.30.1) erschlossen werden kann, daß für den n-ten Beitrag

$$\frac{\text{Zahl der Neutronen, welche die Energie } E \text{ erreichen}}{\text{Zahl der Neutronen, welche die Quelle verlassen}} = \overline{P}_\infty\,(E,\,B_n{}^2).$$
$$(12.31.1)$$

$\overline{P}_\infty\,(E, B_n{}^2)$ ist also die Wahrscheinlichkeit dafür, daß die zur n-ten Eigenfunktion gehörenden Neutronen die Energie E erreichen, ohne aus dem System zu entweichen oder bei höheren Energien absorbiert zu werden.

Annäherung an den kritischen Zustand

12.32. Man betrachte ein endliches, aus Brennstoff und Moderator aufgebautes System, das bei $\mathfrak{r}_0$ eine Punktquelle schneller Neutronen enthält, die mit der Deltafunktion δ durch $Q\,\delta\,(\mathfrak{r} - \mathfrak{r}_0)$ dargestellt werden kann. Um das Problem zu vereinfachen, wird — wie oben — angenommen, daß die durch Spaltung erzeugten und die von einer äußeren Quelle herrührenden Neutronen mit der gleichen Energie freigesetzt werden.

12.33. Wenn die n-ten Glieder der Entwicklungen in den Gln. (12.22.1), (12.22.2) und (12.29.2) in die allgemeine Diffusionsgleichung (12.18.1) eingesetzt werden, erhält diese für thermische Neutronen im n-ten Zustand die Gestalt

$$- D B_n{}^2 A_n T_n (t) Z_n (\mathfrak{r}) - \Sigma_a A_n T_n (t) Z_n (\mathfrak{r}) +$$

$$+ \left[\frac{k_\infty}{p} \Sigma_a A_n T_n (t) + Q_n \right] Z_n (\mathfrak{r}) \, \overline{P}_\infty (B_n{}^2) = \frac{1}{v} A_n Z_n (\mathfrak{r}) \frac{d T_n (t)}{d T}, \qquad (12.33.1)$$

wobei $\nabla^2 Z_n (\mathfrak{r})$ in Übereinstimmung mit (12.21.1) durch $- B_n{}^2 Z_n (\mathfrak{r})$ ersetzt und das Symbol E_{th} für die thermische Energie im Argument von $P_\infty (E_{\text{th}}, B_n{}^2)$ weggelassen worden ist. Wenn man (12.33.1) durch $\Sigma_a A_n T_n Z_n$ dividiert und die Beziehungen $D/\Sigma_a = L^2$ und $l_0 = 1/\Sigma_a v$ benützt, erhält man

$$\frac{k_\infty}{p} \, \overline{P}_\infty (B_n{}^2) - (1 + L^2 B_n{}^2) + \frac{Q_n \, \overline{P}_\infty (B_n{}^2)}{\Sigma_a A_n T_n (t)} = \frac{l_0}{T_n (t)} \cdot \frac{d T_n (t)}{dt} .$$

12.34. Wir dividieren durch $1 + L^2 B_n^2$, ersetzen $l_0/(1 + L^2 B_n^2)$ durch die Lebensdauer l_n der Neutronen des n-ten Beitrags für ein endliches Medium und erhalten

$$\left[\frac{k_\infty P_\infty (B_n{}^2)}{p (1 + L^2 B_n{}^2)} - 1 \right] + \frac{Q_n \, \overline{P}_\infty (B_n{}^2)}{\Sigma_a (1 + L^2 B_n{}^2) A_n T_n (t)} = \frac{l_n}{T_n (t)} \cdot \frac{d T_n (t)}{dt} .$$

Die Lösung dieser Differentialgleichung als Funktion von t lautet

$$T_n (t) = C \cdot e^{(k_n - 1) t / l_n} + \frac{Q_n \, \overline{P}_\infty (B_n{}^2)}{A_n \Sigma_a (1 + L^2 B_n{}^2) (1 - k_n)} ,$$

wobei k_n durch

$$k_n = \frac{k_\infty \, \overline{P}_\infty (B_n{}^2)}{p (1 + L^2 \mathbf{B}_n{}^2)} \qquad (12.34.1)$$

definiert ist.

12.35. Der gesamte Neutronenfluß im System ist nach (12.22.1) durch

$$\Phi (\mathfrak{r}, t) = \sum_n \left[A_n{}' Z_n (\mathfrak{r}) e^{(k_n - 1) t / l_n} + \frac{Q_n Z_n (\mathfrak{r}) \, \overline{P}_\infty (B_n{}^2)}{\Sigma_a (1 + L^2 B_n{}^2) (1 - k_n)} \right] \qquad (12.35.1)$$

gegeben, wobei $A_n{}'$ eine kombinierte Konstante ist. Das ist der allgemeine Ausdruck für den thermischen Neutronenfluß in einem endlichen, multiplizierenden System mit einer äußeren Quelle, unabhängig davon, ob das System sich in einem stationären Zustand befindet oder nicht.

12.36. Aus dem Auftreten von k_n im zweiten Term ist ersichtlich, daß die schnellen Neutronen der äußeren Quelle durch Spaltungen multipliziert werden. Wäre kein Spaltmaterial vorhanden, so daß k_∞ und daher auch k_n Null wäre, würde sich (12.35.1) auf

$$\Phi (\mathfrak{r}) = \sum_n \frac{Q_n Z_n (\mathfrak{r}) \, \overline{P}_\infty (B_n{}^2)}{\Sigma_a (1 + L^2 B_n{}^2)}$$

reduzieren. Infolge der Spaltung wird daher jeder Beitrag des thermischen Neutronenflusses, der sich aus einer gegebenen Quelle in einem nichtmultiplizierenden System ergeben würde, mit $1/(1 - k_n)$ multipliziert, wobei angenommen wird, daß Geometrie, Streuung und Abbremsung in beiden Fällen gleich sind.

12.37. Die allgemeine Gl. (12.35.1) soll benützt werden, um die Existenz einer spezifischen, kritischen Geometrie für ein gegebenes multiplizierendes

System zu beweisen. Stellen wir uns z. B. ein rechtwinkeliges Parallelepiped mit den Dimensionen a, b, c vor, das im Mittelpunkt eine Punktquelle schneller Neutronen enthält. Dieses System ist symmetrisch in bezug auf die Achsen eines Cartesischen Koordinatensystems (x, y, z), dessen Ursprung im Mittelpunkt des Parallelepipeds liegt und dessen Achsen parallel zu den Kanten sind. Die Eigenfunktionen sind daher gerade Funktionen, d. h.

$$Z_n = \cos \frac{u \pi x}{a} \cos \frac{v \pi y}{b} \cos \frac{w \pi z}{c}$$

und die entsprechenden Eigenwerte, welche den Randbedingungen genügen, sind:

$$B_n{}^2 = \pi^2 \left[\left(\frac{u}{a} \right)^2 + \left(\frac{v}{b} \right)^2 + \left(\frac{w}{c} \right)^2 \right], \tag{12.37.1}$$

wobei u, v und w positive, ungerade Zahlen sind. Wenn die Anordnung stark unterkritisch ist, weil sie z. B. zu klein ist, dann ist $B_n{}^2$ groß.

12.38. Wenn man die Dimensionen des Systems vergrößert, so nimmt $B_n{}^2$ ab. Aus Gl. (12.34.1), die k_n definiert, sieht man, daß k_n zunimmt, bis es schließlich gleich Eins wird. Die $B_n{}^2$ bilden eine Folge von Werten, die für feste a, b, c mit wachsendem n monoton zunehmen, wobei der kleinste Wert der ist, für welchen $u = v = w = 1$ [s. Gl. (12.37.1)]. Dies entspricht dem größten Wert von k_n. Diese Werte von u, v, w geben den kleinsten der Eigenwerte für das vorliegende Randwertproblem.

12.39. Solange k_n für alle n kleiner als Eins ist, führt das erste Glied in (12.35.1) allein zu einem exponentiellen Abklingen des Flusses mit der Zeit, da $k_n - 1$ für alle n negativ ist. Unter diesen Umständen kann sich die Kettenreaktion nicht selbst erhalten. Die Sickerverluste sind zu groß oder der Multiplikationsfaktor k_∞ ist zu klein. Es sind äußere Quellen erforderlich, um das Neutronengleichgewicht aufrecht zu erhalten. Der stationäre Zustand des Flusses — nach Ablauf einer für das Abklingen der exponentiellen Terme hinreichenden Zeitspanne — ist bei Vorhandensein einer äußeren Quelle gegeben durch

$$\Phi(\mathfrak{r}) = \sum_n \frac{Q_n Z_n(\mathfrak{r}) \overline{P}_\infty(B_n{}^2)}{\Sigma_a (1 + L^2 B_n{}^2)(1 - k_n)}. \tag{12.39.1}$$

Der kritische Zustand

12.40. Wir vergrößern nun das Volumen des aus Brennstoff und Moderator bestehenden Systems so lange, bis

$$k_1 = 1$$

ist, wobei k_1 das größte k_n ist, das zu $u = v = w = 1$ gehört und dem Grundeigenwert $B_1{}^2$ entspricht. Das erste Glied in (12.35.1) wird dann für $n = 1$ konstant. Der zweite Term wird jedoch unendlich, wenn eine äußere Quelle vorhanden ist. Die Quelle muß daher entfernt werden. Die kritische Gleichung lautet also

$$k_1 = \frac{k_\infty \overline{P}_\infty(B_1{}^2)}{p(1 + L^2 B_1{}^2)} = 1. \tag{12.40.1}$$

12.41. Da k_1 das größte k_n ist, sind alle anderen für $n > 1$ kleiner als Eins. Die Glieder, die dem ersten Term in (12.35.1) folgen, klingen daher mit der Zeit exponentiell ab und müssen im stationären Zustand verschwinden. Wenn daher eine Kettenreaktion ohne äußere Quelle kritisch ist, reduziert sich die Fourier-Entwicklung des Neutronenflusses auf den Hauptterm. Der stationäre Fluß im oben betrachteten rechtwinkeligen Parallelepiped wird durch

$$\Phi\,(x,y,z) = A\,\cos\frac{\pi\,x}{a}\,\cos\frac{\pi\,y}{b}\,\cos\frac{\pi\,z}{c} \qquad (12.41.1)$$

dargestellt.

Gleichwertig damit ist die Behauptung, daß der Fluß der Wellengleichung

$$\nabla^2\,\Phi + B^2\,\Phi = 0$$

mit $\Phi = 0$ an der Grenzfläche genügt, wobei

$$\frac{k_\infty\,\overline{P}_\infty\,(B^2)}{p\,(1 + L^2\,B^2)} = 1 \qquad (12.41.2)$$

die kritische Gleichung darstellt. Für die betrachtete Geometrie ist die Flußwölbung B^2 nach (12.37.1) gegeben durch

$$B^2 = \left(\frac{\pi}{a}\right)^2 + \left(\frac{\pi}{b}\right)^2 + \left(\frac{\pi}{c}\right)^2.$$

Der Index Eins ist bei B^2 weggelassen worden, da im kritischen Zustand nur ein Wert von Bedeutung ist. Das wesentliche Ergebnis besteht darin, daß der Neutronenfluß in kritischen oder fast kritischen Anordnungen mit Hilfe der an der extrapolierten Grenzfläche verschwindenden Grundschwingung der Wellengleichung ausgedrückt werden kann.

12.42. Wenn k_1 größer als Eins ist, wird die Anordnung überkritisch, und der Fluß wächst infolge der exponentiellen Zunahme des ersten Terms in (12.35.1) mit der Zeit an, wobei bei geringer Abweichung vom kritischen Zustand, also für kleines $k_1 - 1$, die Geschwindigkeit der Zunahme im wesentlichen durch diese Größe im Zähler des Exponenten bestimmt wird. Ist k_1 viel größer als Eins, dann kann auch k_2 Eins übertreffen und zwei Glieder der Reihe wachsen mit der Zeit an. Dieser Fall hat allerdings keine praktische Bedeutung, da diese Situation im Reaktorbetrieb unbedingt vermieden werden muß.

Die asymptotische Reaktorgleichung und die materielle Flußwölbung

12.43. Wenn in einem multiplizierenden System ein stationärer Zustand ohne äußere Quelle aufrecht erhalten werden soll, reduziert sich die thermische Diffusionsgleichung (12.18.1) auf

$$D\,\nabla^2\,\Phi\,(\mathfrak{r}) - \Sigma_a\,\Phi\,(\mathfrak{r}) + \Sigma_a\,\frac{k_\infty}{p}\int_{V_R} \Phi\,(\mathfrak{r}_0)\,P\,(\mathfrak{r},\mathfrak{r}_0,\,E_{\text{th}})\,d^3\,\mathfrak{r}_0 = 0. \qquad (12.43.1)$$

Der Reaktor wurde als homogen vorausgesetzt, so daß k_∞, p und Σ_a vom Ort unabhängig sind und daher vor das Integral genommen werden können. Diese Gleichung kann unter der Annahme, daß die Extrapolationsdistanz unabhängig von der Neutronenenergie ist (§ 12.19), mit der Methode von § 12.26 ff. gelöst werden. Daraus erhält man das Bildsystem durch analytische Fortsetzung der Eigenfunktionen der Wellengleichung (12.21.1). Wenn jedoch die Extrapolationsdistanz mit der Neutronenenergie variiert, kann das Bildsystem den Grenzbedingungen für $q\,(\mathfrak{r},E)$ nicht für alle Energien genügen. Durch Ersetzen des Bremskerns für das endliche Medium durch einen unendlichen Bremskern und Ausdehnung der Integration über den ganzen Raum erhält man die asymptotische Gleichung:

$$D\,\nabla^2\,\Phi\,(\mathfrak{r}) - \Sigma_a\,\Phi\,(\mathfrak{r}) + \frac{k_\infty}{p}\,\Sigma_a \int \Phi\,(\mathfrak{r}_0)\,P_\infty\,(|\mathfrak{r}-\mathfrak{r}_0|)\,d^3\,\mathfrak{r}_0 = 0, \quad (12.43.2)$$

wobei die Integration über den ganzen Raum zu erstrecken ist. In einem endlichen System verschwindet $\Phi\,(\mathfrak{r}_0)$ in der extrapolierten Grenzfläche, und $P_\infty\,(|\mathfrak{r}-\mathfrak{r}_0|)$ nimmt mit wachsendem $|\mathfrak{r}-\mathfrak{r}_0|$ sehr rasch ab. Wenn das System groß ist, gibt daher (12.43.2) eine asymptotische Lösung von (12.43.1), welche in entsprechender Entfernung von den Grenzflächen gilt.

12.44. Wenn man die Fourier-Transformation (§§ 12.28, 12.29) auf $\Phi\,(\mathfrak{r}_0)$ anwendet, kann man zeigen, daß

$$\int \Phi\,(\mathfrak{r}_0)\,P_\infty\,(|\mathfrak{r}-\mathfrak{r}_0|)\,d^3\,\mathfrak{r}_0 = \Phi\,(\mathfrak{r})\,\overline{P}_\infty\,(B^2),$$

wobei $\overline{P}_\infty\,(B^2)$ die in § 12.28 definierte dreidimensionale Fourier-Transformierte für $E = E_\mathrm{th}$ ist. Damit wird (12.43.2) zu

$$D\,\nabla^2\,\Phi\,(\mathfrak{r}) - \Sigma_a\,\Phi\,(\mathfrak{r}) + \frac{k_\infty}{p}\,\Sigma_a\,\Phi\,(\mathfrak{r})\,\overline{P}_\infty\,(B^2) = 0. \qquad (12.44.1)$$

Wenn B^2 der Wellengleichung

$$\nabla^2\,\Phi\,(\mathfrak{r}) + B^2\,\Phi\,(\mathfrak{r}) = 0 \qquad (12.44.2)$$

genügt, folgt aus (12.44.1):

$$\frac{k_\infty\,\overline{P}_\infty\,(B^2)}{p\,(1 + L^2\,B^2)} = 1. \qquad (12.44.3)$$

Dies bedeutet, daß die asymptotische Reaktorgleichung durch jede Lösung der Wellengleichung (12.44.2) erfüllt wird, vorausgesetzt, daß B^2 eine Wurzel der kritischen Gl. (12.44.3) ist.

12.45. Da k_∞, p, L^2 und $\overline{P}_\infty\,(B^2)$ mikroskopische Eigenschaften des multiplizierenden Systems sind, gibt es für eine gegebene Reaktorzusammensetzung nur einen Wert von B^2, welcher (12.44.3) genügt, nämlich die *materielle Flußwölbung* $B_m{}^2$, die oben für das Modell der stetigen Abbremsung (§ 7.24) definiert worden ist. Die asymptotische Gleichung für einen kritischen Reaktor wird daher nur durch eine einzige Lösung der Wellengleichung

$$\nabla^2\,\Phi\,(\mathfrak{r}) + B_m{}^2\,\Phi\,(\mathfrak{r}) = 0, \qquad (12.45.1)$$

erfüllt. Im allgemeinen gelten die asymptotische Reaktorgleichung und ihre asymptotische Lösung nur in Gebieten der Spaltzone, deren Entfernungen von den Grenzflächen groß sind gegenüber der Bremslänge. Wenn die Extrapolationsdistanz unabhängig von der Neutronenenergie ist, wird die asymptotische Lösung identisch mit der Lösung der exakten Gl. (12.43.1), wie sie in den §§ 12.40, 12.41 gegeben ist.

12.46. Für ein großes System, das zwar unterkritisch ist, aber durch eine äußere Neutronenquelle im stationären Zustand erhalten wird, kann die Neutronenbilanz in einem von der Quelle weit entfernten Gebiet, wo praktisch alle Neutronen von Spaltungen herrühren, immer noch ziemlich genau durch (12.43.1) dargestellt werden. Unter der Voraussetzung, daß das Gebiet mehr als eine Bremslänge von den Grenzflächen der Anordnung entfernt ist, kann die Bremsdichte mit Hilfe des Bremskerns für ein unendliches Medium ausgedrückt und die Integration wie in (12.43.2) über den ganzen Raum erstreckt werden. Die stationäre thermische Flußverteilung in einem großen, subkritischen Reaktor in Gebieten, die entsprechend weit von den Quellen und Grenzflächen entfernt sind, wird daher mit guter Annäherung durch Lösungen von (12.45.1) beschrieben, wobei $B_m{}^2$ die materielle Flußwölbung des speziellen multiplizierenden Mediums ist. Im Exponentialversuch nach Kap. IX wird der Wert von $B_m{}^2$ aus der gemessenen Flußverteilung in einer stationären subkritischen Anordnung bestimmt. Wenn man $B_m{}^2$ gleich der (kritischen) geometrischen Flußwölbung setzt, ergeben sich die Dimensionen des kritischen Reaktors, der dieselben mikroskopischen Eigenschaften hat wie die experimentelle Anordnung. Das Exponentialexperiment kann allerdings bei Systemen mit angereichertem Uran nicht zur Bestimmung der materiellen Flußwölbung verwendet werden; die unterkritische Anordnung würde in der Regel sehr klein ausfallen, so daß die asymptotische Lösung nur beschränkt gilt.

Die kritische Gleichung für verschiedene Bremskerne

Die Verbleibwahrscheinlichkeit während der Bremsung

12.47. In § 12.31 wurde gezeigt, daß der Bruchteil der Quellneutronen eines Eigenzustandes, welche tatsächlich die Energie E erreichen, gleich der Fourier-Transformierten des unendlichen Bremskerns für diesen Eigenzustand ist. Wenn der Reaktor kritisch ist, liefert nur der kleinste Eigenwert einen Beitrag. Mit $E = E_{\text{th}}$ folgt aus (12.31.1):

$$\frac{\text{Zahl der Neutronen, die thermisch werden}}{\text{Zahl der Neutronen, welche die Quelle verlassen}} = \overline{P}_\infty\,(B^2), \qquad (12.47.1)$$

wobei $\overline{P}_\infty\,(B^2)$ mit $\overline{P}_\infty\,(B_1{}^2)$ in (12.40.1) identisch ist bzw. mit $\overline{P}_\infty\,(B^2)$ in der kritischen Gl. (12.41.2). Wenn es keine Sickerverluste aus dem Reaktor gäbe (unendliches Medium), wäre der durch (12.47.1) dargestellte Bruch identisch mit der Bremsnutzung p. Bei einem endlichen System ist $\overline{P}_\infty\,(B^2)$ jedoch die gesamte Wahrscheinlichkeit dafür, daß Neutronen während der Bremsung weder entweichen noch eingefangen werden. Die Verbleibwahrscheinlichkeit während der Abbremsung auf thermische Energien ist also $\overline{P}_\infty\,(B^2)/p$. Dieses Ergebnis ist ganz allgemein und unabhängig von der speziellen Bremstheorie. Später wird gezeigt werden, daß sich z. B. bei Verwendung des Fermi-Bremskerns für $\overline{P}_\infty\,(B^2)/p$ der Ausdruck $e^{-B^2\tau}$ ergibt, in Übereinstimmung mit dem in Kap. VII erhaltenen Resultat.

Momentenform der kritischen Gleichung

12.48. Die kritische Gleichung kann in einer Form geschrieben werden, welche zu Bremsdichtemessungen in einem gegebenen Medium in Beziehung gesetzt werden kann. Im kritischen Zustand ist die dreidimensionale Fourier-Transformierte eines unendlichen Bremskerns $P_\infty\,(|\mathfrak{r} - \mathfrak{r}_0|)$ für thermische Neutronen gegeben durch (§ 12.28)

$$\overline{P}_\infty\,(B^2) = \int e^{i\,\mathfrak{B}\,(\mathfrak{r} - \mathfrak{r}_0)}\,P_\infty\,(|\mathfrak{r} - \mathfrak{r}_0|)\,d^3\,(\mathfrak{r}_0 - \mathfrak{r}), \qquad (12.48.1)$$

wobei B^2 den kleinsten Eigenwert der Wellengleichung darstellt, da die höheren nicht in Betracht kommen (§ 12.41). In Polarkoordinaten lautet diese Gleichung:

$$\overline{P}_\infty (B^2) = 4\pi \int_0^\infty P_\infty (r) \frac{\sin Br}{Br} r^2 \, dr, \qquad (12.48.2)$$

wobei r gleich $|\mathfrak{r} - \mathfrak{r}_0|$ und $P_\infty (r)$ der Bremskern für ein unendliches Medium ist. Durch Entwickeln von $\sin Br/Br$ in eine Taylor-Reihe und gliedweise Integration erhält man den Ausdruck für die Fourier-Transformierte des Bremskerns:

$$\overline{P}_\infty (B^2) = 4\pi \sum_{n=0}^\infty \frac{(-1)^n}{(2n+1)!} B^{2n} \int_0^\infty r^{2n} P_\infty (r) \, r^2 \, dr. \qquad (12.48.3)$$

12.49. Das $2n$-te Moment der Bremsdichteverteilung ist durch

$$\overline{r^{2n}} = \frac{\displaystyle\int_0^\infty r^{2n} P_\infty (r) \, 4\pi\, r^2 \, dr}{\displaystyle\int_0^\infty P_\infty (r) \, 4\pi\, r^2 \, dr} \qquad (12.49.1)$$

definiert. Da der Bremskern so normiert ist, daß er nach (12.15.1) die Bremsnutzung p ergibt, folgt

$$4\pi \int_0^\infty P_\infty (r) \, r^2 \, dr = p. \qquad (12.49.2)$$

Daher führt (12.49.1) zu

$$\int_0^\infty r^{2n} P_\infty (r) \, r^2 \, dr = \frac{p}{4\pi} \, \overline{r^{2n}},$$

und (12.48.3) geht über in

$$\overline{P}_\infty (B^2) = p \sum_{n=0}^\infty \frac{(-1)^n}{(2n+1)!} B^{2n} \, \overline{r^{2n}}. \qquad (12.49.3)$$

Die kritische Gl. (12.40.1) kann dann durch die geraden Momente der thermischen Bremsdichteverteilung ausgedrückt werden:

$$\frac{k_\infty}{1 + L^2 B^2} \sum_{n=0}^\infty \frac{(-1)^n}{(2n+1)!} B^{2n} \overline{r^{2n}} = 1. \qquad (12.49.4)$$

Man nennt dies die Momentenform der kritischen Gleichung.

12.50. Wenn der Reaktor groß ist gegenüber $\sqrt{\overline{r^2}}$, der Quadratwurzel aus dem mittleren Quadrat der Bremsdistanz, so ist die Flußwölbung B^2 klein gegenüber $1/\overline{r^2}$, und in (12.49.4) können die Glieder mit $n > 1$ vernachlässigt werden. Unter diesen Umständen ist

$$\sum_{n=0}^\infty \frac{(-1)^n}{(2n+1)!} B^{2n} \overline{r^{2n}} \approx 1 - \frac{1}{6} B^2 \overline{r^2}. \qquad (12.50.1)$$

Dabei ist $\overline{r^2}$ das mittlere Quadrat der Entfernung zwischen der Quelle eines Spaltneutrons in einem unendlichen Medium und dem Ort, an dem es thermisch wird. $\overline{r^2}$ ist daher gleich der durch r_s^2 dargestellten Größe (§ 7.63). Wenn wir dies in die kritische Gl. (12.49.4) einsetzen, ergibt sich

$$\frac{k_\infty}{(1 + L^2 B^2)} \left(1 - \frac{1}{6} B^2 \overline{r_s^2}\right) = 1. \qquad (12.50.2)$$

Wenn $B^2 \overline{r_s^2}/6$ klein gegenüber Eins ist, kann dieser Ausdruck angenähert in der Form

$$\frac{k_\infty}{(1 + L^2 B^2)\left(1 + \frac{1}{6} B^2 \overline{r_s^2}\right)} \approx \frac{k_\infty}{1 + B^2 \left(L^2 + \frac{1}{6} \overline{r_s^2}\right)} = 1 \qquad (12.50.3)$$

geschrieben werden. Da $L^2 + \overline{r_s^2}/6$ gleich der Wanderfläche W^2 ist, folgt

$$\frac{k_\infty}{1 + W^2 B^2} = 1.$$

Dies stimmt mit Formel (7.63.2) überein, die aus der Theorie der stetigen Abbremsung und für einen großen Reaktor hergeleitet worden ist. Wie zu erwarten war, ist also die Verbleibwahrscheinlichkeit für große Reaktoren im wesentlichen eine Funktion der Wanderfläche und vom benützten Bremsmodell unabhängig.

12.51. Zur experimentellen Bestimmung von $\overline{r^{2n}}$ muß die Bremsdichte in einem Moderator bei verschiedenen Entfernungen r von der Neutronenquelle gemessen werden. Die Ergebnisse werden sodann empirisch an einen geeigneten Bremskern $P_\infty(r)$, der z. B. auf der Fermi-Methode oder auf der Gruppenmethode beruht, angepaßt. Der Kern wird dann in (12.49.1) eingesetzt, und das Integral wird ausgewertet, um $\overline{r^{2n}}$ für einige Werte von n zu erhalten. Wenn n gleich 1 ist, ist das Ergebnis $\overline{r_s^2}$, wobei $\overline{r_s^2}/6$ mit dem Fermi-Alter identifiziert wird, obwohl es mit dem letzteren eigentlich nur dann gleich ist, wenn das Modell der stetigen Abbremsung angewendet werden kann. Die experimentellen Werte von $\overline{r^{2n}}$ werden schließlich in (12.49.4) eingesetzt, und man erhält eine kritische Gleichung, die von speziellen Bremskernen unabhängig ist.

12.52. In der Praxis ist die Ermittlung von Momenten höherer Ordnung aus zwei Gründen schwierig. Erstens sollen die Messungen in großer Entfernung von der Quelle vorgenommen werden, wo der Fluß schon sehr klein ist, und zweitens müssen — bei Verwendung von Indiumfolien — die Bremsdichten bei ungefähr 1,4 eV, dem Resonanzniveau des Indiums, gemessen werden, und man muß daher Korrekturen anbringen, um die Werte für thermische Energien zu erhalten. Außerdem sollten die Messungen in einem Medium vorgenommen werden, das die gleiche Resonanzabsorption aufweist wie der Reaktor; zu diesem Zweck kann man die entsprechende Absorbermenge im Medium gleichmäßig verteilen.

Gaußsche Kerne und kritische Gleichung

12.53. Die Lösung der Altersgleichung für eine Punktquelle in einem unendlichen nichtabsorbierenden Medium lautet nach § 6.138

$$q\,(r,\, E_{\text{th}}) = \frac{e^{-r^2/4\tau}}{(4\,\pi\,\tau)^{3/2}},$$

wobei der Koordinatenursprung in der Quelle angenommen wird und τ das Alter der von einer monoenergetischen Spaltungsquelle stammenden thermischen Neutronen bedeutet. Die Bremsdichte in einem absorbierenden Medium ergibt sich durch Multiplikation mit der Bremsnutzung p (§ 6.159), so daß der entsprechende (unendliche) Bremskern die Form

$$P_\infty (r) = \frac{p\, e^{-r^2/4\tau}}{(4\,\pi\,\tau)^{3/2}} \qquad (12.53.1)$$

hat. Die Fourier-Transformierte von $P_\infty (r)$ ist nach (12.48.2):

$$\overline{P}_\infty (B^2) = \frac{p}{(4\,\pi)^{1/2}\, \tau^{3/2}\, B} \int_0^\infty e^{-r^2/4\tau}\, r\, \sin Br\, dr. \qquad (12.53.2)$$

12.54. Um (12.53.2) mittels partieller Integration zu berechnen, setzt man

$$u = \sin Br \qquad\qquad du = B\, \cos Br\, dr$$

$$v = -2\,\tau\, e^{-r^2/4\tau} \qquad dv = r\, e^{-r^2/4\tau}\, dr$$

und erhält

$$\overline{P}_\infty (B^2) = \frac{p}{(4\,\pi)^{1/2}\, \tau^{3/2}\, B} \left[-2\,\tau\, e^{-r^2/4\tau}\, \sin Br \Big|_0^\infty + 2\,\tau\, B \int_0^\infty e^{-r^2/4\tau}\, \cos Br\, dr \right].$$
$$(12.54.1)$$

Das erste Glied in der Klammer ist Null und das Integral kann einer Tafel[1] entnommen werden:

$$\overline{P}_\infty (B^2) = p\, e^{-B^2 \tau}. \qquad (12.54.2)$$

Wie wir oben gesehen haben, ist der Verbleibfaktor während der Abbremsung auf thermische Energien gleich $\overline{P}_\infty (B^2)/p$, d. h. im vorliegenden Fall gleich $e^{-B^2\tau}$. Dies stimmt natürlich mit der Lösung der Altersgleichung überein (§ 7.29). Mit (12.54.2) lautet die kritische Gl. (12.41.2)

$$\frac{k_\infty\, e^{-B^2\tau}}{1 + L^2 B^2} = 1. \qquad (12.54.3)$$

Sie ist in dieser Form bereits aus Kap. VII bekannt.

Die kritische Gleichung für einen Gaußschen Bremskern unter Berücksichtigung des Spaltspektrums

12.55. Im vorhergehenden Fall wurde vorausgesetzt, daß die Neutronen der Spaltquelle monoenergetisch sind, während in der folgenden Erweiterung zusätzlich das Energiespektrum der Spaltneutronen berücksichtigt wird (§ 4.7). Wenn das Modell der stetigen Abbremsung verwendet werden darf, erhält man den verallgemeinerten Bremskern durch Überlagerung von Gaußschen Kernen, die über das Spaltspektrum integriert werden.

12.56. Es sei $s(E_0)\, dE_0$ der Bruchteil der Spaltneutronen, deren Energie zwischen E_0 und $E_0 + dE_0$ liegt, so daß die Funktion $s(E_0)$ als der analytische Ausdruck für das Spaltspektrum betrachtet werden kann. Das Alter $\tau(E_0, E)$ der Neutronen mit der Energie E ist gegeben durch

$$\tau(E_0, E) = \int_E^{E_0} \frac{D}{\xi\, \Sigma_s} \cdot \frac{dE'}{E'}. \qquad (12.56.1)$$

---

[1] Siehe z. B. W. Gröbner und N. Hofreiter, Integraltafel, 2. Teil: Bestimmte Integrale, 2. Aufl., S. 65, 7a. Wien: Springer, 1958.

Der Bremskern wird analog zu (12.53.1) gebildet:

$$P_\infty \,(r,\,E) = p\,(E) \int\limits_E^\infty \frac{e^{-r^2/4\,\tau\,(E_0,\,E)}}{[4\,\pi\,\tau\,(E_0,\,E)]^{3/2}}\,s\,(E_0)\,dE_0. \qquad (12.56.2)$$

Dabei ist $p\,(E)$ die Bremsnutzung für Neutronen der Energie E. Ganz analog zu (12.54.2) findet man für die Fourier-Transformierte von (12.56.2):

$$\bar{P}_\infty \,(B^2,\,E) = p\,(E) \int\limits_E^\infty e^{-B^2\,\tau\,(E_0,\,E)}\,s\,(E_0)\,dE_0. \qquad (12.56.3)$$

Da fast alle Spaltneutronen mit Energien über 0,1 MeV entstehen, ist das Spaltspektrum unter 0,1 MeV praktisch Null. Daraus folgt, daß die Bremsnutzung für alle Spaltneutronen praktisch gleich ist. Der Resonanzeinfang geht nämlich fast ausschließlich bei Energien weit unter 0,1 MeV vor sich. Man kann also $p\,(E)$ als Funktion jener Energie E schreiben, für welche $\bar{P}_\infty\,(B^2,\,E)$ berechnet wird.

12.57. Die Verbleibwahrscheinlichkeit für thermische Neutronen ist in unserem Fall gleich $\bar{P}_\infty\,(B^2,\,E_{\text{th}})/p\,(E_{\text{th}})$, und die kritische Gleichung lautet daher

$$\frac{k_\infty}{1 + L^2 B^2} \int\limits_{E_{\text{th}}}^\infty e^{-B^2\,\tau\,(E_0,\,E_{\text{th}})}\,s\,(E_0)\,dE_0 = 1. \qquad (12.57.1)$$

Wenn alle Spaltneutronen mit der gleichen Energie erzeugt werden, so daß $s\,(E_0)$ eine Diracsche Deltafunktion ist, reduziert sich (12.57.1) auf die oben in (12.54.3) hergeleitete, monochromatische kritische Gleichung.

12.58. Um das Spaltspektrum bei Abschätzung der kritischen Bedingungen zu berücksichtigen, muß ein geeignetes mittleres Alter $\bar{\tau}$ verwendet werden. Wenn man $\bar{\tau}$ durch

$$e^{-B^2\,\bar{\tau}} = \int\limits_{E_{\text{th}}}^\infty e^{-B^2\,\tau\,(E_0,\,E_{\text{th}})}\,s\,(E_0)\,dE_0 \qquad (12.58.1)$$

definiert, lautet die kritische Gleichung

$$\frac{k_\infty\,e^{-B^2\,\bar{\tau}}}{1 + L^2\,B^2} = 1. \qquad (12.58.2)$$

12.59. Man erhält die Momentenform von (12.58.1), wenn man $e^{-B^2\,\tau\,(E_0,\,E_{\text{th}})}$ in eine Potenzreihe entwickelt:

$$\int\limits_{E_{\text{th}}}^\infty e^{-B^2\,\tau\,(E_0,\,E_{\text{th}})}\,s\,(E_0)\,dE_0 = 1 - B^2 \int\limits_{E_{\text{th}}}^\infty \tau\,(E_0,\,E_{\text{th}})\,s\,(E_0)\,dE_0 +$$

$$+ \frac{B^4}{2!} \int\limits_{E_{\text{th}}}^\infty \tau^2\,(E_0,\,E_{\text{th}})\,s\,(E_0)\,dE_0 - \ldots$$

Die Entwicklung der linken Seite von (12.58.1) führt zu

$$e^{-B^2\,\bar{\tau}} = 1 - B^2\,\bar{\tau} + \frac{B^4}{2!}\,\bar{\tau^2} - \ldots$$

Wenn der Reaktor so groß ist, daß die Reihe in beiden Fällen nach dem zweiten Glied abgebrochen werden kann (s. § 12.50), zeigt der Vergleich der Entwicklungen, daß

$$\bar{\tau} = \int\limits_{E_{\text{th}}}^{\infty} \tau\,(E_0,\,E_{\text{th}})\,s\,(E_0)\,dE_0.$$

Die rechte Seite dieser Beziehung ist das arithmetische Mittel des Alters der Spaltneutronen von der Quellenergie bis zur thermischen Energie. Darin liegt die physikalische Bedeutung des in (12.58.1) definierten mittleren Alters.

12.60. Wenn man nur die ersten zwei Glieder der Entwicklung von $e^{-B^2\bar{\tau}}$ benützt, folgt, daß für einen großen Reaktor

$$e^{-B^2\bar{\tau}} \approx 1 - B^2\,\bar{\tau} \approx (1 + B^2\,\bar{\tau})^{-1}.$$

Die kritische Gl. (12.58.2) lautet dann wie in § 12.50

$$\frac{k_\infty}{1 + W^2\,B^2} = 1,$$

wobei W^2 durch

$$W^2 = L^2 + \tau$$

definiert ist und $\bar{\tau}$ das mittlere Alter der thermischen Neutronen unter Berücksichtigung des Spaltspektrums bedeutet.

Diffusions-Bremskerne für zwei Gruppen

12.61. Nach der Zweigruppenmethode ist der Bremskern für ein unendliches Medium durch (12.11.1) gegeben, vorausgesetzt, daß die Diffusionstheorie zuständig ist und daß keine Resonanzabsorption auftritt. Bei Resonanzabsorption ist der Kern mit der Bremsnutzung p der Neutronen der oberen Gruppe zu multiplizieren. Wenn sich die Neutronenquelle im Koordinatenursprung befindet, ist der Bremskern für die Bremsung von der Spaltenergie auf thermische Energie gegeben durch

$$P_\infty\,(r) = \frac{p\,e^{-r/L_1}}{4\,\pi\,L_1^{\,2}\,r}, \qquad (12.61.1)$$

wobei wie früher $L_1 = D_1/\Sigma_1$ ist und Σ_1 den Bremsquerschnitt (§ 8.12) bedeutet. Die Fourier-Transformierte von $P_\infty\,(r)$, die durch $\bar{P}_\infty\,(B^2)$ dargestellt wird [s. Gl. (12.48.2)], ist daher

$$\bar{P}_\infty\,(B^2) = 4\,\pi \int\limits_0^{\infty} \frac{p\,e^{-r/L_1}}{4\,\pi\,L_1^{\,2}\,r} \cdot \frac{\sin B\,r}{B\,r}\,r^2\,dr = \frac{p}{L_1^{\,2}\,B} \int\limits_0^{\infty} e^{-r/L_1}\sin B\,r\,dr = \qquad (12.61.2)$$

$$= \frac{p}{L_1^{\,2}\,B} \cdot \frac{B}{\dfrac{1}{L_1^{\,2}} + B^2} = \frac{p}{1 + L_1^{\,2}\,B^2}. \qquad (12.61.3)$$

Wenn man dies in die allgemeine kritische Gl. (12.41.2) einsetzt, erhält man die kritische Gleichung für zwei Neutronengruppen:

$$\frac{k_\infty}{(1 + L^2\,B^2)\,(1 + L_1^{\,2}\,B^2)} = 1; \qquad (12.61.4)$$

diese Gleichung ist mit (8.44.7) gleichbedeutend.

12.62. Das zweite Moment der Bremsdichteverteilung ist durch

$$\overline{r_s^2} = \frac{\displaystyle\int_0^\infty r^2 \, \frac{e^{-r/L_1}}{4\,\pi\,L_1{}^2\,r}\, 4\,\pi\,r^2\,dr}{\displaystyle\int_0^\infty \frac{e^{-r/L_1}}{4\,\pi\,L_1{}^2\,r}\, 4\,\pi\,r^2\,dr} = 6\,L_1{}^2 \qquad (12.62.1)$$

gegeben, und der Vergleich mit (6.141.1) zeigt, daß $L_1{}^2$ in der Zweigruppen-methode die gleiche physikalische Bedeutung wie das Fermi-Alter τ hat, nämlich ein Sechstel der mittleren quadratischen Entfernung zwischen der Spaltquelle und dem Ort, an dem das Neutron thermisch wird (s. § 8.44). Die kritische Gl. (12.61.4) kann daher in der Form

$$\frac{k_\infty}{(1 + L^2 B^2)\left(1 + \dfrac{1}{6}\,\overline{r_s^2}\,B^2\right)} = \frac{k_\infty}{(1 + L^2 B^2)\,(1 + \tau\,B^2)} = 1 \qquad (12.62.2)$$

geschrieben werden. Ist der kritische Reaktor groß, so daß B^2 klein ist, oder allgemein, ist $k_\infty - 1$ klein, so gilt:

$$\frac{k_\infty}{1 + B^2\left(L^2 + \dfrac{1}{6}\,\overline{r_s^2}\right)} = \frac{k_\infty}{1 + W^2 B^2} = 1.$$

Faltung von Diffusionsbremskernen: Bremsung in Wasser

12.63. In § 12.6ff. wurden die Neutronen in $n + 1$ Gruppen eingeteilt und daraus ein Ausdruck für den Bremskern hergeleitet. Es ergab sich ein Faltungs-integral über Funktionen, von denen jede einen Bremskern für eine der n Gruppen darstellt.

12.64. Man kann zeigen, daß die Fourier-Transformierte eines Faltungs-integrals gleich dem Produkt der Transformierten der einzelnen Funktionen im Integranden ist. (12.9.1) ergibt daher

$$\overline{P}_\infty\,(B^2) = \overline{P}_1\,(B_1{}^2)\cdot\overline{P}_2\,(B_2{}^2)\ldots\ldots\overline{P}_n\,(B_n{}^2),$$

wobei $\overline{P}_\infty\,(B^2)$ die Fourier-Transformierte des gesamten Bremskerns und $\overline{P}_1\,(B_1{}^2)$, $\overline{P}_2\,(B_2{}^2)$ usw. die Transformierten der Kerne für die einzelnen Energie-gruppen sind. Die kritische Gl. (12.41.2) lautet dann

$$\frac{k_\infty}{p\,(1 + L^2 B^2)}\,\overline{P}_1(B_1{}^2)\,\overline{P}_2\,(B_2{}^2)\ldots\overline{P}_n\,(B_n{}^2) = 1. \qquad (12.64.1)$$

Diese Methode hat den Vorteil, daß sie die Verwendung einer geeigneten Zahl von Kernen gestattet, die von gleichem oder von verschiedenem Typus sein können. Auf diese Weise ist es möglich, einige Parameter einzuführen, mit deren Hilfe man die analytische Bremsdichteverteilung einer gemessenen Verteilung anpassen kann.

12.65. Für die Berechnung des Lösungsreaktors „LOPO" verwendete man z. B. Bremsdichten, die bei der Indiumresonanz im Wasser gemessen wurden. Die Resultate sind in Abb. 12.65 dargestellt. Die Ordinaten sind proportional zu $r^2 q(r)$, wobei $q(r)$ die experimentelle Bremsdichte in einer Entfernung r von der Quelle ist. Messungen wurden bis zu $r = 30$ cm gemacht und die Verteilung wurde durch die Funktion $r^2 e^{-r/9}$ fortgesetzt. Verschiedene analytische Bremskerne, auch synthetische Kerne genannt, wurden der experimentellen Verteilung angepaßt, wobei die folgenden Bedingungen zu erfüllen waren: 1. Die analytischen Werte für $\overline{r_s^2}/6$ sollten gleich den experimentellen Werten sein, und 2. der gesamte Flächeninhalt unter den analytischen Kurven in Abb. 12.65 sollte dem unter der experimentellen Kurve gleich sein.

12.66. In Abb. 12.65 sind drei analytische Kurven dargestellt. Die erste entspricht einem Gaußschen Bremskern nach (12.53.1) mit $\tau = 33$ cm^2; die zweite gehört zu einem einzelnen Diffusionskern nach (12.61.1), mit $L_1 = 5{,}69$ cm; die dritte entspricht einer Faltung von drei Diffusionskernen mit $L_1 = 4{,}49$ cm, $L_2 = 2{,}05$ cm und $L_3 = 1{,}00$ cm. Bei der Herleitung dieser

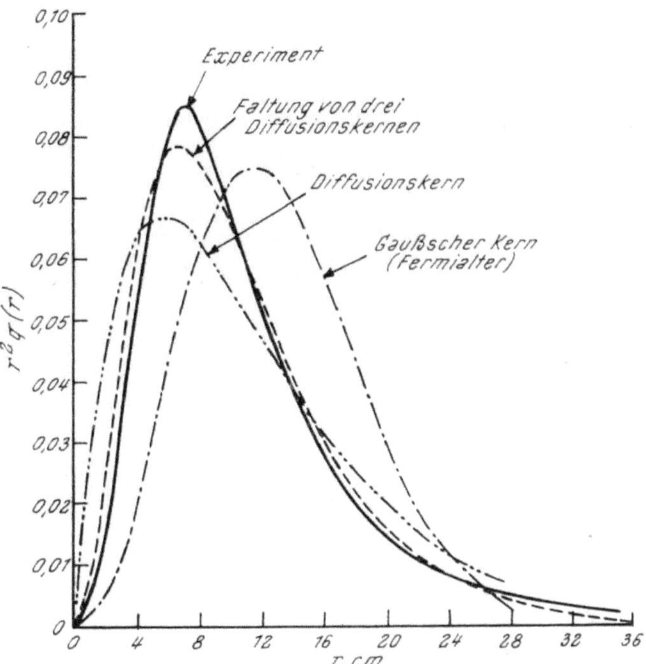

Abb. 12.65. Vergleich der mit Hilfe verschiedener Bremskerne berechneten und der gemessenen Bremsdichteverteilung um eine Punktquelle in Wasser

Kurven wurde die Bremsnutzung bei den Bremskernen weggelassen, da die interessierende Größe $\bar{P}_\infty (B^2)/p$ ist. Man erkennt, daß das Modell der stetigen Abbremsung für Wasser als Moderator unbrauchbar wird. Die Kurve für die Gaußsche Verteilung ist im Vergleich mit den experimentellen Werten zu weit nach rechts verschoben. Dies beruht darauf, daß — wie in Kap. VI gezeigt wurde — ein Neutron bei Stößen mit Wasserstoffkernen seine Energie rascher verlieren kann, als nach dem Modell der kontinuierlichen Abbremsung zu erwarten ist. Die Verwendung einer Faltung von drei Diffusionskernen liefert eine sehr gute Darstellung der experimentellen Verteilung der Bremsdichte im Wasser.

12.67. Unter Verwendung der dreidimensionalen Fourier-Transformierten $\bar{P}_\infty (B^2)$ der unendlichen Bremskerne ergeben sich die den verschiedenen Bremskernen entsprechenden kritischen Gleichungen folgendermaßen:

1. Gaußsche Bremsung

$$\frac{k_\infty e^{-B^2 \tau}}{1 + L^2 B^2} = 1.$$

2. Zwei Neutronengruppen: ein Diffusionskern

$$\frac{k_\infty}{(1 + L^2 B^2)(1 + L_1{}^2 B^2)} = 1.$$

3. Vier Neutronengruppen: drei Diffusionskerne

$$\frac{k_\infty}{(1 + L^2 B^2)(1 + L_1{}^2 B^2)(1 + L_2{}^2 B^2)(1 + L_3{}^2 B^2)} = 1.$$

Dabei ist L die Diffusionslänge der thermischen Neutronen in Wasser und B^2 die Flußwölbung.

12.68. Mit Hilfe dieser Ergebnisse wurde die kritische geometrische Flußwölbung für endliche Zylinder mit Lösungen von Uranylfluorid in Wasser bei verschiedenen Konzentrationen berechnet. Aus dem bekannten Verhältnis H/U und den nuklearen Absorptionsquerschnitten kann der Multiplikationsfaktor k_∞ für verschiedene Konzentrationen der Lösung ermittelt werden (§ 7.66). Die Lösungen waren stark verdünnt, so daß für τ und die verschiedenen L die gleichen Werte wie für reines Wasser genommen werden konnten. Aus den kritischen Gleichungen in § 12.67 folgt B^2. Durch Vergleich mit der geometrischen Flußwölbung für einen nackten, endlichen Zylinder (§ 7.58) kann die kritische Höhe der Flüssigkeit in Zylindern mit gegebenem Radius bestimmt werden. Die Ergebnisse der Rechnung sind in Abb. 12.68 dargestellt. Da eine Faltung von drei Diffusionskernen die Bremsdichteverteilung in Wasser verhältnismäßig gut wiedergibt (Abb. 12.65), stimmt die Viergruppenrechnung mit den experimentellen Ergebnissen gut überein. Die Abweichungen sind vermutlich, wenigstens zum Teil, darauf zurückzuführen, daß die Schnellspaltung in der Rechnung nicht berücksichtigt wurde. Wenn das Modell der stetigen Abbremsung nicht verwendbar ist, können also die kritischen Eigenschaften eines nackten thermischen Reaktors ziemlich genau bestimmt werden, indem man synthetische (empirische) Bremskerne benützt, die auf Bremsdichtemessungen im Moderator beruhen.

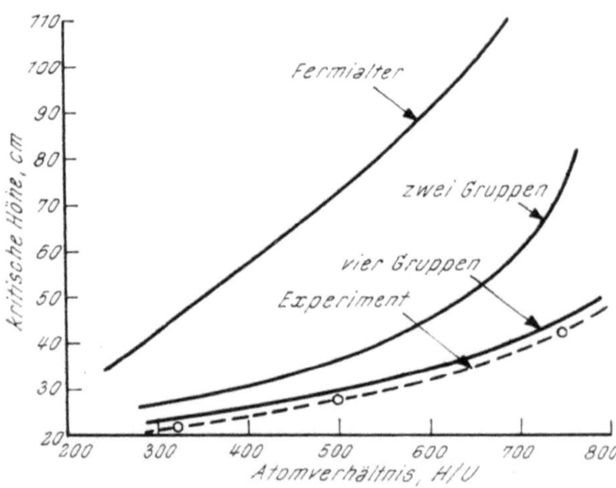

Abb. 12.68. Vergleich von Reaktorberechnungen, die mit verschiedenen Bremskernen ausgeführt wurden

XIII. Störungstheorie

Allgemeine Theorie

13.1. Der Einfluß von Änderungen der Reaktorstruktur, wie z. B. lokalisierter Vergiftungen oder Temperaturänderungen, auf die Reaktivität, kann am leichtesten mit Hilfe der Störungstheorie bestimmt werden. Störungen ziehen eine Änderung der stabilen Reaktorperiode nach sich, die mit einer entsprechenden Reaktivitätsänderung in Beziehung gesetzt werden kann. Gewöhnlich verwendet man die Störungstheorie zur Ermittlung kleiner kompensierender Änderungen, die notwendig sind, um den kritischen Zustand des Reaktors zu erhalten. Man kann z. B. nach dem Brennstoffüberschuß fragen, der imstande ist, die zusätzliche Vergiftung zu kompensieren, die aus der Wahl von dickeren Brennstabhülsen resultiert. Bei Rechnungen dieser Art brauchen die verzögerten Neutronen nicht in Betracht gezogen werden.

Adjungierte und selbstadjungierte Operatoren

13.2. Die Diffusionsgleichung für thermische Neutronen lautet allgemein nach (10.4.3)

$$\operatorname{div}(D\,v\,\operatorname{grad}\Phi) + (k_\infty\,e^{-B^2\tau} - 1)\,\Sigma_a\,v\,\Phi = \frac{\partial\Phi}{\partial t}. \qquad (13.2.1)$$

Wir setzen

$$(k_\infty\,e^{-B^2\tau} - 1)\,\Sigma_a\,v = \alpha. \qquad (13.2.2)$$

Wenn wir zur Abkürzung für den Operator

$$\operatorname{div}(D\,v\,\operatorname{grad}) + \alpha = M \qquad (13.2.3)$$

schreiben, erhält die Gleichung die Gestalt

$$M\,\Phi = \frac{\partial\Phi}{\partial t}. \qquad (13.2.4)$$

Mit

$$\Phi = \Phi_0\,e^{\omega t},$$

wobei ω die reziproke Reaktorperiode bedeutet, erhält man für (13.2.4)

$$M\,\Phi = \omega\,\Phi. \qquad (13.2.5)$$

An der extrapolierten Grenzfläche des Reaktors muß der Neutronenfluß verschwinden.

Für das Folgende verstehen wir unter M einen allgemeinen Differentialoperator.

Wir definieren nun den zu M adjungierten Operator M^+. Mit φ und ψ bezeichnen wir zwei stetige, sonst aber beliebige Funktionen, die an der Oberfläche des betrachteten Volumens verschwinden. Unter dem zu M adjungierten Operator M^+ versteht man dann einen Operator, welcher der Beziehung

$$\int(\psi\,M\,\varphi - \varphi\,M^+\,\psi)\,dV = 0 \qquad (13.2.6)$$

genügt, wobei die Integration über das betrachtete Volumen zu erstrecken ist (in unserem Fall z. B. über das von der extrapolierten Grenzfläche eingeschlossene erweiterte Reaktorvolumen). Ist etwa M durch

$$M = A\,(x, y, z)\,\frac{\partial^2}{\partial x^2} \qquad (13.2.7)$$

definiert, so findet man den Operator M^+ durch partielle Integration auf folgende Weise

$$\int\psi\,M\,\varphi\,dV = \int\psi\,A\,\frac{\partial^2\varphi}{\partial x^2}\,dV = \int\left(\psi\,A\,\frac{\partial\varphi}{\partial x}\right)_{\text{Oberfläche}}dy\,dz - \int\frac{\partial\varphi}{\partial x}\cdot\frac{\partial}{\partial x}(A\,\psi)\,dV.$$

Da der Beitrag der Oberfläche nach Voraussetzung verschwindet, ergibt eine weitere partielle Integration

$$\int \psi\, \boldsymbol{M}\, \varphi\, dV = \int \varphi\, \frac{\partial^2}{\partial x^2}\, (A\, \psi)\, dV.$$

Man hat also den zu (13.2.7) adjungierten Operator $\boldsymbol{M}^+$ durch

$$\boldsymbol{M}^+ = \frac{\partial^2}{\partial x^2}\, A \qquad\qquad (13.2.8)$$

zu definieren, damit (13.2.6) gilt. Wenn der adjungierte Operator mit dem ursprünglichen übereinstimmt, wenn also

$$\boldsymbol{M}^+ = \boldsymbol{M} \qquad\qquad (13.2.9)$$

gilt, spricht man von einem *selbstadjungierten* Operator. Ist z. B. in (13.2.7) $A = 1$, so wird $\boldsymbol{M}^+ = \boldsymbol{M} = \partial^2/\partial x^2$. Es ist also $\boldsymbol{M} = \partial^2/\partial x^2$ ein selbstadjungierter Operator. Das gleiche gilt für den Laplaceschen Operator

$$\nabla^2 = \Delta = \frac{\partial^2}{\partial x^2} + \frac{\partial^2}{\partial y^2} + \frac{\partial^2}{\partial z^2}.$$

Nach (13.2.6) ist also

$$\int (\psi\, \Delta\, \varphi - \varphi\, \Delta\, \psi)\, dV = 0,$$

wenn φ und ψ an der Oberfläche verschwinden. Dies ist der bekannte Greensche Satz.

Unter einer *Eigenfunktion* Φ des Operators $\boldsymbol{M}$ versteht man eine an der Oberfläche (extrapolierten Grenzfläche) verschwindende Funktion Φ mit der Eigenschaft

$$\boldsymbol{M}\, \Phi = \omega\, \Phi. \qquad\qquad (13.2.10)$$

Die Randbedingung für Φ kann im allgemeinen nur für bestimmte Werte von ω erfüllt werden. Jene Werte, für die das der Fall ist, nennt man die *Eigenwerte* des Operators $\boldsymbol{M}$. Die Eigenwerte ω bilden im allgemeinen eine monoton zunehmende Reihe diskreter Werte $\omega_1, \omega_2, \ldots$ Die dazugehörigen Eigenfunktionen mögen mit $\Phi_1, \Phi_2, \ldots$ bezeichnet werden.

Die Eigenfunktionen des adjungierten Operators $\boldsymbol{M}^+$ bezeichnen wir mit $\Phi_s{}^+$ und die zugehörigen Eigenwerte mit $\omega_s{}^+$, also

$$\boldsymbol{M}^+ \Phi_s{}^+ = \omega_s{}^+ \Phi_s{}^+. \qquad\qquad (13.2.11)$$

Für den ursprünglichen Operator haben wir

$$\boldsymbol{M}\, \Phi_k = \omega_k\, \Phi_k. \qquad\qquad (13.2.12)$$

Multipliziert man (13.2.12) mit $\Phi_s{}^+$ und (13.2.11) mit Φ_k, integriert über das Volumen, und subtrahiert die zweite von der ersten Gleichung, so ergibt sich

$$\int (\Phi_s{}^+ \boldsymbol{M}\, \Phi_k - \Phi_k\, \boldsymbol{M}^+ \Phi_s{}^+)\, dV = (\omega_k - \omega_s{}^+) \int \Phi_k\, \Phi_s{}^+\, dV.$$

Da $\boldsymbol{M}$ und $\boldsymbol{M}^+$ adjungierte Operatoren sind, verschwindet die linke Seite. Es ist also

$$(\omega_k - \omega_s{}^+) \int \Phi_k\, \Phi_s{}^+\, dV = 0. \qquad\qquad (13.2.13)$$

Nun ist für $s = k$ (insbesondere für einen selbstadjungierten Operator)

$$\int \Phi_k \Phi_k^+ \, dV \neq 0.$$

Hieraus folgt

$$\omega_k - \omega_k^+ = 0,$$

d. h. die Eigenwerte ω_k und ω_k^+ von adjungierten Operatoren sind einander gleich. Wir können also (13.2.11) in der Gestalt

$$M^+ \Phi_k^+ = \omega_k \Phi_k^+$$

schreiben. Aus (13.2.13) wird

$$(\omega_k - \omega_s) \int \Phi_k \Phi_s^+ \, dV = 0.$$

Ist also $\omega_k \neq \omega_s$, so folgt

$$\int \Phi_k \Phi_s^+ \, dV = 0. \tag{13.2.14}$$

Wir bezeichnen die Φ_k^+ als die zu den Φ_k „adjungierten" Eigenfunktionen. Adjungierte Eigenfunktionen, die zu verschiedenen Eigenwerten gehören, sind daher nach (13.2.14) zueinander orthogonal. Für einen selbstadjungierten Operator ist $\Phi_k^+ = \Phi_k$, und zwei zu verschiedenen Eigenwerten gehörige Eigenfunktionen eines selbstadjungierten Operators sind daher zueinander orthogonal.

13.3. Das Verhalten des Neutronenflusses in einem Reaktor werde nach Art von Gl. (13.2.5) z. B. mit (13.2.3) durch einen Operator M beschrieben. Wenn sich einige Parameter des Reaktors ändern z. B. die Größen α und Dv in (13.2.3), so wird sich auch der Operator M ändern und z. B. in $M + \delta M$ übergehen. Im Beispiel von (13.2.3) haben wir

$$\delta M = M[(vD) + \delta(vD), \alpha + \delta\alpha] - M(vD, \alpha)$$
$$= \operatorname{div}[\delta(vD) \operatorname{grad}] + \delta\alpha. \tag{13.3.1}$$

wobei $\delta\alpha$ wieder durch die Änderungen der Parameter gegeben ist, die α nach (13.2.2) bestimmen. Wir fragen nun nach der Änderung der Reaktorperiode, welche durch die Änderung δM von M bewirkt wird.

Die zum Operator $M + \delta M$ gehörigen Eigenfunktionen und Eigenwerte bezeichnen wir mit $\Phi + \delta\Phi$ und $\omega + \delta\omega$, also

$$(M + \delta M)(\Phi + \delta\Phi) = (\omega + \delta\omega)(\Phi + \delta\Phi). \tag{13.3.2}$$

(Den die Eigenwerte und Eigenfunktionen kennzeichnenden Index lassen wir weg.) $\delta\Phi$ bedeutet also die bewirkte Änderung des Neutronenflusses, $\delta\omega$ die gesuchte Änderung der reziproken Reaktorperiode.

Wenn wir uns auf Glieder erster Ordnung in den Änderungen beschränken, d. h. die Terme $\delta M \delta\Phi$ und $\delta\omega \delta\Phi$ vernachlässigen, ergibt sich wegen (13.2.5) aus (13.3.2) die Gleichung

$$M\delta\Phi - \omega\delta\Phi + \delta M\Phi = \delta\omega\Phi.$$

Wir multiplizieren diese Gleichung mit der adjungierten Eigenfunktion Φ^+ und integrieren über das von der extrapolierten Grenzfläche umschlossene Reaktorvolumen:

$$\int (\Phi^+ M\delta\Phi - \omega\Phi^+ \delta\Phi) \, dV + \int \Phi^+ \delta M\Phi \, dV = \delta\omega \int \Phi^+ \Phi \, dV \tag{13.3.3}$$

Aus (13.2.6) und $M^+ \Phi^+ = \omega \Phi^+$ folgt

$$\int \Phi^+ \, M \, \delta \Phi \, dV = \int \delta \Phi \, M^+ \, \Phi^+ \, dV = \int \delta \Phi \, \omega \, \Phi^+ \, dV.$$

Damit verschwindet das erste Integral in (13.3.3) und man erhält

$$\delta \omega = \frac{\int \Phi^+ \, \delta M \, \Phi \, dV}{\int \Phi^+ \, \Phi \, dV}. \tag{13.3.4}$$

Anwendungen der Störungstheorie

Anwendung auf die Eingruppenmethode

13.4. Der Operator (13.2.3) für den nackten homogenen Reaktor ist selbstadjungiert. Wir haben also in (13.3.4) $\Phi^+ = \Phi$ zu setzen. Mit Benützung von (13.3.1) für δM erhalten wir

$$\delta \omega = \frac{1}{\int \Phi^2 \, dV} \int \{ \delta \alpha \, \Phi^2 + \Phi \, \mathrm{div} \, [\delta \, (v \, D) \, \mathrm{grad} \, \Phi] \} \, dV. \tag{13.4.1}$$

Auf Grund der Beziehung

$$\mathrm{div} \, (\mathfrak{A} \, \Phi) = \mathfrak{A} \, \mathrm{grad} \, \Phi + \Phi \, \mathrm{div} \, \mathfrak{A}$$

erhält man mit

$$\mathfrak{A} = \delta \, (v \, D) \, \mathrm{grad} \, \Phi$$

$$\Phi \, \mathrm{div} \, [\delta \, (vD) \, \mathrm{grad} \, \Phi] = \mathrm{div} \, \{ \Phi \, [\delta \, (vD) \, \mathrm{grad} \, \Phi] \} - \delta \, (vD) \, (\mathrm{grad} \, \Phi)^2.$$

Wenn man diesen Ausdruck in (13.4.1) einsetzt, die Divergenz nach dem Gaußschen Satz in ein Oberflächenintegral verwandelt und beachtet, daß Φ an der extrapolierten Reaktorgrenzfläche verschwindet, ergibt sich

$$\delta \omega = \frac{1}{\int \Phi^2 \, dV} \cdot \int [\delta \alpha \, \Phi^2 - \delta \, (v \, D) \, (\mathrm{grad} \, \Phi)^2] \, dV. \tag{13.4.2}$$

Es ist plausibel, daß Änderungen der Absorption oder des Vermehrungsfaktors usw., die in $\delta \alpha$ enthalten sind, mit dem Quadrat des Flusses gewogen werden, Änderungen des Diffusionskoeffizienten dagegen mit dem Quadrat des Flußgradienten.

13.5. Die Änderung der Reaktivität infolge einer den ganzen Reaktor betreffenden Störung kann aus (13.4.2) und der zeitabhängigen Diffusionsgleichung abgeleitet werden. Ist die Störung klein, so gehorcht der Fluß der Gleichung

$$\frac{\delta k}{l} \, \Phi' = \frac{d \Phi'}{d t}, \tag{13.5.1}$$

oder mit (7.27.1) und (7.34.2),

$$e^{-B^2 \tau} \, k_\infty \, \Sigma_a \, v \, \frac{\delta k}{k} \, \Phi' = \omega \, \Phi'. \tag{13.5.2}$$

Indem man (13.5.2) mit dem ungestörten Fluß Φ multipliziert, Glieder zweiter Ordnung vernachlässigt und über das Reaktorvolumen integriert, erhält man

$$\frac{\delta k}{k} = \omega \, \frac{\int \Phi^2 \, dV}{\int k_\infty \, e^{-B^2 \tau} \, \Sigma_a \, v \, \Phi^2 \, dV}. \tag{13.5.3}$$

Wenn der Reaktor ursprünglich kritisch war ($\omega = 0$), ist $\delta \omega = \omega$. Wenn man aus (13.4.2) für $\omega = \delta \omega$ in (13.5.3) einsetzt, ergibt sich

$$\frac{\delta k}{k} = \frac{\int [\Phi^2 \, \delta \alpha - \delta (v D) (\text{grad } \Phi)^2] \, dV}{\int k_\infty \, e^{-B^2 \tau} \, \Sigma_a \, v \, \Phi^2 \, dV}. \tag{13.5.4}$$

Wenn wir nun noch α aus (13.2.2) einsetzen, so erhalten wir für die Änderung des effektiven Vermehrungsfaktors

$$\frac{\delta k}{k} = \frac{\int \{\Phi^2 \, \delta [(k_\infty \, e^{-B^2 \tau} - 1) \, \Sigma_a \, v] - |\text{grad } \Phi|^2 \, \delta (v D)\} \, dV}{\int k_\infty \, e^{-B^2 \tau} \, \Sigma_a \, v \, \Phi^2 \, dV}. \tag{13.5.5}$$

Wenn wir nur den monoenergetischen Fall betrachten, ist $\alpha = (k_\infty - 1) \, \Sigma_a \, v$; das entspricht dem Wert $\tau = 0$ für das Fermi-Alter in (13.2.2).

13.6. In vielen Fällen wünscht man die gemeinsame Wirkung der Veränderungen von verschiedenen nuklearen Parametern, wie D, Σ_a, k_∞, zu berechnen, die den Reaktor in seinem kritischen Zustand belassen. Aus (13.3.4) folgt die dafür notwendige allgemeine Bedingung:

$$\int \Phi^+ \, \delta M \, \Phi \, dV = 0. \tag{13.6.1}$$

Für den speziellen Fall der Eingruppentheorie ($\tau = 0$) lautet sie

$$\int \{\delta [(k_\infty - 1) \, \Sigma_a \, v] \, \Phi^2 - |\text{grad } \Phi|^2 \, \delta (D \, v)\} \, dV = 0. \tag{13.6.2}$$

Das statistische Gewicht

13.7. Als *statistisches Gewicht* eines Gebietes R in einem großen, nackten Reaktor bezeichnet man den Ausdruck

$$W(R) = \frac{\int_R \Phi^2 \, dV}{\int_V \Phi^2 \, dV}, \tag{13.7.1}$$

wobei V das gesamte (extrapolierte) Reaktorvolumen bedeutet.

Wenn ein Reaktor aus zwei verschiedenen Materialien mit den materiellen Flußwölbungen B_1^2 und B_2^2 aufgebaut ist, so kann man zeigen, daß die Flußwölbung des gesamten Reaktors durch

$$B^2 = B_1^2 \, W(R_1) + B_2^2 \, W(R_2) \tag{13.7.2}$$

gegeben ist. Im großen thermischen Reaktor gilt $\nabla^2 \Phi + B^2 \Phi = 0$ mit $B^2 = (k_\infty - 1)/W^2$. Ist der Reaktor kritisch, so lautet der Operator M

$$M = \nabla^2 + B^2.$$

Nach (13.6.1) ist außerdem

$$\int_V \Phi \, \delta M \, \Phi \, dV = 0. \tag{13.7.3}$$

13.8. Im Gebiet mit der Flußwölbung $B_1{}^2$ ist $M_1 = \nabla^2 + B_1{}^2$ und $\delta M_1 = B_1{}^2 - B^2$, im Gebiet mit der Flußwölbung $B_2{}^2$ ist $M_2 = \nabla^2 + B_2{}^2$ und $\delta M_2 = B_2{}^2 - B^2$. Wenn wir dies in (13.7.3) einsetzen, ergibt die kritische Bedingung:

$$\int\limits_{R_1} (B_1{}^2 - B^2)\, \Phi^2\, dV + \int\limits_{R_2} (B_2{}^2 - B^2)\, \Phi^2\, dV = 0. \qquad (13.8.1)$$

Da B^2 in jedem Gebiet vom Orte unabhängig ist, folgt aus (13.8.1)

$$B^2 = B_1{}^2\, \frac{\int\limits_{R_1} \Phi^2\, dV}{\int\limits_{V} \Phi^2\, dV} + B_2{}^2\, \frac{\int\limits_{R_2} \Phi^2\, dV}{\int\limits_{V} \Phi^2\, dV}, \qquad (13.8.2)$$

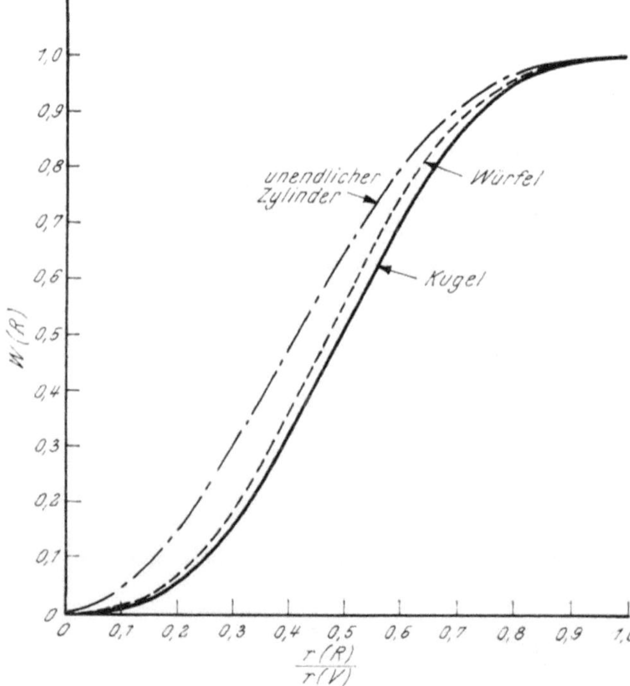

Abb. 13.8. Statistische Gewichte konzentrischer Reaktorzonen bei verschiedenen Formen nackter Reaktoren

also die Beziehung (13.7.2). Die statistischen Gewichte konzentrischer Gebiete in kubischen, zylindrischen und sphärischen Reaktoren sind in Abb. 13.8 dargestellt. Unter $r(R)$ ist der Radius des Gebietes, unter $r(V)$ der des ganzen Systems zu verstehen. Für einen Würfel stellt $r(V)$ die halbe Kantenlänge dar.

Vergiftung eines Reaktors und Gefährdungskoeffizient

13.9. Wenn in eine Zelle eines heterogenen, mit Natururan arbeitenden Reaktors ein Absorber thermischer Neutronen eingeführt wird, nimmt die Reaktivität infolge der verminderten thermischen Nutzung ab. Nach (13.5.5) ist die Änderung der Reaktivität, wenn man Änderungen von Dv vernachlässigt und nur die thermische Gruppe betrachtet,

gehen durch

$$\frac{\delta k}{k} = \frac{\delta\,[(k_\infty - 1)\,\Sigma_a]}{k_\infty\,\Sigma_a}\, W(R_1). \qquad (13.9.1)$$

Um (13.9.1) auf eine heterogene Anordnung anzuwenden, muß man zu einer anderen Deutung der Größen übergehen. Das statistische Gewicht für die Zelle ist aus der pauschalmäßigen Kosinusverteilung des Flusses zu berechnen. Die Konstanten k_∞ und Σ_a müssen über die Zellen, entsprechend der dort herrschenden Flußverteilung, gemittelt werden.

13.10. Um die Änderung der Reaktivität mit Hilfe von (13.9.1) zu finden, schreibt man zweckmäßig

$$\frac{\delta\,[(k_\infty - 1)\,\Sigma_a]}{k_\infty\,\Sigma_a} = \frac{\delta k_\infty}{k_\infty} + \frac{k_\infty - 1}{k_\infty} \cdot \frac{\delta \Sigma_a}{\Sigma_a}. \qquad (13.10.1)$$

Im vorliegenden Fall ist Σ_a, der totale Absorptionsquerschnitt in der Gitterzelle, proportional zu $\Sigma_{a0}\overline{\Phi}_0 + \Sigma_{a1}\overline{\Phi}_1$, wobei sich die Indizes 0 und 1 auf Brennstoff und Moderator beziehen und die $\overline{\Phi}$ die mittleren ungestörten Flüsse bedeuten. Damit ist zu Σ_a auch die gesamte Neutronenabsorption in der Zelle proportional und (13.10.1) geht über in

$$\frac{\delta\,[(k_\infty - 1)\,\Sigma_a]}{k_\infty\,\Sigma_a} = \frac{\delta\,k_\infty}{k_\infty} + \frac{k_\infty - 1}{k_\infty} \cdot \frac{\delta A}{A}. \qquad (13.10.2)$$

Die Größen $\delta k_\infty / k_\infty$ und $\delta A/A$ erhält man mit Hilfe der folgenden Überlegungen.

13.11. Die thermische Nutzung in einer Zelle, die mit einem Absorber (Neutronengift) verunreinigt ist, beträgt

$$f' = \frac{1}{1 + \dfrac{\Sigma_{a1}}{\Sigma_{a0}}\,d' + \dfrac{\Sigma_{ai}}{\Sigma_{a0}}\,d_i},$$

wobei sich der Index i auf das Gift bezieht. Die Größen d' und d_i sind durch

$$\text{gestörter thermischer Absenkungsgrad} = d' = \frac{\overline{\Phi}_1{}'}{\overline{\Phi}_0{}'},$$

$$\frac{\text{mittlerer Fluß in der Verunreinigung}}{\text{mittlerer Fluß im Brennstoff}} = d_i = \frac{\overline{\Phi}_i{}'}{\overline{\Phi}_0{}'}$$

definiert. Folglich ist bis zu Gliedern erster Ordnung genau:

$$\frac{\delta f}{f} = -\frac{\Sigma_{ai}}{\Sigma_{a0}}\,f\,d_i.$$

Da die Änderung von k_∞ im wesentlichen von der Änderung von f bestimmt wird, gilt

$$\frac{\delta k_\infty}{k_\infty} = \frac{\delta f}{f} = -\frac{\Sigma_{ai}}{\Sigma_{a0}}\,f\,d_i. \qquad (13.11.1)$$

13.12. Die Änderung der Absorption $\delta A/A$ schreiben wir in der Gestalt

$$\frac{\delta A}{A} = \frac{\delta\,(A/\Sigma_{a0}\overline{\Phi}_0)}{A/\Sigma_{a0}\overline{\Phi}_0} = f\,\delta\left(\frac{A}{\Sigma_{a0}\overline{\Phi}_0}\right), \qquad (13.12.1)$$

wobei f die thermische Nutzung im ungestörten System ist. Wenn A' der Wert der totalen Neutronenabsorption bei Vorhandensein des Giftes ist, dann ist

$$\frac{A'}{\Sigma_{a0}\overline{\Phi}_0{}'} = 1 + \frac{\Sigma_{a1}}{\Sigma_{a0}}\,d' + \frac{\Sigma_{ai}}{\Sigma_{a0}}\,d_i. \qquad (13.12.2)$$

Ähnlich ist für den ungestörten Reaktor

$$\frac{A}{\Sigma_{a0}\overline{\Phi}_0} = 1 + \frac{\Sigma_{a1}}{\Sigma_{a0}}\,d, \qquad (13.12.3)$$

wobei d der Absenkungsgrad $\overline{\Phi}_1/\overline{\Phi}_0$ ist. Wenn d' in erster Näherung als nicht sehr verschieden von d angenommen wird, ergibt die Subtraktion von (13.12.3) von (13.12.2) und Einsetzen in (13.12.1)

$$\frac{\delta A}{A} = \frac{\Sigma_{ai}}{\Sigma_{a0}} f d_i .\qquad (13.12.4)$$

13.13. Wenn man (13.11.1) und (13.12.4) in (13.10.2) einsetzt, erhält man

$$\frac{\delta\left[(k_\infty - 1)\,\Sigma_a\right]}{k_\infty\,\Sigma_a} = -\frac{\Sigma_{ai}}{\Sigma_{a0}} \cdot \frac{f d_i}{k_\infty} .$$

Die Änderung der Reaktivität ist nach (13.9.1)

$$\frac{\delta k}{k} = -\frac{\Sigma_{ai}}{\Sigma_{a0}} \cdot \frac{f d_i}{k_\infty}\, W\,(R_1) .\qquad (13.13.1)$$

Wenn auf ein Gramm Brennstoff M_i Gramm Verunreinigung entfallen, folgt aus der Definition des makroskopischen Wirkungsquerschnitts (§ 3.44), daß

$$\frac{\Sigma_{ai}}{\Sigma_{a0}} = \frac{\sigma_{ai}}{\sigma_{a0}} \cdot \frac{A_0}{A_i}\, M_i ,$$

wobei A_0 und A_i die Atomgewichte von Brennstoff und Verunreinigung sind. Wir bezeichnen den Ausdruck

$$K_d = \frac{\sigma_{ai}}{\sigma_{a0}} \cdot \frac{A_0}{A_i}$$

als *Gefährdungskoeffizient* K_d einer Verunreinigung[1]. Aus (13.13.1) folgt dann

$$\frac{\delta k}{k} = -\frac{f d_i}{k_\infty}\, W\,(R_1)\, M_i\, K_d .\qquad (13.13.2)$$

Diesen Ausdruck benützt man zur Berechnung der Reaktivitätsänderung, die sich durch Einbringen einer bestimmten Verunreinigung, z. B. eines Kühlmittels oder bei Wahl eines anderen Hülsenmaterials für die Brennstäbe, in jeder Zelle eines heterogenen Reaktors ergibt. In diesem Fall ist die gesamte Reaktivitätsänderung durch die Summe der $\delta k/k$ für alle Zellen des Reaktors gegeben. Da alle Terme in (13.13.2), mit Ausnahme von $W\,(R_1)$, für alle Zellen praktisch gleich sind, ist die gesamte Änderung der Reaktivität durch

$$\frac{\delta k}{k} = -f\,\frac{d_i}{k_\infty}\, M_i\, K_d \qquad (13.13.3)$$

gegeben, da die Summe der $W\,(R_1)$ für alle Zellen gleich Eins ist.

Anwendung auf die Zweigruppenmethode

13.14. In der Mehrgruppentheorie kann die Gleichung für die i-te Neutronengruppe in der allgemeinen Gestalt

$$\sum_{j=1}^{m} M_{ij}\, \Phi_j = \frac{\partial\, \Phi_i}{\partial t} \qquad (i = 1, 2, \ldots m)\qquad (13.14.1)$$

---

[1] Dieser nicht ganz glücklich gewählte Begriff (danger coefficient) stammt aus der Frühzeit der Reaktortechnik, als die Erreichung des kritischen Zustandes vor allem durch die Absorber in den zur Verfügung stehenden Materialien gefährdet wurde. Der Gefährdungskoeffizient einer Substanz im Reaktor wird manchmal durch $-\delta k/k$ definiert, was ersichtlich proportional K_d ist.

geschrieben werden. Hierbei ist M_{ij} ein bestimmter Operator, und Φ_i ist der Neutronenfluß in der i-ten Gruppe. Für das ganze System der m Gruppen kann man die Gleichungen in der Matrix-Form

$$M\,\Phi = \frac{\partial \Phi}{\partial t}$$

zusammenfassen, wobei M der entsprechende Matrix-Operator und Φ der Vektor mit den Komponenten $\Phi_1, \Phi_2, \ldots \Phi_m$ ist.

In der Zweigruppentheorie (Kap. VIII) lautet der Operator M [s. Gln. (8.39.1) und (8.40.1) mit $p = 1$]

$$M = \begin{bmatrix} v_1\,(\operatorname{div} D_1 \operatorname{grad} - \Sigma_1) & v_1\,k_\infty\,\Sigma_2 \\ v_2\,\Sigma_1 & v_2\,(\operatorname{div} D_2 \operatorname{grad} - \Sigma_2) \end{bmatrix}.$$

Der adjungierte Operator kann aus M durch Anwendung der Definition (13.2.6) gefunden werden, wobei nunmehr $M\,\Phi$ die linken Seiten der Gln. (13.14.1) zusammenfaßt. Wenn $M\,\Phi$ und $M^+\,\psi$ durch

$$M\,\Phi = \begin{pmatrix} M_{11} & M_{12} \\ M_{21} & M_{22} \end{pmatrix} \begin{pmatrix} \Phi_1 \\ \Phi_2 \end{pmatrix}$$

und

$$M^+\,\psi = \begin{pmatrix} M_{11}{}^+ & M_{12}{}^+ \\ M_{21}{}^+ & M_{22}{}^+ \end{pmatrix} \begin{pmatrix} \psi_1 \\ \psi_2 \end{pmatrix}$$

gegeben sind, folgt

$$\psi\,M\,\Phi = \psi_1\,M_{11}\,\Phi_1 + \psi_1\,M_{12}\,\Phi_2 + \psi_2\,M_{21}\,\Phi_1 + \psi_2\,M_{22}\,\Phi_2$$

und

$$\Phi\,M^+\,\psi = \Phi_1\,M_{11}{}^+\,\psi_1 + \Phi_1\,M_{12}{}^+\,\psi_2 + \Phi_2\,M_{21}{}^+\,\psi_1 + \Phi_2\,M^+{}_{22}\,\psi_2.$$

Wenn wir (13.2.6) benützen und die Glieder dieser beiden Ausdrücke vergleichen, ist ersichtlich, daß $M_{11}{}^+ = M_{11}$, $M_{22}{}^+ = M_{22}$, $M_{21}{}^+ = M_{12}$ und $M_{12}{}^+ = M_{21}$, da jedes Glied in M selbstadjungiert ist (vgl. § 13.2). Der adjungierte Operator ist also

$$M^+ = \begin{bmatrix} v_1\,(\operatorname{div} D_1 \operatorname{grad} - \Sigma_1) & v_2\,\Sigma_1 \\ v_1\,k_\infty\,\Sigma_2 & v_2\,(\operatorname{div} D_2 \operatorname{grad} - \Sigma_2) \end{bmatrix}.$$

13.15. Die Neutronenflüsse können nach dem allgemeinen, in Kap. VIII beschriebenen Verfahren berechnet werden. Die adjungierten Flüsse ergeben sich in analoger Weise, indem man die Gln. (13.2.11) für den stationären Zustand ($\omega = 0$) löst und dieselben Grenzbedingungen wie für die Flüsse zugrunde legt. Die entsprechenden Gewichtsfunktionen für die verschiedenen Störungen können dann in der unten angedeuteten Weise erhalten werden.

13.16. Die Störungs-Matrix δM, die Änderungen von v_1, v_2, D_1, D_2, Σ_1 und Σ_2 erfaßt, lautet

$$\delta M = \begin{bmatrix} \delta v_1 \operatorname{div}(D_1 \operatorname{grad}) - \delta(v_1 \Sigma_1) + {} & \delta(v_1\,k_\infty\,\Sigma_2) \\ \qquad + v_1 \operatorname{div}(\delta D_1 \operatorname{grad}) & \\ & \delta v_2 \operatorname{div}(D_2 \operatorname{grad}) - \delta(v_2 \Sigma_2) + {} \\ \delta(v_2 \Sigma_1) & \qquad + v_2 \operatorname{div}(\delta D_2 \operatorname{grad}) \end{bmatrix}.$$

Man erhält einen allgemeinen Ausdruck für die Änderung von ω, indem man die in § 13.3 erläuterten Operationen ausführt und das gleiche Verfahren wie in der Eingruppenmethode (§ 13.4) anwendet, um die δM_{11}- und δM_{22}-Terme zu reduzieren. Für die Änderung von ω ergibt sich so

$$\delta\,\omega = \frac{1}{X}\left[-\int \delta\,(v_1\,\Sigma_1)\,\Phi_1{}^+\,\Phi_1\,dV + \int \delta\,(v_1\,k_\infty\,\Sigma_2)\,\Phi_1{}^+\,\Phi_2\,dV + \right.$$

$$\left. + \int \delta\,(v_2\,\Sigma_1)\,\Phi_2{}^+\,\Phi_1\,dV - \int \delta\,(v_2\,\Sigma_2)\,\Phi_2{}^+\,\Phi_2\,dV - \right. \qquad (13.16.1)$$

$$\left. - \int \delta\,(D_1\,v_1)\,\mathrm{grad}\,\Phi_1{}^+\,\mathrm{grad}\,\Phi_1\,dV - \int \delta\,(v_2\,D_2)\,\mathrm{grad}\,\Phi_2{}^+\,\mathrm{grad}\,\Phi_2\,dV, \right.$$

wobei

$$X = \int (\Phi_1{}^+\,\Phi_1 + \Phi_2{}^+\,\Phi_2)\,dV.$$

Wenn ein Absorber in den Reaktor eingebracht wird, der im wesentlichen nur den Absorptionsquerschnitt Σ_2 für thermische Neutronen ändert, reduziert sich die Änderung von ω auf

$$\delta\,\omega = - v_2\,\frac{\int \delta\,\Sigma_2\,\Phi_2{}^+\,\Phi_2\,dV}{\int (\Phi_1{}^+\,\Phi_1 + \Phi_2{}^+\,\Phi_2)\,dV}. \qquad (13.16.2)$$

Der Beitrag des zweiten Integrals zu $\delta\omega$ ist in diesem Falle Null, da $(k_\infty\,\Sigma_2)$ in erster Näherung konstant bleibt, wenn sich Σ_2 ändert.

XIV. Transporttheorie und Neutronendiffusion [1]

Aufstellung der Transportgleichung

14.1. In Kap. V wurde die Strömung der Neutronen aus Gebieten größerer in solche kleinerer Neutronendichte mit Hilfe der Diffusionstheorie behandelt. Wie in § 5.4 festgestellt wurde, ist dies eine Näherung, die auf der Annahme beruht, daß die Winkelverteilung der Neutronengeschwindigkeit isotrop oder fast isotrop ist. Die Transporttheorie, die hier skizziert werden soll, zieht die momentanen Geschwindigkeitsvektoren aller in einem gegebenen Volumelement enthaltenen Neutronen in Betracht. Damit kann die Neutronenverteilung vollständiger erfaßt werden als durch den totalen (skalaren) Fluß in der Diffusionstheorie.

14.2. Wir beschränken uns in diesem Kapitel darauf, einige Bedingungen für die Gültigkeit der elementaren Diffusionsnäherung für monoenergetische Neutronen zu bestimmen. Insbesondere soll gezeigt werden, daß die Diffusionstheorie eine asymptotische Form der Transporttheorie darstellt, die in Gebieten gilt, die hinreichend weit von der Grenzfläche und den Neutronenquellen entfernt sind und in denen die Winkelverteilung der Geschwindigkeitsvektoren der Neutronen nahezu isotrop ist. Weiters sollen genauere Formeln für den Diffusionskoeffizienten und die Diffusionslänge hergeleitet und einige Korrekturen der elementaren Diffusionstheorie für Gebiete nahe der Grenzfläche angegeben werden. Für diesen Zweck sollen die Neutronen der Einfachheit halber als monoenergetisch vorausgesetzt werden; diese Behandlung wird als monoenergetische Transporttheorie bezeichnet.

---

[1] Eine ausführliche Darstellung der hier angeschnittenen Fragen gibt B. DAVISON in Neutron Transport Theory, Oxford 1957.

Die monoenergetische Transportgleichung

14.3. Der in Kap. V angegebene Ausdruck für den Neutronenstrom wurde unter der Voraussetzung hergeleitet, daß der totale oder skalare Neutronenfluß eine langsam veränderliche Funktion der Raumkoordinaten darstellt. In diesem Fall können die höheren Glieder der Taylor-Entwicklung des Flusses wie in § 5.12 vernachlässigt werden. Wenn aber der Neutronenfluß so variiert, daß sich grad Φ auf einer Strecke von zwei oder drei freien Weglängen merklich ändert, kann diese Näherung nicht mehr gerechtfertigt werden. Um die Art der dann auftretenden Abweichungen von der elementaren Diffusionstheorie zu verstehen, ist es notwendig, sowohl die Bewegungsrichtungen der Neutronen als auch ihre Raumkoordinaten zu betrachten. Die verbesserte Theorie beschreibt also den Neutronendiffusionsprozeß mit Hilfe von Punkten im Phasenraum, die durch die drei Lagekoordinaten und die drei Geschwindigkeitskomponenten längs der Koordinatenachsen bestimmt sind.

14.4. Zu diesem Zweck werden zwei abhängige Variable eingeführt. Es sei $n\,(\mathfrak{r},\,\mathfrak{e})\,dV\,d\Omega$ die Zahl der Neutronen in einem Volumelement dV bei $\mathfrak{r}$, deren Bewegungsrichtungen in dem Raumwinkelelement $d\Omega$ um die Richtung $\mathfrak{e}$ liegen, wobei $\mathfrak{e}$ ein Einheitsvektor ist. Wie oben erwähnt, wird vorausgesetzt, daß alle Neutronen zwar die gleiche Geschwindigkeit v haben; sie können jedoch bei der Streuung ihre Richtungen ändern.

Die gewöhnliche oder *skalare Neutronendichte* $n\,(\mathfrak{r})$ ist dann gegeben durch

$$n\,(\mathfrak{r}) = \int\limits_{\Omega} n\,(\mathfrak{r},\,\mathfrak{e})\,d\Omega, \tag{14.4.1}$$

wobei das Symbol Ω unter dem Integralzeichen die Integration über alle Werte von Ω, d. h. über alle Richtungen, verlangt.

14.5. Weiters definieren wir den *Vektorfluß* durch

$$\mathfrak{F}\,(\mathfrak{r},\,\mathfrak{e}) = n\,(\mathfrak{r},\,\mathfrak{e})\,v\,\mathfrak{e}. \tag{14.5.1}$$

Er ist ein Vektor, dessen Betrag die Zahl der Neutronen angibt, die sich in der Richtung $\mathfrak{e}$ bewegen und pro sec die Flächeneinheit normal zu $\mathfrak{e}$ durchsetzen. Der totale oder *skalare Fluß* ist dann

$$\Phi\,(\mathfrak{r}) = \int\limits_{\Omega} F\,(\mathfrak{r},\,\mathfrak{e})\,d\Omega. \tag{14.5.2}$$

14.6. Um die Transportgleichung aus dem Erhaltungssatz für die Neutronen herzuleiten, betrachten wir ein Volumelement $dx\,dy\,dz$ bei $\mathfrak{r}$ und ein Raumwinkelelement $d\Omega$ um $\mathfrak{e}$. Die Zahl der Neutronen in $d\Omega$, die pro sec durch die $dy\,dz$-Fläche bei (x, y, z) in das Volumelement eintreten, ist gleich der x-Komponente von $\mathfrak{F}\,(\mathfrak{r},\,\mathfrak{e})$, multipliziert mit $dy\,dz\,d\Omega$, d. h.

Zahl der pro sec durch $dy\,dz$ in das
Volumelement eintretenden Neutronen $= F_x\,(x, y, z, \mathfrak{e})\,dy\,dz\,d\Omega$.

Analog ist bei $(x + dx, y, z)$ die

Zahl der das Volumelement pro sec
durch $dy\,dz$ verlassenden Neutronen $= F_x\,(x + dx, y, z, \mathfrak{e})\,dy\,dz\,d\Omega$.

Folglich ist die algebraische Summe (Nettozahl) der in das Volumelement $dx\,dy\,dz$ durch die $dy\,dz$-Flächen eintretenden Neutronen:

Nettozahl der pro sec durch $dy\,dz$ in das
Volumelement eintretenden Neutronen $= -\dfrac{\partial F_x(x,y,z,\varrho)}{\partial x}\,dx\,dy\,dz\,d\Omega.$

Die Nettozahl der Neutronen in $d\Omega$, welche in das Volumelement pro sec durch alle Begrenzungsflächen infolge Diffusion eintreten, ist dann

Gesamtzahl der Neutronen, welche pro
sec in das Volumelement dV eintreten $= -\left(\dfrac{\partial F_x}{\partial x} + \dfrac{\partial F_y}{\partial y} + \dfrac{\partial F_z}{\partial z}\right) dx\,dy\,dz\,d\Omega$

$$= -\operatorname{div}\mathfrak{F}\,dV\,d\Omega.$$

14.7. In das Phasenelement $dV\,d\Omega$ können Neutronen auch durch Streuung von $dV\,d\Omega'$ nach $dV\,d\Omega$ eintreten, d. h. Neutronen im Volumelement dV können aus allen Richtungen nach $d\Omega$ gestreut werden, die von der betrachteten Richtung verschieden sind. Es sei $\Sigma_s(\varrho,\varrho')\,d\Omega\,d\Omega'$ der differentielle makroskopische Querschnitt für die Streuung von $d\Omega'$ um ϱ' nach $d\Omega$ um ϱ. Dann ist $\Sigma_s(\varrho,\varrho')\,F(\mathfrak{r},\varrho')\,d\Omega\,d\Omega'$ die Zahl der Neutronen, deren Geschwindigkeitsvektoren in $d\Omega'$ liegen und die pro cm³ und sec nach $d\Omega$ um ϱ gestreut werden. Die Zahl der Neutronen, welche pro sec infolge Streuung in das Phasenelement $dV\,d\Omega$ eintreten, ist also:

Zahl der pro sec in das Phasenele-
ment $dV\,d\Omega$ gestreuten Neutronen $= dV\,d\Omega\displaystyle\int\limits_{\Omega'} N_s\,\sigma_s(\varrho,\varrho')\,F(\mathfrak{r},\varrho')\,d\Omega',$ $(14.7.1)$

wobei N_s die Zahl der streuenden Kerne pro cm³ bedeutet und $\sigma_s(\varrho,\varrho')$ der Streuquerschnitt für die Streuung von ϱ' nach ϱ ist.

14.8. Der totale makroskopische Querschnitt für die Entfernung von Neutronen aus $d\Omega$ ist

$$\Sigma = N_a\,\sigma_a + N_s\,\sigma_s,$$

wobei N_a die Zahl der absorbierenden Kerne pro cm³ und σ_a der Absorptionsquerschnitt ist. Der (gesamte) Streuquerschnitt σ_s ist mit $\sigma_s(\varrho,\varrho')$ durch

$$\sigma_s = \int\limits_{\Omega'} \sigma_s(\varrho,\varrho')\,d\Omega'$$

verbunden. Die totale dem Phasenelement $dV\,d\Omega$ pro sec durch Absorption und Streuung entzogene Neutronenzahl beträgt daher:

Totale pro sec entzogene Zahl von Neutronen $= \Sigma(\mathfrak{r})\,F(\mathfrak{r},\varrho)\,dV\,d\Omega.$ $\qquad(14.8.1)$

14.9. Wenn schließlich $Q(\mathfrak{r},\varrho)\,dV\,d\Omega$ die Zahl der Quellneutronen ist, die pro sec nach $dV\,d\Omega$ emittiert werden, so erfordert der Erhaltungssatz für Neutronen im stationären Zustand, daß

$$-\operatorname{div}\mathfrak{F}(\mathfrak{r},\varrho) + \int\limits_{\Omega'} N_s\,\sigma_s(\varrho,\varrho')\,F(\mathfrak{r},\varrho')\,d\Omega' - \Sigma(\mathfrak{r})\,F(\mathfrak{r},\varrho) + Q(\mathfrak{r},\varrho) = 0 \quad (14.9.1)$$

oder

$$\operatorname{div}\mathfrak{F}(\mathfrak{r},\varrho) + \Sigma(\mathfrak{r})F(\mathfrak{r},\varrho) = \int\limits_{\Omega'} N_s\,\sigma_s(\varrho,\varrho')F(\mathfrak{r},\varrho')\,d\Omega' + Q(\mathfrak{r},\varrho). \quad (14.9.2)$$

Diese Gleichung heißt *monoenergetische Transportgleichung*.

Die eindimensionale Transportgleichung

14.10. Wenn man sich auf die eindimensionale Transportgleichung beschränkt, erreicht man eine bedeutende Vereinfachung der Schreibweise bei geringem Verlust an Allgemeinheit. Man nimmt dazu an, daß $F(\mathfrak{r}, \mathfrak{e})$ und $Q(\mathfrak{r}, \mathfrak{e})$ Funktionen allein von x und dem Winkel ϑ zwischen der x-Achse und $\mathfrak{e}$ sind (Abb. 14.10). Dann können alle Neutronen in einem Element $d\vartheta$ als gleichwertig angesehen werden.

14.11. Wir bezeichnen $\cos\vartheta$ mit μ und verstehen unter $F(x, \mu)$ die Zahl jener Neutronen, deren Richtungskosinus zwischen μ und $\mu + d\mu$ liegt und die pro sec ein Ringelement der Fläche 2π durchsetzen. Wenn φ das in Abb. 14.10 angedeutete Azimut bedeutet, ist

$$|d\Omega| = d\mu\, d\varphi$$

und daher

$$F(x, \mu)\, d\mu = d\mu \int_0^{2\pi} F(x, \mathfrak{e})\, d\varphi \qquad (14.11.1)$$

oder

$$F(x, \mu) = 2\pi\, F(x, \mathfrak{e}). \qquad (14.11.2)$$

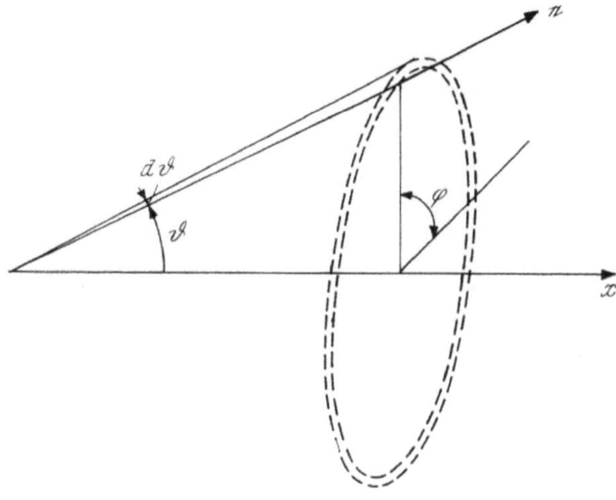

Abb. 14.10. Zur Festlegung der Winkel in der eindimensionalen Transportgleichung

Analog ist, wenn $Q(x, \mu)$ in ähnlicher Weise definiert wird,

$$Q(x, \mu) = 2\pi\, Q(x, \mathfrak{e}). \qquad (14.11.3)$$

14.12. Unter Verwendung der Identität aus § 13.4 für die Divergenz des Produktes aus einer skalaren und einer vektoriellen Größe wird das erste Glied in der Transportgleichung zu

$$\operatorname{div}[F(x, \mathfrak{e})\,\mathfrak{e}] = (\mathfrak{e}\,\mathfrak{i})\frac{\partial F(x, \mathfrak{e})}{\partial x} = \mu\frac{\partial F(x, \mathfrak{e})}{\partial x}, \qquad (14.12.1)$$

da

$$\operatorname{grad} F = \mathfrak{i}\frac{\partial F}{\partial x},$$

wobei $\mathfrak{i}$ den Einheitsvektor in der x-Richtung bedeutet. Die eindimensionale Transportgleichung ergibt sich nun durch Integration von (14.9.2) über den Winkel φ von Null bis 2π und durch Einsetzen von (14.11.2), (14.11.3) und (14.12.1):

$$\mu\frac{d F(x, \mu)}{d x} + \Sigma F(x, \mu) = \int_0^{2\pi}\int_0^{2\pi}\int_{-1}^{1} N_s\,\sigma_s(\mathfrak{e}, \mathfrak{e}')\, F(x, \mathfrak{e}')\, d\mu'\, d\varphi'\, d\varphi + Q(x, \mu),$$

$$(14.12.2)$$

Entwicklung der Streuquerschnitte nach Kugelfunktionen

14.13. Der Querschnitt $\sigma_s\,(\varrho, \varrho')$ ist allein eine Funktion des Winkels zwischen ϱ und ϱ', d. h. des Streuwinkels. Wenn μ_0 der Kosinus des Streuwinkels ist, kann man wie in § 14.11

$$\sigma_s\,(\mu_0) = 2\,\pi\,\sigma_s\,(\varrho, \varrho')$$

schreiben. Im allgemeinen ist $\sigma_s(\mu_0)$ nicht konstant, ausgenommen bei der Streuung durch die Kerne schwerer Elemente (s. § 6.20). Es ist zweckmäßig, $\sigma_s(\mu_0)$ nach Kugelfunktionen[1] $P_l(\mu_0)$ zu entwickeln. Es sei also

$$\sigma_s\,(\mu_0) = \sum_{l=0}^{\infty} \frac{2\,l+1}{2}\,\sigma_{sl}\,P_l\,(\mu_0), \qquad (14.13.1)$$

wobei

$$\sigma_{sl} = \int\limits_{-1}^{+1} \sigma_s\,(\mu_0)\,P_l\,(\mu_0)\,d\mu_0. \qquad (14.13.2)$$

14.14. Das erste Glied in der Entwicklung (14.13.1) bedeutet den totalen Streuquerschnitt

$$\sigma_{s0} = \int\limits_{-1}^{+1} \sigma_s\,(\mu_0)\,d\mu_0, \qquad (14.14.1)$$

das zweite den totalen Streuquerschnitt mal dem mittleren Kosinus des Streuwinkels $\overline{\mu}_0$, d. h.

$$\sigma_{s1} = \int\limits_{-1}^{+1} \sigma_s\,(\mu_0)\,\mu_0\,d\mu_0 = \overline{\mu}_0\,\sigma_{s0}. \qquad (14.14.2)$$

14.15. Damit das Integral in (14.12.2) berechnet werden kann, muß $\sigma_s(\mu_0)$ als Funktion von φ', φ, μ' und μ ausgedrückt werden. Dies geschieht mit Hilfe des Additionstheorems für die Legendreschen Polynome[2]:

$$P_l\,(\mu_0) = P_l\,(\mu)\,P_l\,(\mu') + 2 \sum_{m=1}^{l} \frac{(l-m)!}{(l+m)!}\,P_l^m\,(\mu)\,P_l^m\,(\mu')\,\cos m\,(\varphi - \varphi'),$$

$$(14.15.1)$$

wobei P_l^m die zugeordneten Legendreschen Funktionen sind. Es ist demnach

$$\sigma_s\,(\varrho, \varrho') = \frac{1}{2\,\pi}\left[\sum_{l=0}^{\infty} \frac{2\,l+1}{2}\,\sigma_{sl}\,P_l\,(\mu)\,P_l\,(\mu') +\right.$$

$$\left. + \sum_{l=0}^{\infty} \sum_{m=1}^{l} \frac{(l-m)!}{(l+m)!}\,(2\,l+1)\,\sigma_{sl}\,P_l^m\,(\mu)\,P_l^m\,(\mu')\,\cos m\,(\varphi - \varphi')\right]. \qquad (14.15.2)$$

14.16. Wenn man (14.15.2) in das Integral (14.12.2) einsetzt und die Integration über φ ausführt, sieht man, daß der Betrag jedes Gliedes in der Doppelsumme verschwindet und daß sich der Faktor $2\,\pi$ im ersten Glied heraus-

---

[1] Einige Kugelfunktionen für niedrige l-Werte sind: $P_0\,(\mu) = 1$, $P_1\,(\mu) = \mu$, $P_2\,(\mu) = (3\,\mu^2 - 1)/2$.

[2] Vgl. E. MADELUNG: Die mathematischen Hilfsmittel des Physikers; 6. Aufl., S. 107. Berlin-Göttingen-Heidelberg: Springer, 1957.

kürzt. Nach Integration in bezug auf φ' erhält man

$$\mu \, \frac{d \, F \, (x, \mu)}{d \, x} + \Sigma \, F \, (x, \mu) = \sum_{l=0}^{\infty} \frac{2 \, l + 1}{2} \, N_s \, \sigma_{sl} \, P_l \, (\mu) \int_{-1}^{+1} P_l \, (\mu') \, F \, (x, \mu') \, d\mu' + Q \, (x, \mu).$$

$$(14.16.1)$$

Die Transportgleichung und die Diffusionstheorie

Elementare Diffusions-Näherung

14.17. Ein Standardverfahren zur Lösung von (14.16.1) ist die sogenannte Kugelfunktionsmethode. Dazu werden die Winkelverteilung des Flusses und der Quelle nach Kugelfunktionen entwickelt:

$$F \, (x, \mu) = \sum_{l=0}^{\infty} \frac{2 \, l + 1}{2} \, F_l \, (x) \, P_l \, (\mu) \qquad (14.17.1)$$

und

$$Q \, (x, \mu) = \sum_{l=0}^{\infty} \frac{2 \, l + 1}{2} \, Q_l \, (x) \, P_l \, (\mu), \qquad (14.17.2)$$

wobei

$$F_l \, (x) = \int_{-1}^{+1} F \, (x, \mu) \, P_l \, (\mu) \, d\mu \qquad (14.17.3)$$

und

$$Q_l \, (x) = \int_{-1}^{+1} Q \, (x, \mu) \, P_l \, (\mu) \, d\mu. \qquad (14.17.4)$$

14.18. Die Koeffizienten der Kugelfunktionsentwicklung können für eine gegebene Quellenverteilung berechnet werden. Es bleibt die Aufgabe, die $F_l(x)$ in der Entwicklung (14.17.1) zu bestimmen. Das Verfahren besteht darin, die Winkelverteilung durch eine endliche Zahl von Gliedern in der Entwicklung von $F \, (x, \mu)$ anzunähern. Mit Hilfe der Transportgleichung erhält man so ein lineares System von Differentialgleichungen erster Ordnung für die $F_l(x)$.

14.19. Die elementare Diffusionsnäherung ergibt sich, wenn man alle $F_l(x)$ mit $l > 1$ gleich Null setzt, d. h. die Winkelverteilung allein durch die ersten beiden Glieder in der Entwicklung nach Kugelfunktionen darstellt.

Diese beiden Glieder gestatten eine unmittelbare physikalische Deutung. Es ist

$$F_0 \, (x) = \int_{-1}^{+1} F \, (x, \mu) \, d\mu \qquad (14.19.1)$$

der skalare *Neutronenfluß*, der gewöhnlich mit $\Phi \, (x)$ bezeichnet wird, und

$$F_1 \, (x) = \int_{-1}^{+1} \mu \, F \, (x, \mu) \, d\mu \qquad (14.19.2)$$

der *Gesamtstrom J* (x). Der winkelabhängige Fluß lautet bei ausschließlicher Verwendung der beiden ersten Glieder in (14.17.1):

$$F(x, \mu) = \frac{1}{2} F_0(x) P_0(\mu) + \frac{3}{2} F_1(x) P_1(\mu) \qquad (14.19.3)$$

$$= \frac{1}{2} F_0(x) + \frac{3}{2} \mu F_1(x) \qquad (14.19.4)$$

$$= \frac{1}{2} \Phi(x) + \frac{3}{2} \mu J(x), \qquad (14.19.5)$$

da $P_0(\mu) = 1$ und $P_1(\mu) = \mu$ ist.

14.20. Um die Diffusionsgleichung aus der strengen Transportgleichung (14.16.1) abzuleiten, verwendet man die allgemeine Kugelfunktionsmethode zur Aufstellung von Differentialgleichungen für die F_l. Dazu wird die Gl. (14.16.1) zunächst über μ von -1 bis $+1$ integriert. Dies ist gleichbedeutend mit der Multiplikation mit $P_0(\mu)$ und Integration über μ. Es folgt

$$\int_{-1}^{+1} \mu \frac{d F(x, \mu)}{d x} d\mu + \Sigma \int_{-1}^{+1} F(x, \mu) d\mu =$$

$$= \int_{-1}^{+1} \sum_{l=0}^{\infty} \frac{2l+1}{2} N_s \sigma_{sl} P_l(\mu) \int_{-1}^{+1} P_l(\mu') F(x, \mu') d\mu' \, d\mu + \int_{-1}^{+1} Q(x, \mu) d\mu. \qquad (14.20.1)$$

14.21. Unter Verwendung der Orthogonalitätsbeziehung für die Legendreschen Polynome

$$\int_{-1}^{+1} P_l(\mu) P_n(\mu) d\mu = 0 = \begin{cases} 0 \text{ für } l \neq n \\ \dfrac{2}{2l+1} \text{ für } l = n \end{cases}$$

geht Gl. (14.20.1) über in

$$\frac{d F_1(x)}{d x} + \Sigma F_0(x) = N_s \sigma_{s0} F_0(x) + Q_0(x), \qquad (14.21.1)$$

wobei $Q_0(x)$ die gesamte Quellstärke bedeutet. Nach § 14.14 ist σ_{s0} der totale Streuquerschnitt, so daß $N_s \sigma_{s0}$ gleich dem makroskopischen Streuquerschnitt Σ_s ist. Da ferner Σ der totale makroskopische Querschnitt für Streuung und Absorption ist, ist $\Sigma - \Sigma_s$ der makroskopische Querschnitt Σ_a für Absorption. Folglich kann (14.21.1) in der Form

$$\frac{d F_1(x)}{d x} + \Sigma_a F_0(x) - Q_0(x) = 0. \qquad (14.21.2)$$

geschrieben werden.

14.22. Wenn man (14.16.1) mit $P_1(\mu)$ multipliziert und über μ von -1 bis $+1$ integriert, findet man

$$\frac{d}{d x} \int_{-1}^{+1} \mu P_1(\mu) F(x, \mu) d\mu + \Sigma F_1(x) = N_s \sigma_{s1} F_1(x), \qquad (14.22.1)$$

wobei hier der Quellterm Null ist, da eine isotrope Quelle vorausgesetzt wird. Nun wird (14.19.4) in den Integranden eingesetzt, und man erhält wegen $P_1(\mu) = \mu$ die Beziehung

$$\int\limits_{-1}^{+1} \mu^2 \left[\frac{1}{2} F_0(x) + \frac{3}{2} \mu F_1(x) \right] d\mu = \frac{1}{3} F_0(x).$$

Gl. (14.22.1) reduziert sich also auf

$$\frac{1}{3} \cdot \frac{d F_0(x)}{dx} + (\Sigma - N_s \sigma_{s1}) F_1(x) = 0. \tag{14.22.2}$$

14.23. Aus (14.21.2) und (14.22.2) kann man $F_1(x)$ eliminieren und erhält

$$\frac{1}{3(\Sigma - N_s \sigma_{s1})} \cdot \frac{d^2 F_0}{dx^2} - \Sigma_a F_0(x) + Q_0(x) = 0. \tag{14.23.1}$$

Dieser Ausdruck hat die Form der üblichen Diffusionsgleichung. Der *Diffusionskoeffizient* für den Neutronenfluß ist nun durch

$$D = \frac{1}{3(\Sigma - N_s \sigma_{s1})}$$

gegeben. Wenn das Medium ein schwacher Absorber ist, kann Σ durch $N_s \sigma_{s0}$ (oder Σ_s) ersetzt werden, und da σ_{s1} nach (14.14.2) gleich $\overline{\mu}_0 \sigma_{s0}$ ist, erhält man für den Diffusionskoeffizienten den Ausdruck

$$D = \frac{1}{3 N_s \sigma_{s0} (1 - \overline{\mu}_0)} = \frac{1}{3 \Sigma_s (1 - \overline{\mu}_0)} = \frac{1}{3} \lambda_t. \tag{14.23.2}$$

Die Größe $1/N_s \sigma_{s0}(1 - \overline{\mu}_0) = 1/\Sigma_s(1 - \overline{\mu}_0)$ ist die mittlere *Transportweglänge* λ_t, die wir in § 5.25 eingeführt haben. Zusammenfassend kann man also sagen, daß die einfache Diffusionstheorie dann anwendbar ist, wenn die Winkelabhängigkeit der Flußverteilung durch die ersten zwei Glieder in der Entwicklung nach Kugelfunktionen dargestellt werden kann. Der Diffusionskoeffizient ist dann durch (14.23.2) definiert.

14.24. Wenn die Streuung im Laboratoriumsystem isotrop wäre, würde sich für einen gegebenen Gradienten des Neutronenflusses ein minimaler Neutronenstrom einstellen. Mit wachsendem $\overline{\mu}_0$, d. h. wenn die Streuung in der Vorwärtsrichtung überwiegt, wächst auch der Neutronenstrom. Es ist daher $1/(1 - \overline{\mu}_0)$ ein Maß für die Vorwärtsstreuung im Laborsystem.

Verallgemeinertes Ficksches Gesetz und Anwendbarkeit der elementaren Diffusionstheorie

14.25. Da $F_1(x)$, wie in § 14.19 gezeigt worden ist, den Gesamtstrom $J(x)$ bedeutet und $P_1(\mu)$ gleich μ ist, kann (14.22.1) in die Form

$$J(x) = - \frac{1}{\Sigma - N_s \sigma_{s1}} \cdot \frac{d}{dx} \int\limits_{-1}^{+1} \mu^2 F(x, \mu) \, d\mu \tag{14.25.1}$$

gebracht werden. Das mittlere Kosinusquadrat der Neutronen-Winkelverteilung ist durch

$$\overline{\mu^2} = \frac{\int\limits_{-1}^{+1} \mu^2\, F(x, \mu)\, d\mu}{\int\limits_{-1}^{+1} F(x, \mu)\, d\mu} \tag{14.25.2}$$

definiert, und (14.25.1) geht über in

$$J(x) = -\frac{1}{\Sigma - N_s\, \sigma_{s1}} \cdot \frac{d}{dx}\left[\overline{\mu^2}\, F_0(x)\right]. \tag{14.25.3}$$

Diese Gleichung ist eine verallgemeinerte Form des Fickschen Gesetzes für die Neutronendiffusion nach der Transporttheorie. Es sei bemerkt, daß dieses Ergebnis ganz allgemein gilt und nicht von der Beschränkung der Kugelfunktionsentwicklung auf eine bestimmte Zahl von Gliedern abhängt.

14.26. Der Koeffizient in (14.25.3) hat die Dimension einer Länge und heißt die *mittlere Diffusionslänge*.

$$\lambda_d = \frac{1}{\Sigma - N_s\, \sigma_{s1}} = \frac{1}{N_a\, \sigma_a + N_s\, \sigma_{s0}\,(1 - \overline{\mu_0})}, \tag{14.26.1}$$

so daß (14.25.3) in der Gestalt

$$J(x) = -\lambda_d\, \frac{d}{dx}\left[\overline{\mu^2}\, F_0(x)\right] \tag{14.26.2}$$

geschrieben werden kann. Wenn der Neutroneneinfang des Mediums vernachlässigt werden kann, ist die mittlere Diffusionslänge identisch mit der mittleren Transportweglänge (§ 14.23).

14.27. Die elementare Diffusionstheorie beruht auf der Annahme, daß das Ficksche Gesetz in der einfachen Form $J(x) = -D \operatorname{grad} F_0(x)$ auf die Neutronenströmung angewendet werden kann.

Es ist daher nach (14.26.2) klar, daß die elementare Diffusionstheorie für monoenergetische Neutronen nur dann streng gelten kann, wenn $\overline{\mu^2}$ vom Orte unabhängig ist. Dann lautet (14.26.2) nämlich

$$J(x) = -\lambda_d\, \overline{\mu^2}\, \frac{dF_0}{dx}$$

und $\lambda_d \overline{\mu^2}$ ist gleich dem Diffusionskoeffizienten D.

14.28. Das mittlere Kosinusquadrat der Neutronen-Winkelverteilung kann folgendermaßen berechnet werden. Unter Verwendung der in der Fußnote zu § 14.13 angegebenen Werte von $P_0(\mu)$, $P_1(\mu)$ und $P_2(\mu)$ folgt, daß

$$\mu^2 = \frac{1}{3}\, P_0(\mu) + \frac{2}{3}\, P_2(\mu).$$

Mit (14.17.1) und (14.25.2) ist

$$\overline{\mu^2} = \frac{1}{F_0(x)} \int\limits_{-1}^{+1}\left[\frac{1}{3}\, P_0(\mu) + \frac{2}{3}\, P_2(\mu)\right] \sum_{l=0}^{\infty} \frac{2l+1}{2}\, F_l(x)\, P_l(\mu)\, d\mu.$$

Wegen der Orthogonalitätsbeziehungen folgt bei der Integration

$$\overline{\mu^2} = \frac{1}{3} + \frac{2}{3}\,\frac{F_2\,(x)}{F_0\,(x)},$$

so daß die elementare Diffusionstheorie, die auf der Proportionalität zwischen Netto-Neutronenstrom und Flußgradienten beruht, in aller Strenge gilt, wenn wenn $F_2(x)/F_0(x)$ von x unabhängig ist.

Asymptotische Lösung der Transportgleichung in einem nicht absorbierenden Medium

14.29. Es gibt zwei Spezialfälle, in denen $F_2\,(x)/F_0\,(x)$ vom Ort unabhängig ist: der eine bezieht sich auf ein nichtabsorbierendes, der zweite auf ein absorbierendes Medium.

Es soll gezeigt werden, daß die elementare Diffusionstheorie in jedem dieser Fälle anwendbar ist. In der Nähe einer Quelle oder einer Grenzfläche zwischen zwei verschiedenen Medien ist die Winkelverteilung der Neutronen stark anisotrop, da sie von der Quelle und der Grenzfläche beeinflußt wird. In diesem Fall muß in der Entwicklung der Winkelverteilung nach Kugelfunktionen eine große Zahl von Gliedern berücksichtigt werden. In einiger Entfernung von den Quellen und den Grenzflächen, d. h. im sogenannten asymptotischen Bereich, kann die Winkelverteilung genügend genau durch die zwei ersten Glieder, d. h. durch $F_0\,(x)$ und $F_1\,(x)$, dargestellt werden. Da $F_2\,(x)$ nunmehr Null ist, ist es klar, daß $F_2\,(x)/F_0\,(x)$ unabhängig von x und die elementare Diffusionstheorie anwendbar ist. Daß dies tatsächlich der Fall ist, soll nunmehr — unter der Voraussetzung, daß das Medium keine Absorber enthält — gezeigt werden. Diese Überlegung ersetzt die von § 14.22 ff. und hat einige interessante Züge.

14.30. Das Abbrechen der Entwicklung der Winkelverteilung nach Kugelfunktionen mit dem zweiten Glied ist gleichwertig damit, daß man den skalaren Fluß, d. h. $F_0\,(x)$, mit Hilfe einer Taylorschen Reihe ausdrückt, bei der alle Glieder zweiter und höherer Ordnung Null gesetzt werden, so daß $F_0\,(x)$ eine lineare Funktion von x ist. Die Winkelverteilung des Flusses unter Verwendung von zwei Kugelfunktionsgliedern lautet

$$F\,(x,\mu) = \frac{1}{2}\,F_0\,(x) + \frac{3}{2}\,F_1\,(x)\,\mu. \qquad (14.30.1)$$

Da $F_0\,(x)$ linear in x ist, muß die allgemeine Lösung für die Winkelverteilung die Form

$$F\,(x,\mu) = A + B\,x + C\,\mu \qquad (14.30.2)$$

besitzen, wobei

$$F_0\,(x) = 2\,A + 2\,B\,x, \qquad (14.30.3)$$

und

$$F_1\,(x) = \frac{2}{3}\,C. \qquad (14.30.4)$$

14.31. Die Transportgleichung (14.16.1) für ein quellenfreies Medium lautet

$$\mu\,\frac{d\,F\,(x,\mu)}{d\,x} + \Sigma\,F\,(x,\mu) = \sum_{l=0}^{\infty} \frac{2\,l+1}{2}\,N_s\,\sigma_{sl}\,P_l\,(\mu) \int_{-1}^{+1} P_l\,(\mu')\,F\,(x,\mu')\,d\,\mu'.$$

$$(14.31.1)$$

Durch Einsetzen von (14.30.2) in (14.31.1) und Integration ergibt sich

$$\mu\,B + \Sigma\,(A + B\,x + C\,\mu) = N_s\,\sigma_{s0}\,(A + B\,x) + N_s\,\sigma_{s1}\,\mu\,C.$$

Wenn man Σ durch $\Sigma_a + \Sigma_s$ und $N_s\,\sigma_{s0}$ durch Σ_s ersetzt, findet man

$$C = -\frac{\mu\,B + \Sigma_a\,(A + B\,x)}{(\Sigma - N_s\,\sigma_{s1})\,\mu}. \tag{14.31.2}$$

Da sowohl A als auch B in (14.30.2) willkürlich sind, muß Σ_a Null sein, wenn C eine Konstante darstellen soll. Mit anderen Worten, diese Bedingung kann nur erfüllt werden, wenn das Medium keine Neutronen absorbiert. In diesem Falle ergibt (14.31.2)

$$C = -\frac{B}{\Sigma_s\,(1 - \overline{\mu_0})} = -\lambda_t\,B. \tag{14.31.3}$$

14.32. Differentiation von (14.30.3) nach x ergibt

$$\frac{d\,F_0}{d\,x} = 2\,B,$$

und (14.31.3) geht daher über in

$$C = -\frac{1}{2}\,\lambda_t\,\frac{d\,F_0\,(x)}{d\,x}.$$

Schließlich folgt aus (14.30.4) und der Tatsache, daß $F_1\,(x)$ gleichbedeutend mit $J\,(x)$ ist,

$$F_1\,(x) = J\,(x) = -\frac{1}{3}\,\lambda_t\,\frac{d\,F_0\,(x)}{d\,x}, \tag{14.32.1}$$

also das Ficksche Gesetz der Diffusionstheorie mit $D = 1/3\,\lambda_t$ wie in § 14.23. Die elementare Diffusionstheorie gilt somit in aller Strenge für monoenergetische Neutronen in einem nicht absorbierenden Medium bei entsprechender Entfernung von Quellen und Grenzflächen. Wenn man (14.32.1) in (14.30.1) einsetzt und $F_0'\,(x)$ für die Ableitung von $F_0\,(x)$ schreibt, ergibt sich die Gleichung für $F\,(x,\mu)$ im asymptotischen Fall

$$F\,(x,\mu) = \frac{1}{2}\,F_0\,(x) - \frac{1}{2}\,\lambda_t\,\mu\,F_0'\,(x). \tag{14.32.2}$$

Asymptotische Lösung der Transportgleichung in einem absorbierenden Medium

14.33. Ist das Medium ein starker Neutronenabsorber, so können Bedingungen für die Anwendbarkeit der Diffusionstheorie hergeleitet werden, wenn die Winkelverteilung $F\,(x,\mu)$ als Produkt zweier Funktionen dargestellt werden kann, von denen die eine nur von x, die andere nur von μ abhängt. Unter diesen Umständen stehen alle Glieder der Entwicklung nach Kugelfunktionen für alle Werte von x in einem konstanten Verhältnis zu $F_0\,(x)$. Es ist also insbesondere $F_2\,(x)/F_0\,(x)$ von x unabhängig, und die elementare Diffusionstheorie gilt. Der Diffusionskoeffizient unterscheidet sich aber von dem oben hergeleiteten.

14.34. Wenn die Entwicklung des Streuquerschnitts in § 14.13 nach den ersten zwei Gliedern abgebrochen werden kann, wenn die Streuung also nicht stark anisotrop ist, kann die Transportgleichung (14.31.1) in einem quellenfreien Medium in der Gestalt

$$\mu \frac{d\,F(x,\mu)}{d\,x} + \Sigma\,F(x,\mu) = \frac{1}{2}\,N_s\,\sigma_{s0} \int\limits_{-1}^{+1} F(x,\mu')\,d\mu' + \frac{3}{2}\,\mu\,N_s\,\sigma_{s1} \int\limits_{-1}^{+1} \mu'\,F(x,\mu')\,d\mu'$$

$$= \Sigma_s \left[\frac{1}{2} \int\limits_{-1}^{+1} F(x,\mu')\,d\mu' + \frac{3}{2}\,\overline{\mu}_0\,\mu \int\limits_{-1}^{+1} \mu'\,F(x,\mu')\,d\mu' \right] \qquad (14.34.1)$$

geschrieben werden, da $N_s\,\sigma_{s0} = \Sigma_s$ und $\sigma_{s1} = \overline{\mu}_0\,\sigma_{s0}$. Wenn man für $F(x,\mu)$ versuchsweise den Separationsansatz

$$F(x,\mu) = e^{\pm\,\varkappa\,x}\,f(\mu) \qquad (14.34.2)$$

macht, erhält man

$$(\Sigma \pm \varkappa\,\mu)\,f(\mu) = \Sigma_s \left[\frac{1}{2} \int\limits_{-1}^{+1} f(\mu')\,d\mu' + \frac{3}{2}\,\mu\,\overline{\mu}_0 \int\limits_{-1}^{+1} \mu'\,f(\mu')\,d\mu' \right]. \qquad (14.34.3)$$

Der Separationsansatz (14.34.2) wird der Gl. (14.34.1) dann genügen, wenn eine Funktion $f(\mu)$ gefunden werden kann, welche (14.34.3) erfüllt.

14.35. Es soll eine Lösung $f(\mu)$ von der Form

$$f(\mu) = \text{const.}\ \frac{A + \mu\,\overline{\mu}_0}{\Sigma \pm \varkappa\,\mu} \qquad (14.35.1)$$

versucht werden. Diese wird der Gl. (14.34.3) im allgemeinen nicht genügen, doch kann dies für spezielle Werte von A und $\varkappa$ der Fall sein. Diese charakteristischen Werte können folgendermaßen berechnet werden. Wenn man (14.35.1) in (14.34.3) einsetzt und die Integrationen ausführt, findet man

$$A + \mu\,\overline{\mu}_0 = A\,\frac{\Sigma_s}{2\,\varkappa}\ln\zeta \pm \frac{\Sigma_s\,\overline{\mu}_0}{2}\left(\frac{2}{\varkappa} - \frac{\Sigma}{\varkappa^2}\ln\zeta\right) \pm A\,\frac{3\,\Sigma_s\,\mu\,\overline{\mu}_0}{2}\left(\frac{2}{\varkappa} - \frac{\Sigma}{\varkappa^2}\ln\zeta\right) +$$

$$+ \frac{3}{2}\,\Sigma_s\,\mu\,\overline{\mu}_0{}^2\left(-\frac{2\,\Sigma}{\varkappa^2} + \frac{\Sigma^2}{\varkappa^3}\ln\zeta\right),$$

wobei

$$\zeta = \frac{\Sigma + \varkappa}{\Sigma - \varkappa}.$$

Dieser Ausdruck stellt eine Identität in μ dar, und daher müssen die Koeffizienten der Potenzen von μ auf beiden Seiten einander gleich sein. Es ist also

$$A = \pm\,\frac{\dfrac{\Sigma_s\,\overline{\mu}_0}{2}\left(\dfrac{2}{\varkappa} - \dfrac{\Sigma}{\varkappa^2}\ln\zeta\right)}{1 - \dfrac{\Sigma_s}{2\,\varkappa}\ln\zeta} \qquad (14.35.2)$$

und

$$\frac{\Sigma_s}{2\,\varkappa}\ln\zeta = \frac{1 + \dfrac{3\,\Sigma_a\,\Sigma_s}{\varkappa^2}\,\overline{\mu}_0}{1 + \dfrac{3\,\Sigma\,\Sigma_a}{\varkappa^2}\,\overline{\mu}_0}, \qquad (14.35.3)$$

wobei $\Sigma = \Sigma_a + \Sigma_s$.

14.36. Für isotrope Streuung im Laborsystem ist $\overline{\mu_0} = 0$, und $\varkappa$ bestimmt sich aus (14.35.3) als Wurzel der Gleichung

$$\frac{\Sigma_s}{2\,\varkappa}\ln\zeta = \frac{\Sigma_s}{2\,\varkappa}\ln\frac{\Sigma+\varkappa}{\Sigma-\varkappa} = 1\,.\tag{14.36.1}$$

Diese Gleichung hat ein Paar reeller Wurzeln $\pm\,\varkappa$, deren Absolutwerte kleiner als Σ sind. Weiters gibt es eine unendliche Zahl von imaginären Wurzeln, welche für unseren Zweck keine Bedeutung haben. Es sei bemerkt, daß der Ansatz (14.35.1) für $f(\mu)$ in der Tat $|\varkappa| < \Sigma$ voraussetzt; andernfalls hätte $f(\mu)$ Singularitäten für Werte von μ, da der Nenner von (14.35.1) für $\varkappa = \Sigma$ verschwindet.

14.37. Die Größe A nach (14.35.2) ist für den isotropen Fall $(\overline{\mu_0} = 0)$ unbestimmt. Man kann jedoch zeigen, daß sie endlich ist. Für isotrope Streuung ist die Winkelverteilung nach (14.34.2) und (14.35.1) gegeben durch

$$F(x,\mu) = \text{const.}\,\frac{e^{\pm\varkappa x}}{\Sigma\pm\varkappa\,\mu}\,,\tag{14.37.1}$$

und aus (14.25.2) findet man, daß

$$\overline{\mu^2} = \frac{\Sigma\,\Sigma_a}{\varkappa^2}\,.\tag{14.37.2}$$

In der Diffusionstheorie ist $D = \lambda_d\,\overline{\mu^2}$ (§ 14.27), und da bei isotroper Streuung $\overline{\mu_0} = 0$ gilt, ist dies nach (14.26.1) gleichbedeutend mit $\overline{\mu^2}/\Sigma$. In unserem Fall folgt daher aus (14.37.2)

$$D = \frac{\Sigma_a}{\varkappa^2}\,.\tag{14.37.3}$$

14.38. Wenn die Absorption im Vergleich zur Streuung sehr klein ist, ist $\varkappa$ klein im Vergleich zu Σ. Es ist dann erlaubt, den Nenner in (14.37.1) zu entwickeln und nur die beiden ersten Glieder beizubehalten:

$$F(x,\mu) = C\,e^{\pm\varkappa x}\left(1\mp\frac{\varkappa}{\Sigma}\,\mu\right).\tag{14.38.1}$$

Dabei ist C eine Konstante. Dies ist im wesentlichen ein Ausdruck für die Winkelverteilung, welche nur die beiden ersten Kugelfunktionen enthält und so der elementaren Diffusionstheorie entspricht. Wenn man (14.19.4) benutzt, erkennt man, daß

$$F_0(x) = 2\,C\,e^{\pm\varkappa x}\tag{14.38.2}$$

und

$$F_1(x) = \mp\frac{2}{3}\,C\,\frac{\varkappa}{\Sigma}\,e^{\pm\varkappa x}\,.\tag{14.38.3}$$

Daraus folgt, daß die Winkelverteilung der elementaren Theorie für schwache Absorber eine gute Annäherung an die (asymptotische) Verteilung (14.37.1) darstellt.

14.39. Die durch (14.37.1) und (14.38.1) gegebene Winkelverteilung enthält eine einzige multiplikative Konstante. Dies reicht nicht aus, um willkürliche Randbedingungen zu befriedigen, wie sie in der Nähe von Quellen oder Grenzflächen für die Winkelverteilung von Neutronen bestehen. Die für absorbierende Medien versuchte separierbare Lösung kann also nur in hinreichend großer Entfernung von Quellen und Grenzflächen gelten. Die Lösungen der elementaren Diffusionstheorie sind also asymptotische Lösungen der Transportgleichung in absorbierenden bzw. nichtabsorbierenden Medien. Man kann daraus schließen, daß die elementare, auf dem Fickschen Gesetz beruhende Diffusionstheorie streng nur unter den gleichen Bedingungen gilt wie die asymptotischen Lösungen der Transportgleichung. Mit anderen Worten, die elementare Diffusionstheorie kann nur verwendet werden, wenn sich die Neutronenverteilung der asymptotischen Verteilung nähert, d. h. einige mittlere Transportweglängen von Quellen und Grenzflächen entfernt.

Die Diffusionslänge

14.40. Da der Neutronenfluß in einem absorbierenden Mittel durch den Exponentialausdruck (14.37.1) dargestellt werden kann, folgt nach dem in § 5.63 gezeigten Verfahren, daß die mittlere Distanz, die zwischen dem Quellpunkt eines Neutrons und der Stelle seiner Absorption liegt, gleich $6/\varkappa^2$ ist. Folglich ist das $\varkappa$ in den vorhergehenden Betrachtungen identisch mit der in Kap. V verwendeten Größe und gleich der reziproken Diffusionslänge. Die letztere kann daher durch die transzendente Gl. (14.35.3) definiert werden. Wenn Σ_a gegenüber Σ_s vernachlässigt werden kann, ist die Gleichung durch Reihenentwicklung lösbar. Bis zu Gliedern erster Ordnung in Σ_a/Σ gilt

$$\varkappa^2 = \frac{1}{L^2} = 3\,\Sigma\,\Sigma_a\,(1-\overline{\mu}_0)\left(1 - \frac{4}{5}\cdot\frac{\Sigma_a}{\Sigma} + \frac{\Sigma_a}{\Sigma}\cdot\frac{\overline{\mu}_0}{1-\overline{\mu}_0} + \ldots\right). \quad (14.40.1)$$

Wenn die Streuung isotrop ist ($\overline{\mu}_0 = 0$), reduziert sich $\varkappa^2$ auf

$$\varkappa^2 = \frac{1}{L^2} = 3\,\Sigma\,\Sigma_a\left(1 - \frac{4}{5}\cdot\frac{\Sigma_a}{\Sigma}\right). \quad (14.40.2)$$

Für schwache Absorption kann Σ_a/Σ vernachlässigt und Σ durch Σ_s ersetzt werden, und (14.40.1) geht über in

$$\varkappa^2 = \frac{1}{L^2} = 3\,\Sigma_s\,\Sigma_a\,(1-\overline{\mu}_0). \quad (14.40.3)$$

Da der Diffusionskoeffizient nach (14.37.3) gleich $\Sigma_a/\varkappa^2$ ist, folgt aus (14.40.3), daß

$$D = \frac{1}{3\,\Sigma_s\,(1-\overline{\mu}_0)} = \frac{1}{3}\,\lambda_t$$

ist, ein Ausdruck, der nach (14.23.2) der elementaren Diffusionstheorie entspricht.

Strenge Lösung der Transportgleichung

Unendliche, ebene, isotrope Quelle in einem unendlich ausgedehnten Medium

14.41. Die Transportgleichung kann für eine unendlich ausgedehnte, ebene, isotrope Quelle in einem unendlichen Medium relativ leicht gelöst werden. Dabei bleibt die Allgemeinheit gewahrt, denn die Lösung kann in die für eine Punktquelle (§ 6.136) transformiert, und die Lösung für eine allgemeine Quellenverteilung durch Integration der entsprechenden Kerne über die Quellenverteilung gewonnen werden. Es befinde sich bei $x = 0$ eine ebene Quelle. Wenn die Streuung im Laborsystem isotrop ist, lautet die Transportgleichung

$$\mu \frac{d\,F(x,\mu)}{d\,x} + \Sigma\,F(x,\mu) = \frac{1}{2}\,N_s\,\sigma_{s0} \int\limits_{-1}^{+1} F(x,\mu)\,d\mu + \frac{1}{2}\,\delta(x), \qquad (14.41.1)$$

wobei die Deltafunktion $\delta(x)$ die ebene Quelle darstellt. Um diese Gleichung zu lösen, stellen wir $F(x,\mu)$ und $\delta(x)$ als Fourier-Integrale dar:

$$\delta(x) = \frac{1}{2\,\pi} \int\limits_{-\infty}^{+\infty} e^{i\,\omega\,x}\,d\omega \qquad (14.41.2)$$

und

$$F(x,\mu) = \frac{1}{2\,\pi} \int\limits_{-\infty}^{+\infty} \frac{A(\omega)\,e^{i\,\omega\,x}}{\Sigma + i\,\omega\,\mu}\,d\omega, \qquad (14.41.3)$$

wobei, wie im folgenden Paragraphen zu erkennen ist, zur Vereinfachung der Rechnung der Ausdruck im Nenner von (14.41.3) abgespalten wurde.

14.42. Wenn man (14.41.3) in (14.41.1) einsetzt, findet man

$$A(\omega) = \frac{1}{2\left(1 - \dfrac{\Sigma_s}{2\,\omega\,i}\ln\zeta\right)}, \qquad (14.42.1)$$

wobei

$$\zeta = \frac{\Sigma + i\,\omega}{\Sigma - i\,\omega} \qquad (14.42.2)$$

ist. Die vollständige Lösung von (14.41.1) lautet dann

$$F(x,\mu) = \frac{1}{4\,\pi} \int\limits_{-\infty}^{\infty} \frac{e^{i\,\omega\,x}}{1 - \dfrac{\Sigma_s}{2\,i\,\omega}\ln\zeta} \cdot \frac{d\omega}{\Sigma + i\,\omega\,\mu}. \qquad (14.42.3)$$

Den skalaren Fluß erhält man durch Integration von (14.42.3) über μ:

$$F_0(x) = \frac{1}{4\,\pi} \int\limits_{-\infty}^{\infty} \frac{e^{i\,\omega\,x}\,\ln\zeta}{i\,\omega\left(1 - \dfrac{\Sigma_s}{2\,i\,\omega}\ln\zeta\right)}\,d\omega. \qquad (14.42.4)$$

Asymptotische und nichtasymptotische Lösungen

14.43. Das Integral (14.42.4) hat einen einfachen Pol bei

$$\frac{\Sigma_s}{2\,i\,\omega}\ln\zeta = \frac{\Sigma_s}{2\,i\,\omega}\ln\frac{\Sigma + i\,\omega}{\Sigma - i\,\omega} = 1.$$

Durch Vergleich mit (14.36.1) erkennt man, daß der einfache Pol dort auftritt, wo $i\,\omega$ gleich der reziproken Diffusionslänge $\pm\varkappa$ ist. Das Integral hat ferner eine wesentliche Singularität bei $i\,\omega = \pm\,\Sigma$. Der Beitrag des Residuums am Pol zum Integral ist nach dem Cauchyschen Integralsatz gleich

$$F_0(x)_{\text{as}} = \alpha \frac{\varkappa}{2\,\Sigma_a}\, e^{-\varkappa\,|x|}, \tag{14.43.1}$$

wobei

$$\alpha = \frac{2\,\Sigma_a}{\Sigma_s} \cdot \frac{\Sigma^2 - \varkappa^2}{\varkappa^2 - \Sigma\,\Sigma_a}. \tag{14.43.2}$$

Diese asymptotische Lösung gilt in Gebieten, die einige freie Weglängen von der Quelle entfernt sind.

14.44. Der nichtasymptotische Teil der Lösung, der von der wesentlichen Singularität herrührt, kann als reelles Integral ausgedrückt werden:

$$F_0(x)_{\text{n}} = 2\,\Sigma^2 \int\limits_0^{\infty} \frac{(1+\eta)\,e^{-(1+\eta)\,\Sigma\,|x|}\,d\eta}{\left[2\,\Sigma\,(1+\eta) - \Sigma_s \ln\left(1+\dfrac{2}{\eta}\right)\right]^2 + \pi^2\,\Sigma_s{}^2}.$$

Man kann zeigen, daß $F_0(x)_{\text{n}}$ mit wachsendem Abstand von der ebenen Quelle viel rascher abfällt als $F_0(x)_{\text{as}}$.

14.45. Wenn man die asymptotische Lösung (14.43.1) mit der entsprechenden Lösung der elementaren Diffusionstheorie, z. B. mit Gl. (5.51.3), vergleicht, erkennt man, daß die Diffusionstheorie die korrekte asymptotische Lösung bis auf den Faktor α ergibt. Dies kann als eine Verringerung der effektiven Quellstärke interpretiert werden. Zur Korrektur der elementaren Diffusionstheorie hat man also die tatsächliche Quellstärke mit dem Faktor

$$\frac{2\,\Sigma_a}{\Sigma_s} \cdot \frac{\Sigma^2 - \varkappa^2}{\varkappa^2 - \Sigma\,\Sigma_a} \approx 1 - \frac{4}{5}\cdot\frac{\Sigma_a}{\Sigma} \quad \text{für} \quad \frac{\Sigma_a}{\Sigma} \ll 1 \tag{14.45.1}$$

zu multiplizieren, wobei $\varkappa^2$ aus (14.40.2) zu entnehmen ist.

14.46. Wie der zusätzliche Term $F_0(x)_{\text{n}}$ zeigt, ist der Fluß und somit die Absorption in der Umgebung der Quelle größer, als nach der elementaren Diffusionstheorie zu erwarten wäre; dies wirkt sich in größerer Entfernung wie eine Verringerung der Quellstärke aus. Für Neutronen, die in gewöhnlichem Wasser diffundieren, ist z. B. $1 - 4\,\Sigma_a/5\,\Sigma$ ungefähr gleich 0,990, so daß in diesem Falle die Abweichung nicht groß ist. Bei homogenen, angereicherten Reaktoren zieht die Absorption durch den Brennstoff jedoch merkliche Quellkorrekturen nach sich.

Randbedingungen

Trennfläche zwischen zwei Medien

14.47. An der Trennfläche zwischen zwei Medien muß der Neutronenfluß für alle Werte von μ stetig sein. Wenn $F(x, \mu)$ an der Trennfläche unstetig wäre, würde die Zahl der Neutronen mit einem bestimmten μ-Wert, welche die Trennfläche von rechts erreichen, nicht gleich der Zahl der Neutronen mit dem gleichen μ sein, welche die Fläche nach links verlassen. Das ist nur dann möglich, wenn die Trennfläche Neutronenquellen oder Absorber enthält, die den Unterschied der Neutronenströme links und rechts der Grenzfläche verursachen.

14.48. Wir nehmen an, daß Neutronen in einem System diffundieren, das aus zwei Medien mit verschiedenen Streu- und Absorptionseigenschaften besteht. Die ebene Trennfläche zwischen den Medien liege in $x = 0$. Zur Unterscheidung der beiden Medien werde das Plus- und Minuszeichen verwendet. Die im vorhergehenden Paragraphen in qualitativer Weise hergeleitete Stetigkeitsbedingung bedeutet, daß

$$F^+(0, \mu) = F^-(0, \mu)$$

für alle Werte von μ. Im Hinblick auf die Entwicklung nach Kugelfunktionen (14.17.1) kann diese Bedingung in der Gestalt

$$F_l^+(0) = F_l^-(0) \tag{14.48.1}$$

für alle Werte von l ausgedrückt werden.

14.49. Wenn keines der beiden Medien Neutronen absorbiert, gilt in entsprechender Entfernung von den Quellen aber bis zur Trennfläche die asymptotische Lösung (14.32.2), nämlich

$$F(x, \mu) = \frac{1}{2} F_0(x) - \frac{1}{2} \lambda_t \mu F_0'(x) \tag{14.49.1}$$

mit $F_0(x) = 2A + 2Bx$ [vgl. Gl. (14.30.3)]. Der Grund dafür liegt darin, daß (14.48.1) automatisch erfüllt wird, wenn die willkürlichen Konstanten A^+ und B^+ und A^- und B^- für die beiden Medien so gewählt werden, daß

$$F_0^+(0) = F_0^-(0) \tag{14.49.2}$$

und

$$F_1^+(0) = F_1^-(0), \tag{14.49.3}$$

wobei die letztere Bedingung mit

$$\lambda_t^+ \frac{d F_0^+(0)}{dx} = \lambda_t^- \frac{d F_0^-(0)}{dx} \tag{14.49.4}$$

gleichbedeutend ist. Die Randbedingung (14.49.2) bedeutet, daß der totale Neutronenfluß stetig ist, während (14.49.3) erfordert, daß die Diffusionsstromdichte an der Trennfläche stetig ist. Da $F_0(x)$ in der elementaren Diffusionstheorie die Lösung einer Differentialgleichung zweiter Ordnung ist, können sowohl $F_0(x)$ als auch $F_0'(x)$ an der Trennfläche vorgegeben werden. Wenn also keines der beiden Medien Neutronen absorbiert, führen die Grenzbedingungen (14.49.2) und (14.49.3) zu einer strengen Lösung.

14.50. Wenn eines der beiden Medien ein Absorber ist, dann ist die Forderung nach Stetigkeit von Fluß und Strom an der Trennfläche keine strenge Grenzbedingung. Die nichtasymptotische Verteilung in einem absorbierenden Medium enthält nämlich alle Kugelfunktionen, während die Forderung nach Stetigkeit von Fluß und Strom bedeutet, daß nur die Koeffizienten der ersten zwei Kugelfunktionen stetig sind. Um die strengen Randbedingungen (14.48.1) zu befriedigen, muß man eine große Zahl nichtasymptotischer Lösungen in Betracht ziehen, die in hinreichender Entfernung von der Trennfläche auf Null abklingen. Da dieses Verfahren kompliziert ist, benützt man gewöhnlich die Grenzbedingungen der elementaren Diffusionstheorie, nämlich Stetigkeit von Fluß und Strom. Diese sorgen dafür, daß zumindest insoweit Stetigkeit besteht, als die $P_0(\mu)$- und $P_1(\mu)$-Glieder in Betracht gezogen werden, und daß der skalare Neutronenfluß stetig ist.

14.51. Der Diffusionskoeffizient in einem absorbierenden Medium ist nach (14.37.3) gleich $\Sigma_a/\varkappa^2$. Die Randbedingung (14.49.4) für absorbierende Medien wird daher

$$\left(\frac{\Sigma_a}{\varkappa^2}\right)^+ \frac{dF_0^+(0)}{dx} = \left(\frac{\Sigma_a}{\varkappa^2}\right)^- \frac{dF_0^-(0)}{dx}. \tag{14.51.1}$$

Da (14.37.3) auf der asymptotischen Verteilung beruht und diese in der Nähe der Trennfläche versagt, ist es nicht sicher, ob (14.51.1) eine widerspruchsfreie Näherung darstellt. Eine andere Methode besteht darin, anzunehmen, daß die auf zwei Kugelfunktionen beruhende Lösung (14.49.1) auch bei absorbierenden Medien anwendbar ist, da sie eine gute Näherung für den Fall schwacher Absorption darstellt. Der Diffusionskoeffizient wäre dann gleich $\lambda_t/3$ und (14.51.1) müßte durch

$$\lambda_t^+ \frac{dF_0^+(0)}{dx} = \lambda_t^- \frac{dF_0^-(0)}{dx} \qquad (14.51.2)$$

ersetzt werden. Ohne exakte Lösung der Transportgleichung ist es im allgemeinen nicht möglich, zu entscheiden, ob (14.51.1) oder (14.51.2) eine bessere Näherung darstellt. Beide Beziehungen werden in der Neutronendiffusionstheorie verwendet.

Trennfläche zwischen einem Medium und dem Vakuum

14.52. Wenn das Vakuum oder ein vollkommener Absorber als eines der Medien in den vorhergehenden Betrachtungen fungiert, verlieren die hergeleiteten Randbedingungen ihre Bedeutung. Im Vakuum gibt es keine Stöße und daher gibt es auch keinen Diffusionsstrom aus dem Vakuum ins Medium. Ein Vakuum wirkt also wie ein vollkommener Absorber. Da aus einem vollkommenen Absorber kein Neutron zurückkehren kann, muß die strenge Grenzbedingung

$$F(0, \mu) = 0 \quad \text{für } \mu \leqq 0 \qquad (14.52.1)$$

lauten. Diese Bedingung kann von der Diffusionstheorie nicht erfüllt werden und wird durch die Forderung ersetzt, daß kein Diffusionsstrom aus dem Vakuum auftreten soll. Dies ist viel weniger einschränkend als die Bedingung (14.52.1), welche die Möglichkeit der Rückkehr eines Neutrons aus dem Vakuum grundsätzlich ausschließt. Die Randbedingung der Diffusionstheorie kann dann (s. § 14.19) in der Gestalt

$$J^-(0) = \int\limits_0^{-1} \mu\, F(0, \mu)\, d\mu = 0$$

ausgedrückt werden, wobei wir bemerken, daß $\mu \leq 0$ ist.

Die Extrapolationsdistanz

14.53. In einem nicht absorbierenden Medium ist die asymptotische Verteilung bzw. die Verteilung nach der elementaren Diffusionstheorie durch (14.49.1) gegeben, und es ist daher

$$J^-(x) = \int\limits_0^{-1} \mu\, F(x, \mu)\, d\mu = \frac{1}{4}\, F_0(x) + \frac{1}{6}\, \lambda_t\, F_0'(x),$$

was mit der Gl. (5.28.3) der Diffusionstheorie übereinstimmt. Wenn $J^-(0)$ verschwinden soll, muß

$$\frac{F_0(0)}{F_0'(0)} = -\frac{2}{3}\, \lambda_t$$

sein. An einer ebenen Grenzfläche zwischen einem nichtabsorbierenden Medium und dem Vakuum sollte daher die asymptotische Verteilung des Neutronenflusses in der Entfernung $2\,\lambda_t/3$ von der Oberfläche des Mediums verschwinden (§ 5.40).

14.54. Eine genauere Rechnung, bei der alle nichtasymptotischen Lösungen verwendet werden, um (14.52.1) streng zu befriedigen, ergibt $0{,}71041\,\lambda_t$ als Extrapolationsdistanz für ein nichtabsorbierendes Medium. Nach der exakten Transporttheorie verschwindet nur die asymptotische Flußverteilung in linearer Extrapolation in der Entfernung $0{,}7104\,\lambda_t$ von der Grenzfläche. Der wirkliche Fluß sinkt nahe der Grenzfläche (s. Abb. 5.42) unter die asymptotische Verteilung. Die lineare Extrapolation des asymptotischen Flusses wird durch $c\,(x - 0{,}7104\,\lambda_t)$ dargestellt, wobei c eine Konstante und x die Entfernung von der tatsächlichen Grenzfläche ist. Der asymptotische Fluß ist daher an der Grenzfläche proportional zu $0{,}7104\,\lambda_t$. Der korrekte Wert ist nach der Transporttheorie $\lambda_t/\sqrt{3}$ d. h. $0{,}577\,\lambda_t$ und das Verhältnis des tatsächlichen Flusses zum asymptotischen beträgt daher $0{,}577/0{,}710 = 0{,}81$. Der physikalische Grund für den schnellen Abfall des Flusses in der Nähe der Grenzfläche liegt darin, daß die Neutronen nahe der Randfläche fast ausschließlich von einer Seite kommen, während sie im Inneren von beiden Seiten kommen.

14.55. Die Extrapolationsdistanz $0{,}71\,\lambda_t$ gilt nur für eine ebene Grenzfläche in einem nichtabsorbierenden Medium. Wenn das Medium Neutronen absorbiert, wird der Ausdruck für die Extrapolationsdistanz komplizierter. Man hat gefunden, daß die Extrapolationsdistanz für einen relativ schwachen Absorber ungefähr gleich $0{,}71\,\lambda_t \cdot \Sigma/\Sigma_s$ ist. Sie wird also durch das Verhältnis des totalen Wirkungsquerschnitts zum Streuquerschnitt vergrößert.

14.56. Bei gekrümmten Grenzflächen ist die Extrapolationsdistanz größer als $0{,}71\,\lambda_t$. Im Grenzfall, für verschwindend kleinen Krümmungsradius der Grenzfläche (z. B. bei einem extrem kleinen, kugelförmigen, im streuenden Medium eingebetteten „schwarzen" Absorber) wird die Extrapolationsdistanz gleich $4\,\lambda_t/3$.

Sachverzeichnis

Die Zahlen beziehen sich auf die Nummern der Paragraphen

Abbrand 11.2
Absorberstab 11.8—11.45
—, exzentrischer 11.34—11.45
Abstoßungsenergie 1.39
Aktivierungsdetektoren 3.88, 3.89
Aktivierungsenergie 4.25
Aktivierungsmethode 3.60—3.64
Albedo 5.97—5.113
—, experimentelle Bestimmung
　5.112—5.113
Alphateilchen 1.12
— bei Reaktionen langsamer Neutronen
　3.29—3.34
Alter 6.128
—, experimentelle Bestimmung 6.143—
　6.145
— in heterogenen Systemen 9.89
—, mittleres 12.58
—, physikalische Deutung 6.141
Altersgleichung 6.123—6.130, 6.155—
　6.159
—, Lösungen 6.131—6.154
Alterstheorie 6.117—6.159, 7.5—7.10
— und Bremskerne 12.1—12.5
Anregungsenergie 1.13, 2.13—2.17,
　4.27
Anziehungsenergie 1.36

barn 3.39
Beryllium, Albedo 5.102
— als Neutronenquelle 3.1—3.3, 3.5,
　3.7
—, Alter in 6.145
—, Bremseigenschaften 6.24—6.26
—, Diffusionseigenschaften 5.91
—, Einfluß beim Abschalten 4.80
—, Konstante für Resonanzneutronen
　9.71
Beschleuniger 2.5, 3.9
Betateilchen 1.12
β-Zerfall 1.16—1.18
— der Spaltprodukte 4.16, 4.23
Bildquelle 12.23—12.25
Bindungsenergie 1.23—1.44, 4.19—4.21
—, mittlere je Nukleon 1.30

Bor in Absorberstäben 4.73
— — Neutronenquellen 3.2
— — Neutronenzählern 3.84
—, Reaktionen mit langsamen Neutronen
　3.32
—, Wirkungsquerschnitte 3.76, 3.77
Breit-Wigner-Formel 2.38—2.47, 2.54,
　3.68, 3.74, 3.77, 3.81
Bremsdichte 6.40—6.43, 6.64—6.67,
　6.73, 6.74, 6.76—6.79, 6.127—
　6.142, 7.6—7.13, 7.22, 12.2, 12.15—
　12.17, 12.22, 12.27—12.29
Bremskern, endlicher 12.24, 12.25
—, Gaußscher 12.1—12.5, 12.53—12.60
—, unendlicher 12.1—12.14, 12.24,
　12.25
Bremslänge 6.142
Bremsnutzung 4.59, 6.86, 6.88, 6.94—
　6.104, 6.105—6.112, 6.113—6.116,
　9.10, 9.23, 9.36—9.41, 9.43, 9.44,
　9.67—9.75, 12.15
Bremsquerschnitt 8.12
Bremsung 3.10—3.19, 6.30—6.116
—, kontinuierliche 6.117—6.122, 8.62
Bremsverhältnis 6.26
Bremsvermögen, makroskopisches 6.25
Bremszeit 6.129, 6.146, 6.147, 10.2

Chemische Reaktionen 2.1—2.4
Core s. Spaltzone

Deformationsenergie 4.33, 4.34, 4.39
Deuterium als Neutronenquelle 3.5, 3.6,
　3.9
—, Bremseigenschaften 6.24—6.26
—, Stoßdichte in 6.55
Deuteron (Deuteriumkern) 3.9
Dichtetemperaturkoeffizient s. Tempera-
　turkoeffizient
Diffusionsgleichung 5.34—5.42, 14.17—
　14.24
—, allgemeine 12.18—12.23
—, Lösungen 5.44—5.61
—, mit verzögerten Neutronen 10.18
—, thermische 7.5

Diffusionskern 5.92—5.96
Diffusionskoeffizient 5.7, 14.2, 14.23,
　14.40
Diffusionslänge 5.57, 5.62—5.91, 6.154,
　14.2, 14.40
—, in heterogenen Systemen 9.88
—, mittlere 14.26
Diffusionstheorie 5.1—5.113, 14.17—
　14.28
Diffusionszeit 6.146—6.148, 10.2
Dopplereffekt 9.15, 11.5, 11.77
Durchstrahlungsmethode 3.57—3.59

Einfangreaktionen 3.20
Eingruppentheorie 8.15—8.24, 11.11—
　11.22, 11.32
Einniveauformel 2.40
Elektronenvolt 1.28
Endkorrekturterm 5.89, 9.103, 9.110
Energiedekrement, mittleres logarithmi-
　sches 6.21—6.24, 6.99
Exponentialversuch 9.91—9.111
Extrapolationsdistanz 5.39—5.41, 14.53
　—14.56

Faltung von Bremskernen 12.63—12.68
Fermi-Alter s. Alter
Ficksches Gesetz 5.7, 14.25, 14.27
Flußwölbung 7.23
—, geometrische 7.24—7.27, 7.36—7.60
—, materielle 7.24—7.27, 9.91—9.111,
　12.45, 12.46
Formfaktor 8.36
Freie Weglänge, mittlere 3.45—3.47,
　3.56

Gammastrahlung 1.13, 2.21, 3.4—3.8,
　3.21—3.28, 4.16, 4.23
Gefährdungskoeffizient 13.13
Generationszeit 7.34, 7.35, 10.2, 10.9,
　10.13
Geschwindigkeitsselektoren 3.66
Gift 4.52, 11.6
Gitterzelle 9.36, 9.51—9.53
Graphit, Albedo 5.102
— als Moderator 4.56
—, Alter 6.145
—, Bremseigenschaften 6.24—6.26
—, Diffusionseigenschaften 5.91
—, Stoßdichte 6.55
—, Wirkungsquerschnitt 3.79
Grundzustand 1.13, 2.24, 2.25
Gruppendiffusionskern 12.6—12.14
Gruppendiffusions-Methode 8.7—8.64,
　12.6—12.14, 12.61—12.68
Gruppenkonstante 8.9—8.13

Halbwertsbreite 2.45

Halbwertszeit 1.21
Härtung 3.19

Indium 3.25, 3.88, 3.89
—, Wirkungsquerschnitte 3.69, 3.79
Ionisationszähler 3.83—3.87
Isotop 1.8—1.15

Jodkonzentration 11.49—11.53

Kadmium in Absorberstäben 4.73
—, Wirkungsquerschnitt 3.69, 3.79
Kadmiumverhältnis 3.89
Kern 1.2
Kernenergie 1.2
Kernenergie-Niveau 2.23—2.30, 2.32—
　2.37, 2.39—2.40
Kernkräfte 1.23, 1.24, 1.32, 1.35—1.47
Kernradius 1.33, 1.34
Kernspaltung s. Spaltung
Kernstabilität s. Stabilität
Kernstruktur 1.3—1.7
Kettenreaktion 4.46—4.80
Kompositionsterm 1.38
Kopplungskoeffizient 8.47
Korrekturfaktor, harmonischer 5.88,
　9.102, 9.110
Kritische Gleichung 7.1—7.33, 8.44,
　8.61—8.63, 12.40, 12.41, 12.47—
　12.68
— —, Momentenform 12.48—12.52
— Größe, Berechnung 7.65—7.71
— —, experimentelle Bestimmung 7.72
　—7.78
— Masse 7.79—7.81
Kritischer Aufbau 7.72—7.78
— Radius 7.79—7.81
— Zustand 7.2, 7.11—7.19
Kritisches System 7.25
— Volumen s. kritische Größe

Laboratoriumssystem 5.18, 6.4—6.11
Lebensdauer 2.26—2.30, 6.148, 7.34,
　7.35
—, effektive 4.75
—, mittlere 1.22, 2.19, 6.148, 7.34, 7.35,
　10.6, 10.10, 10.13, 10.14, 10.28,
　10.46
Leckfaktor 4.67
Lethargie 6.27—6.29
Lithium 3.33
— als Neutronendetektor 3.84
— Wirkungsquerschnitte 3.76, 3.77

Masse-Energie-Beziehung 1.27
Massendefekt 1.25—1.29
Masseneinheit, atomare 1.4
— —, Energieäquivalent der 1.27
Massenzahl 1.7

Maxwell-Boltzmann-Verteilung 3.14—
   3.19, 3.53
Mehrgruppenmethode 8.59—8.64
MeV 1.28
Moderation 3.12
Moderator 3.12
Multiplikationsfaktor 4.47—4.51, 4.57—
   4.79
—, effektiver 4.71, 7.27, 10.6
—, unendlicher 4.66

Nachteilsfaktor 9.48
— für Resonanzneutronen 9.41, 9.48
Natururan 1.10, 4.64, 4.56, 9.90
—, Kettenreaktion in 9.1—9.9
—, Resonanzeinfang in 9.10—9.23
—, Wirkungsquerschnitte 4.57
Neptunium 3.26, 4.43
Neutrino 1.16
Neutronen 1.3
—, epithermische 3.13
—, prompte 4.6, 4.7
— —, und Zeitverhalten 10.1—10.10
—, schnelle 3.10, 3.36, 3.37, 3.75, 3.87,
   4.36
—, thermische 3.10, 3.13, 3.14
—, verzögerte 4.6, 4.8, 4.9
— —, und Reaktorregelung 4.74—4.80,
   10.14
— — — Zeitverhalten 10.11—10.52
Neutronendichte 3.48, 14.4
Neutronendiffusion s. Diffusionstheorie
Neutronenemission 4.4—4.11
Neutronenerzeugung 3.1—3.9
Neutronenfeld, isotropes 5.20
—, quasi-isotropes 5.20
Neutronenfluß 3.49
—, maximaler 8.36
—, mittlerer 8.36
—, skalarer 5.3, 14.5
—, vektorieller s. Vektorfluß
—, Verteilung des thermischen 7.61
Neutronengeneration 4.49
Neutronengifte 11.46
Neutronengleichgewicht 7.28—7.33
Neutronenmasse 1.5
Neutronennachweis 3.83—3.89
Neutronenquelle 3.2
Neutronenreaktionen 2.6, 2.7, 2.13—
   2.17, 3.20—3.37
Neutronenstromdichte 5.9—5.17, 5.22,
   5.25, 5.28
Neutronentemperatur, effektive 3.19
Neutronenwellenlänge s. Wellenlänge der
   Neutronen
Neutronenzählung 3.83
Nicht-Entweichwahrscheinlichkeit 4.67
Niveaubreite 2.26—2.30, 3.76

Nukleon 1.3
Nuklid 1.11

Oberflächenabsorption 9.25—9.35
Oberflächenspannungseffekt 1.37, 4.33
Ordnungszahl 1.6

Parasitärer Einfang 4.52, 11.9
Photoneutronenquellen 3.4—3.8
Plutonium 3.26, 3.27, 3.35, 4.2, 4.36,
   4.42, 4.56
Potential-Streuung 2.53
Produktkern 3.21
Protonen 1.3
Punktdiffusionskern 5.93, 5.95

Quantenzustände 2.23, 2.34

Radioaktive Umwandlungen 1.16—1.19
Radioaktivität 1.12—1.22
Randbedingungen in Diffusionstheorie
   5.36—5.43, 5.106—5.108
— — Transporttheorie 14.47—14.56
Reaktionen durch Neutronen 3.1
—, photonukleare 3.4
—, thermonukleare 2.5
Reaktivität 10.24, 10.29
Reaktor, heterogener 9.1—9.111
—, homogener 7.1—7.81, 8.1—8.64
—, intermediärer 4.55
—, mittelschneller 4.55
—, prompt kritischer 10.47
—, schneller 4.55
—, subkritischer s. unterkritischer Reaktor
—, thermischer 4.55
—, überkritischer 4.71, 7.25, 12.42
—, unterkritischer 4.71, 4.79, 7.2, 7.18,
   7.25
Reaktorgleichung, allgemeine 12.15—
   12.46
—, asymptotische 12.43—12.46
Reaktorperiode 10.8—10.10, 10.14,
   10.40, 10.43—10.46, 10.50—10.52
—, stabile 10.28, 10.37, 10.43
Reaktorregelung 11.1—11.85
— und verzögerte Neutronen 4.72,
   4.74—4.80, 10.14, 11.1—11.85
Reaktortheorie, makroskopische 9.86—
   9.111
Reaktortypen 4.54—4.56
Reflektor 4.69, 8.1—8.6, 8.15—8.64
Reflektorgewinn 8.25—8.35
Reflexionskoeffizient 5.97
Regelstab s. Absorberstab
Relaxationslänge 3.45—3.47
Resonanz 2.31—2.37
Resonanz-Absorption 2.31—2.47, 3.69—
   3.74, 9.31

Resonanzdurchlaß-Wahrscheinlichkeit
s. Bremsnutzung
Resonanzeinfang 4.52
Resonanzfluß 9.21, 9.27
Resonanzgebiet 3.69—3.74
Resonanzgipfel 2.44, 3.69, 3.70. 3.71,
3.74
Resonanzintegral, effektives 9.9, 9.10—
9.23, 9.30
Resonanz-Neutronen-Nutzung 9.73
Resonanz-Streuung 2.53
Restkern 2.11
Reziproke Stunde 10.29
Rhodium 3.25, 3.69
Rückstoßkern 2.11

Samarium 11.7
Samariumvergiftung 11.46, 11.48, 11.70
—11.72
Sättigungsaktivität 3.62, 5.86
Schnellspaltfaktor 4.58, 9.45, 9.76—9.85
Schwellenenergie 3.6
Schwerpunktsystem 5.18, 6.4—6.11
Sickerverlust 4.52, 4.66—4.68, 5.30—
5.33, 7.28
Spaltprodukte 4.12—4.16, 4.19—4.23,
4.52
Spaltspektrum 4.7
Spaltung 2.22, 3.35, 3.37, 4.1—4.45
—, Neutronenausbeute bei der 4.4—4.11
Spaltungsenergie 4.17—4.24, 4.34
Spaltungsprozeß s. Spaltung
Spaltzone 8.1
Spineffekt 1.40, 4.41—4.45
Spurlänge 3.49
Stabilität 1.15, 1.23, 1.24, 1.45—1.47
Statistisches Gewicht 13.7, 13.8
Steuerstäbe 4.73
Störungstheorie 13.1—13.16
Stoßdichte 6.33—6.93
Strahlungseinfang 2.21, 3.21—3.28
Streugesetz 6.17—6.20
Streuquerschnitt 1.33, 3.55—3.56, 3.59,
3.80—3.82
—, Werte 3.79
Streuung, anisotrope 5.19, 14.29
—, elastische 2.49, 2.52—2.55, 3.10—
3.13, 6.3—6.11, 6.12—6.16
—, inelastische 2.49—2.50, 2.51
—, isotrope 5.19, 5.23, 6.18—6.20, 14.24
— von Neutronen, s. auch Bremsung
2.48—2.55, 5.9—5.12, 6.1—6.28,
14.7—14.9
Streuwinkel 5.18, 5.23, 5.24, 14.13,
14.14

Temperatureffekte 11.3—11.5
— auf Resonanzintegral 9.15, 9.16

Temperaturkoeffizient der Reaktivität
11.73—11.85
— für die Dichte 11.74, 11.81—11.85
—, nuklearer 11.74, 11.75—11.80
Thermalisierung 3.13
Thermische Energie 3.13
— Nutzung 4.60, 9.23, 9.47—9.66
Transportgleichung, Diffusionsnäherung
14.17—14.24
—, eindimensionale 14.10—14.12
—, Lösungen, asymptotische 14.29—
14.32, 14.33—14.39, 14.43—14.46
— —, nichtasymptotische 14.43—14.46
— —, strenge 14.41—14.46
—, monoenerrgetische 14.3—14.9
Transportkorrektur 5.18—5.27
Transportlänge, mittlere 5.25—5.27,
5.29, 5.41, 5.43, 14.23, 14.53—14.56
Transporttheorie 14.1—14.56
Tritium 3.33
Tröpfchenmodell 1.31—1.34, 4.26, 4.33,
4.34

Überschußabsorption 9.64
Überschuß-Multiplikation 10.7, 10.9
Uran-233 3.28, 3.35, 4.36, 4.42
Uran-235 1.10, 3.35, 4.2, 4.34, 4.36, 4.38
4.40—4.42
—, Wirkungsquerschnitte 4.57
Uran-238 1.10, 3.26, 3.27, 3.37, 4.2,
4.34, 4.38, 4.39, 4.41
—, Wirkungsquerschnitte 4.57
Uran-Wasser-System 7.79—7.81, 12.64
—12.68

Vektorfluß 5.3, 14.5
Verbleibfaktor 4.67, 4.69, 7.29—7.33
Verbleibwahrscheinlichkeit s. Verbleib-
faktor
Vergiftung 11.1, 11.46—11.72, 13.9—
13.13
Vermehrungsfaktor 4.47, 4.49
Verschiebungsdistanz, mittlere 5.5
Verschiebungskern 5.96, 12.7, 12.23
Verschiebungspuadrat, mittleres 5.63
Vierfaktorformel 4.61
Volumsabsorption 9.25—9.35
Vorteilsfaktor, räumlicher 9.17

Wanderfläche 7.63, 7.64
Wanderlänge 6.154, 7.64
Wasser als Moderator 4.56
—, Alter in 6.145
—, Diffusionseigenschaften 5.91
—, Konstante für Resonanzneutronen
9.71
—, Photoneutronen in schwerem 4.80

Wasserstoff, Bremseigenschaften 6.24—
  6.26
—, Bremsung in 6.32—6.43, 6.80—
  6.88
Wasserstoff, Stoßdichte 6.32—6.39.
  6.82—6.86
—, Wirkungsquerschnitte 3.79—3.82
Wellengleichung 5.44, 5.45
Wellenlänge des Neutrons 2.8—2.9
Wirkungsquerschnitt 2.38, 3.38—
  3.82
— für Absorption, Werte 3.79
— — Spaltung 4.57
— — Streuung, Werte 3.79
—, makroskopischer 3.42
—, mikroskopischer 3.42

Xenon 11.7
Xenonkonzentration 11.54—11.56
Xenonkonzentration nach Schnellab-
  schaltung 11.62—11.69
Xenonvergiftung 11.46—11.48, 11.57—
  11.61

Zeitverhalten 4.48—4.50, 7.17, 10.1—
  10.52
Zerfallskonstante 1.20
Zerfallswahrscheinlichkeit 1.20
Zustand, angeregter 1.13
—, stationärer 4.71
Zweigruppenmethode 8.10, 8.38—8.58,
  11.23—11.33, 13.14—13.16
Zwischenkern und Spaltung 4.27, 4.37
Zwischenkernmodell 2.10—2.30

MIX
Papier aus verantwortungsvollen Quellen
Paper from responsible sources
FSC® C105338

If you have any concerns about our products,
you can contact us on
ProductSafety@springernature.com

In case Publisher is established outside the EU,
the EU authorized representative is:
Springer Nature Customer Service Center GmbH
Europaplatz 3, 69115 Heidelberg, Germany

Printed by Libri Plureos GmbH
in Hamburg, Germany